中国科学技术协会　主编

中国仪器科学与技术（自动化仪表）学科史

中国学科史研究报告系列

中国仪器仪表学会／编著

中国科学技术出版社

·北　京·

图书在版编目（CIP）数据

中国仪器科学与技术（自动化仪表）学科史 / 中国
科学技术协会主编；中国仪器仪表学会编著 . —北京：
中国科学技术出版社，2024.2
（中国学科史研究报告系列）
ISBN 978-7-5236-0373-4

Ⅰ. ①中…　Ⅱ. ①中…②中…　Ⅲ. ①仪器—技术史
—中国　Ⅳ. ① TH-092

中国国家版本馆 CIP 数据核字（2023）第 235675 号

责任编辑	余　君
封面设计	李学维
版式设计	中文天地
责任校对	焦　宁
责任印制	徐　飞

出　　版	中国科学技术出版社
发　　行	中国科学技术出版社有限公司发行部
地　　址	北京市海淀区中关村南大街 16 号
邮　　编	100081
发行电话	010-62173865
传　　真	010-62173081
网　　址	http://www.cspbooks.com.cn

开　　本	787mm×1092mm　1/16
字　　数	630 千字
印　　张	25.25
版　　次	2024 年 2 月第 1 版
印　　次	2024 年 2 月第 1 次印刷
印　　刷	北京顶佳世纪印刷有限公司
书　　号	ISBN 978-7-5236-0373-4 / TH·72
定　　价	180.00 元

编　委　会

（按姓名音序排列）

首席科学家	褚　健　尤　政
项目负责人	钱　政

顾　问　组

主审专家	马少梅	彭　瑜	庄松林		
校阅专家	董景辰	范忠琪	金以慧	李海青	马怀俭	潘立登
	秦世引	王俊杰	吴幼华	俞金寿		

编　写　组

领衔主笔	曹　丽	曹建清	陈兆珍	董　峰	范菊芬	方原柏
	钱　政	邵之江	石镇山	汪道辉	文玉梅	吴　朋
	武丽英	俞海斌	张　涛	张　彤	张　佐	
专题研究	曹　征	方　一	郭晓维	韩永刚	李　斌	李　杰
	李　宁	李淑慧	楼玉婷	屈玉福	任　弢	任智勇
	申　毅	唐自强	童秋阶	万为叨	王兰萍	卫　丹
	吴志国	严　实	燕国栋	杨　锐	杨晋渝	叶荣政
	俞文光	喻铭艺	张　建	张　莉	张　真	张瑞萍
	张迎春	钟斯明	邹明伟			
素材整理汇编	范忠琪	黄衍平	李海青	邱华云	孙丙玥	田皋林
	夏德海	于劲松				
学术秘书	曹　丽	范菊芬	李淑慧	屈玉福	王兰萍	

丛书序

学科史研究是科学技术史研究的一个重要领域，研究学科史会让我们对科学技术发展的认识更加深入。著名的科学史家乔治·萨顿曾经说过，科学技术史研究兼有科学与人文相互交叉、相互渗透的性质，可以在科学与人文之间起到重要的桥梁作用。尽管学科史研究有别于科学研究，但它对科学研究的裨益却是显而易见的。

通过学科史研究，不仅可以全面了解自然科学学科发展的历史进程，增强对学科的性质、历史定位、社会文化价值以及作用模式的认识，了解其发展规律或趋势，而且对于科技工作者开拓科研视野、增强创新能力、把握学科发展趋势、建设创新文化都有着十分重要的意义。同时，也将为从整体上拓展我国学科史研究的格局，进一步建立健全我国的现代科学技术制度提供全方位的历史参考依据。

中国科协于 2008 年首批启动了学科史研究试点，开展了中国地质学学科史研究、中国通信学学科史研究、中国中西医结合学科史研究、中国化学学科史研究、中国力学学科史研究、中国地球物理学学科史研究、中国古生物学学科史研究、中国光学工程学学科史研究、中国海洋学学科史研究、中国图书馆学学科史研究、中国药学学科史研究和中国中医药学科史研究十二个研究课题，分别由中国地质学会、中国通信学会、中国中西医结合学会与中华医学会、中国科学技术史学会、中国力学学会、中国地球物理学会、中国古生物学会、中国光学学会、中国海洋学会、中国图书馆学会、中国药学会和中华中医药学会承担。六年来，圆满完成了《中国地质学学科史》《中国通信学科史》《中国中西医结合学科史》《中国化学学科史》《中国力学学科史》《中国地球物理学学科史》《中国古生物学学科史》《中国光学工程学学科史》《中国海洋学学科史》

《中国图书馆学学科史》《中国药学学科史》和《中国中医药学学科史》十二卷学科史的编撰工作。

上述学科史以考察本学科的确立和知识的发展进步为重点，同时研究本学科的发生、发展、变化及社会文化作用，与其他学科之间的关系，现代学科制度在社会、文化背景中发生、发展的过程。研究报告集中了有关史学家以及相关学科的一线专家学者的智慧，有较高的权威性和史料性，有助于科技工作者、有关决策部门领导和社会公众了解、把握这些学科的发展历史、演变过程、进展趋势以及成败得失。

研究科学史，学术团体具有很大的优势，这也是增强学会实力的重要方面。为此，我由衷地希望中国科协及其所属全国学会坚持不懈地开展学科史研究，持之以恒地出版学科史，充分发挥中国科协和全国学会在增强自主创新能力中的独特作用。

序一

"科学只给我们知识，而历史却给我们智慧。"研究一门学科的学科史，回归到先辈们所处的历史背景中去思考问题，对编撰者来讲，是思想升华的过程，对阅读者来讲，是拓宽视野与启迪智慧的过程。

仪器科学发展的历史可以追溯到人类文明的初期。当古人意识到日升日落、斗转星移、物体轻重、距离长短等现象时，最原始的测量仪器就应运而生了，日晷、圭表、天平、尺子等仪器相继出现，古人认识世界的手段逐步丰富。控制学科的出现则要略晚一些，当人类文明发展到一定阶段时，一些朴素的控制思想得以应用，改变了科学技术的发展步伐。古人面对生产和生活中的具体问题时，创造性地发明了一系列朴素的自动化仪表，如指南车、铜壶滴漏、记里鼓车，等等，就是仪器和控制成功结合的典范，它们改变了人们的生产和生活方式。

人类科技文明进步的步伐不断加速，科学技术成为社会发展的第一生产力。具体到仪器科学，基础理论与工程应用相互促进，推动了仪器仪表行业的跨越式发展，成为科学研究的"先行官"与工业生产的"倍增器"。控制科学的发展也在砥砺前行，一代代科学家与工程师们的不懈努力，推动了工业化、信息化与智能化的不断发展。仪器科学与控制科学的发展既相互独立，又相互交叉，融合的结果就是孕育出了自动化仪表学科，石油工业、化学工业、电力工业、汽车工业、冶金工业等现代工业革命中的支柱产业，均是在自动化仪表的强力支撑下才不断蓬勃发展与壮大的。自动化仪表发展的历史就是人类科技与社会进步的一个缩影，对其发展历史进行研究，对于正确理解人类科技文明与社会文明的发展历程具有重要的意义。

对比国外自动化仪表的发展史，起步阶段我们是有优势的。铜壶滴漏、水运仪象台等凝聚着劳动人民智慧的自动化仪表层出不穷，明朝中期以前我国自动化仪表技术始终位居世界前列。反观西方，随着数学、物理学、化学、天文学等自然科学逐渐从哲学当中分离，蓬勃发展的自然科学推动了工业技术的变革，完成了三次工业革命，我国的自动化仪表学科明显落后了。我们不缺乏正视差距的勇气，我们更不缺乏奋力追赶的动力。二十世纪中期，在留学归来的先辈学者以及新中国成立后自己培养的科学家的努力下，我们国家的自动化仪表学科开始了现代化的进程。我们国家的自动化仪表产业也在艰苦的环境中，突破层层封锁，立足于自力更生，自立自强，逐步缩短与国外先进水平的差距。

进入二十一世纪之后，第四次工业革命的帷幕也已经慢慢拉开。作为仪器科学与控制科学完美结合的自动化仪表学科，也在蓬勃发展。现在这个接力棒交到了年轻一代的学者手中。当今世界正经历着百年未有之大变局，机遇与挑战并存，困难与希望同在，希望年轻一代的自动化仪表领域的学者们瞄准该领域基础研究的前沿与工程应用中的"卡脖子"问题，锐意进取，勇于创新，敢挑重担，为我国自动化仪表学科的未来贡献自己的力量。

自动化仪表是仪器仪表学科的一个分支，中国仪器仪表学会组织撰写自动化仪表学科史，是我国现代仪器仪表学科史研究的良好开端，希望能够激励其他分支学科所属的分会开始酝酿自己学科学科史的撰写工作。以史为鉴可以知兴替，希望中国仪器仪表学会的同仁们通过对学科史的研究，明确存在的问题和差距，树立明确的发展目标，齐心协力谋发展，凝心聚力促进步，为我们国家跻身世界科技强国，实现中华民族伟大复兴而奋斗终生。

中国仪器仪表学会理事长

华中科技大学校长

尤　政

序 二

自动化控制技术可以追溯到三千多年前。纵观人类社会文明发展史，人类从生产及生活实际需要出发，不断发明出基于原始自动控制思想的控制或调节装置，在这个过程中涌现出了无数能工巧匠和科学家，以他们匪夷所思的发明创造为人类社会的进步与科学技术的发展做出了巨大贡献。

随着十八世纪中叶开始的第一次工业革命，人类社会进入工业时代，机器生产逐步取代工厂手工业，社会生产力发展突飞猛进。

经过大约一百年的时间，十九世纪中叶人类进入电气时代，发电机、电动机、电灯和电话等发明的出现带领人类社会迈入全新时代。科学技术突飞猛进，各种发明层出不穷，应用于工业生产后大大促进了经济发展和社会进步。在这个阶段，自动化控制技术及仪器仪表的发展也进入了快车道。

二十世纪中后期，信息技术、新能源技术、新材料技术以及计算机技术的快速发展，带来了一场更加剧烈的工业革命，即第三次工业革命。工业生产的自动化程度快速提高，工业产品的生产效率、产品品质、产品一致性极大提升，物质空前丰富，人类生活的衣、食、住、行等各个方面均发生了重大变革。

历史地看，三次工业革命使西方拉开了与我们的距离，自动化科技领域也是如此。

自动化仪器仪表是工业的先行官，是推动和保障国民经济发展的国之重器，直接影响工业、军事、医疗、生活等社会发展的各个方面。实际需求推动了技术与产业的发展。当前我国的各行各业，现代工业生产现场、医疗领域、日常生活、军事领域，这些场景中均能看到包括控制系统、新型传感器等在内的自动化仪表技术的支撑。我国的自动化仪表在科技和产业上均取得了巨大的成绩。我国自动化仪表能有今天的成绩，要归功于新中国成立后几代学者的共同努力。他们艰苦奋斗，勇于自立，敢于担当。

但是也要看到，我们仍然在基础研究和数控机床、半导体制造、精密仪器等高精尖领域与先进国家存在着明显差距，众多的卡脖子难题亟待攻克。这正是老一辈科学家为之奋斗终生的事业，也是我们当代学者的努力方向。

今天，我们正经历着更加快速、猛烈的第四次工业革命。第四次工业革命是以智能制造为主导的，包括智能工厂、智能生产和智能物流三个核心内容，旨在通过充分利用信息通信技术和网络空间虚拟系统，推动制造业向智能化转型。

我们正在全面应对新工业革命的挑战，要突破一批重点领域的关键共性技术，促进制造业的数字化、网络化与智能化，从而真正成为制造强国。那么，除了目前正在快速发展的互联网技术、大数据、人工智能、工业软件等，还会有哪些颠覆性技术出现？大批工厂如何实现自动生产、自动纠错和优化、自动物流？这里面有大量课题等待我们去挖掘和攻克，也是我们自动化仪器仪表从业者的共同使命。

以史为鉴，未来可期。希望我们年轻一代的科技工作者们能够静下心来，深化基础研究，强化社会协作，早日把我们的国家建设成科技强国，早日实现中华民族的伟大复兴！

中控集团创始人

褚　健

前　言

　　纵观人类科技文明史，古希腊水钟，我国的指南车、铜壶滴漏、记里鼓车、相风铜鸟、漏水转浑天仪、候风地动仪、水运仪象台，惠更斯摆钟，等等，这些闪烁着人类智慧光芒的自动化仪表，婀娜多姿的身影无处不在，全方位诠释了自动化仪表技术的悠久历史及其在人类社会进步中发挥的重要作用。随着文艺复兴运动的兴起和现代科技革命的爆发，自动化仪表科学不断发展、丰富和完善。随着控制论、信息论的问世，自动化仪表科学逐渐发展为一门独立的学科，进而在人类社会电气化、工业化与信息化的发展大潮中推波助澜。当前，自动化仪表学科的研究内容日益宽广，学科交叉渐趋频繁，应用领域无处不在，呈现出蓬勃发展的态势，未来必将占据举足轻重的地位，发挥出不可估量的作用。

　　2000 年，中国仪器仪表学会接受国家计委、国家经贸委和科技部的委托，组织了以王大珩、杨嘉墀、金国藩三位院士为首的专家调研组对全国仪器仪表行业进行为期三个月的调研，之后向两委一部提出《关于振兴我国仪器仪表产业对策与建议》的研究报告。报告精辟阐述了仪器仪表在社会各领域的重要作用：仪器仪表是工业生产的"倍增器"、科学研究的"先行官"、军事上的"战斗力"、现代社会生活中的"物化法官"。因此，仪器仪表科技的前沿水平，可以代表国家的科技水平，同时也是国力的重要体现。仪器仪表领域科技的创新将大大推进科技和经济的发展前行。

　　学科发展史研究能够客观呈现学科发展的历史成就，更重要的是能挖掘发展过程中蕴藏着的巨大精神财富。研究历史不但能增长知识，加深对学科的理解，更重要的是吸取经验和教训，体会科学研究的曲折艰难，有利于促进学科教育事业的进步，提升学科创新研发能力，进而推动产业高质量发展。鉴于此，中国仪器仪表学会于 2020 年向中国科学技术协会申报了学科发展研究项目，承担了"中国仪器科学与技术（自动化仪表）学科史"的研究。研究的最终成果就是我们编撰的这部《中国仪器科学与技术（自动化仪表）学科史》。

本书梳理了仪器科学与技术（自动化仪表）学科发展的历史脉络，讲述了自动化仪表的发展及其在不同领域的应用，以及所产生的社会、经济效应；寻访并记录了先驱们的奋斗历程，探索性地总结了前辈学者的学术经验及学科发展的历史规律。本书还对后辈研究人员在思路、方法上给出建议和启发，以期激发科技工作者不畏艰难、勇攀高峰的奋斗精神，深化社会大众特别是青少年对自动化仪表学科的认知，引导优秀青年加入仪器与测量行业，推进自动化仪表学科的提升及产业的发展。

在中国科学技术协会、学会秘书处、中国科学技术出版社的大力支持下，中国仪器仪表学会动员了自动化仪表领域产学研用各界专家，学会理事会理事、理事单位的大力参与，从2020年9月学会接受该编撰项目，到2021年9月完稿，尽管编写难度大、时间周期短，但主笔专家们精准定位、考据严谨，力争为读者呈现出精准客观完善的一部学科发展史。

借此机会，我们要特别鸣谢以下诸位专家学者。首席科学家：尤政，原清华大学副校长、现华中科技大学校长，中国仪器仪表学会第九、第十届理事长；褚健，中控集团创始人。主审专家：庄松林，上海理工大学光电信息与计算机工程学院院长；中国仪器仪表学会第六、第七届理事长；马少梅，原机械电子工业部仪表司总工程师；彭瑜，原上海工业自动化仪表研究院技术顾问。项目负责人：钱政，北京航空航天大学北航学院院长兼工程训练中心主任，中国仪器仪表学会科普工作委员会主任委员。项目发起人：范忠琪，中石化北京燕山石化公司研究院副总工程师，中国仪器仪表学会科普工作委员会顾问。各篇总执笔人：上编：钱政，北京航空航天大学。中编：邵之江，浙江大学；董峰，天津大学。下编：张佐，清华大学；张涛，清华大学；石镇山，机械工业仪器仪表综合技术经济研究所。

特别感谢各篇章节每一位参与撰稿、审稿的专家！特别鸣谢所有为本书提供史料的单位及其科技工作者！

特别感谢以下来自高校的诸位学者为本书撰写提供的各种帮助。他们是：北京工业大学石照耀、陈洪芳；北京航空航天大学于劲松；北京化工大学李大宇；北京科技大学张朝晖；北京理工大学李翠玲；重庆大学郭永彩、石为人；电子科技大学程玉华、刘科；东北大学王玉涛、王琦、高宏亮；哈尔滨工业大学陆振刚、刘俭、王伟波；哈尔滨理工大学马怀俭、盖建新、罗中明；杭州电子科技大学薛凌云；合肥工业大学刘晓平、黄云志；华东理工大学王慧锋、俞金寿、钟伟民；华南理工大学刘桂雄、薛家祥；广东工业大学吴黎明；江苏大学陈斌；昆明理工大学毛剑琳；南京工业大学李丽娟、王晓荣、蒋书波；清华大学王俊杰、金以慧；上海大学费敏锐、付敬奇；上海交通大学杨博、阎威武；上海理工大学沈昱明；沈阳工业大学桑海峰、苑玮琦；沈阳化工大学樊立萍；同济大学李莉；武汉大学许贤泽；西安交通大学李东鹤；浙江大学何声亮、祝和云；中国计量大学孙坚；中国石油大学（华东）于连栋。

感谢以下来自研究院所和学会的科技工作者为本书提供宝贵的素材和各种帮助。他们是：重庆工业自动化仪表研究所唐怀斌；重庆市自动化与仪器仪表学会刘琴；哈尔滨电工仪表研究所刘献成、于雷；杭州市仪器仪表学会陈凡华；机械工业部仪器仪表司马少梅；上海自动化仪表研究院股份有限公司彭瑜、徐洪海；沈阳仪表科学研究院有限公司张阳；四川省仪器仪表学会马新；天津仪表所王显明；中国仪器仪表行业协会李跃光；中国自动化学会张楠；西安省仪器仪表学会安豆；国家市场监管总局杜长全。

感谢以下来自媒体和期刊的科技工作者为本书提供宝贵的素材和各种帮助。他们是：《重庆自动化仪表研究所发展回顾》全体编委；《春燕舞九河：天津仪器仪表工业史料汇编》全体编委；《飞鸿踏雪泥》全体编委；《化工自动化及仪表》田荷；《石油化工自动化》张同科；《仪表技术与传感器》刘凯；"仪表圈"钱巍、周甜、任小伟；《仪器仪表学报》殷佳丽；《自动化仪表》陈玮彦；《自动化与仪器仪表》邓雯静。

感谢以下来自企业的科技工作者为本书提供宝贵的素材及各种帮助：北京广利核系统工程有限公司石秦、国家能源集团四川天明发电有限公司尤宝旺、杭州振华科技邢伟积、华龙国际核电技术有限公司张瑞萍、上海核工程研究院王伟、神华宁夏煤业集团烯烃二分公司庄稼、芜湖海螺水泥有限责任公司吴志国、吴忠仪表有限责任公司马玉山、西仪集团（原西安仪表厂）田皋林、岳阳林纸股份有限公司喻铭艺、云南通威高纯晶硅有限公司燕国栋、中国成达工程有限公司童秋阶、浙江石油化工有限公司魏高升。

在本书的撰写过程中，我们参考了大量公开发表的文献，从中受益匪浅，对这些文献和资料的作者表示诚挚的感谢。

本书在编写过程中，学会积极广泛向社会各界、产学研用单位、特别向在专业发展中发挥了重要作用的重点单位采集，甚至多次采集史料。受项目周期等制约，本书一定有不尽周全之处，还望社会各界、相关单位、广大读者谅解，并敬请批评指正！

中国仪器仪表学会

2023 年 12 月

目　　录

绪 论

一、学科概述

自动化仪表学科包括自动化科学与自动化技术两个方面。自动化科学是以控制论为理论基础，并与系统论和信息论密切相关的一门技术科学；自动化技术则是实现自动化的必要手段和技术工具，是自动化科学与工程之间的桥梁。自动化仪表学科在我国有着悠久的历史。在现代，自动化仪表学科是一个多学科交叉的高技术学科，又是一个跨行业的应用型学科。自动化仪表学科发展迅速，在国民经济中起着举足轻重的作用。

（一）历史悠久的学科

古人很早就有制造机械装置以减轻或代替人工的想法。经过漫长岁月的探索，古人制造了许多原始的自动化装置，如指南车、铜壶滴漏、记里鼓车、漏水转浑天仪、水运仪象台等。一直到明朝初年，我国自动化仪表技术始终位居世界前列。

（二）跨行业的应用型学科

自动化仪表是工程中直接与对象相互接触和作用的设备，因而自动化仪表学科属应用型学科。应用型学科的学科属性决定它离不开知识综合、设计创造、动手实践，改善实验条件、加强实践环节的教育是自动化学科建设的重中之重。

自动化仪表学科的研究对象具有广泛性，既可以是固定的物体，如以机械制造工业为代表的离散工业和以原材料工业为代表的流程工业中生产制造装备，也可以是移动的物体，如航天航空器、轨道交通与汽车、船舶、火炮、机器人等，还可以是人参与的信息物理系统，如企业管理系统、交通管理系统、生物系统、社会管理与经济系统。自动化仪表的应用领域也非常广泛，它可以应用于人类生产、生活和管理的一切过程，如工业、农业、军事、科学研究、交通运输、商业、医疗、服务和家庭等各个领域。所以自动化仪表学科又是一个跨行业应用型学科。

应用型学科要解决社会生活、生产以及管理中的实际问题，聚焦战略需求、产业转型升级和创新驱动，并以此为目标开展相关科学研究和人才培养。自动化仪表学科是一个典型的应用型学科。它强化科技与经济、创新项目与现实生产力、创新成果与产业对接，推动重大科学创新、关键技术突破转变为先进生产力；增强创新资源解决实际问题，使之成为经济社会发展的驱动力；针对社会生活、生产以及管理中的实际问题，依托重点研究基地，围绕重大科研项目，健全科研机制，开展协同创新，优化资源配置，提高解决实际问题的能力和科技创新能力。

（三）多学科交叉的高技术学科

自动化仪表学科是一门多学科交叉、跨行业应用、内涵丰富、快速更新变革的高技术学科，是机、电、光、材料、化学、生物、计算机、通信等技术集为一体的高技术，它的研究内容宽广，涉及众多学科，它又与其他学科相互交叉、渗透。自动化仪表理论基础是由数学、物理、计算机以及研究对象所涉及的学科交叉形成的，所研制的自动化仪表涉及系统科学与工程、信息与通信工程、计算机科学与技术、数学、人工智能等学科知识。在今天人工智能、大数据、云计算、物联网和元宇宙等新技术的带动下，自动化仪表学科即将产生更大的突破，完全改变传统的技术路线和模式，产生新的质变和飞跃。

（四）快速发展的学科

人们通常以十八世纪八十年代瓦特改进蒸汽机调速器作为现代自动化仪表学科的正式起点，以它作为里程碑，自动化仪表学科只有二百多年的历史。经过一个多世纪，在二十世纪三四十年代，自动化仪表作为一类专门的设备出现。在二十世纪中后期，随着电子式控制器的广泛应用和计算机控制技术的诞生，自动化仪表已渗透到工业、农业、国防、交通等各行各业。而各行各业提高生产力的需求，又促使自动化仪表学科快速发展。

（五）作用举足轻重的学科

自动化仪表是认识世界的工具，起着信息源的作用，信息获取、传输、处理和应用都离不开自动化仪表。自动化辅助人或替代人去完成生产、生活和管理活动中的特定任务，减少和减轻人的体力和脑力劳动，提高工作效率和效益。发展工业生产离不了它，搞科学研究离不了它，自动化仪表的整体水平已经成为衡量一国综合国力的标志之一。

著名科学家钱学森指出："信息技术包括测量技术、计算机技术和通信技术，测量技术是基础。"王大珩院士也一再强调："测量技术是信息技术的源头。"所以自动化仪表是工业生产的"倍增器"、科学研究的"先行官"、军事上的"战斗力"、现代生活的"物化法官"。

置身第四次工业革命，我国正在全力推进制造业的数字化、网络化和智能化，建设制造业强国。在这种形势下，我们有必要总结中华人民共和国成立七十多年来自动化仪表学科和产业发展壮大的过程，记录下重要人物、重要时间节点发生的重大事件。每一次关键技术的突破，每一件新产品的诞生、国家的支持和鼓励，几代人的拼搏和攻关，产、学、研的大协作，技术的引进、消化和创新，都应该记录和总结，以史为鉴，给自动化仪表学科的建设和产业的发展插上腾飞的翅膀。

二、自动化仪表产业的构建

（一）中华人民共和国成立前的自动化仪表产业

上海是我国近代自动化仪表工业的主要诞生地。1901年，第一家经营进口仪器的商行"科学仪器馆"在上海开业，随后多家小工厂相继开张，它们除经营进口仪器仪表外，还仿造进口产品。除上海之外，天津等地也有零散的仪表修理工厂。

中华人民共和国成立前我国自动化仪表产业的特点是：①仪器仪表厂家为自发的、民族资本经营的企业，受进口仪表的倾轧，又得不到民国政府的支持；②规模小、从业员工少，生产场地多在市内民居区；③产品品种少、技术水平低，只有简单的电表、水表、压力表、水银温度计、示教仪器等；④业务以进口产品内销、修理、改装、互补互销为主，仅有少量的仿制产品生产；⑤经营状态艰难，一些工厂倒闭，剩下的也只能维持生计，未有大的发展。

（二）中华人民共和国成立后到改革开放前的自动化仪表产业

中华人民共和国成立后，经济恢复，各行各业有自动化仪表产品需求，党和政府对原有私营自动化仪表企业实施鼓励、关心和扶植政策，促使这些私营企业有较大幅度的发展。与此同时，还新建了一些自动化仪表企业。

1953 年起，我国进入了有计划、大规模的社会主义建设时期。国家一方面对私营仪表厂实行公私合营改造、行业改组、调整产品布局，另一方面建立国营大型骨干仪表厂，以适应第一个五年计划的发展，满足各工业部门对仪器仪表的大量需求。在上海这样自动化仪表企业集中的城市，还新设了市级机电仪表制造公司，实行统一管理。同时开始制定科学技术发展远景规划、仪器仪表工业发展规划，推动自动化仪表产业的发展。

从 1963 年开始，机械工业部着手内地三线仪器仪表工业的布局，上海、南京等东部发达城市选派领导及员工着手进行三线建设，六十年代中期开始在内地建厂。

（三）自动化仪表产业构建阶段的特点

中华人民共和国成立后，我国自动化仪表产业有如下几个特点。按产品分工建立各类自动化仪表专业生产厂。解放初期，私营企业规模小，产品生产种类多、产量低，将生产相近产品的企业合并，使生产规模扩大、技术力量集中、产品档次升级、企业效益提升，为恢复国民经济做出了贡献。

制定产业规划。1956 年，国务院科学规划委员会指出自动化仪表产业是我国国民经济的薄弱环节之一，要求在第二个五年计划加速发展自动化仪表工业。中共中央批准了《一九五六——一九六七年科学技术发展远景规划纲要》，在纲要中提出十二项对科技发展具关键意义的重点任务，其中第四项为"生产过程自动化和精密仪器"，专门列出对自动化仪表的要求，而在第二项电子学中的"新技术（超高频技术、半导体技术、电子计算机技术、电子仪器和遥控技术）"、第十项农业的"化学化、机械化、电气化的重大科学问题"中也都包含了自动化仪表。

在国民经济发展的各个阶段，均制定了仪器仪表工业发展规划，使我国自动化仪表产业发展方向明确、重点突出。

新建国营大型自动化仪表企业。在第一个五年计划期间，为满足多个工业部门对自动化仪表的大量要求，必须建立国有大型骨干自动化仪表工厂，以保证国家计划的顺利执行。这期间，新建了上海仪器厂、上海电表厂、哈尔滨电表仪器厂、西安仪表厂，等等。

成立了多家自动化仪表研究机构。1956 年，国务院批准成立第一机械工业部上海仪器仪表科学研究所，随后成立了哈尔滨电工仪表研究所、西安工业自动化仪表研究所、沈阳仪表科学研究院、上海仪器仪表研究所、天津市工业自动化仪表研究所、重庆工业自动化仪表研究所、中科院沈阳自动化所等自动化仪表行业科研机构。

产品统一设计。第二个五年计划期间成立的多个自动化仪表研究机构一方面加强自动化仪表基础科学研究，另一方面又按机械工业部要求组织各类产品的统一设计。如以上海工业自动化仪表研究所主持、行业相关自动化仪表厂参加的自动化仪表产品的统一设计，就有水表、玻璃转子流量计、浮子式差压计、电磁流量计、气动执行机构与调节阀、自动平衡式显示仪表、动圈式指示调节仪表、数字式显示仪表、气动单元组合仪表、电动单元组合仪表、电子皮带秤等十多类自动化仪表。

产业合理布局。1958 年，根据中央北戴河会议上的指示，国家要在河北、河南、云南、广东四省建立四个仪表基地。在 1963 年，机械工业部开始着手内地三线仪器仪表产业的建设工作，在四川、贵州、宁夏、陕西、甘肃等地新建工厂，由上海等东部城市外派领导、技术人员、工人及设备支援三线建设，从而使其中一些企业成为中国自动化仪表产业的主力，如四川川仪、宁夏吴忠仪表厂等。

产品技术水平提高。在二十世纪七十年代后期，我们已经通过统一设计开发了相当于国际六十年代水平的气动、电动单元组合仪表及巡回检测装置。

三、自动化仪表学科的构建

（一）中华人民共和国成立前的自动化仪表学科

自动化仪表学科的早期发展可追溯至抗日战争时期西南联大的相关专业教育，当时西南联大等高校开设了"应用电子学""伺服机件"等课程。

（二）中华人民共和国成立后到改革开放前的自动化仪表学科

新中国成立初期，百废待兴，国家处于大规模经济恢复和建设时期，一批投身民族复兴、国家昌盛、科学文化繁荣事业的有志之士，如钱学森、钱钟韩、王大珩、钟士模、沈尚贤、张钟俊、王良楣、杨嘉墀、刘豹、李华天、郎世俊、周春晖、方崇智、疏松桂、朱良漪等，从海外归国从教立业，投身国家的教育科研事业和自动化仪表产业。

为了满足大型骨干企业和国防工业对仪器仪表类专门人才的大量需求，在 1951 年，教育部决定设立仪器类专业，批准在浙江大学机械系设置国内第一个光学仪器专业，1952 年招收首届学生。1952 年天津大学、哈尔滨工业大学筹建精密机械仪器专业，聘请苏联专家在哈尔滨工业大学培养精密仪器专业的研究生。1956 年浙江大学开始筹建化学生产的操纵及检验仪器专业、天津大学创办了化工仪表与自动化专业，1958 年华东化工学院（现华东理工大学）组建化工自动控制专业，1958 年，北京化工学院设置化工仪表及自动化专业，1959 年北京石油学院设置石油生产过程自动化专业等。

此后清华大学、哈尔滨工业大学、合肥工业大学、上海交通大学、长春理工大学、北京理工大学、北京航空航天大学、东北大学、南京理工大学等也相继成立了自动化仪表相关专业。

天津大学、北京石油学院于 1960 年、浙江大学于 1961 年、北京工业大学于 1981 年先后招收工业控制仪表、化工自动化方向的研究生。

针对全国自动化仪表人才缺乏的状况，1957 年由教育部、中科院联办，清华大学具体承办"自动化培训班"，学员来自重点高校、研究院、设计院，历时一年半，为我国教育、研究、设计和产业单位培养出第一批从事自动化技术的领军人才。

1958 年至 1959 年，为加快化工自动化专业师资的培养，浙江大学为来自国内各高校的学员开办了多期自动化进修班。

（三）自动化仪表学科构建阶段的特点

在我国自动化学科专业建立以来的相当一段时间内，其人才培养模式和课程体系设置都参考了苏联的模式。学生培养目标是工程师，毕业分配到对口单位从事技术工作，因此不同行业和不同控制对象的专业都突出其背景领域问题，在专业课程设置上差别较大、内容细分化比较明显。早期毕业的大批自动化仪表专业本科生、研究生留校成为自动化仪表学科的新鲜力量。

一大批自动化仪表学科的专著、教材出版，为学科进一步发展奠定了基础。

学校各类实验室的建立、学生定期安排到生产一线的工厂实习，培养了学生的动手能力，形成了理论结合实际的学风。

四、自动化仪表产业的发展

（一）改革开放后的自动化仪表产业

改革开放的形势促使国外自动化仪表先进技术进入中国，为了迅速追赶国外自动化仪表先进技术，1979 年，西安仪表厂与美国罗斯蒙特公司签订 1151 系列电容式压力、差压变送器的技术转让合同，这是我国仪器仪表行业引进的第一个重要产品技术转让合同。

1981 年，一机部统一部署了自动化仪表的引进工作，确定"以重点工程带系统、以系统带仪表"。1983 年至 1987 年间，引进了十七类系统、五十二类仪表，通过技术引进和消化吸收，大幅提高了我国自动化仪表水平，也引发了稍后持续不断的技术引进。1982 年，第一个中外合资的自动化仪表企业上海福克斯波罗公司成立。

进入二十世纪九十年代，我国加大了与国外企业成立合资企业的步伐，与霍尼韦尔、横河、罗斯蒙特、ABB 等公司成立了合资企业。之后横河、山武、工装、西门子等公司在我国还成立了独资企业。

在引进吸收、合资合作的基础上，国家"科技攻关计划"中安排了自动化仪表科技攻关项目和工程技术改造项目。通过中央财政投入，引导地方配套和单位自筹资金，组织多个科研院所、高等院校和企业联合攻关，完成了计划项目的实施，如"九五"期间的现场总线智能仪表研究开发、自动测试系统及设备开发研究、传感器技术研究开发。在"十五"到"十三五"期间，国产自动化仪表整体上实现了从模拟技术向数字技术的转变，并在网络化、智能化技术方面有了很大的进展。国产自动化仪表产品加快了向中高档产品发展的速度，开发了一批技术水平达到或接近国际水平的中高档产品。如自主研制的集散控制系统、高精度压力、差压变送器、高精度多声道超声流量计、质量流量计、高温高压调节阀等，并已投入批量生产。如集散控制系统的发展也经历了引进、合资和自主研发的过程，但发展得最好的还是以浙江中控、北京和利时、中核集团（中国核动力研究设计院）、国电集团（国电智深）为代表的自主研发产品。

1986 年 3 月，王大珩、王淦昌、杨嘉墀、陈芳允四位科学家向国家提出跟踪世界先进水平、发展中国高技术的建议。经邓小平批示，国务院批准了《高技术研究发展计划（"863"计划）纲要》。"863"计划选择对中国未来经济技术发展有着重大影响的生物技术、航天技术、信息技术、激光技术、自动化技术、能源技术、新材料七个领域作为突破重点，追踪世界先进国家的技术先进水平，提振自动化仪表的长足发展。

国家做了大量的引导工作。如在第十个五年计划纲要中，明确提出把发展仪器仪表行业放到重要位置，国家计委、经贸委、科技部等部委又将仪器仪表行业发展列入许多专项，调用大量经费扶持仪器仪表行业；2006 年，国务院出台《关于加快振兴装备制造业的若干意见》，将重大工程自动化控制系统和精密测试仪器作为重点发展领域；《国家中长期科学与技术发展规划纲要（2006—2020）》规划了多个测量控制系统和仪器仪表发展方向。

（二）改革开放后自动化仪表产业的特点

在自动化仪表产业中，领先企业包括各种所有制的企业。如控制系统的企业有浙江中控、北京和利时这样的民营企业，也有中核集团、国电集团这样的国有企业；变送器的企业有川仪集团这样的国有企业，有横河川仪这样的合资企业，也有像重庆伟岸、上海威尔泰、福建上润这样的民营企业。

通过技术引进、中外合资使国外自动化仪表先进技术进入我国，通过引进技术消化吸收再创新，大幅提高了我国自动化仪表和系统的水平。

集散控制系统（DCS）的自主研发是我国自动化仪表发展的一面旗帜，面对国外自动化仪表巨头产品的压制、围剿，国产集散控制系统从中小企业起步，挤进一个一个行业，从技术服务、备件供应、用户要求及时响应等方面入手，一步步扩大国产集散控制系统的地盘，迫使国外集散系统产品大幅降价，国产集散控制系统还进入国际市场。与此同时，国产集散控制系统的发展也带动了国产可编程序控制器系统（PLC）、安全仪表系统（SIS）的发展。

我国在这一阶段开始制订自动化仪表国际标准，如由浙江大学、浙江中控、中国科学院沈阳自动化所、重庆邮电学院、大连理工大学、清华大学、上海工业自动化仪表研究所、机械工业仪器仪表综合技术经济研究所、北京华控技术有限责任公司等联合制定的我国第一个拥有自主知识产权的现场总线国家标准 EPA 于 2005 年得到国际电工委员会的正式承认，列为 IEC61158 现场总线 Type 14。再如由中国科学院沈阳自动化研究所牵头的中国工业无线联盟负责制定的工业无线网络 WIA–PA 技术标准，2011 年经国际电工委员会工业过程测量、控制与自动化技术委员会 IEC/TC65 的二十六个成员国投票，全票通过，正式列为 IEC 国际标准 IEC62601。WIA–PA 成为工业无线领域三大主流国际标准之一。

五、自动化仪表学科的发展

（一）改革开放后的自动化仪表学科

改革开放后，为适应国民经济建设和科学技术发展、满足人才培养的需求，自动化仪表学科的教育事业主要经历了转型发展期（1978 年至 2000 年）和创新发展期（2001 年至今），在国家工业自动化与信息化、现代化建设的进程中得到了快速发展。

在二十世纪七十年代，四十多所院校设有自动化学科；到 2004 年，有二百四十所高校设有自动化类本科专业，其中二十九所高校有博士点，九十七所高校有硕士学位授予权；到 2014 年，有四百六十一所高校设有自动化本科专业，其中能够授予博士学位的有二百多所。

转型发展期间，通过借鉴和参考西方发达国家的先进经验，各院校都进行了较大幅度的专业调整，自动化仪表学科在原有的工业自动化仪表专业的基础上，新注入了自动控制理论专业，也开启了模式识别和智能控制专业、系统工程专业，并保留了面向不同控制对象的专业分类方法，即运动控制、过程控制、液压控制、飞行器制导与控制、计算机集成制造系统等。

自动化技术是自动化科学与工程之间的桥梁，一方面要将自动化原理和方法应用于实际工程，将科学研究成果转化为生产力，另一方面还要将工程实践中遇到的复杂问题，提炼抽象成为新的科学问题，作为新的研究对象。

自动化学科能如此快速发展壮大是有原因的：自动化在我国经济建设中做出了巨大贡献；控制科学与技术已纳入国家重点支持的科学技术计划中；各相关工科专业纷纷向自动化专业靠拢；自动化的概念已深入人心；自动化专业人才需求量大、受用人单位欢迎、招生报考人数多；等等。

进入二十世纪八十年代，国家科委、国家自然科学基金委、各工业部门、国家教委和各高校自身纷纷开始建立自动化（仪表）学科的科研基地，国家科技攻关、国家"863"高技术计划、国家攀登计划、国家"973"基础研究计划里也列入了自动化相关的研究和应用，吸引了大批学者和科技人员专门从事或跨学科兼顾从事自动化技术的研究，自动化仪表学科也进入了蓬勃发展期。

先后批准建立大批与自动化仪表学科有关的国家重点实验室、国家工程实验室、国家工程研究中心、国家工程技术研究中心、国家重点学科。

（二）改革开放后自动化仪表学科的特点

转型发展期的自动化仪表学科建设的特点是，随着专业名称的调整，人才培养模式也发生了较大的变化。为适应新时期经济建设的需要，提出厚基础、宽口径、复合型、注重创新等人才培养的理念。课程体系注重通识教育、信息技术教育，对于学生来源也从"精英教育"向"大众教育"转变。继续探索并强化基础学科、同时发展交叉学科和技术融通的新教育模式。

创新发展期的自动化仪表学科建设的特点是，在引进和学习国外先进技术之外，开始注重科学研究和创新精神培养、强调有自主知识产权的技术创新、发展多学科交叉研究。自动化学科向理论和实际相结合、强弱电并重、软硬件兼顾的综合学科发展的特色，其结果是自动化仪表学科已经融入了自动化学科中。

自动化学科是应用型学科，自动化仪表又是工程中直接与对象相互接触和作用的环节。工程学的属性离不开知识综合、设计创造、动手实践。改善实验条件、加强实践环节的教育是自动化仪表学科建设的重中之重。

六、我国自动化仪表学科发展的历史经验

人才培养先行。自动化仪表学科的高等院校为自动化仪表企业输送了大量人才资源，并与企业通过产学研合作方式为企业提供了创新成果。自动化仪表专业技能型人才则大量来自职业技术学院、专科学校和技师、技工学校，他们为自动化仪表学科应用技术的发展发挥了重要作用。

制定自动化仪表规划。国家在产业发展、学科发展等方面，根据国民经济及社会发展需求，做了大量的战略布局和政策导向工作，如在五年计划纲要中、在振兴装备制造业意见中、在长期科学与技术发展规划纲要中，都提出把发展仪器仪表行业放到重要位置、调用大量经费扶持仪器仪表行业及学科发展、将自动化仪表作为重点发展领域。

产学研用结合。产学研用相结合，是产业、学校、科研机构、用户相互配合，发挥各自优势，形成强大的研究、开发、生产一体化的先进系统，是科研、教育、产业不同社会分工在功能与资源优势上的协同与集成化，是技术创新上、中、下游的对接与耦合。通过产学研

用的紧密结合，将学校及科研机构创造的科技成果尽快转化为产业优势，促进自力更生、自主创新，从而推动国民经济高质量发展。

调整专业设置及人才培养模式。各院校不断进行体系化、规范化的专业整合和划分，在引进和学习国外先进技术之上，注重创新精神培养、发展多学科交叉研究，人才培养的理念向厚基础、宽口径、复合型、注重创新方向转变。

撰稿人：方原柏

上编

新中国成立以前自动化仪表的概况

第一章　中国古代的自动化技术

自动化仪表是由若干自动化元件构成的具有较完善功能的自动化技术工具。它一般同时具有数种功能，如测量、显示、记录、报警、控制等。广义地说，自动化仪表这一术语还可以把自动化元件和自动化设备包括在内，代替自动化技术工具一词，包括自动检测仪表、显示记录仪表、巡回检测装置、模拟调节仪表、单元组合仪表、数字式仪表、组装式综合控制装置、防爆仪表、分布式数字控制系统等。

自动化技术的发展，大致可以划分为自动化技术形成、局部自动化、综合自动化三个时期。

自古代以来，人类就有创造自动装置以减轻或代替人劳动的想法。自动化技术的产生和发展经历了漫长的历史过程。我国古代的指南车和铜壶滴漏（简称漏壶）等，十一世纪欧洲出现的钟表和风磨控制装置等，这些各自独立的发明，对自动化技术的形成起到了先导作用。

尤其是我国，古人以光辉灿烂的科学文化为根基，创造了众多的自动化装置。我国古代的水利工程中还有自动化系统概念的萌芽。在那样漫长的岁月里我国一直领先欧洲。

我国先民在长期的社会实践中逐渐形成了把事物看作整体，把事物诸因素联系起来进行分析和综合的系统思想，这也促进了我国古代自动装置的创造。

一、指南针

古人将天然磁石打磨成针状以指示南北，这就是指南针。它们先在天文、占卜方面使用，几百年后又被用于航海。北宋沈括的《梦溪笔谈》对指南针有清晰的描述，还记载了磁偏角。我国最早把指南针应用于航海。指南针传入欧洲后进一步发展，并在不同领域得到应用。

二、指南车

指南车是我国古代用来指示方向的一种机械装置。《宋史·舆服志》认为黄帝时代就发明了指南车。当然，这个记载应属于传说。根据推测，公元前十一世纪周成王时已应用指南车，后世的张衡、马钧、祖冲之也曾制造、改进指南车。

指南车是马拉的双轮独辕车，车厢上立一伸臂的木人，手臂指向正南方。车厢内装有能自动离合的齿轮系。当车子转弯偏离正南方向时车辕前端就顺此方向移动，而后端则向相反方向移动，并将传动齿轮放落，使车轮的转动带动木人下方的大齿轮向相反方向转动，恰好抵消车子转弯产生的影响。车向正南方向行驶时，车轮和木人下的大齿轮是分离的，木人指向不变。因此，无论车转向何方，木人的手臂始终指向南方。

指南车的齿轮系虽然简单，但它能够自动离合，在技术上优于记里鼓车的齿轮系。车子转弯时，车轮带动齿轮系使木人沿着与车子转动方向相反的方向转动，恰好补偿车子的转角。

三、记里鼓车

记里鼓车是我国古代能自报行车里程的车子。据王振铎考证，记里鼓车是东汉以后出现的，由汉代鼓车改装而成。车中装设具有减速作用的传动齿轮和凸轮杠杆等机构。车行一里，车上小木人受凸轮牵动，由绳索拉起小木人右臂击鼓一次，以表示行车的里程。

四、铜壶滴漏

铜壶滴漏是我国古代的自动计时装置，又称漏壶、刻漏、漏刻。对漏壶的最早记载见于《周礼》"悬壶以为漏"。这种计时装置最初只有两个壶，由上壶滴水到下面的受水壶，淹没刻度以示时间。后来发展成浮箭漏刻的自动装置。宋朝杨甲《六经图·毛诗正变指南图》记载的"齐国风挈壶氏之图"就是这种自动计时装置。这种计时装置是一种开环自动调节系统。

五、水运仪象台

北宋哲宗元祐年间苏颂、韩公廉等人制成以水力驱动的天文计时装置。水运仪象台高三丈五尺六寸，宽二丈一尺。它既能演示或观测天象，又能计时、报时。水运仪象台利用铜壶滴漏的恒定水流作动力来推动枢轮，枢轮又带动浑象和浑仪两个齿轮系。天衡是整个系统的自动调节器，而整个枢轮转速恒定系统则是一个采用内部负反馈并进行自振荡的系统。水运仪象台装有自动机构，在每个时辰初，正和每刻相应地有木人摇铃、打钟和击鼓。

六、浑仪

浑仪也叫浑天仪，是浑仪和浑象的总称。浑仪是测量天体球面坐标的一种仪器，是一层套一层的圆环，有些环可以转动。在层层圆环中间有一根细长的窥管。将窥管瞄准所观测的目标星，即可借助诸圆环上的刻度定出此星在天球上的位置。

七、都江堰水利工程

都江堰水利工程由战国时期秦国李冰修建。都江堰主体工程有三部分：鱼嘴分水堤、飞沙堰泄洪道、宝瓶口引水口。工程充分利用当地西北高、东南低的地理条件，三部分相互制约，既可防洪泄洪，又能引水灌田。

从自动控制系统观点来看，都江堰水利工程非常值得称道。鱼嘴分水堤可以根据水流的流量，按季节不同给定河流比例实现分流。在丰水期，经鱼嘴的江水有六成进入外江，四成进入内江，而枯水期则恰恰相反，这便是"分四六，平潦旱"的功效。属于外给定的流量比例控制系统。飞沙堰溢洪道具有泄洪、排沙和调节水量的显著功能。一般情况下，它属于内江堤岸的一部分，但遇特大洪水时，它会自行溃堤，让大量江水流入外江，是恒流量自动调节和河床液位上限自动保护系统。宝瓶口是一道位于玉垒山山脊上的缺口，它起节制闸作用，能自动控制内江进水量，是恒流量调节系统。三大系统均为自力式控制系统，无须外给动力能源。

都江堰水利工程充分反映了古人自动控制系统思想的高度。

八、寿县月坝自动排水防洪系统

寿县古城坐落于淮河中游南岸，地势低洼，历史上洪患频繁。为了防止汛期洪水从排水涵道倒灌入城内，智慧的古人设计了月坝。月坝排水防洪系统始建于北宋，由穿过城墙的地下涵道和地面部分的月坝两部分组成，可用自动化仪表系统来探索分析。

连接城内外的涵道与月坝交会处有一个木制挡板，整体组合成一个自力式单向阀。单向阀内有一个凸字形的木制挡板，相当于液位差敏感构件，由两侧液位压力差而能产生位移，控制涵道启闭。当城外水位高于城内水位时，挡板向涵洞口移动，挡板上凸出的木塞子就堵住涵洞口。当城外的水位低于城内，挡板就离开涵洞口，城内的雨水就排到了城外。涵道、月坝、挡板整体构成了防洪排水的自立式液位差自动控制系统。从差压测量原理来看，这个系统与 CF 浮子式水银差压计及电容式差压计的原理是相似的，都是利用测量元件两侧受压力差而产生位移。另外，月坝内设石阶，可沿石阶进入坝内人工控制闸门。

撰稿人：钱政　文喆

参考文献

［1］现代测量与控制技术词典［M］. 北京：中国标准出版社，1999.

［2］万百五. 我国古代自动装置的原理分析及其成就的探讨［J］. 自动化学报，1965，3（2）：57–65.

［3］程军. 记里鼓车发明时间考［J］. 山西大同大学学报（自然科学版），2019，35（3）：93–97.

［4］刘仙洲. 中国机械工程发明史：第一编［M］. 科学出版社，1962.

［5］中国大百科全书：自动控制与系统工程［M］. 中国大百科全书出版社，1991.

［6］李约瑟. 中国科学技术史［M］. 科学出版社，上海古籍出版社，1989.

［7］李约瑟. 中华科学文明史：上、下［M］. 柯林，罗南，改编. 江晓原等，译. 上海人民出版社，2014.

第二章　我国近代的自动化仪表事业

第一节　留学生的贡献

我国的现代科学是从西方引进的，在引进西方科学的过程中，留学生发挥了重要的作用。在自动控制与工程学科方面，留学美国的王良楣和朱良漪为本学科的引进和创建做出了重要贡献。

一、自动化仪表事业的主要奠基人之一王良楣

王良楣是我国自动化仪表事业的主要奠基人。1914年，王良楣出生于河北保定，十五岁时离家去北平就读高中。高中毕业后，考取了清华大学电机系。1936年毕业，赴上海工作。上海沦陷后，随单位内迁重庆，先在上川实业公司下属的电气工厂和复东电机厂工作，并在中央工业专科学校兼职执教，后到民国政府经济部中央工业试验所任工务科长。

1945年春天，王良楣参加了重庆国民政府举行的考试，获得了去美国留学的机会。在美国期间，王良楣并没有去大学，而是先后在美国福克斯波罗、霍尼韦尔、泰勒、里诺、贝克曼等多家著名仪表公司考察实习。他潜心钻研，勤奋学习美国先进的仪表设计、制造技术，力求深入掌握和积累实用专业知识和技能。他在霍尼韦尔公司曾亲见苏联的工程师正在测试电子式长图记录仪，这正是新中国成立初期在我国享有盛名的ЭПП-09型多点长图记录仪的鼻祖，上海大华仪表厂的多点长图记录仪就是仿造它生产的。1947年年底，考察实习结束后，王良楣回国。

回国后，王良楣被任命为经济部中央工业试验所电工实验室主任。实验室设置在上海的一座破旧仓库里，只有几台仪器。实验室的十多名技术人员与技工，也只能从事一些电工仪器的检验和修理。1948年，他任经济部中央工业试验所上海第三试验馆高压电力实验室主任。1950年下半年他被军管会任命为中央工业试验所第三试验馆馆长。当时第三试验馆有工业仪器组、机电试验组两个大组和一个车间，王良楣负责工业仪器组，从此正式进入仪器仪表领域。1954年上半年，轻工业部成立了上海科学研究所仪器仪表研究室，王良楣任主任。

1956年10月16日，第一机械工业部上海仪器仪表科学研究所成立，王良楣担任副所长兼总工程师。这是我国仪器仪表行业第一个国家级研究所。王良楣有了用武之地，他带领一批年轻的科研技术人员和工人们，开创了新中国的仪器仪表工业。在短短几年时间内，他们

成功研制了大型圆图自动平衡式记录仪、温湿度自动控制记录仪、时间程序控制器、遥控温度计、动圈指示调节仪表、电磁流量计、超声液位计、气动单元组合仪表、电动单元组合仪表等一系列产品，并及时应用于工业现场，为我国自动化仪表工业写下了光辉篇章。

1966 年 3 月，机械部上海自动化仪表所的王良楣等一百六十名年富力强、技术精湛的行业骨干，响应祖国的参加三线建设的号召，迁往重庆北碚，在施家梁山坡上，迅速建起了我国第二个国家级自动化仪表科研基地重庆工业自动化仪表研究所，王良楣担任所长兼总工程师。重庆所建成后，与上海所并驾齐驱，成为中国仪表工业的两大支柱。1976 年，王良楣调到北京担任第一机械工业部北京机械工业自动化研究所所长，1980 年担任国家仪器仪表总局总工程师。1982 年起直到去世，一直担任机械工业部仪表局技术委员会主任、技术顾问。

二、仪器仪表、自动化控制技术行业的开拓者之一朱良漪

朱良漪是我国仪器仪表、自动化控制技术行业的开拓者，是分析仪器行业的主要创始人，提出了一系列发展中国仪器仪表和自动控制技术方面的具有战略意义的观点和论述。他还是中国自动化学会和中国仪器仪表学会的主要发起人。1920 年朱良漪出生于江苏扬州，1938 年进入北平燕京大学理学院工预系（机械专业）学习，1944 年毕业于成都燕京大学物理系。1947 年赴美国明尼苏达州立大学研究生院学习，主修内燃机工程，副修工业工程，1949 年春获该大学机械工程硕士学位，并通过了进修博士资格考试。得知新中国成立的消息后，朱良漪放弃学业，1950 年偕同夫人回国，热情投入新中国的经济建设。

从 1955 年制定十二年科学技术规划开始，朱良漪便以仪器仪表专家身份多次参加国家科委的科学技术规划、电子振兴计划、"863" 高科技规划。并从 1978 年起，朱良漪连续三届担任国家发明奖励评审委员会委员和自然科学基金委员会学科评审组成员。在培养科技人才方面朱良漪也是不惜精力，分别在天津大学、厦门大学、清华大学、浙江大学等院校任兼职教授，指导研究生，负责承担科研课题。

五十年代，苏联曾承诺援建的我国规模最大的分析仪器厂北京分析仪器厂，但 1959 年苏联专家来华不足十个月就都撤走了。朱良漪承担起全面的技术负责人的职责，在短短五年内建成并投产。在朱良漪率领下，北京分析仪器厂完成了中国第一台大型同位素分析质谱计（国家仪表新产品一等奖）、气相色谱仪（国家仪表新产品二等奖）、核磁共振波谱仪、红外气体分析仪、磁性氧量计（国家仪表新产品四等奖）、热导式分析仪六大系列十多种规格的产品，为我国核技术和石油化工、冶金、电力等工业提供了新一代的科研分析装备，从而奠定我国现代化分析仪器的基础。八十年代，在组织领导中国重点引进工程 30/60 万千瓦发电站中，运用系统工程方法成功地完成全厂总体监控系统的设计与投入运行做出样板。他还领导全国仪表制造厂引进了几十种当时世界先进的自动控制系统设计技术和仪表制造技术，并实现国产化，为我国工业仪表的制造水平做出了重要贡献。

中国在线分析仪器应用及发展国际论坛暨展览会（简称 CIOAE）也是由朱良漪于 1997 年创办。第一届会议在北京颐和园燕山石化公司动力厂疗养所举办。至今北京中仪雄鹰国际会展有限公司举办十五届，成为在线分析仪器交流主要平台。在全国各地分析仪器公司和企业的众筹资金下，创立了朱良漪青年科技创新奖，每年评审一批优秀的创新产品予以奖励，

推动在线分析仪在工业自动化中的广泛应用。朱良漪还创立了中国仪器仪表学会分析仪表分会。

王良楣和朱良漪等学术前辈，在二十世纪四十年代出国留学，学习自动化仪表相关专业知识，在中华人民共和国成立前后回国报效，带领大家创建自动化仪表行业的研究和制造实体企业，大大促进自动化仪表工业的发展。

第二节　近代教育和科研机构中自动化仪表学科的创立及成长

我国自动化仪表学科的创立及成长，与大学的创办和科学社团的建立密不可分。在前辈们的努力下，大学、科学技术团体、研究机构也顺势而生，为自动化仪表学科的人才培养和学术交流，打下了基础，提供了平台。

我国自动化仪表专业教育最早记录是在抗战最艰苦的年月，西南联大等高校开设了应用电子学、伺服机件等课程，这是我国最早的仪表和自动化课程之一。之后，诸如钱学森、钱钟韩、王大珩、钟士模、沈尚贤、张钟俊、王良楣、杨嘉墀、李华天、郎世俊、周春晖、方崇智、疏松桂、朱良漪等不少有志者，他们矢志民族复兴、国家昌盛、科学文化的繁荣，凭借着信念与坚韧，奔赴海外求学、工作，而后归国从教立业，引入国外自动化仪表领域内新科技，在各高校创建自动化仪表专业，成为我国现代史上仪表和自动化领域内各领风骚的名师大家，培养了一批又一批自动化仪表学科的专业人才。

一、大学的自动化仪表专业

近代中国大学的产生，要回溯到兴学强国和洋务运动的时代大背景，是我国近现代社会发展的产物。

（一）天津大学

1895年，我国近代史上第一所大学北洋大学诞生。学校由光绪皇帝批准创建于天津，由盛宣怀任首任督办，内设头等学堂（大学本科）和二等学堂（大学预科）。其中，头等学堂有四个学门，其中就有工程、矿务和机器三个与自动化技术相关。该校后来发展成天津大学，并于1956年设置工业控制仪表专业。当时向苏联学习，名为化学生产检测仪表与自动化，后来改为化工仪表与自动化专业，1959年改为工业控制仪表专业。

天津大学的刘豹教授，为我国自动控制与系统工程学科的发展作出了不可磨灭的贡献。刘豹1923年生于上海，1941年考入重庆大学机械工程系，1946年毕业后进入北洋大学机械工程系任助教。1948年进入美国科罗拉多大学机械力学系攻读硕士学位，1949年春获硕士学位后受聘于美国费城鲍德温公司，1950年2月回国。他回国先在大连海军学校任教，于1954年4月应邀到天津大学任教，并担任天津大学精仪系副主任。1954年出版了自动控制方面的专著《自动控制原理》。1956年他又创办了化工仪表与自动化专业。1959年出版自动控制原理。1963年，出版了当时在全国有较大影响的专著《自动调节理论基础》，六十年代初，开始从事气动自动学及气动自动装置的研究，为中国仪表界气动自动学奠定了理论和方法基础，其中一些成果引起了国际学术界的关注。改革开放之后，刘豹的研究领域从自动控制开始转向系统工程，发起创建了中国系统工程学会，创办《系统工程学报》并担任主编。他负责主持天津大学等院校统一编写的《热工测量仪表》《化工仪表及自动化》《自动调节器》《自动化元件及装置》等多种教材书籍于1961年开始由多家出版社出版发行。

（二）上海交通大学

1896年，南洋公学在上海成立，盛宣怀任首任督办。这是我国最早兼有师范、小学、中学和大学这一完整教育体系的学校，其中师范是我国近代最早的新型师范学校。1921年，南洋公学更名为交通大学。1956年国务院决定，为了支援西北地区的建设，起源、根植并辉煌于上海的交通大学主体内迁西安，被称为交通大学西迁。1959年，分别设立上海交通大学、西安交通大学。上海交通大学于1958年9月设立自动学与远动学专业。1960年归国家科委领导后改为导弹自动控制专业。1962年7月，改称为火箭控制与稳定系统专业，另外正式成立了自动控制系。上海交通大学张钟俊教授开创了我国控制理论和控制技术的研究历史。

张钟俊1915年生于浙江嘉善，1930年进入交通大学电机系就读。1934年毕业后，以其出众的学习成绩获得中美文化教育基金的奖学金资助，进入美国麻省理工学院就读，1935年6月获得硕士学位，1937年12月获得了科学博士学位，并成为麻省理工学院历史上第一个博士后副研究员留校工作。麻省理工学院对于攻读科学博士学位的研究生要求很高，张钟俊除了要攻读电工学科的课程之外，还必须在理学院选择一门学科作为副科。张钟俊选择了数学作为副科，选择的课程是控制论的创始人维纳讲授的"傅立叶分析"，因此结识了维纳并经常向其求教，讨论的内容也远远超出了傅立叶分析的范畴。在维纳的影响下，张钟俊在对单相电机短路时的暂态过程进行研究时，采用傅立叶级数的方法对其中含周期变化参数的微分方程进行了深入分析，解决了这个多年来悬而未决的难题，在此基础上完成了博士论文《单相凸极电机短路分析》。1938年夏，张钟俊接到家书，得知家乡被日寇占领，深感国破家亡，毅然放弃美国的优越生活和工作，取道香港返回上海，成为1934级交大毕业同级同学中第一个从国外返回祖国的。1940年，交通大学校友筹建重庆分校，张钟俊积极参与并任电机系主任。1942年，交通大学重庆分校成立电信研究所，张钟俊亲自讲授高等电工数学等课程。同时指导学生从事网络综合理论的研究。张钟俊在1948年出版了《网络综合》，这是国际上第一本讲述网络综合理论的专著。书中采用复频率的概念来表征两端口和四端口网络的阻抗函数，它们分别是复变量的标量和矩阵的有理函数，这个概念与经典控制理论及以后来的现代控制理论中的传递函数和传递函数矩阵是一致的。在电信研究所的后期，张钟俊开始研究自动控制理论，并在国内最早讲授自动控制课程伺服原理，主要方向是随动控制。从此开创了我国控制理论和控制技术的研究历史。1980年张钟俊访美，结识了现代控制理论的创始人之一卡尔曼。同为麻省理工学院校友的两人彼此欣赏，建立了深厚的友谊。张钟俊还为中国自动化学科与技术的发展培养了一大批杰出的优秀人才。

（三）北京大学和清华大学

1898年，光绪皇帝发出谕旨，中国近代第一所国立大学京师大学堂成立，梁启超起草了《奏拟京师大学堂章程》，这个章程是北京大学的第一个章程，也是中国近代高等教育的最早的学制纲要。京师大学堂成立之初，行使双重职能，既是全国最高学府，又是国家最高教育行政机关，统辖各省学堂。1912 年后更名为国立北京大学。清华大学对中国近现代高等教育发展起到重要推动作用，其历史可以追溯到 1911 年清华学堂的成立，1925 年设立大学部，1928 年国立清华大学正式成立。1937 年抗日战争全面爆发后南迁长沙，与北京大学、南开大学组建国立长沙临时大学，1938 年迁至昆明改名为国立西南联合大学。中华人民共和国成立初期，方崇智回国任教于北京大学工学院，1952 年全国院系调整，方崇智先生调到清华大学，为自动化学科的建设，做出了突出贡献。

方崇智 1919 年 11 月 25 日出生于安徽省安庆市，1942 年重庆中央大学机械系毕业，获工学士学位。1945 年考取公费留学英国，在伦敦大学玛丽皇后学院攻读博士学位，1949 年获哲学博士学位。1949 年 9 月中华人民共和国成立前夕，在伦敦的我国进步青年组织的帮助下，转经香港、天津、北京回国，任北京大学工学院机械系副教授。1952 年全国院系调整，方崇智先生调到清华大学动力机械系，组建汽轮机教研组，并担任教研室主任。1956 年根据国家需要，在苏联专家齐斯加可夫的指导下筹建热能动力装置专业自动化专门化和相应的教研组，担任教研组主任。1958 年清华开办全国自动化培训班，方崇智讲授发电厂锅炉设备的自动调节、热工过程自动控制系统等多门课程。1960 年，晋升教授，受命筹建热工量测及自动控制专业（过程控制的前身），同时担任热工量测及自动控制教研组主任。在他的带领下，经过广泛调研，制订了专业培养方案。方案强调，本科生培养，不仅要有坚实的理论基础，系统的专业知识，还应有实际动手能力，强调教学实验、课程设计、生产实习和毕业设计等实践环节在教学中的作用。1970 年，方崇智教授所在的专业调整到新建立的自动化系。1977 年恢复高考后，方崇智教授重新担任教研组主任，并兼任自动化系学术评议组成员，参与自动化系的学科建设。1978 年，方崇智教授作为发起人之一发起成立中国过程控制专业委员会。1981 年，我国恢复学衔制度后，方崇智教授被评为首批博士生导师，成为清华大学控制科学与工程一级学科学术带头人之一，控制理论与控制工程二级学科的学术领军者，同时担任清华大学自动控制研究会理事长、名誉理事长。方崇智教授很重视教材建设。早在 1962 年他就亲自编写了自动调节原理、热工过程自动化等专业教材，八十年代又相继组织编写了过程控制、过程辨识、过程计算机控制等高质量的教材，并把美国著名过程控制专家欣斯基（F. G. Shinskey）的著作《过程控制系统》翻译成中文出版，推荐作为教学参考书。《过程控制系统》一书获化学工业出版社优秀图书奖，颇受国内同行欢迎。《过程辨识》一书曾获清华大学优秀教材奖，在全国高校中产生很大影响，还曾在台湾出版。这是一本结构完善、内容丰富、理论联系实际、颇具独特风格的教材。方崇智教授在控制学科从事科学研究几十年，涉及的研究范围比较广，其中系统建模、动态系统故障诊断和系统控制与优化是三个主要研究领域。

（四）浙江大学

浙江大学于 1954 年开始组织化工系和电机系骨干教师成立筹备组，由 1949 年任美国西北大学机械系客座教授和阿立斯却默斯机械制造公司顾问工程师回来的浙江大学化工系副主任力学教授王东任组长，1953 浙江大学化工系研究生讲师王骥程老师任副组长，开始筹备我国化工自动化专业（简称化自，现称控制）。1956 年教育部将这一专业正式命名为化工生产的操纵及检测仪器（简称化仪）。9 月招收六十余名学生正式开班。1957 年当正在清华生产过程自动化进修班学习的王骥程（担任自动化四班班长），受浙江大学刘丹校长的委托后，与正在北京的周春晖教授夫妇长谈，最终邀请周春晖教授夫妇于1958年赴浙江大学任教，一起共同创建化自专业。

周春晖1922年生于云南昆明，初中毕业后考入昆明工业学校机械班，1939年同等学力进入云南大学化学系，但是因为家境贫寒而辍学，后进入昆明邮政局工作，1942年考取云南省公费赴美留学，进入由西南联大代办的云南省留美预备班学习，因多种原因，到1945年6月中旬才启程赴美。在美国期间，周春晖先在麻省理工学院就读，于1947年获得化学工程专业学士学位，之后进入特拉华大学学习，1949年获得化学工程硕士学位，后在费城大陆纸品公司工作。1950年进入密歇根大学，1954年获得应用数学硕士学位和化学工程博士学位。博士毕业后，周春晖进入伦斯勒理工大学任教，担任化工系助理教授，后升至副教授，工作期间主要讲授化工动力学及化工自动化课程，同时进行有关方面的科学研究和培养博士研究生。1957年夏天，虽然在美国已经拥有很好的地位和生活条件，但是周春晖仍然心系祖国，毅然举家回国。1958年，清华大学举办全国生产过程自动化进修班，周春辉为进修班讲授化工生产过程自动化，详细介绍了1957年美国高校内化工自动化仪表专业发展水平。随后，赴浙江大学任教。培育大批化工自动化的科技人才同时，周春晖还围绕过程控制开展了系统深入的研究工作。二十世纪五六十年代，在合成氨厂中提出并实现了用自动控制的方法改善生产过程。在培育了大批化工自动化的科技人才的同时，周春晖教授还提出用过程控制的方法代替生产过程中大型气柜的方案，这个方案的实施，在国内尚属首创，他组织并主编了一批自动化仪表学科的教材和专著，如：1963年浙大化自教研组编写的《化工简易自动装置的试制及应用》；1973年周春辉和蒋慰荪（华东化工学院）等十位合编了《化工自动化》上、下册出版；1975年至1990年周春辉与近三十位专家历时十五年联合编写了二十六册《化工自动化丛书》；1980年周春辉主编的《化工过程控制原理》出版；1993年周春辉主编的《过程控制工程手册》出版，参加编写的有高校、设计院、研究院、化工厂、仪表生产厂等多方人才。王骥程教授主编《化工过程控制工程》，并撰写出版了《选择性调节》《化工动态学》《过程动态模型》等著作，译有《硫酸生产设备自动化》。

那时，正是因为全国各地高校的千百位自动化仪表前辈，从创立工业自动化专业，创建和促进自动化仪表学科的发展，到亲自执笔撰写教材和著作，不懈奋斗，才有了后来自动化仪表学科的飞跃的局面。

二、中国电机工程师学会的创立与变迁

科学技术团体是社会生产和科学技术发展的产物，我国科学技术团体出现在十九世纪末期。1895年，欧阳中鹄与其学生谭嗣同、唐才常等人创办的算学社，被认为是近代中国最早的自然科学学会。进入二十世纪后，多种形式的学术团体，如中华工程师会、中国科学社等纷纷成立。中国电机工程师学会正是此时成立的。

1933年2月，清华大学电机工程系主任顾毓琇发表了《中国电工学会的发起》一文，这是创建学会的先声。1934年7月，电机工程界四十五人联合署名刊出了《中国电机工程师学会缘起》一文，倡议组建与电机工程事业相关的学术团体。此后，经过数月的准备，1934年10月14日，中国电机工程师学会在上海新青年会会馆成立。会议选举李熙谋为首任会长，张

廷金等十人为董事，推举张惠康为秘书董事，裴维裕为会计董事，确定《电工》杂志为学会会刊，学会宗旨是：联合电工界同仁，研究电工学术，协力发展中国电工事业。学会成立初期，在董事会下设有出版、电工名词审查和职业介绍三个委员会，其后又陆续增设了丛书编辑、通俗电学、年会筹备、电工试验所筹备等机构。《电工》杂志和《电世界》月刊是学会出版的有较大影响力的学术刊物，此外，学会主持完成的电工名词审定、电工标准制订等工作，也产生了较大社会影响。

1935 年首届年会在交通大学（上海）召开，之后共计组织全国性年会十一届十二次。年会上参会会员就学术问题广泛交流，专题讨论主题突出，形式丰富多样，形成了很好的社会影响力。1948 年，第十一届年会在台北举行。此后，学会暂停了所有的活动。1956 年，党中央向全国发出了向科学进军的号召，参加全国科学规划会议的科学家建议电机、电子两个学科应该分开，将中国电机工程学会分为电机、电子两个独立的学会，1958 年中国电机工程学会成立。

三、中央工业试验所

自动化仪表学科需要数学等基础学科的进步，奠定其理论基础。另外需要电机、化工、冶金等工程学科的发展，为其提出需求与发展空间。国立中央工业试验所提供了彼此相辅相成、相互支撑的科研平台，孕育了我国的自动化仪表学科。

1928 年冬，认识到工业试验与研究为发展工业必要的基本途径，时任工商部部长的孔祥熙呈请国民政府筹设工业试验所。1930 年 1 月获准筹设。7 月 5 日中央工业试验所正式成立。中央工业试验所隶属于工商部，以南京水西门外原江南造币厂旧址为所址。12 月因工商部撤销，工商部和农矿部合并为实业部。即更名为中华民国实业部中央工业试验所。全面抗日战争爆发后，中央工业试验所奉命西迁重庆。当时军情紧张，交通混乱，但该所仍于千辛万苦中，率领员工将大部仪器、图书等安全运抵后方。1938 年年初，实业部改为经济部，该所亦奉令改经济部中央工业试验所。该所西迁后积极进行恢复和重建工作。在重庆市上南区马路 194 号设立总办事处，内设秘书、文书、会计、庶务、出纳及工业经济研究六个部门，陆续在北碚、盘溪等处购地建房，为各实验室和实验工厂使用。

该所在当时极度困难的情形下，仍惨淡经营，以适应军事民生需要，配合国防计划。此间，先后成立十七个实验室、十一个实验工厂、三个推广改良工作站。在十七个实验室中，与如今自动化仪表相关的有工业原料分析室、机械材料实验室、电气实验室、热工实验室、动力实验室、机械设计室。十一个实验工厂中有机械制造实验厂、电工仪器实验厂。据 1941 年 2 月统计，该所主要的研究、改良和推广的项目多达三百四十六项，对于原料的研究试验、技术的改良推广、成品的鉴定改进等均有成绩，在一定程度上满足了战时需要。

1942 年中央工业试验所应甘肃省政府的邀请在兰州设立通讯处，不久改为工作站，协助解决各项有关技术困难问题，并调查该省各项工业资源。同年 12 月该所奉令在兰州设立西北分所，以协助国民政府开发西北资源，加快地方生产发展。1945 年抗战胜利，9 月，该所迁回南京。为配合西南工业建设需要，特设置西南区办事处，并留下八个实验室、五个实验工厂继续工作。

1945 年 12 月，该所奉经济部部长翁文灏指示，着手筹设北平分所。先在西城留题胡同成立筹备处，转接燕京大学接收的日伪开发公司化学研究所。1946 年 4 月将筹备处迁至东城王驸马胡同，在北平接收大信制纸厂，在天津接收大川理化研究所、兴和制造所等。7 月后又接收三美组理化研究所，并于留题胡同开始筹设联合实验室。10 月奉行政院令正式成立北平分所，同时正式接收外间委托分析检定工作。

1947 年春，经济部为统一管理工业试验机构，适应全国各地区工业建设的需要，分别在各重要城市设立工业试验所，遂将北平分所、西北分所及西南区办事处改称为北平工业试验所、兰州工业试验所和重庆工业试验所，分别负责推进各地方性的工业试验工作。

12 月 20 日，国民政府公布《经济部工业试验所组织条例》，对其职能范围、组织机构、人事制度、会计制度，以及其他重要事项作了调整与扩充。依据条例的规定，中央工业试验所总所仍设南京汉中路铁管巷十五号，内设设计技术、事务三科和人事、会计两室。另奉命在上海筹设化学分析等十三个实验室，开办机械实验等九个实验工厂，并在上海北四川路一三一七号设立上海办事处，统辖上海地区各实验室和工厂的领导和管理工作。

中央工业试验所在上海没有集中的办公用房。全所设三个试验馆和一个办公处。第一试验馆在长宁路三五二号，馆内设有工业分析室（吴守忠）、发酵实验室（金培松）、纯粹化学药品实验室（吴安身代）、陶学工业实验室（赖其芳）、酸碱盐实验室（吴景微）。第二试验馆在江苏路二七一号，馆内设有油脂实验室（乔硕人、章元琦）、塑胶实验室（刘景琨）、皮革实验室（袁光美、王毓琦）、纺织染实验室（张嘉生）、食品实验室（萧家捷、李钟英）、木材工程实验室（王恺）。第三实验馆在惠民路二七三号，设有电工、热工、材料、电子、机械五个实验室和一个电工厂。各部门都有主任负责。独立开展工作，包括人事、经费、工作计划及研究项目，并各自直接对口办事处。其中，第三实验馆是上海自动化仪表研究的初始基地，与如今的自动化仪表有着深厚的亲缘关系，无论在技术发展过程中和人才培养方面有着密切关系，为自动化仪表发展提供良好的基础。

从下列各室承担任务中可以看到自动化仪表的孵化过程。电工实验室，王良楣任主任，主要从事对工业用的交直流电压、电流和功率表电工测量指示仪表的技术性能进行检测。热工实验室，汪钖麒任主任，从事工业锅炉的燃烧热量、蒸汽压力、供水排水系统流量计量设计。为电厂用户的柴油机、汽轮机等动力设备的应用提供技术数据和方法。材料实验室，包括机械设计，谢家兰任主任，从事各种金属材料，包括普通钢、合金钢、钨钢、磁合金等材料的性能分析与研究。并对金属材料的厚度、宽度、硬度、张力、拉力、重力、硬化能力的测试方法进行研究试验。电子实验室，支秉彝任主任，主要从事电子管电压表、高频信号发生器、示波器等电子测量仪表的研制工作。同时对进口样机进行解剖分析，为研制工作提供技术数据。机械实验室，程嘉言任主任。电工仪器修造实验示范工厂，包括电机产品设计和金加工车间，归绍升任厂长，一是开展电动机、发电机、电阻表的性能鉴定测试，二是生产大功率电源变压器和电风扇等电器。

此外中央工业试验所还发行学术刊物。《工业中心》创刊于 1932 年，至 1945 年 5 月，已出版十一卷。原为月刊，由于战事，自第九卷起，改月刊为双月刊，后又改为季刊。1948 年，工业中心复设月刊社，热工实验室、材料实验室分别主编《热工专刊》《材料专刊》季刊。

1948 年 12 月，由顾毓珍接任中央工业试验所所长，机构分设南京和上海两地，部分实验室在册人员二百三十余人，另有八人被派赴国外考察或实习。

中央工业试验所作为当时全国最大的工业研究试验机构，其基本宗旨是服务工业。通过工业原料的研究使我国工业自给，通过工业技术的改良使工业现代化，通过工业成品的鉴定使工业标准化，通过工业示范与推广使工业普遍化，要求职员对工业研究须抱有科学家的态度，对工业改良须抱有企业家的态度，对工业鉴定须抱有法学家的态度，对工业推广须抱有教育家的态度。

南京、上海相继解放后，该所为人民政府接收。1952年3月，归中央轻工业部领导，更名为中央人民政府轻工业部上海工业试验所，所长陈世璋，副所长陈善晃。撤销三个馆，直接下设各组，增设秘书室（王晋卿），技术科改为计划科（虞冠新），会计科改为财务科（裘士林）。三个试验馆和一个办事处全部搬迁到上海市北京西路一三二〇号园区工作。当时第三试验馆五个部门调整为两个大组和一个车间。其中机电组由刁绍纯负责，仪器组由王良楣负责，金工车间由朱柏生负责。1954年上半年，成立仪器仪表研究室，王良楣任主任。从北京西路大楼搬到园区内一三一八号楼办公。1955年3月，更名为轻工业部上海工业试验所，所长陈善晃代，副所长王易达。直接下设工业分析组（吴守忠）、发酵组（金培松）、陶工组（赖其芳）、仪器仪表组（王良楣）、合成制药组（雷兴翰）、抗生素组（陈溁庆）、计划科（虞冠新）、人事科（段德秀）、财务科（裘士林）、基建科（刘宪增）、秘书室（王晋卿）。1955年，党中央发表了向科学进军的号召，开展技术革命。在国务院领导下，组织了仪器仪表规划小组，主要成员有王大珩、朱良漪等十三人，提出发展仪器仪表工业系统统一规划的方案。1956年，中国共产党第八次代表大会明确指出，仪器仪表工业在第二个五年计划时期，作为机械工业发展的重点之一。1956年3月更名为轻工业部上海科学研究所。5月，从轻工业部上海科学研究所分出陶工室、合成制药室、抗生素室和仪表室。国务院科学规划委员会认为，仪器仪表工业是我国国民经济的薄弱环节之一，要求在第二个五年计划期间加速发展仪器仪表工业。5月31日，国务院批准第一机械工业部成立仪器仪表局。杨天放局长带领由七人组成的工作组到上海，与上海市有关部门商讨上海地区的仪器仪表工业发展规划，同时筹划在上海建立仪器仪表科学研究所。经商定，同意以轻工业部上海科学研究所的仪器仪表组为基础筹建上海仪器仪表综合科学研究所。6月至9月，按一机部通知要求，王良楣主任指派汪时雍和刘慰严两人去北京参加制订第二个五年计划的仪器仪表发展规划工作。10月16日，国务院批准以轻工业部上海科学研究所的仪器仪表组技术人员二十六人、技术工人三十四人、固定资产五十五万元筹建第一机械工业部上海仪器仪表科学研究所。同时选上海徐家汇的西南面荒地漕河泾建设新所。这是我国仪器仪表行业第一个国家级研究所，是我国仪器仪表和自动化技术发展史上的一个新里程。

中央工业试验所为我国民族工业的科研奠定了一定的基础，特别是为我国的仪器仪表工业的发展，培养了一支技术工程师和技术工人的队伍，孵化了上海工业自动化仪表研究院等一批工业科研机构。王良楣先生是中央工业试验所中最早从事仪器仪表研发工作的技术人员之一。中华人民共和国成立后，中央政府部门重组中央工业试验所，正式将仪器仪表专业独立出来，设立了专门的研究所。之后又规划了仪器仪表工业的全面发展，正式在第一机械工业部内设置仪表局，上海热工仪表学研究所（上海工业自动化仪表研究院的前身）诞生。至此，我国仪表和自动化工业迈上了规模化发展之路。

第三节 近代自动化仪表技术的形成和发展概述

自动化仪表技术与工业发展水平密切相关，随着化工、汽车、钢铁、电力等行业的快速发展，其生产与运行过程中开始提出自动控制需求。自动化仪表技术开始于二十世纪三四十年代。之后，随着控制论、信息论等理论的相继涌现，计算机技术、半导体技术的飞速发展，自动化仪表技术进入了蓬勃发展的阶段，彻底改变了人类的生产方式与工业化进程。

自动化仪表是为生产自动化服务的，特别是连续生产过程，其能够代替人工对生产过程进行测量、控制、监督和保护，因此自动控制仪表是实现生产过程自动化必不可少的技术工具。

鸦片战争之后，我国传统手工业受到冲击而破产瓦解，以使用机器和机械动力为标志的制造工业萌芽并迅猛发展。十九世纪六十年代，江南制造总局、福州船政局等军用工厂的建立，虽然与社会经济联系不紧密，但是仍然推动了之后民用工业的发展。特别是二十世纪以后，以电力工业和化工工业为代表的行业发展迅速，为新中国的工业发展奠定了基础，也孕育了我国自动化仪器仪表学科。

一、近代电力工业形成概述

我国近代电力工业的起点可以追溯到 1879 年，上海公共租界工部局工程师毕晓甫在乍浦路一家外商仓库里，以十马力蒸汽机带动自激式直流发电机发电成功，点亮了碳极弧光灯，这是中国最早的持续发电记录。1882 年 6 月，世界上第一个商业发电厂在美国成立，7 月英国人即在上海租界设立了我国最早的发电厂上海电气公司。上海电气公司的发电设备全部来自国外，其规模和技术水平均处于世界前列。我国与世界强国同步开始使用电力。三十年后，国人开始创办电工制造企业。1911 年交通部开办电池厂，1914 年钱镛记创立电业机械厂，1916 年华生电器厂创立。1917 年，上海华生电器厂成功研制我国第一台实用直流发电机。1934 年，钟兆琳先生带领褚应璜等人成功研制我国第一台交流发电机和电动机，我国电机工业正式进入工业化实用阶段。到 1949 年年底，全国共有电机制造企业六百余家，职工近三万人，当年生产交流电动机七万一千六百千瓦，变压器十一万九千千伏安，电力电缆四百千米。

1906 年京师华商电灯公司在北京成立，这是我国最早的电力企业。电灯公司成立之后，又创办了多家电厂，为北京的电力事业发展奠定了基础。1912 年，我国第一座水电站云南石龙坝水电站建成，采用的是西门子公司的发电机组。1913 年，上海杨树浦发电厂建成，是当时远东第一大火力发电厂。到 1949 年年底，全国电力装机容量一百八十四万九千千瓦，位居世界第二十一位，当年发电量四十三亿度，居世界第二十五位。

电力工业的发展储备了一批技术人员和产业工人，开发出了类型多样的电工产品，为新中国电机工业和电力工业的重生和腾飞奠定了基础。

二、近代化工工业形成概述

近代化工工业的开拓性人物是范旭东和侯德榜，从 1921 年到 1945 年，两个人共事，范旭东是企业的经营者，侯德榜是企业的技术领袖，两个人珠联璧合，为振兴民族化工工业做出了重要贡献。

范旭东，1883 年生于湖南长沙，1910 年毕业于京都帝国大学化学系。1914 年在天津塘沽创办久大精盐公司。1917 年创建永利碱厂。1922 年在久大精盐公司化验室的基础上创办了黄海化学工业研究社，1926 年永利碱厂生产出优质纯碱。1934 年范旭东又在南京创办了永利铔厂，1937 年生产出中国第一批硫酸铵产品。1941 年研究开发了联合制碱的新工艺。1945 年 10 月 4 日范旭东因病去世。当时正在重庆进行国共和平谈判的毛泽东亲笔写下了"工业先导、功在中华"的挽联以示纪念。在范旭东带领下所形成的"永久黄"团体，是近代中国第一个大型私营化工生产和研究组织，范旭东也被毛泽东称赞为人民不可忘记的四大实业家之一。

侯德榜，1890 年生于福建闽侯，1913 年清华学堂毕业后被选派到美国麻省理工学院化工科学习，1917 年毕业后进入普拉特专科学院学习制革，获得制革化学师文凭之后，于 1918 年进入哥伦比亚大学学习，1921 年获得博士学位。侯德榜的博士论文《铁盐鞣革》被《美国制革化学师协会会刊》进行了连载，成为制革行业至今仍在广为引用的经典文献之一。侯德榜博士毕业之时，正值范旭东的永利碱厂在技术开发上遇到瓶颈之际，侯德榜接受了范旭东的邀请，进入永利碱厂。在制碱技术和市场都被外国公司严密垄断的情况下，侯德榜从一份用重金买到的简略资料入手，带领技术人员埋头苦干，攻克了一系列技术难关，最终于 1926 年生产出了优质纯碱。

侯德榜和范旭东在纯碱的制备上秉持精益求精的精神，1941 年提出了享誉世界的侯氏制碱法。相比较同时代的主流技术索式制碱法，侯氏制碱法的原材料利用率高，副产物氯化铵可以直接用作肥料，且能够连续生产，因此得到了世界范围内的广泛赞誉和高度评价。

范旭东创建的南京永利铔厂（硫酸铵厂），是我国近代化工工业的代表。永利铔厂位于江苏六合长江北岸的大厂镇，当时号称"远东第一"。1934 年 3 月，经行政院批准，永利化学工业公司铔厂正式成立。

1934 年 4 月，侯德榜总工程师率领工程技术人员赴美，委托美国氮气公司承担工厂设计。为切合我国实际，侯德榜绘制、修改了七百多张设计图样，并对所用水质、硫黄、焦煤等原料一概以最差值计算，以提高这些设备的适应能力。从 1934 年 7 月起，永利铔厂开始修筑马路，建造码头，修盖厂房。为节省投资，只进口关键设备的单机。其中，煤气炉、合成塔引自美国，高压压缩机引自德国。辅助设备，多是从国外拍卖市场处理品中挑选来的。凡国内、厂内能制造的机器设备，均自行解决。这座设计能力为五万吨硫酸铵的化学肥料工厂，经过单体、联动、局部、全部试车后，投料生产，一次成功，于 1937 年 2 月 5 日，生产出了第一批硫酸铵。永利铔厂无疑是世界先进、亚洲第一的硫酸铵厂。铔厂产出的红三角牌化肥，销到江苏、浙江、福建、广东及东南亚一带，极受农民欢迎，并可与美国杜邦公司产品媲美，打破了英、德垄断中国市场之局面，是名副其实的"远东第一"。工厂的总工程师侯德榜当年被中国工程师协会授予代表最高荣誉的金牌奖章。抗战全面爆发后，日军分三次轰炸铔厂，导致厂区遭到严重破坏，生产被迫停止。1938 年 1 月，日军派三井物产会社抢占了永利铔厂。1942 年，把永利铔厂生产硝酸的全套设备劫运到日本，安装在日本九州大牟田东洋高压株式会社横须工厂。日本的侵略攫夺，毁灭了我国这一世界一流的工业大厂。抗日战争胜利后，侯德榜任南京永利铔厂厂长，两次去日本索要设备。经过两年零八个月的交涉，被日本劫夺的这些设备才得以返还永利铔厂。侯德榜继任永利公司总经理，在经济困难的情况下，费时十个月，耗资十万元才勉强修复设备，1948年复工生产，但产量只有战前的三分之一左右。

三、近代上海的仪表工业

（一）概况

在我国近代工业发展过程中，上海是极具代表性的区域。近代以来，由于洋学堂的建立，提出了科学仪器的需求。航运造船、电力化工、轻纺工业的兴起，电气计量和热工检测也成了必不可少的手段。仪器仪表也就陆续涌入上海这个通商口岸。为了维修进口的仪器仪表，仿制部分零件甚至整台仪器，在有薄弱的机械和电机工业基础的上海，陆续办起了民族资本经营的仪器仪表厂。

表 2-1 上海早期几家民族资本经营的仪器仪表厂

创办年代	企业名称	业务范围	创办人
1901 年	上海科学仪器馆	经营科学仪器	张之铭
1911 年	实学通艺馆	经营科学仪器、文教用品	张之铭
1919 年	华通电业机器厂（华通开关厂）	生产仿英国的铁壳电表	
1925 年	中华科学仪器馆	生产无线电设备	丁佐成
1927 年	大华科学仪器厂股份有限公司	生产电表	朱旭昌、丁佐成
1932 年	中国仪器厂	修理、生产物理示教仪器	周榕化、杨重道、商务印书馆几位职工
1934 年	光华精密机械厂	生产水表、水表零件，钢笔刻字机	范瑞金、黄柏年

抗日战争前，西方资本主义经济复苏，促使半殖民地上海的经济呈现兴旺景象，上海仪器仪表工业也随着社会需要的增长而逐步得到发展，又办起了几家民族资本经营的仪器仪表厂。

表 2-2 抗战前后的上海几家民族资本经营的仪器仪表厂商

创办年代	企业名称	业务范围	创办人
1936 年	星星工业社	生产温度表、波登管压力计、分析天平等	张季言等
全面抗战初期	华通电业机器厂	生产电流、电压、功率、相位等交流配电盘电表、保护继电器	
1939 年	晶莹光学工场	生产金属盘经纬仪	

续表

创办年代	企业名称	业务范围	创办人
1940 年	雷磁电化研究室	生产 pH 电极酸度计	荣仁本
1942 年	新华电器厂	生产配电盘电表、携带式电表、万用表	邵鹤年等
1945 年	红星实业社 鼎大仪器厂等	生产简单的分析天平	
1946 年	元昌机械仪器厂	生产天平等实验仪器	

到抗日战争后期，上海生产的电表已达到年产五千只的水平，但需求量远大于此，仍以进口为主，仪表市场仍被外国商品垄断，国产商品仅占市场的5%。

表 2-3　海关记载的电表、水表进口统计表

进口国别	电表（只）		水表（只）	
	1940 年	1941 年	1940 年	1941 年
法国	5188	430	1493	
德国	10042	3099	92	
英国	9526	2891	1265	400
日本	59905	48899	5818	764
美国	4642	6556	1	21
总计	89303	61875	8673	1185

抗日战争胜利后，上海的仪器仪表工业稍有恢复和发展，又新建了几家民族资本经营的仪器仪表厂。

表 2-4　抗战胜利后建立的上海几家民族资本经营的仪器仪表厂商

序号	创办年代	企业名称	业务范围	创办人
1	1948 年	上海理工器械厂	生产温度计	
2	1948 年	理工科学仪器厂	修理温度计	
3	1948 年	中新电业实验制造厂	生产电表	
4	1948 年	东方电表厂	生产电表	
5	1948 年	麟记电表厂	生产电表	
6	1948 年	新成电器厂	生产电钟、铁路号志灯、水表等	王启贤

但好景不长，由于英美产品倾销和内战，上海大批工厂倒闭，仪器仪表工业也不例外。解放前夕，上海仪器仪表厂共有十多家，职工一百五十多名，生产的品种大部分仍是简单的电表、水表、压力表、水银温度计及教学用的示教仪器等。

表 2-5　解放前夕上海主要几家民族资本经营的仪器仪表厂

企业名称	创建时资本、人数	经营业务	地址	后来发展去向
实学通艺馆		经营、修理、制造示教仪器	上海棋盘街	自仪一厂、仪表成套厂
大华科学仪器厂	白银六万两，二十九人	制造、修理电工仪器仪表	东大名路 1188 号	大华仪表厂、调节器厂、第二电表厂
星星工业社	法币一万元，十人	制造、修理温度表、压力表、实验室仪器、精密机械	愚园路 259 弄 16 号	上海仪表厂、上海自仪一厂
光华机械厂	法币一万五千元，十七人	制造水表零件、水表	平济利路	光华仪表厂（二六四厂）
华通电业机器厂电表小组	二十人	制造配电盘电表	西康路	上海电表厂
新华电器厂	储备券十四万元，七人	制造、修理电工仪表	乍浦路 75–77 号	上海大华仪表厂
上海理工器械厂	黄金四两，四人	制造、修理温度表	霍山路 95 号	上海自仪八厂、上海自仪十一厂
理工科学仪器厂	三人	修理温度仪表、气象仪器	愚园路云寿坊	上海气象仪器厂
新成电器厂	金圆券二十万元，三十九人	制造电钟、电讯器材	中山北路 1300 号	上海仪表厂、上海自仪一厂
中国仪器厂		经营、制造、修理物理示教仪器	大沽路	上海地质仪器厂
中新电业实验制造厂		制造、修理电表	北京路 137 号	上海自仪三厂
东方电表行		制造、修理电表	四川路 439 号	建华电表厂、上海电表厂
元昌机械仪器厂	五人	制造、修理实验室仪器	江苏路 833 弄	上海仪表电机厂
中国科学图书仪器公司	仪器部五十人	经营、制造理化仪器、分析试剂	延安中路 537 号	中科仪器厂、上海量具刃具厂

上海科学仪器馆、上海大华科学仪器厂、上海光华机械厂是上海地区这些仪器仪表公司、工厂的代表。

（二）上海科学仪器馆和实学通艺馆

上海科学仪器馆由燕京大学植物系教授钟观光、略通化学知识的林涤庵、南货店失业伙计张之铭等人创办于 1901 年。这是国人创办的科学仪器第一馆。科学仪器馆开始从事进口仪器买卖，主要销售日本进口的科学仪器和药品。为了扩大影响，在 1902 年出版的《普通学报》上刊登了科学仪器馆的广告。1903 年，科学仪器馆创办了《科学世界》杂志，在第一期上也刊登了长篇广告。这个时候的科学仪器馆，已经能够提供各类学校所需的理化仪器、测量用具、标本模型等。1903 年科学仪器馆设立制造所，修理、自制理化仪器，仿制进口产品。科学仪器馆的供应品种不断增加，业务开始稳步发展，产品销往北京、天津、上海、汉口等地，并在各地开始开设分馆。

科学仪器馆于 1904 年开设了理科讲习所，面向社会大众传播理化博物知识，以激发人们对科学的兴趣，同时也详细讲解一些重要仪器的原理、应用方法和操作要点。1906 年和 1907 年又分别在沈阳和桂林开设了理科讲习所，为我国东北和西南地区科学事业的传播做出了重要贡献。此外，科学仪器馆还通过创办《科学世界》期刊和出版《最新化学理论》《化学实用分析技术》《初中用理化教科书》等书籍，积极传播与普及自然科学知识，有力地促进了近代我国科技和教育事业的发展。

1911 年，张之铭自筹资金五千，在河南路、泗泾路口新开实学通艺馆，仍经营仪器。张之铭把新店托于堂弟张椿年，自己仍长驻日本，了解行情、采购货源。1915 年，实学通艺馆在南市九亩地（今大境路、露香园路一带）借一百平方米房屋一间办工场，仿制日本的物理、化学仪器，该工场取名模仿房。至二十年代中期，又在南市陆家洪租地造屋，把模仿房迁至该处，并添置设备扩大生产。与此同时，经营业务进一步发展，除物理、化学仪器外，还经营光学仪器、生物标本模型、化学试剂和文教用品等。至此，实学通艺馆成为一家在当时颇具实力的民族工商企业。

（三）大华仪表厂

1925 年，留美归国学者丁佐成在上海滩博物院路二十号（今虎丘路一三一号）开设了中华科学仪器馆，被誉为我国第一家仪表制造厂。

丁佐成是浙江镇海人，自幼入教会学堂就读，1918 年毕业于南京金陵大学物理系，后留校任教。在其执教期间，所见实验室仪器多数是进口货，因无人懂修理技术且无必需配件，一旦损坏就只能弃置。丁佐成深感可惜，遂萌发研制仪器的想法。1921 年，丁佐成赴美国芝加哥大学留学，1923 年获硕士学位，并留校执教一年，后又往西屋电气公司任工程师。1925 年 3 月回国。丁佐成回到上海时，恰好有一个美国人急欲回国，出售博物院路二十号二楼两间写字间及一些修理幻灯机用的工具。丁佐成出资银元六千将其买下，并添置少许必要用品，创建了中华科学仪器馆。

中华科学仪器馆开张之初，仅修理幻灯机及实验室用电表。同时，丁佐成的中华科学仪器馆承包了中国航空公司两条航线上的无线电收发报装备，赚进法币十四万。1927 年，宁波籍巨商朱旭昌邀集沪上数位商贾集资与丁佐成合作，中华科学仪器馆也随之改名为大华科学仪器厂股份有限公司，朱旭昌为董事长，丁佐成任经理，主要生产无线电收发报设备供应交通业使用，从此经营逐步兴盛。

1929 年 10 月，大华科学仪器厂制作成我国第一只 R301 型（2 寸 M 型）直流电表，继而又研制出 3 寸 S 型交流电表、4 寸 HA 型交流电表和 7 寸 R 型直流电表。以后又扩大品种，先后制造了多种类型、规格的交、直流电表及电力表、功率因数表，还自行设计制造了供学校物理电学实验用的电阻箱、分流器、检流计、可变电阻器等，实现了用国产仪表装备学校实验室的愿望。在此期间，丁佐成还为美国西屋电气公司、鲍西·劳姆光学仪器公司等代理远东经销业务。丁佐成在业内名声大噪，也成为国产电表之鼻祖。

1932 年一·二八事变后，大华又在其美路（今四平路）购地六亩建造厂房，用以制作电动机和变压器。1937 年八一三淞沪大会战中，大华在其美路的工厂炸成废墟，电机、变压器生产处于瘫痪，只能生产电表，处境颇为艰难。

1945 年抗日战争胜利后，丁佐成再度赴美，收取代销佣金，并购买制造电表的原材料，陆续寄回国内。上海解放后，丁佐成在上海东大名路一一八八号建造新厂房。当时的厂房、设备，在国内仪表行业中是第一流的，电工仪表的产量、品种也居全国第一。

1954 年，丁佐成响应政府号召，积极参加公私合营。同年 12 月，与大华、新华、太平洋、中国电工磁钢四家企业合并，成立大华仪表厂。丁佐成任总工程师，负责全厂技术工作。1958 年，大华仪表厂试制成工业用自动记录仪表。以后又从电子管仪表发展到晶体管仪表，进一步发展为集成电路仪表，连上了三个台阶。这些仪表已广泛应用于冶金、化工、石油、机械制造等领域。丁佐成为大华仪表厂和中国仪表工的发展做出了重大贡献。

（四）上海光华仪表厂

1934 年，浙江宁波籍商人范瑞孚、黄柏年等人在上海创建了光华精密机械厂股份有限公司，有厂房近百平方米，房内安牛头刨床、台立式钻床计七台，员工十四人，并由朝鲜人孙昌植担任工程师。光华仪表厂开张之初，主营钢笔刻字机，但销路不畅。后孙昌植又辞职而去，改由黄柏年主持事务。黄柏年决定转产自来水表零件，卖给英资自来水公司。次年，光华仪表厂开始仿照德国 TR 牌水表研制自己的自来水表。1936 年，光华仪表厂制造出我国第一只自来水表，这也是我国流量仪表之鼻祖。为满足生产，光华仪表厂迁至平济利路（今济南路）五十六号，并增添设备。卢沟桥事变后，上海水表市场为日商垄断，光华仪表厂经营状况急转直下。1941 年，光华仪表厂迁往北山西路（今山西北路）。次年，又在台拉斯脱路（今太原路）安装部分设备生产西门子式水表和零件。抗日战争胜利后，光华仪表厂，改组了董事会，增投国币一万二，由范瑞孚任董事长，黄柏年任经理。但面对如潮水般涌来之洋水表，光华仪表厂依然处境艰难。上海解放后，政府明令禁止进口国内已能生产的产品，光华仪表厂才出现转机。随后，光华仪表厂扩大生产，又租到斜土路厂房数千平方米及马当路厂房数间，购置和自制设备多台。在仿制国外产品的基础上，开发出更为先进的产品。1954 年，光华仪表厂实现了公私合营，为企业发展注入了新的动力。1961 年根据中央有关部门决定，光华仪表厂划归核工业部，研制和生产了大批流量、差压/压力、物位和其他专用仪表，为我国核工业早期建设做出了重要贡献。

撰稿人：钱　政　曹建清　文　喆

参考文献

［1］本书编写组. 中国电机工业发展史：百年回顾与展望［M］. 北京：机械工业出版社，2011.
［2］谢振声. 上海科学仪器馆述略［J］. 科学，1990，42（1）：70-71.

［3］顾巨川，范建文. 上海市仪器仪表工业发展史概述（上、下）［M］// 飞鸿踏雪泥：中国仪表和自动化产业发展 60 年史料（第四辑）. 北京：化学工业出版社，2016.

［4］谷子. 上海仪器仪表业史话（上、下）［M］// 飞鸿踏雪泥：中国仪表和自动化产业发展 60 年史料（第四辑）. 北京：化学工业出版社，2016.

［5］王化祥，王正欧，徐炳华. 天津大学工业控制仪表专业 60 年发展历程［M］// 飞鸿踏雪泥：中国仪表和自动化产业发展 60 年史料（第五辑）. 北京：化学工业出版社，2018.

［6］范建文，彭瑜，张光平. 上海工业自动化仪表研究院溯源［M］// 飞鸿踏雪泥：中国仪表和自动化产业发展 60 年史料（第三辑）. 北京：化学工业出版社，2015.

［7］刘慰严. 走进中央工业试验所后的岁月［M］// 飞鸿踏雪泥：中国仪表和自动化产业发展 60 年史料（第一辑）. 北京：化学工业出版社，2013.

中编

1949 年至 1978 年自动化仪表相关学科的建立及产业的形成

第三章 新中国自动化仪表行业的基础与开局

第一节 新中国成立之初的自动化仪表行业的概况

近代中国的自动化仪表工业基础差、规模小、品种少、技术落后，主要是一些半工半商的仪器仪表厂商，产品仅限于电表、水表、压力表、水银温度计及教学用的示教仪器等。虽然当时自动化仪表工业非常落后，也没有学校培养专门的仪表人才，但经过一批爱国实业家和技术人员的努力，仍然积累了一批人才与一定的技术，为新中国成立后仪器仪表行业和学科的发展奠定了宝贵的基础。

当时仅有的官办单位是中央工业试验所，该试验所设立了电子实验室和电工实验室，聚集了我国最初的仪表科技人员。在抗战胜利后的几年内，依照国际通行的美国材料与试验协会（American Society of Testing Materials，ASTM）标准，研制了二十六个种类的检测仪器和试验设备。

上海解放后，中央工业试验所由上海市军事管制委员会接管。当时从事仪器仪表相关研究的第三试验馆设有热工实验室、电工实验室、电子实验室、材料实验室（包括机械设计）、电工仪器修造实验示范工厂（包括电机产品设计和金工车间）五个部门。1950年下半年，中央工业试验所划归华东工业部领导，更名为华东工业部上海工业试验所。1952年3月，试验所划归轻工业部领导，更名为中央人民政府轻工业部上海工业试验所，第三试验馆五个部门调整为工业仪器、机电试验两个大组和一个车间，其中工业仪器组由王良楣负责，正式进入仪器仪表领域。1954年上半年，在工业仪器组的基础上成立了轻工业部上海科学研究所仪器仪表研究室。1956年10月16日，成立了第一机械工业部上海仪器仪表科学研究所，这是我国仪器仪表行业第一个国家级研究所。

新中国成立后，我国进入了三年国民经济恢复期，政府对私营企业采取鼓励政策，各地抓紧恢复原有生产仪表的工厂。随着工业行业的迅速发展，民用及国防对仪器仪表的需求，刺激了仪器仪表行业的发展，生产仪器仪表的新企业迅速成长，产品种类涵盖了电表、高温计、热电偶、电力因素表、路码表、压力表、温度表、测量表具、流量计，等等。这个时期新建仪表厂的主要来源为：①解放前老仪表厂的职工、技术人员离职创办，或以他们为技术骨干创办的厂；②回国学者开办的厂；③电器、电机、无线电厂转业创办。为了配合仪表厂制造整机，一批专业工艺协作厂应运而生，自力更生地解决仪器仪表的关键元件与材料，克服了海外禁运所造成的困难。

在仪表产业最发达的上海，到 1952 年底就有 366 家仪表企业，从业人员 4278 人，仪器仪表行业产值达 1121 万元，利润总额为 476 万元，成为一个突起的新兴行业。

从 1949 年到 1952 年底，上海的仪表产业快速发展，新建仪表相关企业不下百家，其中主要的仪表厂见表 3-1。

表 3-1　1949 年到 1952 年上海建立的主要仪表厂

序号	企业名称	主要业务	后来发展去向
1	黄河理工仪器厂	电桥、电位差计、检流计	上海电表厂
2	大地电机工程行	万用表	上海第四电表厂
3	震华电器工业有限公司	电表、万用表	上海第四电表厂
4	广大仪器制造厂	电表、万用表	南京
5	富华电工仪器厂	交直流电表	浦江电表厂
6	国光电业仪器工业社	交直流电表	上海电工仪表修配厂
7	太平洋电工仪器厂	交直流电表	大华仪表厂
8	建华电工仪器厂	交直流电表	浦江电表厂
9	利华科学仪器厂	交直流电表	浦江电表厂
10	长城电工仪器厂	交直流电表	上海科技大学校办工厂
11	华纳电工仪器厂	直流电表	浦江电表厂
12	惟安电工有限公司	电表	上海电度表厂
13	艺光无线电制造厂	电表、电工器材	上海第三分析仪器厂
14	东方无线电机制造厂	电表	浦江电表厂
15	正弦电器制造厂	电表	上海第二电表厂
16	振华科艺公司	电表、高温计、热电偶	上海自动化仪表一厂
17	中电电表仪器工场	电表、高温计	上海自动化仪表一厂
18	沪光科学仪器厂	电工仪器	沪光仪器厂
19	科培仪器工业社	标准电池、电阻、电桥	科研单位
20	和成电器厂	三相、单相、直流电度表	上海电度表厂
21	华球电器制造厂	电力表、功率因素表	上海第三电表厂 上海自仪一厂
22	钰华电器厂	单相电度表	上海电度表厂
23	联研电工仪器厂	电桥、电位差计	上海电工仪器厂
24	路通玻璃真空工业社	电、光及物理仪器	
25	综合仪器厂	光学高温计	上海自动化仪表三厂
26	天祥科学仪器厂	路码表、压力表	上海自动化仪表四厂
27	大隆科学仪器厂	压力表	上海自动化仪表四厂

续表

序号	企业名称	主要业务	后来发展去向
28	建工仪器制造厂	天平、压力表	上海自动化仪表五厂
29	大陆科学仪器厂	指针、水银温度表	上海自动化仪表十一厂
30	正则理工仪器厂	理工仪器、氧气表	上海减压器厂
31	马生和五金制造厂	汽表	仪表局技校
32	建国科学仪器厂	压力表、千分表、车头表	上海转速表厂
33	华成机械厂	自来水表及零件	上海转速表厂
34	卫权游丝工业社	仪表游丝	上海仪表游丝厂
35	启明游丝工业社	仪表游丝	上海仪表游丝厂
36	新科仪器厂	天平	上海天平仪器厂
37	新时代仪器厂	天平	上海天平仪器厂
38	科达永仪器厂	天平	上海天平仪器厂
39	瑞昌仪器厂	天平	上海天平仪器厂
40	协兴仪器工业社	玛瑙刀口	上海天平仪器厂
41	沪光仪器厂	光电比色计	上海分析仪器厂
42	宇宙仪器厂	天平	
43	黄河仪表厂	机油表	上海第三分析仪器厂
44	新声仪器厂	计时器	
45	江南电器厂	电度表	上海电度表厂
46	勤艺仪器工业社	玛瑙轴承	上海仪表晶体元件厂
47	成荣昌玛瑙轴承工业社	玛瑙轴承	上海仪表晶体元件厂
48	大东仪器轴承工业社	玛瑙轴承	上海仪表晶体元件厂
49	永发电工器材厂	修理制造三相电度表	上海电度表厂
50	昌明仪表厂	温度表	上海自动化仪表十一厂
51	竞明仪器厂	大平板仪	
52	自立仪器厂	水准仪、分光仪	
53	培速仪器厂	光度计	上海分析仪器厂
54	中大压力表厂	压力表	仪表局技校
55	金都五金零件工场	仪表零件	上海仪表零件厂
56	维隆仪器厂	计数器	上海自仪九厂
57	大沪仪表厂	电表	上海电工修配厂
58	永生电器制造厂	电表	上海第二电表厂
59	合作电工仪器厂	电表	
60	合丰电工仪器厂	电表	上海浦江电表厂

在天津，1940 年 4 月于秉琨等几个资本家集资成立联昌电机厂。1946 年购买敌伪产业处理局的华北精工厂，改名为联昌兴业股份有限公司，并扩大资本，与北京益众、白兰电机行合并。1949 年在人民政府的大力支持下，更名为联昌电机厂股份有限公司，并生产自来水表。后发展成为天津市自动化仪表三厂。

五十年代初期，天津市除了联昌电机厂股份有限公司，只有几户从事电表修配的手工作坊，它们从上海采购零部件，手工自制部分零件，组装成名为"大老园"的开关板电表。也有几户喷漆、电镀的小作坊与他们配套，这些小厂厂房简陋，工艺落后，劳动条件差，生产效率低，只是从事简单生产，谈不上电表行业。

哈尔滨是我国电工仪表产品的发祥地之一。1953 年，哈尔滨电表仪器厂建立。它是第一个五年计划开始时苏联援建的一百五十六个重点项目之一，主要生产各类电表，后发展为哈尔滨电表仪器厂（集团）有限公司。

第二节　新中国自动化仪表工业的战略

一、自动化仪表工业发展战略

1953 年，按照党的过渡时期总路线、总任务，我国进入了有计划、大规模的社会主义建设时期，开始实施第一个五年计划（1953 年至 1957 年）。

在第一个五年计划开始之初，国家成立了第一机械工业部和各省厅局，仪表产业管理体制逐步建立，仪表产业开始布局。通过公私合营、成立国营仪表厂、成立仪表专业公司、成立仪表研究机构等途径，促进仪表产业的发展。为了实现国家社会主义工业化，国家采取两大措施。一是国家颁布了《公私合营企业暂行条例》，对私营仪表厂实行公私合营改造，采用控制生产和销售的方式加强对私营企业的领导。同时，派国家工作人员进驻工厂，督促改进经营管理制度，以保证其按时、按质、按量交货，并对货价实施管理。二是建立国营仪表厂，以适应第一个五年计划的发展，满足各工业部门对仪器仪表的大量需要，保证国家计划的顺利进行。

在第一个五年计划期间，仪器仪表行业主要作为其他工业行业的配套，支撑了整个工业体系，成为工业生产的"倍增器"。此后，仪表工业发展迅速，新品种快速增加。

在此背景下，第一机械工业部设立了"仪器仪表的标准化、通用化、系列化与单元组合化"课题。该课题是一个以系统工程的概念把全国自动化仪表建设成远近结合的仪表产品和控制单元的型谱系列方案。第一机械工业部动员了全国的生产工厂、高等院校、研究机构、使用单位等几十家单位参与建设。

中央的统筹规划推动了国产仪器仪表产业的发展，初步建立了我国自己的研发、生产制造体系，对各行业快速发展起到了重要的助力推动作用。

二、自动化仪表工业全国布局

（一）建立国营仪器仪表厂

二十世纪五十年代中期，由于仪器仪表基础薄弱，国家计划扩散一批上海生产的产品和技术到内地新建企业中，以壮大仪表制造业队伍。1958 年，中央北戴河会议决定在河北、河南、云南、广东四省建立四个仪表基地。随即，一机部三局（主管仪表）在南京召集国营上海电表厂、一机部上海热工仪表研究所（上海工业自动化仪表研究所前身）、上海市机电仪表公司（上海仪器仪表工业公司前身）及其所属有相当实力的公私合营企业上海新成仪表厂、上海大华仪表厂、上海光华仪表厂、上海综合仪表厂、上海星星仪表厂进行座谈。座谈会主要商讨筹建开封仪表厂和云南仪表厂事宜，要求仪表基地上海在技术和人才上支持新企业。商定由上海新成仪表厂、上海光华仪表厂、上海星星仪表厂、上海综合仪表厂支援开封仪表厂，生产流量、压力、差压、液位仪表；由上海电表厂、上海大华仪表厂、上海综合仪表厂支援云南仪表厂，生产温度仪表、显示记录仪表。支援队伍中有产品设计和加工工艺专职工程师、技工及配套干部。一机部三局还调拨了一定数量的机床以提高生产能力。

河北省仪表基地则以天津市公私合营仪表厂（后改名为天津市自动化仪表三厂）为基础，投资六百五十万元（实际投资二十三万元），在天津市南郊咸水沽建厂。1959 年 6 月，厂名改为天津市公私合营热工仪表厂，职工增至五百四十八人，由天津市电机局领导。

新中国第一家综合性国营大型仪表厂西安仪表厂，1960 年 4 月 28 日建成投产。它是我国第一个五年计划一百五十六项重点工程后续项目，由民主德国援建。全厂共拥有十二个车间，每年可生产仪表四十多万只。产品有一百三十一种，规格在两千种以上，分为压力表、测温表、流量计、调节器、气体分析器、各种配件等七大类。这些仪表大量供应冶金、电力、石油、化工等部门，为提高我国工农业生产的机械化、自动化水平服务，为科学研究工作服务。同时，该厂还担负着设计和研究精、尖、新仪表的任务，为国家培养仪表技术人才，为我国热工仪表工业的发展起到了重要的作用。该厂的建设得到了德意志民主共和国政府的全面支援，从设计、施工到安装，德国马格德堡设计院、奎德林堡仪表厂、马格德堡仪表厂等数十家公司及时提供技术资料和先进的机器设备，并帮助培训了技术干部和管理干部。西安仪表厂成了当时中国仪器仪表的研发基地和技术支持基地。后来根据一机部安排，把流量仪表转到开封，把分析仪器转到了南京，把执行器转到了宁夏吴忠。

宁夏吴忠仪表厂，由银川市的机电仪表厂和吴忠五金厂的仪表车间 1959 年 6 月合并组建，生产拖拉机压力表、温度表和地质罗盘仪。全厂职工九十六人，企业归自治区机械局领导。1961 年该厂扩大再生产，筹建年产三十万的电工仪表车间。

广东肇庆自动化仪表有限公司 1965 年建成，主要生产温度、压力等检测与控制仪表。

在新建国营企业的同时，国家还规划并布置各地原有生产其他仪表的企业，扩产或转产流量仪表。五十年代末，宁波一家仪表厂在上海光华仪表厂帮助下转产水表，后来改名宁波水表厂，成为我国水表业的主导企业。1962 年，上海仪器仪表工业公司将几个仪表厂改组成上海安亭仪表厂（上海自动化仪表九厂前身）作为流量仪表生产企业，后来开发生产涡轮流量计、腰轮流量计等仪表设备。六十年代中期，合肥某仪表厂转产，组成专业生产流量仪表的合肥仪表厂（今合肥精大仪表有限责任公司），在上海光华仪表厂帮助下生产椭圆齿轮式容积流量计，成为我国第二个该类仪表的供应商。

在五六十年代，其他地方建立的仪表厂还有北京自动化仪表厂、合肥仪表总厂、常州热工仪表厂、大连仪表厂、鞍山热工仪表厂、无锡仪表阀门厂，等等。

（二）三线建设中的仪器仪表工业

1963 年，从"合理布局""加强战备"的指导思想出发，机械工业部着手进行三线建设的仪器仪表工业工作，作为沿海地区的上海仪器仪表工业，义不容辞地担负起了这项光荣的任务。1966 年至 1970 年，上海共有三十三个企业参加内地建设，选派了五千二百零五名职工及其家属六百四十五户一千八百四十三人分赴内地建厂。与此同时，还有三个单位参加了安徽的三线建设，成为上海的后方基地。这些内迁厂后来逐步形成了内地仪器仪表工业基地，随厂内迁的职工，克服了工作和生活上的各种困难，为"备战、备荒、为人民"的三线建设做出了不可磨灭的巨大贡献。迁厂详细情况见表 3-2。

表 3-2　上海仪表行业支援三线建设内迁情况表

序号	厂名	内迁地区	内迁厂名	人数	设备台数	内迁日期
1	上海电表厂	贵阳	永青示波器厂	403	100	1966 年 6 月
2	第二电表厂	贵阳	永恒电表厂	155	49	1966 年 5 月
3	东方红电表厂	贵阳	永胜电表厂	100	35	1966 年 2 月
4	浦江电表厂	贵阳	永胜电表厂	166	45	1966 年 8 月
5	上海电工仪器厂	天水	长城仪器厂	100	25	1966 年 2 月
6	上海微型电机厂	西安	陕西微电机厂	248	2	1966 年 11 月
7	上海微型轴承厂	安顺	虹山四分厂	260	221	1966 年 7 月
8	上海合金厂	重庆	花石材料厂	400	205	1966 年 5 月
9	上海试验设备厂	重庆	重庆试验设备厂	61	15	1966 年 9 月
10	上海转速表厂	重庆	重庆转速表厂	61	50	1966 年 8 月
11	上海仪表零件厂	重庆	重庆仪表零件厂	53	77	1966 年 2 月
12	上海仪表游丝厂	重庆	西南仪表游丝厂	36	25	1966 年 2 月
13	华东电子仪器厂	成都	成都科学仪器厂	52		1966 年 6 月
14	自动化仪表四厂	宝鸡	宝鸡仪表厂	153		1966 年 9 月
15	自动化仪表七厂	吴忠	吴忠调节阀厂	63		1966 年
16	上海光学仪器厂	贵阳	新添光学仪器厂	1082		1966 年 10 月
17	上海教育仪器厂	西安	西安教育仪器厂	154		1966 年 10 月
18	上海地质仪器厂	重庆	重庆地质仪器厂	330		1969 年 4 月
19	大华仪表厂	重庆	曙光仪表厂	300		1969 年 7 月
20	中国电工厂	成都	西南电工厂	160		1969 年
21	红卫木壳厂	贵阳	新添光学仪器厂	18		1970 年
22	仪表冲压件厂	重庆	重庆试验设备厂	19		1970 年
23	仪表烘漆厂	重庆	四川热工仪表总厂	31		1969 年 7 月
24	仪表胶木厂	重庆	四川仪表塑料胶木厂	22		1971 年

续表

序号	厂名	内迁地区	内迁厂名	人数	设备台数	内迁日期
25	仪表塑料件厂	重庆	四川仪表塑料胶木厂	8		1971 年
26	仪表铸锻厂	重庆	四川仪表铸锻厂	106		1971 年
27	仪表钢模厂	重庆	四川仪表钢模厂	27		1972 年
28	自动化仪表九厂	重庆	四川小模数齿轮厂	114		1972 年
29	仪表电镀厂	重庆	四川仪表电镀厂	57		1970 年 6 月
30	仪表晶体元件厂	重庆	四川宝石轴承厂	119		1970 年 10 月
31	光华仪表厂	武汉	二六五厂	195		1970 年 2 月
32	黄河仪表厂	襄樊	5763 厂	30		1970 年 8 月
33	天平仪器厂	洪江	湘西精密天平厂	130		1970 年 2 月
34	上海微型电机厂	皖南	朝阳微型电机厂	311		1970 年
35	上海电工仪器研究所	皖南	新安电工仪器研究所	106	160	1966 年 12 月
36	上海微型轴承厂	皖南	上海小型轴承厂	20		1970 年

由于天津的仪表工业发展也相对领先，1964 年，天津电表厂将 MG-4 钳形电表的全套资料、工装及部分生产设备转给承德市机械厂生产，成立了承德电表厂，使这个厂发展成为承德市的重点企业。六十年代初期，先后有北京厂桥电表厂、宁夏吴忠仪表厂、辽宁海城电表厂、黑龙江大庆留守处建工电表厂、青岛电工仪表厂等到天津仪表厂实习。然后根据需要赠给图纸、工装，支援关键设备，乃至调出技术员、重点技术工人去对方支援生产，有不少厂后来都成了当地的骨干企业。1970 年，为支援三线建设，一机部在宁夏银川建设电表生产厂，天津电表厂拨出部分机器加调试设备，配齐了板表生产的全套工装、一万套零部件、全套技术资料，支援的人员包括厂领导、各科室领导、技术业务骨干和技术工人，共八十五名。

1964 年，一机部仪器仪表局决定投资二百四十六万元，接收、扩建吴忠仪表厂为一机部直属企业，从上海自动化仪表七厂选拔七十六名职工，从全国仪表行业抽调技术工人和管理干部，从全国各大院校接收七十多名大中专毕业生，组建并命名为一机部吴忠仪表厂，生产调节阀，保留农机件产品的生产。

（三）各地的研究机构布局

随着仪表产业的发展，需要有技术研发做后盾，国家随即对研究机构进行了规划布局，各地方政府和企业也成立了若干个研究所。

1956 年 10 月 16 日，国务院批准以"轻工业部上海科学研究所"的仪器仪表组技术人员二十六人、技术工人三十四人、固定资产五十五万元作为基础，筹建"第一机械工业部上海仪器仪表科学研究所"。这是我国仪器仪表行业第一个国家级研究所，是我国仪器仪表和自动化技术发展史上的一个里程碑。后改名为"第一机械工业部热工仪表科学研究所"，现为上海工业自动化仪表研究院有限公司。

1958 年，成立哈尔滨电工仪表研究所，作为国家第一个五年计划一百五十六个重点建设项目之一，是我国电工仪器仪表技术及产业的发源地。1959 年，成立长春试验机研究所。1960 年，成立西安工业自动化仪表研究所。1960 年，成立东北大学自动化仪表研究所。1961 年 5 月 5 日，成立第一机械工业部沈阳仪器仪表工艺研究所，后成立沈阳仪表科学研究院。1961 年，成立天津市仪器仪表研究所，一年后撤销。1961 年，在湖南株洲成立仪表材料研究所，专门从事仪器仪表功能材料共性基础技术研究，1963 年内迁重庆，成立重庆仪表材料研究所，为原机械工业部直属一类研究所。1964 年 5 月，成立第一机械工业部上海电工仪器仪表研究室，后改名为上海仪器仪表研究所，现隶属于上海科学院。1965 年，成立辽宁仪表研究所。1966 年 3 月，第一机械工业部上海热工仪表科学研究所的一百六十名年富力强、技术精湛的行业骨干，响应"三线建设"号召，带着大量仪器设备，内迁重庆，成立重庆工业自动化仪表研究所。1966 年，成立天津市电力工业自动化仪表研究所，后扩建改名为天津市工业自动化仪表研究所。这些研究机构的成立，在当时对推动国家仪表技术的发展发挥了重要作用。

三、上海仪表工业的发展与布局

上海作为解放初期我国仪表工业最发达的地区，为我国的自动化仪表事业做出了很大的贡献。上海市政府在仪表工业发展上采取了有效的措施，促进了仪表工业的快速发展。

（一）社会主义工商业改造

1954 年 8 月，上海首批批准了大华科学仪器厂、光华机械厂、星星工业社、新成电器厂、综合仪器厂、新华电器厂、太平洋电工仪器厂、中国电器磁钢厂八家私营仪表厂实行社会主义工商业改造。1954 年年底，又将大华科学仪器厂、新华电器厂、太平洋电工仪器厂、中国电器磁钢厂合并为大华仪表厂。这些经过社会主义工商业改造的合营厂，由于产品纳入国家计划，生产很快得到发展。

1956 年，上海仪表制造业所有企业实行社会主义工商业改造后，归属上海市第一重工业局机电仪表制造工业公司，有工厂一百四十五家。同年，根据"以大带小，以先进带落后"的原则，先后实行"裁、并、改、合"调整改组，将各厂按产品分类分别划归市第一重工业局机电仪表制造工业公司和市第二重工业局度量衡仪器工业公司。1958 年，该两公司合并组成上海市仪器仪表工业公司。

（二）建立国营企业

1953 年，第一机械工业部在上海投资和建设国营上海仪器厂（上海光学仪器厂前身），次年又建设了国营上海电表厂。投资建设的方式都是采用国家投资收购已有的小厂扩大兴建，是自力更生建厂的办法。建成后，两个厂速见成效，在第一个五年计划时期，为国家的仪表工业做出了较大贡献。

上海仪器厂是因王大珩建议而建立的。经调研后，国家在上海买下了由原中央研究院物理仪器工场职工创办的华光、中光两个工场，并在上海调集技术力量，成立中国科学院实验工场，生产显微镜等产品。1955 年改名为上海仪器厂，产品扩大到显微镜、大地测量仪器、光学计量仪器三大类产品。

上海电表厂是根据第一个五年计划的要求由第一机械工业部规划在上海建立的一个完整

的电站设备制造基地。1954年，上海电表厂属第一机械工业部电器工业管理局领导；上海电表厂于1954年1月1日开工生产，它是上海新建的最大国营仪器仪表厂，职工总人数三百七十三人，完成了电表系列及电位差计等二十三种新产品的生产，共生产四十个品种三万多台仪器仪表，总产值二百五十万元，上缴利润一百零四万元。1955年职工总人数达到六百三十一人，总产值为四百八十万元。1956年3月，提前完成了第一个五年计划的生产指标。1956年7月1日起，划归新成立的电机工业部电器工业管理局领导；1958年，由上海市电机局领导；1960年划归上海市仪表电讯工业局领导。上海的自动化仪表企业经过工商业改造、企业改组和新建，形成了一批骨干企业，如表3-3所示。

表3-3 1960年前后上海主要自动化仪表企业

序号	企业名称	主要产品	来源	后来发展去向
1	大华仪表厂	显示记录仪表、实验室仪器、热量计量仪表、自动平衡仪等	大华科学仪器股份有限公司先后合并十多家厂而成	上海自动化仪表二厂、1980年恢复为大华仪表厂
2	和平热工仪表厂	电表、高温计、热电偶、金相显微镜等	振华科学仪器厂、中电电表仪器厂、大达铁工厂合并而成	上海自动化仪表一厂
3	综合仪器厂	测温仪表、成套测温控温装置、显示记录仪表等	由原综合仪器厂并入十六家工厂组合成新的综合仪器厂	上海自动化仪表三厂
4	上海压力表厂	压力表、传感器、压力变送器、压力计量仪器仪表、压力控制器等	天祥科学仪器厂、大隆科学仪器厂等合并而成	上海自动化仪表四厂
5	建工仪器制造厂	物位仪表、压力检测仪表、调节仪表等	由原建工仪器制造厂合并七家企业而成	上海自动化仪表五厂
6	巨浪仪表厂	精密温度控制仪、调节仪等	巨浪电工塑胶厂与青浦五金厂、青浦电器厂变压器小组合并而成	上海自动化仪表六厂
7	崇明仪表厂	调节阀、调节阀辅助装置等	崇明电机电讯器材厂改名而来	上海自动化仪表七厂
8	上海安亭仪表厂	流量仪表等	由上海仪表原件厂与长江仪表厂合并而成	上海自动化仪表九厂
9	上海转速表厂	转速表等	由建国科学仪器厂与华成机械合并而成	
10	华东电子仪器厂	衡器、温度计等		

（三）成立仪表专业公司

1955年12月中旬，上海市机电仪表制造工业公司成立，属市重工业一局领导。专业公司的成立，使上海仪器仪表工业有了"主心骨"，开始正式纳入了国家计划经济管理的轨道。

1960 年，上海市仪表电讯工业局成立，市仪器仪表工业公司划归该局管理。仪表制造企业及其产品仍归属市仪器仪表工业公司。此时，一百余家企业逐步走上专业生产道路，加强了内部协作，为以后发展打下了基础。

（四）成立仪器仪表科研机构

1956 年，国务院科学规划委员会认为仪器仪表工业是我国国民经济的薄弱环节之一，要求在第二个五年计划期间加速发展仪器仪表工业。1956 年 5 月 31 日，国务院批准第一机械工业部成立仪器仪表局。紧接着，杨天放局长带领七人工作组到上海，与上海市有关部门商讨上海地区的仪器仪表工业发展规划，同时筹划在上海建立仪器仪表科学研究所。经商定，同意以原轻工业部上海科学研究所的仪器仪表组为基础筹建上海仪器仪表科学研究所。1956 年 9 月，一机部委派四局陆朱明处长作为全权负责人率部分干部到上海主持筹备工作。依靠轻工业部上海科学研究所的仪器仪表组作为骨干，主任王良楣与上海市工业部门一起草拟了上海市仪器仪表工业发展规划，其中包括上海仪器仪表科学研究所的设计任务书。1956 年 10 月 16 日，国务院批准筹建第一机械工业部上海仪器仪表科学研究所（现上海工业自动化仪表研究院）。后来，又相继建立了上海电工仪器研究室、上海光学仪器研究室等市属科研机构。

这些科研机构大大加强了上海仪器仪表工业的产品开发力量，促进了上海仪器仪表行业的技术进步。

四、天津仪表工业的发展与布局

（一）社会主义工商业改造

1954 年，经政府批准，联昌电机厂股份有限公司由私营改为公私合营，是天津市实现公私合营最早的三个企业之一，厂名改为天津市公私合营联昌水表厂。1955 年，与友生电机厂合并，职工增至二百二十八人。1956 年 12 月，又与振华铸铜厂、亚轮铸铜厂、源康氧气表厂、中北水表厂、天顺合五金厂和中华打字机厂合并，职工增至二百八十四人，厂名改为天津市公私合营仪表厂。

1956 年 10 月，天津市还组建了公私合营电工仪表厂，奠定了天津市电表行业发展的基础。组成天津电工仪表厂的十五个私营小厂是：耀华电工仪器厂、中原电表厂、建设电机厂、天宫电机厂、长久电器厂、九彪电表修理厂、天合电器厂、现代工业社、华都工业社、华东继电器厂、振利铁厂、永利祥工厂、合记铜厂、建新喷漆厂、义兴五金厂，共计一百五十八人。刚刚组建的电工仪表厂分散在十多处生产，产品主要仍是二十世纪二十年代的"大老圆"电表、高温计、热电偶等。主要的机器设备是皮带车床、手搬捣子等，只有一台日本产的 0.5 级电表是唯一的计量标准设备，电镀车间没有正规的设备，生产条件非常简陋。但在合营后，由于得到政府的大力扶持，仅用四年时间，工厂就发展成了建筑面积近两万平方米的新的天津市电表厂。

（二）建立国营仪器仪表厂

1958 年开始，在国家的统一布局下，天津市通过新成立或改制，建立了十来家国营自动化仪表厂，详细情况如表 3-4 所示。

表 3-4　1958 年至 1966 年天津市建立的国营仪表厂

序号	建立或改制时企业名称	建立或改制年份	成立时主要产品	发展去向
1	天津市公私合营电工仪表厂→天津市电表厂	1960 年	电表	天津市电表厂
2	天津手工业局汽表工业社	1956 年	压力表	天津市自动化仪表厂、天仪自动化仪表有限公司
3	天津市第二仪表厂	1966 年	压力表	天津市自动化仪表二厂、天津市泰菲特仪器仪表技术有限公司
4	天津市公私合营仪表厂、天津市东方红仪表厂	1966 年	水表	天津市自动化仪表三厂、天津仪表集团有限公司
5	天津市调节阀厂	1964 年	调节阀	天津市自动化仪表四厂、天津精通控制仪表技术有限公司
6	天津市调节器厂	1960 年	调节器	天津市阀门厂、天津市自动化仪表五厂
7	天津市建华仪表厂	1966 年	水表	天津市自动化仪表六厂、天津仪表集团有限公司
8	天津市温度计厂	1964 年	调节器、温度计	天津市人民仪表厂、天津市自动化仪表七厂、天津市津伯仪表技术有限公司
9	天津市高温计修配厂	1964 年	测温计修配、热电偶	天津市自动化仪表八厂、天津市津天温度仪表技术有限公司
10	天津市流量计厂	1965 年	水表壳、节流装置	天津市自动化仪表十厂
11	东方仪表厂	1959 年	减压器	天津市自动化仪表十三厂、天津减压器厂

（三）成立仪器仪表科研机构

1961 年，天津市成立了天津市仪器仪表研究所，这是天津仪表行业的第一个研究所。由仪表公司的技术科科长兼任所长，研究所的任务是研究技术和产品，为工厂服务。研究所的第一个任务是与天津仪表厂合作，研究压力表的设计与计算方法。但研究所成立一年后，因机构调整，即被撤销。

1966 年成立天津市电力工业自动化仪表研究所，1974 年经第一工业部投资扩建改名为天津市工业自动化仪表研究所。主要研究方向为系统工程和自动化技术的研究、开发和应用，开展生产过程控制系统设计、计算机硬件用软件、新型自动化仪表及装置的研究应用。在1975 年 1 月至 1975 年 4 月的筹备期间，工程技术人员达到数十人，正式成立了五个仪表研究室：第一是系统研究室、第二是变送器研究室、第三是流量仪表研究室、第四是显示器研究室、第五是计算机研究室。1975 年 10 月，三室的净油净水积算器研制成功，是研究所成立后的第一个产品。

撰稿人：曹建清

第四章　新中国自动化仪表学科及相关专业的建立

第一节　院系调整与仪器仪表相关专业的设置

　　我国现代意义上的大学是十九世纪末和二十世纪初"兴学强国"和"洋务运动"的大背景下产生和发展的。当时的大学有公办、私立及教会学校等多种，但学科的设置相对单一。当时大学的师资主要来源于留学归国人士。民国初期归国任教的留学生所攻专业主要为文、理、法三科，其他学科师资相对缺乏。在民国期间从海外学成回国的从事与自动化仪表相关工作的研究人员和师资屈指可数，其中代表性人物有：沈尚贤（1934 年回国）、钱钟韩（1937年回国）、张钟俊（1938 年回国）、王良楣（1947 年回国）、钟士模（1947 年回国）、王大珩（1948 年回国）。解放初期回国投身仪器科学和自动化仪表专业的代表人物有：方崇智（1949年回国）、李华天（1949 年回国）、朱良漪（1949 年回国）、刘豹（1950 年回国）、钱学森（1955 年回国）、疏松桂（1955 年回国）、杨嘉墀（1956 年回国）、周春晖（1957 年回国）等。民国初期政局动荡，大学经费比较缺乏，为节省经费，各大学多只能开设对教学设备和经费要求比较低的文、理、医科目，而对那些需要购置教学设备、配备师资队伍的科目往往没有更多的财力支持。在当时的社会背景下，受工业水平等因素影响，农、工等学科毕业生的出路不广，报考的学生也很少。

　　全面抗日战争时期，随着社会对人才需求的变化，国内高校专业设置有所增加，但与自动化仪表专业相关的学科只有电机和仪器科学与技术。这一时期，西南联大等高校所开设的"应用电子学""伺服机件"等，是最早的与自动化仪表专业相关的课程。

　　新中国成立后，国家进入大规模的经济恢复和建设时期，此时的主要任务是迅速恢复国民经济，在全国范围内建立新的政治、经济制度。国家采用不同的方式，完成了对官僚资本和私营企业的社会主义工商业改造，壮大了国家的经济基础。此时，经济的恢复，对国防、工业及民用所需的仪器仪表提出更多需求，推动了仪器仪表产业的发展，产业的发展对人才提出更高更多的需求。

　　1950 年 1 月 26 日，东北人民政府为恢复经济，培养东北地区电器工业技术人才，创建了东北电器工业高级职业学校（后改名为哈尔滨电工学院，现哈尔滨理工大学的前身之一），设立了电磁测量及仪表专业。

　　1951 年，为了解决国家大型骨干工业企业和国防工业对仪器仪表类专门人才的大量需求，教育部决定设立高等教育仪器类专业。

　　1952 年全国高校进行院系调整，并重新设置专业，为国防建设、工业发展培养科技人才。各高等院校，特别是工科院校和专科学校在原有专业的基础上，加强了面向机械、电机、土木、化工、矿业、冶金、地质等基础工业及企业生产所需的专业技术人才的培养。作为工业领域及企业生产基础和关键的测量技术与自动化仪表相关专业，得到了高度的重视并快速发展。教育部批准、并委托天津大学创建"精密机械仪器"专业、浙江大学创建"光学仪器"专业、哈尔滨工业大学创建"精密仪器"专业，并于同年开始本科招生，学制四年。这是新中国成立后高等院校首批建立的仪器仪表类专业。当年，北京大学工学院合并到清华大学工学院，设置了电机工程系、动力机械系、无线电工程系、机械制造系、土木工程系、水利工程系、建筑系、石油工程系八个系，各系下面又设置了不同的专业。天津大学面向电力生产及热能动力工程领域，在新创建的"精密机械仪器"专业中设置了"热工仪表专门化"方向；面向化工生产过程，成立了"化工机械"专业。沈阳化学工业技术学校成立，设化工、机械、电机三个专业科，建有"工业企业电气装备"专业。1953 年，浙江大学化工系在原化工燃料（本科）、工业分析（专科）两个专业的基础上，面向化工生产过程增设了"化工设备与机器"专业，为成立化工自动化专业打下了基础。新成立的华南工学院（现华南理工大学），面向化工生产过程，建立了"测量仪器室"。北京航空航天学院（现北京航空航天大学）设置"仪表自动器专业"，并于 1954 年 8 月组建飞机设备系，由飞机设备教研室、特种设备教研室的人员共同组成。1955 年，北京工业学院（现北京理工大学）面向国防军工装备，设置了"火炮指挥仪"专业，并于 1956 年设立了"火炮随动系统"专业（含电气、液压方向）。1958 年，冶金部建议成立本科和专科的热工仪表专业，本科专业由东北工学院筹建，专科专业由上海冶金专科学校筹建。

　　同期，为了满足我国大规模经济建设对电气测量技术和仪器仪表制造专业技术人才的需求，一批专科学校也设置了相应的专业，培养专业技术人员。如 1952 年，沈阳化学工业技术学校（现沈阳化工大学），在建校之初就设立了面向化工生产过程的"工业企业电气装备"专业。1953 年，东北电器工业高级职业学校为满足东北地区工业基础建设的需要，面向电气测量及仪器仪表制造，设立了"电工仪表制造"专业。1956 年，上海机器制造工业学校（现上海理工大学的前身之一）面向热能动力工程领域，设置了"热工装备"专业。

　　新中国成立初期，经过对高等院校进行的院系调整、生产过程自动化仪表及仪器类专业相关专业方向的创建，为工业化建设培养了急需的人才，为我国的自动化仪表相关专业的发展奠定了基础。

第二节　十二年规划与自动化仪表专业的建立

　　1956 年 12 月，国家讨论和制定了《一九五六——一九六七年科学技术发展远景规划纲要（修正草案）》，从十三个方面提出了五十七项重大科学任务，从中提出了十二项对科技发展更具关键意义的重点任务，其中第四项为"生产过程自动化和精密仪器"，自动化被列为重点发展任务。为适应国家科技发展战略规划，按照各行业领域建设发展的需要，教育部的统一部署，各高等院校自 1956 年开始，在相关专业建设的基础上相继建立了面向不同行业领域的仪表及自动化类的本科及专科专业。

一、相关专业的建立

自 1956 年至六十年代初，许多高等院校创建了自动化仪表相关专业。

1956 年，天津大学在化工系所属的"化工机械"专业基础上，设置"化学生产检查测量仪表与自动化"专业，并成立专业教研室，于当年 9 月正式开班；同年，该专业更名为"化工仪表及自动化"。

清华大学在动力机械系"热能动力装置"专业下设立"热力设备自动化"专门化方向，并设立"热能动力自动化教研组"（方崇智任主任）。同年，清华大学在电机工程系设"工业企业电气化"（后更名为工业企业电气化与自动化专业，郑维敏任主任）和"自动学与远动学"专业（主要面向我国原子能和航天事业，钟士模任主任）。

浙江大学组织化工系和电机系骨干教师，开始筹建我国第一个化工自动化专业。根据教育部的精神几经酝酿，将这一专业正式命名为"化学生产的操纵及检测仪器"专业，学制为五年。第一届共招生六十余名学生，9 月正式开班。同时成立专业教研室，承担该专业的教学和实验任务。

交通大学（现上海交通大学）成立上海造船学院，设立船舶电机系，下设船舶电气设备专业，学生由交通大学电机系二年级中抽调转入。同时，为尽快开出专业课、培养专业教师，从当时应届毕业生中招收了若干名研究生，并聘请了苏联敖德萨海运学院专家卡切廖夫讲授有关课程。现上海交通大学自动化系就是由当时船舶电机系下设的船舶电气设备专业演变而来的。

交通大学（现西安交通大学）在电机工程系设立了工业企业电气自动化专业。当时在系主任严晙教授的指导下，由胡保生、万百五等参与"自动控制专业"的筹备工作。当时把这个新"自动控制专业"称为"自动学与远动学专业"（苏联习用名称）。在学科初创时期，当时自动控制教研室隶属于无线电工程系。

1957 年，成都电讯工程学院（现电子科技大学）创办"电子测量技术及仪器"专业，这是国内第一个专门培养电子仪器及测量技术的高层次人才基地。

1958 年，华东化工学院（现华东理工大学）创办"化工自动控制"专业，并成立专业教研室，当年开始招生。1963 年，该专业更名为"化工自动化"。

北京化工学院（现北京化工大学）在建校之初，根据国家的战略布局和社会对自动化仪表人才的需求，即设立"化工自动化"专业，并开始招生。

北京工业学院（现北京理工大学）针对国家安全和国防建设的急需，在已建立的"火炮指挥仪""火炮随动系统"专业的基础上，又设置"陀螺仪与惯性导航""导弹制导与控制系统""弹上电气设备和电子计算机"等专业。

华南工学院（现华南理工大学的前身之一）在电讯系设置"电子测量"专业并招生，1959 年该专业与无线电技术等专业合并。

大连工学院（现大连理工大学）开始设置"化工自动化"专业，首届由 1955 年入学的"化工机械"专业学生从 1958 年后改学"化工自动化"课程。

哈尔滨电工学院（现哈尔滨理工大学的前身之一）在电机工程系的原"电工仪表制造"

专业基础上，建立"电磁测量技术及仪表"专业，并招收第一届本科生。

东北工学院（现东北大学）遵照冶金部文件要求，开始筹建"热工仪表"专业，并于1964年组建"冶金专用仪器仪表"专业，并开始招生，学制五年。

重工业部沈阳化学工业学校升格为本科学校，正式建立沈阳化工学院（现沈阳化工大学），开始培养化工自动化及仪表方向的人才。

1959年，北京石油学院（现中国石油大学）面向石油开采（矿场）和加工过程（炼油厂）的自动化，在机械系成立"生产过程自动化"专业，首届学生由1956年入学的其他专业学生转入。

1960年，华南化工学院（现华南理工大学的前身之一）在化工机械系设置"化工仪表自动化"专业，并招生。

同济大学增设"无线电设计与制造""建筑工业仪表""自动学与运动学"三个本科专业，并于1961年将三个专业合并为"工业企业电气化及自动化"专业（简称"工企电"），是自动化仪表专业的前身。

上海工学院（现上海大学的前身之一）在仪表及无线电系创办了热工仪表及自动控制装置专业，并开始招生。

在各高等院校相继建立自动化仪表相关专业，培养大学本科层次的专门技术人才的同时，为了满足自动化仪表行业发展的需要，部分专科院校也设立了自动化仪表相关专业，培养专科层次的专业技术人员。

1958年，上海工业学校（现上海理工大学的前身之一）在原"热工装备"专业的基础上，设置了"测量仪表与自动化装置"专业，开始大学专科层次的人才培养。

第一机械工业部正式批准将上海工业管理学校并入上海机器制造学校，除上海机器制造学校原机器制造、工具制造、热工仪表、光学仪器四个专业外，新设铸造、金属压力加工、金属学与热处理三个专业，原上海工业管理学校的计划、统计、会计三个专业合并成工业管理专业，全校共设八个专业。8月25日，第一机械工业部根据中共上海市委建议，同意学校升格并更名为上海机械专科学校。受上海热工仪表研究所（现上海工业自动化仪表研究院）的委托，在当年的高考生中选招四十名学生，组建"工业仪表与自动装置"专修科，开展自动化仪表专业技术人才的合作定向培养。

上海冶金专科学校筹建"热工仪表"专业专科层次的专业建设。

1960年，上海市业余工业大学（现上海第二工业大学）成立电讯仪表系，下设无线电电子学、仪器仪表、精密机械加工三个专业，仪器仪表专业学制为四年，培养以电气仪表为主的仪表工业的专业技术人才。

二、师资力量和技术骨干的培训

为了解决仪表及自动化人才缺乏的问题，国家和各行业管理部门想方设法，邀请国内外专家开展培训工作，为高校和自动化仪表工业培养师资力量和技术骨干。

1955年7月，为保证各大工厂（热加工、热处理）铸造、锻造的产品质量，推广温度测量仪表的正确应用并开展现场温度仪表的炉前成套校验工作，由机电部工具科学研究院在上海材料研究所组织开办了一期高温仪表学习班（工具科学研究院后分为北京中国计量科学研究院和中国计量管理局、哈尔滨工具科学研究院）。

1955 年 12 月至 1956 年 1 月，工具科学研究院在北京（小黄庄）组织举办了"全国第一期高温仪表学习班"，来自全国机械行业的各大工厂（上海机床、上海工具厂、长春汽车厂、洛阳轴承厂等）的骨干人员参加了培训。1956 年至 1957 年工具科学院又组织举办了"第二期高温仪表学习班"，学员也是来自全国各大机械工厂，同时开了两个班，学员有七十多人。1956 年下半年，为了巩固学习班的成果并使学员间经常开展交流协作活动，当时由工具科学研究院在上海组织成立了"上海地区温度计量协作组"，开展厂际技术交流协作活动。

面临力学和自动控制专业人才紧缺的困境，钱伟长、钱学森等专家提出举办工程力学研究班和自动化进修班。高教部 1956 年 9 月 5 日发文，从重点工科院校的毕业班学生中，选拔优秀者作为学生，开设工程力学研究班和自动化进修班。课程由中国科学院自动化研究所和清华、交大等校教师担任。培训班从 1957 年 2 月至 1958 年夏，历时一年半，总共开设六个班，每班约三十人。其中，一、二、三班为力学班；四、五、六班为自动化班。在自动化的三个班中，四班的学员来自高校非电专业，五班学员来自研究院所与设计院非电专业，电类专业的学员集中在六班。

培训班的开设是我国自动化仪表事业发展中的一个具有里程碑意义的事件，为我国培养出一批从事自动化技术的高级人才，后来，他们大多成了教育、研究、设计和产业单位的领军人才与核心人物。

在自动化仪表学科相关专业创办的初期，一些高校也积极组织各类培训班、进修班，为高校和企业培训师资和技术人员。浙江大学为加快化工自动化专业师资的培养，开办了多期自动化进修班。其中，1958 年 10 月举办的进修班，安排了苏联化工自动化专家格德萨多夫斯基和刚回国不久的周春晖教授担任授课教师，学员有来自天津大学、华东化工学院（现华东理工大学）、华南工学院（后更名为广东理工学院，现华南理工大学的前身）、华中工学院（1988 年更名为华中理工大学，现华中科技大学的前身之一）、大连工学院（现大连理工大学）、成都工学院（1978 年更名为成都科技大学，现四川大学的前身之一）、北京石油学院（现中国石油大学）、福州大学、南京林学院（现南京林业大学）等高校的教师。

各类培训班、进修班的举办，为高等院校自动化仪表学科相关专业的建设，培养了一批优秀的师资队伍，为专业人才的培养奠定了基础。

自 1956 年至六十年代初，随着各高等院校相关专业的相继设置和招生，中国自动化仪表学科初步形成，各层次自动化仪表专门人才培养逐步走向正轨，培养的毕业生既充实了师资队伍，也为国家建设提供了人才。

第三节　十年建设至"文化大革命"时期相关专业的建设与发展

自 1956 年国内高等院校开始创建自动化仪表学科相关专业后，在国家相关政策的引导和重点高等院校的带领下，自动化仪表学科相关专业不断地发展壮大。随着国家经济建设的发展、产业结构的调整和自动化仪表技术需求的不断提升，各高等院校的专业方向也在不断地发生调整和变化，其中一些高校成立的自动化仪表相关专业成为国内外知名的专业和学科。

一、十年建设，自动化仪表专业的成长（1956年至1965年）

专业建设初期，许多高校都面临师资、教材、实验设备短缺等诸多的问题。各高校坚持两条腿走路，一方面，结合国情，探索适合专业发展的道路；另一方面，用请进来，走出去的办法，向苏联学习先进的办学理念，使得新中国自动化仪表相关专业健康成长。这一时期，各高等院校自动化仪表相关专业的设置、建设及各层次人才培养也在快速的发展，体现了中国自动化仪表相关专业的成长历程。

（一）天津大学

天津大学化工仪表及自动化专业成立初期，教研室的师资队伍较为年轻，大多是刚从化工机械专业毕业留校的青年教师。当时教研室主任为刘豹，副主任为周昌震，党支部书记为王凤芝。教研室有教师韩建勋、徐柄辉、张立儒、冯兆邦、杨惠连、李光泉、徐苓安，实验员邝剑虹等。为了尽快提高师资队伍水平，教研室除了将青年教师韩建勋、徐炳辉送出去参加清华大学开办的自动化培训班外，还引进了在苏联获得自动化学科副博士学位刚回国的龚炳铮。1959年，又从精密仪器专业的热工仪表专门化教师中调来向婉成、周永焕等到本专业任教。

专业成立初期，为了尽快加强专业的教学和科研基础条件，专业所在的机械系安排了两幢二百八十多平方米的平房专门建设专业实验室。学校还购置了当时较为先进的仪器仪表及实验装备，如民主德国的气动模拟计算机、动态仪等，为培养学生的感性知识和动手能力、开展教学实验和教研室的科研工作提供了良好的条件和基础平台。

1959年，天津大学调整专业设置，将化工仪表及自动化专业与精密仪器专业的热工仪表专门化合并，成立热工仪表及自动化装置专业，隶属于新成立的精密仪器工程系。同年，以工业控制仪表专业的名称开始招收研究生。专业的建设，从以专业人才培养为主，向专业人才培养和科学研究并重发展。

1961年首届化工仪表及自动化专业学生毕业后，又陆续从应届毕业生中选留了部分教师，充实教研室的师资队伍。二十世纪六十年代后期，教研室的师资队伍达到了四十余人。

自"化工仪表及自动化"专业创立伊始，天津大学专业教研室就十分重视新型自动化仪表技术的研究与开发。1958年，刘豹担任全国"气动单元组合仪表"研究的负责人，组织全国气动仪表专门人员学习苏联的气动逻辑元件技术，并开展气动逻辑装置研究。同时，专业教研室组织了部分青年教师和各年级学生（以第一届学生为主），在刘豹的指导下从事气动逻辑装置的研究，完成了由气动逻辑元件、纯滞后元件、积分元件等构成的气动频率测试动态仪的线路图设计，并研制出了气动数字仪表等多种气动自动装置样机。1960年初，学校开展"技术革新和技术革命"，即所谓的"双革运动"。在此期间，"热工仪表及自动化装置"教研室成功研制了"台式气动模拟计算机""气动数字仪表""射流元件""浓度计"等，以科研成果形式参加了在京举行的"全国高等学校技术革新和技术革命成果展览会"。1964年成功研制了气动模拟计算机，并交付天津市调节器厂生产。相关的研究为国内气动仪表自动化及装置的研究奠定了基础，并对国际自动化学科的理论和应用研究的发展产生了重要影响。

（二）清华大学

清华大学自动化仪表学科有着深厚的积淀。1952年全国进行院系调整时，北京大学工学院合并到清华大学工学院，其院系设置和专业建设得到了快速的发展。1956年，在苏联专家齐斯佳科夫的建议下，动力机械系在原有热能动力装置专业中新设立了热工自动化专门化；电机系也相应地设立了工业企业电气化与自动化专业和自动学与远动学专业，极大地增加了清华大学自动化领域方面的专业，使得专业设置更为全面合理。各个系为自动化专业的本科生开出了自动控制理论、自动调节原理、调节器和热工量测技术、自动化仪表等课程。同时，还让苏联专家培养研究生，系里遴选了年轻的优秀教师，给他们指定苏联专家作为他们的指导教师，只是因为当时中苏关系时好时坏等原因，使培养研究生的工作断断续续。

1957年，为了培养中国自动化学科紧缺的人才，受中国自动化学会筹备组的委托，清华大学电机系的钟士模组织和主持了全国为时一年半的自动化进修班，培养出一批从事自动控制教育和技术的高级专门人才，后来大多成为各个单位自动化领域的领导或骨干，极大地促进了我国自动化教育和产业部门自动化技术的发展，为我国自动控制学科的发展和人才培养做出了重要贡献。

1958年，清华大学以自动学与远动学专业为基础新建自动控制系，钟士模任主任，下设自动控制与计算机两个专业，自动控制专业包含自动控制理论与自动控制系统两个方向，主要面向我国原子能和航天事业。

1959年末，为适应国民经济的蓬勃发展，清华大学按照教育部颁发的研究生制度，启动了全国首批研究生招收工作，在全校有条件的专业招收四年制的研究生，当时清华大学各系有关自动化专业均开始了研究生的培养。

同年，为适应国家工业和国防建设的需要，动力机械系决定将专业的服务面，从热能动力领域扩大到炼油、化工、钢铁等生产过程，并将热工自动化专门化改为热工量测及自动控制专业（方崇智任主任），同时加强了科学研究和实验室建设，先后开展了高温测量、直流锅炉动态特性、电子模拟技术等科学研究，得到一些创新性的成果。

到1960年9月，开始招收热工量测及自动控制专业的本科生，学制为六年。经过多年的教育和培养，该专业的毕业生大多分配到军工单位、自动化和仪器仪表研究所、生产厂以及高等院校，为我国自动化事业的发展输送了大量新生力量。

（三）浙江大学

1956年，浙江大学化学生产和操纵及检验仪器专业成立。其中"调节仪表"课程由留美归国的化工系资深教授王仁东主讲。王骥程为了给新建的专业做准备，提前为化工系化工设备与机器专业开设一门"仪表与自动化"选修课，通过编教材、建实验装置，进入化工自动化领域。在师资培养方面，浙江大学化工自动化教研室一方面派骨干教师参加国家组织的各种培训班，另外，加强了招收应届毕业生的力度。1957年，浙江大学派王骥程、李海青到北京参加由教育部、中科院、清华大学、东北工学院联合举办的面向全国的自动化进修班，培训时间为一年半。同年，新增了应届毕业的顾钟文、赵宝珍、沈平、陈鸿琛四人。1958年，浙江大学化学生产的操纵及检验仪器专业更名为化工生产过程自动化及仪表专业。

1957年下半年，周春晖回国，参加祖国的第一个五年计划。回国后随中科院考察组到全国各地重点企业调研，于1958年3月应邀到浙江大学任教，投身浙江大学的化工生产过程自动化及仪表专业建设。在校期间开设了"化工动态学""化工原理""自动调节原理""化工自动化""化工数学"等课程。周春晖为浙江大学化工生产过程自动化及仪表教研室带来了美国先进的教学理念、工作实践和珍贵的资料，使教研室的老师学习到许多有关化工自动化和仪表方面先进的知识和理念，也推动了浙大化自教研室的快速发展。

在这一时期，王骥程根据校领导的意见，为加强专业的师资力量和对外交流合作，聘请了包括苏联专家在内的各方面的专业人才，帮助缓解专业创建中的师资、教材等问题。1958年9月，苏联自动化专家格德萨多夫斯基夫妇到达浙江大学，带来一批俄文版的专业书籍和资料，到校后即和系、专业领导讨论教学计划、教学大纲等，并主讲"自动检测仪表及自动化"课程。为了解我国国情，确定实习厂矿等，苏联专家和专业领导一起到全国有关院校、厂矿等单位调研，回校制订了专业的教学计划、大纲、实验室建设计划等，并编写课程讲义，开展讲课、答疑及指导实验等工作。苏联专家在校期间，浙江大学化工系化工生产过程自动化及仪表教研室还主办了自动化进修班，参加进修班的学员后来大多成为新中国自动化行业的领军人物。

1960年，全国推动"技术革新、技术革命"，浙江大学周春晖、王骥程等积极倡导"理论联系实际"的学风，提出了掌握化工自动化知识的"设计、安装、检修、维护、调整"的"十字"培养方针，并组织进修教师和在校学生积极参与民生药厂、杭州农药厂、杭一棉等企业的技术革新，充分利用学校的实验室及到工厂一线的实习来达到学以致用、开拓思路、开发创新的目的。

在国家第三个五年计划实施期间，周春晖和王骥程等承担了国家重大科研项目"化工动态学及计算机应用"。在周春晖、王骥程的带领下，团队成员根据国内企业的生产现状，在开展化工炼油及石油化工生产过程核心对象的动态特性建模分析、工业生产过程操作和自动控制系统设计、调节器参数整定的关系等研究。一方面在校内建设液力模拟、换热套管等装置，对这些在化工生产过程经常用到的生产对象，进行对象动态学特性的研究；另一方面与上海炼油厂合作，开展对真实的生产过程中炼油工业精馏塔的动态特性及计算机控制的实际应用研究。为支持科研工作，上海炼油厂为浙江大学设计制造了一套小型的精馏塔，用于在校内开展精馏过程动态特性和控制研究。通过开展生产实际问题的研究，教研室的教师们总结撰写了"精馏操作自动化进展""蒸馏过程动态特性研究现状"等综述报告，发表了"套管热交换器流量通道动态特性的研究""前馈控制在常压蒸馏装置上的应用问题"等学术论文，作为"化工动态学及计算机应用"项目的部分成果。该项目的研究工作，为浙江大学化工生产过程自动化及仪表专业的发展奠定了理论联系实际的基础。

（四）北京航空学院（现北京航空航天大学）

1956年2月，北京航空学院将仪表及自动器教研室又划分为仪表自动器（201）教研室、电气无线电设备教研室和飞机设备工艺教研室。1958年5月，飞机设备系投入"北京五号"研制工作中，并于次年试飞成功。同年10月，飞机设备系改名为航空自动控制系，并且将原航空仪表与自动器本科专业分成航空陀螺仪表和航空自动器两个专业，航空陀螺仪表专业内又设陀螺仪及领航、飞行器仪表及传感器两个专门化方向。1960年，由当时任北京航空学院院长的沈元教授提出并创建了我国高校第一个传感器专业。1961年9月，航空自动控制系划分为航空自动控制系和飞行器自动控制系。其本科生的专业设置为：航空陀螺及传感器专业（包括航空仪表及传感器专门化），光学导引装置专业，航空电气设备专业等。

（五）西安交通大学

1952年全国院系调整时，交通大学重新设置系和专业，其中包括隶属于新成立的电力工程系的工业企业电气化专业。该专业创建时聘有苏联专家指导，教学计划和大纲完全采用苏联模式，开设有"自动调节理论和调节器"课程，教材采用苏联伏龙诺夫著《自动调整理论基础》一书的翻译本。

1956年，交通大学主体部分内迁西安。学校拟筹建自动学与远动学专业，并选派了一部分教师出去进修。其中，万百五被派到清华大学进修两年，选派陈辉堂、孙国基、李人厚、施仁等人到清华大学去学习苏联专家帮助我国创建自动控制专业的课程设置及实验室建设经验，还派宣国荣去学习远动学；同时，派郑守淇、胡正家、于怡元等去中国科学院参加全国第一台计算机的研制。新专业的筹建工作在当时电机工程系主任严晙教授的指导下，由胡保生、万百五等参与自动学与远动学专业的筹备工作。

1958年，新设置的自动学与远动学专业由电机工程系调入新成立的无线电工程系，由万百五任自动学与远动学教研室副主任并主持工作，无线电工程系的胡保生参与教研室的工作，教研室教师还有陈辉堂、李人厚、刘文江、王士冲、宣国荣、孙国基、施仁等。并从工业企业电气自动化、电器制造、机械制造等专业的应届毕业班中选拔（提前毕业留校了）一批品学兼优的学生补充到教研室。其中，从工业企业电气自动化专业毕业班中选拔的有施益范、尤昌德、林贤忠、王秩泉、金钟声；从电器制造专业毕业班中选拔的有蒋正华和王月娟；从机械制造专业毕业班中选拔的有林文坡等，从而壮大了自动学与远动学专业教研室教师的队伍。

自动学与远动学专业建立时，从电机工程系工业企业电气自动化专业抽调了十二名四年级学生作为自动学与远动学专业四年级学生，将新专业按五年制教学计划从四年级办起，同时配齐了之后的各班级学生。

1959年，国务院批复交通大学西安部分独立建校，定名为西安交通大学。万百五带领专业师生赴兰州化学公司（兰州炼油厂）参加自动化科研会战。当时中国科学院和天津大学等单位的专业人员也都参加了这次全国的自动化会战。

1960年7月，自动学与远动学专业培养出第一届五年制毕业生。其中，邱祖廉毕业后留教研室任教，分担了仪表及调节器的讲授和准备实验任务。

1964年，中央提出高等教育要试办半工半读。学校决定在无线电技术专业1965级一个班进行试点，并筹建教学生产基地。学校抽调多人以自动学与远动学专业教师戎行为首组建无线电厂，并去北京四机部商谈承接产品。按四机部领导的意见，产品技术含量要高，最后选定电阻噪声测试仪，且决定不采取仿制苏联产品的方法而是依据国防电工标准自行设计、试制。在教师和工人的努力下，终于试制成功，经国家定型并批量生产。

（六）上海交通大学

1957年上海造船学院与交通大学上海部分合并为交通大学上海部分，船舶电机系与交通大学的电力系合并，船舶电气设备成为交通大学电力工程系的一个专业。1958年9月交通大学为了适应上海市及华东地区尖端技术的发展，在交通大学上海部分成立了无线电系，设立自动学与远动学专业，抽调部分高年级学生提前毕业当教师派往交通大学西安部分、哈工大等校学习。又从电机、电气机车等专业的二年级学生中抽调部分学生为专业的第一届学生，组成一个班去交大西安部分借读。1959年，交通大学上海部分独立建校，定名为上海交通大学。

1960年上海交通大学归国防科委领导，自动学与远动学专业改为导弹自动控制专业，同时船电专业积极准备成立船舶消磁专业。1961年，船舶电工消磁专业正式成立。1962年7月，自动控制系正式成立。同年，导弹自动控制专业脱离无线电系，划归自动控制系。1963年，导弹自动控制专业改为火箭控制与稳定系统。

（七）哈尔滨工业大学

哈尔滨工业大学的自动化仪表专业在不同历史时期的专业名称略有不同。1952年精密仪器实验室扩建成为精密仪器专业，1956年仪器制造系成立，热工仪表及自动装置为其中的一个专门化方向。在专业初创时期，师资队伍是制约专业发展的瓶颈。学校从本校本科毕业生中留校三人作为师资，又从本校在读本科生和研究生中抽调八人组成研究班，由苏联专家培养，从1957年9月到1959年5月近两年。1959年5月，八人从研究班毕业后分配工作，六人留校建设专业（刚开始叫热工仪表及自动装置），与前三位老师组成最早的专业教师队伍。同年从精密仪器专业抽调出六七名学生学习自动化仪表专门化。1960年仿效1959年的做法，从精密仪器专业抽调部分学生学习自动化仪表专门化。到1961年哈尔滨工业大学有了第一批热工仪表及自动装置专业的毕业生。同年开始正式招收热工仪表及自动装置专业的本科生。

（八）华东化工学院（现华东理工大学）

1958年，华东化工学院任命电工教研组吴步洲和化工机械教研组蒋慰孙组建化工自动控制专业。1962年，华东化工学院化工自动控制专业招收研究生。1963年，华东化工学院化工自动控制专业更名为化工自动化专业。

华东化工学院化工自动控制专业创办初期，当时国内高等院校还没有化工自动化专业的毕业生。为了加强专业的师资力量，学校从化工机械、化学工程专业抽调了部分青年教师，并吸收本校及兄弟院校原本学电机、电讯、工业企业电气化等专业的教师充实了教师队伍。为了更快地补充师资队伍，教研组从1960年、1961年两届化工机械专业中抽调学生，提前参加听课、科研和实验室建设。1961年后，大连工学院、天津大学、浙江大学的专业毕业生陆续分配到华东化工学院工作。1962年后，每届都有本校的毕业生留校任教，充实了师资队伍，保证了教学任务的完成。

专业创办初期，为了提高师资队伍的专业水平和准备开设专业课程，教研组派遣青年教师参加清华大学主办的自动化进修班，到浙江大学进修，听取苏联专家的讲课，还到南开大学进修现代控制理论。当时华东化工学院是单科性学院，化学、化工类师资力量雄厚，而机械、电工、电子类师资较少，因此学校又选调四名1962届化工机械专业学生提前毕业，到浙江大学举办的无线电师资培训班的自动远动和无线电专业培训，毕业后回校充实到化工自动控制专业和电工教研组。

由于华东化工学院化工自动控制专业是面向化工的自动控制专业，从专业的课程设置方面体现出自动化技术服务于化工生产过程的鲜明特色。使得学生能坚实地掌握化工生产原理和过程生产特点，从而在工作中对设计控制方案和选用自动化仪表时能和工艺技术人员密切配合，做到符合实际，效果突出，深受企业欢迎。

为了提高学生的实际动手能力和解决实际问题的能力，专业十分重视实践环节，加强实验室建设和学生下厂实习环节。除专业创办初期已建立的化工仪表及自动化实验室外，教师和学生白手起家，自己动手建立了压力自动控制系统、液位自动控制系统和温度控制系统等自动化系统实验室，供学生进行动态特性测试、控制系统投运和控制器参数整定等实验，培养了学生实际动手能力。

（九）哈尔滨电工学院（现哈尔滨理工大学）

哈尔滨电工学院是我国最早建立电工仪表制造专业（后改为电磁测量技术及仪表专业）的院校，在建国初期开始大规模经济建设时，苏联等东欧国家援建的重大项目中有多个与仪器仪表有关，如哈尔滨电表仪器厂、西安仪表厂等，因此国家急需仪器仪表生产制造和设计方面的人才。当时主管机电工业的第一机械工业部将培养电测仪表方面技术人才的任务交给了哈尔滨电机制造学校，即后来的哈尔滨电工学院。1952 年受机械部指示，哈尔滨电机制造学校开始筹建电工仪表制造专业。1953 年组建仪表教研室，费正生担任教研室主任。参考访苏考察人员带回的同类专业的教学文件和教材，制订教学计划和教学大纲，翻译和编写教材。1955 年第一届电工仪表制造专业毕业生（中专）毕业。

1958 年哈尔滨电机制造学校提升为哈尔滨电工学院。在电工仪表制造专业的基础上建立了电磁测量技术及仪表专业，招收了第一届本科生，学制五年。在建立本科专业后，师资队伍亟须充实、加强和提高，采取了选派青年教师和在读生到重点大学，如哈工大、上海交大、西安交大、北京理工大学等进修和代培；从重点大学和国家科研院所及同类专业毕业生调入等多种途径使教师队伍满足了需要。至 1966 年，建成了以教研室主任费正生、副主任陈石兴为核心的仪器仪表教师队伍。

五十年代教学内容以指示仪表和经典测量仪器（电桥、电位差计等）的原理、设计制造为主，兼顾电力、冶金、化工等行业的过程检测中各种非电量的测量需求。五十年代后半期，为满足国家对仪器仪表、测量技术专业技术人才的需求，电磁测量技术及仪表专业在课程设置和教学内容上不断提高和充实。当时对工频和中频等交流参数的测量需求和仪器设备性能要求愈来愈高，费正生经过调研后增设了"测量电路理论"课；随着电子技术在测量中的应用和电子测量仪器的发展，数字化仪表开始问世，教研室将原来的"无线电测量"课改为内容更宽泛的"电子测量仪器"课，并加强了专业基础课"电子技术基础"，设置了数字化测量技术为主要内容的"自动测量"课等。

为适应电子技术蓬勃发展的形势，学校授命仪表教研室筹建工业电子学专业。1959 年成立了电子技术组，展开专业的筹建工作，1960 年独立成立电子技术教研室并招收第一届工业电子学专业的学生，后来发展成计算机工程系。

（十）华南工学院（现华南理工大学）

1952 年华南工学院建立之初，主管部门为中南军政委员会教育部，1953 年 11 月转为广东省省文教委员会，1954 年 9 月起，华南工学院的主管部门改为中央高等教育部，直至 1958 年上半年。其中测量仪器室领导为黄荣煊、关学海、胡星明。

1958 年 8 月华南工学院分拆为华南工学院和华南化工学院，仪表及自动化专业隶属于华南化工学院。1958 年下半年华南工学院电讯系电子测量专业招生；1959 年因专业口径太窄，与无线电技术等专业合并。1960 级华南化工学院化工机械系化工仪表自动化专业招生二十五人，该年级学生于 1965 年毕业。1962 年 8 月华南工学院和华南化工学院合并为华南工学院。

1962 年、1963 年华南工学院无线电系陀螺仪及导航仪专业招生。

（十一）北京石油学院（现中国石油大学）

1959 年，北京石油学院成立自动化系，包含自动化、电子技术和近代物理三个专业。生产过程自动化专业成立之初，面向石油开采（矿场）和加工过程（炼油厂）的自动化，属机械系。当时自动化教研室有五名教师和三名实验室工作人员。同年，自动化专业招收了第一届学生，学制五年。由 1956 年入学的其他专业学生转到自动化专业一个班，于 1961 年毕业。1962 年，自动化系撤销，这三个专业及学生分别回到机械系和基础处。

北京石油学院自动化专业从一开始就明确面向生产实际，加强工程和专业基础课，除数学、物理、化学等课外，设有自动调节原理、电工与电子学、化工原理（含流体力学和流体机械、传质与传热和相应的设备等）、石油加工、物理化学、理论力学、机械原理和仪器零件等工程基础课，并安排两三次生产现场实习，在校内安排综合实践，毕业前还有毕业设计，为培养面向生产一线的工程技术人员打下扎实的基础。

（十二）北京化工学院（现北京化工大学）

1958 年北京化工学院建校，同年成立化工仪表及自动化专业，当时的教学采用苏联五年制培养方式。二十世纪六十年代起，化工仪表及自动化专业跟随学校的建设发展开始了迅速的专业建设。专业建设三年之后，通过积极引进教师，教师队伍扩大到十三人。培养方式也紧随国家，尤其是化工产业发展需求。当时的仪表类课程主要是涉及温度、液位、压力、流量等工业过程方面需要用到的检测技术。

六十年代中后期，教研组的老师们凭着一股钻研精神，奋战三个月试制出我国第一台靶式流量计，达到预期的一级精度。随后进行整机定型设计，与天津红旗仪表厂合作投入生产。开发研究串级比值控制系统，该系统在兰化公司化肥厂稀硝车间的氨氧化工段成功实施。该系统是氧化炉温度修正氨气和空气比值的串级控制系统，这是我国第一次在化工生产现场实现串级控制。

现在该专业的名称为"测控技术与仪器"。

（十三）北京工业学院（现北京理工大学）

1960 年，北京工业学院正式成立自动控制系，教学工作的重点是培养五年制大学本科生，为国防工业战线和部队输送高级技术人才，当时的培养目标为"红色国防工程师"。同时，也培养少量的研究生（三年学制，不授学位）。

教学计划强调德智体全面发展，针对当时先进的机电控制类军事装备的业务需求，所设课程的覆盖面很广，除包括基础课、计算机、电子技术、自动控制原理等课程外，还有机械类和工艺类课程，另有许多实习和设计等实践性环节。编写了全套国防专业的内部教材，因保密未公开出版。

早期的科学研究工作主要是对苏联的重点装备进行引进、消化和吸收，后期转入自行设计和研究等工作。参与完成了我国第一代探空火箭、第一代反坦克导弹和第一代军用数字计算机的研制等工作。在基础理论研究方面，集中了校内人才，成立了自动控制理论研究室。

（十四）上海工学院（现上海大学）

1960 年上海工学院成立仪表及无线电系，下设热工仪表及自动控制装置专业和无线电技术专业。其中热工仪表及自动控制装置专业主要研究和讲授热工参数温度、压力、流量和液位四大参数的测量技术。随着工业生产的发展，测量参数增多、测量范围扩大、与控制的密切关联的测量技术的提高，热工仪表已经不能反映专业的全貌，因而专业更名为自动化仪表。自动化仪表专业集测量、控制及系统于一体。

（十五）南京工学院（现南京工业大学）

南京工学院是我国早期从事化工领域人才培养和科学研究的骨干单位之一。1957年南京工学院化工系派何叔奋参加了由高教部和中国科学院在清华大学联合开设的自动化进修班，1958年南京工学院化工系独立并成立南京化工学院，这标志着南京工学院化工过程自动化仪表教研工作的起步。

1960年，南京化工学院化工仪表及控制专业首次招生，次年该专业并入化工机械专业，成立仪表教学组。全体教师担任全校多个专业"化工仪表及自动化"公共课程，实验也逐步开设起来，最初教师们自编讲义，后来使用天津大学编写的教材。南京工业大学的自动化仪表专业在南京化工学院化工仪表与控制专业基础上逐步发展壮大。

（十六）东北工学院（现东北大学）

1958年，冶金部下达文件，建议在国内成立本科和专科的热工仪表专业，本科专业由东北工学院筹建，专科专业由上海冶金专科学校筹建。东北工学院遵照冶金部文件要求，开始筹建热工仪表专业。

1959年和1962年，东北工学院两次选派教师到哈尔滨工业大学及天津大学进修。1964年，参加进修的老师相继返校，在机械系成立了仪表专业教研室，正式组建冶金自动化仪表专业，并以冶金专用仪器仪表专业名称开始招生，学制五年。

（十七）上海工业学校（现上海理工大学）

1956年，上海工业学校（上海理工大学）开始招收热工装备专业中专学生，共招收学生一百五十四人。1958年，上海工业学校成立了热工仪表教研室（后改名自动化仪表教研室），同年上海工业学校热工装备专业更名为测量仪表与自动化装置专业（大专），共招收学生六十六人；1959年学校更名为上海机械专科学校，同时招收中专生和大专生；1960年5月成立上海机械学院开始招收本科生。学院仍设两个系，一系为仪表系，二系为动力系。仪表系下设四个专业：光学仪器、热工仪表、仪表制造工艺、电子技术。1960年至1965年，共招收六届热工仪表专业（本科）学生，共七十七人。1972年，上海机械学院与上海工学院（现上海大学）合并，组建新的上海机械学院，并将热工仪表专业更名为自动化仪表专业。

（十八）沈阳化工学院（现沈阳化工大学）

沈阳化工学院自动化仪表专业，由始建于1952年的工业企业电气装备专业发展而来，于1958年升格为本科，1960年，更名为辽宁科学技术大学，专业名称更名为化工生产自动化。同年，抚顺工学院有机合成专业并入该校，1962年4月，学校重新隶属化学工业部，校名改回沈阳化工学院，大连工业专科学校并入该校，专业名称更改为化工生产自动控制及仪表。该专业依托石化行业，服务流程工业，为国家发展时期培养了急需的化工行业的人才。

二、曲折前行，自动化仪表专业的发展（1966年至1978年）

1966年"文化大革命"开始，全国高校的招生和教学工作都受到了严重影响，全国高校进入停课状态。

"文革"初期，浙江大学化自教研室的老师，利用不能上课的间隙开始教材编写和科技推广。七十年代开始，工农兵学员进校，浙江大学针对学生基础差、实际动手能力强的特点，重新组织编写"化工自动化"教材，反复研究教材内容、教学方法，提高理论联系实际，加强实验环节。在讲授上力求深入浅出，提高教学效果。在培养学生的同时，也培养了一批年轻教师。1978年，浙江大学恢复"工业自动化"专业硕士研究生招生。同年，化工自动化教研室专业师资分成"化工自动化"和"化工仪表"两个教研室，同时建立了化工自动化实验室和化工仪表实验室，共同承担化自专业本科生教学和实验的各环节的任务。

1967年12月，北京航空学院提出了院内教学、科研、生产三结合的基地方案，并建立了仪表传感器实验室。1970年，航空自控系和飞行器自动控制系合并为自动控制大队。1971年，北航自动控制领域恢复招生，学制为三年，招生的专业为航空电机电器、航空陀螺仪表、飞行器自动控制、航空仪表与传感器和航空液压气压附件五个专业（这种招生模式一直持续到1976年）。1972年，自动控制大队更名为自动控制系。1977年，北航恢复高等学校招生入学考试后，本科的学制为四年，培养目标为工学学士。

1969年，北京石油学院迁校到山东东营胜利油田所在地，改名华东石油学院。1971年至1976年，自动化专业招收工农兵学员五个班，约一百五十名学员，学制三年。从1977年高考恢复后，自动化专业恢复招生，1978年重新成立自动化系，包含自动化和应用电子技术两个专业。

1969年冬，因中苏关系出现裂痕，哈尔滨电工学院学校师生大部分离开城市，教研室的老师成立教改小分队到五常电表厂劳动。七十年代初，哈尔滨电工学院电磁测量技术及仪表专业与黑龙江省、哈尔滨市等计量测试部门联合举办了多期电学计量测试短训班，解决计量技术人员短缺的问题。

1971年，哈尔滨电工学院没插队落户的学校教师组成专业联队，被纳入哈尔滨工业大学编制，成为哈尔滨工业大学三系。1973年，被纳入哈尔滨工业大学三系的电磁测量技术及仪表专业开始招收工农兵学员。当时，在专业联队的组织下展开了对全国主要仪器仪表行业基地的工厂、研究院所、管理部门全面的调研，制订了新的适应新培养方向的教学计划，并在1973级新生入学后顺利按照新教学计划开出了所有的课程。1978年，哈尔滨电工学院电磁测量技术及仪表专业成为"文革"后首批获得硕士授予权的专业。同年，机械部批准哈尔滨电工学院成立部属仪表研究室，为哈尔滨电工学院开展科研工作提供了重要的平台，取得了一批重要的科研成果，也为后来学科建设培养和提供了人才。

1970年10月根据辽宁省教育厅的批示，原大连化工学校并入大连工学院（1988年更名为大连理工大学），其仪表专业并入化工自动化专业，合并为化工自动化及仪表专业。此后，1972年底至1976年，依国家招生政策，招收了五届工农兵学员，共招收学员一百七十余人。

1970年，清华大学对系和专业进行调整，将自动控制系改名为电子工程系，将电机工程系的工业企业电气化与自动化专业和动力机械系的热工量测及自动控制专业，以及相应的教研组（包括电子学教研组、可控硅元件及装置车间）合并成立工业自动化系，也是国内建立的第一个自动化系。建系当年开始招收工农兵学员，第一届工农兵学员一百四十人入学，分属工业自动化专业和热工量测及自动化两个专业，学制三年。1970年至1976年，先后招生工农兵学员共1264人。

1970 年，东北工学院通过师资培训、办学摸索，明确了专业的定位，学院决定将机械系的冶金自动化仪表专业与自控系的自动控制专业合并，成立热工自动控制与装置专业，隶属于自控系。新的专业成立之后，抽调三个部门的老师和留校毕业生组建成立专业教研室。专业开设的主要课程包括热工测量及仪表、自动调节原理、自动调节系统及调节器、数字技术及仪表、自动电磁元件及专业概论等，上述课程主要由自控系教师承担。1972 年起东北工学院由辽宁省领导改为由冶金部和辽宁省双重领导，并以冶金部为主，开始恢复招收工农兵学员，学制三年。1972 年至 1976 年共招收五届学生。同时，开展了面向社会培训工作，其中，1973 年自动控制系举办短训班十期，培养工人学员数四百二十二名；1975 年，自动控制系开设冶金自动化仪表专业短训班，招生六十人。1976 年，东北工学院划归冶金工业部领导。1977 年，东北工学院热工自动控制与装置专业更名为冶金自动化仪表专业，招生两个本科生班，共七十六人。1978 年，实施学分制教学计划，专业的培养方向为：以检测技术为主，兼顾冶金工业过程的自动化系统，实现冶金生产过程工艺参数，包括温度、压力、流量、成分分析和机械量的自动检测仪表、控制系统的研究、设计和应用。开设课程包括：工程流体力学及传热学、仪表机构及零件、自动电磁元件、自动调节原理、自动检测技术及仪表、自动调节系统、自动控制仪表、计算机原理应用等课程。同年，冶金自动化仪表专业招收硕士研究生两人，学制三年。

1970 年下半年，同济大学工企电专业改为工企电专业大队。1972 年，专业大队恢复为机电系，同时恢复自控教研室、拖动控制系统教研室、供电教研室。

1977 年，同济大学工企电专业改名为工业电气自动化专业，招收本科生九十二名。1978 年至 1979 年，学校先后从成都电讯工程学院、西安军事电讯工程学院等校调入许德纪教授、杜廉石副教授等十多名电类的专业骨干教师，充实师资力量，筹建创办电子仪器与测量技术本科专业。

1970 年 12 月，沈阳化工学院迁至抚顺市办学，原抚顺工学院、抚顺石油学校并入该校，校名更改为抚顺化工学院；1975 年专业名称更改为化工仪表及自动化；1978 年 7 月抚顺化工学院迁回沈阳，恢复原校名沈阳化工学院，学校重新隶属化学工业部。

1971 年，天津大学热工仪表及自动化装置专业由精密仪器工程系调整到电力及自动化工程系。1972 年，热工仪表及自动化装置专业重新开始招生、学制为三年。1977 年天津大学热工仪表及自动化装置专业更名为工业自动化仪表专业，重新开始招收和培养本科生、学制为四年制。

1970 年 10 月华南工学院又拆分为广东工学院和广东化工学院，1972 年、1973 年广东工学院自动化系仪器仪表和导航仪器两个专业与广东化工学院化工机械系化工仪表及自动化专业重新开始招生。1974 年，广东工学院自动化系电子仪器及测量技术专业、陀螺仪及导航仪器专业开始招生。1975 年起，广东化工学院化工机械系化工仪表自动化专业招生。1976 年广东工学院电子仪器及测量技术专业（机密）招生，1977 年广东工学院无线电系电子仪器及测量技术专业（机密）招生。

1971 年，北京航空学院自动控制领域恢复招收工农兵大学生，学制为三年，招生的专业为航空电机电器、航空陀螺仪表、飞行器自动控制、航空仪表与传感器、航空液压气压附件五个专业。这种招生模式一直持续到 1976 年。1972 年，自动控制大队更名为自动控制系。

　　1972 年，上海机械学院与上海工学院合并，组建新的上海机械学院，并将热工仪表专业更名为自动化仪表专业。1970 年至 1976 年，自动化仪表专业共培养工农兵学员 289 人。

　　1972 年 7 月，北京钢铁学院决定设立冶金自动化仪表专业，通过冶金工业部从全国相关厂矿调来技术人员组建了冶金自动化仪表教研组，隶属于工企教研室，为国家培养引进先进技术设备所急需的工程技术人才。1975 年 11 月，招收首批冶金自动化仪表专业学员三十人，1976 年 7 月冶金自动化仪表教研组更名为仪表专业组，1978 年 8 月成立自动化仪表教研室。

　　1974 年，昆明理工大学工业自动化仪表专业开始起步，以昆明工学院化工系创办的仪表培训班为基础，结合冶金系的热工仪表课程逐步发展。于 1977 年底成立仪表专业教研室，1978 年成立自动化仪表专业，并开始正式招生。

　　1975 年，西安交通大学无线电工程系进行调整，无线电工程二系设置了自动学与远动学（后改为自动控制）、无线电技术专业。1977 年底，西安交通大学筹备系统工程专业。

　　1976 年 10 月，上海交通大学根据总体发展的需要进行专业调整，1978 年 9 月，自动控制专业、船舶及船厂电气化自动化、船舶消磁专业合并为一个自动控制专业，下设两个专业方向（自动控制和船舶及船厂电气化自动化）、一个研究室（船舶消磁），合并以后专业力量得到了加强。

　　"文化大革命"结束后，1977 年高等教育恢复高考招生，针对社会对人才的需求发生变化，有的学校对原有的专业名称作了变更，有的仍沿用原有的专业名称。但高等院校的自动化仪表及装置（相关）专业的名称随国家对学科建设的进一步规范而几经更替，其内涵与外延都发生了很大的变化，推动了自动化仪器仪表技术的快速发展。

　　1977 年，清华大学、浙江大学、北京航空航天大学、哈尔滨工业大学、大连理工等高校开始招收恢复高等学校招生入学考试后的本科生，本科的学制为四年，培养目标为工学学士。也有一批大学根据社会发展需求对专业名称作了调整。1977 年，广东工学院无线电系电子仪器及测量技术专业（机密）招生。1977 年，南京化工学院重建化工自动化专业，1978 年开始招生，并成立仪表教研室。1978 年，在王大珩教授的建议下，哈尔滨科技大学机械系经过充分的调研，明确了机、光、电结合的培养目标。经过认真全面准备，建立了精密仪器及机械专业。同年招收了第一届学生。1978 年 8 月，北京科技大学成立自动化仪表教研室。1978 年，北京工业学院（现北京理工）自动化学科开始招收研究生。

　　自 1956 年到 1978 年改革开放前，国内已有百余所高等院校建立了自动化仪表学科相关专业，中国自动化仪表学科专门人才的专业化、系统化培养体系已基本建立，并形成一定规模。自动化仪表学科的发展，对自动化仪表产品和技术的发展起到了引领和支撑作用，为后期的发展打下了扎实的基础。

第四节　组织编制教材

　　专业建设初期，教材非常缺乏，很多高校都自编讲义。他们以翻译苏联经典教材为起点，进而组织编写并形成符合我国国情的专业教材，后来成为国内自动化仪表专业选用的核心课程教材。

1953 年，哈尔滨电工学院仪表教研室主任费正生翻译了当时机械部七、八局赴苏考察团带回的阿鲁丘诺夫著的《电磁测量仪表的计算与结构》一书，于 1954 年由机械工业出版社出版。这是我国翻译并出版的电磁测量技术与仪表专业的第一部译著，成为之后设立该专业院校的专业教材之一。

1954 年，天津大学刘豹编著《自动控制原理》，由中国科学图书仪器公司出版，1957 年由上海科学技术出版社出版。

六十年代初，随着国内自动化仪表学科相关专业的建设和发展，专业教材的建设十分迫切。1961 年，由教育部组织，天津大学牵头，联合浙江大学、华东化工学院、上海机械学院、哈尔滨工业大学、清华大学、北京化工学院、华南化工学院、成都工学院、华中工学院等十余所高等院校编写的《热工测量仪表》《自动调节器》等国内第一套自动化仪表统编教材，天津大学等六院校集体编写了《仪器制造工艺学（上、下册）》《仪器零件及机构》《仪器制造刀具及车床》《化工仪表及自动化》，均由中国工业出版社出版。北京石油学院自动化教研室编写《石油厂仪表自动化》，由中国工业出版社出版发行。

1962 年 11 月 1 日至 17 日，经国务院批准的"化工自动化专业教材编审小组会议"在浙江大学召开，华东化工学院、天津大学、北京化工学院、北京化工设计院、上海化工研究院等单位派人参加了会议，会上确定由浙江大学牵头编写统一教材，周春晖教授被指定为专业教材编审组组长，先后编写教材四种。

1962 年，天津大学刘豹先生受聘兼任第一机械工业部仪器仪表教材编审组组长，负责全国高校仪器仪表专业的教学计划、教学大纲和教材建设工作。1963 年全国仪器仪表类教材编审委员会在天津大学成立，下设精密仪器、光学仪器和自动化仪表三个专业分委员会。委员会的成立促进和规范了全国仪器仪表类教材的编辑出版和使用，促进了各校的专业建设。1963 年刘豹主编出版了当时在全国有较大影响的《自动调节理论基础》。

1963 年，浙江大学化工自动化教研室编写了《化工厂简易自动装置的试制及应用》。在杭州华侨饭店，由浙江大学周春晖教授主持召开了"化工自动化"专业教学计划课程大纲会。

1971 年 3 月，北京化工学院编写的《仪表自动化概论》出版。

1975 年，由"化工自动控制设计技术中心站"负责，组织有关高校、科研设计单位和工厂，编写《化工自动化丛书》，由浙江大学周春晖担任编委会主任。1975 年 8 月在浙江西天目召开第一次会议，讨论编写书目及大纲，以后召开了多次编委会，1980 年在昆明召开了第四次编委会，这次会议有关高校、科研设计单位和工厂出席人数较多，历时十五年，最终完成并由化学工业出版社出版二十六本丛书。它是在普及的基础上侧重提高的一套读物，包括经典和现代控制理论，各类新型调节系统，为当时普及和推广现代控制理论起到了重要作用。

1966 年，华东化工学院蒋慰孙、章先楼编写了《化工仪表及自动化》，由化学工业出版社出版。1973 年，蒋慰孙、俞金寿等编写了《化工自动化》，由化学工业出版社出版。

1971 年，燃化部（当时由煤炭部、石油部、化工部合并而成）石油化工自动控制设计建设组要求浙江大学、华东化工学院、华东石油学院、北京化工学院四校化自专业教师编写《化工自动化》教材。是年夏初，在浙大成立了以周春晖教授为主的编写组，浙大周春晖、孙优贤等参与了编写工作。该书分上、下两册四篇十一章撰写。于 1973 年 11 月出版。该书既有较为完整的控制理论，又有工程应用方面的实践经验，共计销售近五万七千套。

1972 年 4 月在石油化学工业部召开的自控建设会议上，决定由兰化设计院自控中心站组织编写《化工测量及调节仪表》丛书（分化工测量仪表、气动调节仪表、电动调节仪表、气体分析器和物质性质测量仪表等）。会后，自控中心站组织了以华东化工学院牵头，浙江大学、天津大学、华东石油学院、北京化工学院、兰化自动化研究所、上海自动化仪表一厂、河北化工学院、上海机械学院等参加的编写组编写该丛书。丛书由上海人民出版社于 1975 年出版，并于 1979 年由上海科学技术出版社重印。该丛书成为自动化领域的技术人员及高校教学人员的优秀参考教材。

七十年代后期，在周春晖主导下，浙江大学化自团队在工厂中宣传、推广自动化技术和理论，结合实际工作，总结编印了专业资料近十种。其中《化工自动化》《调节器的参数整定及校验》《复杂调节》正式出版。七十年代末，浙江大学编写了《化工过程控制原理》和《化工过程控制工程》，成为全国相同专业的重要教科书和工程应用的参考用书。

1975 年，化工部基建组组织了"十三套大化肥引进项目"，编译的《美国 V- 系列电动仪表》成为化工部引进装置短训班教材。

六十年代后，国内高校设立"化工自动化"专业的院校逐渐增多，在教育部及行业委员会的主导下，各学校积极参与编著适合国家人才培养需要的教材。

当时各高校出版的主要教材见表 4-1。

表 4-1　各高校编著的自动化仪表教材

著作名称	作者	出版社及出版时间
天津大学		
自动控制原理	刘豹	中国科学图书仪器公司，1954 年
自动控制原理	刘豹	上海科学技术出版社，1959 年
自动调节器	天津大学等十二院校集体	中国工业出版社，1961 年
热工测量仪表	天津大学等十院校集体	中国工业出版社，1961 年
仪器制造工艺学：上册	天津大学等六院校集体	中国工业出版社，1961 年
仪器制造工艺学：下册	天津大学等六院校集体	中国工业出版社，1961 年
仪器零件及机构	天津大学等六院校集体	中国工业出版社，1961 年
仪器制造刀具及车床	天津大学等六院校集体	中国工业出版社，1961 年
化工仪表及自动化	天津大学等院校集体	中国工业出版社，1961 年
自动调节理论基础	刘豹	上海科学技术出版社，1963 年
浙江大学		
热工测量仪表	周春晖、王骥程、李海青	中国工业出版社，1961 年
化工厂简易自动装置的试制及应用	周春晖、王骥程等	中国工业出版社，1963 年
化工自动化	周春晖、王骥程	化学工业出版社，1971 年
化工过程控制原理	周春晖	化工部优秀教材，1975 年

续表

著作名称	作者	出版社及出版时间
化工过程控制工程	王骥程	化工部优秀教材，1975 年
气动调节仪表	李海青	上海人民出版社，1975 年
均匀调节	化自教研室	石油化学工业出版社，1976 年
气体分析器和物质性质测量仪表	黄桢地等	上海人民出版社，1976 年
北京航空航天大学		
随动系统	霍赫洛夫、文传源	国防出版社，1955 年
自动调节原理与发动机自动装置	林士谔	国防出版社，1955 年
自动驾驶仪原理	霍赫洛夫、文传源	国防出版社，1955 年
陀螺仪表与自动驾驶仪	林士谔	国防出版社，1956 年
浮子式陀螺仪及其应用	斯洛棉斯基、布梁基洛夫	国防出版社，1959 年
航向仪表	刘惠彬、朱定国	北京科学教育编辑室，1961 年
哈尔滨理工大学		
电磁测量仪表的计算与结构	费正生	机械工业出版社，1955 年
电工仪表设计	费正生	机械工业出版社，1960 年
电工仪表	袁禄明	机械工业出版社，1961 年
电工测量	袁禄明	机械工业出版社，1961 年
电工仪表制造工艺学	陈石兴	机械工业出版社，1961 年
非电测量和电子仪表	俞培基	机械工业出版社，1961 年
电工仪表器件及工艺	陈石兴	机械工业出版社，1961 年
成都电子科技大学		
高稳定频率源输出频率的短期稳定度的定义和测量	张世箕	1976 年
程控电子测量仪器和自动测试系统的标准接口系统	张世箕	1978 年
华东理工大学		
化工仪表及自动化	蒋慰孙，章先楼	化学工业出版社，1966 年
化工自动化	《化工自动化》编写组（蒋慰孙、俞金寿等）	化学工业出版社，1973 年
化工测量仪表	《化工测量及调节仪表》编写组（章先楼，陈彦尊等）	化学工业出版社，1973 年

续表

著作名称	作者	出版社及出版时间
电动调节仪表	《化工测量及调节仪表》编写组（徐功仁，吴勤勤等）	化学工业出版社，1973 年
气动测量仪表	《化工测量及调节仪表》编写组（雷国雄等）	化学工业出版社，1973 年
化工测量仪表	《化工测量及调节仪表》编写组（陈彦尊等）	上海人民出版社，1974 年
电动调节仪表	《化工测量及调节仪表》编写组（徐功仁等）	上海人民出版社，1974 年
气体分析器和物质性质测量仪表	《化工测量及调节仪表》编写组（才裕孚，沈关梁等）	上海人民出版社，1977 年
化工生产自动化	蒋慰孙	化学工业出版社，1977 年
西安交通大学		
自动调节理论：上册	胡保生编著	西安交通大学出版社，1963 年

第五节　实验室建立

加强学生对生产现场的了解，培养学生解决生产实际碰到的问题，是大学教育的重要环节。专业初创时，各高校为了培养学生动手能力和加强对过程控制的认识，缩短从课堂到实际的距离，在实验室建设方面都投入了大量的精力和物力。

哈尔滨理工大学电磁测量技术及仪表专业的实验室从 1953 年着手建立，主要为教学实验服务。当时以指示仪表和测量仪器、电气测量和磁测量的教学为主，统称仪表实验室。以后与时俱进，逐渐增加了电子测量仪器、非电测量、传感器、自动化仪表、数字化测量技术、微机化仪器个人仪器与系统、通用接口总线、测控系统等课程的实验。设立自动化仪表与装置专业时就考虑到，该专业的专业基础课与已有的电磁测量技术与仪表专业基本相同，如测控技术与计算机应用、传感技术、数字系统设计、计算机控制与系统、智能仪器原理与设计等类似课程的实验就在已有的仪表实验室开设。

天津大学在化工仪表及自动化专业建立之前，已针对相应的专业课程建有化工过程检测实验室、热工仪表实验室等仪表类教学实验室。1956 年，化工仪表及自动化专业建立后，根据专业课程的需要，建设了自动调节原理实验室、自动检测仪表实验室、气动调节装置实验室等教学实验室。1960 年完成专业合并成立热工仪表及自动化装置专业后，将化工仪表及自动化专业和热工仪表专门化原有的教学实验室合并、调整，先后建设了传感器实验室、流量仪表实验室、温度仪表实验室、压力仪表实验室、成分分析仪表实验室、空气风洞实验室、自动调节原理实验室、自动调节装置与系统实验室、仪表加工装配实验室等教学实验室。1977

年，热工仪表及自动化装置专业更名为工业自动化仪表专业后，随着专业的调整、专业教学内容的更新和计算机的应用，各教学实验室中的设备也进行了更新，逐步配备了计算机系统，建设了一批如大口径水流量实验装置、明渠水槽实验装置、水泥浆流动实验装置、工业电炉温度和水槽液位过程控制实验装置、计算机过程控制系统等实验设备；并建设了数字化仪表及智能装置设计实验室；部分实验室（如成分分析仪表实验室）调整到了学校成立的分析中心，承担学校开放仪器平台的服务功能。在此时期，原以教学为主的实验室开始大量承担起科研实验平台的功能。

浙江大学化工生产过程自动化及仪表教研室于1957年就开始建设化工生产的检查、测量及自动调节实验室，这时期老师既要上课，还要设计实验方案，并带领学生开展实验。1958年至1959年在王骥程、王静熙等的带领下，通过师生们的共同努力，自动化实验室建设在原有的基础上有了长足的发展，搭建了液位调节、流量调节、压力调节等实验装置，提高学生对生产现场的认识，节省了企业的调试成本，并节省了时间提高了效率，实验室的建成也成为国内高校的样板，兄弟院校纷纷学习，从而在实验室建设上也取得了较快的发展。1978年，随着办学规模的发展和科研的深入，浙江大学化工自动化专业师资分成化工自动化和化工仪表两个教研室，同时建立了化工自动化实验室和化工仪表实验室，共同承担化自专业本科生教学和实验的各环节的任务。相继开设了八门实验课程，为提升学生的动手能力和学科的科学实验提供了有力的支撑。

中国石油大学在1956年初筹建教研室时，韩福田和陈森守已经制作了十几套压力表校验台、十几台压差实验台、十几套电位差计实验设备和一套热电偶校验装置，以及04调节器的工作原理示教模型。由郑永基、林圣咏、陈森守等建成了流量自动调节实验系统。流量实验室以自来水为介质，并列安装的容积式、速度式、涡轮、孔板多种流量计，用容器接水称重，秒表计时，温度校正，可以校验各种流量计。温度测量实验室建立了热电偶、热电阻校验、电位差电路实验、电子电位差计和电子平衡电桥实验设备，双金属温度计、光学高温计准备了实物和挂图，稍后还建立了温度程序控制的实验设备。

华东理工大学于1958年起在化工机械系，陆续组建化工自动化专业实验室，包括电工实验室、热工仪表实验室和自动化实验室。

清华大学早期工业检测及仪表教学实验室有温度和压力的检测装置。1959年热工量测及自动控制专业扩展了专业服务领域，加强了实验装置的开发和研制，先后建成了热交换器模拟控制实验装置、液位控制实验装置和单回路控制柜等。六十年代在热工量测及自动控制专业课教学中设置了仪器拆装的实习环节，选择当时在石油化工冶金热能动力等工业界广泛应用的从苏联进口的温度记录仪，要求学生把仪表拆卸至最小部件，再把仪器仪表重新组装和调试，使仪表恢复原有性能。

哈尔滨电工学院在新中国成立初期经济极其困难的条件下，从苏联、日本、德国等购入了许多贵重的仪器充实实验室的建设。同时，教研室也自己动手自制实验设备，特别是磁测和非电测量课的实验仪器，如磁通计和磁强计等。至1966年，所有专业课都按计划开设了实验。

东北工学院冶金自动化仪表专业在1964年开始招生。尤其1970年转入自控系后，面向专业课程的需要，逐步建设并完善了电子技术实验室、电工实验室、电工原理实验室、工业自动化仪表实验室、工业自动化实验室及控制理论实验室。

第六节　聘请外国专家与学术交流

新中国成立之后的这段时期，苏联等发达国家的专家对我国自动化仪表专业建设和技术进步发挥了积极的作用。

清华大学与自动控制有关的学术活动，最早可追溯到二十世纪三十年代，1935 年 9 月至 1936 年 6 月，美国数学家、科学院院士、控制论的创始人、麻省理工学院的诺伯特·维纳（Norbert Wiener，1894—1964），受数学系和电机系合聘来清华大学任客座教授，讲授傅立叶级数和傅立叶积分的理论，以及数学专题讲座，并与电机系合作研究滤波的问题，1948 年出版《控制论》一书。维纳在 1954 年出版的《我是一个数学家》一书中自述，他宁愿选择把在清华大学的 1935 年作为创立控制论的起点。1956 年，清华大学相继聘请了多位苏联专家来校指导，例如动力机械系就聘请了莫斯科动力学院的齐斯佳科夫等几位专家前来系里指导专业的建设和发展。

北京航空航天大学在专业建立过程中，先后聘请了十九名苏联专家，如航空仪表与自动装置专家何赫洛夫（1952 年 8 月至 1955 年 6 月）、航空军械装置专家罗新（1952 年 9 月至 1955 年 6 月）、航空军械专家拉宾诺维奇（1955 年 9 月至 1957 年 6 月）、火箭操纵技术专家聂吉尔柯（1957 年 4 月至 1959 年 5 月）、柴依采夫（1957 年 9 月至 1958 年 7 月）、航空军械专家克雷莫夫（1957 年 10 月至 1958 年 7 月）、电气无线电设备专家格尔吉也夫（1957 年 3 月至 7 月）、包里索夫和别拉文（1957 年 8 月至 1958 年 7 月）、飞机设备工艺专家列别捷夫（1957 年 8 月至 1958 年 7 月）、航空仪表专家谢苗诺夫（1958 年 9 月至 1959 年 7 月）、地面控制系统专家维谢洛夫（1958 年 10 月至 1959 年 11 月）、火箭自动控制专家哈凡斯基（1958 年 12 月至 1960 年 6 月）、火箭操纵原理专家卡格勃诺夫（1958 年 12 月至 1960 年 6 月）、航空专家哈雷宾（1958 年 9 月至 1959 年 7 月）、火箭点火设备勃拉古洛夫（1958 年 10 月至 1959 年 3 月）、解算装置专家阿芬纳斯也夫（1958 年 12 月至 1960 年 5 月）、陀螺仪表与航空自动装置专家依里因（1959 年 8 月至 11 月）、陀螺仪表与航空自动装置专家克拉克雪夫（1959 年 10 月至 1960 年 1 月）、火箭控制专家格利标金（1960 年 2 月至 8 月）。

北京理工大学五十年代中期至六十年代初，在专业建设、实验室建设以及课程大纲和教学计划的制定方面都得到了苏联专家的帮助和指导。在自动控制系工作过的苏联专家包括菲利波夫（火炮随动系统）、马尔丁诺夫（火炮液压传动）、普列斯努恒（射击指挥仪）等。苏联专家按装备的设计原理和技术性能进行授课，学校依此制订教学计划、编写教材、建设专业实验室。1960 年，按照当时中苏两国政府的协议，北京理工大学共派出了七位教师去苏联留学。其中余惠阶被派往莫斯科鲍曼工学院，在仪器系陀螺仪表与自动驾驶仪专业进修，1962 年 3 月学成回国，成为自动控制系教师。1965 年至 1966 年王子平由学校派遣以访问学者的身份在英国莱斯特大学和帝国理工学院访问学习。

浙江大学在 1958 年 9 月邀请苏联自动化专家格德萨多夫斯基夫妇前去讲学。参与教学计划教学大纲的讨论，并主讲"自动检测仪表及自动化"课。1960 年夏，浙江大学派十人参加中国自动化学会组织的代表团赴苏联莫斯科出席第一届国际自控联学术会议。1966年，浙江大学化自专业招收的第一位外国留学生（阿尔巴尼亚籍）毕业。同年秋季又招收五名越南留学生。

天津大学专业教研室重视培养教师的学术视野及社交能力，还经常派出青年教师参加国内的各项学术活动，回来后在教研室全体会议上汇报演讲，提高青年教师的科研能力。作为机械部自动化仪表专业指导委员会主任，刘豹先生多次在天津主持校际专业科技报告会，如1961年浙江大学、重庆大学等许多高校老师曾莅临天津大学作科技研究报告，促进了国内自动化仪表专业的学术交流。

这一时期国内高校聘请的苏联专家居多，留学深造的目的地也以苏联高校和科研机构为主。随着七十年代中后期中美关系的松动，国家科研人员的访问交流、留学生的交流重心移向欧美国家。中外交流也日益频繁，在华召开的世界性学术会议增多，互派留学生的数量也大增，有力推动了我国自动化仪表学科的发展。

撰稿人：董 峰 邵之江

第五章　自动化仪表科研院所和企业的建设与发展

第一节　研究院所的创立

新中国成立后，我国进入了三年国民经济恢复期，政府对私营企业采取鼓励政策，各地抓紧恢复原有生产仪表的工厂。由于其他工业行业的迅速发展，民用及国防均对仪器仪表提出更多需求而刺激了它的发展，生产仪器仪表的新企业和与之协作配套的相关企业迅速发展。

1953 年，我国开始大规模经济建设，实行第一个五年计划，并成立了第一机械工业部和省厅局，仪表行业管理体制逐步建立，产业开始布局。通过公私合营、成立国营仪表厂、成立仪表专业公司、成立仪表研究机构等途径，促进了仪表产业的发展。与此同时，仪表技术的研发也逐步开展，成立了一些研究院所。其中代表性的研究院所有以下几家。

一、上海工业自动化仪表研究所

上海工业自动化仪表研究所隶属机械工业部，是我国自动化仪表行业技术的总归口单位，负责整个行业的情报、规划、标准化、质量检测等行业技术工作。该所归口管理温度仪表、流量仪表和调节阀等产品的技术，具备设备齐全的试验验证能力，温度仪表、流量仪表和调节阀的新产品开发，通常由上海所牵头，出现了张继培（温度仪表）、李传经（流量仪表）、汪克诚（调节阀）等一批技术带头人。在标准化方面，该所是仪器仪表行业全国工业过程测量和控制标准化技术委员会 TC124 和 TC124/SC1 秘书处所在单位，与国际 IEC TC65 直接对口。组织制订和管理全行业的共性基础标准和产品、工艺等技术标准以及开展国际标准化工作。

此外，上海工业自动化仪表研究所还是中国仪器仪表行业协会自动化仪表分会、中国仪器仪表学会自动化仪表分会、中国自动化学会仪表装置分会日常工作联系和相关标准化文件和标准的组织联络单位。

由上海工业自动化仪表研究所、重庆工业自动化仪表研究所、开封仪表厂等单位联合组成的自动化仪表产品质量监督检测中心，拥有热工量、电工量、机械量、震动、防爆、同位素和环境试验等符合国际标准的计量检测设施。

（一）历史沿革

该所的前身是民国政府经济部下设的中央工业试验所。1949 年 5 月上海解放后，中央工业试验所被上海市军管会接管，1952 年更名为中央轻工业部上海工业试验所，旅美专家王良楣担任该所的仪器仪表研究室主任。1956年10月，在工业试验所仪器仪表研究室的基础上成立上海仪器仪表科学研究所，直属第一机械工业部，陆朱明为所长，王良楣为副所长。这是我国仪器仪表行业第一个国家级的研究所为自动化仪表行业技术发展发挥了重要的导向作用。六十年代中期，上海热工仪表研究所一分为二，在重庆北碚建立重庆自动化仪表研究所。

从七十年代开始，我国自动化仪表产品不断地在向国际标准靠拢，形成了具有一定规模和水平的研发体系，拥有一支高水平的科技队伍，取得了一系列高水平的科研成果，开发了大量的新产品。上海工业自动化仪表研究功不可没。

（二）主要研究成果

1. DDZ-I 型电动单元组合仪表

五十年代末，在参考王良楣总工程师从苏联带回资料的基础上，研究开发出 DDZ-I 型电动单元组合仪表。此后通过厂所结合，DDZ-I 型仪表在大华仪表厂投入批量生产，从六十年代开始，在冶金、石化、电力、机械等工业现场推广应用，实现生产过程局部自动化。

2. DDZ-II 型电动单元组合仪表

七十年代，上海自动化仪表研究所组织上海、西安、天津、大连、北京、吉林等地的自动化仪表企业，在上海调节器厂开展行业统一设计。经过各单位技术骨干的反复讨论，通过了总体技术方案、各单元技术条件和实施工作计划，形成了统一的正式文件、统一标准、统一信号、统一结构，为后来的组织实施和批量生产奠定了基础。

3. DDZ-III 型电动单元组合仪表

1974年，重庆工业自动化仪表研究所着手组织 DDZ-III 型电动单元组合仪表的开发和联合设计工作。采用线性集成电路和国际电工委员会（IEC）规定的 4~20mA 国际标准模拟信号（以区分零信号和无信号），具有本质安全防爆功能，信号和供电传输采用两线制方式。共上百个品种规格，可以与计算机联用实现设定点优化的监督控制，构成模拟－数字控制系统。试验样机在洛阳炼油试验厂通过了现场运行考核。与此同时，防爆产品也在南阳防爆电机研究所通过了本质安全防爆试验论证。

4. DBC-I 电子皮带秤

上海工业自动化仪表研究所研制的电子皮带秤交由上海衡器厂生产。六十年代末期，国内只有营口仪器三厂、上海华东电子仪器厂、上海衡器厂这三家生产电子皮带秤。

5. GGP-10 电子皮带秤

1975年4月起，由上海工业自动化仪表研究所牵头，成都科学仪器厂、营口仪器三厂、华东电子仪器厂参加组成了一机部电子皮带秤联合设计组，进行统一调研和设计，产品型号为 GGP-10，要求该产品"五统一"，即规格型号、技术标准、测试方法、安装尺寸、易损部件五个方面统一。1978年5月，由一机部主持在成都召开了 GGP-10 电子皮带秤产品全国鉴定会，会后一机部要求 GGP-10 电子皮带秤投入批量生产。

6. B 系列气动基地式调节仪表

B 系列气动基地式调节仪表的前期工作一直在上海所进行，1966年以后从事这部分工作的研究人员内迁至重庆，继续从事 B 系列气动基地式调节仪表的开发研制，七十年代以来，重庆工业自动化仪表研究所在前期研究的基础上继续进行 B 系列气动基地式仪表的联合设计，肇庆自动化仪表厂、重庆长江仪表厂、重庆电表厂、沈阳气动仪表厂、大连第五仪表厂等单位参加了联合研发。重点设计了包括温度（含温包式和电测量式）指示调节仪、压力指示调节仪、差压指示记录调节仪、浮筒式液位指示调节仪、高温液位指示调节仪、轮胎硫化机控制用三笔记录调节仪等。气动基地式仪表在火电站、化工厂、炼油厂等曾得到广泛的应用。经过多家单位的连续攻关该项目于 1982 获得部级科技成果二等奖。

7. 差压计

七十年代初，上海工业自动化仪表研究所组织上海自动化仪表一厂、上海自动化仪表六厂、上海光华仪表厂、西安仪表厂等开展联合设计，研发了单膜盒差压计和双波纹管差压计，淘汰了水银差压计。

8. 玻璃锥管转子流量计

六十年代中期，上海热工仪表研究所组织沈阳玻璃仪器厂、上海光华仪表厂和常州热工仪表厂在常州热工仪表厂联合设计全系列玻璃锥管转子流量计，统一型号、参数规格、连接法兰间距、安装尺寸等。七十年代又开展带筋锥管转子流量计的联合设计和后续合作试制。

9. 气动薄膜调节阀

从 1965 年至 1978 年，上海工业自动化仪表研究所多次组织全国统一设计和联合设计，为我国生产过程自动控制系统的配套做出了重要贡献。产品的设计工作在上海仪表研究所集中进行，参与单位还有化工部的第一设计院和四川化工机械厂，试制工作则分配给行业内五个主要制造厂承担，完成研发后再集中鉴定。

二、工业自动化仪表产品质量监督检测中心

工业自动化仪表产品质量监督检测中心的职责是代表国家对自动化仪表产品（包括引进产品）进行质量监督检测，总部设在上海工业自动化仪表研究所，主要负责检测仪表（包括传感器）、显示仪表和执行器产品的质量监督和检测。分部设在重庆工业自动化仪表研究所，主要负责控制仪表和工控机的产品质量监督检测。中心下设多个实验室，拥有完备的产品质量检测设施和训练有素的工作人员，具有很高的权威性。

（一）大型流量实验室

1. 水流量实验室

具备从五至五百毫米管径系列产品的测试能力。供水水塔高三十米，1979 年建成时号称远东第一高塔。水塔容积三百五十立方米。水池建在实验室地下，容积为一千立方米。

2. 油流量实验室

采用称重法，选用精密磅秤，测得结果是重量流量；通过对油加温改变油的黏度，满足黏度试验要求；管径从二十五毫米至一百五十毫米。

3. 钟罩式气流量实验室

采用气体钟罩作为标准，设有五十升至一万升等多种钟罩，适应不同流量范围之需。整个实验室保持恒温，使空气处于标准温度状态。

4. 气体大流量（音速喷嘴）实验室

采用标准音速喷嘴来标定生产过程用音速喷嘴和大流量气体流量计。

5. 标准体积管式校验装置

管径一百毫米的标准体积管，介质为油，是国际上出现的一种新型流量校验装置，其优

点是占地面积小，精度高，不用标准容器。

6. 固体粉粒流量测试装置

为研发和检测固体粉粒重量流量计专设的一套测试装置，装置采用称重法，介质主要是筛选过的黄沙或煤粉。这是一套独特的测试装置。

7. 水表检定测试装置

专用于水表质量评定，可以同时测试几十个水表。全国水表制造厂的产品都到这里进行测试评定，是经国家商检局认证过的国家级出口水表校验装置。

8. 煤气表校验装置

专用于煤气表质量评定，可以同时测试几十个煤气表，全国煤气表制造厂的产品都到这里测试评定。

（二）温度实验室

1. 标准黑体炉温度实验室

标准黑体炉是由上仪院温度仪表研究室开发的热管新技术研制而成，微机控制，用于标定辐射高温计。温度最高可达三千摄氏度，在国内是最先进的。

2. 铂热电阻 IEC 性能实验室

设有十一台测试设备（大部分是温度仪表研究室自行研发的），专门用于检测铂热电阻的各种性能参数，全部实现微机化，这在国内民用领域是唯一的。

3. 深低温实验室

测试装置由温度仪表研究室自行开发，低温源采用液态氦，温度可低达两开尔文。

（三）机械量仪表实验室

1. 测力实验室

设有各种规格的标准测力机，用于标定各种电子秤的测力传感器。

2. 电子皮带秤试验装置

用于检测和标定各种电子皮带秤，由机械量仪表研究室自行开发研制。

3. 电阻应变片实验室

内有超净操作台和测试电阻应变片的有关设备。

4. CCD 和 LED 实验室

为研发和检测光电传感器用，由机械量仪表研究室自行开发研制。

（四）同位素仪表实验室

用于试验和检测同位素仪表，设有先进的半自动机械手、放射源库、防护装置和测试仪器设备。

（五）物位实验室

设有标准容器、水槽和试验仪器设备，用于试验检测超声式、电容式、差压式等物位仪表。

（六）执行器实验室

用于气动、电动执行器的性能测试，配有必需的仪器设备，能够满足执行器产品的科研和测试要求。

（七）仪表可靠性与环境实验室

建有仪表可靠性与环境实验室包括：①气候环境实验室：进行温度、湿度、霉菌、粉尘、盐雾腐蚀等试验；②机械环境实验室：进行振动、冲击抗震、摇摆等试验；③电磁兼容性（EMC）实验室：进行电场、磁场和射频场等电磁干扰的试验。

可靠性与环境实验室由英国劳埃德船级社认证为符合工业自动化仪表和船用仪表国际标准要求的"可靠性与环境实验室"，在我国自动化仪表行业中是唯一的。

随着对自动化仪表安全性的要求，科技人员自行研发了防爆安全试验装置，以进行隔爆安全和本质安全防爆检验。经国家劳动人事部认证，已成为国家级仪器仪表防爆安全监督站，代表国家检查监督仪器仪表的防爆安全性能，并与美国防爆安全认证机构 FM 和 Foxboro 公司在自动化仪表领域开展安全防爆试验互相认可的协作。

（八）标准计量站

标准计量站可进行机械长度、电工量、时间频率和无线电参数等专业的计量标准评定和量值传递。实行对外统一归口，对内统一管理的计量专职部门。经国家计量局认证，被机电部认定为"机械电子工业部第一中心计量站"。

（九）环境实验室（重庆工业自动化仪表研究所）

重庆工业自动化仪表研究所拥有气候环境实验室、盐雾雨淋试验箱、震动实验装置、电磁兼容性试验装置、温度冲击试验箱等设施。

三、中国科学院自动化所

1956 年 1 月 31 日，在周总理的领导下，由当时中共中央主管科学工作的陈毅、国务院副总理兼国家计委主任李富春具体领导，召开了包括中央各部门、各有关高等学校和中国科学院的科学技术工作人员大会，动员制定十二年科学发展远景规划。来自全国二十三个单位的七百八十七名科技人员提出了发展远景规划的初步内容，体现出全国"重点发展，迎头赶上"的方针。在规划制定过程中，深切感到某些新技术是现代科学技术发展的关键。为了更快地发展这些新学科，使其在短时间内接近国际水平，把计算技术、自动化、电子学、半导体这四个学科的研究和发展列为"四大紧急措施"，经周总理同意，确定由中国科学院负责采取紧急措施，尽快筹建相应的四个学科研究机构。

8 月 18 日，中国科学院党组书记张劲夫上报陈毅同志并转中央的关于"中国科学院请批准筹建计算技术、电子学、自动化及远距离操纵等三个研究所和筹备委员会名单"，筹建中科院自动化及远距离操纵研究所，著名科学家钱伟长担任筹委会主任委员。1958 年 1 月，武汝扬、张翰英访问中国科学院院长顾问苏联专家拉扎连科，就自动化所的工作方向和任务交换意见。拉扎连科介绍了苏联自动学和远动学研究所工作情况和经验，对中国工业生产过程自动化研究工作提出了一些意见和建议。3 月 12 日至 14 日，在瑞士苏黎世高等工业学校召开了国际自动控制联合会（IFAC）执委会会议，中科院自动化所屠善澄应邀出席会议。

1959 年 5 月 27 日至 6 月 3 日，由该所主办的全国自动化专业会议在北京召开，参加会议的有中国科学院各分院自动化所和院有关代表，会议就自动化科学研究的任务、方向、研究课题、组织协作、组织机构以及干部培养等几个方面交流经验和意见，以便于将自动化科学研究工作在落实的基础上推向前进，武汝扬做了《关于开展自动化科学研究的一些意见》的报告，杨嘉墀、陆元九、童世璜、王传善等也在会议上做了专题发言。

1965 年 1 月 12 日至 15 日，中央在北京召开了自动化工作会议，研究如何全面调整和布置中国科学院自动化方面的研究工作。参加会议的有华东分院、东北分院、中南分院、华北办事处、自动化所、东北工业自动化所、华东自动化仪表元件所、中南数学计算所和华北自动化元件材料所等。6 月 9 日，中国科学院在北京召开了第三次自动化研究工作调整工作会议，解决在拟调整过程中出现的矛盾，并对各所方向、任务做了调整。

中国科学院自动化所的主要研究方向包括自动控制理论、远动学、模拟技术、小功率随动系统，侧重于基本理论的研究。华北自动化所的主要研究方向为国防尖端科学技术，如陀螺惯性导航、运动物体控制、光电随动系统、高压气动液动装置，将北京自动化研究所有关力量调到该所，在业务上受北京自动化所领导，成为北京自动化所的分所。华东自动化所的主要研究方向为自动化元件和仪表。东北工业自动化所的主要研究方向为工业生产过程自动化。中南数学计算研究所的主要研究方向为工业控制计算机及其应用。

1968 年 2 月 20 日，中国人民解放军第五研究院（即空间技术研究院）正式成立，隶属于国防科委建制。2 月 29 日，国防科委通知，中国科学院自动化研究所、六五一设计院、北京科学仪器厂正式划归中国人民解放军第五研究院，自动化研究所更名为空间控制技术研究所。

1970 年 1 月，中国科学院在原自动化所从事民用自动控制的两个研究室（一个以研制控制计算机为主的研究室，另一个以随动系统研究为主的研究室）和一部分控制和理论研究为主的科研人员共一百四十一人的基础上，重新组建自动化研究所，以民用自动控制和信息处理的理论和技术为主要研究方向。

四、重庆工业自动化仪表研究所

二十世纪六十年代，国家进行三线建设，沿海一大批企事业单位内迁，发展三线工业。1965 年 3 月，第一机械工业部下文给第一工业部（上海）热工仪表科学研究所，通知国家计委、经委、科委党组织批准重庆工业自动化仪表研究所搬迁建设项目，并对搬迁计划进行了批复。根据文件精神，热工仪表科学研究所气动调节仪表、电动调节仪表、巡回检测装置几个专业内迁重庆，成立第一机械工业部重庆工业自动化仪表研究所。1965 年开始筹备，1966 年 3 月中旬开始动迁，3 月 28 日召开了第一机械工业部重庆工业自动化仪表研究所成立大会，正式拉开了创业发展的历程。该所归口管理控制仪表、控制系统等产品技术和标准化工作，是 TC124/SC2 秘书处所在单位。

1971 年是重庆工业自动化仪表研究所检测仪表发展具有决定性意义的一年。所领导决定在原一室的基础上抽调骨干人员，正式组建成立专业研发检测仪表的第一研究室。第一研究室成立后，根据技术人员所从事的专业和检测参数的要求，分成了流量、温度、机械量、显示仪表等四个专业组。根据四川当地的特点，流量专业组的主要研究方向为气体流量测量仪表，温度、机械量专业组的主要研究方向为不接触测量。

（一）历史沿革

1956 年，一机部成立了仪器仪表工业局，在西安由前东德援助设计建立了西安仪表厂，同时在上海建立了仪器仪表研究所。几经调整，1958 年更名为第一机械工业部热工仪表科学研究所，主要方向是工业生产过程用检测控制仪表及装置。到 1966 年内迁前，经过十年的艰苦创业，上海所已发展到约五百人，建立了七个研究室，并取得了众多研究成果，开始在国民经济中发挥作用。1963年国民经济全面好转，一机部和国家科委决定投资扩建上海所并建立气动单元组合仪表、电动单元组合仪表和巡检装置三大套系列产品的中间试验基地，总投资八百余万元。要求上海所形成新产品研究设计中心、鉴定测试中心、情报和标准化中心，在行业技术发展中起主导作用和组织作用。1966年3月，一机部上海热工仪表科学研究所的一百六十名年富力强、技术精湛的行业骨干，响应三线建设号召，带着大量仪器设备，乘夔门号轮船沿长江西进，通过三峡天险，抵达西南重镇重庆，受到市政府和市民的热烈欢迎。第一次搬迁完成后，又补迁了弹性元件和检测仪表，在"文革"期间极端混乱和困难的情况下建起了检测楼，其中包括温度和水流量实验室。自行设计和施工了弹性元件楼（后改作技校）、简易气体流量实验室和军工技术楼（后改作试制车间），以及五号、六号宿舍和市二建公司施工的七号、八号宿舍。

同时，从六七十年代开始研发小型工业控制机和巡回检测装置，在通用小型计算机的基础上，配上输入输出装置和工业控制软件，用于实现直接数字控制、顺序控制和监督控制。上海工业自动化仪表研究所开发了JS-10系列，重庆工业自动化仪表研究所开发了CK-700系列，两个所都与工厂结合，进行了小批量生产，为工业自动化提供了成套产品和专用装置。1974年重庆工业自动化仪表研究所为我国原子能反应堆研制了大容量实时数据采集处理系统CK-701，在国防建设中发挥了重要作用。

二十世纪七十年代中期，检测仪表发展进入新阶段。一是部局批准了检测仪表的发展建设规划，拨专款建设检测楼和部分实验室；二是国家实施"川气出川"工程，流量专业承担了工程中的重要项目。在检测楼内建设了水流量实验室和气体钟罩实验室。这两个实验室的建成，标志着流量专业的发展进入了一个新阶段。后来，检测仪表分成两个研究室，第一研究室主研方向是流量测量和流量仪表，第二研究室主研温度和机械量仪表。

（二）主要研究成果

1975年，WBH型微波测厚仪研制成功，在重庆特殊钢厂进行现场试用，达到了各项技术指标，测量误差0.01mm。

1967年，JCD-371快速检测数据处理机完成交付使用。此后，在六十年代后期至七十年代中期，先后研制巡检和工业计算机十套，包括针对核潜艇动力装置研制的JBD-221，后改进为JBD-112巡回检测装置；针对核反应堆等工程研制的CK-701、CK-702巡检处理机；针对航空工程研制的JCD-472快速巡回检测装置。研制的军工巡检处理装置有六项获得全国科学大会奖和部省级科技成果奖，这些装置移交用户后持续服役了多年。

七十年代初期，开始酝酿系列化工业控制计算机的发展问题，在部局的支持下，决定研发CK700系列（小型）工业控制计算机，该系列机包括CK-710、CK-720两个机型。1974年开始总体设计，1975年开始试制和软件开发。同时机械工业部批准了工业控制计算机实验室建设项目。1979年利用CK-720开发了带远程控制站的计算机控制系统，并在狮子滩电站应用试验。CK-720获四川省科技成果奖，彩色字符显示器获全国科学大会奖。同一时期，上海所开发了JS系列机，并投入生产。由于当时小型机普遍存在的问题，小型工业控制计算机产量不大。

1978年，所内开始微型机应用研究，组织了基于微处理器的巡回检测装置和调节控制仪表装置的开发。1981年，组织系列化的微型工业控制计算机开发，先后开发了CK-720/M6800工控机、DJK型工业控制计算机、C-060微型计算机和GTZ工控机过程通道子系统等，并以微型工控机为基础，开发面向对象的控制装置和系统，如工业锅炉控制系统、工业炉窑控制系统、电站监控系统、能源管理系统等。重庆工业自动化仪表研究所微机应用当时在国内处于领先地位，全所微机应用获得国家科技进步二等奖。

温度组研制成功红外薄膜热电堆接收元件，提供给国内数十个单位应用，获得很高的评价，有的用它替代进口元件，研发成功激光功率测量仪，有的用它作成热流计等，还有的用它作辐射高温计，都取得满意的效果。应用该元件自行开发成功的红外热金属位置检测仪，在重庆特殊钢厂的热轧流水线上使用，由于安装简便、使用可靠，用户满意，被评为信得过仪表。该元件曾获得四川省科技成果三等奖和国家机械委科技进步二等奖。红外热金属位置检测仪获得四川省科技成果三等奖。

机械量组采用微波测量技术，动态测量冷轧钢带厚度，在攻克了一道道技术难关后，开发成功国内第一台微波测厚仪，在西南铝加工厂、重庆特殊钢厂等单位进行工业运行和应用，应用取得很好的效果。同期开发成功的微波位置检测仪，在多个单位使用都很受欢迎。这两项成果曾获得过四川省科技成果奖、全国科学大会奖及机械部科技进步奖等多项荣誉。

显示仪表组开发的光电露点湿度计也取得高水平的成果。作为国家安排的特殊任务，光电露点湿度计曾被毛主席纪念堂工程采用，并获得全国科学大会奖。显示仪表组还与四川仪表四厂合作开发成功无触点记录仪。

从第六个五年计划起，重庆所检测仪表开始承担国家重点科技攻关项目和科技发展基金项目。这些项目有的属技术基础研究，例如：涡街流量计干式标定研究、插入式流量计测量精度研究；多数项目属新产品开发，例如：智能微波测厚仪、带微机的双波纹管流量计、内藏孔板差压流量变送器、涡街质量流量计、特殊化工介质用流量变送器、气动测厚仪等。据不完全统计，重庆所检测仪表从第六个五年计划到第九个五年计划期间共承担国家科技攻关和基金方面的纵向课题就有近二十项。

QDZ-III型是气动单元组合仪表的更新换代产品。1974年开始组织联合设计，由重庆工业自动化仪表研究所牵头负责，参加联合设计的单位有广东仪表厂、天津自动化仪表五厂、沈阳气动仪表厂、川仪十六厂等。QDZ-III型的基本品种于1977年在山东胜利炼油厂进行了现场运行考核，后通过部级鉴定，获科技成果三等奖。

1974年，重庆工业自动化仪表研究所着手组织DDZ-III型电动单元组合仪表的开发和联合设计工作。

五、哈尔滨电工仪表研究所

哈尔滨电工仪表研究所，创建于1958年。作为国家第一个五年计划一百五十六个重点建设项目的重要组成部分，是我国电工仪器仪表技术及产业的发源地。专业从事电磁测量、电能计量、精密非电量电测、信息处理、智能测控与通信、智能用电、物联网等领域技术与产品的研发，以及电工仪器仪表行业技术、质量、工艺、标准、检测、信息、规划、培训等综合服务工作。归口管理电工仪器仪表产品技术和相关标准化工作，是全国电工仪器仪表标准化技术委员会TC104秘书处所在单位。

该所于 1958 年至 1978 年先后直属第一机械工业部（简称一机部）、国家仪器仪表工业总局、机械电子工业部。以研发任务为主，承担国家重点科研课题与新产品研制项目上百项，研制成功 T51 型 0.5 级电磁系电表系列、D61 型 0.2 级精密电表系列、新型 C71/T71/D71 型 0.1 级精密电表系列、T61 型 0.2 级电磁系电表系列、XQS6 型精密电容电桥等，多数科研成果接近或达到国际先进水平，荣获国家级重大科技成果奖、全国科学大会奖。80% 科研成果得到实际推广和广泛应用，成为国民经济、国防建设的一些重大工程的关键装备。T51 型 0.5 级电磁系电表系列于 1968 年投产于哈尔滨电表仪器厂，T61 型 0.2 级电磁系电表系列于 1970 年在上海第二电表厂投产。我国第一台精度为 0.01% 的数字电压表在我所研制成功并经进一步改进和完善后，用于我国第一颗返回式地面卫星的发射监控系统中，取得巨大成功，受到国防科工委的嘉奖。XQS6 型精密电容电桥把精密电测技术、计算技术和精密加工技术结合，成为国家电容基准的传递设备，标志着当时我国模拟指示电表的设计技术达到了国际同类产品的先进水平。为冶金部门研制成功 CL4 型软磁音频特性测量装置、CL5 型音频铁损自动记录装置、CG4-J1 型核磁共振磁强计；为发电站研制成功 JS-100 型巡回检测装置；为机床行业研制成功 SK-5116 型立车数控装置；为石油输出港口研制成功油品定量控制装置；为粮食部门提供 BQ3 型粮食水分电容电桥；为标准计量领域研制成功 XQS2 型交流电桥、CB1 型磁量具比较装置、CC2 型冲击装置、CZ1 型硅钢片检验装置；还研制并推出 HL11 型精密中频互感器、HE7 型中频互感器校验装置、CT3-1 型台式电子计算机、DJK-101 型工业控制计算机等产品。在电工仪器仪表工艺、元器件研究中，开展了"四丝"（游丝、张丝、吊丝、导流丝）攻关、锰铜电阻稳定性攻关、磁钢稳定性攻关和光敏电阻、热敏电阻研制等工作，满足了国家重要工程项目的急需。

在这期间，该所还组织行业工厂成功地完成了我国第一代独立设计的 DD28 型电度表产品的联合统一设计工作。在全国范围内完全淘汰了五十年代引进的仿苏联 DD1 型单相电度表的生产，实现我国电度表产品的第一次升级换代，在电工仪器仪表发展史上成为标志性事件。

六、中国科学院沈阳自动化研究所

中国科学院沈阳自动化研究所，由成立于 1958 年 11 月的辽宁电子技术研究所发展而来，1960 年 4 月更名为中国科学院辽宁分院自动化研究所，1962 年至 1972 年的名称为中国科学院东北工业自动化研究所。其业务归口管理部门也经历变动，1968 年至 1970 年，业务工作由国防科委第十五研究院代管，1970 年 7 月，回归中国科学院。1972 年起正式定名为中国科学院沈阳自动化研究所。1958 年到 1978 年主要研究方向为自动化技术、计算机应用、光电跟踪系统、数控技术等。改革开放后，研究所的研究方向不断拓展，研究领域涉及机器人、工业自动化和光电信息处理技术。该所作为中国机器人事业的摇篮，在中国机器人事业发展历史上创造了二十多个第一，引领中国机器人技术的研究发展。

七、沈阳仪器仪表工艺研究所

沈阳仪器仪表工艺研究所诞生于 1961 年。来自天南地北的几十个青年人，由下马的北京调节器厂和一机部设在哈尔滨工业大学的仪表研究室两个单位的部分职工组成，在第一任所长范人生的带领下，在东北军陆军医院旧址开始了创业之路。

1961 年建所时，计划要将该所建成全国仪表工业工艺工作研究中心。设立精密毛坯制造工艺、精密机械加工工艺、精密特殊工艺、工艺分析与标准化、专用设备与机械化生产作业线设计、技术经济与生产组织、仪表制造工艺技术。计划任务书规定职工总数一千人，其中技术人员六百人，技术工人二百五十人，非生产及管理人员一百五十人。主要负责仪表元器件（包括传感器、弹性元件、光学元件等）的技术研究，仪表工艺装备开发、仪表工艺发展的政策研究，以及相关标准化工作，是机械工业仪器仪表元件标准化技术委员会 CMIF-TC17 秘书处所在单位。

1962 年 10 月，一机部四局提出要将仪器仪表工艺元件研究所建成全国仪器仪表行业工艺、元件工作的研究、推广和指导中心，具体有工艺、元件方面的七个内容，即典型零件及标准化、仪器仪表用特殊装备及加工装配自动化、特种工艺、精密机械加工及无削加工工艺、仪器仪表专用元件、综合研究、情报研究。

1965 年 10 月，国家科委仪器仪表工艺与元件组在京召开工作会议，会议落实了十年发展规划，提出元件（小模数齿轮、弹性元件、宝石轴承、光学元件、转换元伴、固体元件）及工艺（特种加工、精密加工、元件测试技术及装置、刻划与复制、特种焊接、表面处理与"三防"）的主攻方向和赶超目标。

1966 年开始，科研人员下乡去"五七"干校劳动，科研工作基本停顿，本所下放地方，所名变更为沈阳仪器仪表研究所。

1973 年，本所专业方向调整为光学元件研究、激光技术研究、电子元件研究、气动元件研究、程序控制研究、情报研究。

改革开放前沈阳仪器仪表研究所历史沿革与名称变更，如表 5-1 所示。

表 5-1　沈阳仪器仪表研究所历史沿革与名称变更

年月	名称	隶属关系	主要负责人	说明
1961 年 1 月	第一机械工业部仪器仪表工艺研究所	第一机械工业部	所长、书记：范人生	
1968 年 11 月	第一机械工业部仪器仪表工艺研究所	第一机械工业部	革委会主任：苏振海（工宣队）	
1970 年 3 月	第一机械工业部仪器仪表工艺研究所	第一机械工业部	革委会主任：徐学谦（军代表）	
1971 年 7 月	沈阳仪器仪表研究所	辽宁省、沈阳市双重领导	书记、革委会主任：徐学谦。副主任、副书记：范人生	
1974 年 1 月	沈阳仪器仪表研究所	辽宁省、沈阳市双重领导，辽宁省为主	党委书记兼革委会主任：王洪林	
1978 年 3 月	沈阳仪器仪表研究所	辽宁省、沈阳市双重领导，辽宁省为主	何力：主持全所工作	全所开展清理、整顿工作
1978 年 12 月	第一机械工业部沈阳仪器仪表工艺研究所	第一机械工业部		

沈阳仪器仪表研究所从成立到改革开放前，产品从工艺、元件到整机、装备乃至系统、应用，走过了一条曲折奇岖之路，创造了多项国内第一。1964 年，第一个推出金属波纹管；1972 年，第一个推出超窄带干涉滤光片；1974 年，第一个推出 SIC 热敏材料制造工艺及 SIC 热敏电阻系列；1976 年，第一个推出电子清管器；1978 年，第一个推出扩散硅力敏感芯片及扩散硅压力传感器。

沈阳仪器仪表研究所，经历了艰难的发展，打下了扎实的基础。

八、全国化工自动控制设计技术中心站

全国化工自动控制设计技术中心站（原化工部自动控制设计技术中心站）创建于 1961 年，设置在中石化宁波工程有限公司（原化学工业部第五设计院，后为中国石化集团兰州设计院），业务最早由化学工业部基建司管理，现由中国石油和化工勘察设计协会管理。第一任站长邵贻源，副站长蒋怀笑。

自控中心站的主要业务范围：①承担中国石油和化工勘察设计协会下达的各项工作任务；②负责工程建设标准体系（化工部分）的维护管理，负责化工行业自控专业国家、行业、团体标准的制修订管理工作，编制图册、手册等自控专业工具书，以满足自控工程设计的需要；③主办、出版发行《石油化工自动化》杂志，为自控专业科研技术人员提供成果发布和技术交流的平台，通过杂志、网站、微信等平台，搭建行业技术、信息交流和推广的平台；④开展自动化仪表技术咨询及服务；⑤组织开展自控设计标准的宣贯培训及专业技术的交流推广。

建站以来到改革开放前中心站所开展了一系列工作。

1962 年，组织编制化工自控设计自动控制通用安装图册。编制工作集中在化工部化工设计院（现中国寰球工程有限公司）进行，主编为化工部化工设计院，参编有中南分院、西南分院、兰化院、南化院。并组织赴吉化、兰化、南化等现场调查，图册参照苏联标准、吸取国内自控设计安装的经验。1965 年 3 月，《自动控制通用安装图册》（HK 标准）出版。该图册共有四十三分册和六十套制造图纸。

1963 年 9 月，借第一届全国合成氨生产自动化会议在兰州召开之际，自控中心站召集参加会议的各设计院自控负责人举行了座谈会，商议组织自控设计业务建设工作。

1964 年 5 月，《化工自控设计简讯》创刊号出版发行，为不定期油印刊物。《简讯》旨在宣传党对自控设计的方针政策，交流自控设计经验和技术，报道自控动态和有关学术活动。从此，自控设计人员有了自己的技术论坛。参加创刊号编辑工作的有李先格、钱积薪、章演源同志。

1965 年 4 月，借第二届全国合成氨生产自动化会议再次在甘肃兰州召开之际，自控中心站又召集各设计院自控负责人召开了座谈会，会议决定《简讯》的编辑出版工作采取各院轮流负责一期的组稿、审稿工作，交由中心站负责编排印发。参加《简讯》轮流编辑的单位有化工部化工设计院、化工二院、化工四院、化工五院、化工三院、化工八院、化工九院、上海医工院、橡胶院等。9 月为加强自控中心站工作，及时交流总结自控设计经验，化工五院党委决定抽调专人从事自控中心站工作，专职中心站工作的有李先格、宋之熊、张道铭三人。化工五院院长李复生兼任自控中心站站长，副院长陈余芳兼任副站长，自控中心站工作开始步入正轨。经化工部基建司同意，自控中心站决定筹备召开第一次工作会议。

1966 年 1 月，在甘肃兰州化工部第五设计院召开自控中心站第一次工作会议，与会人员有来自部院，省院，以及研究、施工、生产等二十九个单位的三十六名代表。会议主要交流国内外自控设计经验和讨论业务建设计划。编制了自控中心站成立以来第一个业务建设计划，共有《工业自动化仪表手册》《小氮肥自动化调查》等十五项。6 月，根据自控中心站第一次工作会议安排，由原化工院主编的《初步设计内容深度规定》和化工五院主编的《施工图设计内容深度编制方法》初稿编制完成，并向各设计院征求意见。后因故中断。

1967 年 4 月，在上海医工院召开《工业自动化仪表手册》讨论会，主编单位准备编写一部中国的《热工仪表手册》。会议审议了《手册》的编写原则，要求《手册》一快二新三全面四实用。并决定铅印出版。6 月由化工四院主编的《自控常用电气设备材料手册》，化工六院主编的《自控常用材料手册》和化工八院主编的《仪表供气装置系列化设计》分别完成初稿。7 月自控中心站和设计工具中心站联合设计的"自控专业绘图模板"研制成功，在上海医工院召开了模板定型会。

1968 年 4 月至 6 月，为推动小氮肥自动化工作，自控中心站组织广东省石化设计院等八家单位对江苏、上海、浙江、山东、安徽、广东等七省一市三十二个小氮肥厂的自动化现状及技术革新成果进行了两个半月的调查，并撰写了约十四万字的"小氮肥自动化成果总结"。8 月在广东广州召开了"小氮肥自动化经验交流会"，有四十个单位六十五位代表出席了会议。交流小氮肥自动化双革成果共三十九项，这些成果是技术人员和工人相结合所取得的。10 月第一部《工业自动化仪表手册》在上海科技出版社编辑的指导下，由上海医工院和自控中心站编辑加工后正式出版发行。10 月起自控中心站工作停止，《化工自控设计简讯》停刊。

1970 年 3 月，根据原化学工业部军管会的指示，自控中心站恢复工作。化工五院党委、革委会根据设计会议精神，任命蒋兴镛同志为副站长，并抽调周文安、李先格、钱积新、宋之熊四人专职自控中心站工作。《化工自控设计简讯》复刊。7 月在甘肃兰州召开了自控中心站第二次工作会议，有二十六个单位三十九名代表参加了会议。这是自控中心站工作的一个转折点，会议分析了当前自控设计基础资料奇缺的现状，认为中心站工作重点应放在设计基础资料的制订上。为此安排了 1970 年至 1971 年业务建设计划，其中包括《调节阀使用手册》等六项设计手册和重编《化工自控通用安装图册》（第二版）、《自控设计深度规定》。10 月在上海衡山饭店召开《化工自控安装图册》方案及《自控常用电气手册》等五本手册提纲的审查会。会后各编制组即开展编制工作，同时《调节器工程整定与校验》编制组深入生产现场，总结丰富的实践经验，并加以理论上的提升。这是自控中心站与高等院校合作的第一个项目，且合作成功。自此，合作增多，涉及调节系统的研究、技术开发、自动化读物、设计人员的技术培训等多领域。

1971 年 3 月至 4 月，与浙江大学联合举办的"射流技术培训班"在浙江大学开班，这是自控中心站对设计人员进行知识更新，技术培训的开端。3 月至 6 月《调节阀计算使用手册》《自控电气设备材料手册》《自控常用材料手册》《上海仪表新产品汇编》《调节器工程整定与校验》陆续出版发行，发行总数达三万余册，缓解了设计资料奇缺的矛盾。8 月在天津塑料六厂召开《化工自控安装图册》中塑料管缆、管件设计方案讨论会。12 月经过一年多的努力，《化工自控安装图册》征求意见稿编制完成。图册编制过程中，坚持"调查研究、总结经验、洋为中用"的三结合原则，先后有二十个设计、施工、生产单位的数十人参加工作。图册内容包括安装图册类、制造图册类、一次部件安装。在仪表管阀件安装方式上，编制组经过大量的实验和调查，推出了卡套式连接件的新型连接形式，为国内仪表管阀件、仪表配件的生产、发展、商品化、系列化、标准化奠定了基础。

1972 年 4 月，在江苏无锡召开自控中心站第三次工作会议，会议由石油化工规划设计院和自控中心站联合主持。出席会议的有设计、施工、生产、高校、科研等五十九个单位一百零五名代表。会议全面审查了《化工自控安装图册》和《化工自控设计深度规定》，会议给予充分的肯定，并提出了修改意见。会议还提出了组织《石油化工自控设计手册》等四项业务建设项目和编写《化工自动化》《测量仪表与调节器》等技术读物。7 月由化工八院主编的《石油化工自控设计深度规定》完成报批稿，并报燃化部批准执行。12 月由浙大、华化、北化等院校编写的《化工自动化》一书完成全部编写工作，交燃化出版社出版。我国自动化行业著名教授周春晖、蒋慰孙参加编著，并承担全书的审稿工作。由华化、华石等院校编写的《测量仪表及调节器》一书，分成四个分册，部分完成并交上海人民出版社出版。

1973 年，经兰化院党委研究决定，自控中心站为科级单位并独立建制。其时人员发展到十六人，为自控中心站人员最多的时期。半年后由于管理上原因又回归技术室，保留科级建制。8 月《化工自控安装图册》完成送审稿。10 月在江苏南京南化招待所召开自控中心站第四次会议。会议审查了《化工自控安装图册》送审稿，对《石油化工自动控制设计手册》等四项业务建设的初稿进行审议并提出修改意见。在这次会议上，自控中心站总结了过去，提出了自控设计业务建设四个主要方向的工作方针：以普及为主，普及与提高相结合，当前与长远相结合；以工程应用为主，工程应用与科研、制造相结合；以设计为主，设计与生产、施工相结合；以组织为主，组织与自身承担任务相结合。会议还计划与院校合作，举办一系列的化工自动化及仪表的培训班。1973 年 10 月《化工自控设计简讯》从第三期起改油印为铅印出版，向正规化迈进。

1974 年 7 月至 8 月，在甘肃兰州兰化设计院举办"化工自动化及仪表"培训班。9 月至10 月，在甘肃兰州兰化设计院举办"电子计算机（控制方法）"学习班。12 月，燃化部（74）燃油化设字第 1896 号文批准《自控安装图册》为部通用标准图，标准号 YSH4-1-74。1974年 12 月，在上海召开《调节阀计算尺》（由化工八院负责设计）审查会，该计算尺交由上海计算尺厂制作生产。

1975 年 4 月，在四川成都二招举行自控中心站第五次工作会议，石化部副部长唐克到会看望了代表，与会人员有石化、一机、轻工、二机、五机，高教部所属设计、施工、生产、科研、院校六十九个单位的一百一十八名代表。会议讨论和总结了自控中心站的工作，并进行了引进装置技术的交流报告。会议认为，自控设计业务建设应抓好：自控设计三化；引进技术和双革成果的总结；自动化系统的应用和特殊检测技术；人员培训；成果的推广。自控中心站根据上述意见，编制了自控业务建设第一个十年规划，内容包括设计基础资料、引进装置自动化及仪表总结、自动化丛书、化工自动化理论的研究、自动化及仪表的技术交流、技术培训等和 1976 年至 1977 年计划。6 月，自控中心站克服了经费、纸张、人手不足的困难，自己编辑出版发行了《化工自控安装图册》的铅印本和二底图。8 月，在浙江杭州天目山召开

《化工自动化丛书》第一次编审工作会议，成立了丛书编辑委员会，周春晖教授任主任委员，蒋慰孙教授、万学达教授级高级工程师、王骥程教授、沈承林教授任副主任委员。计划编写自动化丛书一套共二十三本。10月在陕西茂陵化工六院召开了"DJS-21机节流装置计算程序"交流会。

1976年开始《化工自控设计简讯》更名为《炼油化工自动化》。4月，在上海化工专科学校举办"化工自动化学习班"。6月，在云南昆明翠湖宾馆召开《仪表空压站设计》（化工一院主编）和《仪表单元接线图》（化工三院主编）审核会。9月，在哈尔滨工业大学举办"仪表自动化（电Ⅲ）培训班"。10月在北京化工学院举办"化工自动化短训班"。

1977年5月，在福建厦门召开《化工自动化丛书》第二次编审工作会议。8月在上海化工研究院召开"前馈调节工业应用技术交流会"。9月在广西南宁邕江饭店召开自控中心站第六次工作会议，百余名代表参加会议。会议总结了成都会议后两年来的工作，并进行了技术报告。会议认为，自控中心站自1970年恢复工作以来，在标准化方面，正向着建立一套完整的设计标准的目标前进，从而避免了重复劳动，提高了设计质量。在技术发展方面，做到了工程设计与科研相结合，提高了设计技术水平。在设计现代化方面，正在进入计算机辅助设计时代，设计方法正在进行变革。并且认为，"三结合"是组织开展业务建设的较好办法。9月在上海华东化工学院举办"小型控制机应用培训班"。

1978年10月，在浙江杭州莫干山组织召开《化工自动化丛书》第三次编审会议。11月至12月在岳阳岳化招待所举办电动Ⅲ型仪表学习班。11月在湖北武汉湖北省军区招待所召开《氮肥设计规定》初审，《氮肥特殊检测仪表资料》定稿会议。同年，由化学工业部申报，经国家科委〔78〕国科发字529号文批准，《炼油化工自动化》为公开发行刊物，并交邮局发行。由于自控中心站几年来成绩突出，1978年荣获全国化学工业战线"红旗单位"。

第二节 重点企业的建设与发展

二十世纪五十年代以来，国家相继扶植与建立了许多仪器仪表重点企业，包括上海和平热工仪表厂、上海大华仪表厂、上海电表厂、上海调节器厂、北京自动化仪表厂、西安仪表厂合肥仪表总厂、宁波水表厂、常州热工仪表厂、大连仪表厂和鞍山热工仪表厂等。其中在1958年，中共中央北戴河会议决定，在河南、天津、云南、广东新建四个综合性热工仪表厂。在1963年，机械工业部开始着手内地三线仪器仪表产业的建设工作，在重庆、贵州、宁夏、陕西、甘肃等地新建工厂，由上海等东部城市派领导、技术人员、工人及设备支援三线建设，在支援三线建设过程中，大批技术骨干服从国家战略发展需要，离开大城市到环境恶劣的地区开展工作，从而使其中一些企业成为中国自动化仪表产业的主力，如重庆川仪、宁夏吴忠仪表厂等，这些都为后来中国自动化仪表发展奠定了基础。

通过多年的发展和演变，在机械部和仪表局的指导下，自动化仪表行业中逐步形成了上海、重庆、西安、天津、北京、大连等实力比较雄厚的生产基地，其产值约占自动化仪表行业的54%，企业数占35%，职工人数占39%，技术人员占56%，其技术、工艺、成套、服务和管理水平代表着自动化仪表行业的先进水平。

在七十年代初，我国的自动化仪表的整体布局也有"三大三小"和若干专业仪表骨干企业所组成的说法。"三大"就是西安仪表厂、上海自动化仪表公司和四川仪表总厂，"三小"就是天津仪表集团、北京仪表公司和大连仪表厂。三大和三小都是综合性的仪表生产企业。以西安仪表厂为例，其产品范围包括热电偶、热电阻、压力仪表、气动／电动变送器、气动仪表、电动仪表、显示仪表、控制系统等。工艺技术包括铸造、机加工、冲压、塑料成型、电镀、喷漆、热处理、模具制造等。专业仪表骨干企业包括云南仪表厂（温度仪表）、吴忠仪表厂（调节阀）、开封仪表厂（流量仪表）、南京分析仪器厂（分析仪器）、广东仪表厂（气动基地式仪表）、鞍山仪表厂（电动、气动阀门定位器）、宁波水表厂（水表）、哈尔滨电表厂（电度表）等。

改革开放以来，通过几年的改革和联合改组，在原有的基础上，先后成立了上海自动化仪表股份有限公司，以四川仪表总厂为依托的四联自动化仪表集团公司，以西安仪表厂为依托的西联自动化仪表集团公司，这三大集团公司的成员单位都在二十个以上，产值都在三亿元以上，都有自己的研发基地，也都具有较强的系统设计和成套服务能力，有的已经开始成套出口。

改革开放使我国的自动化仪表企业受益匪浅。通过许可证贸易，引进工艺设备和测试设备，合资经营和联合开发等多种形式，多家仪表企业与美国的霍尼韦尔、福克斯波罗、贝利控制、西屋、罗斯蒙特、哥德等公司，日本的横河电机、山武·霍尼韦尔等公司，德国的西门子公司等著名企业建立了友好合作关系，共同开拓国内外市场。整个自动化仪表行业正着眼于新的发展，实现从模拟技术向模拟数字混合技术的转变，从人工设计向计算机辅助设计的转变，从传统工艺向自动高效特殊工艺的转变，从传统管理模式向现代化管理的转变。

一、上海仪表集团

（一）历史沿革

上海是我国近代仪器仪表工业的主要诞生地，上海仪表工业，是伴随着上海工业、科学技术及文化教育事业不断发展和进步而发展壮大。十九世纪二十年代初，随着帝国主义的经济入侵，清末维新运动和洋务活动的兴起，带来了西方的资本主义工业和近代科学技术。由于洋学堂的建立，提出了科学仪器的需求；航运造船、电力化工、轻纺工业的兴起，电气计量和热工检测也成了必不可少的手段。仪器仪表也就陆续涌入上海这个通商口岸。

当时，仪器仪表大量进口，为了维修配套，开始仿制部分零部件和整台仪器。有薄弱基础的上海陆续办起了几家民族资本经营的仪器仪表厂。

1949年5月28日上海解放，上海的仪表工业就得到党和政府的关怀和扶植。由于生产仪表"投资少、占地小、上马快、利润多"的特点，各仪表厂不仅迅速地得到了恢复，而且有较大幅度的发展。先后开业的有勤裕机器厂、天成科学仪器厂（两家后并入自仪九厂），综合仪器厂（后同中新电业实验制造厂合并，今为自仪三厂），天祥科学仪器厂、大隆仪器厂（两家后合并为上海压力表厂，今自仪四厂），理工仪器厂（后为上海温度仪表厂、自仪八厂，又同自仪十厂并为今之自仪十一厂），中电电表仪器厂、振华科学仪器厂（两家后并入实学厂，并取名和平热工仪表厂，即今之自仪一厂），太平洋电工仪器制造厂、中国电器磁钢厂（两家后并入大华厂），建工仪器厂（今自仪五厂），顺风泰建筑五金厂（今远东仪表厂），启明工业社（今仪表游丝厂），等等，总数不下三百五十家。同时，在短期内新建了很多仪表企业，到1952年底就有三百六十六户，从业人员四千二百七十八人，仪器仪表产业产值达一千一百二十一万元，利润总额为四百七十六万元，成为一个突起的新兴行业。

华仪于1952年筹建上海综合仪器厂，购买上海市新北门晏海路九十七号孔姓住宅大院作为厂址。

第一个五年计划期间，上海综合仪器厂与上海轻工业研究所仪表组合并后，成立一机部上海仪器仪表研究所与研究所试制工厂。研究所试制工厂又于一年后归到上海市重工业局，恢复上海综合仪器厂原名，现为上海自动化仪表三厂。

1954年，私营大华电表厂是专门制造电量测量仪表和仪器的一个新开的工厂，厂房是新建的，比较现代化，技术力量较强。捷列申科建议该厂仿制苏式电子电位差计记录仪表和电子式PID调节器（ИР-130型）。经过半年多时间，就把样机做出来了。以后大华电表厂逐步发展成生产电子式记录仪表的大华仪表厂。

上海自动化仪表六厂，创建于1956年，是原机械工业部专业生产各类工业自动化控制对象（如温度、压力、流量、物位、pH值、位移、称量、转速、加速度、导电率及各种非电量等）的测量、显示、调节、监控仪表和成套装置的重点企业之一。

至1960年，行业完成了首次调整，合并了一些企业，逐步走上了专业化生产道路，并加强内配协作，为后续发展打下了基础。

1968年，行业中第一老字号"实学"继改名"和平"后，又更名为自动化仪表一厂；第二老字号"大华"更名为自动化仪表二厂；综合仪器厂更名为自动化仪表三厂；压力表厂更名为自动化仪表四厂；建工仪器厂更名为自动化仪表五厂；巨浪仪表厂更名为自动化仪表六厂；崇明仪表厂更名为自动化仪表七厂；温度表厂更名为自动化仪表八厂；安亭仪表厂更名为自动化仪表九厂。1972年，东方仪器厂更名为自动化仪表十厂。自动化仪表八厂和十厂于1979年合并建成地处青浦朱家角的自动化仪表十一厂。

上海综合仪器厂的主要产品包括隐丝型光学高温计、辐射温度计、金相显微镜、铂铑热电偶、光学平量块、K型镍铬镍铝热电偶、矽碳棒高温电炉、矽碳棒、接触式温度仪表、旋转活塞容积式水表。其中辐射温度计是从德国引进镍铬、考铜热电偶微细扁带材料、自行设计的精密小巧工夹模具试制成功热偶元件，组成"热电堆"集能心脏元件，加上光学系统与水冷系统总装协调组成辐射高温计，为全国独家生产。用于高温耐火陶瓷热电偶保护套管铂铑热电偶，早期都是整体进口，直到1959年，沈阳陶瓷厂建立，解决了高温陶瓷管的难题。第一支铂铑热电偶卖给了上海灯泡厂（奇异牌）。

（二）技术产品演化

新中国成立后，淮河成为我国第一条进行全面治理的大河，因治理淮河急需经纬仪，上海华仪工程贸易行设法从西德阿斯坎尼亚厂（Askania）进口其新型者，供应治淮工程。同时为解决百废待兴的工、教、研等单位对于测量的需求，引进声、光、电、化、热等各类仪表。一则满足各方需要，二则按照公司"先商后厂"的创业宗旨，将各类进口仪表交给上海综合仪器厂研究试制，争取自给自足，不受外国控制。

1953年至1955年，新成仪表厂仿制苏联дП型流量计，МС、МГ型压力计，ТГ、ТС

温包式温度计等指示、记录仪表系列。1953 年至 1955 年，上海综合仪器厂仿制苏联 ОППИР–09 型光学高温计、ПР 型辐射高温计。1955 年至 1957 年，新成仪表厂仿制苏联基地式气动调节仪表系列。1957 年，大华仪表厂仿制 ЭПП–09 型电子电位差计。

五十年代末，在王良楣的指导下，上海热工仪表所（即后来的上海工业自动化仪表所）研制 DDZ–I 型电动单元组合仪表，不久就在上海大华仪表厂制造了样机。

1960 年至 1961 年，和平热工仪表厂为原子能工业配套研制小惰性电阻温度计及流比计。1960 年至 1961 年，建工厂（上海自仪五厂）为原子能工业配套研制弹簧管式压力计及其二次仪表。1960 年至 1963 年，上海综合仪器厂为原子能工业配套研制自动记录流量计、自动记录温度仪、电子自动指示压力计、电子自动指示流量计、电子自动平衡电桥的温度指示仪表。1961 年至 1965 年，和平仪表厂为航空航天研制"快速巡回检测装置"。作为工业自动化仪表的"快速巡回检测装置"在国防、科研和生产部门有着广泛的应用前景，同时这些部门对"装置"本身也提出了越来越高的要求。航空工业中的各种天空和地面的模拟实验，原子能、导弹技术中的各种瞬态测量，炼钢和轧钢过程中的连续检测鉴定，煤炭、石油、化工、电力系统生产流程中的持续监视，大气参数和地震信息的快速收集记录等等，在这些信息种类繁多、干扰来源复杂的情况下，通过快速巡回检测装置采用多台同时快速检测，满足了每秒测量百万级的测量点。快速巡回检测装置的研发和应用，代替了大量的常规仪表，节省了大量的人力、物力和时间，更主要的是提高了性能和精准性。

1964 年，由上海热工仪表研究所负责，开封仪表厂、上海安亭仪表厂和天津东方红仪表厂参加，在上海热工仪表研究所统一设计第一代涡轮流量计系列产品，采用"集中设计、分厂试制"的办法，很快形成了生产能力，培养了研发人才。后来天津仪表厂开发了用于大管径的插入式涡轮流量计，开创了我国点流速大管径插入式流量仪表的先河。1967 年，由上海工业自动化仪表研究所负责，上海光华仪表厂、开封仪表厂、天津仪表厂和上海安亭仪表厂参加，在开封仪表厂统一设计第二代电磁流量计系列产品。

1964 年，为研制运十飞机（仿波音 707），上海自动化仪表一厂成功试制气动单元型微差压变送器，其测量范围为正负十毫米水柱，提高了测量的精准度。

六十年代中后期，上海热工仪表研究所组织生产电磁流量计的上海光华仪表厂、开封仪表厂、天津仪表厂和拟生产电磁流量计的上海自动化仪表九厂，在开封集中开展联合设计。

1966 年至 1968 年，华东电子仪器厂为航天工业配套研制专用电子秤。专用电子秤的研制达到了预期的目的和要求，具有显著的优越性。原来用磅秤称重，测量误差大，称量时还须从真空罐内吊出，十分麻烦。采用电子秤可以在真空状态下称量，连续显示重量，并可进行重量控制操作简单、方便，大大减轻了劳动强度，提高了工作效率，提高了测量精度和工作的可靠性。

1966 年至 1969 年，上海自仪九厂为航天工业配套研制小口径涡轮流量变送器。小口径涡轮流量变送器具有测量精度高、反应快、耐腐蚀性能好的特点，对于多种有机溶液都能很好应用，60% 浓度的硫酸也能胜任。1966 年至 1969 年，上海自仪八厂为舰船配套研制压力表和水位计。1967 年起上海炼油厂与上海调节器厂合作，研制成功晶体管的比率调节仪，作为上海调节器厂的产品，为国内各炼油厂所采用。1968 年至 1970 年，上海自仪九厂为航天工业配套研制温度压力补偿式定量控制仪。1969 年，上海华东电子仪器厂与北京起重运输机械研究所合作研发配料用电子皮带秤系统，用户为广东韶关凡口铅锌矿选矿厂，系统由电子皮带秤、DDZ-Ⅱ型单元组合仪表、直流调速电机等组成，通过调整皮带速度维持物料量的恒定。1970年，上海自仪五厂为航天工业配套研制USK-101三点式超声波信号器。1970年，调节器厂成套QDE-型气动单元组合仪表正式投产，替代了原有的组合仪表。1972年，地质仪器厂设计成功JJX-3型井斜仪，替代了原来的仿苏产品。在此期间，自动化仪表五厂试制成功直读、变送、调节等液位、料位仪表，为我国石油化工等行业提供了大量急需之产品。1971年华东电子仪器厂开始生产计量用电子皮带秤，用于上海冶炼厂援助阿尔巴尼亚工程的物料配料，早期的型号为DCB-I。1972年上海光华仪表厂首先设计建造恒水头高位槽稳压水源流量标准装置，其后上海热工仪表研究所、上海自仪九厂及各地其他企业也相继建立高位水箱或水塔的流量标准装置。1973年，上海工业自动化仪表所成功研制JS-10工业控制计算机，接着上海调节器厂与上海工业自动化仪表研究所合作开发成功JS-10A型工业控制计算机产品和第一台XK-1型工业控制机，JS-10A型工业控制计算机是JS-10工业控制计算机提升版。1974年又联合研制成功JDK系列过程控制通道，保证了工控机产品在冶金、电力、石油、化工、轻纺等部门得到了较广泛的应用，开创了我国工业自动化仪表智能化之先河。

（三）应用推广

五十年代中期国家已注意到仪器仪表基础薄弱，拟扩散一批上海生产产品到新建企业，以壮大制造业队伍。1958年一机部三局（主管仪表）在南京召集国营上海电表厂、一机部上海热工仪表研究所（上海工业自动化仪表研究所前身）、上海市机电仪表公司（上海仪器仪表工业公司前身）及其所属有相当实力的公私合营企业新成仪表厂、大华仪表厂、光华仪表厂、综合仪表厂（上海自仪三厂前身）、星星仪表厂（建工仪表厂，上海自仪五厂前身）进行座谈。座谈会分两部分，局、公司、厂领导座谈商讨筹建新厂开封仪表厂和云南仪表厂事宜，要求上海仪表基地在技术上和人才上支持新企业。商定由新成厂、光华厂、星星厂、综合厂支援开封仪表厂。1960年底，和平热工仪表厂部分产品转入巨浪仪表厂，使巨浪厂成了专业生产温度控制仪表之厂家。1962年又将和平热工仪表厂的热电偶、热电阻等产品转入综合仪器厂，使之成了测温及显示仪表专业制造厂。

二、四川仪表集团

（一）历史沿革

四川仪表总厂是贯彻中央调整工业布局，加快三线建设方针，经国家计委、第一机械工业部（简称"一机部"）批准，在重庆建设的西南仪表工业基地。

1961年6月，一机部与四川省机械厅共同提出了《四川省仪器仪表规划意见》，建议在四川省重点发展热工仪表、光学仪器、气象仪表，并生产仪表元件、仪表材料。

1964年，一机部四局提出《调整一线、建设三线初步规划》。规划方针包括：①要在三年内把"一线"现有仪器仪表主要项目"一分为二"搬到"三线"，大力建设"三线"基地，初步形成比较完整的仪表工业体系，能基本满足化肥、炼油、维尼纶、电站和军工配套需要；②要有重点、有主次、有先后、分期分批集中力量打歼灭战。企业规模中小结合、小型为主，坚决贯彻小而精、小而专、小而成群的原则；企业布点必须分散，靠山，隐蔽，又要尽可能沿交通干线，串联成群组织起来，形成几个有侧重的综合性仪表工业基地；并设想西南地区以重庆为中心，由上海市负责对口支援，重点发展光学仪器、分析仪器、实验室仪器、气象仪器、部分热工仪器、仪表材料、仪表元件等，使之成为分散的小上海；③"三线"建设主要依靠"一线"支援，能全迁的就全迁，不能全迁则"一分为二"，具体规划由一线四十一个企业支援三线四十三个企业，其中西南地区二十五个，要求 1967 年搬迁完毕。

1964 年 9 月，一机部副部长白坚带领有关司局领导进入四川，实地考察研究"一线"企业搬迁"三线"问题。进行实地考察的还有三线建委负责人程子华、重庆市委书记处书记鲁大东、四川省机械厅副厅长罗红等。最后在重庆市北碚区三花石等地勘测选定了部分企业的厂址。10 月，在白坚同志主持下，部、省、市有关负责同志参加，先后拟定了花石仪表材料厂、磁性材料厂、仪表材料研究所、自动化仪表研究所、西南游丝厂等项目的设计任务书。其中，仪表材料厂的设计任务，投资五百五十万元，职工四百人，年产仪表合金材料二十八吨，主要产品为热电偶材料、电阻材料、弹性材料等，并建议一并建设仪表材料研究所，形成"三线"仪表材料科研生产基地；磁性材料厂后并入仪表材料厂，成为磁钢车间。11 月，国家计委批准了这些设计任务书后，上海铜仁合金材料厂率先向一机部报出搬迁、投产计划，内迁职工四百名，设备二百九十六台，建成年产合金材料和磁性材料六十五吨。

1965 年 1 月，一机部批准了上海铜仁合金厂的搬迁计划。同日，一机部西南工作组设立，六局局长彭干任组长，部办公厅副主任万劫司任副组长，负责实施一机部"三线"建设的规划、选厂、设计、搬迁工作。2 月，一机部委派毛梓才同志主持西南地区仪表工业基地的迁建工作，重庆市委批准成立西南仪表公司党委，毛梓才同志任党委书记，重庆市机械局局长魏明光、一机部四局计划基建处处长马珍、重庆市北碚区委书记李明先、仪表材料研究所所长付岷、上海工业自动化研究所副书记金星、上海铜仁合金厂厂长扬长青、建工部西南四公司王家恒同志为党委委员。3 月 9 日，西南仪表公司现场指挥部成立，统一领导搬迁和基本建设的各项具体工作，标志着川仪创建正式开始，这一天成为川仪的建厂纪念日。上海热工仪表科学研究所的气动单元组合仪表、电动单元组合仪表、巡回检测装置三个专业全部迁往重庆北碚，建立重庆工业自动化仪表研究所。株洲仪表专用材料研究所、上海热工仪表科学研究所材料组、机械科学研究院上海材料研究所的弹性材料研究室迁往重庆北碚，建立重庆仪表专用材料研究所。随即，一机部又补充通过了西南仪表零件厂、光学仪器厂、试验设备厂和重庆仪表厂的投资计划。8 月，一机部编制的《四川热工仪表总厂设计任务书》呈报国家计委。规定川仪总厂重点发展工业自动化仪表，建设项目包括十三个整机厂，五个元件厂（不含游丝厂、仪表零件厂），两个研究所。9 月，一机部组成选点工作组再次实地勘察后，确定了以北碚为中心，沿澄江、歇马、青木关、施家梁三线布点的建设方案。10 月，一机部下达了上海转速表厂内迁重庆转速表厂的基建计划。12 月，国家计委、建委批准上海大华仪表厂以"一分为二"方式迁往重庆，建设电子调节器厂，生产电动单元组合仪表和显示仪表。

1966 年 3 月，一机部调整规划，将原布点于湘西仪表厂的光敏元件厂和分析仪器厂改在重庆北碚布点。4 月，一机部将南京分析仪器厂正式列入 1966 年搬迁重庆的年度计划项目。四川分析仪器厂计划年产各类分析仪器两千五百台（套），产值一千二百万元，职工八百八十人，总投资七百八十万元。1966 年 7 月 1 日，由上海铜仁合金厂和上海磁钢厂内迁建立的重庆花石仪表材料厂正式投产，成为川仪最早完成内迁任务、第一个投产的工厂。8 月，仪表材料研究所、工业自动化仪表研究所、重庆试验设备厂、西南游丝厂、西南仪表零件厂和转速表厂也已完成搬迁任务。第一批七个项目建成后，一机部又批准了重庆弹性元件厂、气动调节器厂、流量计厂、调节阀厂、自动化装置厂、小模数齿轮厂、计数器厂、玻璃元件厂、工模具厂、半导体器件厂等十个项目的建设。

1967 年 3 月，一机部根据成套生产的要求，又下达了毫伏计厂、压力表厂、电器元件厂、测试中心、微电机厂、控制盘厂、机械元件厂、陶瓷元件厂和仪器仪表技工学校九个项目的设计任务书。改电子调节器厂为曙光厂，将原电调厂的电动单元组合仪表划出，另建电子调节器厂。后根据需要，又安排了电镀厂、宝石轴承厂、光敏元件车间等项目。

1968 年，一机部下达四川热工仪表总厂基本建设计划，又新增了表牌厂、烘漆厂、铸锻厂、塑料厂、冲压机厂、机修厂、压力式温度计、电动执行器、仪表变压器等项目。将原设计在流量仪表厂的涡轮、电磁、气动转子流量计等产品划出，另建第二流量计厂，由开封仪表厂对口搬迁。表牌厂由上海仪表表牌厂、表牌二厂内迁建立，电器元件厂由苏州仪表元件厂内迁建立。设计任务书规划年产涡轮、电磁、气动转子流量计 2000 台，压力表 20.22 万只，电器元件 34.6 万件，微电机 2.5 万只，仪表控制屏 2000 面，温度调节仪、指示仪 2 万台，微型轴承 15 万套，小钢球 200 万粒。

1969 年，一机部批准弹性元件厂由沈阳工艺研究所对口包建，将该所弹性元件组全部迁到重庆。并下达 1969 年搬迁计划，包括曙光厂、电镀厂半导体厂、宝石厂、分析仪器厂、铸锻厂、调节阀厂、小模数齿轮厂、塑料胶木厂、工模具厂十个项目，由上海自动化仪表二厂、上海仪表冲压机厂、上海仪表烘漆厂、上海仪表电镀厂、上海表牌二厂、锦州红卫仪器厂、上海晶体元件厂、南京分析仪器厂、上海仪表锻造厂、无锡仪表阀门厂、上海自动化仪表九厂、上海电度表厂、上海仪表塑料厂、上海仪表胶木厂、上海仪表钢模厂对口内迁。

1970 年，装置厂、曙光厂、电镀厂、半导体厂、分析仪厂相继投产。

1971 年，弹性元件厂、宝石轴承厂、铸锻厂、调节阀厂相继投产。当年完成工业总产值 5012 万元，实现利润 1092 万元，初步形成了一定规模。

1975 年 1 月，花石仪表材料厂与重庆仪表材料研究所分开，各自独立核算。7 月，四川热工仪表总厂更名为四川仪表总厂，分厂也按建设时间先后顺序更名。重庆花石仪表材料厂更名为四川仪表一厂，重庆转速表厂更名为四川仪表二厂，自动化装置厂更名为四川仪表三厂，四川二次仪表厂（曙光仪表厂）更名为四川仪表四厂，四川仪表电镀厂更名为四川仪表五厂，四川半导体器件厂更名为四川仪表六厂，重庆弹性元件厂更名为四川仪表七厂，四川仪表宝石轴承厂更名为四川仪表八厂，四川分析仪器厂更名为四川仪表九厂，重庆仪表铸锻厂（长风仪表厂）更名为四川仪表十厂，四川调节阀厂更名为四川仪表十一厂，四川小模数齿轮厂更名为四川仪表十二厂，四川仪表塑料胶木厂更名为四川仪表十三厂，四川仪表模具厂更名为四川仪表十四厂，四川毫伏计厂（春雷仪表厂）更名为四川仪表十五厂，四川流量仪表厂（东风仪表厂）更名为四川仪表十六厂，机修厂（人民仪表厂）更名为四川仪表十七厂。

1976年6月，四川仪表总厂技工学校获批成立，并正式开学，首批学生八十人。四川分析仪器厂成立分析仪器研究所。8月，四川分析仪器厂七二一工人大学开学，工业电子专业学制两年，全脱产，首批学员二十五人。这一年，四川仪表十四厂、十五厂、十六厂正式投产。

1977年，总厂坚持工业学大庆，建立健全各项规章制度，提高产品质量，按八项经济指标对分厂进行考核。9月底，全厂在册职工5399人。提前95天完成全年生产计划，全年实现工业总产值6695万元，利润1178万元；四川仪表一厂四车间分出，成立四川仪表十九厂。十厂、二厂、三厂、十二厂成为重庆市大庆式企业。四川省授予一厂、四厂大庆市企业，一机部授予一厂、四厂全国机械工业大庆式企业。

（二）技术产品演化

1969年重庆川仪九厂负责研发四川石油局川南气矿的天然气全组分色谱仪。在设计中大胆采用多项新技术。首先用铼钨丝作热导元件，当时国内无此材料，就联系重庆材料研究所。经双方努力终于研制成功，并在国内首次制作成热导元件并获成功。从此国产色谱仪均采用这种元件，并将可控硅温控器成功用于金属块作温场的控制。为了获得稳定的载气流量，试制成流量调节器至今仍在同类色谱仪上使用。

1973年，四川仪表总厂拟上氧分析仪项目，经过几年的研发，1976年9月终于完成了三台正式样机，在上海钢铁三厂、上海试制剂一厂、上海天原化工厂进行了将近半年的现场试验之后，顺利鉴定投产，成为四川仪表总厂的拳头产品。

四川仪表总厂参与上海工业自动化仪表研究所负责组织记录仪表统一设计。统一设计的产品有大长图记录仪、小长图记录仪、大圆图记录仪等，以及放大器、小马达、记录笔和记录墨水等零部件，取得良好效果，促进了行业的技术进步，拓展其他品种规格。

四川仪表四厂与重庆自动化研究所显示仪表组合作成功开发无触点记录仪。一机部四局局长苏天来总厂召开会议，明确总厂为川气出川天然气输送管道工程从设计、生产、供货到安装、调试，为搞好西南大区成套服务。四川省机械局制定《四川省工业自动化仪表十年发展规划》，提出以总厂为中心，为钢、电、煤、化、油、气、农机、轻工自动化和大中型企业技术改造工程提供成套仪表为服务方向，优先发展基础产品，选定"两单一机"为主攻方向。"两单一机"即DDZ-Ⅲ型电动单元组合仪表、QDZ-Ⅲ型气动单元组合仪表和工业控制机。总厂决定由四厂、七厂、十五厂共同承担DDZ-Ⅲ型电动单元组合仪表七个单元、六十四个基型品种的试制任务。

1976年6月，一机部批复四川仪表总厂建设电子调节器厂，按1965年国家计委批准的设计任务书，投资三百万元，规模五百五十人，年产电子调节仪表一万台。随即电子调节器厂定名为四川仪表十八厂，生产电单Ⅲ型仪表。增加十厂、十二厂、十八厂参与电单Ⅲ型仪表攻关。

1977年，四川仪表总厂新产品试制任务完成一百零三项，其中四川仪表十八厂试制成功电单Ⅲ型仪表调节、计算、转换、变送、辅助单元等十三个基型品种。

（三）应用推广

1975年初，四川仪表总厂接受了一项支农任务。要求从自动化仪表的技术角度，为提高中小型化肥厂的生产水平，做一些有意义的工作。总厂提出了一个全生产过程自动化的技术设计方案，大胆地打破了当时对中小型化肥厂生产装置只用人工操纵的观念，而采用抓住主要生产环节设备，实现仪表自动调节。在车间实现分散控制的基础上，进行全流程集中监控调度。如变换炉触媒温度、碳化塔液位、合成塔反应温度等处，全用上了仪表调节系统。

（四）成果获奖

1974 年 QDZ 型气动单元组合仪表开始进行升级联合设计。由重庆工业自动化仪表研究所负责，陈绍飞任联合设计组组长。参加联合设计的单位有川仪十六厂、广东仪表厂、天津自动化仪表五厂、沈阳气动仪表厂等。QDZ 改型基本品种于 1977 年在山东胜利炼油厂进行现场运行考核试验。1988 年通过部级鉴定，获科技成果三等奖。

1978 年我国改革开放，川分以高端氧分析器的科技成果献上厚礼。该氧分析器在 3 月 18 日召开的首届全国科学大会上获奖，并获四川省科技成果三等奖。

三、西安仪表集团

（一）历史沿革

早在 1935 年西安就开设过科学仪器仪表西安分馆，从事仪器修理。

1942 年陕西企业公司机器厂开始生产教学仪器，1943 年 3 月受省教育厅委托，大量制造理化仪器，但在 1945 年后停产，陕西仪器仪表工业又成空白。

1950 年西安地球物理研究室研制出中国第一套石油勘探仪器—摇盘式半自动井下电测仪，1951 年又研制出二十余种石油勘探仪器，标志着中国研制地球物理仪器的开端。1953 年 11 月国家计划委员会批准建造中国第一个大型国营自动化仪表厂。1955 年 7 月西安地球物理研究室等三个单位合并成立了西安地球物理仪器制造所（西安石油勘探仪器总厂前身），在 1951 年还开设黄河仪器总厂（西安光学测量仪表厂前身），仿制勃兰特式地质罗盘和阿斯卡尼亚水准仪，也是我国较早生产的大地测量仪器。1956 年 1 月厂址正式选定西安，此后正式定名西安仪表厂。根据我国与前德意志民主共和国就建立西安仪表厂问题达成的协议，民主德国承担西仪厂的设计工作，并提供全套技术和成套装备。1960 年 4 月 28 日正式投产，生产压力、温度、流量、记录、调节、控制等多种系列仪表，成为当时全国乃至东亚最大的具有先进水平的综合性工业自动化仪表及装置制造厂。

1960 年 6 月 1 日，根据一机部指示，西仪厂设计科、工艺科及新产品试制车间组建成为西安热工仪表研究所，之后由一机部改名为西安工业自动化仪表研究所。研究所由一机部四局与西仪双重领导成为一机部全国压力仪表行业归口研究所，设有全国压力仪表标准化技术委员会，机械工业压力仪表产品质量监督检测中心和机械工业第九计量测试中心站，也是陕西省质量技术监督局计量检定、校准授权和形式评价机构。西安工业自动化仪表研究所主要从事自动化仪表及装置的开发、生产试制、推广应用工作。1963 年 11 月 4 日，一机部四局通知西仪成立仪器仪表工厂设计室。主要任务是负责中小企业技术改造中扩初建和施工图的设计及专业研究所扩建和施工图的设计。1965 年 5 月 7 日国家编制委员会批准成立仪器仪表工厂设计处，为一机部直属事业单位。1971 年 10 月 27 日，设计处又下放为西仪领导。1978 年 1 月 3 日开始由市机械局领导，现为机械工业部第十一设计研究院。

1978 年 9 月，受一机部委托，由陕西省机械工业局、西安仪表厂共同负责，在西安市召开了西安仪表厂扩建压力仪表测试中心站设计方案讨论会。会议邀请了压力仪表生产厂使用部门、研制部门，以及高等院校的有关单位，对由一机部第十一设计院和西安仪表厂组成的设计小组共同编制的设计方案，进行了讨论，通过代表们的论证，认为方案基本上是可行的，并提出了许多宝贵建议。

西安仪表厂压力仪表测试中心站的建立，是一机部为适应国民经济建设的发展，为尽最大可能满足各部门对压力测量仪表的需要而确定扩建的。在此之前，确定在云南仪表厂建立温度仪表测试中心站，在开封仪表厂建立流量仪表测试中心站，都具有同样的意义。

压力仪表测试中心站的主要任务有建立和维护压力测量仪表的工作基准、标准传递系统的测试手段，解决行业中有关压力量值的测试标定问题；贯彻执行压力仪表专业的国家标准和部颁标准，对产品的技术条件、检定规程等进行研究和验证；开展测压技术的研究，不断改进测试方法，研制成套压力测量仪表的检测装置和标准仪器；开展行业技术服务工作，组织产品质量测试评比和技术交流；承担进口压力测量仪表的测试检定。作为一机部压力仪表行业的一个测试中心，对于确保压力仪表测量精度、保证产品质量，以及对于测压仪表新原理、新技术的研究，都将起重要作用。

（二）技术产品演化

六十年代，按照机械部仪表局下达的气动单元组合仪表联合设计的要求，上海所与各仪表厂合作，试制 QDZ 型气动单元组合仪表。西安仪表厂负责生产记录指示仪表。首批生产出来的 QDZ 型气动单元组合仪表，包括变送器、调节和计算单元、记录指示仪、辅助单元等。经历了初样试制、小批量试制、批量试制以及严格按技术条件要求进行的全性能测试和环境试验，QDZ 型气动单元组合仪表从核心单元到全套单元陆续投入生产。

1972 年初，国家仪器仪表总局下达气动基地式仪表联合设计任务，由重庆工业自动化仪表研究所任组长单位，西安仪表厂任副组长单位，肇庆自动化仪表厂和重庆长江仪表厂参加。此时国内外经济形势已发生很大变化，联合设计需在吸收国外最新技术的同时，研发具有我国特点的新型系列仪表。在系列品种中增加了电信号输入测量部件，扩大测量方式，采用电桥测量输入信号、调制放大、解调输出推力矩马达摆动，同时改变线性滑线电阻值使桥路达到新的平衡，完成电信号向位移转换并带动测量针显示，这在国际气动现场仪表中是独树一帜的。联合设计组成立后还承担了气动单元组合仪表气动操作器的系列品种设计试制，于 1974 年由西安仪表厂和肇庆自动化仪表厂投产。B 系列气动调节器及相关部件，首先在西安仪表厂生产的电子电位差计（带气动调节器）产品中投入生产应用。

1976 年，西安仪表厂与焦耐院、北京焦化厂联合设计的北京焦化厂的苯加氢装置自控工程投运，并在《炼油化工自动化》1976 年第 5 期上发表文章介绍其应用。

1978 年，西安仪表厂会同天津仪表厂、大连仪表厂等单位组成联合设计组，以重庆工业自动化仪表研究所总工程师马少梅为组长，北京自动化技术研究所副所长杨振业为副组长，设计成功第三代产品，集成电路式 DDZ-III 型电动单元组合仪表，包括变送、转换、计算、显示、给定、调节、辅助、执行八类，共有品种一百四十八个，规格四百七十八个，同时还试制成功组件组装式仪表和气动薄膜调节阀系列等。

表 5-2　西安仪表厂产品发展阶段表（1979 年以前）

时间	发展阶段	阶段特点	代表产品
1958 年至 1963 年	仿制生产	按民主德国图纸工艺仿制生产	压力仪表、温度仪表、流量仪表、毫伏计、比率计、液动调节器七大类，一百一十三个品种
1964 年	仿创结合	为自行设计迈出了关键一步	EWY 圆图电子电位差计、气动显示系列、气动三针记录仪、样试二十九种，技术革新一百八十六项
1965 年	自行设计	采用内外三结合，四个到现场的设计思想	圆图电子显示系列，气动显示系列，液动调节器系列、电动执行机构、高精度活塞压力计，完成样试五十五种，技术革新七百零四项
1966 年	组织会战（为完成国家急需）	成立新产品设计试制指挥部，下设七个新产品战斗队	气动单元 II 型组合仪表、电动单元 II 型组合仪表、军工专案任务（十三种二十九个规格一千八百一十七台），完成样试一百七十五项，批试三十六项
1966 年至 1979 年	数字仪表	根据科研、工业和军工用户需要，从工业控制机研制入手	JJD-345 巡检，JCS-210 小型多功能计算机，JKS-110 提花织机群控制，JHT-129M 数控绘图机，JTS-86 图数转换仪，JO11 微型计算机学习机，109 多功能控制机，JKS-230 计算机配合大型测试仪器，MZ-III 模件组装仪表，固井压裂酸化仪表指挥车，III 电动单元组合仪表，III 气动单元组合仪表变送器，新产品样试六十九项

（三）应用推广

首批生产出来的 QDZ 型气动单元组合仪表，包括变送器、调节和计算单元、记录指示仪、辅助单元等。于 1963 至 1965 年在兰州、上海等地投入了现场组合运行考核。现场考核运行时间半年以上。在各有关工厂仪表、工艺车间的积极支持和大力配合下，现场试验进行顺利，证明这套仪表设计合理，性能良好，显现出良好的经济效益和社会效益。

1960 年 10 月中朝两国政府签订提供技术援助和成套设备的协定。1961 年 9 月 8 日，一机部指示，西仪承担援朝热工仪表厂筹建任务。厂党委决定在技术科成立了援朝办公室，负责热工仪表厂的产品选型试制，工艺装备设计及制造，工厂组织设计标准化审查等。朝鲜熙川热工仪表厂规划产品方案为七大类，四十二种，年产热工仪表七万七千台。西仪承担主包厂与分包厂的双重任务，1961 年 9 月我方出国考察，1964 年我方按期将工厂扩大初步设计交付朝方，并于 6 月在平壤双方代表团正式签字。1965 年 5 月我方向朝方交付了全部施工图纸。1970 年 9 月两国代表团重新签订成套物资、设备合同及技术人员和实习生合同。本项目培训来西仪厂朝鲜实习生四十六名，经过一年多的实习培训，较好地完成了实习培训任务。

1970 年到 1972 年我方分五批派遣出国人员三十七人赴朝鲜工作。1973 年 3 月最后一批专家完成合同任务回国，朝方举行了隆重而热烈的欢送仪式，项目建设圆满成功。正式投产后，朝方经过全面验证，认为热工仪表厂项目符合协议规定的要求，达到设计标准，结论是：熙川热工仪表厂设计合理，设备物资交付迅速，质量良好，投产顺利，产品质量良好。

四、以天津仪表公司为核心的天津基地

（一）历史沿革

天津自动化仪表厂（现为天仪自动化仪表有限公司）1956 年成立，原名为天津手工业局

汽表工业社，生产简单压力表。1958年改名为天津手工业局仪表厂，生产高压表、标准表、汽车仪表。1959年改名为天津市仪表厂，增加了船用压力表系列；1965年起开始研发生产DDZ-Ⅰ型、DDZ-Ⅱ型电动单元组合仪表；因为仪表厂有军工产品高炮指挥仪，为适应当时战备需要，1969年又迁入河西区友谊路1960年下马的原河北省宾馆（现天津大礼堂所在地）未完工的建筑，利用地下室进行军工生产。此时，新产品DJS-130、CK 710产品投产。同时，仪表厂还参与了当时国家重大军工项目六四〇工程的一部分设备的生产。

1966年天津市仪表厂将自主研制的压力仪表的技术、工艺、设备、人员调入天津市木折尺厂，组建了专门研制、生产测压仪表的天津市第二仪表厂。

天津市自动化仪表三厂是我国最早的流量测量仪表生产基地，以生产水、油、气流量测量仪表为主要产品，也是我国第一块水表的发源地。1954年，联昌电机厂股份有限公司由私营改为公私合营，改名为热工仪表厂，主要产品仍然是水表，产品种类增加了流量记录仪、水调节器、氧气表等。

1974年DDZ-Ⅲ型单元仪表投产，各种规格、型号调节器、变送器，日趋齐全，天津市仪表厂与上海调节器厂、西安仪表厂一起将我国由自动化仪表组成的自动化控制系统推向了一个新的发展阶段。

（二）技术产品演化

天津市仪表厂于1964年开始承接由机械部上海仪表研究所负责全国统一设计的DDZ-Ⅰ型电动单元组合仪表中的变送器系列产品及室内调节器系列产品的研发与生产。为了加快系列产品的研发与生产，于1965年从全国各地引入了十八名本科毕业生及多名中专毕业生，形成了一支约五十人的工程技术队伍，大大加快了研发与生产的速度。

1967年，为跟上国家对电子元器件的发展需求，天津仪表厂又开始研制并生产以半导体三极管为核心放大器的DDZ-Ⅱ型单元组合仪表，并逐渐补齐了全系列产品。

随着我国线性集成电路的出现及国外仪表行业的发展，于1978年，天津仪表厂改名为天津市自动化仪表厂，在机械部重庆自动化仪表研究所的主导下，开始研制并生产以线性集成电路为核心部件的DDZ-Ⅲ型电动单元组合仪表，设计了压力、差压、液位、流量变送器。

天津仪表厂在电磁流量计联合设计方案基础上分别研发新一代电磁流量计，提高性能，改变过去电磁流量传感器与转换器必须配对校准、不能互换的缺点，方便维修调换。

五、以北京仪表公司为核心的北京基地

（一）历史沿革

权度制造所成立于清朝光绪年间，被北平市人民政府企业局接管后定名为北京度量衡厂，1951年归口轻工业部。它是我国最早的仪器工厂，生产尺、斗和简单天平等度量衡器具。

在国民经济恢复时期和第一个五年计划期间，北京地区仪器仪表工业首先发展起来的是教学仪器、电工仪表、金属材料试验机和大地测量仪器。

1950年4月，新中国经济建设总公司收购了在北京地区的私营宝丰铁工厂，改名为新中国科学仪器厂，主要从事台秤以及简单的教学仪器和一般的机械制造。这是北京地区解放后成立的首家仪器工厂。

1951年，轻工业部为统一全国度量衡，决定投资四百七十五万元在北京建立度量衡厂，

该厂于1954年建成。同年，北京度量衡厂并入该厂，定名为中央度量衡厂。1955年，该厂划归第一机械工业部一局领导，改名为北京度量衡厂，生产金属材料试验机和度量衡仪器等。1956年改名为北京仪器厂，开始研制真空设备，并进一步发展精密天平等产品，1958年，该厂由北京市领导。

国民经济恢复时期，北京市各区纷纷出现了仪器仪表修理或制造的小作坊，如世文理化仪器厂、东华仪器制造厂、大莱精机厂等，总计有一百多家。

1954年，国家开始了公私合营试点。1955年至1956年，私营企业进入了社会主义改造的高潮。北京市从事修理和生产的仪器仪表各小厂，也随着形势的发展实行了公私合营。如从事修理和小生产的联昌电机机械厂、利民仪表厂等十七家小厂，组成了公私合营联昌仪表厂；大莱精机厂、永新合作社和荣焱相机工业社等组成了公私合营大莱照相机厂（1958年改名为北京照相机厂）；世文理化仪器厂也吸收了大众小苏打厂和中建消防器材厂的部分人员和资金，扩展成为公私合营世文仪器厂（1958年改名为北京市光学仪器厂）。这些公私合营的仪器仪表企业为北京地区光学工业和电子仪表工业的发展打下了一定的基础。

1956年，国家科委在北京建立中国科学院自动化研究所，这是北京地区首家仪器仪表研究机构。

到1957年末，仪表企业共有职工2267人，固定资产原值660万元，工业总产值808万元，利润总额170万元。

这一时期，兼产仪器仪表的企业有：公私合营恒昌仪表厂，生产地质勘探仪器测斜仪、风向风速计；公私合营联合仪器厂，生产教学仪器经纬仪。

1958年，各公私合营仪表企业纷纷改为国营企业，职工迅速增加。从第二个五年计划开始，仪器仪表工业列入国家经济发展计划。在北京地区，国家投资新建、扩建了一批仪表企业，仪表产品大幅度增长。产品开发也由仿制逐步转向与大专院校、科研单位合作自行设计研制。

1958年公私合营联昌仪表厂迁址建新厂房，1960年改称北京电表厂，试制、投产了0.5级小型板式电流表、311E型兆欧表。1960年生产电表19.3万只，其中实验室携带电表2.2万只，比1957年增长十倍以上。1958年北京电工研究所成立，并逐步建立了电机、电工材料、无线电、自动化、半导体等研究室。

1959年，第一机械工业部投资在海淀区温泉附近兴建了北京气体分析仪器厂（后改为北京分析仪器厂，是苏联援建工程补充项目之一）。该厂坚持边建设边研制的方针，与科研单位合作，先后试制出了我国第一台ZHT–1301型同位素质谱仪、第一台SP–2301型气相色谱仪、第一代QGS–02型红外线分析器。

1962年1月，北京市机电工业局组建北京市仪器仪表联合厂，加强对所属仪器仪表企业的专业化管理。同年10月，北京市光学仪器厂、通州光学仪器厂和北京仪器厂通州分厂合并，组成了北京光学仪器厂。

这一时期，中央许多部委也在北京地区建立了一批仪器仪表的研制厂（所）。1958年，中国科学院在北京建立了科学仪器厂，主要从事电子光学仪器、质谱仪器、真空设备等的研制和生产，后来也从事计算机应用、电子技术和精密机械加工工艺等新技术、新工艺的试验研究。

1959 年，上海科普形象资料厂迁京，与中华书局的北京模型厂合并，组建中央科技工务工厂，归中国科协领导。1960 年至 1962 年，该厂归北京市科学技术委员会领导，改名为北京科协模型仪器工厂。1965 年，由国家科学技术委员会确定该厂归属国家计量局，改名为北京计量仪器厂，产品方向是生产全国各计量机构所需的计量检定仪器。1959 年，地质部在北京筹建地质仪器厂，主要从事地球物理勘探和化学勘查仪器的研制。

1958 年第三机械工业部开始在北京筹建生产航空工业仪表的青云仪器厂，投资四千三百多万元，1965 年建成投产。该厂是北京地区最大的仪器仪表生产厂家。

1960 年，第五机械工业部（即兵器工业部）从西安、昆明等地调集技术力量，在北京组建了华北光学仪器厂，主要从事军用光学仪器的制造。1972 年后，从该厂分出部分专业设备和人员，建立了北京长城光学仪器厂。这两家企业是北京地区光学仪器工业的重要企业，具有雄厚的技术实力和生产能力。1961 年，第三机械工业部的精密机械研究所在原北京第二航空工业学校的基础上建成，该所专门从事航空工业的精密机械、仪器仪表的研制以及测试、计量技术的研究。

中央所属的厂（所）大都设备先进、实力雄厚，这给北京地区仪器仪表工业的发展，带来了方便条件。

1965 年，北京市工业生产委员会和北京市科学技术委员会决定发展北京的自动化仪表工业。同年，北京市仪器仪表电器工业公司根据北京市的部署，着手进行北京市自动化仪表行业的规划及布点工作，即将北京电工研究所改为北京自动化技术研究所。所内设电机、自动化装置、自动化仪表、计算机和计测等研究室，并在北京化工二厂进行自动化改造的试点。

同期，北京地区有仪器仪表企业二十三家，研究所六家；企业职工 8944 人，比 1957 年增加四倍；固定资产原值 6624 万元，比 1957 年增加十倍；工业总产值（1957 年不变价）3967 万元，比 1957 年增加近五倍；利润总额 1102 万元，比 1957 年增加六倍（以上统计不包括华北光学仪器厂、青云仪器厂、北京核仪器厂这三家军工企业），一些产品产量也迅速增长。红旗 II 型经纬仪由 1958 年的 100 台增至 1965 年的 750 台；精密天平由 1960 年的 69 台增至 1965 年的 783 台；实验室用携带式电表由 1958 年的 4236 台增至 1965 年的 1.3 万台。

到 1965 年，北京地区已具有研制和生产光学仪器、实验室仪器及装置、电工仪器仪表、分析仪器、地质仪器、教学仪器和自动化装置的实力，行业已经形成，并出现了发展的新形势。

1976 年末，北京地区仪器仪表企业增至 34 家（含两家中央企业），市属研究所三家，职工总数 20763 人（其中三家研究所 794 人）。34 家企业固定资产原值 12791 万元，1976 年工业总产值 17772 万元，利润总额 3806 万元。其中市属企业 15 家，职工 13602 人，固定资产原值 10969 万元，工业总产值 13070 万元，利润总额 2967 万元，税金 422 万元，上缴利润 2941 万元；区属企业 17 家，职工总数 5141 人，固定资产原值 1131 万元，1976 年工业总产值 4115 万元，利润总额 744 万元。

1978 年后，贯彻中央"调整、改革、整顿、提高"方针和一系列改革开放和搞活经济的政策，北京市仪器仪表工业进一步发展。

（二）技术产品演化

公私合营世文仪器厂 1953 年仿制立体反光镜和森林罗盘仪，1955 年试制成"五五"式经纬仪，1956 年自行设计试制了红旗Ⅱ型（DJ6-1）光学经纬仪。公私合营东华仪器制造厂在市政府扶持下，生产望远镜式平板仪、实物立体镜、小平板仪，1957 年试制、生产了 408 型光弹仪。公私合营联昌仪表厂在公私合营后生产盘式交流电流表、电压表、M-57 型欧姆表，1957 年生产携带式交直流电流表、电压表、电力表、真空表以及压力表、水流量表。公私合营大莱照相机厂 1956 年试制成功北京地区第一台照相机。公私合营强声电影机厂 1957 年生产出我国第一代电影放映机，后文化部将电影放映机定由南京、上海等厂家生产，该厂改产微电机。

1958 年至 1960 年间，北京市光学仪器厂自行研制出中型石英摄谱仪和大型投影仪。北京科学仪器厂试制、生产了 409 型光测弹仪。北京教学仪器厂试制出 1500 倍显微镜，1/200、1/400、1/600 毫米光栅。全国科协模型仪器厂试制出 60-2 型标准生物显微镜、153 型天文望远镜。

1957 年北京仪器厂自行设计试制成功感量为 1/10000 克的分析天平和感量为 1/100000 克的微量分析天平，成为生产金属材料试验机和实验室仪器的重要厂家。

1962 年至 1965 年间，仪器仪表企业试制、投产了一批新产品，主要有 6° 经纬仪、WDF-4 型光谱仪、ZDM-300 型真空镀膜机、RZH-1 型热偶真空计、C-95 型静电电压表、Q3-V 型高压静电电压表（获全国新产品三等奖）、分度值为 1/1000000 克的 GZT3-2 型精密天平（达国际先进水平，获国家科技奖）、JS01 型缩微摄影仪、氦氖激光器，其中一些产品填补了国内空白。

1969 年，第一机械工业部在上海召开的规划会议上，决定北京科学仪器厂为华北地区计量光学仪器的定点生产厂。1970 年后，该厂试制投产了万能工具显微镜、大型投影仪、计量显微镜等计量光学仪器，品种达十一个。

1974 年至 1976 年，北京市科学技术委员会组织大型天象仪研制生产，北京光学仪器厂参加研制生产并圆满完成所担负的光学、机械零件的加工配套任务。在实验室仪器、电工仪器仪表方面，北京仪器厂、北京真空仪表厂、北京电表厂以及 1969 年由厂桥电表厂等三家街道小厂合并组建的北京市西城区电表厂，先后投产了以下新产品：DM-450 型、DM-700 型真空镀膜机，K400 型扩散泵，TK-9 型新型机组，EC-7500 伏、1000 伏、2500 伏兆欧表，电离真空计等。1977 年，北京仪器厂和北京玻璃总厂共同设计制造了直径 3.8 米的真空镀膜机，从而保证了毛主席纪念堂水晶棺光学多层膜的镀制任务，为北京光学工业的发展做出了重大贡献。

1969 年，北京市提出发展自动化工业规划，得到一机部的支持。从此，北京市的自动化工业正式纳入了国家计划。按北京市的规划，北京自动化技术研究所试制成功并于 1971 年开始生产 DDZ-Ⅱ型电动单元组合仪表，包括差压、压力、调节、检测、计算、变送等单元，1972 年生产一千三百余台，后将此产品转给北京晒图机厂继续生产，并帮助该厂生产电动执行机构。1973 年，北京自动化技术研究所参加以集成电路为基础元件的 DDZ-Ⅲ型电动单元组合仪表的全国统一设计工作，到 1976 年已试制出二十六种（全国统一设计共四十二个品种）。

为了重点发展物理光学仪器，1969 年组建了北京第二光学仪器厂，经过两年试制，1971

年开始陆续投产了一米光栅摄谱仪、真空光量计、原子吸收分光光度计等技术较复杂、精度较高的光谱仪器。与此同时，北京光学仪器厂、北京科学仪器厂也加紧了光谱仪器的研制，先后试制投产了 0.5 米光栅光谱仪、2 米光栅光谱仪、红外分光光度计、原子吸收分光光度计等。1976 年生产各类光谱仪器达 250 台，成为全国生产此类仪器的重要力量。

1962 年试制成功我国第一台 ZHT-1301 型同位素质谱计。该产品为研制原子弹做出了贡献。

1963 年全国第一台 QGS-02 型红外线分析仪在北京分析仪器厂研制成功，1964 年全国第一台 SP-2301 型气相色谱仪研制成功。在这两项产品研制生产过程中，逐渐形成了一支力量较强的科技人员和工人队伍，为系列化产品生产奠定了很好的基础。

1977 年，研发型号 QGD-07 即农业红外。农业红外的广泛使用，推动了光合作用研究的深入。科研人员开始是在室外、田间进行研究，一年只能做一次试验。为了多做一些试验，他们必须到海南岛去育种，一年最多也只能做两三次，而且受到天气变化的影响，测试的数据要得出结论需要很长时间。数年后，一些农科院所已经建造了比较现代化的光合作用实验室，有灯光控制的照度，有叶面积、气体流量、温度、湿度、CO_2 和 O_2 的测量。测量结果可直接计算出叶片单位面积光合作用的效率。用盆栽培育品种的植物可安放在光合作用实验室中，在相同的环境下测量植物的光合作用能力，筛选好的品种。一年可以进行多次试验，加快了育种步伐；许多农科院所培养出了优良品种。

（三）产学研合作

六十年代中期，北京仪器仪表工业在人员、设备和技术力量等方面均有了相当的实力，其中一些骨干厂已具备支援外地建厂的能力。1965 年，北京仪器厂把材料试验机部分的人员和设备迁往宁夏回族自治区，建立了青山材料试验机厂；北京低压电器厂与天津电气传动研究所联合，在甘肃省天水地区建立了长城低压电器厂；北京微电机厂与天津微电机厂一起组建了青海省西宁微电机厂。同时，北京仪器仪表工业也开展了援助外国的工作。北京仪器厂帮助朝鲜熙川热工仪表厂培养了生产浮子流量计的人员。

1973 年，北京市自动化技术研究所为南京汽轮电机厂研制成功 2.3 万千瓦燃气轮机自控系统，为北京钢厂无缝钢管轧制车间研制成功工业控制计算机，为北京饭店新楼研制成功离子式火灾报警器和集中控制装置，使科研方向由单机向系统成套转变。这一时期，北京自动化技术研究所还承担了在全市组织布点生产自动化仪表的任务。参加布点生产的企业主要是 1966 年至 1969 年间发展起来的街道集体所有制小厂，有北京市崇文区高温仪表厂、北京市东城区仪表厂、北京市东城区热工仪表厂、北京市宣武区白纸坊分析仪器厂、北京市东城区电子仪器二厂等，参加布点生产的全民所有制厂有北京晒图机厂，其主要产品为温度仪表、压力仪表、物位仪表、流量仪表、记录仪表、调节阀、电磁阀门、电动执行机构等，在大专院校和科研单位的协助下较好地完成了任务。

六、大连仪表厂

（一）历史沿革

1954 年，大连衡器厂完成了低压报警器和环称式差压变送器和指示仪表的试制任务，经检验合格后，鞍钢设备处向该厂提出了订货。由此，测控仪表试制和生产就比较顺利地迈出了第一步。随后，鞍钢设备处又陆续向衡器厂提供了环称式系列产品的样机，有高压和低压的，以及测差压流量的环称式仪表，让他们试制。两三年后，该厂已能生产环称式系列产品，为鞍钢的建设提供了良好的设备。该厂同时还接受其他企业的订货。衡器厂的主要产品逐步转移为测控仪表，后改名为大连仪表厂。这就是大连测控仪表基地形成的雏形。

（二）技术产品演化

1972 年，大连仪表厂生产了一种 DMC 系列电动膜式差压计。这种仪表与节流装置相配，可测量管道中液体、气体、蒸气的差压、压力、负压以及可测量开口容器或受压容器内液位等参数，输出是零到五十毫伏的电讯号。这种仪表可用于石油、化工、冶金、电站、轻工等工业部门，是代替水银式差压计的一种结构形式，与二次仪表配套可获得远传。

1973 年，大连仪表厂制成膜片位移检测器，膜片位移检测器是用于检测金属波纹膜片位移量线性度的测量装置，其特点是采用晶管线路将机械位移量和压力转换成电信号显示。

1973 年，成功研制了 DRL-Ⅲ型累积器，与 DMC 型差压计配套用于化工、石油、冶金、电站、轻工等工业部门。

（三）研究成果

1958 年开始，大连仪表厂协助上海热工仪表研究所编写《流量测量节流装置设计手册》，1966 年由机械工业出版社出版。

优秀专利产品有大功率电力稳压电源，专利号 93228535X。单机容量 10-800 千伏安，为国家计委、经贸委、科委联合推荐的优秀节能产品。

七、吴忠仪表厂

1959 年 6 月，宁夏回族自治区机械局决定成立吴忠仪表厂，即由银川市的机电仪表厂和吴忠五金厂的仪表车间合并组建，生产拖拉机压力表、温度表和地质罗盘仪。全厂职工九十六人，企业归自治区机械局领导。1961 年，也就是建厂一年后，扩大再生产。当时吴忠仪表厂生产的滤油芯很适合农业机械。国家进行"大三线"建设时，1964 年邓小平第四次来宁夏视察，之后，国务院决定由沿海向内陆地区搬迁建设一批重点工业企业。一机电仪器仪表局决定投资二百四十六万元，扩建接收吴忠仪表厂为一机部直属企业，从上海自动化仪表七厂搬迁七十六名职工，从全国仪表行业抽调技术工人和管理干部，从全国各大院校向厂分配七十多名大中专毕业生，组建并命名为第一机械工业部吴忠仪表厂，生产调节阀和农机件产品。

1965 年初，由沿海和内地陆续向宁夏搬迁或合并创建了一批大型工业企业，如物种配件厂、青山试验机厂等。1966 年初，又内迁建设了银河仪表厂等。吴忠仪表也发展成为今天调节阀行业的龙头企业。

1965 年 11 月，仪表厂"文化革命"委员会成立，厂里的战斗队合并为两大派别，即"革命造反司令部"和"革命造反总部"。计量化验室被烧，仓库、档案室被撬被砸，车间、宿舍成战场，材料库劳保用品丢失严重，工厂停工两个月，直接经济损失五十七万多元，职工个人经济损失三万多元。其间，吴忠仪表厂成立了八个连队，车间都成了连队，解放军进驻工厂，成立毛泽东思想宣传队。

1966 年上海自动化仪表研究所等单位在一机部仪表四局的领导下，组织第一次联合设计，制造生产调节阀，淘汰了仿苏产品，掀开了中国自行设计制造调节阀的历史。为了补齐系列，吴忠仪表厂最早的技术人员对于这批调节阀的流量和特性一个一个进行检测。这也是吴忠仪表厂第一次搞流量试验设备，水塔也是时候建成的。吴忠仪表厂的水平迅速提高，成为全国独一无二的自动化仪表调节阀流量试验单位。此后，全国调节阀的测绘都到吴忠仪表厂。接着技术人员们又搞系列产品，每弄成一个系列，都会给全国各地的同行业厂家无偿发送图纸。全国各个厂都派技术人员到吴忠仪表厂同技术人员一起搞设计，逐步就形成了统设产品。

六十年代末七十年代初，吴忠仪表厂注意到国外的球阀调节阀产品。1968 年 10 月，吴忠仪表厂研发出 1750 千克超高压调节阀，获得国家工业设计奖。当时，这个超高压调节阀从国外进口需 20 万美元，而吴忠仪表厂生产的才卖几万元人民币，为国家节省了大批外汇。这一年吴忠仪表厂除生产调节阀外，还承担滤油芯生产任务，完成滤油芯总产量 89 万件，总产值 890 万元，商品产值 150 万元，提前完成国家下达的任务，满足了国家对滤油芯产品的需要。

1969 年 2 月吴忠仪表厂第一届党委成立。1970 年 9 月吴忠仪表厂下放地方，由宁夏回族自治区重工业局管辖，开始自行设计并试制成功了 O 型切断球阀、V 型切断球阀等产品，填补了国内空白。1971 年 9 月，一机部投资 129 万元建成铸钢车间投产，结束了铸钢件依靠外协的历史。同年 3 月 29 日，石油工业部根据一机部 1970 年 1269 号文件精神下达任务，由吴忠仪表厂承担我国援助阿尔巴尼亚综合炼油厂 18 台气动薄膜三通阀的试制和生产。1972 年，吴忠仪表厂完成了调节阀产品的改型，淘汰了仿苏的调节阀。1972 年，吴忠仪表厂完成总产值 704 万元，占年计划的 88%，比 1971 年增长 10.2%。主要产品产量：完成调节阀 3603 台，比 1971 年增加 52%，占年计划的 110.6%。1973 年计划生产总产值 620 万元，主要产品调节阀 4000 台。固定职工 847 人，生产建筑面积 15208 平方米，生产设备 169 台，固定资产 798.22 万元。10 月 12 日，一机部仪表局向吴忠仪表厂下达了"关于组织调节阀蝶阀联合设计试制的通知"，尽快解决钢铁生产中热风炉、均热炉、加热炉等关键设备的自动化问题，进一步提高钢铁生产的质量和产量，决定由上海工业自动化仪表研究所与冶金部长沙有色冶金设计院负责，组织南昌有色冶金设计院、北京钢铁设计院、吴忠仪表厂、无锡仪表厂，开展气动密封带调节阀的蝶阀和高温气动蝶阀的设计、试制工作，有大口径低温气动薄膜调节阀九台，能在低温 −100℃至 −200℃正常工作；三台新型复合式过滤减压阀。此新产品的过滤性能好，减压稳定功率大；六台四通电磁阀，它们的频率 60Hz，动作迅速、灵活、可靠。并完成了调节阀产品的改型，淘汰了仿苏的调节阀，生产由我国统一设计的产品。

1973 年，吴忠仪表厂完成总产值 717.4 万元，占年计划的 10.57%。主要产品产量完成调节阀 3500 台，占年计划的 84%，电磁阀 7095 台，占年计划的 174.6%，钢水 610 吨，占年计划的 152%，37 套重点产品完成 110%，出口援外完成 76.9%。4 月，宁夏回族自治区重工业局将吴忠仪表厂家属工厂定为全民所有制企业领导下的集体所有制单位，实行独立核算、自负盈亏，厂名定位吴忠县农机配件厂。

这一年，吴忠仪表厂开始生产水电建设项目成套设备所需要的高中压阀门、水利启闭机械化装置等设备。为适应我国机械工业发展的要求，提高加工设备的机械化、自动化程度，进一步发展自动控制所需的各种元件，吴忠仪表厂和上海工业自动化仪表研究所、济南铸造锻压机械研究所、西安重型机械研究所共同开展各种规格的电磁先导阀，气控、电控换向阀，分配阀，行程阀以及其他控制阀和配用件。

1974年，吴忠仪表厂完成三通电磁阀和四通电磁阀产品的改型，独立设计开发O型切断球阀、低温阀的试制及批量生产。1975年9月完成液压快速切断阀的试制。1976年，设计并试制成功了大口径球阀。1977年5月，生产的直通单双座调节阀和低温阀用于毛主席纪念堂，受到工程现场指挥部的嘉奖，并颁发荣誉证书。据说那些调节阀至今都还在用。1978年，中央作出改革开放的重大抉择，仪表局得到消息，便与国外公司接触，决定引进国外先进技术。国外公司纷纷来仪表厂考察。在决定引进国外先进技术后，1979年12月，国家仪器仪表总局组成中国自动化调节阀技术考察组前往日本考察。考察后，1980年7月，吴忠仪表厂与山武公司在北京正式签订引进合同。之后，仪表厂前后派出四批赴日学习人员。1980年9月27日第一批赴日学习人员，分别学习技术、生产、工艺。1980年7月吴忠仪表厂与日本山武·霍尼韦尔公司签订了第一批自动调节阀技术合作合同。引进了山武公司产品中的六个系列、七种附件、一千一百个规格的制造技术。

八、南京分析仪器厂

南京分析仪器厂是我国首家在线分析仪器的专业厂，生产了我国第一台在线气体分析仪。

该厂成立于1956年，原名是公私合营南京仪器厂，是解放初期国家对私营工商企业进行社会主义改造时，由当时的南京万利仪器厂等九家私营小厂合并而成。1956年5月16日，经原南京市工业局核准为公私合营南京仪器厂。南京市政府先后派公方代表周英和詹作武同志负责该厂组建工作。同年7月，厂址由原万利仪器厂所在地、玉带巷五号迁至健康路三〇二号。同年8月，九家私营小厂合并到位，包括万利仪器厂、三一工程社、久丰仪器厂、蓝鹰制造社、永昌机器厂、新都电业厂、中和电器行、全球汽车材料行、南京衡器厂（部分），全厂总面积两千九百平方米，总资产十万元、机器设备二十一台，职工二十四人。

南分建厂初期，公方厂长是詹作武，资方厂长是张启文。企业主要产品是万分之四的分析天平和阻尼天平，兼造烘箱、水浴锅、休克机和承接仪器仪表修理业务。合营初期，企业生产条件极为简陋，经营十分艰难。但是，全厂职工艰苦创业的精神十分高昂，积极主动接受了原一机部仪表局（一局）下达的研制 CO_2 自动分析仪任务，并于1957年底成功研制我国第一台用于发电厂监测锅炉燃烧的热导二氧化碳气体自动分析仪。

1958年3月，南京市委调南京水工仪器厂的领导干部黄河到该厂，正式任命为厂长，抽调南京教学仪器厂（后为江南光学仪器厂）杜汝照工程师，以及从这两个厂抽调部分技术人员、技术工人共二十人加强南分的领导和技术力量，产品方向也明确转为国家急需的工业气体分析仪器，并经市政府批准更名为公私合营南京气体分析仪器厂。

为加快分析仪器发展，南京市领导将中华路二十六号原市粮食局用房拨给南分厂使用，又调集部分机床设备、材料、资金支持南分厂的经营和新产品开发。1958年4月，南分在上级的大力支持下，又研制成功国内最早用于化肥厂的首台热导氢气分析器、氨分析器等新产品。产品研制成功后向江苏省委报喜，省委书记亲自接待，对南分职工自力更生、勇攀高峰的精神大加赞扬。

南分职工在建厂初期十分困难的条件下，自力更生发奋图强，急国家工业建设和国防建设所需，仅在1958年的一年中就试制了九种新产品。在1958年到1963年的建厂初期，南分在仿制苏联产品样机基础上，发挥自身的聪明才智，自主研制生产出我国第一代工业过程分析仪器产品，如热导气体分析器、热磁式氧分析器、去极化微量氧分析器、热化学氧分析器、电导式盐量计、硫酸浓度计、消氢器、携带式测氢仪等十余种新产品。企业经营规模也快速发展，总产值从 1958 年的 207 万元，到 1960 年已经上升到 1119 万元。

1961 年底到 1962 年 4 月期间，一机部四局派来丁金鹏副局长为首的推行"工业七十条"试点工作组，对企业在"大跃进"期间的技术、设备、生产、质量等管理存在的问题进行全面整顿，并以化肥用的 QJ-1 型去极化微量氧分析器为试点，进行产品技术、图纸、工艺整顿。同时，南分组建了中心实验室和例行实验室，企业管理和产品质量水平得到显著改进和提高。南分在建厂初期，就为国家早期的化肥、电力、水泥等行业，提供了一批国产过程气体分析仪器，并为我国第一艘万吨轮下水，以及国防科研、军工提供各种配套分析仪器。当年南分为海军成功试制 036 消氢器、RD-1059 携带式测氢仪。

1963 年 10 月，第一机械工业部正式将南分划归为部属企业，并正式命名为南京分析仪器厂。南分厂进入了新的发展期，当时南分厂长是黄河、党总支书记是王德春，技术负责人是杜汝照。按照部仪器仪表总局的明确分工，南分产品布局主要以工业过程气体分析仪器为主，兼顾开发实验室及其他分析仪器。在机械部仪器仪表局领导下，南分得到快速发展。机械部每年都分配新的大中专毕业生到南分，从部内外调来技术和行政干部支持南分发展，加强企业的产品设计、工艺和质量管理。特别是机械部加强南分的技术改造，从厂房到设备更新，全面提升了企业实力；加强新产品开发及工艺、质量管理。南分通过几年的发展，开发了国内第一代工业过程分析仪，以及气相色谱仪、工业色谱仪等产品。

1964 年南分为我国第一颗原子弹爆炸提供了配套仪器。在 1963 年至 1970 年期间，南分先后开发了为国防 02/033/051/09 等工程配套的各种分析仪器产品，如 DD-100 船用盐度计、DH-51/DH53 型水中溶解氧、氩气中微量氮光电光谱仪、新型消氢器等军用产品。1964 年南分与上海化工研究院合作开发了我国第一台工业气相色谱仪。在此期间，南分开发了工业过程分析用的各种原理的国产气体分析仪，并为小化肥厂提供分析仪器的成套及服务。

1966 年至 1967 年"文革"期间，企业几乎停产，1968 年企业基本恢复生产。南分在恢复生产后，加强了新产品开发和工艺技术攻关，成立了技术人员、工人、干部三结合的热导基型产品攻关小组，以杜汝照工程师为首开发了具有自主创新的热导系列产品的传感元件、新型热导池及热磁式氧气分析仪的传送器等，更新了早期仿苏的热导等系列产品，企业拥有了各种传感元件制造的核心技术。同时，南分也较早开始为用户开展技术培训服务，以徐岱润工程师为主的技术服务团队，积极组织编写培训教材，举办各种仪器技术培训服务的用户学习班，在国内首先提出了为小化肥企业提供成套分析仪器及服务。

五十年代末到六十年代，南分还为国内仪器仪表行业的发展、培训和支持专业人才做出了无私贡献。国内北京分析仪器厂在 1959 年 10 月创建，其主业产品为在线气体分析仪器及实验室分析仪器等各大类产品，北分建厂初期，派遣了十余名大学生到南分培训实习，参加分析仪器的设计开发。南分在机械部安排下，1964 年派遣十多名技术人员支援天津仪器仪表的发展。1965 年从南分调出几十名干部和机修车间部分人员，与江南光学仪器厂、南京电影机械厂等部分人员组建了南京仪表机械厂。1969 年 10 月，南分根据机械工业部贯彻国家"三线建设"的总体规划，抽调精干力量内迁四川重庆北碚，援建了四川分析仪器厂（现重庆川分），内迁三百四十五人、设备八十八台，其主业产品也是以工业过程气体分析仪器为主，兼顾水质、实验室仪器等。

1970年机械部调整原部属企业，部分下放到地方管理，南分也下放到南京市管理，隶属于南京市电子仪表工业局。南分下放地方后，仍然得到机械部仪器仪表局的归口管理和大力支持，对企业新产品开发、技术改造、设备更新等投入，继续给予了强有力的支持。1978年南分贯彻机械部企业整顿的总体要求，在党委书记黄河、厂长姜延成等领导下，进行了机构整顿，加强企业现代化管理；成立了研究所、工艺科，质量检验科、设备科及厂办技工学校，开展了质量管理、文明生产和技术练兵活动，使得南分的生产经营开始恢复性增长。

1978年3月，根据中共南京市电子仪表工业局委员会文件，批准成立了南京分析仪器厂研究所。南分所是厂属所，成立初期分为三个研究室：热学仪器室、光学仪器室及色谱仪器室。到1992年末，南分研究所发展到十二个研究室，包括工业色谱仪、工业质谱仪、原子吸收光谱仪、红外分析仪器、热学/电化学等流程分析仪、成套分析系统、实验室气相色谱仪、液相色谱仪、血气分析仪、电解质分析仪、生化分析仪及微型计算机等研究室，并附属试制车间；后来工艺科也合并到研究所。南分研究所的所长先后是程守淦、谢培新、朱卫东、韩一匡等。

九、合肥仪表厂

1958年，在全民大办钢铁的鼓舞下，其他工业相应得到了发展，为此，安徽省重工业党委拟在合肥建立热工仪表厂，同年7月合肥模型厂副书记张岩军在上级党委支持下，抽调了模型厂的部分老师傅和技术员共七人，负责合肥综合仪器仪表厂的筹备工作。1959年9月完成了两千四百多平方米的主体厂房建设。为此，从1958年到1960年12月间，企业开始生产温度计、压力表、电压表。

1964年1月27日起，合肥综合仪器仪表厂正式更名为合肥仪表厂，并隶属安徽省机械工业厅管理。2月，由第一机械工业部和安徽省机械厅下文，并要求合肥仪表厂做好仿苏的椭圆齿轮流量计的产品试制工作。1964年8月，完成了LC-40椭圆齿轮流量计的试制任务，并通过了部级鉴定。1966年，LC-D50定量（军工不锈钢）椭圆齿轮流量计也相继试制完成（获1978年一机部科技大会奖）；同年5月，由工程师蔡体馥设计的机械式非圆齿轮插齿机在厂里完成，该项设计填补了我国加工非圆齿轮的空白。当时的椭圆齿轮流量计产品对于仪表厂来说比较单一，1965年由印尼归国华侨黄梓达带领，参照国外技术先后又开发了LC-10、LC-15、LC-20、LC-25、LC-40五种铸铁椭圆齿轮流量计。到了1967年，合肥仪表厂的椭圆齿轮流量计产品，在国内的市场中已经占主导地位，其中，LC-40椭圆齿轮流量计为我国第一颗人造地球卫星东方红一号火箭发射系统做出了重要的贡献。1969年，厂的隶属关系也由省机械工业厅转移为合肥市机械局（前身合肥市重工业局革委会）领导。

十、开封仪表厂

（一）历史沿革

1958年7月11日开封仪表厂成立。9月，拟订了《设计任务书》。市委调令工业局的新厂筹备处副主任任贻隆为第一主任。筹备处根据职能和业务发展的需要，相继成立了有关职能科室和车间。并开始扩充人员，陆续从无锡、青岛等工业先进地区抽调几十名技工；从开封和上海招收一百多名学员进厂，筹备处认真贯彻上级提出的边基建、边试制、边生产的"三边"方针，开始了工厂的初期创建。1959 年 2 月，南京全国热工仪表会议后，确定开仪由综合性转为专业性仪表厂，专门生产流量计、液位计及各种附件。基于此，开仪适时在技术科内成立了各专项新产品试制小组，并且派人前往上海、沈阳、哈尔滨、大连参观、学习和收集有关资料，回厂后描绘、校对、审核、复制产品图纸；对在岗工人，进行有关仪表的装配、工艺、校验以及切削和无切削加工和关键工种的技术培训。1962 年 7 月，第一机械工业部决定，将开仪由省属企业收为部属重点企业。1965 年 9 月，完成工厂基本建设验收。经第一机械工业部批准，将开仪正式命名为开封仪表厂。

1979 年下半年开始，开展企业恢复性整顿工作。1980 年，经国家仪器仪表总局验收合格。

（二）技术产品演化

1967 年，由上海热工仪表研究所、开封仪表厂、上海光华仪表厂、天津市仪表三厂几家合作，组成我国电磁流量计统一设计工作组，开展电磁流量计的研究和设计。同年，为解决核潜艇的注水和疏水以及水仓之间相互移注水量的测量，以达到操纵潜艇潜、浮的目的，六机部七院四所（七○四所）提出双向涡轮流量计的研制任务。根据北京召开的"09"工程协调会和一机部文件通知，研制任务由开封仪表厂承担，七○四所负责技术交底和提供技术条件。

1967 年，由上海工业自动化仪表研究所负责，上海光华仪表厂、开封仪表厂、天津仪表厂和上海安亭仪表厂参加，在开封仪表厂统一设计第二代电磁流量计系列产品。七十年代初开封仪表厂、上海光华仪表厂、天津仪表厂在电磁流量计统一设计方案基础上提高性能，电磁流量计得以快速发展，成为新型的量大面广的流量计。

全国流量标定中心的开封仪表厂，按照 D200、D150 的水标定装置，加工了多支测速管及配置了四氯化碳斜管微压计作为精确显示仪表。1978 年 7 月进行了试验。在精心布局试验方法、注意事项的基础上，D200、D150 在开封标准标定装置上，分别得到的流出系数变化值在 1.5% 内，两管系数差仅千分之二。从而证实了均速管流量计在水、气管道测流量是完全可行的，采用工艺管壁取负压的流出系数稳定，可像标准节流装置那样直接计算后，不需标定就可应用。

撰稿人：武丽英　范菊芬

第六章 自动化仪表技术的研发

第一节 产业基础及产品体系

在第一个五年计划，仪表工业发展迅速，新品种快速增加。发展新产品的路线主要是按苏联产品图纸及样机仿制为基础，广泛地学习苏联的技术，取得较快和较好的效果。早期仿制量大面广的苏联一般水平的产品，仿制的产品有 Э30、M340、д340 等开关板电表系列，TП46、TM46 型毫伏计，СГ、д33 型自动毫伏记录仪表，дП 型流量计，MC、MГ 型压力计，TГ、TC 温包式温度计等指示、记录仪表系列，ОПΠИP-09 型光学高温计、ПP 型辐射高温计等。

到第一个五年计划后期（1955 年至 1957 年），着手仿制了一批苏联和其他社会主义国家先进的（如采用电子技术）和较精密的仪器仪表产品，以适应国内重点建设项目的需要。后期仿制苏联技术先进的产品有基地式气动调节仪表系列；ЭПΠ-09 型电子电位差；四十毫米口径椭圆齿轮流量计（0.5 级精度）；ЭП120、ЭПд17 型自动电子电位差记录仪，SPM47 型电子式温度控制仪，ИP130 型电子式调节器，ППТВ 型精密电位差计，MTB 型精密电桥、检流计等电工计量用仪器。

与此同时，根据我国 1956 年至 1967 年十二年科学技术发展远景规划，制定了我国仪器仪表工业发展规划。在国家的组织下，开展仪表的统一设计，分企业生产。1958 年，在国家科委仪器组组织的工业仪表标准化工作会议上，要求积极组织工业仪表产品系列化设计和开发单元组合式仪表。在上海仪器仪表科学研究所的组织带领下，全国有关专业仪表厂积极参加，开展制订全国自动化仪表系列产品及主要部件的统一命名、编号和设计规范等工作，先后开展了水表、玻璃转子流量计、浮子式差压计、电磁流量计、气动执行机构与调节阀、自动平衡式显示仪表、动圈指示调节仪表、数字式显示仪表，以及气动单元组合仪表（QDZ 系列）、电动单元组合仪表（DDZ 系列）等十类仪表的全国统一设计，该办法"多快好省"，大大促进了仪表行业的技术进步和产业发展。

1963 年，国家开展仪表工业的三线建设，上海、天津等仪表工业基础较好的沿海地区支援内地建设，在四川、贵州、湖北、陕西、宁夏、甘肃、安徽建设了一批仪表企业，完成了仪表产业在全国的布局。

1970 年，上海调节器厂成套 DDZ-Ⅱ型电动单元组合仪表正式投产，替代了原先较陈旧的Ⅰ型组合仪表。此后，上海自动化仪表五厂试制成功直读、变送、调节、控制等液位、料位仪表，为我国石油化工业提供了大量急需产品。上海自动化仪表一厂首次为淮北电厂提供了自主制造的发电机组自动控制仪表成套装置，为仪表产品成套装置的发展打下了坚实的基础。

同期，上海自动化仪表六厂的精密温度成套自控装置（俗称小成套）诞生，深受中小工业企业欢迎。在此后数年中，在仪表业广大技术人员的艰苦努力下，产品与技术开始输出国外，其中有上海转速表厂给罗马尼亚仪表机械元件厂提供转速表机构，上海仪表电机厂提供电机减速机构。向国外输出产品或技术的还有上海自动化仪表一厂、上海仪表游丝厂、上海自动化仪表九厂等。

总的来说我国工业自动化仪表的应用，大体经历了四个阶段。第一阶段是四五十年代，以采用将信号转换、显示、纪录、控制等功能融为一体的基地式仪表为主。第二阶段是六七十年代，采用按功能进行组合的单元组合仪表（包括气动的和电动的）以及巡回检测装置等。第三阶段是八九十年代，采用基于计算机系统的分散型控制系统和可编程控制器等。第四阶段是二十一世纪以来，开始采用新一代的数字式控制系统和基于现场总线的控制系统等，并实现网络化控制和管理，开始走上新一轮的技术革命道路。

新中国成立初期的自动化仪表学科的应用主要集中在第一阶段和第二阶段中。这两个阶段的代表性工作分述如下。

一、敏感元件和传感器

敏感元件和传感器是检测仪表的基础和关键部件。敏感元件包括热敏、力敏、电磁敏、光敏、湿敏以及气敏等多种。根据具体应用场合将敏感元件做成各种封装形式，被称为传感器。

1956 年成立上海仪器仪表科学研究所时，其第一研究室就从事包括热敏电阻、双金属片、热电偶、铂电阻等热敏元件、传感器的研究。之后，沈阳仪器仪表工艺研究所、上海综合仪表厂、云南仪表厂等单位也先后生产各种热敏元件、传感器。

上海工业自动化仪表研究所、中科院半导体所、沈阳仪表科学研究院、南京中旭微电子公司等单位对磁敏元件、传感器进行开发研究，包括半导体磁敏元器件（如霍尔元件、磁阻元件、磁敏二极管、磁敏三极管、磁控可控硅等）和金属磁敏元器件（如电磁感应线圈、强磁体磁阻元件等）。磁敏元件、传感器的研究制造解决了诸如速度、加速度、转速、位移、角度、振动、力、压力、电流、电压、功率等参数的检测。力敏元件、传感器是利用某些材料在力的作用下，其电性能发生变化，从而产生电信号。它包括扩散硅压阻式力敏元件 / 传感器、谐振式力敏元件 / 传感器、磁弹性式力敏元件 / 传感器、应变片式力敏元件 / 传感器等，多用于各种衡器、称重装置、测力装置、部分机械量仪表等。上海工业自动化仪表研究所、沈阳仪表工艺研究所、上海冲压件厂、高邮自动化仪表厂等曾参与力敏元件的研发。包括弹簧、波登管、膜片、膜盒、波纹管等弹性元件，其用途非常广泛，既可作信号转换，又可作某些特殊机械结构。重庆自动化仪表研究所、重庆仪表材料研究所、沈阳仪表工艺研究所和早期的上海工业自动化仪表研究所等都曾研制过此类元件。

此外，上海工业自动化仪表研究所还研制了超声传感器和核辐射传感器，专用于相关的特殊仪表。

二、热工量检测仪表

检测温度、压力、流量、物位这四大热工参数的仪表称为热工量检测仪表。

（一）温度测量仪表

四大热工参数中以温度为首。早在1949年前，中央工业试验所的热工实验室已开始研究温度测量。1956年，上海仪器仪表科学研究所成立时，其第一研究室中设有温度仪表专业组，专门从事温度传感器和温度仪表的研究，后来发展为温度仪表研究室。

温度仪表分接触式和非接触式两大类。接触式温度仪表包括玻璃温度计、压力式温度计、双金属温度计、热电偶、热电阻、薄膜热电堆等系列产品。主要生产单位有上海综合仪器厂（后来的上海自动化仪表三厂）、云南仪表厂、四川仪表总厂、西安仪表厂、银河仪表厂、大连仪表厂、天津温度计厂、武汉温度计厂等。上海工业自动化仪表研究所于六十年代中后期，分别组织了双金属温度计、热电偶温度计、热电阻温度计的统一设计，规范并促进了该行业的技术进步和批量生产。非接触式温度仪表包括光学高温计、红外辐射温度计、带微机红外辐射温度计、红外比色温度计、带微机便携式红外辐射温度计、光纤红外比色温度计、防爆型温度变送器等系列产品，主要生产单位有上海自动化仪表三厂、云南仪表厂和上海工业自动化仪表研究所等，产量一般较小。

（二）压力测量仪表

压力表包括弹性元件（波登管、膜片、膜盒等）位移式压力表、电接点压力表、玻璃管水银压力表等，这是一种简单而量大面广的产品，主要生产企业有上海压力表厂、杭州压力表厂、天津压力表厂、西安仪表厂等。

（三）流量测量仪表

"流量"在四大热工参数中是最复杂的一种。1949年前，中央工业试验所的热工实验室已开始着手研究流量测量；1956年上海仪器仪表科学研究所成立时，其第一研究室设有流量仪表专业组，后发展为流量仪表研究室。测量气、液相的流量仪表有差压式、面积式、容积式、电磁式、涡轮式、旋涡式、质量式等多种，此外还有粉粒状固体重量流量计。

我国工业生产自动化中采用的流量仪表80%以上是采用节流装置为检测元件的差压式流量计。主要生产企业有上海和平热工仪表厂、上海光华仪表厂、龙江仪表厂、大连仪表厂、银河仪表厂、西安仪表厂、川仪集团等，大部分企业的节流装置和差压计都自行配套生产。

转子流量计分玻璃转子流量计和金属转子流量计两大类。沈阳玻璃仪器厂于二十世纪五十年代就解决了玻璃锥形管成型的关键工艺，后来常州热工仪表厂、余姚流量计厂、上海光华仪表厂、开封仪表厂、龙江仪表厂等也先后生产玻璃转子流量计。

容积式流量计多用于石油产品的高精度计量场合。六十年代初由上海光华仪表厂首先试制成功椭圆齿轮流量计。六十年代中期，合肥仪表厂建立，在上海光华仪表厂的技术支持下，生产椭圆齿轮流量计，九十年代年产量超过万台。龙江仪表厂和上海安亭仪表厂（现上海自动化仪表九厂）也先后生产腰轮流量计。九十年代，上海自动化仪表九厂开始生产测量精度更高的刮板流量计。

1956年上海仪器仪表科学研究所成立后，参照苏联专家提供的资料，研制出第一代电磁流量计。六十年代初上海光华仪表厂在上海仪器仪表所指导下开始生产电磁流量计。1967年，由上海工业自动化仪表研究所负责，上海光华仪表厂、开封仪表厂、天津仪表厂和上海安亭仪表厂参加，在开封仪表厂统一设计第二代电磁流量计系列产品。七十年代初开封仪表厂、上海光华仪表厂、天津仪表厂在电磁流量计统一设计方案基础上提高性能，电磁流量计得以快速发展，成为新型的量大面广的流量计。

1963年，上海仪器仪表科学研究所研制出第一代涡轮流量计。1964年，在上海热工仪表研究所统一设计了第一代涡轮流量计系列产品。后来天津仪表厂开发了用于大管径的插入式涡轮流量计，开创了我国点流速大管径插入式流量仪表的先河。

旋涡流量计包括涡街流量计和旋进旋涡流量计，是在六十年代后期发展起来的新产品。七十年代初，重庆自动化仪表研究所、北京公用事业科学研究所率先研制涡街流量计，后来银河仪表厂、开封仪表厂等几家企业也进行了涡街流量计的研制，形成了批量。1977年上海工业自动化仪表研究所和常州热工仪表厂联合开发旋进旋涡流量计，成为常州热工仪表厂的新产品投放市场。由于旋涡流量计受敏感元件性能的影响，应用方面还存在一定的局限性。

1978年上海工业自动化仪表研究所和上海自动化仪表八厂联合成功研发我国第一代冲量式粉粒状固体重量流量计，并由上海自动化仪表八厂生产并投放市场，可用于诸如煤粉、水泥、碎矿石等粉粒状固体的流量测量。

（四）物位仪表

物位包括液位（气—液相界面位置、液—液相界面位置）和料位（气—固相界面位置、液—固相界面位置）两大类。

我国物位仪表的开发制造起步较晚，五十年代还没有物位仪表的专业生产厂。六十年代初，国家将开封仪表厂、银河仪表厂、上海自动化仪表五厂等作为生产压力式液位计、玻璃板液位计、浮子式液位计的定点企业。

从七十年代开始，在技术引进热潮中，上海自动化仪表五厂引进了电容式物位开关制造技术和超声物位计制造技术；北京自动化仪表四厂引进了钢带浮子液位计制造技术；铁岭光学仪器厂引进了高温双色玻璃板液位计制造技术，并投入批量生产。

三、机械量测量和核辐射检测仪表

机械量包含的参数有长度、宽度、厚度、位移、角度、重力、张力、拉力、转速、速度等。早在解放前，上海中央工业试验所中的材料实验室，已开始对金属材料主要参数的测试方法进行了研究试验。1956年上海仪器仪表科学研究所成立，其第一研究室的机械量仪表专业组开始专门从事机械量传感器和机械量仪表的开发研究。多年来，上海工业自动化仪表研究所等单位陆续开展了下述工作：①上海工业自动化仪表研究所组织华东电子仪器厂、成都科学仪器厂和营口仪表三厂等单位开展了电子皮带秤和数字电子秤等称重仪表的统一设计，并批量生产投放市场。②上海冲压件厂和高邮自动化仪表厂按上海工业自动化仪表研究所的科研成果，生产了用于钢铁厂和锻压机械等场合的磁弹性测力仪。③上海工业自动化仪表研究所和上海转速表厂联合设计了轧钢机辊缝测量仪。④重庆工业自动化仪表研究所研制了微波测厚仪；八十年代，上海工业自动化仪表研究所曾为鞍山钢厂板材车间研制了固体扫描宽度计系统，采用了CCD光电传感器。⑤上海工业自动化仪表研究所为中日国际海底电缆铺设工程配套的仪表检控装置采用了精密电位器来检测海底铺设犁头的转动角度变化，保证了电缆铺设位置的准确性。⑥上海工业自动化仪表研究所等单位开发了电阻应变传感器系列、磁弹性传感器系列、电感式传感器系列、光电传感器系列、光纤传感器系列、位移传感器系列、转速传感器等机械量传感器系列产品。

1951 年美国首先将核辐射厚度计应用于橡胶生产过程中的厚度检测，我国从 1958 年开始研制核辐射检测仪表，经过半个多世纪的努力，目前大体相当于美国九十年代初的水平，初步形成具有我国特色的核辐射检测仪表技术体系。

我国从事核辐射检测仪表的单位有五十余家，主要有：上海工业自动化仪表研究所、武汉温度计厂、上海精艺仪表厂、核工业部二六三厂、上海原子核所、清华大学等，其中，上海工业自动化仪表研究所先后研制成核辐射厚度计、核辐射密度计、核辐射物位计、核辐射式水分计、核子秤、核辐射涂层厚度计和厚度、密度、物位组装式核辐射检测仪表等，八十年代后期又先后研制成"纸张定量和水分检测控制系统"和"纸张定量、水分、灰分、厚度多参数综合检测仪表装置"。此外还有物位计、流量计、雪量计、探伤仪、烟火报警仪、荧光分析仪等。其中，"纸张定量和水分检测控制系统"获得机械电子部科技进步三等奖。

四、显示和记录仪表

中国最早的模拟显示仪表可以追溯到"中华科学仪器公司"（大华仪表厂的前身）于 1927 年开始研制的电表，并于 1929 年研制成我国第一台直流电表，继而又开发了交流电表。

作为生产过程用的模拟显示仪表，上海仪器仪表科学研究所（上海工业自动化仪表研究所的前身）在 1957 年开始研制 09 型电子电位差计（基本仿制苏联的 ЭПП–09 自动电子电位差计），后来移交上海大华仪表厂生产。

1970 年前后，上海工业自动化仪表研究所研制成动圈式指示仪表，并帮助上海自动化仪表六厂和浙江余姚仪表厂生产动圈式指示仪表。上海工业自动化仪表研究所负责组织记录仪表统一设计，参加的单位有上海自动化仪表三厂、大华仪表厂、济南自动化仪表厂、鞍山自动化仪表厂、四川仪表总厂、肇庆自动化仪表厂等，统一设计的产品有大长图记录仪、小长图记录仪、大圆图记录仪等，以及放大器、小马达、记录笔和记录墨水等零部件，取得良好效果，促进了行业的技术进步，后来又拓展了其他品种规格。

随着数字技术的发展，上海工业自动化仪表研究所、上海自动化仪表二厂、四川仪表总厂、西安仪表厂等技术力量较强的单位开始向数字化进军。八十年代初，通过科技攻关和引进技术的消化吸收，研了一系列数字显示调节仪表，包括：数字式温控仪、ES 型数字显示仪、XMT 系列数字显示仪、XMTD 型数字显示调节仪、多回路调节器、批量混合调节器等。与此同时，以前的长图记录仪也用上了微机，发展成微机型中长图数据记录仪、小长图数据记录仪以及无纸记录仪等。

此外，还有流量积算仪表、声光报警器、等离子光柱显示器等数字显示仪表。

五、执行器

我国执行器行业按照原机械部仪表局的部署，五十年代开始建立了崇明仪表厂、无锡仪表阀门厂、天津调节阀厂、鞍山热工仪表厂，形成了一定批量的生产能力，主要产品是仿制苏联的直通单双座、中低压系列调节阀和电动执行机构。六十年代根据战备的要求又通过支内建立了吴忠仪表厂、四川仪表十厂和四川仪表十一厂等，为我国执行器行业后来的发展奠定了基础。

（一）气动薄膜调节阀

气动薄膜调节阀的发展自二十世纪初始至今产生了十个大类的调节阀产品、自力式阀和定位器等。

在四十年代，出现定位器，调节阀新品种进一步产生，出现隔膜阀、角型阀、蝶阀、球阀等。

在五十年代，球阀得到较大的推广使用，三通阀代替两台单座阀投入系统。

在六十年代，在国内对上述产品进行了系列化的改进设计和标准化、规范化后，国内才有了完整系列产品。后续大量使用的单座阀、双座阀、角型阀、三通阀、隔膜阀、蝶阀、球阀七种产品仍然是六十年代水平的产品。这时，国外开始推出了第八种结构调节阀套筒阀。

在七十年代，又一种新结构的产品偏心旋转阀问世（第九大类结构的调节阀品种）。这一时期套筒阀在国外被广泛应用。七十年代末，国内联合设计了套筒阀，使中国有了自己的套筒阀产品系列。

（二）电动执行机构

五十年代中期，我国就生产电动执行机构。当时主要是仿制苏联产品，主要产品为有触点执行机构 ИМ、ИМТ 系列以及与仪表配套使用的 ВТИ 系列。

六十年代开始研制无触点电动执行机构，主要产品是无触点的 DKJ 型角行程电动执行机构和 DKZ 型直行程电动执行机构两大类产品。

七十年代全国联合设计 DDZ-II 型角行程电动执行机构。1973 年正式投入市场，年产量约占总产量的 50%。DDZ-II 型角行程执行机构主要优点是：机械结构紧凑、传动效率高；体积小；电机能短时堵转（可堵八小时）；采用磁放大器使输入信号隔离，有三个输入通道，使用方便。但存在主要问题是：产品规格品种单一（只有一种输出速度，不能满足有些系统要求）；没有力矩保护和行程开关（虽电机能堵转，但易损害设备、阀门）；制动器容易磨损，分相电容器击穿问题较大。据某厂统计，平均无故障时间（MTBF）为一万小时；机械上不自锁，增加了对制动器可靠性要求。

1966 年至 1978 年间，由重庆工业自动化仪表研究所组织，完成了直行程、角行程电动执行机构的基本系列的行业联合设计，具有七十年代水平，为满足国内生产过程自动控制系统的配套做出了重要贡献。

（三）电液大推力执行机构

大推力电液执行机构是第七个五年计划科技攻关项目，由上海工业自动化仪表研究所和武汉热工仪表厂联合研发，由武汉热工仪表厂投入批量生产，用于发电厂等场合。

（四）电磁阀及执行器附件

电磁阀包括水用、蒸汽用、耐硫酸和自保持型四大系列。执行器附件有气动阀门定位器、数字式阀门定位器、小行程顶装式阀门定位器以及新型位置发送器、三相功率控制器等。直流电磁阀是一种连接电气系统和液压系统的电液转换开关式基础件，广泛使用于液压系统中，一般在系统里使用的数量要比其他元件多，特别是自动化程度高的设备更是如此。因此它的性能好坏，寿命长短都直接影响液压系统的可靠性。

四十年代后期，在上海才有了小规模的电磁阀制造厂，主要生产冷冻阀和水阀，并且到六十年代中期一直如此，可见我国电磁阀发展起步是有多么的迟。六十年代末期，我国出现了使用增强尼龙和氟塑料材质的电磁阀，在市场上有耐高温、高压、防腐、防爆、防水和防尘等多种电磁阀。七十年代我国陆续出现了电磁阀厂，这些电磁阀厂犹如雨后春笋一般，多的数不胜数，全国起码有三千家企业，这使得我国电磁阀市场形势非常好。

当时，国内许多液压件制造厂已成批生产的 E 型干式直流电磁阀，由于结构参数设计和零件制造质量等方面的原因，致使这种元件长期以来存在着漏油、换向可靠性差。

1975 年以来，广州机床研究所液压室对上述存在的问题分别从不同角度进行了攻关，有的单位针对二位阀复位可靠性差的问题进行了攻关，采用缩短阀芯移动行程以提高电磁铁吸力和弹簧复位力的办法来提高复位性能。试验证明，综合这些措施才能更有效地提高换向可靠性。但是，干式电磁阀由于结构和密封圈质量方面的原因，还不能彻底解决漏油和寿命短的问题。1975 年 7 月，上海第三机床电器厂（原龙华电器厂）、无锡机床电器厂和南通开关厂等单位，就如何开展研制湿式电磁铁进行了讨论，并对初次试制的样机进行了通油试验，同时还商讨了湿式电磁铁的连接尺寸。

经过一段时间的努力，在兄弟单位的大力支持下，在总结干式电磁阀参数设计和加工制造等方面经验的基础上，研制成功了 Ez 型湿式电磁阀，经过台架寿命试验，寿命已超过八百万次，而且彻底解决了换向不可靠和漏油等问题。

1976 年 6 月，由湖南湘潭雨湖机电厂按照 1975 年"广州会议"商定及提供的连接尺寸，生产了小批量湿式电磁铁产品，提交第二汽车制造厂在专机和自动线上使用考核。实践说明这种阀不但简化了结构（以三位四通阀为例，零件数量由原来十八个减少到八个），更重要的是解决当前电磁阀漏油的问题，找到提高工作可靠性和增加寿命的有效办法。

1977 年 6 月，由内江机床电器研究所主持在上海召开了湿式电磁铁联合设计协调会议，统一了系列型谱和"三化"连接尺寸，并商定通过样机寿命试验后定型。

六、控制仪表

控制仪表的发展经由自力式、基地式、单元组合式、分散式以及总线式几个发展阶段。所谓自力式，其操纵执行机构的全部能量源于受控对象，它只能执行一些简单的控制。而基地式是把变送、显示、控制等必要的功能部件全部集中在一个表壳内，只要连接测量元件并配上执行机构就可构成一个控制系统。和自力式相比，基地式将执行机构和测量元件分离出去了，即从功能的高度集中开始转向功能的分散，加之控制系统所需的全部能量已不再源自受控对象，而是靠外加的气、液、电的能量来驱动（即气动、液动和电动），这无疑为增加许多其他功能创造了条件，让使用和安装更为方便。然而，基地式仪表毕竟外壳尺寸大，精度稍低，不便构成复杂的控制系统。于是又发展为以后的单元组合式控制系统，单元组合式是将变送、显示、运算、控制等功能彻底地分散，单元间的联系是依赖统一规定的标准信号，和基地式仪表相比，在使用上带来了更多的方便。

上述控制仪表由于信号传递的信息量少，速度又慢，远不能满足先进控制的要求。随着计算机技术的发展，于是就出现了分散型控制系统（DCS）。由于 DCS 沿用了通信技术，在系统的地域上可大大地分散，但在控制功能上又趋集中。自出现现场总线（FCS）后，由于它支持双向、多节点、总线式的全数字通信，将那些分散的、单一功能的诸如测量、执行等智能化现场设备，又开始集中为多功能（包括控制、诊断功能在内）的一体。控制仪表从早年的自力式发展到近代的现场总线，功能的集中、分散、又集中，周而复始地在呈螺旋式地上升。

（一）基地式控制仪表

我国生产动圈式指示调节器和带调节器的记录仪的厂家多半集中在上海、哈尔滨、天津、西安等地。

五十年代初，上海仪表厂生产仿苏基地式热工测量仪表，主要产品有温度计、压力计、调节仪等节流装置和附件，这些基地式仪表的特点是除测量元件外，其他部分的装置有很大的通用性，只要把测量元件更换一下，就可适应不同参数的测量、控制。随着产品的更新换代，仿制型号的基地式仪表于1973年底全部停止生产。

七十年代以来，由重庆工业自动化仪表研究所在前期研究的基础上组织了B系列气动基地式仪表的联合设计，参加单位有肇庆自动化仪表厂、重庆长江仪表厂、重庆电表厂以及沈阳气动仪表厂、大连第五仪表厂等单位。重点设计了包括温度（含温包式和电测量式）指示调节仪、压力指示调节仪、差压指示记录调节仪、浮筒式液位指示调节仪、高温液位指示调节仪、轮胎硫化机控制用三笔记录调节仪等。气动基地式仪表在火电站、化工厂、炼油厂等曾得到广泛的应用。

（二）气动单元组合仪表（QDZ）

气动单元组合仪表采用统一的标准气源（1.4kg/cm²），用标准的输入输出信号（0.2~1.0kg/cm²）连接。气动单元组合仪表的开发最先是在五十年代末于原上海仪表厂，仿苏联的AYC系列。之后，上海工业自动化仪表研究所和后来建立的重庆工业自动化仪表研究所先后开发的QDZ型气动单元组合仪表包括调节单元、计算单元、显示单元，以及各种变送和转换单元。在研究所开发的基础上，科研成果逐步向工厂转移，广东仪表厂负责调节和计算单元，西安仪表厂负责显示单元，上海自动化仪表一厂负责变送单元。

QDZ-Ⅲ型是气动单元组合仪表的更新换代产品。1974年开始组织联合设计，由重庆工业自动化仪表研究所牵头负责，参加联合设计的单位有广东仪表厂、天津自动化仪表五厂、沈阳气动仪表厂、川仪十六厂等，设计思路是采用印刷气路板，密集安装和积木式结构，力求组合便捷，缩小仪表盘面积，实现双向无扰动自动—手动切换。QDZ-Ⅲ型的基本品种于1977年在山东胜利炼油厂进行了现场运行考核，1988年通过部级鉴定，获科技成果三等奖。

气动单元组合仪表和气动基地式仪表以其稳定可靠、本质安全防爆和价廉物美而博得用户的青睐，在化工、炼油、电力、冶金、轻工等领域曾得到广泛应用，年产量达数十万台件。

（三）电动单元组合仪表（DDZ）

五十年代末，原上海热工仪表研究所（即后来的上海工业自动化仪表研究所）王良楣总工在访问苏联后，带回了电动单元组合仪表的成套资料。接着就在所内开展研发工作，并命名为DDZ-Ⅰ型电动单元组合仪表。后在上海大华仪表厂制造了样机。1963年由上海化工研究院牵头，上海热工仪表研究所参加，在兰化三〇二厂变换工段配置成串级温度调节系统，进行现场考验，考验证明DDZ-Ⅰ型产品工作正常，性能良好，系统设计成功。

之后，于 1964 年，上海工业自动化仪表研究所参考日本横河电机为我国化工厂提供的电动仪表产品，在王良楣总工的指导下，开始研发 DDZ-Ⅱ 型电动单元组合仪表。1966 年 3 月，上海工业自动化仪表研究所部分骨干内迁重庆，成立了重庆自动化仪表研究所，由重庆工业自动化仪表研究所继续组织Ⅱ型电动单元组合仪表的统一设计，共八十多个品种规格，分别由上海、天津、大连、北京、武汉、西安、吉林等地的仪表厂投入批量生产，年产量达到二十万台，成为我国七八十年代工业自动化的主导产品。

1974 年，重庆工业自动化仪表研究所着手组织 DDZ-Ⅲ 型电动单元组合仪表的开发和联合设计工作。采用线性集成电路和国际电工委员会（IEC）规定的（4~20mA）国际标准模拟信号（以区分零信号和无信号），具有本质安全防爆功能，信号和供电传输采用两线制方式。共上百个品种规格，可以与计算机联用实现设定点优化的监督控制，构成模拟 – 数字控制系统。试验样机在洛阳炼油试验厂通过了现场运行考核。与此同时，防爆产品也在南阳防爆电机研究所通过了本质安全防爆试验论证。DDZ-Ⅲ 型仪表的综合技术水平，已经达到国际六十年代末、七十年代初的水平。

（四）小型工业控制机和巡回检测装置

六七十年代，自动化仪表行业开始研发小型工业控制机和巡回检测装置，在通用小型计算机的基础上，配上输入输出装置和工业控制软件，用于实现直接数字控制、顺序控制和监督控制。

1964 年，上海所开始同时研发军用巡检和工业通用巡检，组织通用巡检组从与门、或门、双稳触发器、单稳触发器、振荡器等基本电路试验做起，开展研发工作。这是我国当时第一台采用晶体管的巡回检测装置，命名为 JCC-20B2 型通用巡回检测装置，是当时上海市的重点科研项目。上海无线电二厂参加了试制。首台样机在吴泾化工厂进行现场考核。1966 年 3 月，巡回检测组带着上述任务随迁到重庆，成立了重庆所第二研究室。1967 年，任务完成交付使用，命名为 JCD-371 快速检测数据处理机。此后，在六十年代后期至七十年代中期，先后研制巡检和工业计算机十套，包括针对核潜艇动力装置研制的 JBD-221，后改进为 JBD-112 巡回检测装置；针对核反应堆等工程研制的 CK-701、CK-702 巡检处理机；针对航空工程研制的 JCD-472 快速巡回检测装置。这三项任务当时在所内分别称为二〇一、二〇二、二〇三课题。研制的军工巡检处理装置有六项获得全国科学大会奖和部省级科技成果奖，这些装置移交用户后服役多年，为工程做出了贡献。

七十年代初期，开始酝酿系列化工业控制计算机的发展问题，在部局的支持下，上海所决定研发 CK700 系列（小型）工业控制计算机，该系列机包括 CK-710、CK-720 两个机型。1974 年开始总体设计，1975 年开始试制和软件开发。同时机械工业部批准了工业控制计算机实验室建设项目。CK-720 获四川省科技成果奖，彩色字符显示器获全国科学大会奖。同一时期，上海所开发了 JS 系列机，并投入生产。

（五）分散型控制系统 DCS

随着微电子技术、自动化技术、通信技术和新型显示技术的发展，七十年代中期在国际上出现了基于 4C 技术的分散型控制系统（Distributed Control System，DCS），对集中型计算机控制系统进行合理的分解，形成了单回路、多回路分散控制与集中监视操作相结合的分布式的体系结构，能够运用现代控制理论和大系统理论实现优化控制、分级协调控制和管理自动化等功能。在工业自动化领域发挥着重要的作用。

上海工业自动化仪表研究所研制的中小型 DCS 产品 DJK-100 和 DJK-200 先后有八十余套在鞍钢自备电厂、本钢自备电厂、上海玻璃厂等生产装置上应用成功。

DJK-7500 由过程级和监控级组成。过程级和监控级之间，通过不同速率的数据通信系统联网。大型系统通过高速通信可连一百二十七个站，可构成一千多个控制回路；局部操作站与过程级设备之间通过中速通信联网，可连十六个过程站；简易操作站通过低速通信与单、多回路数字调节器联网，构成六十四个控制系统。中、小型系统可挂接在高速通信系统上，成为大系统的一部分。

在由机械电子部组织的科技成果鉴定书中指出："DJK-7500 系统的总体结构和技术设计达到了国际八十年代初期同类产品的先进技术水平，填补了国内空白，在大型 DCS 产品开发上取得了技术上的突破。"

七、分析仪器

我国分析仪器行业的发展于二十世纪五十年代中期。1955 年国家制定十二年科学技术发展规划期间，在一穷二白的基础上通过艰苦创业逐步发展自己的科学技术。当时物理学家钱临照、汪德昭、王大珩等发现国家科技发展规划初稿中仪器仪表是漏项。在王大珩等科学家呼吁下，国家科委于 1956 年成立仪器仪表规划组，机械工业部成立仪表局，并着手研究制定仪器仪表发展远景规划，国内仪器仪表行业包括分析仪器为主的科学仪器发展，就此得到重视。五十年代中后期，机械部仪表局开始在全国各地布点建设分析仪器企业，主要集中在北京、上海、南京，生产了一批代表性仪器。

（一）第一台国产热导 CO_2 气体分析仪

1957 年 4 月，南京分析仪器厂（简称南分厂）参加一机部一局召开的第二个五年计划仪器仪表远景规划会。部局领导下达了研制 CO_2 分析仪的任务。当时，上海新城仪器厂已按照苏联产品 Гаук-21 型 CO_2 分析仪造出一台仿制样机。南分厂接到机械部任务后，攻关组没有完全仿制苏联 Гаук-21 型样机，而是采取仿、创结合，进行改进设计。

攻关组通过样机解剖，发现苏联样机传感器分析电桥的设计不够合理，样机电桥体结构是长方体，四角的传热不够均匀，电桥臂元件采用弓形，在热导池中的安装位置也不能保证在中心，会影响热传导的平衡。专业组大胆进行了设计改进，将电桥体改为圆柱体，电桥臂改为直线型，四个电桥臂均匀分布，每只电桥臂的热丝元件都位于检测池的中心，符合热传导理论，也与德国样机热导传感器的结构相近。实验表明对仪器热导传感器的改进是成功的。通过大半年的努力攻关，南分厂于 1957 年底研制成功了 RD-1 型 CO_2 气体自动分析仪产品。

RD-1 型热导 CO_2 气体自动分析仪由取样探头、过滤器、可燃气体燃烧室、稳压器、水流抽气泵、热导传感器以及电源控制器、二次仪表等部件组成。该产品已经具备成套分析系统的各功能部件的雏形。在马鞍山发电厂等多家电厂通过监测锅炉燃烧烟气中 CO_2 的长期考核，表明该产品对锅炉燃烧的节能和烟气排放起到重要指导作用，完全替代了人工的奥氏气体分析。该产品在六十年代投入了批量生产，解决了电厂锅炉燃烧冒黑烟、发电能耗高的问题。

1960 年至 1962 年，南分厂为国防建设开发了多个新产品，其中用于海军的有 CQ-1 型消氢器、RD-1059 型携带式测氢仪等多项产品。

（二）第一代流程分析仪及第一台工业色谱仪 / 四极质谱仪

1. 国内第一代流程分析仪

该类产品主要用于国内早期化肥生产的过程分析，并在南京化学工业公司化肥厂进行长期现场试验。此后，南分厂又陆续开发了热磁式氧分析器、热化学氧分析器、电化学微量氧分析仪、电导式盐量计、密度式硫酸浓度计等第一代在线分析仪器，满足了当年工业过程分析的需求。

2. 第一台国产工业气相色谱仪的研制及其发展

1965 年，南分厂接受上海化工研究院研制的"机械凸轮式"程序控制的工业色谱仪性能样机成果，经过合作改进、完善，通过防爆审查和试验，研制出第一台国产 CX-2A 型（TCD）工业气相色谱仪，并进入小批量生产。

1974 年南分厂自主设计出"数字分频式"程序控制器工业色谱仪，更新为 CX-2B 型工业气相色谱仪。

国产工业色谱仪的主要生产厂，除南分外，还有原兰州自动化研究所，早期开发了工业色谱仪。后期，兰州天华公司、苏州天华公司继续生产国产工业色谱仪。

3. 第一代工业在线成套气体分析系统

1978 年南分研究所成立了分析系统研究室，专门从事转炉煤气成套分析系统、新型干法水泥窑尾气分析系统、高炉喷煤气体分析系统、水泥窑炉电收尘气体分析系统以及空分、化肥、电站等成套分析系统。

我国在线分析系统的发展也包括行业外的研究院所，特别是石油化工行业的研究院所。七十年代引进国外大化肥、大化工设备的同时，也配套引进了一批在线分析系统，在应用中发展了在线分析系统集成技术，例如兰州石油化工研究院，较早地从事在线分析系统的开发，包括开发应用了工业色谱在线分析小屋系统。

（三）红外分析仪

1. QGS 红外线气体分析器

分析仪器的另一个重要目标是过程自动化仪器，也是国家迫切需要的产品。红外线气体分析器是过程分析仪器中最重要的产品之一。1945 年之后，过程控制的方式在采用热工仪表（温度、压力、流量、液位）控制的同时增加了使用成分分析仪表（气体成分、物性）控制，这是对过程控制尤其是化工过程控制的一个突破性的转变。

北京气体分析仪器厂开始红外线气体分析器的研制工作。苏联提供的红外线气体分析器 OA-2101 的图纸是采用补偿方式工作原理设计的。设计工作从完全仿制开始，研制工作组决定设计直读式的光学系统，电气部分则采用苏联的设计。电容微音器的检测使用电容极化法转化为电压输出，灵敏度很高；电子管放大器采用双 T 选频回路，可得到较高的信噪比；弱点是恒温控制采用的是水银温度开关结点控制，精度差；光源采用稳流管器件，稳定效果较差。但在直读式光学系统试制成功后，仪器能有效测量气体浓度的变化，测量精度达 3%。产品型号为 QGS-02。经过一年，QGS-02 型红外线气体分析器研制成功，首次在兰州化学工业公司化肥厂使用。但在现场运行很不理想，仪器受电源波动影响，恒温控制部件经常失控。为此，将仪器取回进行研究，工作组认为光源的电流不稳定是主要问题，于是设计了半导体稳流电源，电源波动的影响解决了。将仪器型号定为 QGS-03。厂内多次试验后，发现温控失灵的主要原因是电子管电路温升太高。1968年，工作组放弃电子管电路，采用半导体电路设计。仪器设计成分体式，取消恒温设计。光学部件一个箱体，电气部件一个箱体。产品命名为QGS-04。QGS-04型红外线气体分析器取得了空前的成功。半导体电子部件功率小，温升低，电源稳定，放大器的各级都采用反馈设计，精度好于三级，稳定性也很好。经过工厂的温度试验和长期稳定性试验，都取得很好的效果。1970年正式鉴定，成为国内第一代大批量生产的红外线气体分析器。

当时，化肥是化工企业生产的重中之重。GGS-04只能解决常量气体分析（量程大于0至0.5%）问题。合成氨的原料气中CO_2、CO含量对合成塔的镍触媒使用寿命关系极大，所以微量CO_2、CO红外线分析器非常急需，于是开展了微量CO_2气体分析器（QGS-05）和微量CO分析器（QGS-05A）的研制。微量CO_2、CO红外线气体分析器对光学系统的灵敏度要求高，抗干扰能力要求强，因此现场条件对仪器的影响必须经过严酷的考验。通过加长气室长度、增加光源电流（提高发射功率）等措施，CO_2分析器首先试制出来。在石家庄化肥厂进行现场试验，取得成功。

CO分析器的灵敏度低，对CO_2和CH_4的抗干扰能力差。在研制微量CO分析器过程中，为了提高仪器的选择性，对检测器的结构进行了探索，采用串联型光学吸收池（和URAS检测器相似，但提前十年以上）。串联型检测器的选择性比并联型检测器的选择性提高了一个数量级。以CO_2对CO的干扰为例，并联型检测器为1∶500，串联型检测器为1∶4500。为了考核仪器的适应性，不仅在石家庄化肥厂进行试验，夏天还到南京化肥厂试验，考核高温高湿气候对仪器的影响。经过两个多月高温考验，仪器都能正常工作。

经过两年努力，1973年、1974年微量CO_2分析器和微量CO分析器分别研制成功，并投入生产。

2. KH渗碳红外分析仪

1977年底，为提高机械零件的耐磨性能，需要大批的渗碳设备，将人工淬火改为用可控气氛渗碳。北京气体分析仪器厂开始研究渗碳红外，型号为KH-01。渗碳红外工作原理是将机械零件放在渗碳炉中，用红外线气体分析器测量渗碳炉内CO、CO_2含量，然后通过控制滴入渗碳炉中的丁烷量进行炉内气氛控制，也就是控制向零件渗碳的速率，实现均匀渗碳的目的。产品研制出来后，在北京齿轮厂使用，受到欢迎。使用中发现KH-01渗碳红外的控制方式是开关控制，气体成分波动较大，不够理想。于是对KH-01进行改进，将控制方式改成比例控制，定型为KH-02。控制精度得到很大提高。1978年产品定型生产后，成为北京气体分析仪器厂第一个批量生产的成套产品，在相当长的时间里是热处理设备厂的必配仪器。

为了提供不锈钢机械零件的渗氮处理，要求将控制气氛的分析器改用H_2分析器。H_2是通过氨分解得到N_2气的同时产生的，测量H_2也就知道了N_2的含量。于是又研制了氨分解率分析器，也被广泛用于热处理工艺中。

3. QGD红外线气体分析器

红外线气体分析器的另一个成就是半导体红外线气体分析器的开发工作。1966年，七一八所下达研制核潜艇用CO_2分析器、氢分析器和氧分析器的任务至北京气体分析仪器厂。

QGD-01采用了与QGS-04类似的设计思路，使用两套单光路结构的双光路设计。一个光路作为测量光路，另一个光路作为参比光路。试验过程中，由于 InSb 温度系数很大，光源和滤光片在不同温度下也不能完全补偿。只能进行大量的温度试验，通过两个放大器进行温度补偿和灵敏度补偿，对两套光学系统进行性能选配。

1968 年终于试制出三台红外线 CO_2 分析器，送到上海进行振动冲击试验。虽然通过了试验，仪器没有损坏，但是性能有变化。1969 年，研制 QGD-02 型红外线气体分析器。在 QGD-02 研制中，七机部八院要研制卫星环境中测量 CO_2 的分析器，以解决研制中高可靠性元器件的问题。经过两年努力，1972 年，正式研制成功 QGD-02 型红外线气体分析器，并通过了相关单位的验收。

QGD-02 研制成功后，国防科委又下达了用于地下核试验检测的 CO 分析器任务，定型为 QGD-03。主要难度是测量结果需远传到十公里外，并用脉冲频率传输，以保证传输的可靠性。在 QGD-02 的基础上，研发人员进行了一些结构设计和远传电路设计，非常顺利，1973 年就完成了两台。

此外，北京分析仪器厂还引进美国的一些产品技术，填补空白。并通过国产化，基本掌握了红外线气体分析器的各项技术。尽管由于国外先进技术的冲击，这些研究成果未成为主导产品，但被一些民营企业继承发展，作为他们的支柱产品，成为国产红外线气体分析器的重要组成部分。

（四）气相色谱仪

1962 年，北京化工研究院先后解决了色谱仪研制的一些关键技术如热导池深孔加工、防腐高阻抗热敏元件等结构设计和加工工艺、多孔小体积旋转六通进样阀、分离柱以及恒温室的温度控制、微小电讯号检测等电路、微小玻璃转子流量计等技术取得突破。

1963 年 12 月 5 日至 12 日，国家科委在北京化工研究院主持召开了气相色谱仪鉴定会，会议邀请国内色谱分析技术和仪器仪表方面的专家二十七人组成鉴定委员会进行全面严格的技术测试和文件图纸审查，认为 SP-01 型色谱仪样机在总的方面基本达到鉴定大纲所规定的指标，灵敏度一项高于英国 Griffin&Geroge 公司所产 MKII 型色谱仪，使用温度范围已高于苏联 XH-3 型色谱仪，可以初步定型并试生产一批以供使用。SP-01 型色谱仪成为我国第一台自主研制的气相色谱仪。

第二节　关键技术联合攻关与合作交流

一、关键技术联合攻关

为了满足电力、石油、化工、冶金等工业部门的需要，我国自动化仪表行业集中力量，联合攻关，发挥仪表行业、高等院校、科学院所、用户单位各自的优势，针对急需，重点突破，将科研与生产、制造与应用有机地结合了起来，极大地推动了产业的发展。

（一）电动单元组合仪表的研制

1. DDZ-I 型电动单元组合仪表

这套仪表是参考苏联的产品，采用电子管放大器和磁放大器，主要品种包括力平衡变送单元、温度变送器、比例单元、微分单元、计算单元、执行机构等。

五十年代末，在参考苏联资料的基础上，在王良楣总工程师的指导下，由上海热工仪表所（即后来的上海工业自动化仪表所）开展研究开发工作，命名为 DDZ–I 型电动单元组合仪表，不久就在上海大华仪表厂制造了样机。1963 年在兰化三〇二厂变换工段组成了串级温度调节系统，进行现场考验。通过这次现场考验，证明产品工作正常，性能良好，系统设计成功。此后通过厂所结合，DDZ–I 型仪表在大华仪表厂投入批量生产，从六十年代开始，在冶金、石化、电力、机械等工业现场推广应用，实现生产过程局部自动化。

2. DDZ–II 型电动单元组合仪表

1964 年夏，受机械部派遣，马少梅代表上海自动化仪表研究所，参加了化工部组织的考察工作组前往日本横河电机株式会社，为我国化工企业引进 E–line 电动仪表产品作技术验收准备。该套仪表采用晶体管放大器和磁放大器，代表了当时比较高的技术水平。

回国后，一机部四局（仪表局）希望以此机会抓紧研究，参考日本先进经验，加快我国自动化仪表的发展，提高自动化仪表产品的技术水平。经过一年多的紧张工作，到 1965 年底，上海工业自动化仪表研究所自行研发的力平衡变送器、磁放大温度变送器、计算单元、PID 三作用调节器、电动执行器等单元，共八个基本品种二十四台样机，通过了全性能测试考验，并在上海南市发电厂锅炉自动控制现场考核成功。在总结 1965 年工作的基础上，集体获得了上海市政府的嘉奖。

通过研制和现场考核，上海工业自动化仪表研究所组织上海、西安、天津、大连、北京、吉林等地的自动化仪表企业，在上海调节器厂开展行业统一设计。经过各单位技术骨干的反复讨论，通过了由马少梅执笔起草的总体技术方案、各单元技术条件和实施工作计划，形成了统一的正式文件，统一标准、统一信号、统一结构，为后来的组织实施和批量生产奠定了基础。

1966 年 3 月，上海所部分骨干内迁重庆，成立了重庆工业自动化仪表所。按照机械部确定的分工，电动单元组合仪表由重庆自动化仪表所归口。在实施过程中，马少梅提出"统而不死、活而不乱"的方针，即产品外特性各厂要符合统一标准，用户可以自由选用各厂标准产品实现配套，而产品自身的技术和工艺由各厂自行设计，不断改进提高和发展创新。经过几年的发展，整套仪表包括变送器、显示仪、计算单元、调节器、执行器和辅助单元，共八十多个品种规格，分别由上海、天津、大连、北京、武汉、西安、吉林等地的仪表厂投入批量生产，年产量曾达到过二十万台，成为我国七八十年代工业自动化的主导产品，广泛应用于冶金、电力、石油、化工、轻纺、机械等领域，实现工业生产过程自动化。

3. DDZ–III 型电动单元组合仪表

1974 年，上海工业自动化仪表研究所着手策划 DDZ–III 型电动单元组合仪表的开发和联合设计工作。这是我国第三代调节控制成套仪表，采用线性集成电路和国际电工委员会（IEC）规定的四到二十毫安国际标准模拟信号，具有本质安全防爆功能，信号传输采用两线制方式。整套仪表包括变送器、计算器、显示器、记录仪、调节器、执行器及安全栅等辅助单元，上百个品种规格，可以与计算机联用实现设定点优化控制，构成模拟－数字控制系统。在总结 DDZ–II 型仪表统一设计经验的基础上，设计组首先制订了总体技术方案、各单元技术条件和工作计划。随着工作的进展，又把行业统一的内容概括为"三化""五统一"：贯彻"标准化、系列化、通用化"的原则；各厂产品要做到"命名型号统一、联络信号统一、基本性能指标统一、外形安装尺寸统一、操作方式统一"。

在精心组织的基础上，由上海工业自动化仪表研究所牵头，各相关工厂派出技术骨干参加，同时在三个单位开展联合设计工作：在北京市自动化技术研究所联合设计调节器、记录仪、温度变送器、安全栅等控制室内仪表；在天津仪表厂联合设计压力、差压、液位、流量变送器；在北京仪表厂联合设计电动执行器。

经过联合设计、重点试制，主要品种陆续试制成功，样机运到洛阳炼油试验厂，通过了现场运行考核。与此同时，防爆产品也在南阳防爆电机研究所通过了本质安全防爆试验考核。在此基础上，各厂对自己的产品进行改进提高；上海工业自动化仪表研究所先后在山东曲阜和武汉东湖召开专家会议，审议 DDZ-Ⅲ 型仪表的总体方案和技术条件，进行必要的补充修改，后上报部仪表局，部局审定后作为行业标准公布实施。为了适应 DDZ-Ⅲ 型仪表配套需要，设计组专门设计试制了符合安全火花防爆要求的接线端子，符合调节器满刻度指示要求的表头，符合自动—手动无扰动跟踪切换要求的线路结构等配套产品。

DDZ-Ⅲ 型仪表的综合技术水平，已经达到国际六七十年代的水平，从 1975 年开始，分别由北京、天津、上海、西安、重庆、大连、吉林等地的仪表厂按照联合设计方案和标准陆续投入批量生产，做到统而不死、活而不乱，产品质量稳定，品种齐全，服务配套，获得用户好评。

（二）气动仪表的研制

气动仪表量大面广、可靠性高、稳定性好、本质安全防爆、价格便宜，在化工、炼油、电力、冶金、轻工等领域广泛应用，在工业过程自动化发展历史上发挥了重要作用。

气动仪表的研制，主要包括 QDZ 气动单元组合仪表和 B 系列气动基地式仪表。气动单元组合仪表将不同的功能设计成独立的单元，每个单元可根据调节系统的优化组合要求安装在适合的地方，采用统一的标准气源（1.4kg/cm²），用标准的输入输出信号（0.2 至 1.0kg/cm²）连接，并与中央控制室的显示调节仪表（带操作切换功能）通信，使系统组合多样化、最优化。而基地式仪表则是将单个调节仪表应具备的各种基本功能，比如检测、转换、指示记录、操作调节等，集合于一体，直接安装在工艺装置附近，用于现场型单回路调节系统，进一步降低制造成本，缩短传输距离，提高响应速度，增强稳定性、可靠性。

第一个五年计划期间，苏联援助的一百五十六个项目之一，年处理一百万吨原油的兰州炼油厂配备的自动化工具，主要是苏联生产的 AYC 气动单元组合仪表、04 型气动温度调节仪表和气动执行机构。兰州一些大型化工厂、化肥厂也用了大量气动仪表。电动单元组合仪表当时由于安全防爆问题尚未彻底解决，在化工、炼油等对防火防爆要求严格的场所不宜使用，国产气动仪表的研制因而显得尤为迫切。

上海热工仪表研究所的四室气动仪表组和重庆工业自动化仪表研究所的第三研究室在机械部仪表局的领导和规划以及所领导的具体部署下，对气动仪表的研制做出了应有的贡献。

1. 气动单元组合仪表（QDZ）

气动单元组合仪表的研发前期是仿苏联的 AYC 系列。之后，由上海工业自动化仪表研究所、重庆工业自动化仪表研究所和相关企业先后研制的 QDZ 型气动单元组合仪表包括以下单元：①调节单元：含比例积分调节器（PI）、微分调节器（D）、比例积分微分调节器（PID）等；②计算单元：含加法器、乘除器等；③指示记录仪表：含单针、双针、三针指示记录仪、级联控制的显示记录仪、流量积算器等；④变送器：含压力、差压、温度、温包、液位、绝对压力、流量等各种变送器；⑤转换器：含电气转换器、气动阀门定位器、电气阀门定位器等；⑥辅助单元：含继动器、信号给定器（定值器）、操作器以及各种信号发生器等。

按照机械部仪表局下达的气动单元组合仪表联合设计的要求，上海所首先与广东仪表厂合作，试制 QDZ 型气动单元组合仪表。1963 年 9 月至 12 月上海所完成了 QDZ 型气动单元组合仪表部分单元的试制。中国自行设计的 QDZ 型气动单元组合仪表的核心单元 PI 调节器、微分器、加法器等率先在广东仪表厂投入生产。广东仪表厂负责生产调节和计算单元；西安仪表厂负责生产记录指示仪表；上海自动化仪表一厂则生产气动变送器。

由各厂生产出来的首批 QDZ 型气动单元组合仪表，于 1963 年至 1965 年在兰州、上海等地投入了现场组合运行考核。兰州化肥厂三〇二厂硝酸铵车间氧化炉控制系统、上海吴泾化工厂、上海杨树浦发电厂、上海炼油厂、南京炼油厂等，分别用气动单元组合仪表组成各种单回路调节系统、串级调节系统、配比调节系统等。现场考核运行时间半年以上。在各有关工厂仪表、工艺车间的积极支持和大力配合下，现场试验进行顺利，证明这套仪表设计合理，性能良好，实现了良好的经济效益和社会效益。

经历了初样试制、小批量试制、批量试制以及全性能测试和环境试验，QDZ 型气动单元组合仪表从核心单元到全套单元陆续投入生产。1965 年 4 月在上海举行了正式的鉴定会。在质量评比中自行开发的 QDZ 气动单元组合仪表性能超过苏联的 AYC 同类仪表产品的指标。

1963 年，上海和平热工仪表厂开始研制 QDZ–I 型气动单元组合仪表，后续生产出气动差压、压力和温度变送器、电气转换器、阀门定位器等产品，应用于石油、化工等行业。这些产品设计结构合理，采用力平衡（或力矩）原理，具有精度高、灵敏度高、寿命长的优点。各单元分别起着独立的作用，采用统一的标准信号联系，输出信号、响应速度、灵敏度都比基地式仪表有很大提高，适应集中控制的要求。零部件的通用性程度高，维修方便，生产成本低，适应工业生产过程自动化技术发展的要求，通过气电或气液转换器与 DDZ 型电动单元组合仪表（或 PDZ 型液动单元组合仪表）配合使用。

1965 年，上海热工仪表研究所与和平热工仪表厂合作，研制成 II 型气动单元组合仪表。1968 年，上海自动化仪表一厂先后试制成功微、低、中、高差压变送器，微、低、中压力变送器，色带、条形指示仪，气动电气温度变送器，气动直流毫伏变送器和电气转换器等产品。1969 年，南京"9424"工程采用了这批产品。QDZ–II 型气动单元组合仪表比较 I 型在结构上有很大改进。II 型单元系采用单杠杆力矩平衡式双波纹管式反馈结构，重复性好，比 I 型变送器重量轻、质量好、省工省料；II 型调节器采用波纹管作比较元件，可靠性好，寿命长，同时可分步进行调校，维修方便。与 I 型（膜片式）比较，其可动部分的机械位移极小，具有较高的灵敏度。到 1973 年，上海自动化仪表一厂形成了全套生产 QDZ–II 型气动单元组合仪表和模拟化仪表控制盘的生产能力，适应了工业生产过程实现自动化的多参数控制、调节、测量的要求。

1974 年 QDZ 型气动单元组合仪表开始进行升级联合设计。由重庆工业自动化仪表研究所负责。参加联合设计的单位有：广东仪表厂、天津自动化仪表五厂、沈阳气动仪表厂、川仪十六厂等。联合设计工作首先在重庆工业自动化仪表研究所开展，历时约三个月。基型品种完成设计后，在广东仪表厂进行试制，历时四年。从开始的方案探索到设计试制完成，QDZ

改型的设计思路是采用印刷气路板，密集安装和积木式结构，力求组合便捷，缩小仪表盘面，并实现了双向无扰动自动、手动切换。基本品种有：指示调节仪（含单针、双针指示）；记录调节仪（含单笔、双笔、多笔记录）。可以组合成指示记录调节仪、指示调节仪、记录调节仪等。

QDZ 改型基本品种于 1977 年在山东胜利炼油厂进行现场运行考核试验。

随着气动仪表研究、试制、投产和推广应用，生产厂数量和使用范围日益扩大，行业管理工作提到议事日程，重庆工业自动化仪表研究所按照机械部仪表局的要求，开展了以下几个方面的工作：①气动仪表的型号命名；②气动仪表技术标准的制定；③按照仪表技术标准的规定，对已投产和新投产的各单元，进行全性能的检验考核，指导生产。

QDZ 型气动单元组合仪表及 QDZ-Ⅲ型气动单元组合仪表，后获得机械工业委员会科学技术进步三等奖。

气动单元组合仪表和气动基地式仪表以其稳定可靠、本质安全防爆和价廉物美而博得用户的青睐，在化工、炼油、电力、冶金、轻工等领域曾得到广泛应用，年产数十万台件。

2. 气动基地式仪表

重庆工业自动化仪表研究所成立伊始，即在第三研究室建立了气动基地式仪表研究组，由康庆宇工程师牵头，集合了一批技术骨干，开展了卓有成效的研究和试制。在上海所时，郑侠等也曾对基地式仪表的单个品种进行过探索，比如浮筒液位及关键部件高压扭管等。

气动基地式仪表由统一设计的调节器部件、显示部件、小表（切换操作用）、机箱，与各种不同工艺检测参数的测量和转换部件组成，分别构成若干个基地式仪表品种，主要品种有温度（含温包式和电测量式）指示调节仪、压力指示调节仪、差压指示记录调节仪、浮筒式液位指示调节仪、高温液位指示调节仪、轮胎硫化机控制用三笔记录调节仪。

重庆工业自动化仪表研究所在完成温度、压力、差压等品种研究试制的基础上，开展现场考验，并按照机械部仪表局于 1972 年下达的气动基地式仪表联合设计任务，适时与肇庆自动化仪表厂、重庆长江仪表厂、重庆电表厂等生产厂结合，进行联合设计、试制并投产。

1975 年至 1977 年间，气动基地式仪表成员到广东肇庆自动化仪表厂，与厂里的技术人员结合，短时间里完成大量图纸的设计，完成了压力、差压、液位、温包等四个基型品种的设计和试制，以及成套图纸的审定汇编。并协助肇庆自动化仪表厂完成轮胎硫化机控制用三笔记录调节仪试制。

（三）在线气体分析仪器的研制

分析仪器按照使用环境条件分类，主要分成在线分析仪器和实验室分析仪器两大类。在线分析仪器主要指用于工艺过程自动分析或在线连续检测的分析仪器及其系统集成（也称在线分析仪器系统）。在线分析仪是分析仪器大类的重要组成部分，在线分析仪器技术主要包括在线分析仪、取样处理系统、在线分析系统集成及其关键部件等技术。

回顾我国在线分析仪器的行业发展历程，在改革开放前大致经历了两个阶段。

1. 在线分析仪器行业的初创阶段

二十世纪前期国内就有不少专家和科技人员从事仪器仪表技术的研究和制造，如龚祖同在四十年代就参与建设军用光学仪器厂。王大珩也在五十年代初创建了科学院长春仪器馆，荣仁本在五十年代初创建了上海电化学研究室。1953 年荣仁本创建的上海电化学研究室，研制了国内第一台 pH 计和第一支玻璃电极，成为中国分析仪器产品开发的先驱。

五十年代中后期，机械部仪表局开始在全国各地布点建设分析仪器企业，先后在北京、上海、南京等地区组建了一批分析仪器厂，如上海分析仪器厂、上海雷磁厂、南京分析仪器厂（前身是南京仪器厂）、北京分析仪器厂、北京光学仪器厂、南京教学仪器厂等。国家科委、中国科学院也成立了北京科学仪器厂，地质部成立了北京地质仪器厂等，国内分析仪器行业基本形成。

1957 年 4 月机械工业部仪表局在北京召开了国家第二个五年计划的仪器仪表远景发展规划会。会议期间，机械部仪表局领导向参会的南京仪器厂代表下达了研制烟气 CO_2 自动分析仪任务。1957 年底，南京仪器厂研制成功国内第一台国产 RD–1 型烟气 CO_2 自动分析仪，1958 年开始批量生产，以满足国内发电厂锅炉燃烧节能，对烟气 CO_2 的分析检测要求。南分厂自此成为国内首家研制在线气体分析仪器的专业厂家，也标志着国内在线分析仪器技术的始创。1957 年 4 月南京仪器厂领导受南京市工业局委派，去北京参加机械部仪器仪表局召开的"仪器仪表远景发展规划会"，会上有人反映南京仪器厂能修进口气体分析仪，部局领导听说后十分重视，认为该厂技术潜力很大，就把当时国内发电厂急需的锅炉烟气 CO_2 自动分析仪的研制任务交给了南京仪器厂。厂里接受部局下达任务后，全厂上下为之欢欣鼓舞；为完成机械部下达的任务，在南京市工业局支持下，厂里迅速组建专业攻关组研制国产的 CO_2 自动分析仪。攻关组是在当时工厂极其艰陋的条件下开展仿制工作的，技术人员对上级提供的苏 Гаук–21 型 CO_2 分析仪样机，进行了解剖和消化吸收，并参考以前维修其他国外气体分析仪器的经验。通过分析比较，攻关组没有采取完全仿制模式，而是采取仿、创结合，对苏联样机不合理的局部设计进行改进、试制。通过大半年的日夜奋战，于 1957 年底完成国产第一台用于锅炉烟气的 RD–1 型 CO_2 自动分析仪样机试制。

RD–1 型热导 CO_2 气体自动分析仪由取样探头、过滤器、可燃气体燃烧室、稳压器、水流抽气泵、热导传感器以及电源控制器、二次仪表等部件组成。该产品已经具备成套分析系统的各功能部件的雏形。在马鞍山发电厂等多家电厂通过监测锅炉燃烧烟气中 CO_2 的长期考核，表明该产品对锅炉燃烧的节能和烟气排放起到重要指导作用，完全替代了人工的奥氏气体分析。该产品在六十年代批量生产，解决了电厂锅炉燃烧冒黑烟，降低发电能耗的问题。

1960 年至 1962 年，南分厂为国防建设开发了多个新产品，其中用于海军的有 CQ–1 型消氢器、RD–1059 型携带式测氢仪等多项产品。参考 CQ–1 型消氢器及 RD–1059 型携带式测氢仪产品外形，后期开发用于舰船海水淡化的 DD–101 型船用盐量计。

1963 年机械部仪器仪表局正式将南京气体分析仪器厂划归为机械部仪器仪表局的直属国营企业，并正式命名为南京分析仪器厂，主营工业过程分析仪器及其他分析仪。至此，南分厂正式成为国内分析仪器行业的部属骨干企业。

五十年代末，国内其他行业的科研院所也开始从事研制生产急需的过程分析仪器。如化工部北京化工研究院，1959 年曾派员去苏联考察化工自动化仪表，同时考察了热磁氧、热导氢、红外分析仪等产品技术。北京化工研究院还成立化工仪表车间，开展红外光谱和色谱分析仪的研究。上海化工研究院也开展了工业色谱仪等分析仪器的研究开发。化工部还在兰州化工研究院设立自动化研究所，专业从事化工自动化及研制工业色谱等分析仪表。

国内在线分析仪器小行业的创建，不仅包括原机械工业部仪表局归属的北分、南分、雷磁等企业，也包括国内其他行业科研院所及其下属的从事在线分析仪器的研究开发部门。

2. 在线分析仪器行业的自主研发阶段

上世纪六七十年代，国内在线分析仪器行业进入由仿制到自主研发的发展阶段，自主开发了国产第一代在线分析仪，实现了在线分析仪器行业布局，建设了一批在线分析仪器为主业的企业。

在机械部仪器仪表局规划和领导下，国内各地区先后组建了一批分析仪器厂，北方有北京分析仪器厂、沈阳分析仪器厂等，南方有南京分析仪器厂、广东佛山分析仪器厂，西部有四川分析仪器厂、成都仪器厂等，东部有上海分析仪器厂、上海第二分析仪器厂（雷磁）、上海第三分析仪器厂等。到上世纪七十年代末，国内在线分析仪器行业完成创建阶段的布局，初步形成独立行业体系。

机械部仪表局直属或归口管理的分析仪器厂有不同的专业分工。

北京分析仪器厂是当年国内分析仪器规模最大的综合性企业，产品包括在线分析仪、实验室分析仪及大型精密科学分析仪器。在线分析仪主要产品，有热导、热磁、红外气体分析仪等；实验室分析仪有气相色谱、液相色谱、原子吸收光谱等，大型精密仪器有在线质谱、核磁共振波谱、大气环境监测车等。

南京分析仪器厂是我国最早的在线分析仪器专业厂家，在线分析仪主要产品有热导、热磁、电导、电化学、在线色谱、在线质谱等分析仪；也有实验室仪器，如气相色谱、液相色谱、原子吸收光谱等产品，还开发了乳品检测及生化医疗分析仪。

重庆川分厂是以在线分析仪器为主的专业厂家，是南分厂按照机械部"三线建设"部署筹建的内迁厂。1969年6月24日南分300多员工离开南京，支援三线建设奔赴四川重庆北，组建了四川仪器仪表集团九分厂（四川仪表九厂、后称为重庆川分厂），主要产品是热导、热磁、红外等各种在线气体分析仪器，也有实验室色谱、光学仪器及水质分析仪等。

广东佛山分析仪器厂以在线分析仪器为主业，产品以热导、红外等在线气体分析仪器为主，同时专业生产各种汽车检测仪器，包括汽车尾气检测等。

上海第二分析仪器厂（雷磁仪器厂）以电化学水质分析仪器为主，包括实验室及在线水质分析仪器产品，早年也生产过红外气体分析仪。

沈阳分析仪器厂以在线分析仪器产品为主，如氧化锆氧分析仪等，也有实验室仪器，如原子吸收光谱等。

成都仪器厂以生产物理性质分析仪器（简称物性分析）为主，如电化学微量水分仪、核质谱真空检漏仪等。

以实验室和科学仪器为主的厂家有上海分析仪器厂，生产实验室色谱仪、光谱仪及其他精密科学分析仪器。后来成立的上海第三分析仪器厂以实验室物理光学分析仪器为主，由上分厂分出的部分技术骨干组建的专业企业，生产各种分光光度计、色度仪等。

全国各地区在机械部仪器仪表局统一部署下，也先后组建了具有各自产品特色的分析仪器厂，如武汉武分、江苏电分、福建厦分、大连分析、丹东仪器、山西太分、山东高密、河南鹤壁等。

其他部门如中科院、各部属研究院所及各大专院校，相继在本单位的分析化学专业，组建相关的在线分析仪器试验、研究室，最早建设的有中科院大连化学物理研究所、化工部北京化工研究院、上海化工研究院、兰化院兰州自动化所、北京科学仪器厂、北京地质仪器厂、北京第二光学仪器厂等，其专业发展与在线分析仪器技术有密切关联，也是国内在线分析仪器行业发展的重要组成部分。

1966 年，企业几乎处于停产状态，科技人员大多下放到生产车间劳动接受再教育，产品开发也处于停顿状态。1968 年起，企业实行军管、成立革委会并逐步恢复生产经营活动。当时国家科研、军工及石油化工等对分析仪器需求仍十分迫切，特别是军工科研任务下达后，企业开始通过组织以工人为主体的科技人员、干部的"三结合"专业组开发新产品。到七十年代中后期，企业恢复技术科或设计科、工艺科、技术人员归队，新产品研发才进入正常状态。

当年南分厂通过攻关，完成了热导气体分析仪的铂丝包玻璃敏感元件及热导传感器的小型化，国产热导传感器具有体积小、重量轻、检测灵敏度高的特点，热导池的不锈钢体重量不到一百克，而苏联产品的不锈钢热导池体重量为七千克。北分厂也突破了红外气体分析仪的光声光谱检测器制造技术，实现了薄膜微音器精密装配的技术攻关。北分厂自主开发的热导氢、磁氧、红外等气体分析仪，已超过苏联同类产品技术水平。

3. 七十年代分析仪器产品在化肥、化工等工业生产方面的应用

七十年代，南分厂最早提出为小化肥过程分析提供成套服务，并在当年的全国仪器仪表展会，展出为小化肥配套分析仪器展台。南分厂为小化肥在线分析提供成套技术产品包括：热导氢、氨、极谱法二氧化硫、电导式微量 CO 加 CO_2、热磁氧及工业气相色谱仪等。其中，南分的 RD 系列热导氢、CD 系列磁氧等产品，具有高灵敏、耐腐蚀、寿命长等特点，得到国内小化肥用户的一致好评。

北分厂为化肥、化工也提供了热导氢、热磁氧等产品，特别是常量、微量及多组分红外气体分析仪产品受到用户好评。北分的微量 CO、CO_2 红外气体分析仪产品，是当时国内化肥、化工应用最多的产品。川分厂当年生产的在线分析仪除热导氢表外，所开发的新型磁力机械式氧分析仪在国内具有领先水平，也得到用户的好评。

当时，为国家重点工程配套的大型精密分析仪产品除工业色谱仪外，主要有在线质谱仪等。当时国家有两条线布局，一条是北分厂与清华大学合作开发的扇型磁式工业质谱计，另一条是南分厂与东南大学（原南京工学院）合作开发的工业四极质谱计等。其中南分的工业四极质谱计为当时国内最重要的科研项目：北京正负电子对撞机（八三一二工程），配套了十余套四极质谱仪产品，受到国务院嘉奖。

（四）质谱仪的研制

质谱仪是一种功能强大、应用领域广的科学仪器，无论成分复杂还是含量极低的化学物质，几乎都能被质谱仪精准识别与定量。目前世界上占据主流市场的厂商主要在美国、德国、日本等传统工业强国，而且均为老牌的科学仪器跨国企业，通过几十年持续不断的技术创新与产品更迭，他们在主流质谱仪器产品与市场方面已经对其他国家形成了强大的研发、生产、应用技术壁垒。

我国质谱仪的发展历史可追溯至二十世纪五十年代，当时国内的基础设施极其简陋，但在科研工作者的共同努力以及苏联的援助下，在较短的时间内就推出了同位素磁质谱、氦质谱检漏仪等高端设备。

1951 年，留学法国的杨承宗（师从法国伊莱娜·约里奥 - 居里夫人学习放射化学的前沿理论）受钱三强邀请回国，效力于中国科学院原子能研究所，负责提炼生产原子弹所需原材料。其间，杨承宗组织团队成功研制了国内第一台尼尔（Nier）型质谱计，测出了氙的三个同位素。

1962 年，北京分析仪器厂（简称北分厂）和中国科学院科学仪器厂（简称科仪厂）联合开展了质谱计技术攻关，成功研制 ZhT-1301 固体质谱计，该仪器测量准确度与精度达到了苏联 Mu-1305 和德国 CH4 水平，获得了全国第一届仪器仪表展览会一等奖，基本上满足了当时国内对同位素质谱计的需要。

1962 年，成都仪器厂研制了 HZJ-1 氦质谱检漏仪。1966 年，科仪厂研制出火花型双聚焦质谱计样机；1969 年与上海电子光学研究所合作研制成功 ZIIP-G-A 型火花型双聚焦质谱仪。同年，上海冶金所也研制成功 ZP-A2 型火花源双聚焦质谱仪。1965 年，北分厂成功研制中国第一台四极滤质器（四极杆质谱）ZhL-01。1976 年，成功研制了我国第一台色谱 - 质谱计 ZhD-01S；1979 年，成功研制了 ZhT-03 质谱，用于硫、氮等稳定同位素分析。1980 年，科仪厂自行研制了气质联用仪 Zhp-9GC-MS。

1965 年以后，世界科学技术的快速发展，尤其是计算机技术的发展，推动了质谱技术的快速提升，特别是色谱 - 质谱联用技术进入了一个崭新的时代。然而我国由于历史原因，此后十余年与质谱仪相关的科研、生产基本陷于停顿状态，与此同时进口质谱的数量却猛增十多倍。1978 年，我国开始实行改革开放政策。为加快质谱技术的发展，国内科研机构和企业决定从国外引进质谱相关技术。

二十世纪六十年代至八十年代，我国自主生产的大型质谱仪超过了一百台，小型质谱超过两千五百台。

（五）玻璃转子流量计的全国统一设计

玻璃转子流量计用于测量各种液体和气体的流量，因其具有简单、直观、使用和维修都很方便且价格低廉等特点，故很快在化工、石油、医药、纺织、轻工等工业部门以及各种实验研究部门得到广泛的应用。我国于五十年代中期开始生产玻璃转子流量计，生产厂家有沈阳玻璃仪器厂、上海光华仪表厂、常州热工仪表厂、上海中华医疗器械厂、北京椿树玻璃仪器厂等。除中华医疗器械厂和椿树玻璃仪器厂为小口径微小流量产品外，其他厂家都是生产仿苏 PC 系列中的几个品种。

当时的国产产品无论是品种规格、性能质量，还是结构方面，都存在很多缺陷，不能满足国内工业快速发展的需求。根据一机部四局下达的指示，在 1965 年国产玻璃转子流量计质量评比会议期间由上海光华仪表厂、沈阳玻璃仪器厂、常州热工仪表厂、北京仪器厂、上海中华医疗器械厂和上海热工仪表研究所组成了玻璃转子流量计选型、改型统一设计工作组，专门研究制定我国转子流量计的系列型谱并统一设计其基型和变型产品。统一设计工作组以一机部上海热工仪表研究所为组长，常州热工仪表厂为副组长开展工作。工作组的任务首先是对国内外资料进行分析，到全国生产和使用单位实地调研，选定国内外样机作试验研究，制定玻璃转子流量计系列型谱，最终设计出我国自己的玻璃转子流量计系列产品。

（六）电磁流量计的全国统一设计

电磁流量计是依据法拉第电磁感应定律，用于测量导电流体的一种流量仪表。我国电磁流量计的研制，始于"大跃进"的年代。1958年，一机部上海热工仪表研究所和上海光华厂合作进行开发，吴安意和夏天骅等人系国内第一代电磁流量计的研究者。

我国最初的电磁流量计是仿制苏联热工仪表研究所的同类产品。传感器采用交流励磁，衬里是橡胶和搪瓷材料，两电极中的一个电极接地，单端感应信号电压。转换器由电子管电位差计改装，仅能指示流量，无远传信号输出。按当时的技术水平，很难解决存在于电磁流量计的高内阻、高共模干扰和电源波动的影响等技术难题，所以可靠性不高。尽管如此，第一代研究者的探索实验，给后来的发展提供了许多宝贵的经验。

电磁流量计统一设计工作组组长由熟悉流量仪表、时任上海热工仪表研究所流量仪表研究室副主任的范建文担任，所里派出了包括我国电磁流量计研究的先行者、流量室的吴安意工程师和电调室的国内自动化仪表专家、电动单元组合仪表的主要设计者杨起行工程师。统一设计组分变送器（传感器）和转换器两个小组开展工作。变送器小组由热工所、开封热工仪表厂、上海光华仪表厂、天津市东方红仪表厂和上海安亭仪表厂以及冶金部长沙矿山设计院组织骨干力量参与。转换器小组由上海热工所、开封热工仪表厂、上海光华仪表厂和上海安亭仪表厂组织骨干力量参与。设计研究人员中大部分是二十世纪五六十年代仪表专业毕业的，他们有一定专业知识和设计经验。其中也有技术水平很高的钳工老师傅参与了转换器壳体结构的研制。

电磁流量转换器是连接传感器的一种专用电子仪表。它需要解决在传感器感应的流量信号中由于二次电磁感应引起的正交干扰；信号传输过程中引起的共模干扰；流体检测过程中的直流漂移和极化噪声以及要在混杂多种有害噪声的信号中解析出微弱电压的流速信号。转换器还需要有高的输入阻抗，以防止信号电压的损失；需要补偿励磁电压波动造成信号电压的波动，减小测量误差。因此，转换器的电路结构比较复杂，技术性能要求很高。可当时国内电子技术状况仍然是电子管占主导，晶体管才上市不久，集成电路刚开始研制。可以想象电磁流量转换器电路研制的技术难度。再则，先进国家对我国实施技术封锁，参考资料匮乏，需要学习和参考的新东西又很多，给设计和研制工作带来很大困难。

统一设计组领导制定了集中设计，分厂试制的方针，既做到产品统一、兼容，又结合各厂的工艺装备和生产条件，力争做到研制工作的多快好省。设计工作组人员通过共同学习和共同设计，增强了各兄弟厂和研究所的团结合作，加快了设计研制的步伐，这在当时是一种创新。到1967年底，仅仅半年时间，已经设计出DN25至DN150几种口径的传感器的蓝图，完成了设计计算书、明细表等技术文件，也拿出三台转换器科研样机。1968年，统一设计工作也因历史原因停顿。但参加合作的设计人员之间的交流没有停顿，通过讨论交流，科研人员对产品的性能和目标更加明确，使国产电磁流量计的研发有了较大的进展。例如，热工仪表所范建文主任、潘祥明和上海光华仪表厂黄宝森、沈海津共同承担了国产大口径电磁流量计DN900的设计和研制，同时还承担了援助阿尔巴尼亚矿浆测量的政治任务，他们在上海冶炼厂做了大量试验，开拓了探测线圈补偿磁场的铁矿浆测量研究。开封热工仪表厂在转换器研制中首先用3DJ6结型场效应晶体管，解决了前置阻抗的转换问题。马中元、涂长哲在郑州铝厂、四川石油管理局、北京维尼纶厂等单位，成功地将国产电磁流量计在不同的行业里进行现场试验，推动了国产电磁流量计的发展步伐。

（七）热电偶、热电阻的全国统一设计

产品的统一设计是在计划经济体制下由产品的主营部门和行业研究所决定和组织具体实施的。热电偶、热电阻的全国统一设计是由一机部下达任务，由上海工业自动化仪表研究所组织进行的。

温度是七个基本物理参量中的一个重要的参量，长度、流量都是重要的参量，但是温度确定后方能测量其本量。所以温度是最基本的独立量。

温度测量仪表占所有仪表产量的90%。热电偶、热电阻等于接触式温度传感器。由于它具有测量范围广（–200℃到1700℃）、测量精度高、性能稳定、安装方便、可以远传等特点优于其他温度测量仪表，因此它占全部测温仪表总产量的80%到90%。广泛应用在各行各业中。

全国热电偶、热电阻的产量每年达几十万支，是量大面广、低值易耗的产品。

在二十世纪六七十年代由于历史的原因国内有仿苏、仿德、仿日等产品形式，产品标准不统一，十分混乱，给使用单位带来诸多不便。新的产品标准、系列型谱、结构形式、品种规格等急需建立。只有这样才能为使用单位和国家建设提供优质产品和服务。在此严峻的形势下，各生产厂及国内各行各业迫切要求下，一机部委托上海工业自动化仪表所立即组织对热电偶、热电阻系列产品进行全国统一设计。1972年底于昆明召开了统一设计组筹备会议，在会上阐明了热电偶、热电阻当时的情况以及统一设计的必要性和迫切性，组织行业中重点骨干企业的技术中坚成立了全国联合设计组，经过讨论推荐决定统设组由以下单位组成：上海工业自动化仪表研究所、上海自动化仪表三厂、西安仪表厂、天津高温计厂、沈阳测温仪表厂、云南仪表厂、广东肇庆自动化仪表厂、武汉测量仪器厂。并邀请了中科院物理所、航天部三零四所、北京玻璃研究所、上海合金厂、上海计量局、辽宁计量局、重庆仪表材料研究所、广东化工设计院等科研计量协作单位。之后，让各厂随机抽取当月生产的热电偶样品送交云南仪表厂（当时是部属温度仪表性能检测中心）进行产品型式试验，目的是摸清行业中仪表的现状和性能指标，为今后统一设计组开展工作找出问题所在及解决方向。1973年3月再次在昆明集中讨论了各厂样品存在的问题，以及这次联合设计的计划安排、急待解决的几项问题等。首先是到具有代表性的企业中参观、调研，去了兰化公司、兴平化肥厂、上海耀华玻璃厂、江门糖厂等企业参观、座谈，找出问题探讨解决方案。经过大讨论后，产品代号为WR系列热电偶，热电阻系统的代号为WZ系列热电阻。

产品型号确定后，各参与单位开展了如下工作。①收集先进工业国的产品标准及国内各厂家产品现状，制定新的产品标准。②经充分讨论统一了产品接线盒为防溅式、防水式两种新型国产接线盒接线方式。③统一了接线板材质一律为氧化铝陶瓷，并统一了接线盒的固定尺寸，以利于用户更换感温元件部件达到全国产品互换性，并制定各种不同产品的接线板标准。④固定装置决定一律采用公制螺纹，并规定期限逐步淘汰英制螺纹。法兰采用化工部标准。⑤统一产品型号、分度号，制定系列型谱，结构形式、品种规格编制成行业标准，正确指导各厂生产，正确指导用户的选用。

经过联合设计组的艰苦努力，多次的集中讨论绘制图纸并克服重重困难，1978年，终于在昆明召开了热电偶、热电阻全国统一设计总结大会。

（八）气动薄膜调节阀系列型谱的统一设计

1963年11月，气动单元组合仪表和电动单元组合仪表的研究试生产已经取得了很大的成绩，部分产品已批量生产和现场使用。为了满足我国工业自动化系统的配套需要，在执行环节急需编制出系列型谱以指导研究设计。按一机部四局的指示，由上海工业自动化仪表研究所牵头，组织全国有关单位共同参与气动薄膜调节阀系列型谱的制定并实施。

1. 气动薄膜调节阀系列型谱的制订

1963 年 12 月上旬，上海工业自动化仪表研究所组织邀请了北京石油设计院、上海化工研究院、哈尔滨工业大学、华东电力设计院，上海冶金设计院，以及全国重点调节阀制造厂天津调节阀厂、鞍山热工仪表厂、上海崇明仪表厂、无锡仪表阀门厂等，召开了气动薄膜调节阀系列型谱制订的预备工作会议。会议对系列型谱编制的产品范围、工作方法和如何满足使用部门需求，以及工作时间等内容进行了商讨，经过详细讨论后，代表一致同意于 1963 年 12 月中旬成立工作组，并在上海仪表所开展工作。12 月工作组成立。首先，请各制造厂核清国内调节阀生产情况，包括产品品种、工艺水平、加工情况、测试设备、产品质量和供销情况等。然后，再奔赴上海、北京、抚顺、兰州等地的重点使用厂，了解目前调节阀使用情况和存在问题以及近十年至十五年各行业发展对调节阀品种的要求。

当时我国各制造厂所生产的气动薄膜调节阀都是仿苏、仿美、仿日的低档次产品，其结构和性能均很落后，而且不能制造多品种和高性能调节阀，满足不了使用部门的需求。同时，当时生产的产品也不符合系列化、通用化和标准化的"三化"要求。所以，在编制气动执行机构和调节阀系列型谱时工作组坚持了"三要"和"三不要"。所谓"三要"是：首先，要坚持按使用部门近十年甚至十五年的发展规划对调节阀的要求为目标；其次，要贯彻"三化"精神，以少胜多的原则；最后，要坚持体现发展和创新的观念（从材料、结构等方面）。所谓"三不要"是：第一，不要受制于当时各制造厂生产的产品限制；第二，不要受到各制造厂已有的工装模具的限制（如顾虑采用了新的系列型谱后，原厂的工装模具将会无用报废）；第三，不要受到各制造厂目前生产水平的限制。

工作组收集了美、英、日等国 Fisher、Honeywell、Foxboro、山武、岛津等制造厂产品样本和苏联的有关资料，从产品性能、结构设计、制造工艺水平、材质要求、系列化水平等方面进行分析和讨论，根据用户要求，并以优先权重考虑制订了气动薄膜执行机构和调节阀的系列型谱，将气动薄膜执行机构的薄膜有效直径尺寸系列定为 125、160、200、250、320、400、500 毫米；行程系列定为 6、10、16、25、40、60、100 毫米，在与调节阀配套的连接孔尺寸也设定成标准化的几种尺寸很容易与各公称通径和各品种调节阀配套组装使用，以适应各使用场合的需求。在调节阀方面制订了双座阀、单座阀、三通阀、角型阀、高压阀、阀体分离阀、隔膜阀等品种系列。在薄膜执行机构和调节阀的材质方面主要考虑铸钢件，以增加强度。并在制订过程中对型号命名作了编制，定为 QZ 系列。

1964 年 3 月完成制订气动薄膜调节阀系列型谱（另包括气动薄膜执行机构和调节阀两部件的系列型谱）初稿，并分发石油、化工等有关部门征询意见。两个月后，召开了会议听取意见，进行修改，然后定稿，并送一机部四局审核，经批准后即成为我国气动薄膜调节阀系列型谱试用稿，以指导该类产品的发展。作为指导性文件，为下一步快速建立气动薄膜调节阀产品体系而开展的全国统一设计工作指明了方向和确定了目标。

2. 气动薄膜调节阀系列型谱的实施

为实现气动薄膜调节阀系列型谱中产品的全面开发，一机部四局授权上海工业自动化仪表研究所组织行业内的主要制造厂进行气动薄膜调节阀产品的全国统一设计工作。1964年第四季度在上海工业自动化仪表研究所成立了"一机部四局气动薄膜调节阀统一设计工作组"，并集中进行具体产品设计的技术准备工作，编制了"调节阀零部件的设计计算方法"等技术文件，并对型谱中所列的产品根据用户需要按轻重缓急，决定分产品分阶段实施开展此项工作。

在1965年初，首先以研发型谱中气动薄膜单座和双座调节阀两项基型品种全系列产品为目标，开展了气动薄膜调节阀第一期全国统一设计工作，这是我国仪表行业第一项全国统一设计工作。工作组由上海工业自动化仪表研究所、天津调节阀厂、鞍山热工仪表厂、无锡仪表阀门厂、吴忠仪表厂组成。此次统一设计的工作模式是集中设计、集中试制，成果供全行业分享使用。工作组集中在鞍山热工仪表厂进行设计工作，该厂承担了全部样机的试制任务。工作组在统一设计中学习和贯彻了气动薄膜调节阀系列型谱和气动薄膜调节阀产品标准等指导性文件，采用边设计、边加工、边试验、边改进的方法完成了试制任务。产品样机试制成后，组织性能测试，直至性能全部达到产品标准后即投入使用部门现场考验。经过半年至一年的现场使用，在得到用户满意和认可的条件下，1967年初召开全国鉴定会，通过产品的正式鉴定，投入了行业生产。

1967年至1970年，进行气动薄膜调节阀第二期统一设计工作。第二期研发角形阀、三通阀、隔膜阀、高压阀、低温阀共五个品种。产品的设计工作在上海仪表研究所集中进行，试制工作则分配给行业内五个主要制造厂承担，完成研发后再集中鉴定。

两期统一设计工作完成后，1971年起至七十年代中后期，上海仪表研究所分别组织各生产厂进行多期的联合设计，研发了系列型谱内的全部品种产品，以及型谱外其他各种用户迫切需要的调节阀、执行机构和附件产品。经过这一系列的统一设计和联合设计工作，在全行业的努力下，已经建成了一个我国自行设计开发的气动薄膜调节阀产品体系。当时，这些产品基本上满足了各部门使用现场自控系统的要求，也得到了使用部门的一致好评。

制订产品系列型谱是标准化工作的一部分，气动薄膜调节阀系列型谱制订和实现实践了在计划经济历史时期中一条正在探索的途径，即用系列型谱来指导仪表产品的研发，很有成效，值得关注。

气动薄膜调节阀是由气动薄膜执行机构和调节阀组成的产品。在工业自动化仪表的分类中，它是属于气动执行器大类中的一种产品。在行业中，各使用部门中，或是教学系统中所称的气动薄膜执行器一般是指气动薄膜调节阀。因为它具有价格低廉、安全可靠、维修方便、经久耐用、使用面广的特点，所以在自控系统中广泛使用。气动薄膜执行机构除了与调节阀配套外，也可与其他形式的调节机构配套。

（九）气动活塞式执行机构系列型谱的统一设计

一机部仪表局下达任务，要求上海工业自动化仪表研究所牵头开展气动活塞式执行机构（又称气动长行程执行机构）的系列型谱编制和设计工作，并组织天津调节器厂、西安仪表机床厂、华东电力设计院和上海杨树浦发电厂等单位参加。

1. 气动活塞式执行机构系列型谱的制订

1976年底工作组决定在1977年初在上海杨树浦发电厂现场开展工作。工作组成立后讨论了工作计划，然后至华东和上海地区的热电厂（站）和设计院进行调查气动活塞式执行机构的使用情况和存在问题，以及该行业在近两个五年计划中对该类产品的要求。由于该类产品是与Ⅱ型电动单元组合仪表等配套使用，而执行部分需用气动活塞式执行机构以控制调节挡板来调节被控管道气流量的大小，确保系统的安全和可靠性。

工作组总结了各用户部门的意见，研究了国外同类产品的参考资料，结合我国的实际情况，经讨论定出了下列的主要参数，并编制了气动活塞式执行机构的系列型谱和电气阀门定位器的连接参数和设计方案。电气阀门定位器的结构采用动圈力平衡式原理。当输入电信号改变时，动圈杠杆会推动另一端的喷嘴挡板的间距改变，或滑阀的阀芯移动（双作用式）而使输出的气动信号发生变化，从而使执行机构的推杆移动来调节挡板的转角，达到调节被控管道的气流量大小。

在完成气动长行程执行机构的系列型谱后，即分发有关单位征求意见，并于3月份召开了有关部门的讨论会。特别是电力系统的用户对气动长行程执行机构的系列型谱内容表示了肯定，也提出了一些修改意见。1977年3月底，系列型谱的修订完成，报一机部仪表局审核。经仪表局审批后，系列型谱制订工作组转为联合设计工作组，原班人马继续开展设计和试制工作。

2. 气动活塞式执行机构系列型谱的实施和联合设计工作的开展

1977年5月，开展了气动长行程执行机构的联合设计工作，以贯彻实施系列型谱的内容。地点仍选在上海杨树浦发电厂设计室。经过一个多月的联合设计工作，工作组完成了100毫米至125毫米的气缸内径的气动长行程执行机构的设计，气缸推杆行程从150毫米至200毫米。设计工作完成后，工作组进行了分工。由上海自动化所承担电气阀门定位器的试制，并完成设计资料和技术文件的编写。西安仪表机床厂和天津调节器厂负责一两种规格的试制，并决定是年9月上旬在上海杨树浦发电厂安装调试。

在批试阶段各单位解决了各自的难题。如天津调节器厂由于没有标准的250毫米行程的气缸内径的珩磨设备（他们的设备仅能珩磨行程150毫米左右的气缸行程），他们用土办法采取两端珩磨的办法，经过多次反复试验，克服困难，终于达到产品的设计要求。在9月上旬，各联合设计单位均抓紧时间完成了各自的任务。在上海杨树浦发电厂组装气动长行程执行机构，配有电气阀门定位器。经三个星期的调试、修改，再调试后终于达到了设计要求。并于1977年国庆节前完成了产品的设计、试制和调试，向国庆节献礼。

11月中，上海杨树浦发电厂将第一批调试后的产品装至现场，并与电动单元组合仪表配合使用。经半年时间的现场考核，产品性能稳定，可靠性好。后经有关部门鉴定，于1978年正式投入生产。但有些大功率的气动长行程执行机构的产品也在鉴定会后由各生产厂按用户要求自行设计，提供用户使用。

气动活塞式执行机构系列型谱的编制主要是满足电力系统自控系统的需求。它的输入信号为Ⅱ型电动单元组合仪表的输出信号0~10mA，而执行环节为气信号的气动活塞式执行机构，具有安全、可靠的作用。其系列型谱中的规格较少，且采用现场制订系列型谱，现场进行联合设计的研究、设计、制造和使用部门三结合的方式进行。所以在较短时间内完成了典型规格的研制，并送现场使用。

（十）油品在线分析仪

生产过程中在线检测油品规格对于操作人员及时调整工艺参数，保证产品质量十分重要。

近代的先进控制技术应用在线分析仪表，除保证操作平稳外，更可达到"质量卡边"、经济效益最优化的目的。

长岭炼油厂建成投产不久，就开展在线分析仪表的研制和应用，从常减压一个装置开始，逐步向其他装置推进；从一种分析仪研制开始，先后研制成功十多种；从单纯的在线监测到参与先进控制。

长岭炼油厂开始针对常减压的油品分析项目开展煤油闪点、轻柴油凝固点、汽油及柴油的馏程等多种分析仪表的研制。最初的闪点分析仪和凝固点分析仪样机在常减压装置中分别用于在线检测煤油、轻柴油，取得满意效果，但故障率较高。1975年9月，厂内成立自动化车间。各课题组先后研制并改进几种样机，1976年在常减压试用取得较长周期稳定运行。取得满意结果后，逐项减少人工化验次数，直至取消人工化验。各种分析仪加上灯油的比重仪和航空煤油的密度仪一共是六种十一台。分析仪所测得的信号进入控制室的记录仪表，操作员随时可以根据每个油品质量信息调整操作。

坚持在线仪表测量数据与人工化验结果对比，结果误差不超过1℃。1977年5月，厂部正式通知，常减压在线分析仪表成为操作员质量控制的依据，化验员只定期采样与分析仪对照，不再向操作员提供分析服务。11月，厂部组织对在线倾点、在线闪点和在线馏程三种分析仪进行厂内鉴定，一致认为性能稳定，符合要求。从1978年初起，这些化验项目由分析仪代替人工化验。

"常减压装置主要中间控制分析项目自动化"在第一次全国科技大会上获奖。

（十一）可燃报警器

在石油、化工、石化等生产装置中，现场安装的可燃气体检测报警器，在1975年前是没有的。1972年燃化部与日本东洋工程公司签订成套引进30万乙烯合同后，于1975年设备安装施工时才见到从日本理研计器株式会社引进的GD-A30型可燃气体检测报警器的真面貌。

因是成套引进，设备资料到货及翻译的滞后，仪表设备安装出现不少问题，其中就有可燃气体检测报警器的安装。随30万乙烯装置引进的4.5万吨丁二烯抽提装置，建在合成橡胶厂。随着30万吨乙烯装置成套引进，带来许多先进仪表及设备。仪表及自动化设备就有数十种近万台件。为搞好这些仪表设备的使用维修，燕山石化总厂筹建了燕化仪表厂，研制可燃气体检测报警器。

经调研，我国对可燃气体检测报警器从二十世纪六十年代就已有研究。在煤矿行业系统中应用和研究进展较早。自七十年代以来，我国石油、石化、化工等高速发展，其装置安全防爆问题逐步引起人们的高度重视，用此类仪表监视装置中可燃气体泄漏和滞留情况，成为预防事故发生、避免重大人身伤害事故和经济损失的重要安全保障措施。为此，以燕山石化仪表厂的名义，于1976年向石化部建议并得到批准，研制适用于易燃易爆生产装置的防爆型可燃气体检测报警器。1977年2月石化部科技局正式立项。燕化仪表厂在吕廷玉厂长的带领下，组织技术力量，调研、确定试制方案和程序。

现场固定式可燃气体检测报警器采样有扩散式和泵吸式两种，先搞扩散式采样还是泵吸式采样？因现场大量采用的是扩散式采样，故为解决现场实际需要，确定先研制扩散式采样检测器。可燃气体检测报警器的检测敏感元件种类较多。经调查分析，气敏元件的稳定性和定量性较差。而白金裸丝元件需要的激励电流较高，且灵敏度较低，寿命也较短。为了适应防火防爆要求，应采用较低工作激励电流。最后确定采用加催化剂载体的白金丝敏感元件。燕山石化仪表厂组织攻关小组，前往沈阳灯泡厂学习绕丝、平丝、制作敏感元件骨架。向敏感元件骨架上蘸药（铂、钯、钛）和用标准气老化，直至敏感元件制作成功。并成功编写出敏感元件的制作工艺。该产品是应用在易燃易爆场所，自身必须具备其防爆性能。防爆等级、标准、电路、结构等方面都必须达到要求。首先确定防爆标准，必须符合国标《GB 1336—77 防爆电气设备制造检验规程》（1984 年 12 月 31 日前执行。1985 年 1 月 1 日后，改为执行国标 GB 3836—83）。根据防爆要求确定防爆技术要求等级为隔爆型，即将带电的零部件集中在一个外壳内，当内部发生火花或爆炸时，不会引起外部易燃易爆气体爆炸。等级标志符号为"B3d"。

1977 年 3 月至 1978 年 8 月，完成设计防爆的审查。1979 年 5 月，完成了整机实物防爆审查。经一机部南阳电气防爆研究所对实物防爆性能试验，合格后颁发合格证。1980 年 2 月，完成了首批样机在石化装置现场工业运行试验。1980 年 5 月正式通过产品鉴定。正式宣布 KJB-1 型可燃气体检测报警器（由 K1-1 型可燃气体检测器和 K2-1 型可燃气体报警器组成）在北京燕山石化公司仪表厂诞生。从此，我国有了国产的工业在线可燃气体报警器，不但解决了引进装置中进口的可燃气体报警器的备品、备件和维修问题，更主要是解决了新建炼油、石化企业大量急需问题。

（十二）氨氧化串级控制系统

上世纪五十年代末到六十年代初，我国正轰轰烈烈实施十二年科学发展规划，号召全国人民努力攀登科学技术高峰，高等学校是一支攀登科学技术高峰的重要科学技术力量。1964年，北京化工大学积极响应号召，在兰化的三〇二厂稀硝酸车间进行串级控制系统试验的研究，为工业提高技术水平贡献力量。在兰化的三〇二厂稀硝酸车间进行串级控制系统试验的研究。该项目受到三〇二厂领导，仪表车间和硝酸车间的大力支持。因为这个车间的控制仪表是全国最先进的，其氨氧化工段，采用了苏联的气动单元组合仪表，具有氨气与空气的比值控制方案，该气动单元组合调节器也具备用外来信号修改比值的功能，硬件条件已经具备。因此在串级控制方案中，增加氧化炉温度的气动 04 型调节器，其输出串接到气动单元组合比值调节器，修改氨气与空气的比值，这样就构成串级比值控制系统。当时化工部自动化研究所和三〇四厂了解到北京化工学院要做当时仅在书本上看到的串级控制系统试验，要求派人参与，北京化工学院认为这是好事，同意了他们的要求，形成联合团队。

在工业现场调试之前，北京化工学院已经做了大量的准备工作。首先了解工艺流程，进行工艺物料衡算和能量衡算以及扰动分析。氨气与空气中的氧气在铂金网（作催化剂）上燃烧，约 800℃下进行激烈氧化放热反应，生成一氧化氮和大量的热量，热量由直流锅炉回收，后续过程将一氧化氮再继续氧化生成二氧化氮，经水喷淋生成稀硝酸。氧气在氨气中的浓度要求严格，该混合气的爆炸界限很窄，偏差稍大就会爆炸，该车间就曾经发生过好几次爆炸。经热量衡算了解到浓度偏离 1% 将会引起约 70℃的变化。影响氧化炉的温度因素还很多，比如空气中氧含量随天气的变化、热交换状况的变化、氨气和空气的比值变化等，尤其他们的流量与送到控制器去的信号并非呈线性关系。其次还要了解测试对象特性方法和控制器参数整定方法。单回路控制系统控制器参数的整定，理论上按照扩充频率法，工程上采用临界比例度法或经验法。当时理论计算很费事，主要靠人工计算。即使采用已知的对象模型，要计算比例积分控制器的最佳参数，一般要计算好几天。对于串级控制系统，计算控制器的参数更为复杂。可以按照当时从苏联留学回来的龚炳铮先生的博士论文方法进行计算。为记录测试数据，还需要准备一些工具仪表，如温度快速记录仪，还需要修改它的量程，使其变得更灵敏一些等。对已有仪表要进行测试，查看灵敏度、变差，尤其是控制器的参数度盘，要仔细校对，04型控制器的度盘误差很大，更要认真核对，分别作出核对校正记录数据表，备作整定参数时使用。

在测试对象动态特性时，分别作阶跃测试和矩形波测试，阶跃幅值的选取更为谨慎，要使温度的变化在工艺允许的范围内。试验完后，由数据画出飞升曲线和矩形波曲线。根据西莫优（Симою）的面积法计算出氨流量通道的传递函数和温度通道的传递函数。然后用扩充频率特性法计算氨流量控制器的最佳整定参数，接着再计算串级主控制器的参数。经拉氏反变换，计算出模型的飞升曲线，两条曲线拟合得不错，说明所建立的模型很好，用它来计算控制器的整定参数，就可以获得较好结果。

有了对象的模型，就可以进行串级控制系统参数整定了。研发人员分别采用理论上的扩充频率法和工程整定的临界比例度法。先计算副控制器的整定参数和副环的过渡过程，接着计算副环系统的传递函数，将它和温度通道传递函数相乘作为主控制器等效对象，进行计算主控制器的整定参数和温度的过渡过程。

临界比例度法要简单得多，尽管危险性很大，对工艺干扰也大，只要采取有效措施，可以做到既安全又顺利。开始进行副环控制系统的临界比例度试验，试验前，先将主环开路，把比值控制器的积分设为无穷大，并将比值控制器的第三参数固定为 0.5kgf/cm^2。当系统比较稳定时，开始逐步减小比值控制器的比例度。观察到氨流量表输出开始变化，形成衰减振荡的过渡过程，继续减小比例度。经过测试，振荡振幅还在范围内。测试得到临界比例度为22%，临界周期为二十六秒。按照经验公式，可得比值控制器整定参数的比例度为48%，积分时间为二十二点一秒。用扩充频率特性方法的理论计算结果，得到的最佳整定参数的比例度为40%，积分时间为三十秒。这两种整定方法的数据都经过现场调试，运行结果都很好。

接下来进行串级主控制器的临界比例度调试。将上述理论计算或临界比例度法的参数放到副环控制器上，主环控制器的积分时间放到最大并闭合控制回路，调试人员还是按分工执行任务。逐步减小主控制器的比例度，使主环温度逐步变化，慢慢地振荡起来，直至产生等幅振荡，记录此时的临界比例度为14%，临界周期为一百八十秒。根据临界比例度法的经验公式，可以得到比例度为30%，积分时间为一百五十四秒。理论计算结果为得到的最佳整定参数的比例度为24.6%，积分时间为一百九十八秒。

这两种整定方法的数据都经过现场调试，将上述获得的整定参数先后放到主副控制器上运行，连续考验，获得非常满意的结果，氧化炉温度非常平稳，仅在2~3℃变化，个别干扰大时，也在4℃之内变化，大大提高了控制精度。

二、生产装置建设推动自动化仪表产业

（一）第一阶段：援助建厂

新中国成立初期，在实施第一个五年计划过程中，我国不仅实现了工农业总产值的绝对

增长，而且由于投资向重工业作了较大倾斜，国民经济各行业的比例出现了明显的变化。至1957年年底，工业总产值在工农业总产值中的比重已经从1952年的41.5%增长到56.5%。也就是说，仅仅通过五年的努力，我国的工业总产值已经超过了农业总产值，标志着工业体系基本建立。这一成绩的取得与国家政策导向正确密切相关，也与苏联支持实施的一百五十六项重点项目密切相关。

经过"一五"时期以一百五十六项工程为核心的工业化建设，中西部地区崛起一批经济重镇，推动了全国各区域的均衡发展，其中第一阶段苏联援建项目典型案例如下。

1. 北京分析仪器厂

十九世纪五十年代后期，根据第一机械工业部三局的指示，为了配合重工业的大发展，需要迅速建成气体分析仪器与成分分析仪器制造厂，以满足各工业部门的需要。北京分析仪器厂的建设成为苏联援建的一百五十六项工程的补充项目。

1959年，第一机械工业部批准建厂计划任务书，在北京市东华门北河沿五十四号成立了北京气体分析仪器厂（北分厂的初定名称）筹备处，当时调集了六十四人。筹建处主任是从一机部派来的刘乐林，副主任马毅之、周绍曾。总工程师姚克文，副总工程师朱良漪。筹备处建立了党总支，设筹建办等职能科室，苏联派来的两位专家普留晓夫和彼索钦斯基也在筹备处上班，苏联的技术输出单位是苏联列宁格勒气体分析仪器设计局，是以气体分析仪器为主的科研单位，由他们提供全套图纸和部分样机并派遣相应的专家。1960年批准了北分厂建厂总平面图。经过几次调整，最后批准的投资总额为三千一百八十二万九千元。企业职工二千五百二十七人，生产质谱计、色谱仪、磁性氧分析器等气体分析仪器和成分分析仪器。在毛主席"分散、隐蔽、靠山"的建厂思想指导下，厂址迁到北京西山脚下的温泉北部。

1960年7月和8月，两位苏联专家相继回国，援助工作戛然而止。苏联的两位专家基本没有参与试制工作。面临这种困境，在党中央、北京市和第一机械工业部的领导下，北分厂完全依靠自主力量，边建设边研制新产品，坚持建厂和生产两不误。在建厂的生产大纲中试制的产品主要是热导式氢分析器、热磁式氧分析器、盐量计、光声式红外线气体分析器以及同位素质谱计。自力更生的试制工作锻炼出了一支基本功扎实的技术队伍。这些产品在国民经济建设和特殊行业的发展中，发挥了很大的作用。特别是同位素质谱计，连续生产多台，在当时西方对华禁运的困难条件下，为我国核科学研究、核工业的发展起到了不可估量的作用，为我国分析仪器的发展打下了基础。

1965年，北分厂完成国家验收并正式投产。从1959年到1965年经历了六年时间的筹建，北分厂坚持自力更生，奋发图强，艰苦奋斗，克服了重重困难，完成了建厂任务。到1965年国家验收正式投产时已经研制成功十四种新产品，有五种已投入批量生产。1965年11月12日，厂名更名为"北京分析仪器厂"。建厂初期组建成立了第一机械工业部北京成分分析仪器研究所，1972年改名北京分析仪器研究所。其任务是立足本厂面向行业承担机械工业部下达的行业技术组织工作及为本厂服务的新产品研究开发。

2. 哈尔滨电工表仪器厂

哈尔滨电工表仪器厂于1954年4月21日破土兴建，苏联安排驻哈尔滨量具刃具厂的专家伊瓦基具体指导土建施工。伊瓦基根据建厂的实际需求，积极探索保证工期的合理化建议，保证了工程质量进度和安全，对促进土建施工计划的按期完成起到了决定性的作用。第二年苏联又陆续派来布尔科夫斯基、甘卡洛夫、巴尔斯科夫等九名专家，帮助土建、安装。指导生产制造的专家是甘卡洛夫。他建议厂内外植树、种花草，控制灰尘。汽车仪表生产指导专家巴尔斯科夫，来华之前就做了大量调查研究工作，带来了当时苏联最新的技术成果。他在工厂审查仪表时发现油压表上用的瓷质炭阻这种材料，我国生产不了，便建议改用一种千分表调整装置来代替，不仅解决了材料来源困难，而且提高了经济效益，按年产五万台计算可以节约二十五万元。他毫不保留地把苏联先进生产经验运用到生产中帮助修改了工艺布置路线，解决了大量特殊设备、夹具的设计制造等难题，并且亲自催办模具和生产设备，亲自培养技术工人，从而保证了汽车仪表的按时投产。专家组长布尔科夫斯基在组织工艺生产建立工艺秩序保证文明生产和精密仪器的生产准备方面做了大量工作，并且在沟通工厂与专家之间的工作计划安排等方面起到了统调和表率作用。在工厂早期建设的过程中，苏联专家有文字记录的建议有六百六十五条，这些建议解决了许多工程建设、技术和管理等方面的问题，苏联专家们始终以最大的热情进行工作，非常耐心、负责和认真，充分体现了苏联人民的高贵品质和友好态度，为哈尔滨电表厂的建成做出了很大的贡献。另外，苏联方面围绕援建项目安排中方人员去苏联学习和实践，赴苏人员受到了热情的接待和认真的指导，接受了严格的培训。

3. 太原氮肥厂

化肥作为农业发展的基础，在新中国成立初期摆到了发展的重要位置。在苏联援建的一百五十六个项目中有吉林氮肥厂、太原氮肥厂、兰州氮肥厂三个硝酸铵氮肥厂项目。下面以太原氮肥厂为例。

苏联援建的仪表大部分是基地式仪表。硝酸车间的控制仪表是全厂仪表品种最齐全的，它不仅有测量压力的普通弹簧式（60kgf/cm²），还有高压弹簧管压力表（60kgf/cm²）和带报警电接点压力表及 04 型气动圆图压力调节仪表；测量流量的 ДП–280、410、610 圆图水银差压浮子式流量计，高压圆图水银差压浮子式流量计及 U 型玻璃管式差压计、玻璃管式转子流量计。还有测量温度的仪表比率计是指示型，ЭМД–209 电子平衡电桥是圆图单点记录仪，它的一次元件热电阻体有两种规格的金属铜和金属铂，测量范围铂电阻 0~600℃，毫伏计和落弓式毫伏计指示型一次元件是镍铬－镍铝热电偶，测量范围 0~600℃；ЭПП–09 电子电位差计是三点记录仪；一次元件有镍铬－镍铝 0~600℃，和铂铑－铂热电偶测量范围 0~1200℃。还有全厂独有的现场控制式在线自动连续测量的各种分析仪表，当时这些分析仪表也是国内仅有的。自动连续工作热化学式气体分析仪，是以测量反应器触媒层铂网中发生催化反应热效应为基础，测定氧气中的可燃气体和可燃气体中的氧气含量。自动连续指示和记录磁氧体分析仪，是利用氧的顺磁性随温度变化的关系，分析各种混合气体中氧的体积含量。连续测量混合气体中一氧化碳、二氧化碳、甲烷、氨、乙烯含量的红外气体分析仪，利用混合气体中被测组分具有选择吸收红外线性能特点的仪表。

自动光电比色气体分析仪是一种连续自动测量无色气体中氮氧化物含量的工业分析仪器，是基于当混合气体中二氧化氮浓度发生变化时被测气体的透明度也随之改变的原理，有两个气室，一个为参比室，另一个是工作室，混合气体中氮氧化物的浓度测定范围不超过 1.05。红外线吸收式气体分析仪用来连续测量含有氢气、甲烷、二氧化碳、一氧化碳混合气体中的组分浓度。

1960年秋，苏联专家撤走，第一套直接集中控制生产的AYC调节系统仪表在当年冬到货，它的动力不是电而是压缩空气，连接气源是直径六毫米和八毫米的紫铜管，每根长度只有四米左右，而调节器到现场执行机构的距离都在二三十米，个别要达五十米，中间都要用铜焊条沾硼砂焊接，十三套调节系统，就有四百多米长，焊口达百处。施工过程中，没有苏联专家指导，工作人员用肥皂水一个焊口一个焊口检查是否漏气，靠仅有的使用说明书，一台表一台表进行安装调试，有时一台表要经过反复调试，单台仪表校验合格后，再和调节器、执行机构联接，先手动试验，合格后再切换到自动位置。再进行第二个系统联调。就这样，经近一年加班加点奋战，终于将整个系统联调完成，使这套在仪表控制室集中自动控制硝酸生产线的大型先进调节系统投入正常使用。这些仪表精度是1.5级，比现场安装的基地式水银流量计2.5级和4级要高。

（二）第二阶段：引进建厂

六十年代后期，根据毛泽东主席的指示，国家计委向国务院提出的"旨在改善民生"的对外引进方案。该方案提出"为解决人民群众的吃饭穿衣问题"，"拟用三至五年时间从美国、联邦德国、法国、日本等西方发达国家，引进总价值为四十三亿美元的成套设备"，亦称"四三方案"。它是我国继五十年代苏联援助的一百五十六项工程之后，第二个大规模的对外技术引进项目，至1982年全部投产，为改革开放后我国国民经济的发展和人民生活水平的提高，奠定了重要的物质技术基础。

这次大规模引进成套技术设备的项目共二十六个：化学纤维四套，即上海石油化工总厂、辽阳石油化纤总厂、四川维尼纶厂、天津石油化纤厂；石化三套，即北京石油化工总厂的三十万吨乙烯、吉林石化公司的十一万五千吨乙烯及配套项目、北京化工二厂的氯乙烯设备；大化肥十三套，即沧州化肥厂、辽河化肥厂、大庆化肥厂、栖霞化肥厂、安庆化肥厂、齐鲁第二化肥厂、湖北化肥厂、四川化工厂、泸州天然气化工厂、赤水天然气化肥厂、云南天然气化工厂；烷基苯项目一套；大型电站三套，分别建在天津北大港、河北唐山陡河、内蒙古赤峰元宝；钢铁项目两套，武钢的一米七轧机和南京钢铁公司的氯化球团。另外，还有四十三套机械化综合采煤机组，以及当时具有世界先进水平的透平压缩机、燃气轮机、工业汽轮机等单个项目。

1.北京有机化工厂

北京有机化工厂引进的日本仪表从重量、体积、功能都要比苏联援建的仪表先进，气动仪表不用焊接铜管，而是铺设管缆，一根管缆有四芯和七芯，中间没有接口，也不用中间接线盒，不会漏气，需要多长就敷设多长，既简便又安全，又省人工，就是造价高。管缆、电缆都是安装在架空的固定桥架上，即整齐好看又方便维护检修，这在当时是先进的技术。输出信号电的采用二线制4~20mA直流标准信号，气动仪表输出信号是0.2~1.0kgf/cm²。

温度测量有：非智能型的记录仪是ER型记录仪，六点十二点不同颜色的记录，精度优于+0.1%，一次元件有热电阻，测量范围0~600℃，高温有热电偶，测量范围0~1600℃，非接触式高温型-18~3000℃。

流量仪表有：横河株式会社生产的孔板式气动d/e差压变送器，直接安装在现场设备上，输出信号为0.2~1.0kgf/cm²，孔板都是标准型的，材质为含钼不锈钢，有一块孔板材质为纯钛的，特性脆易碎耐醋酸腐蚀。有一种测量黏度从0.3至100000CP液体体积流量的椭圆齿轮流量计，精度很高是 0.5 级，测量范围最小为 10~200 升 / 小时，最大测量范围为 1200 立方米 / 小时，额定压力 PN10 至 100，测量口径为 DN6 至 400 毫米，完全是机械加工的，由齿轮带动两个椭圆形齿轮的转动来测量流过的液体体积量，椭圆齿轮加工精度要求很高，流过的液体中不能带有气体，需要在椭圆齿轮流量计前面安装一台过滤器，否则测量不准确，有现场指示表显示流量。适用于各种黏稠液体测量，可远距离传送，操作安全，使用寿命长。

档板式流量计，精度是测量值 ±2%，满度值 ±1%，测量范围夹装式为 1.5~1300 立方米 / 小时，法兰式 35~10000 立方米 / 小时，额定压力 PN10~40，测量口径夹装式为 DN15~300 毫米，法兰式 DN300 至 6000 毫米，有水平安装和垂直安装两种，带现场指示表显示流量。适用于液体、气体，混浊和黏稠、腐蚀性强、危险、易燃易爆介质流量测量，结构简单坚固，使用方便。

远传式金属转子流量计是容积式，精度为测量值 ±1.5%~±2%，测量范围从 0.015~1700 立方米 / 小时（水），额定压力 DN10~40，测量口径 PN10~1200 毫米，垂直安装，带现场指示表显示流量，可测量液体、气体，混浊和黏稠、腐蚀性强、危险介质的流量，全金属耐高温、高压，高稳定性、高可靠性无变差的磁力测量转换器，线性流量显示和信号输出。

电磁流量计测量精度标准型 ±0.75%，经济型 ±1%，单点插入式 ±2%，双点插入式 ±1%，测量范围 0~10 米 / 秒，额定压力 PN10~40，测量口径 DN15~100 毫米，安装方式有垂直和水平两种，连接方法是法兰式，有一体式和分体式两种，对前后直管段要求比较严格，电极形状有平面的、点状的，半球状（标准型）、锥形及带自动清洗电极的。衬里材质有硬橡胶。电极材料有不锈钢、哈氏合金、钽、铂、金、钛等，防护等级为 IP65、67、68，可自选。容积式玻璃转子流量计是安装在管道上的现场指示性仪表，测量精度为 2.5%~4%，测量口径 DN6 到 100 毫米，适用于易燃易爆介质，结构简单坚固。

液位测量采用接触式外浮筒液位计，材质都是不锈钢的，可以和介质直接接触，所以测量的液位比较准确。测量液位的还有 d/e 法兰式液位变送器，基本用于高塔设备和储罐液位测量。为了防腐蚀装有隔膜。

压力测量有电接点式和隔膜式压力表，还有 M/54 气动压力记录仪，M/58 气动压力调节器。

全厂仪表集中在两个控制室，一个是前半部的合成工段控制室，另一个是后半部的皂化工段控制室。仪表盘是半模拟的。气动调节阀、执行机构是薄膜式的，有正作用和反作用两种形式，带阀门定位器，密封填料是聚四氟乙烯形填料，有单座阀和双座阀两种。阀芯特性有线形、等百分比及抛物线。输入、输出的是 4~20mA 电信号。合成工段的串级调节系统是控制合成反应器的温度，皂化工段的比率调节系统是控制皂化工段的碱流量和树脂浓度的，用来保证产品的质量，这两个系统都是控制有机化工连续生产最关键的仪表，当时在国内是先进的技术。

1970 年前后，南开大学在这里进行计算机控制、做优化控制的试验。首先按数理统计法做数学模型，然后在现场由算机进行寻优，取得一定效果，在当时也是轰动一时的事件。

2. 大化肥装置

为提高我国的粮食产量，以满足日益增长的人口和国民经济发展的需要，1973 年国务院决定从国外引进具有先进技术的大型化肥（合成氨—尿素）装置。第一批引进共计十三套，其中有美国凯洛格（合成氨装置）—荷兰凯洛格大陆公司（尿素装置）八套、法国赫尔蒂公司（合成氨—尿素装置）三套、日本东洋工程公司（合成氨—尿素装置）两套。到1978年，十三套大化肥装置先后建成投产。

以湖北化肥厂为例，1973年开始筹备1974年10月动工建设，到1979年8月才竣工，是十三套化肥设备建设时间最长的化肥厂，年生产合成氨三十万吨，尿素四十八万吨。后来企业改制，湖北化肥厂被纳入中国石化集团，成为中国石油化工股份有限公司湖北化肥分公司。目前，该厂有天然气和煤为原料的两套制气系统，上游装置具备年产九十万吨合成氨的供气能力，下游装置具备年产三十三万吨合成氨、五十六万吨尿素的能力。

齐鲁第二化肥厂，1973年引进日本化肥设备，选址建厂于山东省淄博市，1974年4月开工建设，1976年7月就竣工投产，是当时建设时间最短的大型化肥厂，年生产合成氨三十万吨，尿素四十八万吨。企业改制后，齐鲁第一化肥厂和齐鲁第二化肥厂，都纳入中国石化集团齐鲁石化分公司，经过几十年的建设与发展，现成为一家集石油加工、石油化工、煤化工、天然气化工、盐化工为一体，配套齐全的大型炼油、化工、化纤联合企业。

3. 烷基苯装置

1975年，我国向意大利进口烷基苯设备一套，厂址选在江苏南京市，即南京烷基苯厂。1976年10月动工建厂，到1981年12月竣工投产，年生产正构烷烃五万吨，直链烷苯烃五万吨。正构烷烃，属于化工原料，可广泛应用于橡胶、原皮、皮革、油漆、电子干洗、洗涤剂、氯化石蜡、化妆品、造币、催化剂、添加剂、医药、生物化学的重要原料生产和加工。直链烷烃，也是一种重要化工原料，广泛应用于加工和生产清洗剂、环保溶剂、稀释剂、相变材料、工业加工油、特种润滑油等工业品。

南京除了引进烷基苯项目之外，1974年就从法国引进了一套大化肥设备，建厂在栖霞山，并在1978年10建成投产。另外，还向日本引进氯化球团设备一套。

4. 大型电站装置

从意大利、日本、瑞典、法国等国家引进电站技术与装备，分别建成为天津大港发电厂、河北唐山陡河发电厂、内蒙古赤峰元宝山发电厂。

大港发电厂，位于天津东南部海滨。1973年，向意大利引进两台328.5兆瓦燃油发电机组，1974年12月动工，1978年10月首台机组投产发电，是当时全国单机容量最大的火力发电机组。1988年，在此基础上扩建了二期工程，继续向意大利引进两台328.5兆瓦燃煤发电机组。目前，装机总容量1314兆瓦，是国家电力公司特大型发电企业、华北电网主力之一。

陡河发电厂，坐落于河北省唐山市。1973年12月动工建设，1978年3月并网发电。整个工程建设为两期，一期工程一、二号机组是日本进口日立机组，每台机组的装机容量为125兆瓦。二期工程三、四号机组是日本原装日立机组，每台机组的装机容量为250兆瓦。

元宝山发电厂，坐落于内蒙古赤峰市元宝山区境内。1973年立项，向瑞典引进锅炉，向法国CEM公司引进汽轮机、发电机，机组容量为300兆瓦。1974年9月选址建厂，1978年12月正式并网发电。

5. 化纤装置

四套化纤设备，分别为辽阳石油化纤总厂、上海石油化工总厂、四川维尼纶厂、天津石油化纤厂。"四大化纤"基地建设项目规模之巨大、技术之复杂，为我国工业史前所未有。经初步计算，所需投资相当于从新中国成立到 1971 年的二十二年间国家给纺织工业的投资总和。

上海石油化工总厂在四大化纤项目中最先筹建，最早开工建设。项目包括九套引进生产装置，还有九套国内配套。建设规模为年产乙烯 11.5 万吨，合成纤维 10.2 万吨（其中：腈纶 4.7 万吨、维纶 3.3 万吨、涤纶 2.2 万吨），聚乙烯塑料 6 万吨及部分油品、化工料等。第一期工程从 1972 年 6 月开始筹建，1977 年 7 月开通三条生产线，生产出合格产品。1979 年 6 月经国家正式验收，1979 年 11 月正式交付生产。

辽化是四大化纤项目中生产化纤原料和化纤产品数量最多的一个项目，引进生产装置 25 套，国内配套 19 套。建设规模为年产乙烯 7.3 万吨，聚酯切片 8.6 万吨，尼龙 66 盐 4.5 万吨，聚丙烯、聚乙烯各 3.5 万吨，涤纶短纤维 3.2 万吨，锦纶长丝 0.8 万吨，计划投资 29.46 亿元。该项目 1973 年 8 月开始筹建。1974 年 8 月正式破土动工，1979 年 10 月第一套引进生产装置——蒸汽裂解装置开始投料试车。1980 年建成了芳烃生产线和聚酯生产线，1981 年 8 月建成了尼龙生产线。1982 年 11 月 26 日经国家验收，1983 年元旦正式生产。

四川维尼纶厂 1973 年开始筹建，1981 年 12 月，维纶短纤维和牵切纱全部建成形成生产能力，1983 年 7 月 1 日正式生产。天津石油化纤厂 1977 年 9 月 20 日全面破土动，1984 年元旦交付生产。

6. 钢铁装置

1972 年，国家为解决一些急需的钢材品种国产化问题，决定从国外引进一米七轧机技术并建在武钢。一米七轧机技术世界先进，主要设备综合了炼钢工艺、机械制造、金相热处理、陶瓷化工和电气、液压传动、检测手段、信息传递、能源介质以及环境保护等方面的新工艺、新技术。武钢一米七轧机系统有四个主体工程，即第二炼钢厂连铸车间、热轧带钢厂、冷轧薄板厂及冷轧硅钢片厂。连铸车间和冷轧薄板厂成套设备由原联邦德国引进；热轧带钢厂和硅钢片厂成套设备由日本引进，此外，还有相应的配套及附属工程。一米七轧机工程的引进工作，从 1973 年 7 月开始与外商谈判，到 1974 年 8 月先后与外商签约。

1974 年 9 月，武汉钢铁厂破土动工建造从联邦德国引进的连铸车间、冷轧薄板厂和从日本引进的一千七百毫米热轧薄板厂、硅钢片厂，开创了我国系统引进国外钢铁技术的先河。整个工程总投资约四十亿元，武钢一米七轧机投产后，年生产冷轧板一百万吨、热轧板一百万吨、硅钢片七万吨，改变了我国钢材严重依赖进口的历史。

要发挥一米七轧机优势，光靠后工序的先进是不够的，必须把前部工序即老厂系统提高到与新系统相适应的水平上来。为此，武钢对老厂系统开展了大规模的技术改造。

首先是按照"精料"原则对原料系统的工艺、设备、操作制度进行改造，使铁水含硅量降至 0.6%、含硫量降至 0.025% 左右，满足了一米七轧机对低硅低硫的要求。其次是改造炼钢系统，平炉全部改造为顶吹氧平炉，并通过对冶炼和铸锭工艺的改进，使平炉冶炼钢种由原设计的五个扩大到二百一十五个，转炉采用铁水脱硫、铝线机加铝、真空处理、合金微调、顶底复合吹炼等新技术，尤其是顶底复合吹炼工艺的开发，技术指标和冶炼效果都达到八十年代中期世界先进水平。其三是对辅助原料和能源介质系统进行了一系列技术创新，提高了耐火材料、能源介质的品种质量和安全稳定程度，满足了一米七轧机高标准的要求。

一米七轧机工程是我国经济建设史上少有的大项目，它的工程量大，配套项目多，建设工期短，涉及的单位多，工程质量要求高。能够在短短几年里建成如此复杂的工程，并且做到了优质、低耗、一次投产成功，这是武钢乃至整个冶金工业建设史上的一个壮举。它的建设为冶金工业的现代化建设和引进工程的建设积累了宝贵的经验。

一米七轧机工程意义，不只是提升钢铁产能，更久远的价值在于培养了大批人才。为了吸收与掌握这套外国先进炼钢设备系统，武钢工人对此做了精细改造与优化，通过长时间的不懈努力，实现了操纵人员和设备的磨合。在这个过程中，武钢提高了整个系统精度，降低了生产耗能，提升了作业生产效率，对提升中国整体钢铁冶炼水平，为中国钢铁迈向现代化、自动化、高速化，具有重要的积极作用。

武钢一米七工程在我国钢铁自动化中发挥巨大作用的另一个重要经验是组织钢铁行业院校、自动化所的精英汇聚武钢，帮助消化吸收先进技术并在全国推广。

同期，南京钢铁厂从日本东洋工程公司引进氯化球团设备。引进这套设备的目的，是为了综合利用大量废弃的硫酸渣（含铁量比较高），提高我国工业原料循环使用能力。1976年签订引进合同，1978年3月动工建厂房，1980年8月竣工，同年12月完成负荷试车，验收合格。氯化球团设备，年产量为30万吨优质球团，供给高炉炼铁，并同时回收一定数量的铜、锌、金、银等金属。

7. 石化装置

1972年1月至1973年，分别引进三套石化设备，分别安置在北京石油化工总厂、北京化工二厂、吉林石化工业公司。

北京石油化工总厂，前身是1969年建设的东方红炼油厂，1970年才升级更名为北京石油化工总厂，成为新中国第一个炼油化工联合企业。如今，属于中国石化集团燕山分公司。

1972年分别向联邦德国、日本和美国引进生产装置，总投资金额为23.7亿元。1973年8月开建，1976年试产，量产后年生产乙烯三十万吨、高压聚乙烯十八万吨、聚丙烯八万吨。

燕山石化三十万吨乙烯项目是"四三方案"三个乙烯项目之一，更是当时中国规模最大，也是国内唯一一个三十万吨乙烯项目。燕山石化这一套成套引进设备为未来三十多年中国乙烯建设大潮和乙烯技术国产化提供了不可磨灭的经验。

1976年5月8日开始准备投料。5月18日，只用了九天零十八个小时，乙烯就生产出来了。这在当时是世界上乙烯投产的最短时间纪录。在乙烯装置现场工作的美国技术人员给鲁姆斯公司打电报，说中国用了不到十天时间就生产出了乙烯。该公司高层认为没有这个可能，回电要求再调查核实。那个在现场的美国技术人员对现场中国工程师说："没有乙烯冷却，还能用这么快的时间生产出合格乙烯，这绝对是世界一流水准。"应该说这句来自美国技术人员的评价并不为过。燕山石化三十万吨乙烯项目是世界上第一个用轻柴油做原料的大型乙烯设备，受到了全世界乙烯产业的关注。

三十万吨乙烯成套工程是根据伟大领袖毛主席提出"争取时间，壮大自己，反对侵略"的战略方针，经党中央和敬爱的周总理生前亲自批准从国外引进的重点项目之一；它也是解放以来在首都兴建的规模最大的石油化学工业建设项目。这项工程包括年产30万吨乙烯，18万吨高压聚乙烯，8万吨聚丙烯，4.5万吨丁二烯和即将竣工投产的6万吨乙二醇等共五套装置。其中头四套装置只用了两年零八个月的时间就胜利建成，并且一次试车成功，于1976年10月1日正式交付生产。建成这项工程使我国有机化工基础原料乙烯的产量增长四至五倍，对于进一步改变我国石油化工落后的面貌，壮大我国的经济和国防实力，支援农业普及大寨县运动，改善人民生活具有重大的政治经济意义。

在技术上，引进工程是分别由日本著名的东洋工程、住友、三井、瑞翁、曹达五家工程公司所承担，以美国的鲁姆斯和科学设计等公司作技术后台，所采用的仪表和自控系统更是集结了横河、北辰、富士和山武、霍尼韦尔等四十多个专业厂家的产品，并选用了美、英、西德的一些名牌产品。值得注意的是：这几套装置的仪表与自控系统占的比重较大，约为装置总投资的 10% 至 15.3%（还未包括在谈判中取消的工业控制机和随机仪表在内）。在这样大型现代化的工程中，从仪表与自控系统所处的位置与所起的作用来看，它早已不再是什么一般所谓之与主机配套的概念了。

据初步统计，为了实现三十万吨乙烯装置的自动化，除公用工程和随机仪表外，共采用了 19697 台（套、件）的仪表及自控装置（其中包括各种形式的自动调节阀 1732 台）；实现 7493 个检测控制点；构成 1137 条调节回路，而且其中 70% 至 80% 的调节回路都引入中央控制室。所以，仅从规模和数量来看也是有一定水平的。在三十万吨乙烯装置的设计中具有一个很大的优点，那就是采用能量平衡措施以节省消耗，它把轻柴油和乙烷裂解炉的高温（800℃）流出物经过废热锅炉产生出 120kgf/cm² 的高压蒸汽用来推动透平压缩机组和透平发电机组以及其他的用热场所。从而使这套庞大的装置在电力消耗上只用 3100kW 就够了。

引进装置的特点可以概括为大型化、露天化和自动化"三化"，防爆要求高、制造要求高、安装要求高"三高"，能量消耗低"一低"。因此，表现在对仪表与自控装置的要求便有以下这些特点：①长期使用连续工作可靠性要求高；②本质安全、耐压防爆；③现场仪表露天安装，要求结构适应防寒、防溅；④计量仪表精度高；⑤调节阀门品种多、规格多、数量多；⑥密集安装、结构紧凑、信号统一、便于维修；⑦大量使用成分分析仪器，并进入在线控制。

此外，还有若干安全保护措施。如从事故报警开始，经过必要的延时判断，到给予故障排除的信号都是有机联锁的配合。就是开车与停车也都要有一套程序控制系统。

这些看来似乎可以各自为战的调节系统，如果结合工艺过程、质量控制、物料平衡、能量平衡的基本要求，就可以发现它们之间是存在着许多前因后果的关系。而自动控制的目的就是要在操作中谋求整个装置处于相对的高效、安全与稳定的运行，在有干扰出现时能及时正确判断，排除故障并迅速恢复到正常，这就是系统自动化最大的优势。

引进装置中虽然曾经谈过可以采用计算机来解决上述的复杂关系，但并未实现。而是尽量利用了简单的自控系统解决复杂的要求，如采用流量差值调节系统解决关键的精馏塔内回流稳定问题。为了充分保证产品质量和运行可靠性，在关键部位运用超驰调节系统及报警连锁作双重或三重保险措施，以尽量减少单一信号越限而产生的连锁停车的断然措施。所以，从这些设计方法来评价，引进装置的自控系统设计在当时的条件下是高水平的。

第三节　军民融合新产品

新中国成立初期，国内的工业基础非常薄弱，西方资本主义国家又对中国实施技术封锁。

国防工业对于仪器仪表的强烈需求，推动了仪器仪表的国产化以及、自主研发能力的提升。承接国防工业的重大任务，仪器仪表厂不讲条件、不计名利，尽全厂之力，保质保量按时完成上级下达的科研和生产任务。由于当时有保密的需要，仪器仪表的开发者隐姓埋名、无私奉献，为我国国防工业的发展发挥了至关重要的作用。

一、国家战略武器重大检测仪器研制

核爆炸的冲击波测量是核武器研制中至关重要的一环。林俊德被任命为科研课题组组长，从事冲击波机测仪器研究。他在调研中发现，常规气象自动记录仪是采用钟表机构传动的，它在极大的冲击波干扰下仍能准确计时。于是尝试采用钟表机构动力的创新思路，1964 年成功开发了中国人自己的测量核爆炸冲击波的钟表式压力自记仪，为 1964 年 10 月 16 日中国第一颗原子弹试验提供了最完整可靠的冲击波测量和记录。

高空冲击波测量仪器必须能在 –50~–60℃ 的低温下可靠工作。林俊德带领课题组赶制了许多仪器，一个一个地让氢气球放飞到高空进行低温考核，每做一次放飞实验都要动员几十个人在数十公里范围的戈壁滩上把仪器找回来分析。终于完成了压力自记仪的研制和改进，建立了一套相当完整的冲击波机测体系，实现了从地面到万米高空、从距爆心数十米到距爆心数百公里的核爆炸冲击波测量，完整地积累了我国核试验冲击波数据，其数量和质量都达到了国际先进水平。

从 1964 年中国的第一颗原子弹爆炸，到 1996 年中国进行的最后一次地下核试验，林俊德为核试验冲击波机测仪器研制小组组长。1969 年冬，中国进行了首次地下核试验。林俊德的战场从大气层转到了地下，为尽快掌握地下核试验爆炸应力波测量和核试验工程设计技术，他和战友从大山深处的平洞试验到戈壁滩上的竖井试验，先后建立了十余种测量系统，为中国地下核试验安全论证和工程设计提供了重要数据。1996 年 7 月 29 日，中国成功进行了最后一次地下核试验，胜利实现了既定目标。

二、上海工业自动化仪表研究所承担项目

上海工业自动化仪表研究所（以下简称上自所）原隶属机械工业部，从 1960 年至 1985 年间承接了军工课题 210 余项，其中有些项目因用户要求撤销而中途调整计划，最后完成的共 163 项，研制及复制了 3760 台件，直接参与的科研人员约有 510 人次。完成的军工课题主要服务于：核潜艇、运载火箭及人造卫星、工程通信卫星、核电站等的配套仪表和自动化装置。此外还有为援外工程及其他军工单位配套的一些科研项目。所完成的项目当时都填补了这些领域的国内空白，保证了国家重大军工项目的成功实施，在我国军工发展史上留下了不可磨灭的光辉一页。

在成功研发设备、产品和元件的同时，有许多项目还必须提供相应的专用生产装备、工艺和测试装备及仪器，以保证所研发的设备、仪表和元件的批量生产和质量保证，形成实用的产业链。这是上海自动化仪表研究所承担军工项目的又一鲜明特色。以 1961 年接受的原子弹发射系统中的大膜片试制任务为例，当时国内没有大膜片成型和热处理的设备及工艺，上自所的技术人员土法上马，采用液压千斤顶成型、起皱，没有氮化炉和真空炉，就采用土法的"木炭覆盖保护层"，在马弗炉内进行膜片的时效弥散硬化处理，取得了良好效果。又如

1964 年接受的试制原子能反应堆中的三层波纹管任务，研制了一整套专用设备，其中包括与一机部上海电器科学研究所电焊机室合作，进行焊接工艺研究，促成了我国第一台氩弧焊焊机的试制成功。再如，1965 年接受的核潜艇中多项仪表的研制任务，其中很重要的一个技术是解决耐振动、耐冲击、抗摇摆等船用条件。为此上自所研制了双向振动（I 级、II 级）、冲击和摇摆等实验设备。这不仅保证了任务的完成，而且为后来建立特种环境实验室打下了基础。

在满足军工任务的同时，带动了民用工业的发展。许多填补了国内技术空白、直接为军工任务服务的，也是民用工业所需要的。上自所"以军带民"，开发了一大批民用产品。如 1961 年上自所研制的军工设备快速巡回检测装置，需要大批的干簧继电器，这种关键元件的试制成功和批量生产，不仅是国内首创，而且也带动了磁电测速、磁带记录仪等的研制任务的完成。又如前述的原子能反应堆中三层波纹管项目为例，在开发试制了许多专用设备的同时，攻克了许多关键的技术，如精密拉管技术、套装及封口技术、无氧化热处理技术，其性能监测和捡漏等技术都达到当时的国内最高水平，产品的外观、性能、清洁度等均达到当时的国际先进水平，从而实现了"以军带民"的指导方针，大大推进了国内弹性元件的制造水平。再如海缆埋设配套仪表（全称是多刃犁式海底电缆埋设机工作性能测试记录仪），是控制海缆埋设犁在海底作业时工作状态的成套设备。使用该仪表成套装置可在驾驶舱内清晰监控海底作业时埋设犁的挖掘深度、主钢索张力、平衡翼仰角和倾角、埋设犁着地姿态等性能。上自所自行开发的这套仪表，填补了国内空白，获得 1978 年全国科学大会奖。还有一个为人造卫星和运载火箭工程研发的专用程控计算机，装备了长空一号气象卫星，使用效果很好。之后又陆续装备了多颗气象和通信卫星，直到 1988 年发射的长空气象卫星中仍然担当卫星的控制主角；并为以后的气象卫星和通信卫星的发射打好了技术基础，创造了良好条件。这一科研成果系当时国内首创，达到六十年代末七十年代初的国际先进水平，并荣获 1977 年上海市重大科研成果奖、1978 年全国科学大会奖。

在承担军工任务的研制过程中，上自所考虑到仪表器件的通用性，以及研制成功后的生产制造等问题，尽可能与有关制造厂协作，如与和平热工仪表厂（上海自动化仪表一厂）、综合仪表厂（上海自动化仪表三厂）、建工仪表厂（上海自动化仪表五厂）、雷磁仪器厂（上海第二分析仪器厂）、上海微电机厂等通力合作。同时，还就一些科研任务和生产，与国防系统的厂、所合作。这些举措确保了军工任务的顺利完成，也调动了行业的积极性，有利于较快形成生产能力，提高了仪表工业的整体效率。

三、上海光华仪表厂承担项目

我国的核工业 1955 年起步，是在苏联的援助下展开的。中苏关系破裂后，苏方把在核工业系统的专家全部撤走，并带走了重要的图纸资料，设备、材料的供给也随即停止。1961 年 7 月 16 日，中共中央作出《关于加强原子能工业建设若干问题的决定》。《决定》提出四项措施，其中第二项是"关于设备、仪表的生产、试制、配套问题"，具体规定：①由国家计委协同一机部考虑决定拨给二机部几个比较有基础的机械、仪表工厂，作为原子能方面专用设备、仪表的试制厂；同时指定一批工厂，在安排任务时首先满足二机部的需要。②二机部应着手筹建和新建必要的专业性工厂，以便将来比较集中地制造原子能工业所需要的专门设备、仪表。

根据中央决定的精神，国家计委发文通知河北省委、北京市委、上海市委、江苏省委，把天津镗床厂、北京综合仪器厂、上海光华仪表厂、苏州阀门厂等划归二机部直接领导。光华于1961年10月正式划归二机部，定名为国营二六四厂，成为核工业热工仪表（自动化仪表）的试制、生产厂。11月8日，在《第二机械工业部党组关于交接工厂情况的报告》中，对于上海光华仪表厂的交接情况汇报说："上海市委最初表示：该厂协作较多，困难较大，提出采取归口安排任务的办法，而不交厂。经我们与他们协商，并在安志文同志的直接帮助下，市委同意将该厂划拨我部直接领导。"从中共中央决定，到工厂交接的过程，可以看出当年中共中央对仪器仪表的高度重视，以及通过自力更生解决核工程急需设备、仪表的决心。为了加快科研生产的进程，加强工厂的技术力量，核工业部决定第十研究所热工仪表室的十三位同志于1963年调入上海光华仪表厂。

上海光华仪表厂是1934年建立的老厂，有着悠久的历史。工厂原有一些老技术人员；划归部属后又陆续从十所及其他部内单位调入一批技术人员；有连续数年分配来的大学应届毕业生；还有一些经验丰富的老师傅。可以说一时间光华厂技术力量雄厚，一系列研发课题和生产任务全方位展开。

为了更好地集中力量为核工业服务，在划归部属前后，把部分成熟的传统民品转让给地方工厂生产，无偿提供图纸资料和工艺技术资料，接受来厂培训，还派技术人员登门帮其上马。如水表转给宁波，椭圆齿轮流量计转给合肥，转速表、转数表、汽车仪表转给上海的厂家。在为核工业服务的同时，光华厂也为行业的发展作出了自己的贡献。

早在1959年，光华厂就开始承接核工业部先后下达的核工业专用耐腐蚀浮子流量计、膜盒差压计、电容液面计、汞电磁流量计的开发任务。铀浓缩工厂是核工业一线工程中的重点，从1963年起，光华厂根据部、局下达的任务，相继承担了扩散厂所需要的电阻微压计、光标微压计、金属漏量计等项目的研制工作。同年，国务院国防工业办公室组织的联合检查组到上海检查工作时，又将急需的氟气分析仪研制任务从别处转入光华厂。在研制氟气分析仪的过程中，充分发挥技术人员的专业知识和老工人的技艺特长，用土办法解决了要求很高的平面阀研磨、淬火工艺及平晶检查平直度的方法，在短短几个月内试制成功。电阻微压计是浓缩铀厂必不可少的重要仪表，要求能连续稳定可靠地工作。这项任务产品数量大，交货时间紧，而仪表加工制造工艺十分复杂。光华厂知难而进，与兄弟厂密切合作，全厂上下全力以赴，因陋就简，土法上马，日夜奋战，刻苦攻关。经过上百次试验，自制了大量工夹模具，解决了几十个关键工艺技术难题。通过三年多的努力，经历了初样、正样和小批量试生产几个阶段，样机经过兰州铀浓缩厂实地试用考核，针对试用中发现的问题，不断改进工艺，终于在1966年通过鉴定，展开批量生产，其质量不亚于苏联进口产品的水平。同时，光标微压计和金属漏量计的研制也克服了重重困难，先后试制成功。电阻微压计等专用仪表，到1969年先后生产了数千台（此后转入二六五厂生产），和兄弟厂一起满足了兰州铀浓缩厂每年所需备品和新建铀浓缩厂的全部需要，保证了扩散厂的正常连续运行。

1964年，核工业建设重点向二线工程的生产反应堆以及铀钚分离生产线转移。二线工程的设备中，光华厂主要承担用于反应堆主回路冷却剂压力、压差和流量测量仪表，仿制苏联ДM-6型不锈钢膜片（膜盒）差压计。在攻克了不锈钢波纹膜片设计与成型技术，保证膜片性能稳定的热处理工艺，不同厚度膜片、膜盒密封焊接工艺后，终于试制成功各种规格的产品，满足了二线工程和其他核工业项目的需要。

铀钚分离后处理工程具有强放射性和强腐蚀性特点，要求仪表在较恶劣的环境条件下工作，并要求在工厂计划检修期内能长期稳定工作，迫不得已时也只能在工艺间楼上隔墙操作更换。因此，在仪表结构设计、选用材料、制造工艺方面都带来了不少新的课题。铀钚分离工艺的另一特点是在许多反应釜、罐和管道联接成的封闭系统内进行的，存在着超临界事故的危险。因此，研制各种特殊流量计、液位计、相界面计、浓度计、密度计来检测工艺参数和保证安全就非常重要。后处理厂在采用萃取法实验室研究和冷试验阶段，光华厂就曾配合研制提供过少量样机，但品种、数量、质量距正式工程需要尚有较大差距。

待部里最后下决心放弃苏联原设计的沉淀法工艺，正式确定采取先进的萃取法工艺建厂后，留给仪表厂试制生产的周期已非常短。面临这些困难，光华厂勇敢地承担了任务，在部、局有关方面的领导和支持下，厂里组织了内外两套"三结合"会战组，一是由光华厂与设计院、酒泉原子能联合企业科技人员组成的三结合，共同解决所需仪表的项目，探索仪表的选型设计方案，以及有关的试验研究课题；二是光华厂内部组织的领导干部、科技人员和熟练技工的三结合，负责解决所有加工工艺技术问题。在全厂各职能科室、车间的密切配合、共同努力下，终于在两年多的时间内，试制生产出包括电远传转子流量计、耐腐蚀电磁流量计、电容式、高频式、浮子式、浮筒式液面计和相界面计，溶解指示器及沉没式、浮称式密度计等二十多个品种、数百台仪器仪表，保证了中间试验工厂的需要；又为续建的后处理工厂生产了全套专用仪表，为钚-239的生产线建设做出了贡献，同时也使光华厂和后来内迁组建的二六五厂在当时国内研制生产液位仪表的企业中居于前列。

成群流量计是测量生产反应堆堆芯工艺管冷却水流量，保证反应堆经济、安全运行的重要仪表。二线工程使用的成群流量计是仿苏的橡皮膜片差压计，仪表精度低，体积大，且橡皮膜片易老化。1969年，光华厂承担了三线工程新一代成群流量计的研制任务，在已研制生产的金属膜片（膜盒）差压计的基础上，把膜片（膜盒）直径尺寸缩小一半，并设计配置了具有三点四区间报警功能的晶体管二次表。在不到两年的时间里，向三线工程提供了两千五百套新型成群流量计。1975年，又配合酒泉原子能联合企业进行成群流量系统的技术改造，研制生产了膜片差压计信号转换装置两千五百套，对每根工艺管中冷却水流量检测控制，实现了检测仪表与巡检计算机联机运行，提高了工厂的自动化水平。

在那些年里，光华厂还为核工程研制提供了水流继电器系列；为核武器的研制提供了加速度计和六线记录仪；为核动力装置的研制提供了精密水位计、水位信号探头和节流装置（环室孔板和喷嘴）；为常规潜艇的研制提供了舰用椭圆齿轮流量计；为铀水冶厂研制提供了矿浆电磁流量计；为核燃料元件厂研制提供了汞电磁流量计、电极液位传感器；为离心机研究所研制了量热式质量流量计，为我国核工业的发展做出了不可替代的贡献。

四、重庆工业自动化研究所承担项目

1967年，重庆所参与的军工03任务完成交付使用，命名为JCD-371快速检测数据处理机。在六十年代后期至七十年代中期，先后研制巡检和工业计算机十套，包括针对核潜艇动力装置研制的JBD-221，后改进为JBD-112巡回检测装置；针对核反应堆等工程研制的CK-701、

CK-702巡检处理机；针对航空工程研制的 JCD-472快速巡回检测装置。这三项任务当时在所内分别称为 201、202、203 课题。研制的军工巡检处理装置有六项获得全国科学大会奖和部省级科技成果奖，这些装置移交用户后服役多年，为工程做出了贡献。

研发上述军工装置时，正处"文革"期间，但重庆所的科技人员和技术工人积极创造条件，与工厂、用户结合进行方案调查论证和产品研发试制，以确保工程要求。以快速巡检装置为例，重庆所走访了航空航天有关单位，与有关研究所、高校一起讨论技术方案，使这套装置具有较强的通用性和可扩展性，从而满足不同规模的工程配套要求。研发成功后连同可独立应用的精密电源、数据放大器，在重庆自动化装置厂投产，产品提供给军工部门。

五、开封仪表厂承担项目

1960 年末，开封仪表厂接受试制生产火箭风洞试验单管差压计的研制任务，这是开封仪表厂承担的第一项军工任务。1961 年，第一机械工业部通过河南省机械工业厅下达了《关于1961 年民用机械工业为国防尖端部门生产试制军工产品》文件，开封仪表厂高度重视，加强技术力量，组织国防科技相关技术攻关，为国家国防工业建设做出了重要的贡献。承担的主要项目包括：为我国自行制造的第一颗原子弹爆炸试验，研制了绳式和杆式水位信号计、小型液位信号计、玻璃管液位计、遥测液位计等产品；参与国家级重大科研项目核动力潜艇 09工程研发，为原子反应堆水流量的测量，研制了内磁式涡轮流量计，为核潜艇的注水和疏水以及水仓之间相互移注水量的测量，研制了双向涡轮流量计，为不规则水仓容水总量测量，研制了容量表；为 06 单位试验火箭，设计制造了特短管和高频涡轮流量计；为三机部设计制造了特制小口径涡轮流量计；为我国成功发射的第一颗人造地球卫星，研制火箭推进剂加注系统液位测量所需的防爆电远传翻板液位计。

撰稿人：陈兆珍 俞文光 方 一

第七章　自动化仪表在重点产业中的应用与发展

中华人民共和国成立后，随着社会主义建设的开展，我国的仪器仪表工业，从小到大，从修配到制造，从制造单机到系统成套，形成了门类比较齐全、布局比较合理，有一定实力的工业。可为工农业生产和科学研究单位提供测试、计量、分析用仪器和实验设备。也能提供多种大型精密测试仪器和设备，例如三十吨高频疲劳试验机、二十吨动平衡机、八十万倍电子显微镜、数控绘图仪、色谱质谱计算机联用仪、环境监测系统和汉字处理系统等。为国防军工技术和常规武器的研制、测试提供装备，如远距离武器火控系统、卫星地面测控系统等。为发展我国计算机和大规模集成电路工业，提供工艺装备和测试仪器，如远紫外光刻机、微分干涉显微镜、划片机、单晶炉等。为人民物质文化生活提供了多种复印机、电影机、照相机和器材等文教办公设备。下面是重点行业的自动化仪表应用的典型案例。

第一节　炼油行业

在流程工业中，炼油行业特别具有代表性，我国的炼油行业，除了五十年代苏联援助建成的兰州炼油厂外，几十年来，在大庆精神的鼓舞下，依靠自己的努力，快速发展壮大。

1962 年 1 月，石油部制定了《1963—1972 年国家炼油科技发展规划》，提出在学习、吸收国外先进炼油技术基础上，依靠国内技术力量，尽快掌握流化催化裂化、催化重整、延迟焦化、尿素脱蜡，以及有关催化剂和添加剂五个方面的工艺技术，即著名的"五朵金花"。1963 年至 1965 年短短三年间，"五朵金花"炼油新技术先后开发成功，并实现了工业化，炼油工业实现了重大跨越，炼油能力快速提升，炼油工业技术很快接近了当时的国际水平。

上海炼油厂（现为高桥石化公司炼油厂）是我国解放初期第一座自行设计建设的炼油厂。该厂 1958 年就由原石油管理总局确定为"热裂化综合自动化"试点单位，1964 年又被国家科委确定为全国十五个工业自动化试点单位之一。

一、自主建设阶段（1953—1954）

1953 年上海炼油厂十五万吨每年常减压装置建成投产，该装置是由刚组建的北京石油设计院设计的，是我国自行设计建设的第一套炼油装置。由于当时国内只能生产最简单的工业自动化仪表，因此，该装置主要靠简易的就地指示仪表来手动操作。如常压炉、减压炉出口温度，用就地温度指示来手动操控。全装置仅有的自控参数中，常顶温度和减顶温度，采用了香港生产的温包自力式控制器就地控制，常底和减底液面采用了资源委员会库存的大法兰液面计（FOXBORO）。除此之外，全装置主要靠压力表、水银温度计、毫伏计、水银差压计就地指示，然后由手工操作阀门等控制对象。这就是当时炼油自动化的水平。

1954年上海炼油厂八万吨每年热裂化装置投产。热裂化工艺是高温高压下的重质油热裂解，工艺要求苛刻，人工操作肯定达不到工艺要求，因此该装置从工艺关键设备到关键材料全部从苏联进口，同样，全套仪表自动化设备及材料也从苏联进口。进口的仪表有04型压力、差压变送器、二次仪表04MC、电子电位差温度控制仪APD-32和多点记录仪APP-09以及XK和XA补偿导线、大法兰液位计、反射液面计、调节阀等。显而易见，这是一个由04型、位移式基地仪表配套的系统，虽然仪表水平不高，但功能完整；虽然仅限于单回路控制，但控制参数较齐全。温度可在远方测量，并可根据需要记录变化曲线，压力、流量都有圆图记录仪记录，构成了可以实现主要回路闭环控制的较完整的仪表自动化系统。1954年上海炼油厂的自动化达到最好水平。

二、仿制阶段（1956—1960）

1956年至1960年，我国在苏联援助下，快速生产（仿苏）04仪表，即气动、位移式、基地型系列仪表。上海炼油厂最先试用并最快扩大应用，因而成了上海仪表工业的产品试验基地。最先是用国产04仪表将常减压装置从手工、半手工操作提升至全自动检测和控制水平。然后在该时期新建和扩建的装置全都采用04表，使仪表检测控制达到与热裂化相当的水平。国内仪表行业也快速生产（仿苏）04型仪表，并形成生产能力，推动了当时流程工业仪表自动化技术的发展。

三、自主研发新产品及新技术应用（1964—1978）

1958年，燃料工业部石油管理总局确定，上海炼油厂为"热裂化综合自动化"试点，并明确北京石油科学研究院和北京石油设计院参加试点工作，合作进行过程控制技术的攻关。1960年完成了"双参数（多参数）复合控制的开发与应用"。该项技术进步，显著提高了关键性控制参数的控制品质，有效增加了抗干扰能力，明显提高了控制质量。六十年代初，复合控制方案列入了设计规范，1963年起在炼油工业中普遍应用。

1964年4月，国家科委工作组为制定十二年科学技术发展规划来上海考察。通过对上海炼油厂的考察后，确定上海炼油厂为国家科委自动化试点单位，确定试点课题为"常减压计算机优化"。1963年国家计委曾确定了一批自动化试点单位，此次，经国家科委补充之后，两批合并，全国国家自动化试点单位共计十五个。其中包括炼油行业两个：兰州炼油厂、上海炼油厂。化工行业两个：兰州化学工业公司三〇二厂、上海吴泾化工厂。电力行业两个：上海南市电厂、津京唐电力网。钢铁行业两个：鞍钢、上钢一厂（后改为上钢十厂）。

（一）合作研制直接数字控制仪并应用

1965年9月上海炼油厂与南京工学院自动化系、上海无线电技术研究所合作研制"直接数字控制仪"，上海无线电技术研究所负责"直接数字控制仪"的研制，南京工学院和上炼派人参加，由上海炼油厂负责"直接数字控制技术"的工程应用。该台直接数字控制仪，在后来的实际使用中，创出连续十多年持续控制上炼一号蒸馏装置的优良业绩。

（二）DDZ-II型电动单元组合仪表在减粘装置成功投用

1967年，北京石油设计院在设计东方红炼油厂时，拟采用DDZ-II型电动单元组合仪表系列，特要求上海炼油厂先进行该系列仪表的现场应用试验。北京石油设计院将国内试制的第一批DDZ-II型晶体管分立组件的电动单元组合仪表送到上海炼油厂试用，安装于减粘装置。由于上海炼油厂已经有了DDZ-I型的应用经验，经过仪表车间技术人员和工人们的共同努力，取得一次性投运成功的佳绩。自此，DDZ-II型电动单元组合仪表在上炼取代了气动的04仪表，取代了气动单元组合仪表，更取代了过渡产品DDZ-I型仪表。常规仪表的应用，进入了一个相对的稳定期。

（三）电子管数字调合仪研制成功并投入运行

北京石油科学研究院研制成功电子管数字比率调节装置的样机，拟在上海炼油厂探寻应用于油品管道在线调合的控制。1965年下半年，由北京石科院、北京设计院、上炼组成攻关组，在短短的不到半年的时间中，将样机改进为可以应用于现场控制的实用机器，同时选择将航煤原来的罐调合工艺改造为管道调合工艺，采用英国进口的高精度涡轮流量计（DN150、DN6）检测航煤和添加剂流量，于1966年4月底实现了1000比1的在线管道比率调合的自动控制，并一直连续在线使用许多年，直至以晶体管调合仪更替。管道自动调合节省了调合罐，节省了调合时间和电力，减少了油品损耗，提高了调合油的质量，经济效益显著，受到各方肯定。1967年起上海炼油厂与上海调节器厂合作，研制成功晶体管的比率调节仪，作为上调厂的产品，为国内各炼油厂所采用。

（四）气动闸阀研制和应用

1967年开始研发气动阀门，当年叫"技术革新"。"革新"的方案是，在原来的闸阀上，去掉手轮，锯掉部分阀杆，在阀的上面装上一个自己加工的带活塞的气缸，套上原阀的阀杆，用仪表压缩风的压力，让活塞提升时打开闸阀，活塞下压时关闭闸阀。同时自己制作电磁阀，作为压缩风控制气缸活塞上、下动作的控制部件。直到七十年代初，上炼把气动阀图纸无偿提供给浙江三门、乐清的正在崛起的乡镇企业加工后，气动阀的产品化才上了正轨。这项工作的价值在于，它提供了老厂手动阀门改造为遥控阀门的最经济实用的途径。这项技术进步使我国从无到有，增加了一个自控阀门的品种。

（五）合作研制在线超声比重仪

1969年开始研制在线超声比重测量仪。上海炼油厂长期以大庆原油生产航空煤油，航空煤油的质量指标中的冰点和干点是一对相互制约的质量指标。研制在线冰点测量仪和干点测量仪是长期的科研任务。现场工艺操作人员通过长期的实践，摸索出只要把航煤的比重控制在0.7735至0.7765（中值0.7750），则航空煤油的冰点和干点指标就可以同时合格。这就提出了研制高精度在线比重仪的客观需求。上海同济大学成功研制出通用的、高精确度的、实验室用的超声波测速仪。该仪器是数字化的，以变更超声波往返次数和分频减少脉冲死区带来的误差，提高测量精度。在同济大学超声波测速仪的启发下，根据在一定条件下超声波传播速度与密度成正比的原理，着手研制在线超声波比重仪。

在线超声比重仪的研制关键是现场采样系统。上述超声速度与比重成正比是有条件的，最重要条件是同一温度下的同一介质。由于介质的变化和比重的变化都会带来分子切变和压变系数之改变，而影响传播速率，因此，在同样介质之下，必须有一个高质量的恒温环境。由于需要万分之几的精度和灵敏度，因此严格苛求恒温、恒压、恒流和缩短采样时间都是必要的。这也说明，在线分析仪本身就是个大系统。至于对原超声波测速仪机身的改动侧重于调整往返次数及时间分频数，以提高精度和灵敏度，并把超声波测得的速度转换（计算）为密度。该仪器经过了长期的运行考核，并经不断地改进完善而取得成功，满足了生产要求和计算机控制研发的需要，已经成为生产上必备的仪表。该仪表已连续使用数十年之久。并且在 1975 年由石油部科技司在上海主持鉴定会，通过技术鉴定，并推广应用。上海炼油厂还曾经承接了微波技术设备研制了在线微量水测试仪，长期应用于原油含水的在线测量。

（六）储罐液位计研制和应用

"三不上罐"是当年石油部提得最响的口号之一。上海炼油厂在储罐液位计的研制和应用方面做了大量工作。储罐液位计不同于一般液位计，由于其目标是用来测量大型储罐（几千至几万立方米）的液位并最终用于计量罐内储液体积和重量用的，因此，要求其测量的绝对误差达 1mm。即便是用于储罐液位监控用的，也要求达到相对误差 0.1%。而在当年的技术条件下，要研制储罐液位计是十分困难的。

1971 年，北京石科院利用天平原理研制的称重式计量仪拟到上炼探寻现场应用方案，在将近两年的时间里，上海自动化仪表五厂帮助石科院解决了高精度加工及二次表产品化的问题，上炼则解决了远程吹气、钟罩静压引压以及多路气路切换测量方法，使得称重式计量仪实现产品化并首先在上炼批量应用。这种远程吹气、钟罩静压引压以及多路气路切换测量方法后来在全国许多炼厂、油库推广应用。此后十几年中，称重式计量仪在各地得到了大面积应用。

1975 年 7 月，石油部在上海浦江饭店召开罐区自动化项目鉴定会，由石油部科技司韩福田同志主持。会议对上海炼油厂罐区自动化五个研发项目逐个作出鉴定。会议认定，多组分数字式管道调合项目是由上海炼油厂、北京石油科学研究院及北京石油设计院合作完成，该项目在变革调合工艺的基础上，实现了航空煤油和添加剂的连续化、管道化、数字化油品比例调合（比率约 1000∶1）；自动量油技术试制过了多种方案，最后，由北京石油科学研究院研制的称重式计量仪被确定为最佳方案；手动阀门改为气缸阀是技术可行而最经济的方案；三遥远动技术可解决油罐区作业的遥控、遥测、遥讯；自动放水项目方案可行。上述五个项目应加速推广运用，并在扩大应用中完善提高，以改变罐区的落后状态。

（七）我国第一套 DDC——直接数字控制仪投入使用

1968 年直接数字控制仪试制完成，运抵现场，准备替代常规仪表将一号常减压蒸馏装置全部由直接数字控制仪来控制，并且从模拟仪表的控制模式转变为数字直接控制，即 DDC 控制方法。直至 1981 年底，才被后来引进的 DCS 所置换，累计运行长达十三年之久。另外，1970 年上海炼油厂由徐国璋负责仿制了一台直控仪，用于二号蒸馏装置。至此，由两套直接数字控制仪以 DDC 方式控制两套大型炼油装置十多年。

（八）我国第一台工控机提供控制技术研究试验

1968 年底，在上海自动化仪表所研制的工控机 JDK–331 运抵现场，经过安装及调试，1969 年初投入运行，为模型试验工作做准备。

常压蒸馏优化控制建立模型的工作，是在 1966 年上半年，厂校合作进行了现场调研和动态测试。首先进行开环试验，从开环试验中分析每次控制输出的方向和幅度，用于检验该模型的安全性、有效性和可靠性。在此基础上，实施为时四十八小时的闭环试验。在此期间，曾因工况波动，靠计算机模型控制拉不回来而切断闭环，由人工操作超驰，才能较快拉回。闭环试验后，总结分析该阶段工作，结论有二：其一，是计算机优化控制的第一阶段研发工作未能取得实质性功效，需继续探索；其二，是 JDK-331 尽管在可靠性和功能都显不足，但这是我国研制的第一台工业控制机，这台工业控制机研制成功并投入运行，填补了国家空白。

第二节　冶金行业

钢铁工业仪表及自动化不仅是现代化的标志，而且是能获得巨大经济效益和高回报的技术。据奥钢联统计，使用该公司的自动化系统后，烧结可提高生产率 5%，高炉铁水成本降低 16%，转炉温度偏差减少约 40%、碳偏差减少约 45%、重吹率降低约 60%、生产率提高约 10%、二次吹炼降低合金化成本 15%、缩短处理时间 5%，连铸漏钢减少 80%、最终板材不合格率降低 60%、热装率提高 6%、耐酸钢质量检验不合格率降低 75%，热轧加热炉节能 10%、轧出板带宽度公差为 3mm、收得率提高 0.75%、厚度公差降至标准值的 1/4、板形波动小于 20μ、平直度偏差在 30I 单位以内、卷取温度偏差小于 16℃等，自动化投资一两年内收回。因此，世界各国钢铁工业都大力采用自动化。

解放前我国钢铁产量很低。从 1890 年建设汉阳铁厂起至 1948 年的半个世纪，钢总产量累计不到 200 万吨，年产量最多的 1943 年才 92.3 万吨，而且主要集中在日伪侵占的东北，仅鞍山就占 84.3 万吨。这时，自动化作用与需求不大。

解放后，钢铁工业飞速发展。1949 年钢产量占世界第二十六位，1957 年达 535 万吨，排世界第八位（当时日本为 1200 万吨，排第六位，美、苏、西德、英、法列前五位），1977 年产钢 2374 万吨，1978 年突破 3000 万吨。这时，节约原燃料和人力，提高质量成为关键，自动化就显得非常必要。

一、三年经济恢复时期（1949—1952）

这个时期，可以说是我国仪表自动化应用的开始，通过恢复和苏联援建的八号高炉系统安装、投运和生产使用，而使钢铁工业仪表及自动化得到初步发展。

我国钢铁主要产地鞍山。但由于战争破坏、战后停工以及外国把较新的机组如三号、五至九号高炉及大型无缝钢管厂的设备拆走，产钢已微不足道，1949 年全国粗钢产量仅 15.8 万吨。新中国成立后，大力恢复生产，到 1952 年粗钢已超过历史最高产量，达 134.9 万吨；但自动化水平还非常薄弱，如炼铁、炼钢、轧钢仅有一些热工管理如测量温度、压力、流量等简单的仪表和德国生产的 ASKANIA 油压调节器用以调节煤气压力等；由鞍钢计器车间维护并保证正确运行，当时所指的自动化，主要是生产过程的热工检测（或称为"仪表"）及有关的自动控制。

1952 年底苏联援建的八号高炉系统开工，可以说是我国钢铁工业自动化的开始。八号高炉设有全套自动化监控仪表，热风温度、热风炉燃烧、煤气压力自动控制等。配套发电厂的

130 吨锅炉、透平机驱动的高炉鼓风也是自动化的，前者包括输出蒸汽调节，锅炉汽包水位调节、燃烧控制等，后者包括可选的定风压或定风量调节等；其烧结（监控仪表、点火炉温度、空燃比控制，台车速度控制等）、炼焦（监控仪表、加热煤气压力控制，自动换向等）也装备相应的仪表自动化系统；所有自动化仪表和调节器虽然还是模拟式，电气控制是硬线逻辑系统，但也是当时的世界水平。

1952 年首次开展自动化工程设计。我国自行设计的第一个较大规模的自动化工程是鞍钢第二煤气洗涤机仪表及自动化工程（当时正值恢复和建设已停产及战乱损坏的鞍钢的五号、六号、七号、八号高炉，八号高炉由苏联设计与供货，五号、六号、七号、八号高炉的第二煤气洗涤机则由国内设计）。其内容是各高炉洗涤塔前荒煤气及塔后半净煤气压力、出口流量检测；半净煤气总管压力检测及越限报警和自动放散；各煤气洗涤机的前后压力、出口流量检测及洗涤机前压力低降越限报警；净煤气总管压力检测及越限报警；自动控制净煤气输出总管堪称我国最大，直径达 2900mm；净煤气输出总流量检测，其测量孔板直径为 2900mm，蝶阀和孔板是当时国内自行设计和制造的最大的蝶阀和流量孔板；到各使用部门如发电厂各锅炉、各高炉热风炉等管道的煤气流量压力检测及压力自动控制，到发电厂各锅炉是控制阀前压力，这是因为要保持净煤气总管压力，只是把富余剩余煤气才供各锅炉使用，在减少或关闭送锅炉煤气仍未能保持净煤气总管压力时，2900mm 的蝶阀才动作，目的是保证更重要的到高炉热风炉或轧钢的煤气压力稳定，到各高炉热风炉等管道是控制阀后压力，以保持至这些使用部门的煤气压力稳定；由于高炉煤气含约 30% 的 CO，是最危险的有毒气体，燃气厂要求设置 CO 报警器，但当时国内外没有可靠的产品，燃气厂不得已，只能在危险点悬挂内装鸽子的鸟笼，因为鸽子对 CO 特别敏感，当发现鸽子不行了，意味着泄漏煤气，人们应立即逃离。

由于高炉生产，主要靠检测仪表来掌握高炉炉况并及时调整使之"顺行"。它不仅靠仪表检测得出的指示值，而且需要了解趋势，这就要求装设自动记录仪表，故鞍钢计器车间由日本工程师与中国技术人员共同成功地制成了自动记录仪表并用于生产（其后本溪煤铁公司按此仿制，本溪煤铁公司后来也分为本溪钢铁公司与属于燃料工业部的本溪矿务局），也堪称我国自行设计和制造的第一个自动记录仪表，因为此时国内并不生产自动记录仪表。

二、第一个五年计划时期（1953—1957）

此时大规模社会主义建设，我国钢铁工业仪表及自动化从工程设计–安装–投运和生产使用，得到了飞速发展，并达到相当水平，到 1957 年不仅能完全独立设计、安装调试、投运仪表及自动化系统，并且从设计发展到开发研究新的检测技术和仪表以及新的自动化系统，自动化仪表及装备也基本立足国内和初步形成我国自动化仪表产业。

第一个五年计划大规模社会主义建设开始，国家提出"全国支援鞍钢"等口号，钢铁工业得到大发展，首先是 1953 年鞍钢三大工程七高炉系统、大型（重轨）轧钢厂、无缝钢管厂投产，接着是一炼钢改造，二炼钢，三炼焦，化工回收，五号高炉、六号高炉、九高炉、三高炉系统（包括烧结、焦化、发电等），薄板等厂相继投产，其后本溪、武钢、包钢等改建或新建钢铁基地也开始建设，抚顺钢厂、北满钢厂等特殊钢生产厂也在改造与投产，这些从苏联引进的机组，其自动化水平与当时的国际先进水平大致相同，如平炉（当时世界主要靠平炉炼钢）都装备全套监控仪表、火焰自动换向、热制度调节等。电弧炉均装有炉顶装料、电极升降控制等，加热炉均热炉均设有炉压控制、温度和燃烧控制等，均热炉还设有炉盖打开自动联锁及控制等。

与此同时，大批苏联专家来华指导设计、安装和生产，鞍山钢铁公司的设计处（1954年易名设计公司，并为武钢的建设而成立钢铁设计部门，1955年更脱离鞍钢易名冶金工业部黑色冶金设计总院，1956年初大部分迁北京，以后又把留鞍山部分，分别成立冶金部鞍山焦化耐火设计院、冶金部鞍山矿山设计院，冶金部黑色冶金设计总院重庆分院，并成立冶金部长沙矿山设计院、冶金部黑色冶金设计总院武汉分院等）。除原有电力设计科外，1953年成立计器及自动装置设计科，这也是我国第一个自动化工程的设计科（分五个专业组：冶金设计组、辅助车间设计组、动力设计组、信号设计组和标准设计组），化工部、第一和第二机械工业部等也随后相继成立自动化工程设计部门，也先后派自动化技术人员到鞍钢计器及自动装置设计科学习和工作，该设计科由苏联顾问专家捷列森哥指导自动化设计，这位拉脱维亚人、苏联最权威的自动化设计院（仪表自动化安装设计院，后易名中央结构设计局）的科长和著名专家（著有多本自动化方面的著作，其中最著名是提出并得到广泛应用的使平炉换向火焰停歇最短因而温降最小并节约大量煤气与增加炼钢时间的"相遇煤气"方式的平炉换向系统）具有国际主义精神，他不仅热情指导自动化工程设计，无保留地及时提供有关设计资料、规程、规范、计算手册和可参考的苏联最新投产类似工程的全部图纸，使我们很快学会自动化工程设计，完成了鞍钢及上述的全国其他钢铁厂自动化工程设计，而且当时国内不生产新型自动化仪表及装备（当时虽正在建设主要由东德援建的西安仪表厂仍未投产，且仅生产某些仪表，品种较单一，远远无法满足钢铁工业要求），故当时基本是向苏联订货；而捷列森哥专家认为苏联自己也在建设社会主义，供应也很吃紧，中国应发展自己的自动化装备工业，不应都到苏联订货。为此，他带领我们及鞍钢公司设备处人员跑遍上海各仪表厂，要求只能生产水银温度计的仪表厂生产各类如热电偶、电阻温度计等温度传感器、只能生产水表或弹簧压力表的仪表厂生产各类自动化流量、压力和液位测量仪表，有些简陋条件的稍为性质靠近的厂生产各类电子记录仪、PI调节器和执行机械等，要鞍钢设备处在工程中多定一台或从备份中提出一台作为样机，进行测绘仿制，以专家建议方式提交国务院专家办公室、上海市和鞍钢领导（当时规定苏联专家建议必须执行），并亲临制造厂作技术指导。就这样，约在1956年，我们不但能独立设计自动化工程，而且除个别从苏联进口新的装置作为样机仿制外，全部自动化装置均国内生产，上海也建成多个仪表厂和仪表产业的基础。

1955年苏联在马格尼托哥尔斯克市召开钢铁工业自动化会议，会上发表了各工序新控制系统、检测仪表及技术等，捷列森哥专家带回许多研究、应用的报告，全部交给我们，并由于设计立足于可靠，不能做试验以免影响生产，这就需要有研究部门，不断提供新的、成熟的技术，捷列森哥专家建议冶金工业部成立新的自动化专业院所，并吸收苏联的经验和改进不足之处，苏联钢铁工业自动化的设计和研究是分立的，由中央实验室进行研究及试制，自动化设计院进行工程设计（焦化、采矿的自动化工程则由相应专业设计院的自动化科设计），建议成立统一部门。为此，1956年冶金工业部成立包括研究、设计和试制部门的热工控制研究设计院，并聘请中央实验室的专家普里克隆斯基来指导研究。这过程虽然短暂，但也作出一些成绩，其中某些还可以认为属于"创新"，设计部门承担了全国钢铁工业各个机组的仪表自动化设计，包括纯氧顶吹转炉仪表及自动化标准设计、唐钢垂直式方坯连铸工业性试验机组的仪表及自动化设计安装与投运等。研究试制部门试制了如钨钼热电偶测量钢水温度、利用弯头连续测量高炉各风口风量及其分配（国外是只用以测量水和液体流量，我国第一次用以测量高温气体流量，并导出其流量方程和试验得出其流量系数等）和烧结大口径废气流量、电子秤、高炉热风炉燃烧调节新系统，偏心收缩蝶阀特性研究，由于要使调节蝶阀获得近乎线性特性的蝶阀开度，特别要避免近乎两位的特性，因此蝶阀直径应计算阻力比而恰当选择合适的阀径，往往是比管道直径小而须收缩，过去苏联或国内因为计算资料与安装图纸都是同心收缩的，故都是按同心收缩来设计管道与蝶阀连接而需要解决收缩处的积水问题，迫切需要下部是平的偏心收缩方式以方便排水，专家建议要列为研究课题并进行试验以获得系列特性曲线，为此专门成立流量实验室，设有鼓风机，Φ450、Φ350、Φ100 管道，Φ350、Φ300、Φ250、Φ200、Φ175、Φ50 蝶阀以及各式收缩连接件；还专门设有透明的管道和蝶阀，鼓入带颜色的烟气以观察偏心收缩、同心收缩等场合下，流过流体状态。本课题结束后整理成报告及资料和文章，交设计部门使用，一直至今。苏联专家也带回苏联应用；苏联专家对流量试验资料是比较重视的，可能是这方面研究较少，例如苏联来的设计图纸，测量流量的节流装置一直使用标准流量孔板，直到苏联马卡洛夫著作的《节流装置计算》一书出版后，才有根据该书计算的适合于较脏流体的半片（亦称"圆缺"）流量孔板、和适合于要求量程很宽下限值很小的双重流量孔板、适合于在鼓风机等入口处安装的端头流量孔板的图纸，据苏联专家说，马卡洛夫没有做任何实验，只是出差到德国去，把资料收集回来写成本书，故苏联专家很重视我们的流量技术的试验，包括我们当时试验的"翼式流量计"等，为设计部门提供新技术。

与此同时，天津传动所、上海工业自动化研究所、上海电器科学研究所也相继成立，他们也进行不少钢铁工业自动化的研究工作。从二十世纪五十年代开始，东北工学院、北京钢铁学院、中南矿冶学院、清华、浙大、西安交大、哈工大等高校相继开设工业企业电气化、仪表及自动控制等系和专业，清华更请来苏联专家（齐斯卡可夫教授及崔可夫教授）开设面向锅炉及发电的热力过程自动化及面向钢铁的生产过程自动化课程，并接受各院所企业技术人员旁听，为钢铁工业输送和培养大量人才。其中东北工学院除了设有工业企业自动化系以外，还模仿苏联莫斯科钢铁学院学系的设置，设有"冶金炉及自动化（自动化主要是热工仪表测量及相应的自动化）"专业，1956 年首批毕业生，不少分配到自动化部门工作，为钢铁工业最先输送仪表及自动化人才。

在国家编制的科学发展规划中，3908 项就是针对钢铁工业仪表自动化的，详细规划了炼铁、炼钢、连铸、轧钢的仪表自动化项目、技术指标和完成日期。此外，还由中国科学院会同高校、热工控制研究设计院等人员专门对钢铁工业自动化现状进行考察。这些都大大促进了钢铁自动化的进展。

当时，自动化是指过程量的检测和自动调节以及与之相关的某些电气系统（由热工仪表执行的，如温度、压力、流量、液物位、成分分析等过程量的检测和自动调节以及某些电气系统如水泵自动按水位自动启动、多台水泵自动启停、平炉自动换向、焦炉煤气交换换向等与生产过程中热工密切相关的电气自动连锁及运行，基本是检测和使用经典控制理论的模拟式单回路小闭环自动化系统，所有自动化仪表和调节器还是模拟式，电气控制是硬线逻辑系统，当时我国钢铁工业自动化水平已经与世界发达国家大致相当），在设计部门由计器及自动装置设计科（1957年以后易名为自动化科）执行，安装则由电装公司的计器队执行，生产则由公司的计器车间维护与定期校验与中修和大修。但已出现自动化范围扩大与由多专业参加的苗头，正如上述，1952年底从苏联引进的八号高炉系统，不仅包括成套热工控制与自动调节系统与装备，且包括与仪表关系不大的而与电气传动关系更密切的高炉热风炉自动换炉及上料自动化系统，它是属于电气设计科设计，而安装与调试则由电装公司的电装队和电调队执行，维护由生产厂的电工班负责。但当时钢铁工业很少像高炉那样的从上料、配料等全自动化系统，包括轧钢如无缝钢管、重轨等生产机组主要是电气传动有联锁及一些自动化环节，其控制主要是人工远距离电控。故电气设计科主要还是供配电、传动等设计，但已出现自动化范围扩大的苗头。

当时，钢铁工业的设计主要是初步设计、技术设计和施工图设计三段设计，仪表自动化工程一般不进行初步设计，但有时作扩大初步设计（此时，就没有技术设计阶段了），设计主要是按工艺主体设计科提供的包括要求检测和控制项目的任务书（当时工厂建设是国家投资，对于建设水平，是由设计院代表国家来决定，工厂意见仅供参考），然后参考过去的设计和按苏联专家提供的设计资料及苏联伊凡洛夫著的《计器手册》，此外还有苏联专家提供的不定期的"技术通报"（由标准设计组保管）。标准设计组还提供主要是苏联提供的标准设计图纸及极小量自己设计的图纸，这些标准图主要是部件如取压口、流量孔板、热电偶、一次仪表传感器等安装图及一些如仪表盘箱制造图等，故当时的工程设计中只设计十五至三十张图纸，而大部分是重复使用的标准图，以提高设计效率，例如苏联设计的鞍钢八号高炉，其仪表及自动化图纸一百二十五张，其中标准图近百张。以后更由于计器安装队都有这些标准图，经双方协议，设计部门不再发这些图纸而大大简化与减少设计图纸。为提高设计效率，不断革新，除大量采用标准图外，还使用涂改（利用过去类似的设计图用消字墨水涂去然后增添）、剪贴（例如把工艺提供图纸剪出所需部分，然后增添仪表及自动化内容）等方法以大大减少制图时间。苏联专家最强调从工作中学习。因此，苏联专家要我们尽可能多设计，除了计划任务外，还带我们到北京钢铁局去找任务，取得了石景山钢铁厂一、二号高炉及天津炼钢厂平炉仪表自动化工程，还到了本溪和秦皇岛，取得了本溪水泥厂回转窑和耀华玻璃厂玻璃窑炉等仪表自动化工程，由于不停地设计，因此很快就掌握了如何进行自动化工程设计了，到1956年就完全独立设计，基本上极少请教苏联专家了。

三、第二个五年计划到七十年代初（1958—1973）

第二个五年计划继续大规模社会主义建设，并摸索走自己的道路（如炼钢开始搞转炉、连铸），超英赶美，仪表也开始研发统一信号的电气单元组合仪表，调节器也脱离过去苏联的机电式PI调节器而研发以钽电容为核心的无可动部分的三作用PID调节器等。在此期间，调整、巩固与提高，冶金部有关部门还进行业务建设，对于自动化工程设计、安装设立各类标准，许多新的技术得以有效应用。

六十年代，西方进一步发展自动化技术，特别是日本钢铁工业大扩张，并以包括计算技术和自动化应用作为其钢铁工业大发展的四大法宝（新工艺和新设备、大型化、临海钢铁厂、计算技术和自动化应用）之一。我国自动化水平与世界水平差距增大，特别是"文化大革命"

影响。但尽管如此，各院所、工厂还是断断续续地发展自动化技术，如检测仪表和自动控制方面。七十年代初，鞍山矿山设计院成功研制电子皮带秤、自动给料机和烧结自动配料系统，并在鞍钢、攀钢和首钢应用，本钢用工业色谱仪分析高炉煤气成分，武钢和鞍钢先后应用极值控制系统控制高炉热风炉燃烧及拱顶温度。在计算机控制方面也作了许多尝试（基本是由仪表自动化人员建议和进行的），首先国家要大搞计算机应用，组织首钢、钢铁研究院、冶金建筑研究院、七三八厂等采用晶体管元件制作了三台 K-154 型计算机，打算用于首钢炼铁、烧结和小型厂，但由于问题很多，无法用于工业控制，以失败告终。同时，上海第三钢铁厂和包钢也与计算机制造厂合作，制作计算机，拟分别用以作为转炉炼钢的动态控制和球团监控，同样由于元件不可靠等而无法用于工业控制，以失败告终。1973 年鞍钢冷轧厂使用国产小型控制机，成功地对七十五座罩式退火炉进行温度控制，效果显著。

那时，设计院、工厂从西方引进了一批设备。如太钢七轧成套设备由德国等多个国家引进。其中光亮退火炉等使用德国西门子的以磁元件为核心的 Teleperm-S 系列 PID 调节器和执行装置等自动化装备。包钢五号球团带式焙烧机从日本成套引进，仪表自动化设备大部分是日本横河公司生产，采用 4 至 20 毫安输入、10 至 50 毫安输出统一信号的电动单元组合仪表，其自动化系统包括七十多套以晶体管调节器为核心的仪表组成料位、温度、流量、压力、称量等自动控制系统，调节器则是以钽电容为核心的最新型的 PID 调节器，还设有多点数字巡回检测装置记录、打印和报警工艺参数。还引进了计算机系统，如首钢的转炉分析用以及终点控制用的过程计算机和制氧厂的控制计算机，太钢二炼钢也从奥地利引进成套氧气顶吹转炉，其自动化系统除常规控制采用晶体管等控制仪表外还采用德国西门子的计算机进行冶炼终点静态控制。

从国外引进的机组已不只是少数的几个单回路控制系统了。如包钢从日本引进的五号球团机组，其控制系统就有七十多个，且许多是串级控制系统、多参数控制系统、互相关联控制系统和大滞后系统等。在钢铁工厂中许多自动控制不好使，处于手动状态，为解决这些问题，冶金部组织了调查，认为除个别系统与工艺不适应外，很大程度是调节器参数整定不好。国内钢铁工业，包括五十年代苏联安装专家，对 PI 调节器一律把 P 整定为 50%，然后整定 I 值到系统稳定为止，这样当然达不到适合各种工况和要求的最优整定。如化工部门已走在前面，已有关于 1/4、1/10 衰减的过渡。福州大学也有研究。于是北京钢铁研究院开展了控制系统整定全面研究，收集美国、苏联、日本、德国等的资料并进行试验和验证，并测定了钢铁企业主要机组和典型对象的动态特性。首次成功地应用于哈尔滨一〇一厂铝板空气淬火炉温度自动控制中，使铝板温度在全过程中波动小于 1℃，其后为冶金部包钢五号球团机组技术攻关组会同包钢计量厂人员，测量机组各环节的动态特性并使用上述整定方法，成功地使一直处于手动的七十多个控制系统全部投入自动运行。并为冶金部钢铁自动化设计业务建设组（为提高冶金自动化设计水平和规范化，冶金部基建司设有专门的设计业务建设组）采用。此外，冶金部质量司为提高质量也编制了钢铁工业主要机组必须装备最低限度的仪表，颁布了《转炉炼钢计量器具配备规范》；冶金部科学技术司也对于钢铁工业主要机组分为大、中、小型制定了包括基础自动化和过程自动化的参考标准编入其出版的冶金自动化设计参考资料第三分册《生产过程自动调节系统设计和整定手册》。自动化设计业务建设组还制定和出版了有关自动化工程各机组的水平、安装标准等，这些都大大促进了钢铁工业仪表及自动化的发展并紧密地适合生产的需要和投资的有效性。

第三节　造纸行业

造纸工业专用仪表主要包括纸浆浓度计量、纸浆流量计量、黑液流量计量。由于这些造纸业专用仪表缺口比较大，而且不够稳定成熟，使得生产过程中许多关键参数不能检测与控制，以致造纸业技术改造遇到了严重阻碍。

新中国成立至改革开放前，我国造纸工业的发展历程大致可分为三个阶段。

一、奠定基础阶段（1949—1957）

从 1949 年新中国成立到 1951 年的三年恢复时期，国家通过社会主义工商业改造，在全国各地建立了四十八家造纸企业，这些企业经过改造，生产逐步恢复。当时国家投资的国营企业进行改建和扩建，三年增加纸和纸板生产能力 8.9 万吨，生产得到迅速发展。1952 年产量达到 37.1 万吨，比解放前 1943 年旧中国的最高年产量 16.5 万吨增长 1.25 倍。

1953 年至 1957 年的第一个五年计划期间，国家把造纸工业作为轻工业建设的重点之一。投资建成十四个项目，新增纸和纸板生产能力 24.9 万吨，建成一批生产新闻纸和工业技术用纸的骨干企业。1957 年纸和纸板产量达到 91.3 万吨，比 1952 年增长 1.45 倍。产品自给率由 1952 年的 72.6% 提高到 1957 年的 95.3%。这个时期生产技术管理水平有了较大提高。我国造纸工业得到健康发展并奠定了良好基础。

二、曲折前进阶段（1958—1965）

1958 年至 1960 年期间，受"左"倾思想的影响，我国造纸工业采取所谓"两条腿走路"的方针，急于求增产，缺乏尊重科学态度的作风，掀起了大办小纸厂即所谓大搞"小、土、群"之风，建起了一千八百多家小纸厂。全国纸和纸板产量由 1958 年的一百二十二万吨增加到 1960 年的一百八十万吨，但生产管理粗放，许多重要的技术规程受到破坏，生产追求高指标，推广一些不科学的工艺技术，事故频繁、浪费严重，致使当时产品质量严重下降，纸张"黑、粗、厚"是这个时期最突出问题。

1961 年开始国民经济进行调整，造纸工业执行缩短基本建设战线政策，几个主要工程建设项目纷纷缓建、停建下马。许多因陋就简办起来的小纸厂由于生产不正常、产品质量差，被迫关停并转。1962 年纸和纸板产量下降到一百一十二万吨。

1963 年我国造纸工业全面贯彻执行中央关于"调整、巩固、充实、提高"的方针，加强了生产管理，建立起正常生产秩序，充实了专业管理机构，生产逐步回升。到 1965 年，纸和纸板生产量达到一百七十三万吨，主要产品质量和原材料消耗都达到历史最好水平。经过三年调整，我国造纸工业生产建设又开创了新局面。

三、挫折徘徊阶段（1966—1976）

1966 年至 1976 年，我国造纸工业处于徘徊阶段。1975 年，纸和纸板产量仅 341 万吨，这一时期因市场纸张供应紧张，将"大跃进"期间停建的一些工程项目有计划地恢复建设，我国造纸工业生产逐步恢复与发展，1978 年纸和纸板产量达到 438.7 万吨。

在造纸方面，纸机车速大幅度提高，世界上生产新闻纸的车速已高达每分钟 1050 米。由于车速的提高，要控制定量、水分、灰分及厚度，难度更大。国外六十年代后期，由于这些仪表测定过不了关，使得新工艺的生产质量无法保证。到了七十年代，由于成功地应用这些测量仪表，将计算机控制用于纸机生产控制，从而提高了产品质量，降低了原料的能耗。为了提高热回收率，国外正在积极研制积灰吹灰系统积灰量测定仪表，以及燃烧过程控制中过氧量测定仪表。这两种关键参数测量仪表的成熟，并配以计算机控制，将会使热回收率有比较大的提高。而我国的这类专用仪表又比较落后。鉴于这种情况，应当统筹规划，首先使造纸专用仪表由于突破，使其规范化、系列化。例如南平造纸厂的黑液靶式流量计测定法，纸浆流量的电磁流量计测定法，青州纸厂的纸浆浓度刀式浓度计测定法以及漳州仪表厂的浓度折光仪等，都是一些进一步总结完善的计量方法与仪表。而且，国内有很多造纸厂，各有所长，加上从国外适当引进仪表，并加以技术消化，在比较短的时间内，使造纸专用仪表规范化和系列化，为进一步的技术改造创造条件。

第四节　电力行业

新中国建立之初，因战乱破坏，1950 年初，电力工业破坏达 50%，钢铁工业破坏达 90%，工业集中的东北地区破坏一般在 50% 至 70% 之间。就电力工业而言，存在三大弱项。一是电力工业规模很小，全国发电设备总容量只有 184.86 万千瓦，年发电量 43.1 亿千瓦时，仅为美国的 1.2%，苏联的 5.5%。二是电源主要分布在东北地区和东南沿海地区，电力供应主要为大城市，中小城市和农村基本是无电状态，水电比重 17.3%，主要分布在东北地区。三是电力工业的技术落后，水电很少，火电大部分是低压小型机组，发电设备全部靠进口，国内曾经零散地仿造过少量的小容量的发电设备，但不能成套设计、制造和正规生产。锅炉、汽轮机、发电机发电三大主机设备，中国都不能生产。

发展重工业，要优先发展电力。在一百五十六项工程中包含三十四项电力项目（电源建设项目二十五个，电力设备制造项目九个），从此拉开了新中国大规模电力建设的序幕。

一、电力建设项目

为满足新中国建设对电力的迫切需求，国家首先在北京、阜新、陕县、洛阳、成都、株洲等地建设二十五个骨干电源项目。其中，阜新、青山、吉林、抚顺、大连五个热电站和丰满水电站计六个项目为扩建项目，其余十九个为新建项目；水电总容量为 43.5 万千瓦，火电总容量达 137.5 万千瓦；除了丰满水电厂、三门峡水利枢纽外，其他二十三项均为火电厂；各火电厂共有六十二台发电机组，其中三十六台属于 2.5 万千瓦及以上的大容量机组，占到 58%；从地域上来看，电源项目集中建在东北和中西部地区。

最早建设的是位于东北地区的阜新热电站和丰满水电站，1951 年开工。最早投产运行的是 1952 年开工建设的郑州第二热电站，1953 年投产，成为一百五十六项工程中第一个建成投产的民用工程。十五个项目（约占总容量的 70.2%）在"一五"期间并网发电。到 1962 年，除三门峡水利枢纽（1969 年建成）以外，所有项目全部建成投产。其中，1953 年开始兴建、1956 年投入运行的富拉尔基电厂两台 2.5 万千瓦机组，蒸汽参数 9.12 兆帕、500 摄氏度，是新中国最早建设的高温高压机组。

二、电力设备制造项目

电力设备制造项目是资金密集和技术密集型项目，生产能力和技术水平决定着电力工业的运行效率和质量。因此，在大范围布局见效快的电源建设同时，着力长远提升我国的电力设备制造能力和水平，国家建设了九项电力设备制造项目。其中，五个分布在东北地区，四个分布在西安。三个侧重发电设备，分别是哈尔滨锅炉厂（一、二期）、哈尔滨汽轮机厂（一、二期）、哈尔滨电机厂汽轮发电机车间；六个侧重供电设备，分别是西安高压电瓷厂、西安开关整流器厂、西安绝缘材料厂、西安电力容器厂、沈阳电缆厂、哈尔滨仪表厂。

围绕这些项目，国家布局建设了一系列配套工程项目，形成了电力设备制造产业集聚效应，不仅使中国的发电设备产品生产量大幅度提升，还在一定程度上构建了中国电力工业体系基础，对中国电力工业可持续发展具有重要意义。

三、电厂自动化系统自主研发和应用

电厂自动化系统对发电机组来说，相当于一个人的大脑、耳目和手足，它是顺应发电机组的发展而进步的。以火电厂主机组为例，五十年代中期，从东德和捷克进口了机组，分别安装在保定热电厂和唐山发电厂。

1956 年国产第一台六千千瓦火电机组在淮南电厂投运，结束我国不能制造火电设备的历史。1958 年，北京高井电厂设计安装了当时国产单机容量最大的一百兆瓦汽轮机，热力系统按单元制设计。考虑到炉机电已成为一个整体，因此自动化系统设计中首次提出两台机组在一个控制室进行集中控制，并按机电值班员、锅炉值班员方式配置控制盘，得到电厂领导的支持。电厂领导也对运行管理体制按单元制机组的特点，大胆改革为运行分场和检修分场制，分别负责机组的运行与检修。高井电厂的实践证明，集中控制方式有利于炉机电之间的联系，便于机组启停、事故处理和正常负荷的调节，受到厂领导与运行人员的欢迎。

我国从二十世纪六十年代初制造出第一台中温中压六兆瓦汽轮机发动机组开始，在引进苏联技术的支持下，不断创新，生产出高温高压五十兆瓦、一百兆瓦、二百兆瓦、三百兆瓦汽轮发电机组。

与此同时，全国各地建设的单元制机组也采用了集中控制设计，但由于受母管制电厂运行习惯的影响，在管理上仍沿袭炉机电分场制，由此带来一系列问题，如控制室人多、交接班或检修时人更多且乱等。一些电厂对炉机电集控方式提出不同意见，"文革"期间，有的电厂倒退到将电气与机炉控制分开来，仍按母管制电厂模式设电气主控制室。

1964 年，电力部组织力量在上海南京电厂已运行的十二兆瓦机组作应用计算机试验，以后还多次在老厂的大机组（二百兆瓦）上作科研应用试验。1965 年批准高井电厂新建三号机组（一百兆瓦）作为应用计算机的工程试点，实现对机组的数据采集与处理（DAS）和模拟控制（MCS）功能，组成三结合（设计、科研、电厂）设计组在电厂现场进行集中控制与应用计算机的设计。采用的计算机是北京七三八厂生产的晶体管工业计算机，其可靠性 MTBF（平均无故障运行时间）只有五十小时。当时这两项技术与世界先进技术的发展是同步的。"文革"开始，设计组的骨干被抽调回单位参加运动，1968 年投入 DAS 功能，后因计算机设备落后难以维护，予以拆除，其他两个老厂试点除望亭电厂外也无果而终。

1969 年，我国首座自行设计、施工、设备制造的百万千瓦级刘家峡水电站建成。1972 年国产第一台二十万千瓦火电机组在辽宁朝阳电厂投运。1974 年国产第一台三十万千瓦燃油机组在江苏望亭电厂投运。1975 年国产第一台三十万千瓦燃煤机组，在河南姚孟电厂投运。从此我国的电子行业走上国产设备和自动化系统快速发展的道路。

在 1978 年的全国科技大会上，邓小平提出"科学技术是第一生产力"，意味着科学的春天到来。广大科技人员决心再干一场。此时，电力规划设计管理局成立热控（自动化）设计情报网，指定河北电力设计院为热控情报网网长单位，组织各院设计人员交流信息，特别是国外的新技术。借此机会，由情报网牵头组织有设计、科研、仪表制造人员参加的调查组，对七十年代中期成套进口的陡河二百五十兆瓦机组，元宝山、大港三百兆瓦机组的热工自动化进行现场调研，编写了《成套进口机组热工自动化调查报告》，为全国的电力工作者提出可供学习的技术和经验。

第五节　化纤行业

化学纤维（化纤）包括人造纤维和合成纤维两大类。人造纤维是以天然纤维素（木材、棉籽短绒、甘蔗等）为原料通过化学处理和物理加工生产的纤维；合成纤维是以小分子的有机化合物（单体）为原料，经聚合反应、缩聚反应合成的有机高分子化合物而制成的纤维。发展化纤工业是一项民生工程，在耕地有限的情况下，既要保证我国粮食供应，又要满足人们穿衣的需求，耕地矛盾非常突出，占用大量耕地种植棉花、苎麻等天然纤维显然是不现实的，这种情况下大力发展化纤工业是必由之路，以解决我国十几亿人口的穿衣问题。

新中国成立初期，我国只有安东化纤厂（后为丹东化纤厂）和上海安乐人造纤丝厂两个小化纤厂，采用天然纤维素（如棉籽短绒）为原料通过化学处理和物理加工生产人造纤维（粘胶纤维），产量也比较低，基本没什么自动化仪表控制技术。1957 年，从东德引进粘胶纤维生产装置，建了保定化纤厂，采用了一些气动仪表，主要进行现场指示和记录报警。1960年，在消化吸收引进粘胶纤维工艺技术和装备的基础上，建设了新乡化纤厂、南京化纤厂和安东化纤厂的长丝车间。在这些厂中采用了一些弹簧管压力表、工业水银温度计和一套压力控制系统，即在由原液车间送往纺丝车间的原液管路上设有一套现场压力控制系统，使送往纺丝车间的原液压力恒定。1963 年，从日本成套引进维尼纶装置建设北京维尼纶厂，年产维尼纶 1.1 万吨，主要由原液、纺丝和整理三大车间组成。原液车间是将原料聚乙烯醇（PVA）进行水洗、溶解、过滤、脱泡，使其成为适合纺丝的原液，以一定压力送到纺丝车间，经喷丝头，喷出到凝固浴中凝固成纤维束，再经牵伸、热定型、切断、卷曲后送到整理车间，进行缩醛化处理、水洗、上油、烘干成维尼纶短纤维，打包出厂。三个车间各设一个控制室，以车间为单位进行集中控制，原液车间主要是对溶解机的控制。溶解是分批进行的，即分待机、加水、进料、搅拌、升压、保压、停止搅拌、排气、出料，按时间进行顺序控制，对加水和进料进行批量控制。对压力和温度按给定曲线进行程序控制。所用仪表为气电混合，压力和差压变送器以气动为主，用 20 至 100kPa 信号传输。温度和流量均为电动，流量仪表主要有电磁流量计、椭圆齿轮流量计和浮子流量计。对时间顺序控制采用的是小型继电器和时间继电器。四台溶解机共用了二百多个继电器。原液车间共设有八面仪表盘。

纺丝车间主要是牵伸机的温度控制，采用了铂热电阻，EREC 型电子式单回路记录调节器，执行器采用了可控硅过零触发调功器，控制电加热功率。对牵伸辊速度采用了电磁式速度检测器和数字式多点速度显示仪。八条纺丝牵伸生产线设有十八面仪表盘。在凝固浴调配装置主要的是流量控制系统，采用了电磁流量计和隔膜式调节阀等，设有四面仪表盘。整理车间是醛化浴调配和醛化处理。主要有流量控制和温度控制，采用了椭圆齿轮流量计和电磁流量计等。在烘干机上设有湿度控制系统，由氯化锂湿度检测器、电子记录调节器，通过调节窗调节湿空气流量，使纤维含湿量一定，整理车间也设有十多面仪表盘。北京维尼纶厂当时是中国最大的，也是自动化水平最高的化纤厂，同时也代表了当时世界化纤工业的自动化水平，于 1965 年投产。纺织工业部决定在全国再建十个维尼纶厂，第一个开建的是贵州维尼纶厂（贵州有机化工厂），从 1966 年开工建设，随之"文革"开始了，一直拖了十几年也没能建成。其他九个维尼纶厂情况也都差不多，基本上都没能正常投产。

二十世纪七十年代之前，我国化纤主要品种为黏胶纤维和维尼纶纤维，由于受原料和技术等方面的限制发展速度较慢，产品比较单一，质量也不高，满足不了需要。七十年代初开始，我国大力发展和建设合成纤维工厂（装置），从国外引进了工艺技术及成套装备相继建设了辽阳石化、上海金山石化、天津石化和四川维尼纶共四大化纤厂（基地）。其中辽阳石化、上海金山石化和天津石化均从炼油一直到化纤的联合生产装置，主要生产化工产品和化纤产品，化纤品种有聚酯、涤纶、锦纶、腈纶等。这些厂均不再用气动仪表，除执行机构用气动外，全部采用了电动仪表。在金山腈纶装置中采用了数字式四组分配比控制系统，它是按流量累积值的偏差进行调节的，是将丙烯腈、丙烯酸甲酯、甲基丙烯磺酸钠和溶剂硫氰酸钠 4 种物料，以一定的比例均匀混合，再连续定量地送入聚合釜进行聚合反应。各组分的变化，会直接影响聚合物的质量。各流量均采用的椭圆齿轮流量计，用数字脉冲信号来传递流量测量值、给定值和偏差，从而保证了配比系统的控制精度。

七十年代末，我国又从德国引进了聚酯工艺技术及成套装备，从日本成套引进了直接纺丝（涤纶短纤维）工艺技术及成套装备，在江苏省扬州市建设仪征化纤工业联合公司（当时为纺织工业部所属企业）大规模生产合成纤维。一次引进了八条年产六万吨聚酯装置〔以对苯二甲酸（PTA）和乙二醇（EG）为主要原料〕及与之配套的年产四万吨直接纺丝生产线与年产两万吨聚酯切片生产线，分期分批实施，聚酯生产装置全部采用美国霍尼韦尔公司（Honeywell）生产的 TDC-2000 分散型控制系统（DCS）进行集中控制监视操作，工业生产装置上大规模采用 DCS 在我国属首次，当时在世界上也不多见。聚酯装置主要包括 PTA 浆料调配、酯化、预缩聚、终缩聚、聚合熔体分配和聚酯切片等生产过程。主要控制回路有：PTA 浆料摩尔比控制；酯化釜、预缩聚釜、终缩聚釜温度和液位控制；预缩聚釜和终缩聚釜真空度控制；终缩聚釜黏度控制；聚合熔体量分配控制等。主要现场仪表有：温度、压力、流量、液位检测仪表，称重仪表，真空度检测仪表，黏度计，普通控制阀，波纹管密封控制阀，特殊的熔体控制阀等。纺丝生产装置采用日本横河公司生产的 I 系列电动 III 型仪表进行集中控制，纺丝装置主要控制有：纺丝计量泵速度控制、环吹风温度湿度控制、丝束盛丝桶的横动装置程序控制、纺丝牵伸速度同步控制、牵伸辊温度控制等。聚酯和纺丝装置所有现场仪表均随工艺设备一起从国外引进是最先进的，所以当时仪征化纤的自动化水平是世界一流的。之后通过消化吸收引进技术，组织科技攻关，实现了聚酯工艺技术及装备的自主化，形成了自主知识产权的聚酯工艺与装备技术，为日后大批量建设聚酯与纺丝生产装置提供了技术装备的保障，大大降低了建设成本，推动了我国聚酯工业的发展。我国生产的涤纶纤维及其制成品不仅满足了十几亿人穿衣需求，还大量出口海外，结束了我国布料凭票供应的时代，聚酯工业奠定了我国成为化纤生产大国的基础。仪表和自动化在化纤工业中发挥了重要作用。

第六节　化肥行业

化肥工业的发展一直受到高度的关注。1935 年和 1936 年建成投产了大连化学厂和南京永利铔厂，生产硫铵，这两个厂的最高年产量到过 22.7 万吨（1941 年）。到 1949 年，只有永利铔厂还在生产。新中国成立以后，从"一五"计划起，对老厂进行了恢复和较大规模的扩建。随后在各个五年计划中，均投入大量的资金用于化肥工业的建设，并给予了一系列优惠政策，使我国化肥工业迅速发展壮大。纵观国家化肥工业的发展，不同的阶段、不同化肥种类各有不同的发展历程。

一、氮肥工业建设与发展

上世纪五十年代中期开始，我国建设了由苏联援建的吉林、兰州、太原三个规模为五万吨合成氨、九万吨硝铵的化肥厂，同时自行设计建设了年产七万五千吨合成氨的四川化工厂，生产硝铵。在引进消化吸收的基础上，编制年产五万吨合成氨的定型设计，由机械制造部门生产成套设备，于六十年代初先后建设了浙江衢州化工厂、上海吴泾化工厂和广州氮肥厂。

六十年代后半期又建设了河南开封、云南解化、河北石家庄、安徽淮南、贵州剑江等厂。此后建设的中型氮肥厂主要分两种类型：年产四万五千吨合成氨的碳铵厂，如江氨、宝鸡、宣化；年产六万吨氨、十一万吨尿素厂，如石家庄、银川、鲁南等。六十年代还从英国和意大利引进技术，建设了泸州天然气化工厂和兴平化肥厂，分别采用天然气和重油为原料。

1960 年，我国著名的化学家侯德榜博士领导开发了合成氨联产碳酸氢铵工艺，在上海化工研究院进行了中试，1962 年在丹阳化肥厂投产成功。从此，一大批小型氮肥厂迅速建立起来，成为当时氮肥工业的重要组成部分。1963 年，中央和国务院批示，发展氮肥主要靠大中型厂，适当发展小氮肥作为补充，各地方按此指示建设了一批小氮肥。1966 年后小氮肥迅猛发展，几乎县县都建氮肥厂，有的县甚至有两套小氮肥。到改革开放时期，全国共建成了一千五百三十三家小氮肥厂。

由于自主建设的工厂无法满足农业发展的需要，1973 年至 1976 年，从国外引进了具有世界先进水平的十三套大型合成氨、尿素装置，分别建设在四川、黑龙江、辽宁、山东、湖南和湖北等地，到改革开放时期，这些引进的大型装置迅速提高了我国氮肥工业的技术水平和高浓度尿素的比例，成为氮肥行业的骨干企业，极大地保障了农业增产的发展需求。

二、磷复肥工业建设与发展

二十世纪四十年代初期，在云南昆明曾建过一个小型的过磷酸钙生产车间。1953 年开始利用国产磷矿研制磷肥和在农业上推广使用。1957 年，在南京年产四十万吨过磷酸钙的工厂投产。此后，中小型过磷酸钙厂大批建立起来。1958 年，南京、太原两家粒状普钙厂先后建成投产。五十年代末，我国开发了高炉生产熔融钙镁磷肥的方法，并在六七十年代里建立了一大批工厂。1963 年，我国成功研制用高炉法生产钙镁磷肥。1967 年，在南京建成了一个磷酸铵生产装置。六十年代在湛江、株洲，七十年代在大冶、铜陵分别建设了年产二十万吨的普钙厂。1966 年建成了南化年产三万吨的磷酸二铵装置，1976 年建成了广西年产五万吨的热法重钙装置。

这些工厂的建成，既增加化肥的品种，提高了产品的质量，满足了作物生长对肥料的多样性需求，为改善民生，提高农产品的产量做出了重大贡献。

撰稿人：俞海斌　陈兆珍　范菊芬

参考文献

［1］飞鸿踏雪泥：中国仪表和自动化产业发展 60 年史料［M］. 化学工业出版社，2013-2018.

［2］春燕舞九河：天津仪器仪表工业史料汇编［M］. 天津科学技术出版社，2018.

［3］当代中国的机械工业：上［M］. 中国社会科学出版社，1990.

［4］上海电子仪表工业志［M］. 上海社会科学院出版社，1999.

［5］胡宗渊. 中国造纸工业 60 年的光辉历程——纪念中华人民共和国成立 60 周年［J］. 造纸化学品，2009，21（5）：1-6.

［6］北京工业志：仪器仪表志［M］. 中国科学技术出版社，2003.

下编

改革开放以后我国自动化仪表学科的发展

第八章 自动化仪表学科教育的壮大

第一节 自动化仪表学科的资源布局和专业分类

自动化学科的源头是工业自动化和自动控制，工业自动化中涉及自动化仪表和装置。自动化仪表学科的教育事业与自动化学科的发展息息相关。

改革开放后，为适应国民经济建设和科学技术发展、满足人才培养的需求，自动化仪表学科的教育事业主要经历了转型发展期（1978—2000）和创新发展期（2001年至今），在国家工业自动化与信息化、现代化建设的进程中得到了快速发展。

一、自动化学科教育的快速发展壮大

许多高校在新中国成立初期就有自动化的学科背景。在二十世纪七十年代已经正式有自动化学科的院校有四十多所。经历了恢复高考后的转型发展期，2004年已经有二百四十所高校设有自动化类本科专业，其中二十九所高校有博士点，九十七所高校有硕士学位授予权。进入新世纪后，自动化学科人才需求更加旺盛，到了2014年，全国设有自动化专业的本科院校有四百六十一所，其中能够授予博士学位的有二百多所。图8-1为设有自动化类本科专业的高校数量的变化，从中可以看出我国自动化学科教育的发展和壮大。

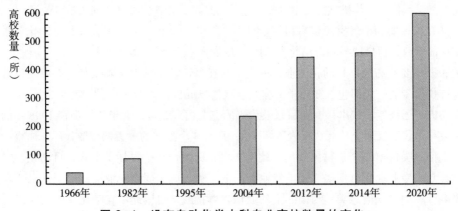

图 8-1 设有自动化类本科专业高校数量的变化

自动化学科如此快速发展壮大，原因是：自动化在我国经济建设中发挥了巨大作用；控制科学与技术已纳入国家重点支持的科学技术计划中；各相关工科专业纷纷向自动化专业靠拢；自动化的概念已深入人心；自动化专业人才需求量大、受用人单位欢迎、招生报考人数多。

自动化学科的发展壮大，带动了自动化仪表学科的发展壮大。

二、本科生专业中的自动化仪表

1977 年恢复高考，1977 年高考录取的学生，在 1978 年的春天入学，1978 年高考录取的学生在 1978 年的秋天入学。当时的本科教育专业设置主要依据的是"文革"前的设置体系，各校情况不一，自动化仪表相关专业在机械、控制、电气、航空航天、交通、能源动力、农业工程等专业大类中都有体现，通用仪器只是机械大类专业的下属专业或者专业方向。改革开放以来，我国进行过四次大规模的本科专业目录修订和专业设置调整工作。第一次修订目录于 1987 年颁布实施，修订后的专业种数由一千三百多种调减到六百七十一种，改变了当时客观存在的专业设置混乱的局面，专业名称和专业内涵得到整理和规范。第二次修订目录于1993 年颁布实施，专业种数为五百零四种，重点解决专业归并和总体优化的问题，形成了体系完整、统一规范、比较科学合理的本科专业目录。第三次修订目录于 1998 年颁布实施，修订工作按照"科学、规范、拓宽"的原则进行，改变了过去过分强调"专业对口"的教育观念和模式，专业种数减到二百四十九种。第四次修订目录于 2012 年颁布实施。2012 年之后每年只是增加一些新设专业。

从 1977 年恢复高考至 1993 年间，本科生招生专业里有"工业自动化仪表"。后来经过重新划分、合并和更名，现在已经很难找到自动化仪表专业。

根据教育部发布的普通高等学校本科专业目录及代码，可追溯自动化仪表专业的发展变迁。表 8-1 是 2012 年普通高等学校本科专业目录中与自动化仪表相关专业的摘录。2012 年以来除个别细分专业有增减调整以外，该专业目录基本稳定。可见在我国自动化类和仪器类学科地位较高、受到了足够的重视，也支撑了国家自动化行业的发展。无论是自动化类还是仪器类都有了自己的大类学科代码，与机械类、电气类、电子信息类、计算机类是并列的学科关系。

虽然在机械类和电气类里仍有机械设计制造及其自动化、电气工程及其自动化等带有自动化字样的学科，但仪器类和自动化类这两个大类学科已确立。

关于要不要在高校办自动化专业，一直都存在争议。国外大学确实很少有专门设置自动化专业和仪器专业，大都包含在化学工程、电气信息或机械类的学科里。表 8-2 是 1998 年教育部发布的普通高等学校本科专业目录及代码的有关内容，可以看出仪器类在 1998 年的专业目录中被称作仪器仪表类（有"仪表"两字），具有一个独立的大类四位数代码；而自动化是作为电气信息类的第二个学科出现的，此大类很是庞大，其中囊括了电气、自动化、电子和计算机等几大专业。当时把属于强电专业类的电工类与属于弱电专业类的电子信息类合并成了强弱电合一的电气信息类，与国际上的通识教育接轨，也因此"自动化"的专业代码变成了六位数代码。从这个时期起，本科自动化专业就没有再出现细分的专业了。

表 8-1　普通高等学校本科专业目录及代码（2012 年）

0802　机械类	0807　电子信息类
080201　机械工程	080701　电子信息工程
080202　机械设计制造及其自动化	080702　电子科学与技术
080203　材料成型及控制工程	080703　通信工程
080204　机械电子工程	080704　微电子科学与工程
080205　工业设计	080705　光电信息科学与工程
080206　过程装备与控制工程	080706　信息工程
080207　车辆工程	0808　自动化类
080208　汽车服务工程	080801　自动化
0803　仪器类	0809　计算机类
080301　测控技术与仪器	080901　计算机科学与技术
0805　能源动力类	080902　软件工程
080501　能源与动力工程	080903　网络工程
0806　电气类	080904　信息安全
080601　电气工程及其自动化	080905　物联网工程
	080906　数字媒体技术

表 8-2　普通高等学校本科专业目录及代码（1998 年）

0803　机械类	080502　核工程与核技术
080301　机械设计制造及其自动化	0806　电气信息类
080302　材料成型及控制工程	080601　电气工程及其自动化
080303　工业设计	080602　自动化
080304　过程装备与控制工程	080603　电子信息工程
0804　仪器仪表类	080604　通信工程
080401　测控技术与仪器	080605　计算机科学与技术
0805　能源动力类	080606　电子科学与技术
080501　热能与动力工程	080607　生物医学工程

　　追溯 1993 年及更早的普通高等学校本科专业目录对照表，可以发现在机械类里有自动化仪表专业的演变过程。一方面，1998 年的 080602 自动化对应 1993 年的工业自动化、自动控制、流体传动及控制、自动化、飞行器制导与控制等五个专业，其中并没有自动化仪表专业。而另一方面，1998 年仪器仪表类的 080401 测控技术与仪器对应的是 1993 年的精密仪器、光学技术与光电仪器、检测技术与仪器仪表、电子仪器与测量技术、几何量计量测试、热工量计量测试、力学计量测试、无线电计量测试、检测技术与精密仪器、测控技术与仪器等专业。其中的检测技术与仪器仪表对应的 1993 年以前的专业有检测技术与仪器、电磁测量及仪表、工业自动化仪表、仪表及测试系统、无损检测等专业，其中，工业自动化仪表不仅属于自动

化专业，也曾分属在仪器仪表类的测控技术与仪器专业里。

除了自动化仪表，中国仪器仪表学会关注的另一个学科是科学仪器。在追溯 1993 年及更早的普通高等学校本科专业目录过程中，还可以发现 1993 年的精密仪器专业包括在后来的 080401 测控技术与仪器专业中，对应 1993 年以前的精密仪器、时间计控技术及仪器、分析仪器、科学仪器工程等专业。可见，我们今天仍然十分关注的分析仪表、科学仪器和自动化仪表专业在 1993 年之前有明确的对应名称，后来经历了较大的重组和归类的演变，从 1993 年的专业目录开始这些专业名称就不再出现了。

1993 年本科专业目录改革后，机械工业部归口管理成立高等学校工业自动化教学委员会，负责工业自动化专业的教学指导工作，电子工业部归口管理成立自动控制教学指导委员会负责控制专业的教学指导。2000 年后统一在教育部高等学校自动化类专业教学指导委员会里。可以理解当时工程学科接受相关部委指导的时代背景。

实际上，有些高校早在成立自动化系的时候已经将电气系和机械系的相关专业进行了合并，并分别设立了工业电气自动化和工业仪表及自动化等专业。工业仪表及自动化这一分支专业演变成为二级学科检测技术与自动化装置专业。

三、研究生专业中的自动化仪表

1981 年 11 月，国务院批准首批博士和硕士学位授予单位及博士、硕士学位授权点名单，并由国务院学位委员会下达。首批具有自动化仪表相关学科专业博士学位授权的高校有十五所、有硕士学位授权的有四十九所高校和十一家科研院所，主要学科专业是自动控制、自动化仪表与装置、系统工程、模式识别与智能控制、工业自动化、精密计量测试技术及仪器。1984 年 3 月和 1986 年 7 月国务院学位委员会分别批准了第二批和第三批博士、硕士学位授予单位及其学科，专业名单，其中没有了自动控制，新增了自动控制理论及应用专业。八十年代国家批准的三批博士、硕士学位授权点，涵盖了国内自动化仪表领域主要人才培养和科学研究基地。之后在 1990 年 11 月新增第四批、1993 年 12 月新增第五批、1996 年 4 月新增第六批、1998 年 6 月新增第七批、2000 年 12 月新增第八批、2003 年 7 月新增第九批、2005 年 12 月第十批。

在研究生的招生和教育方面，1997 年国务院学位委员会正式发布《授予博士、硕士学位和培养研究生的学科、专业目录》，自动化仪表学科相关的研究生培养学科分类与代码如表 8-3 所示，以一级学科和下属的二级学科分类及代码为特征。2018 年之后只有一级学科，不再出现二级学科划分。

这个目录是研究生招生、授予学位的学科、专业划分的依据，描述了大类学科下的细分专业。由于研究生培养更加突出专业能力，其专业方向一般用一级学科下的二级学科名称来表示。因此这个表里的学科名称更加专业化、体系化，专业目录也相对稳定。在 1978 年恢复研究生招生之后到 1997 年的这段时间里，一级学科名称为自动控制，其下由控制理论及应用、工业自动化、自动化仪表及装置、系统工程、模式识别与智能系统五个二级学科所组成。与 1997 年这个版本相比，自动化仪表及装置变成了检测技术与自动化装置，将自动化仪表变成了检测技术，只有一些用词上的差异而已。

表 8-3　研究生培养的学科专业目录（1997 年颁布、2005 年修订）

一级学科名称	二级学科名称
0802　机械工程	80201　机械制造及其自动化
0804　仪器科学与技术	80401　精密仪器及机械
	80402　测试计量技术及仪器
0808　电气工程	80802　电力系统及其自动化
0811　控制科学与工程	81101　控制理论与控制工程
	81102　检测技术与自动化装置
	81103　系统工程
	81104　模式识别与智能系统
	81105　导航、制导与控制

近年，由于多学科交叉的创新人才培养需求和发展趋势，研究生培养的专业也不再细分，在学位证书上只标识到一级学科为止。

关于每位学生的本科专业或研究生专业的确认方法，除了看学位证书，还有一个方法是看学位论文的封面，因为学生学位论文封面上需要填写所属学科专业。自动化学科的本科毕业论文的封面上关于所属专业名都写为自动化。自动化的一级学科即控制科学与工程，下设二级学科控制理论与控制工程、检测技术与自动化装置、模式识别与智能系统、系统工程、导航制导与控制等。因此，自动化学科的博士和硕士研究生的学位论文封面上关于所属学科名在 1987 年至 2011 年的时间段里写为上述对应的二级学科的名称，现在都写一级学科的专业名称即控制科学与工程。一级学科仪器科学与技术也是同样的情况。

综上，无论是研究生还是本科生，在近二十年的发展过程中都是趋向大类培养，不像过去那样强调细分的专业。这是在宽口径、厚基础、复合型、创新型人才培养的指导思想下出现的明显变化。

研究生学科专业的二级学科自动化仪表及装置或检测技术与自动化装置不再出现，被归类到了更强大的一级学科体系控制科学与工程中，其科学技术领域和应用市场依然存在，还有很多需要解决的问题，学科专业分支在各高校都还存在。

四、自动化仪表在其他专业分类体系中的位置

表 8-4 是国家标准《学科分类与代码》（GB/T 13745—2009）中的自动化仪表相关的学科名称。这个学科分类体系的目的是直接为科技政策和科技发展规划以及科研项目成果统计和管理服务。从表中可见自动化仪器仪表与装置在电子、通讯与自动控制技术学科下的自动控制技术里，与此同时，仪器仪表基础理论和测试计量仪器在机械工程学科下的仪器仪表技术里。热工量测仪表、电工测量技术及其测量仪表在动力与电气工程学科下可以找到。而核仪器仪表已经单独在核科学技术学科下。另外，控制理论和系统工程都部署在信息科学与系统科学的理论学科下。这个分类很清楚易懂，并且方便统计管理。

表 8-4 《学科分类与代码》中自动化仪表学科相关部分

510　电子、通信与自动控制技术	470　动力与电气工程
510.80　自动控制技术	470.20　热工学
510.8010　自动控制理论（包括线性、非线性、随机控制，最优控制、自适应控制系统、分布式控制系统、柔性控制系统等）	470.2010　热工测量与仪器仪表
	470.40　电气工程
510.8020　控制系统仿真技术	470.4017　电气测量技术及其仪器仪表
510.8030　机电一体化技术	490　核科学技术
510.8040　自动化仪器仪表与装置	490.25　核仪器、仪表
510.8050　机器人控制	120　信息科学与系统科学
510.8060　自动化技术应用	120.10　信息科学与系统科学基础学科
460　机械工程	120.1010　信息论
460.40　仪器仪表技术	120.1020　控制论
460.4010　仪器仪表基础理论	120.1030　系统论
460.4015　仪器仪表材料	120.30　控制理论
460.4020　传感器技术	120.3010　大系统理论
460.4025　精密仪器制造	120.3020　系统辨识
460.4030　测试计量仪器	120.3030　状态估计
460.4035　光学技术与仪器	120.3040　鲁棒控制
460.4040　天文仪器	120.40　系统评估与可行性分析
460.4045　地球科学仪器	120.50　系统工程方法论
460.4050　大气仪器仪表	120.5010　系统建模
	120.60　系统工程

　　表 8-5 是国家自然科学基金申请时用到的学科分类与代码 2019 年版。在自动化一级学科下有十个二级学科分类，各二级学科下又有十多个三级学科分类，浏览这些详细的学科分类，可以领略到所有自动化领域的前沿科学问题和技术，这些是激励科研人员去努力攻关的具体技术领域。表中传感器与检测技术装置可能是最贴近自动化仪表的一个三级学科代码。2020年版的国家自然科学基金申请的学科分类目录又有了较大的变化，按照"符合知识体系逻辑结构、促进知识与应用融通"的指导思想进一步进行了规范化，并取消了三级学科代码。而F03 自动化的十个二级学科代码基本不变，如表 8-6 所示，这样更突出了二级学科分类的重要性。

表 8-5　国家自然科学基金学科分类与代码（2019 年版）自动化仪表学科相关部分

E05　机械工程	F030206　航空航天飞行器控制系统
E0511　机械测试理论与技术	F030207　海洋装备与运载器控制系统
E051101　机械计量标准、理论与方法	F030208　新能源控制系统
E051102　机械测试理论、方法与技术	F030209　微纳控制系统
E051103　机械传感器技术与测试仪器	F030210　过程控制系统
E051104　机械制造过程监测与控制	F030211　运动体控制系统
E0512　微纳机械系统	F030212　楼宇监测与控制系统
E051201　微纳机械驱动器与执行器件	F030213　农业监测与控制系统
E051202　微纳机械传感与控制	F030214　自动化教学实验系统
E051203　微纳制造过程与控制	F0303　系统建模理论与仿真技术
E051204　微纳机械系统组成原理与集成	F030301　动态系统建模理论与方法
F03　自动化	F030302　数据建模方法与技术
F0301　控制理论与技术	F030303　智能建模方法与技术
F030101　随机系统分析与控制	F030304　系统状态滤波、估计与预测
F030102　分布参数系统分析与控制	F030305　系统辨识与参数估计
F030103　离散、混杂与切换系统分析与控制	F030306　复杂网络系统建模与分析
F030104　网络化系统分析与控制	F030307　复杂动态系统建模与分析
F030105　多智能体系统分析与协同控制	F030308　动态模拟与模型验证
F030106　信息物理系统分析与控制	F030309　工业系统建模与仿真
F030107　复杂系统分析与控制	F030310　社会、经济系统建模与仿真
F030108　线性与非线性系统分析与控制	F030311　交通系统建模与仿真系统
F030109　自适应与学习控制	F030312　能源系统建模与仿真
F030110　数据驱动控制	F030313　系统仿真与评估
F030111　鲁棒控制	F0304　系统工程理论与技术
F030112　预测控制	F030401　复杂系统理论
F030113　量子控制	F030402　优化理论与方法
F030114　优化控制与运行优化控制	F030403　智能优化方法与技术
F030115　故障诊断与容错控制	F030404　工程系统优化方法与技术
F030116　决策与控制一体化	F030405　计划调度系统与优化
F030117　控制系统的动态性能分析与评估	F030406　资源、能源管理系统与优化
F0302　控制系统	F030407　物流管理系统与优化
F030201　协同优化控制系统	F030408　交通管理系统与优化
F030202　嵌入式控制系统	F030409　应急指挥系统与优化
F030203　电力电子与电机控制系统	F030410　网络化系统优化
F030204　复杂装备控制系统	F030411　自动化系统安全与可靠性分析
F030205　交通运输控制系统	F030412　系统集成优化技术

续表

F030413	信息服务系统理论与技术		F030707	仿生导航
F030414	社会经济系统分析与优化		F030708	组合导航
F030415	信息物理系统优化与安全		F030709	重力与地磁导航
F030416	工程博弈论		F030710	导航技术与系统
F0305	生物系统分析与调控		F030711	协同制导与控制
F030501	生物系统建模、分析与调控		F030712	制导技术及系统
F030502	生物过程建模、分析与调控		F030713	导航制导控制一体化技术
F030503	生物及健康人数据分析技术与应用		F030714	飞行器可靠控制与健康管理
F030504	生物特征与生物分子识别		F030715	飞行器制导与控制技术
F030505	医疗系统分析与调控		F030716	机动目标识别、制导与控制
F030506	生物系统控制与仿生		F0308	智能制造自动化系统理论与技术
F030507	人工生物系统的设计与控制		F030801	制造过程监测与溯源
F030508	生物信息学		F030802	工业物联网与边缘计算
F0306	检测技术及装置		F030803	工业互联网与工业云技术
F030601	无损检测技术及装置		F030804	工业大数据分析及应用
F030602	微弱量检测技术及装置		F030805	网络化协同制造技术
F030603	在线检测技术及装置		F030806	增材制造系统控制技术
F030604	软测量理论与技术		F030807	先进制造控制系统
F030605	嵌入式检测技术及装置		F030808	虚拟制造系统与可视化
F030606	工业参量检测技术与装置		F030809	生产管理决策系统
F030607	量子测量技术及装置		F030810	个性定制与柔性制造智能化技术
F030608	生态与环境监测技术		F030811	系统状态评估、故障预测与智能维护
F030609	微纳传感器与检测技术及装置		F030812	仪表与控制系统的安全性
F030610	特种传感器与检测技术及装置		F030813	知识型工作自动化与系统
F030611	无线传感器与检测技术及装置		F030814	制造流程智能化理论与技术
F030612	多传感器与多源信息融合		F030815	制造系统智能优化决策理论与技术
F030613	传感器测试分析技术及装置		F0309	机器人学与机器人技术
F030614	新型检测技术及装置		F030901	机器人系统建模与分析
F030615	误差分析与校正技术		F030902	机器人导航、定位与自主控制
F0307	导航、制导与控制		F030903	机器人运动与路径规划
F030701	惯性导航		F030904	生－机－电系统与融合
F030702	天文导航		F030905	人－机－环境自然交互与互动
F030703	卫星导航		F030906	机器人传感与伺服控制技术
F030704	视觉导航		F030907	机器人运动控制技术
F030705	自主导航		F030908	机器人安全与可靠控制
F030706	量子导航		F030909	多机器人写作控制

续表

F030910	机器人行为决策与控制一体化技术	F031002	可穿戴自动化技术
F030911	机器人抓取及操作	F031003	智能体学习建模与进化
F030912	仿生机器人理论与技术	F031004	多智能体协同感知与优化
F030913	机器人自主学习理论与技术	F031005	复杂工业过程智能控制与优化
F030914	机器人智能化控制系统	F031006	异常工况智能预测与自愈控制
F030915	机器人操作系统	F031007	决策特征提取与知识获取
F030916	模块化及自重构机器人	F031008	智能决策系统架构与方法
F030917	生物与微纳机器人系统	F031009	人机合作决策
F030918	可穿戴、医疗及服务机器人系统	F031010	智能自主控制系统
F030919	先进工业机器人系统	F031011	机器感知技术与系统
F030920	特种机器人系统	F031012	机器视 / 听 / 力觉技术与控制系统
F030921	无人系统控制技术	F031013	多模态人机交互与系统
F0310	人工智能驱动的自动化	F031014	模式识别与智能系统
F031001	智能控制理论与方法		

表 8-6　国家自然科学基金学科分类与代码（2020 年版）自动化学科的二级学科部分

F0301	控制理论与技术	F0307	导航、制导与控制
F0302	控制系统与应用	F0308	智能制造自动化系统理论与技术
F0303	系统建模理论与仿真技术	F0309	机器人学与智能系统
F0304	系统工程理论与技术	F0310	人工智能驱动的自动化
F0305	生物、医学信息系统与技术	F0311	新兴领域的自动化理论与技术
F0306	自动化检测技术与装置		

在国家经济建设和社会发展中，在应用需求和技术发展的推动下，自动化学科已经发展形成了其独特并较完整的科学和技术体系，可以说我们国家的自动化学科体系建设走在了世界的前列。自动化仪表学科作为与自动化二级关联的学科已逐渐被一级学科所包含和代表。

第二节　新时代自动化仪表学科的发展建设

新时代自动化仪表学科的教育事业主要经历了转型发展期和创新发展期，以下是各高校不同时期的学科建设内容。

一、自动化仪表学科的转型发展（1978—2000）

改革开放之后，国家的经济建设和高等教育进入快速发展阶段。各院校都进行了较大幅度的专业调整，自动化仪表学科迎来了转型发展。如前所述，作为自动化大类学科，在原有的工业自动化和工业自动化仪表专业的基础上，新注入了自动控制理论专业，也开启了模式识别和智能控制专业、系统工程专业，并保留了面向不同控制对象的专业分类方法，即运动控制、过程控制、液压控制、飞行器制导与控制、计算机集成制造系统等，其结果是自动化仪表学科已融入自动化学科中。但此阶段作为研究生培养的一个二级学科经过调整后专业仍然是存在的。

下面是高校自动化仪表相关学科的转型发展情况。

1979 年，清华大学统筹进行专业布局调整，将原来在计算机系（即前自动控制系）从事自动控制理论研究与教学的部分教师并入自动化系，加强自动化学科的理论基础，成立了控制理论教研组。这一时期的自动化系在学科建设和布局方面也有了较大的调整和发展，先后建立了信息处理与模式识别教研组和系统仿真研究室，并设立了自动控制和过程自动化与自动检测两个专业。1978 年自动化系开始恢复工学硕士研究生的培养，二十一名硕士生于 1978 年 10 月份进入自动控制理论、过程控制、热工测量、系统工程、微型计算机及其应用、模式识别专业等六个专业方向学习。1999 年控制理论教研组与工业自动化教研组共同成立控制理论与技术研究所，系统仿真研究室并入新成立的 CIMS 工程技术研究中心。

1981 年经国务院批准，由国务院学位委员会下达文件，批准清华大学首批可授予工学博士学位的学科和专业为模式识别与智能控制、自动控制、自动化仪表与装置和系统工程，首批博士生导师有自动控制专业，方崇智先生；模式识别与智能控制专业，常逈先生；系统工程专业，郑维敏先生；自动化仪表与装置专业，童诗白先生。这四位先生被称为自动化系四大教授，同年招收了首批博士生。1981 年，原热工量测及自动控制教研组分为两个教研组，即过程控制教研组和自动检测及仪表教研组。

1981 年至 1984 年，清华大学自动化系本科专业改名为工业自动化专业和工业仪表及自动化专业，学制仍为五年，每年有五个班（共约一百六十人），其中工业仪表及自动化专业有两个班。1985 年至 1987 年，专业设置改为自动控制、生产过程自动化和工业自动化仪表三个专业。1988 年至 1992 年，专业设置改为自动控制和过程自动化与自动检测两个专业。1993 年，为拓宽专业面，全系本科专业设置改为"自动化"一个专业。

1986 年，经国家教委批准，清华大学自动化系建立控制科学与工程（一级学科）博士后流动站。

1987 年，以清华大学自动化系为主，在校内外各单位大力协作共同努力下，作为"863"计划自动化领域的一个重点项目"计算机集成制造系统（CIMS）"实验工程开始建设，1992 年底建成并通过国家验收，1995 年实验工程项目荣获美国制造工程师学会颁发的国际大奖"大学领先奖"。

1995 年，清华大学自动化系本科专业学制由五年改为四年。1996 年，成立自动化系教学实验中心。1996 年，自动化系作为试点单位，开始设置"控制工程领域"工程硕士学位，招收第一批控制工程领域非全日制专业的工程硕士研究生。1997 年自动化系"控制科学与工程"学科获国内首批一级学科博士学位授予权，这意味着一级学科下设的所有二级学科（包括"导航、制导与控制"）无需单独申请，均获得博士学位授予权。1998 年，开始招收全日制工程硕士。1999 年，清华大学配合学校体制改革，自动化系将原有的八个教研组调整为六个研究所，即控制理论及应用研究所、系统集成技术研究所、信息处理技术研究所、过程控制技术研究所、系统工程研究所和检测与电子技术研究所。1999 年，自动化系基金会现场总线（FF 总线）系统集成实验室建成，同年，与美国罗克韦尔自动化公司建立联合实验室，2001 年清华 – 德国倍加福传感器与 ASi 总线技术实验室落成。

1980 年，东北工学院冶金自动化仪表专业更名为工业自动化仪表专业，冶金自动化仪表专业硕士研究生学制更改为两年半。1983 年，自控系拆分为计算机系科学与工程系和自动控制系，工业自动化仪表专业隶属于自动控制系。1984 年，增设"自动化仪表及装置"学科硕士点。1985 年，东北工学院辽宁分院新增检测技术及仪器专业，每年招生一个班，以培养工科方面的高级工程技术人才。

1988 年，东北工学院（现东北大学）在原有专业教研室基础上，组建了自动化仪表与过程控制研究所。重新梳理了专业的学术方向：生产过程质量检测及控制系统、多相流体检测技术、工业过程智能控制系统、生产过程断层成象检测技术、激光超声现代检测技术、模式识别与人工智能装置、红外辐射测温理论与技术。主要课程包括热工测量仪表、过程分析仪器、过程机械量仪表、微型计算机原理和程序设计、过程控制仪表与装置、过程控制系统等。1990 年，增设"自动化仪表及装置"博士点。1991 年，设立自动化仪表及装置博士后流动站。1992 年，"流程工业综合自动化教育部重点实验室"成立，东北工学院自动化仪器仪表中心成立。

1994 年，东北大学工业自动化仪表专业更名为检测技术及仪器仪表专业。1995 年，组建国际学术组织"国际粉体检测与控制联合会"。1996 年，东北大学检测技术及仪器仪表专业更名为测控技术与仪器专业。1998 年，东北大学测控技术与仪器专业所依托的控制科学与工程学科获得首批一级学科博士学位授予权。

1981 年，浙江大学以化工自动化专业为基础建立的"工业自动化"学科点成为首批博士学位授予点。1982 年，"工业自动化"学科开始招收"自动化仪表与装置"方向硕士研究生。1984 年，"工业自动化"学科开始培养博士研究生。1988 年，化自教研室进行改革，成立了工业控制技术研究所（简称"工控所"），这是浙江大学第一个研究所，由吕勇哉任所长，孙优贤、王树青任副所长。1988 年，"工业自动化"学科点被国家教委评定为国家重点学科。1989 年，"工业自动化"学科点被国家教委确定为全国首批博士后流动站。1989 年，开始筹建工业控制技术国家重点实验室，1995 年通过国家验收。此为国家计委批准建设的第一批国家级高科技研究重点实验室之一。1990 年，浙江大学新增"自动化仪表与装置"硕士点。

1991 年 5 月，浙江大学获批成立"国家工业自动化工程研究中心"。孙优贤任工程中心主任，钱积新、褚健任副主任。这也是国内高校第一个国家工程中心。1996 年，工业控制研究所从化工系独立，孙优贤任所长，褚健任常务副所长。1997 年，在工业控制研究所与化工仪表教研室基础上组建成立控制工程与科学系。同年，控制工程与科学系改名为控制科学与工程学系。1997 年，原工业自动化学科更名为控制理论与控制工程，自动化仪表与装置更名为检测技术与自动化装置。1998 年，浙江大学新增检测技术及自动化装置博士点，控制科学与工程被批准为首批一级学科博士学位点。同年本科专业名称改为自动化。

1981 年，上海交通大学自动控制理论及应用学科成为首批可授予博士学位的学科，导师为张钟俊教授。1984 年，工业自动化、工业电子技术及电磁测量、模式识别与智能控制等学科获批具有硕士学位授予权。1984 年，自动控制系下设的两个专业合并、更名为自动化专业，下设工业自动化专门化，自动控制专门化和消磁研究室。1986 年，模式识别与智能控制学科被批准具有博士学位授予权，导师为李介谷教授。1986 年，上海交通大学自动控制博士后流动站（含自动控制理论及应用、系统工程等博士点学科）被批准为我国首批博士后流动站。1988 年，上海交通大学自动控制理论及应用、模式识别与智能控制学科被列入高等学校重点学科。1994 年，自动控制系更名为自动化系。

1990 年，上海交通大学成立自动化研究所，自动化研究所下设复杂系统控制、智能控制、过程控制、鲁棒与非线性控制、CIMS 技术五个研究室和办公自动化系统开发部。1997 年，上海交通大学自动化系启动 211 重点建设项目"复杂系统控制理论及应用"。1998 年，建立上海交通大学罗克韦尔自动化实验室。1998 年，控制科学与工程学科被批准为首批具有一级学科博士学位授予权的学科。

1988 年，上海交通大学精密仪器系组建检测技术及仪器专业，此时精密仪器系拥有精密仪器、生物医学工程及仪器、检测技术及仪器三个本科生专业。1993 年，将三个专业合并为一个仪器工程大专业；1993 年 4 月，改名为仪器科学与工程系；1996 年申报获批精密仪器及机械博士点。2000 年获批仪器科学与技术一级学科博士学位授予权。

1980 年，西安交通大学招收第一名博士研究生。1982 年系统工程专业成为首批博士和硕士学位授予点。1982 年，西安交通大学自动控制理论及应用、模式识别与智能系统，以及自动化仪表及装置三个专业成为首批硕士点。1987 年，西安交通大学自动控制理论及应用、模式识别与智能系统两个专业成为博士点。

1981 年，天津大学工业自动化仪表专业依托首批获得硕士学位授予权的仪器仪表学科和系统工程学科，开始招收工业自动化仪表方向硕士研究生、学制为两年半制。1981 年至 1983 年，工业自动化仪表方向依托仪器仪表和系统工程学位点共招收三届、二十九名工学硕士研究生。其中，依托仪器仪表学位点培养了六名，依托系统工程学位点培养了二十三名。1986 年，天津大学依托工业自动化仪表专业建立的自动化仪表与装置学科获得硕士学位授予权，1988 年开始独立招收自动化仪表与装置学科的工学硕士研究生、学制为两年半制。

1995 年，天津大学工业自动化仪表专业与工业电气自动化专业合并为自动化专业；并从 1996 年开始招收自动化专业本科生、学制为四年制。1996 年，天津大学自动化仪表与装置学科获得博士学位授予权，并开始招收博士研究生、学制为三年制。1997 年，天津大学自动化仪表与装置学科更名为检测技术与自动化装置学科，并开始招收该学科工学硕士和工学博士研究生、学制分别为两年半和三年制。

1980 年，北航自动控制系本科招生调整为两个专业类，其中航空自动控制类，含飞行器自动控制、航空陀螺与惯性导航、航空电气工程、航空仪表与测试四个专业。1990 年，北航硕士学科授予点专业飞行器仪表及测试调整为测试计量技术及仪器。1992 年，自动控制系的本科专业设置为五个，其中有惯性导航与仪表专业和检测技术与仪器专业。

1997 年，北航自动控制系开始按自动化、测试技术与仪器和电气工程及其自动化三个专业招收本科生。1999 年，自动控制系按自动化和电气工程及其自动化两个专业招收本科生。2000 年，北航组建自动化科学与电气工程学院。同年，其本科按"电气工程与自动化"专业招生，该专业下设导航与控制、自动化测试与控制、工业自动化、飞行控制、机电控制与电气工程及其自动化六个专业方向。

1985 年至 1987 年哈尔滨电工学院（哈尔滨理工大学前身之一）电磁测量技术及仪表专业举办了两期电磁测量技术及仪表专业研究生班，从当年报考研究生成绩合格的考生中录取共九十余名，学制两年。1988 年，哈尔滨电工学院在电磁测量技术与仪表专业的基础上建立了工业自动化仪表与装置专业。

1988 年，哈尔滨科技大学（哈尔滨理工大学前身之一）获测试计量技术及仪器专业硕士学位授予权。1993 年，自动化仪表与装置专业获得硕士学位授予权。

1998 年，哈尔滨理工大学的工业自动化仪表专业按教育部学科改革要求，取消三级学科，自动化仪表与装置专业与学校其他同属仪器仪表学科的专业合并成二级学科测试计量技术及仪器学科，本科专业并入测控技术与仪器。1999 年，获得仪器仪表工程专业硕士授予权。

1981 年，华东化工学院（现华东理工大学）成立自动控制与电子工程系，化工自动化专业更名为化工自动化及仪表专业。同年，化工自动化专业从化工机械系独立出来，成立了自动控制与电子工程系，蒋慰孙先生担任系主任。1981 年，获全国首批博士和硕士工业自动化学位授予权。1982 年起，开始招收工业自动化仪表方向硕士研究生及工业自动化博士研究生。1986 年，自动控制与电子工程系将化工自动化及仪表专业改设为生产过程自动化专业和工业自动化仪表专业。1987 年，华东化工学院化学工程联合国家实验室被批准筹建。1992 年工业自动化国家工程研究中心（上海分部）成立。

1993 年，华东化工学院改名为华东理工大学。1997 年，华东理工大学自动控制与电子工程系改名为自动化系。1999 年，自动化系的工业自动化仪表专业更名为测控技术与仪器专业。同年，开始控制工程领域专业学位研究生招生。

1982 年，华南工学院自动化系将化工仪表及自动化专业改名为化工自动化及仪表专业。1986 年，华南工学院自动化系化工自动化及仪表专业开始以生产过程自动化专业招生；原船舶船厂电气自动化专业改为工业电气自动化专业招生。1988 年华南工学院改名为华南理工大学。1996 年，生产过程自动化专业与自动控制专业、工业电气自动化专业合并成自动化专业。

1982 年，中国石油大学成立了华东石油学院北京研究生部，自动化专业开始招收硕士研究生。1984 年，自动化专业成为硕士学位授予点。

1981 年，北京化工大学自动化装置方向开始正式招收研究生。早在 1971 年就建立自动化系，下设自动化系统和自动化装置两个教研室。从毕业班中培养自动化系统类和自动化装置类毕业生。1981 年自动化专业获首批系统工程硕士学位授予权（1986 年转为自动化硕士学位授予权），1985 年，自动化装置取得硕士学位授予权。

1980 年，沈阳化工学院（现沈阳化工大学）化工仪表及自动化更名为化工自动化及仪表。1996 年，自动化仪表专业拆分为测控技术与仪器和自动化两个专业。1993 年，沈阳化工学院控制理论与控制工程学科于获硕士学位授予权，1995 年被化工部评为部级重点学科，2002 年被评为辽宁省重点学科。2013 年，沈阳化工大学检测技术与自动化装置二级学科获得硕士学位授予权。

1979 年，原上海工学院恢复建制，成立上海工业大学，开始以工业仪表自动化专业招收培养四年制本科生。1981 年，上海工业大学工业自动化系获批工业自动化学科的硕士学位授予权，同年何国森教授、李纪教授招收在职或同等学力研究生，此后两位教授及姜宝之、郎文鹏教授等开始招收全日制硕士研究生。同年，上海工业大学电机工程系获批电磁测量技术及仪表学科的硕士学位授予权。

1983年，上海科学技术大学（上海大学的前身之一）获批精密仪器及机械学科的硕士学位授权点。1983年科学家钱伟长任上海工业大学校长，他组织引领学校一系列教学改革和专业规划发展，工业仪表自动化专业的研究与人才培养方向得以拓展，将计算机技术、人工智能和通信网络技术引入专业。

1990年，上海工业大学（上海大学的前身之一）获批国内首个电力传动及其自动化博士点，学科奠基人陈伯时教授，并于1997年更名为控制理论与控制工程博士点。1990年组建电子电工及自动控制学院，下设工业自动化系等，建有工业自动化仪表专业。

1994年，上海工业大学、上海科学技术大学等四校合并成立上海大学，合并组建自动化学院，1998年原上海工业大学工业自动化仪表专业与原上海科学技术大学自动控制专业合并后更名为自动化专业。1999年，进一步与机械电子工程学院合并，组建了机电工程与自动化学院，原自动化学院转为自动化系。

1981年，北京工业学院（现北京理工大学）自动化学科获得全国第一批硕士学位授予权，1984年自动控制与应用学科获得博士学位授予权。1984年，自动控制理论及应用获批博士学位授权。1997年至1999年，北京理工大学先后获得导航、制导与控制博士学位授予权，建立自动化实验教学中心，并获批控制科学与工程一级学科博士点授权。

1994年，大连理工大学工业企业自动化专业（原隶属电子学）与化工自动化及仪表专业（原隶属化工系）合并成立自动化系，合并后其专业统称为自动化专业，化工自动化及仪表专业改为自动化专业的过程控制方向，化工自动化及仪表专业不再独立招生。

1983年，南京化工学院（现南京工业大学）化工自动化专业更名为生产过程自动化专业，包含化工自动化、化工自动调节与仪表。1993年，生产过程自动化专业更名为工业自动化专业。1997年，南京化工大学获批控制理论与控制工程硕士学位授予权，开始招收包括自动化仪表与装置方向的硕士研究生。1998年，工业自动化专业更名为自动化专业，保留原来的自动化仪表方向。2000年，获批控制工程领域工程硕士（非全日制）学位授予权，次年开始招生自动化仪表、过程检测技术及装置等方向的在职工程硕士。

1986年，北京科技大学设立自动化仪表及装置二级硕士点，1997年自动化仪表及装置调整为检测技术与自动化装置。1994年自动化仪表教研室更名为检测技术及仪器仪表教研室、1996年为检测技术及仪器仪表系、1999年为测控技术与仪器系、2011年为仪器科学与技术系。

1984年，上海机械学院（现上海理工大学）自动化仪表及装置、系统工程、振动冲击噪声三个学科专业获硕士学位授予权。1986年，测试计量技术及仪器等七个学科专业获硕士学位授予权。1997年，原自动化仪表及装置专业调整为检测技术与自动化装置专业。

上海机械学院在1977年至1993年期间一直以自动化仪表专业招收本科生；1994年至1995年，自动化仪表专业更名为检测技术及仪器专业，一共招收两届学生。1996年改名为上海理工大学。

1996年，上海理工大学对原光学仪器、精密仪器和自动化仪表（检测技术及仪器）三个本科专业进行了整合，正式组建测控技术与仪器专业；2000年，成立自动化专业。

1984 年，同济大学将涉及工业自动化领域的四个教研室合并为工业电气自动化教研室，同时成立工业电气自动化研究室。同年，成立电子仪器与测量技术研究室。1998 年，同济大学成立中德学院。同年，成立电子与信息工程学院，按照自动化专业招生。检测技术与自动化装置成为自动化专业学生培养的主干学科。

2000 年，同济大学与上海铁道大学合并，上海铁道大学的电气工程系、电信工程系（部分）并入同济大学电子与信息工程学院，同济大学原电气工程系改名为信息与控制工程系。

1984 年，杭州计量专科学校（现中国计量大学）开设热工计量测试专业。1986 年，中国计量学院（现中国计量大学）开设检测技术及仪器仪表专业。1999 年，热工检测与自动控制专业更名为自动化专业。

1999 年，杭州电子科技大学开设了测控技术与仪器专业并招收了第一届本科生。

1999 年，江苏大学在农机测试研究室基础上创建了测控技术与仪器专业。

2000 年，原武汉大学、原武汉水利电力大学、原武汉测绘科技大学的仪器科学与技术学科合并成立武汉大学电子信息学院测控技术及仪器系。该学科以仪器科学与技术一级学科招收硕士研究生、仪器仪表工程专业招收工程硕士专业学位研究生。

二、自动化仪表学科的创新发展（2001 年至今）

进入 21 世纪，数字控制技术给自动化仪表带来发展机遇，自动化仪表学科迎来创新发展期。在引进和学习国外先进技术之上，更加强调国产替代技术、强调有自主知识产权的技术革新、注重培养学生创新精神和发展多学科交叉技术。其结果是和自动化仪表相关的研究生培养二级学科专业也不再被单独强调，逐渐被控制科学与工程或仪器科学与技术的一级学科所代表。不再强调细分学科专业知识的传授、注重学生未来发展潜能的培养是当今高等教育的发展变化趋势。此阶段里，自动化仪表技术也更强调自动化控制系统。

下面是高校自动化仪表相关学科的创新发展情况。

2001 年，浙江大学控制理论与控制工程、检测技术与自动化装置两个二级学科双双成为国家重点学科。2007 年，浙江大学控制科学与工程被批准为国家一级重点学科。2009 年，学校实行学部制改革，原信息学院撤销，控制科学与工程学系成为院级系。2015 年，浙江大学控制科学与工程学系更名为控制科学与工程学院，控制科学与工程学科入选浙江大学高峰学科建设计划。2016 年，控制科学与工程一级学科在第四轮全国学科评估中评为 A+，并入选国家一流学科。2019 年，自动化专业入选双万计划首批国家级一流本科专业建设点，按照教育部要求，用三年建设期完善专业建设规划，持续提升专业水平，发挥示范领跑作用。

2002 年，东北大学检测技术与自动化装置学科获批辽宁省重点学科，东北大学控制科学与工程学科在 2002 年教育部学位与研究生教育发展中心组织的全国一级学科整体水平评估中名列第一。2007 年，东北大学控制科学与工程学科被批准为一级学科国家重点学科；流程工业数字化仪表教育部工程中心经教育部批准筹建。2011 年，东北大学经国家科技部批准组建流程工业综合自动化国家重点实验室。2013 年，东北大学测控技术与仪器专业开始在自动化大类中招生。2018 年，东北大学测控技术与仪器专业通过工程教育专业认证。新增控制工程一级学科博士学位授权点；流程工业数字化仪表教育部工程研究中心通过教育部组织的验收，该中心围绕流程工业复杂参数检测技术及装置，复杂工业过程故障诊断技术及系统，重大耗能装备的检测、优化控制技术及系统，智能交通的检测、优化与系统等方面开展了工作，建成了数字化仪表及系统的技术转化平台，在产业化基地和生产示范线建设、高素质工程技术人才培养、技术产业化转化等方面成果显著。2021 年，东北大学测控技术与仪器专业获批国家一流建设示范专业。

2002 年，清华大学自动化系在全国重点学科评审中，控制理论与控制工程和模式识别与智能系统排名第一，被评选为国家重点学科；在第二轮（2009 年）、第三轮（2012 年）全国学科评估中，控制科学与工程学科名列全国第一；在第四轮（2016 年）全国学科评估中，控制科学与工程学科被评为 A+。目前，该一级学科下设控制理论与控制工程、模式识别与智能系统、系统工程、检测技术与自动化装置、导航制导与控制、工业智能与系统、生物信息学、脑与认知科学八个学科方向。

2005 年，首届全国高校自动化系主任（院长）论坛在清华大学召开，有来自全国三十七所高等学校以及香港地区的代表五十余人参加会议，清华大学自动化系教授、教育部自动化专业教学指导分委员会主任吴澄院士和教育部电子信息与电气学科教学指导委员会主任李衍达院士在全体会议上发表讲话。此论坛之后每年各高校轮流举办。2020 年 10 月自动化系再次承办第十六届全国高校自动化主任（院长）论坛时，参会人员有全国设有控制科学与工程一级学科博士点的百余所高校共二百余位嘉宾和代表出席。论坛主旨是凝聚全国专家学者的力量和智慧，共同探讨自动化学科未来发展路径。

在 2006 年国务院学位办组织的第二次国家重点学科评审中，清华大学自动化系的一级学科控制科学与工程名列全国第一，被教育部首批定为国家一级学科重点学科。

2003 年 9 月，北航自动化学院本科培养设置自动化和电气工程及其自动化两个专业。其中，自动化专业涵盖了飞行控制、工业自动化、导航与控制、自动化测试与控制和机电控制五个专业方向。10 月，自动化学院的机构进行了调整，组建智能系统与控制工程系和检测与自动化工程系。截至 2014 年，北航自动化与电气工程学院检测技术与自动化装置专业已先后被评为国家重点学科和国防重点学科。北航仪器科学与光电工程学院仪器科学与技术一级学科在第三轮全国学科评估中一举跃升全国第一，在第四轮全国学科评估中获得 A+。

2003 年，哈尔滨理工大学仪器科学与技术学科获批博士后科研流动站，并获首批黑龙江省一级重点学科。2006 年获批了仪器科学与技术一级学科学术硕士授权点。2017 年获批信息传感及系统集成技术国防特色学科。

2001 年，天津大学检测技术与自动化装置学科所属的控制工程领域，经国务院学位办批准开始招收非全日制（单证）工程硕士研究生。2001 年底，天津大学检测技术与自动化装置学科获批国家重点学科。2005 年，天津大学组织研究生培养方案改革，检测技术与自动化装置学科工学硕士研究生学制调整为两年，工学博士研究生学制为三年制。同年，天津大学检测技术与自动化装置学科所属的控制科学与工程一级学科，获得一级学科博士学位授予权。2009 年，天津大学控制科学与工程学科按照一级学科招生、培养工学硕士和工学博士研究生；同年开始招收、培养控制工程领域全日制专业硕士研究生（工程硕士）。

2007 年，上海交通大学控制科学与工程被评审为一级学科国家重点学科。2012 年，在第三轮全国学科评估中，控制科学与工程在参评的八十三所高校中位列第四。2010 年，上海交通大学建成系统控制与信息处理教育部重点实验室。2012 年至 2015 年期间，获批船舶自动化上海高校工程研究中心和上海市北斗导航与位置服务重点实验室两个省部级基地。

2001 年，西安交通大学工程与科学研究院撤销，成立新的自动化科学与技术系。2001 年，控制理论与控制工程、模式识别与智能系统学科再次被评为高等学校重点学科。2002 年，在第一轮全国学科评估中，控制科学与工程学科在二十九个参评单位中名列第四。2002 年，将原自动化系和图像处理与模式识别研究所合并组建成新的自动化系。2007 年该校控制科学与工程学科被确认为国家一级重点学科。2009 年，自动化系所属各个研究所按二级学科建所，原自动控制研究所分设控制工程研究所和自动控制与检测技术研究所，分别负责控制理论与控制工程、检测技术与自动化装置两个二级学科的建设；原有的系统工程研究所、人工制智能与机器人研究所和综合自动化研究所，分别负责系统工程、模式识别与智能系统、导航制导与控制三个二级学科的建设。

2001 年，北京理工大学控制科学与工程学科被评为国家重点学科，导航、制导与控制学科被评为国家重点培育学科。2002 年，新增电气工程及其自动化专业，模式识别与智能系统被评委北京市重点学科和国防科工委重点学科。2008 年，成立自动化学院，控制科学与工程以及学科被评委北京市重点学科。2017 年，北京理工大学控制科学与工程学科入选教育部双一流建设学科，第四轮全国学科评估中评估结果为 A。

2001 年，华东化工学院建立控制科学与工程博士后流动站，2003 年建立控制科学与工程博士学位授权一级学科点，2007 年控制理论与控制工程学科被批准为国家重点学科，2017 年过程工业智能制造进入教育部双一流建设支撑学科。依托学科，先后成立了过程系统工程教育部工程研究中心（2006 年），化工过程先进控制和优化技术教育部重点实验室（2008 年成立，2021 年更名为能源化工过程智能制造教育部重点实验室），石油化工行业智能优化制造高等学校创新引智基地（2017 年），石油化工行业智能优化制造教育部国际合作联合实验室（2019 年），上海市流程工业智能制造工程研究中心（2019 年）。

2003 年，上海大学建成控制科学与工程博士后流动站。2004 年开始筹建上海市电站自动化技术重点实验室，并于 2007 年通过验收正式挂牌。2005 年获控制科学与工程一级学科硕士点授予权，2005 年仪电自动化列入上海市特色学科（重点学科），2010 年获控制科学与工程一级学科博士点授予权。2018 年获科技部、教育部复杂网络化系统智能测控与应用学科创新引智基地，2019 年开始上海市智能自动化与网络化控制国际联合实验室建设。

2001 年，江苏大学成立测控技术与仪器系。2003 年，江苏大学仪器科学与技术学科获得二级硕士学位授予权。2010 年，江苏大学仪器科学与技术学科获得一级学科硕士学位授予权，依托机械工程学科招收博士研究生。2015 年，测控技术与仪器系更名为仪器科学与工程系。2017 年，江苏大学测控技术与仪器专业获批仪器科学与技术一级学科博士点。2019 年，江苏大学测控技术与仪器专业获批国家一流专业建设点。

2006 年，上海理工大学系统分析与集成、测试计量技术及仪器两个学科专业增列为二级学科博士点，与上海工业自动化仪表研究院（现上海工业自动化仪表研究院有限公司）共同创建了工业过程自动化国家工程研究中心。2008 年，测试计量技术及仪器学科被列为上海市教委重点学科。2016 年，控制科学与工程学科调整为一级学科博士点。

成都电子科技大学在 1990 年获测试计量技术及仪器硕士学位授予权，1998 年获测试计量技术及仪器博士学位授予权，同年获得仪器仪表工程专业学位硕士授予权。在以张世箕教授等老一辈知名测量专家的带领下，系统展开了电子测量理论、智能仪器、自动测试等方面的研究，逐步形成了电子测量技术与仪器、复杂电子系统综合测试诊断与预测技术、精密机电系统检测及可靠性设计、VLSI 测试与可测性设计、现代微波与通信测试理论及技术等研究方向，在军事电子测量与仪器、复杂系统综合测试与诊断等方向上具有特色。成都电子科技大学先后获批仪器科学与技术博士后流动站，仪器科学与技术一级学科博士点。测试计量技术及仪器二级学科被批准为四川省重点学科。测控技术与仪器专业获批国家级特色专业建设点，测控技术与仪器专业获批教育部卓越工程师培养计划实施专业。

2002 年，同济大学信息与控制工程系划分为控制科学与工程、信息与通信工程、电子科学与技术三个系，控制科学与工程系由此诞生。2003 年至 2005 年，同济大学控制科学与工程一级学科获一级学科博士学位授予权，成立博士后流动站，涵盖控制理论与控制工程、检测技术与自动化装置、系统工程五个二级学科博士点。检测技术与自动化装置学科在博士培养层次上形成了检测技术基础理论、智能测试理论及装置两个主要方向；硕士培养方向有微机测控装置与系统、测控系统与诊断技术和检测技术与智能化仪表。

2001 年，华南理工大学自动化专业被评为广东省首批名牌专业。2002 年，自动化重新独立建院成立自动控制科学与工程学院，2003 年获控制科学与工程一级博士点。

2001 年，中国石油大学成立信息与控制工程学院，下设自动化系、电气系、电子工程系等。2005 年，在自动化专业基础上成立了测控技术与仪器专业。2006 年，获批控制理论与控制工程博士二级学位点。2009 年，成立国家高等学校优秀教学团队电工电子学基础课程教学团队。2011 年，随学校全部迁到青岛。2017 年成立测控技术与仪器系，获批控制科学与工程博士一级学位点。2019 年，调整为控制科学与工程学院，自动化专业入选国家一流专业建设点。2020 年，测控技术与仪器专业入选国家一流专业建设点。2021 年，在测控技术与仪器专业的基础上成立智能感知工程专业。

2001 年，南京化工大学与南京建筑工程学院合并南京工业大学，申请并获批测控技术与仪器本科专业，次年开始招生。2005 年，南京工业大学获批检测技术与自动化装置二级学科硕士学位授予权。

2006 年，北京科技大学获控制科学与工程一级学科博士点（含检测技术与自动化装置）及测试计量技术及仪器二级硕士点。2011 年 3 月获仪器科学与技术一级硕士点。5 月，北京科技大学成立仪器科学与技术系。2018 年 3 月获一级博士点。

2009 年，大连理工大学在原自动化系的基础上扩建为控制科学与工程学院。目前，控制科学与工程学院设有自动化本科专业，控制科学与工程一级学科硕士点、博士点和博士后流动站。

2003 年，中国计量学院（现中国计量大学）检测技术与自动化装置获二级学科工学硕士学位授予权。

2006 年，杭州电子科技大学获批精密仪器与机械、测试计量技术及仪器两个二级学科硕士学位授权点；2010 年获批一级学科硕士学位授权点；2015 年自主设置目录外二级学科电子测量技术及仪器博士点。

2011 年，上海第二工业大学测控自动化、机械制造及其自动化两个学科入选上海市教委重点学科（第五期），2016 年起，合并为机械工程校重点学科，下设智能检测与运动控制学科方向。机械工程学科覆盖了智能制造与控制工程学院的机械工程、机械电子工程、工业工程、信息管理与信息系统、测控技术与仪器五个专业。

2000 年，北京工业大学在原精密仪器专业教研室的基础上，成立了测控技术与仪器学科部，并以测控技术与仪器专业招收本科生（该专业始于 1960 年建校时机械系的精密仪器仪表制造工艺专业；后在 1966 年成立光学仪器教研室，又在 1992 年将专业名称更改为精密仪器专业）。2003 年，获得测试计量技术及仪器二级学科硕士授予权；2005 年，获得仪器科学与技术一级学科硕士授予权；2008 年，仪器科学与技术学科成为北京市重点建设一级学科，同年获批建设机械工业精密测控技术与仪器重点实验室。2012 年，组建了北京市精密测控技术与仪器工程技术研究中心。2014 年，成立仪器科学与技术系。2015 年，北京工业大学测控技术与仪器专业通过了由中国工程教育专业认证协会和教育部高等教育教学评估中心联合认证的工程教育专业认证评估。2018 年，再次通过工程教育专业认证。

2000 年，北京化工大学成立信息科学与技术学院。2021 年，北京化工大学信息学院下设的测控技术与仪器评为国家级一流专业。新时代的测控技术与仪器专业继续立足本专业特色优势，为我国石油化工等过程工业和仪器仪表相关行业培养"基础扎实、专业过硬、具备人文素质和国际视野的创新型国家测控仪器行业的骨干和领军人才"。

第三节　自动化仪表学科的知识体系和教材建设

自动化仪表在行业里的定义是指作为工业产品的传感器、变送器、控制器（调节器）放大器、执行机构（气动和电动调节阀、伺服电机）等，它们在自动控制系统中完成测量、信号转换、放大、控制和执行等环节上的任务。不言而喻，自动化仪表技术中包含了控制的环节。当然在控制系统越来越复杂的当今，自动化仪表中的控制器不承载复杂系统的控制问题，此时自动化"现场"仪表确实是自动控制系统中的底层终端产品，复杂系统控制则需要在大型数字化系统层面上实现，应该说，此时系统与其中的设备已经不可分开而论。

现在我们所说的自动化仪表已经不仅仅指向自动化系统底层的仪表硬件设备，自动化仪表学科应该是包含了具有明确用途的实体控制系统中的各个要素技术的一个综合学科，自动化仪表学科的知识领域包括检测技术及仪表、传感器与执行器、控制器和控制系统等多层次的内容，甚至包括仪表工艺和材料。

另外，经过前面对学科专业分类的分析，可以看到自动化仪表学科已经被包含在自动化学科里。因此，下面对自动化学科和自动化仪表学科的知识体系暂不做区别。

一、典型自动控制系统的演变过程

典型自动控制系统如图 8-2 所示，通常由被控对象、给定环节、检测环节、比较环节、控制器和执行环节组成，传统的控制器也叫调节器，采用模拟信号控制，内部有控制规律，反馈回路上的检测环节由传感器和变送器担当。

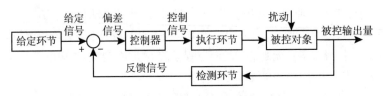

图 8-2　典型自动控制系统框图

随着具有数字运算功能的电子器件和大规模集成电路的蓬勃发展，二十世纪七十年代末开始，以微型计算机为核心的数字系统在各种自动控制系统中得到广泛应用。如图 8-3 所示，系统内包含的 A/D 和 D/A 转换，将控制系统分成了模拟量和数字量两个部分，由计算机构成的控制器处理的是数字信号，即数字控制器成为自动化系统中的核心内容。

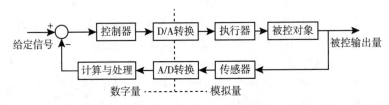

图 8-3　数字化自动控制系统框图（含模拟量和数字量之间的转化、计算与信号处理）

进入 2000 年，通信和网络技术得到广泛的应用，携带网络通信和数据传输功能的自动控制系统得到了发展，如图 8-4 所示。在自动控制系统中明显地存在来往于信息世界和物理世界之间的信息流，即通过传感器的信息获取和通过执行器的信息应用两个信息流走向。在使用功能完善的硬件仪表设备的基础上，工业自动化系统更加重视控制系统软件开发。

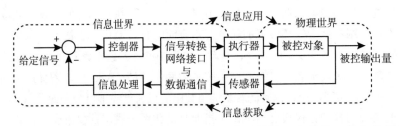

图 8-4　信息时代的自动控制系统框图（含网络接口和通信、信息处理）

为实现一个基本的自动控制系统，除需要自动化仪表和控制的技术，还需要计算机软硬件技术以及网络通信和系统工程的技术。伴随自动控制系统的这种历史上的重大技术演变，自动化仪表学科的教育也迎来重要的转型，建立和完善电子技术、计算机软硬件和通信技术的知识体系，是完成课程建设和改革的关键。

二、自动化仪表学科的知识体系结构

图 8-4 所示的自动控制系统，涉及以下六个知识领域：①控制与智能；②执行与驱动；③对象与建模；④传感与检测；⑤网络与通信；⑥计算与处理。这六个知识领域构成了控制

知识层。

自动化学科的知识结构分三层，分别有基础知识层、控制知识层、系统知识层。基础知识层包括数理基础、计算机基础、机电基础三个知识领域。系统知识层是系统与工程一个知识领域。每个知识领域又包含许多知识元和知识点。

此外，自动化学科有三类不同的知识体系：实体控制、信息控制、模型控制。实体控制突出学科的工程特征，有明确的控制对象，具有工程的特点和专门自动化的特点，适用于培养应用型的高级技术人才。自动化仪表属于实体控制范畴。信息控制突出学科的信息特征，偏向信息的特征提取和识别，具有信息的特点和通识自动化的特点，适合于科研开发型自动化人才培养，适用于研究型大学的自动化专业。模型控制突出学科的数学特征，需要坚实的数学基础和控制理论基础，适合研究生学位的人才培养。

自动化仪表学科的知识体系结构如表 8-7 所示，包括知识层、知识领域和具体知识元在内。学科课程的教材也围绕这个体系开展建设。

表 8-7 自动化仪表学科的知识体系结构

知识层	知识领域	知识元
基础层	数理基础	高等数学、线性代数、概率与随机过程、复变函数、运筹学、大学物理、数值分析、离散数学、工程化学、现代生物学
	机电基础	工程制图、机械原理、电机原理、电路分析、模拟电子、数字电子、电力电子
	计算机基础	计算机原理、计算机语言、微机原理与接口、嵌入式系统、虚拟仪器
控制层	传感与检测	传感器、机械参数检测、过程参数检测、仪表抗干扰技术、软测量技术
	网络与通信	通信原理、计算机网络、无线传感网络、网络与信息安全
	计算与处理	信号与系统、数字图像处理、模式识别、数据结构、操作系统
	控制与智能	控制理论、现代控制理论、计算机控制、最优控制、自适应控制、智能控制
	执行与驱动	电机控制、自动化仪表及装置（气动薄膜调节阀、液压传动）
	对象与建模	系统辨识、故障诊断、建模与仿真、虚拟现实技术
系统层	系统与工程	过程控制系统、现场总线技术、控制系统设计与整定、集成自动化系统、运动控制系统、机器人控制、管理信息系统、系统工程、智能系统

三、自动化仪表学科的教材建设

专业建设初期，仪表方面的教材非常有限，相关书籍主要来自国有自动化仪表研究所，各高校都靠自编讲义来完成教学任务。在六十年代初期，各相关高校联合编写专业教材。随着高校设立自动化专业的院校增多，在教育部及行业委员会的主导下，各学校积极参与编著适合本国国情的教材，教材的数量和种类都丰富起来。

进入改革开放新时期，伴随技术发展和知识体系的更新，为满足人才培养的需求，各高校使用的主要教材也在不断迭代翻新。许多高校重视教材建设、强调教材的更新率和教材的先进性。教师在调研学习国内外优秀教材的基础上，根据自己的教学目标编写适合自己学生培养的教材。此外，由于自动化仪表知识的范围广泛、更新速度快，经常是一门课上使用某一本教科书不能满足需求，需要同时指定多本参考教材，以至于重新编写教材的需求增大。

（一）自动化仪表学科的教材统计和比较

图 8-5 是与工业仪表、自动化仪表有关的高校图书馆馆藏图书数量按照出版时间的分布。可以看到在转型期有一个起伏时间点。

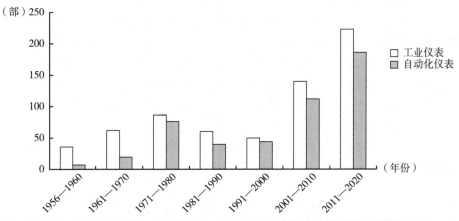

图 8-5　与工业仪表、自动化仪表有关的图书数量（按照出版时间的分布）

图 8-6 是自动化仪表相关领域图书数量的比较。可以发现自动化仪表与控制系统的图书量最多，其次是自动化仪表与设计，再次是过程控制和电气自动化。可以看到，控制系统已经成为自动化仪表的主要内容；过程控制和电气自动化是自动化两大主要应用领域；自动化仪表与设计类的书籍一般不是高校教材，而是专业技术人员的手册和工具书。

图 8-7 是相关类别图书数量的比较，纵轴用对数坐标表示，可以发现检测技术与仪器的数量相当，约五千册；自动化仪表的数量相比这两者偏低不少，约五百册；仪器仪表略低于分析仪器；和仪表相关的图书数量仍然不少。

图 8-8 是自动化学科与其他学科的图书数量的比较，纵轴也是对数坐标显示。可以发现计算机、通信、自动化排行前三，电路和控制理论也仅仅跟随自动化。此外，上世纪八九十年代图书书名里有仪表二字的教材比较多，后来逐渐被传感器与检测技术取代。

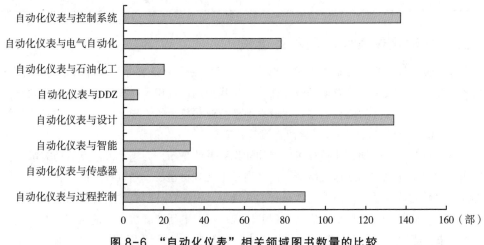

图 8-6　"自动化仪表"相关领域图书数量的比较

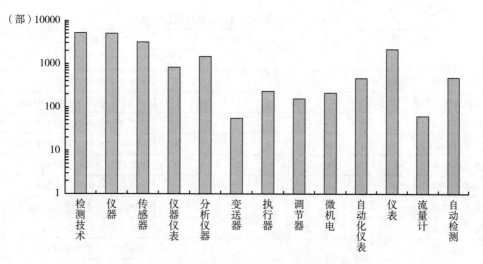

图 8-7 相关类别图书数量的比较（纵轴对数坐标）

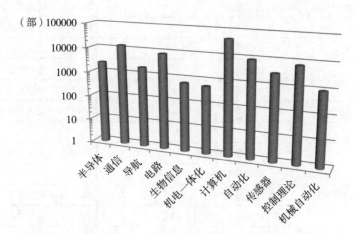

图 8-8 自动化与其他学科图书数量的比较（纵轴对数坐标）

上述图书数量的统计结果一定程度上体现了自动化仪表学科及其细分领域技术的地位和重要性。自动化仪表学科的书籍如此之多，一方面说明自动化仪表学科涵盖的内容广泛，另一方面也说明对该领域知识的需求量大，同时也是行业发展变化快、有内在的知识更新动力。

（二）高校教材出版的情况

自动化仪表教材的种类和数量很多，一般每本教材都会有其侧重点，以满足各种不同的教学和求知的需求。1978 年以后各高校编著的自动化仪表的主要教材如下表所示，其中不含电路、嵌入式系统和数据处理方面的教材，数据来自二十一所学校的采集信息。

表 8-8　高校编著出版的自动化仪表教材

著作名称	作者	出版时间及出版社
天津大学		
电机工程手册（第五篇）	刘豹	1979 年，机械工业出版社
过程控制调节装置	向婉成	1981 年，机械工业出版社
现代控制理论	刘豹	1983 年，机械工业出版社
系统工程概论	刘豹	1987 年，机械工业出版社
系统工程导论	刘豹	1987 年，天津科学技术出版社
特殊条件下的温度测量	张立儒	1987 年，中国计量出版社
相关流量测量技术	徐岑安	1988 年，天津大学出版社
传感器原理及其应用	王化祥	1991 年，天津大学出版社
仪表可靠性基础	王化祥	1994 年，天津大学出版社
控制仪表与装置	向婉成	1999 年，机械工业出版社
计算机过程控制系统	刘宝坤	2000 年，机械工业出版社
自动检测技术	王化祥	2004 年，化学工业出版社
现代传感技术及应用	王化祥	2008 年，化学工业出版社
自动控制原理	夏超英	2010 年，科学出版社
现代控制理论	夏超英	2012 年，科学出版社
传感器原理与技术应用	王化祥	2018 年，化学工业出版社
浙江大学		
电动调节仪表	吴勤勤、曹润生	1980 年，化学工业出版社
化工过程控制原理	周春晖等	1980 年，化学工业出版
工业过程模型化及计算机控制	吕勇哉等	1986 年，化学工业出版社
过程控制仪表	曹润生、黄祯地、周泽魁	1987 年，浙江大学出版社
化工检测技术及显示仪表	杜维、乐嘉华	1988 年，浙江大学出版社，
化工过的特殊测量	陆水均、黄祯地、陈婉珍	1989 年，化学工业出版社
自动控制仪表与装置	吴勤勤、黄祯地主审	1990 年，化学工业出版社
两相流检测技术及应用	李海青、周泽魁、张宏建、胡赤鹰	1991 年，浙江大学出版社
化工自动化及仪表	慎大刚、余国贞	1991 年，浙江大学出版社
EK 系列调节仪表和 1751 系列电容式变送器	周泽魁、汤雪英、黄祯地主审	1992 年，浙江大学出版社
多相流检测技术进展	李海青、乔贺堂等	1996 年，石油工业出版社
化工检测技术及显示仪表	杜维、乐嘉华	1997 年，浙江大学出版社
智能型检测仪表及控制装置	李海青、张宏建、黄志尧等	1998 年，化学工业出版社
过程参数检测技术及仪表	杜维、张宏建、乐嘉华	1999 年，化学工业出版社
特种检测技术及应用	李海青、黄志尧等	2000 年，浙江大学出版社
软测量技术原理及应用	李海青、黄志尧等	2000 年，化学工业出版社
控制仪表与计算机控制装置	周泽魁、张光新	2002 年，化学工业出版社

续表

著作名称	作者	出版时间及出版社
化工自动化及仪表	杨丽明、张光新	2004 年，化学工业出版社
自动检测技术与装置	张宏建、蒙建波	2004 年，化学工业出版社
流程工业综合自动化技术	冯毅萍	2004 年，机械工业出版社
工业过程控制技术	孙优贤、褚健	2006 年，化学工业出版社
新型流量检测仪表	李海青、黄志尧	2006 年，化学工业出版社
检测控制仪表学习指导	张宏建、王化祥、周泽魁、曹丽	2006 年，化学工业出版社
过程控制工程：第二版	王树青等	2007 年，化学工业出版社
现代检测技术	张宏建	2007 年，化学工业出版社
控制系统的数字仿真及计算机辅助设计：第二版	钱积新等	2010 年，化学工业出版社
过程控制系统与装置	张宏建、张光新、戴连奎	2012 年，机械工业出版社
控制工程手册：上、下	孙优贤等	2015 年，化学工业出版社
自动检测技术与装置：第三版	张宏建、黄志尧、周洪亮、冀海峰	2019 年，化学工业出版社

北京航空航天大学

著作名称	作者	出版时间及出版社
传感器原理	南京航空学院、北京航空学院合编	1980 年，国防出版社
仪表弹性元件	刘广玉、庄肇康	1981 年，国防出版社
航空测试系统	杨世钧	1984 年，国防出版社
测试信号分析与处理	陈行禄、朱定国、王厚枢	1985 年，教编室
几种新型传感器设计与应用	刘广玉	1989 年，国防出版社
测试技术	刘惠彬	1989 年，北航出版社
航空测试系统：第二版	朱定国、林燕珊、杨世均	1990 年，国防出版社
新型传感器原理	黄俊钦	1991 年，航空出版社
测量系统的应用与设计	（美）多贝林、孙德辉	1991 年，科学出版社
传感器接口与检测电路设计	吕俊芳、钱政、袁梅	1994 年，北航出版社
载人航天仪表显示与监测系统	黄俊钦	1994 年，宇航出版社
新型传感器技术及应用	刘广玉、陈明、吴志鹤、樊尚春	1995 年，北航出版社
测试系统动力学	黄俊钦	1996 年，国防出版社
信号与测试技术	樊尚春、周浩敏	2002 年，北航出版社
自动测试系统集成技术	李行善	2004 年，电子工业出版社
传感器技术及应用	樊尚春	2004 年，北航出版社
测试信号处理技术	周浩敏、王睿	2004 年，北航出版社
微传感器设计、制造与应用	刘广玉	2008 年，北航出版社
传感器调理电路设计理论及应用	吕俊芳、钱政、袁梅	2010 年，北航出版社

同济大学

著作名称	作者	出版时间及出版社
自动控制工程	吴启迪、黄圣乐译	1991 年，同济大学出版社
模糊控制系统的理论与实践（德文）	王磊	1993 年，VDI 出版社

续表

著作名称	作者	出版时间及出版社
模糊控制理论及应用	王磊、王为民	1997 年，国防工业出版社
现代测量与控制技术词典	王磊等	1999 年，中国标准出版社
多传感器实践技术	王磊等	2000 年，国防工业出版社
多传感器技术及其应用	王磊等译	2001 年，国防工业出版社
传感器与检测技术	陈杰	2002 年，高等教育出版社
实用流量仪表的原理及其应用	王磊等	2003 年，国防工业出版社
电测技术	殳伟群译	2005 年，电子工业出版社
半导体制造系统智能调度	吴启迪、李莉、乔非、于青云	2015 年，清华大学出版社
自动控制原理	王磊等	2017 年，西安交通大学出版社
哈尔滨理工大学		
电磁测量：上	袁禄明	1980 年，机械工业出版社
电磁测量：下	袁禄明	1981 年，机械工业出版社
微处理机在电测中的应用	费正生	1984 年，机械工业出版社
电磁测量的数字化及其应用	陈印洪	1984 年，机械工业出版社
精密电气测量	袁禄明	1984 年，计量技术出版社
数字信号处理及其在仪器中的应用	高远	1985 年，邮电出版社
仪器仪表与自动化装置术语手册	陈印洪	1986 年，机械工业出版社
VXI 总线系统规范	童子权	1994 年，中国计量出版社
指示电测仪表的理论与设计	费正生、杨玉堂	1995 年，机械工业出版社
集成运算放大器在测量中的应用	王菽蓉	1996 年，东北林业大学出版社
智能仪器原理与使用	魏凯丰	1998 年，电子工业出版社
智能仪器设计基础	王学伟	1999 年，哈尔滨工业大学出版社
传感器	吴海滨、于晓洋等	2000 年，机械工业出版社
光纤传感器及其应用	张晓冰	2005 年，哈尔滨工业大学出版社
VME 总线对仪器的扩展	马怀俭	2008 年，国家质量监督检验检疫总局
传感器原理及检测技术	苑惠娟等	2010 年，华中科技大学出版社
液压传动与控制	刘卓夫等	2010 年，哈尔滨工程大学出版社
传感器原理与应用	周真等	2011 年，清华大学出版社
无线传感器网络技术概论	施云波	2017 年，西安电子科技大学出版社
传感器原理及应用	苑慧娟	2017 年，机械工业出版社
北京化工大学		
自动控制原理	厉玉鸣	2005 年，化学工业出版社
化工仪表及自动化：第四版	厉玉鸣	2006 年，化学工业出版社
石油化工自动化	潘立登、李大字	2006 年，机械工业出版社
过程控制工程	孙洪程、李大字	2006 年，高等教育出版社
过程控制技术原理与应用	潘立登、李大字、张永德	2007 年，中国电力出版社

续表

著作名称	作者	出版时间及出版社
软测量技术原理与应用	潘立登、李大字	2009 年，电力出版社
过程控制装置	张永德	2010 年，化学工业出版社
自动控制工程设计	孙洪程、李大字	2016 年，高等教育出版社
化工仪表及自动化 第六版	厉玉鸣	2019 年，化学工业出版社
北京理工大学		
控制系统的状态空间方法	王子平、曾乐生、刘兴良	1980 年，国防工业出版社
系统辨识	蔡季冰	1987 年，北京理工大学出版社
伺服系统原理与设计	胡祐德	1987 年，北京理工大学出版社
反馈控制系统设计	胡祐德、张富有	1987 年，北京理工大学出版社
液压试验与测试技术	谭尹耕	1988 年，北京理工大学出版社
随动系统	曾乐生、施妙和	1988 年，北京理工大学出版社
最优控制的理论与方法	吴沧浦	1989 年，国防工业出版社
自动控制原理	杨位钦、谢锡琪	1989 年，北京理工大学出版社
控制系统的计算机辅助设计	王子平	1990 年，北京理工大学出版社
液压控制系统	孙文质	1990 年，国防工业出版社
液压工程手册	雷天觉、李寿刚	1992 年，机械工业出版社
线性控制系统教程	张志方、孙常胜	1993 年，科学出版社
电磁控制元件	葛伟亮	1994 年，北京理工大学出版社
自动控制原理	张旺、王世鎏	1994 年，北京理工大学出版社
电气传动系统	彭志瑾、廖晓钟	1995 年，北京理工大学出版社
现代控制理论	钟秋海	1996 年，北京理工大学出版社
分布式计算机控制系统	侯朝桢	1997 年，北京理工大学出版社
控制系统的数字仿真	徐家培	1998 年，北京理工大学出版社
离散时间控制系统	陈杰等译	2006 年，机械工业出版社
传感器及其应用技术	黄鸿	2008 年，北京理工大学出版社
控制系统分析与设计	廖晓钟、刘向东	2010 年，清华大学出版社
自动控制系统	廖晓钟、刘向东、毛雪飞、陈振	2018 年，北京理工大学出版社
传感器与检测技术	陈杰、蔡涛、黄鸿	2020 年，高等教育出版社
流体传动与控制基础	彭熙伟、郑戍华	2020 年，机械工业出版社
北京科技大学		
工程检测技术及模拟信号变换	赵家贵、林克贞	1989 年，中国轻工业出版社
自动检测技术	王绍纯、赵家贵	1995 年，冶金工业出版社
检测技术	赵家贵	1998 年，中国计量出版社
新编传感器电路设计手册	赵家贵	2002 年，中国计量出版社
检测技术及应用	张朝晖	2006 年，中国质检出版社

续表

著作名称	作者	出版时间及出版社
冶金计量	蓝金辉、陈先中	2006 年，中国计量出版社
过程参数检测技术及仪表	李希胜	2009 年，中国计量出版社
石化计量	张朝晖、迟健男	2009 年，中国计量出版社
成都电子科技大学		
无线电计量测试概论	张世箕	1985 年，计量出版社
智能仪器	张世箕	1987 年，北京电子工业出版社
电子仪器原理	古天祥、陆玉新、张世箕	1989 年，国防工业出版社
自动测试系统	张世箕、杨安禄	1990 年，电子科技大学出版社
VXI 总线测试平台技术	陈光踽	1996 年，电子科技大学出版社
数据域测试及仪器	张世箕、陈光踽	1997 年，电子工业出版社
可测性设计技术	陈光踽、潘中良	1997 年，电子科技大学出版社
电子测量原理与应用	古天祥、詹惠琴、习友宝、古军、何羚	2014 年，机械工业出版社
光电检测技术	周秀云	2016 年，电子工业出版社
网络化测试仪器技术	马敏	2018 年，电子工业出版社
虚拟仪器设计	詹惠琴、古军、罗光坤	2019 年，机械工业出版社
多个体系统建模、分析与控制	胡江平	2019 年，国防工业出版社
电子测量原理	詹惠琴、古天祥、古军	2019 年，机械工业出版社
生产过程控制系统及仪表	张治国、李文江、胡学海	2020 年，四川大学出版社
自动测试系统数字课程	王子斌、赖小红、金卫、黄敏	2020 年，高等教育电子音像出版社
电磁无损检测传感与成像	田贵云、高斌、周秀云	2020 年，机械工业出版社
上海第二工业大学		
工控组态软件	汪志锋	2007 年，电子工业出版社
电气控制技术及实训教程	姚融融	2009 年，中国电力出版社
电气控制及 PLC	姚融融	2010 年，高等教育出版社
电机拖动基础及机械特性仿真	姚融融	2013 年，中国电力出版社
自动控制原理	胡志华	2017 年，西安电子科技大学出版社
工业机器人操作与编程	王素娟	2018 年，华中科技大学出版社
自动控制原理	崔蕾	2019 年，上海交通大学出版社
东北大学		
自动检测仪表	高魁明、鲁崇功	1980 年，东北工学院出版社
仪表机构零件	施立亭	1984 年，冶金工业出版社
热工测量仪表	高魁明	1985 年，冶金工业出版社
红外辐射测温理论与技术	高魁明、谢植	1989 年，东北工学院出版社
热工测量仪表	高魁明、王师	1993 年，冶金工业出版社
工业辐射温度测量	谢植、高魁明	1994 年，东北大学出版社

续表

著作名称	作者	出版时间及出版社
过程分析仪器	张宏勋	1994 年，冶金工业出版社
热工检测仪表	王玲生	1994 年，冶金工业出版社
过程机械量测量	张宏勋	1995 年，冶金工业出版社
过程检测技术	李新光、张华、孙岩	2004 年，机械工业出版社
光电检测技术	赵勇	2014 年，机械工业出版社
合肥工业大学		
传感器与检测技术：第四版	徐科军、马修水、李晓林、李文涛、李莲	2016 年，电子工业出版社
电气测试技术：第四版	徐科军、马修水、李国丽等	2018 年，电子工业出版社
华东理工大学		
电动调节仪表	吴勤勤	1980 年，化学工业出版社
化工测量及仪表	章先楼、沈关梁等	1981 年，化学工业出版社
化工自动控制	蒋慰孙	1982 年，化学工业出版社
过程控制工程	蒋慰孙、俞金寿	1988 年，烃加工出版社
系统控制	蒋慰孙	1988 年，华东化工学院出版社
化工自动化及仪表	张蕴端	1990 年，上海交通大学出版社
新型控制系统	俞金寿、何衍庆、夏圈世	1990 年，化学工业出版社
电动控制仪表及装置	吴勤勤	1990 年，化学工业出版社
微机化仪表原理及设计	吴勤勤、单青	1991 年，华东化工学院出版社
化工自控工程设计	俞金寿、何衍庆、邱宣振	1991 年，华东化工学院出版社
CENTUM 集散控制系统	黄道	1995 年，化学工业出版社
集散控制系统原理及应用	何衍庆、俞金寿	1995 年，化学工业出版社
智能仪表原理、设计及调试	季建华、吴勤勤	1995 年，华东理工大学出版社
过程与控制	蒋慰孙	1996 年，化学工业出版社
多变量控制系统分析与设计	蒋慰孙、叶银忠	1997 年，中国石化出版社
系统仿真	何衍庆	1997 年，中国石化出版社
TDC-3000 集散控制系统	张雪申、王慧锋	1997 年，化学工业出版社
控制仪表及装置	吴勤勤主编	1997 年，化学工业出版社
可编程控制器原理及应用技巧	何衍庆、戴自祥、俞金寿	1998 年，化学工业出版社
过程控制工程	蒋慰孙、俞金寿	1999 年，中国石化出版社
生产过程自动化及仪表	孙自强	1999 年，华东理工大学出版社
软测量技术及其在石油化工中的应用	俞金寿、刘爱伦、张克进	2000 年，化学工业出版社
集散控制系统原理及应用：第二版	何衍庆、俞金寿	2002 年，化学工业出版社
工业过程先进控制	俞金寿	2002 年，中国石化出版社
控制仪表及装置：第二版	吴勤勤、周振环等	2002 年，化学工业出版社
过程自动化及仪表	俞金寿、孙自强等	2003 年，化学工业出版社

著作名称	作者	出版时间及出版社
集散控制系统原理及应用	何衍庆、俞金寿	2003 年，化学工业出版社
智能仪表原理与设计技术	凌志浩	2003 年，华东理工大学出版社
工业生产过程控制	何衍庆、俞金寿、蒋慰孙	2004 年，化学工业出版社
现场总线控制系统原理及应用	王慧锋、何衍庆	2006 年，化学工业出版社
集散控制系统及其应用	张雪申、叶西宁	2006 年，机械工业出版社
过程自动化及仪表：第二版	俞金寿、孙自强	2007 年，化学工业出版社
过程控制工程：第三版	俞金寿、蒋慰孙	2007 年，电子工业出版社
控制仪表及装置：第三版	吴勤勤	2007 年，化学工业出版社
工业过程先进控制技术	俞金寿主编	2008 年，华东理工大学出版社
智能仪表原理与设计技术：第二版	凌志浩	2008 年，华东理工大学出版社
DCS 与现场总线控制系统	凌志浩	2008 年，华东理工大学出版社
过程控制系统	俞金寿、孙自强	2008 年，机械工业出版社
集散控制系统原理及应用：第三版	何衍庆、黄海燕、黎冰	2009 年，化学工业出版社
工业生产过程控制：第二版	何衍庆、黎冰、黄海燕	2010 年，化学工业出版社
化工自动化及仪表	俞金寿、孙自强	2011 年，华东理工大学出版社
测控技术与仪器专业概论	孙自强、刘笛	2012 年，化学工业出版社
过程控制工程：第四版	俞金寿、顾幸生	2012 年，高等教育出版社
电气与可编程控制器	王华忠、郭丙君、孙京诰	2012 年，化学工业出版社
智能仪表原理与设计	凌志浩	2013 年，人民邮电出版社
过程控制系统：第二版	俞金寿、孙自强	2015 年，机械工业出版社
过程自动化及仪表：第三版	俞金寿、孙自强	2015 年，化学工业出版社
过程测控技术及仪表装置	孙自强、刘笛、刘济	2017 年，化学工业出版社
工业生产过程自控工程设计	侍洪波、孙自强、何衍庆	2017 年，化学工业出版社
智能仪表原理与设计技术	叶西宁、凌志浩	2021 年，华东理工大学出版社
江苏大学		
食品与农产品快速无损检测新技术	陈斌等	2004 年，化学工业出版社
南京工业大学		
过程控制：系统、仪表、装置	林锦国主编	1999 年，东南大学出版社
计算机集成控制系统	赵英凯等	2007 年，电子工业出版社
机电系统 PLC 控制技术	张广明、李果等	2007 年，国防工业出版社
现场总线运动控制系统	舒志兵等	2007 年，电子工业出版社
机电一体化系统与应用	舒志兵等	2007 年，电子工业出版社
过程控制：第三版	林锦国主编	2009 年，东南大学出版社
智能照明控制系统	马小军主编	2010 年，东南大学出版社

续表

著作名称	作者	出版时间及出版社
现场总线网络化多轴运动控制系统研究与应用	舒志兵主编	2011年，上海科技出版社
机电一体化系统应用实例精解	舒志兵主编	2011年，中国电力出版社
建筑电气控制技术：第二版	马小军主编	2012年，机械工业出版社
在线分析系统工程技术	程明霄主编	2013年，化学工业出版社
自动化概论	张广明主编	2014年，机械工业出版社
高级运动控制系统及其应用研究	舒志兵主编	2015年，清华大学出版社
化工多学科工程设计与实例	薄翠梅参编	2016年，化学工业出版社
过程控制：第四版	李丽娟主编	2019年，东南大学出版社
过程控制	薄翠梅主编	2020年，机械工业出版社
清华大学		
过程控制系统	方崇智译	1981年，化学工业出版社
自动检测与仪表	周培森、刘震涛、吴淑荣	1987年，清华大学出版社
电动显示调节仪表	王家帧、顾利忠、刘蜀仁	1987年，清华大学出版社
过程辨识	方崇智、萧德云	1988年，清华大学出版社
微机在过程控制中的应用	徐用懋、颜纶亮	1989年，清华大学出版社
过程参数检测	师克宽、黄峨、魏平田、张宝芬	1990年，中国计量出版社
过程计算机控制	王锦标、方崇智	1992年，清华大学出版社
过程控制	金以慧	1993年，清华大学出版社
自动化仪表及装置设计基础	王家桢	1995年，中国电力出版社
传感器与变送器	王家桢、王俊杰	1996年，清华大学出版社
现场总线技术及其应用	阳宪惠	1999年，清华大学出版社
自动检测技术及仪表控制系统	张宝芬、张毅、曹丽	2000年，化学工业出版社
多变量统计过程控制	张杰、阳宪惠	2000年，化学工业出版社
调节器与执行器	王家桢	2001年，清华大学出版社
高等过程控制	王桂增、王诗宓、徐博文、李春文	2002年，清华大学出版社
检测技术与仪表	王俊杰、王家帧等	2002年，武汉理工大学出版社
AS-i现场总线原理和系统	王俊杰等	2003年，机械工业出版社
微惯性仪表：微机械加速度计	董景新	2003年，清华大学出版社
控制工程基础	董景新	2003年，清华大学出版社
测试技术基础	王伯雄	2003年，清华大学出版社
工业数据通信与控制网络	阳宪惠	2003年，清华大学出版社
微弱信号检测	高晋占	2004年，清华大学出版社
自动检测技术及仪表控制系统：第二版	张毅、张宝芬、曹丽、彭黎辉	2005年，化学工业出版社
过程的动态特性与控制	王京春、王凌、金以慧译	2006年，电子工业出版社

续表

著作名称	作者	出版时间及出版社
化工过程先进控制	黄德先	2006 年，化学工业出版社
传感器技术与系统	董永贵	2006 年，清华大学出版社
微型传感器	董永贵	2007 年，清华大学出版社
安全仪表系统的功能安全	阳宪惠、郭海涛	2007 年，清华大学出版社
网络化控制系统：现场总线技术	阳宪惠	2009 年，清华大学出版社
流体输送管道的泄漏检测与定位	王桂增、叶昊	2010 年，清华大学出版社
传感器与检测技术	王俊杰、曹丽等	2011 年，清华大学出版社
过程控制系统	黄德先、王京春、金以慧	2011 年，清华大学出版社
自动检测技术及仪表控制系统：第三版	张毅、张宝芬、曹丽、彭黎辉	2012 年，化学工业出版社
工程测试技术	王伯雄、王雪、陈非凡	2012 年，清华大学出版社
系统辨识理论及应用	萧德云	2014 年，清华大学出版社
网络化控制系统：现场总线技术	阳宪惠	2014 年，清华大学出版社
电气控制与 MicroLogix1200/1500 应用技术	叶昊、王宏宇、蔡文龙	2014 年，机械工业出版社
微弱信号检测：第三版	高晋占	2019 年，清华大学出版社
上海理工大学		
物位测量仪表	秦永烈	1978 年，机械工业出版社
流体力学和热工理论基础	钟声玉、王克光等	1980 年，机械工业出版社
粘性流体力学	赵学端、廖其奠等	1983 年，机械工业出版社
流量检测及仪表	应启戛、赵学端	1987 年，上海交通大学出版社
流体力学和热工理论基础：修订本	钟声玉、王克光	1988 年，机械工业出版社
表面温度测量	秦永烈	1989 年，中国计量出版社
仪表可靠性基础	唐月英、樊鑫瑞等	1992 年，机械工业出版社
自动显示技术及仪表：第一至八版	纪树庚主编、付志中参编	1994 年，机械工业出版社
线性系统工程	金爱娟、李少龙、李航天译	2005 年，清华大学出版社
新型流量检测仪表	蔡武昌、应启戛	2006 年，化学工业出版社
工业自动化仪表与系统手册	史美纪等	2008 年，中国电力出版社
自动控制原理实验教程：硬件模拟与 MATLAB 仿真	熊晓君	2009 年，机械工业出版社
过程控制系统及其应用	居滋培	2011 年，机械工业出版社
智能信息处理导论	孙红、徐立萍、胡春燕	2013 年，清华大学出版社
工业现场总线技术与应用	张凤登	2018 年，科学出版社
分布式实时系统	张凤登	2018 年，科学出版社
沈阳化工大学		
热导式氢分析器	季善义	1988 年，化学工业出版社

著作名称	作者	出版时间及出版社
自动控制原理	袁德成	2006 年，北京大学出版社
现代控制理论	袁德成	2007 年，清华大学出版社
过程控制工程	袁德成	2013 年，机械工业出版社
西安交通大学		
自动控制理论	胡保生	1985 年，西安交通大学出版社
随机系统理论	韩崇昭、王月娟、万百五	1986 年，西安交通大学出版社
大系统的递阶与分散控制	李人厚、邵福庆	1986 年，西安交通大学出版社
泛函分析及其在自动控制中的应用	韩崇昭、胡保生	1990 年，西安交通大学出版社
自动化（专业）概论	万百五、韩崇昭、蔡远利	2002 年，武汉理工大学出版社
自动控制原理	张爱民、葛思擘、杜行俭、王勇	2006 年，清华大学出版社，
系统工程导论	胡保生、彭勤科译	2006 年，西安交通大学出版社
系统工程原理与实践	胡保生译	2006 年，西安交通大学出版社
系统工程原理与应用	胡保生、彭勤科	2007 年，北京化学工业出版社
现代检测技术与系统	韩九强、张新曼、刘瑞玲	2007 年，清华大学出版社
先进控制理论	丁宝苍、罗小锁、罗霄、赵猛	2010 年，电子工业出版社
自动化仪表与过程控制：第五版	施仁、刘文江、郑辑光、王勇	2011 年，电子工业出版社
无线传感器网络原理与应用	姚向华、杨新宇、易劲刚、韩九强	2012 年，高等教育出版社
过程控制系统	郑辑光、韩九强、杨清宇	2012 年，清华大学出版社
智能控制理论和方法	李人厚主编	2013 年，西安电子科技大学出版社
自主移动机器人导论：第二版	李人厚、宋青松译	2013 年，西安交通大学出版社
现代控制理论	杨清宇、马训鸣、朱洪艳	2013 年，西安交通大学出版社
控制论：概念、方法与应用：第二版	万百五、韩崇昭、蔡远利	2014 年，清华大学出版
上海交通大学		
仪器仪表零部件设计	张鄂、游俊魁译	1985 年，机械工业出版社
精密机械与仪器零件部件设计	游俊魁	1988 年，上海交通大学出版社
精密仪器电路	张国雄、沈生培	1988 年，机械工业出版社
仪器仪表可靠性设计	邹桂根	1990 年，上海交通大学出版社
化工过程最优控制	邵惠鹤	1990 年，化学工业出版社
自动化仪表手册	林良明、顾剑青	1996 年，上海科学技术文献出版社
机电一体化系统可靠性设计	邹桂根	1996 年，上海交通大学出版社
线性系统理论及应用	张炎华	1997 年，上海交通大学出版社
工业过程高级控制	邵惠鹤	1997 年，上海交通大学出版社
精馏设计、操作和控制	吴俊生 邵惠鹤	1997 年，中国石化出版社
检测技术	施文康、余晓芬	2000 年，机械工业出版社

续表

著作名称	作者	出版时间及出版社
微型计算机在检测技术及仪器中的应用	阙沛文	2000 年，上海交通大学出版社
检测技术：第二版	施文康、余晓芬	2005 年，机械工业出版社
工业过程辨识与控制	李少远、蔡文剑	2005 年，化学工业出版社
现代控制理论基础	施颂椒、陈学中、杜秀华	2009 年，高等教育出版社
检测技术：第三版	施文康、余晓芬	2010 年，机械工业出版社
预测控制：第二版	席裕庚	2013 年，国防工业出版社
智能仪器设计	丁国清、陈欣	2014 年，机械工业出版社
检测技术：第四版	施文康、余晓芬	2015 年，机械工业出版社
现代检测技术	蔡萍	2016 年，机械工业出版社
工程控制基础：第二版	翁正新、田作华、陈学中、韩正之	2016 年，清华大学出版社
自动控制系统	李少远、邹媛媛	2020 年，机械工业出版社
人工智能基础	杨杰、黄晓霖、高岳、乔宇、屠恩美	2020 年，机械工业出版社
中国计量大学		
计量工程师常用手册	洪生伟	2005 年，中国计量出版社
控制电机与特种电机	孙冠群、蔡慧	2012 年，清华大学出版社
自动控制理论	郭永洪	2014 年，浙江大学出版社
运动控制系统	王斌锐、李璟、周坤、许宏	2020 年，清华大学出版社
中国石油大学		
化工测量及仪表	范玉久	1981 年，化学工业出版社
化工测量及仪表：第二版	范玉久	2002 年，化学工业出版社
测量仪表与自动化	赵玉珠	1988 年，机械工业出版社
测量仪表与自动化：第二版	杜鹃	2006 年，中国石油大学出版社
测量仪表与自动化：第三版	杜鹃	2013 年，中国石油大学出版社
电工电子学	刘润华	2015 年，高等教育出版社

第四节　自动化仪表学科人才培养和实验平台共建

一、人才培养模式的变化

在我国自动化学科专业建立以来的相当一段时间内，其人才培养模式和课程体系设置都参考了苏联模式。学生培养目标是工程师，毕业分配在对口单位从事技术工作，因此不同行业和不同控制对象的专业都突出其背景领域问题，在专业课程设置上差别较大、内容细分化比较明显。改革开放后，毕业生自行择业、去对口单位工作的较少，高等教育进入转型发展期。通过借鉴和参考西方发达国家的先进经验，不断进行体系化、规范化的专业整合和划分，人才培养模式也随着专业名称调整发生了较大的变化。为适应新时期经济建设的需要，提出"厚基础、宽口径、复合型、注重创新"等人才培养的理念。对于课程体系，注重通识教育、信息技术的教育；对于学生来源也从"精英教育"向"大众教育"转变。今后，面对世界科技革命的严峻挑战和世界范围内日益激烈的人才竞争，为适应建设创新型国家对人才和科技的需求，在"服务国家战略"的指导思想下，还要继续探索既强化基础学科又同时发展交叉学科和技术融通性的新教育模式。

自动化学科的内涵如其一级学科的名称所代言，控制科学与工程，包括自动化科学与自动化技术两个方面。自动化科学是以控制论为理论基础，并与系统论和信息论密切相关的一门技术科学，是一门应用基础科学。自动化技术是自动化科学与工程之间的桥梁，一方面要将自动化原理和方法应用于实际工程，将科学研究成果转化为生产力，另一方面还要将工程实践中遇到的复杂问题，提炼抽象成为新的科学问题，作为新的研究对象。

自动化学科教育也出现了"研究主导型""工程研究应用型""应用技术主导"等几种类型。各种类型的人才培养的环境条件不同，侧重方向也不同。但同是自动化学科，控制理论和实际系统相结合、软硬件兼顾、强弱电并重的学科性质是不变的。因此每种类型的高校都同样重视学生实践能力的培养，在实验室建设和实践环节教育上投入了较大精力。

因为重视学生的实践和动手能力培养，自动化学科的毕业生普遍受到社会各界的欢迎和好评。

二、实践教育的内容

自动化学科处于工程类学科，自动化仪表又是工程中与直接与对象相互接触和作用的环节。工程学的属性离不开知识综合、设计创造、动手实践。改善实验条件、加强实践环节的教育是自动化学科建设的重中之重。

长期以来，实践教学包括生产工艺实习、课程与专业综合实验、课程设计、大学生研究训练、科技赛事、生产实习、毕业设计综合训练等内容。其中用于开展本科生实践教学的学时周数的基本情况大致是：金工和电子工艺实习（2周），电子类和计算机类实验（4周），专业基础类实验（2周），专业应用类实验（2周），课程设计与专业综合实验（2周），生产实习（3~4周），毕业设计综合论文训练（16周）。一般实验学时占总学时的15%~20%。

自动化学科里的具体实验内容包括，①学科基础实验：物理实验，电路原理实验，数字逻辑电路实验，模拟电子电路实验，电力电子技术实验；②专业基础实验：电子电路系统设计，检测技术与传感器实验，嵌入式系统实验、PLC实验，SoC实验，FPGA实验，计算机控制与网络实验，工业总线和控制实验；③专业应用实验：控制理论专题实验，过程控制专题实验，运动控制专题实验，机器人控制综合实验，智能车系统设计实验，图像测量专题实验，工业系统的虚拟仿真实验等。

在仪器类学科里，除与上述内容有部分相同之外，还包括：光电检测实验，虚拟仪器实验，微机电系统实验，卫星导航定位技术，惯性导航和机器人视觉测控实验等。

自动化仪表实验内容的发展变化大致分三个阶段，早期的实验内容有变送器、调节器、显示调节器等各种仪表装置的校验和控制实验，温度、压力等参数的检测和控制实验；中期开始导入计算机数字控制实验，使用各种小型传感器进行位移、速度、加速度等参数的检测，基于虚拟仪器进行测控，开展工业总线和网络实验研究；后期则以图像检测、系统组态、软测量、远程控制、半实物仿真或模拟仿真的方式进行传感与控制的系统实验。实验内容变化的特点是逐步缩短基础实验学时、加强综合设计实验内容，提高综合解决问题能力。

目前实践教育还有不足。①由于大部分实验内容都是有答案的或事前被安排好的，挑战度不够。这个问题可以通过竞赛和学生研究训练的方式予以提升和改进。②学生缺乏对大型控制系统及应用领域的见习机会。生产实习环节变成了用人单位招聘员工的预备考察环节，需要学生自己联系实习单位，从而造成学生对已经相对发展成熟的国家重点产业领域的认知程度不高。这方面的问题可以考虑恢复过去的组织学生参观学习的做法加以弥补。③虽然有丰富的综合实验内容，实验设备使用便捷，学生快速掌握多种仪器设备原理及其使用性能的同时，专一性有被忽略的倾向，需要引起注意。创新是在摸索和积累大量经验的基础上才能迸发出的灵感，有必要鼓励学生在某一个实验平台上深入挖掘内容，也需要教师能够带领和引导学生渐入佳境。

三、自动化仪表学科实验室和实验平台建设

各高校为加强专业实践教学、培养学生动手能力，在实验室建设方面都投入了大量的精力和物力。国家和各省市级教育部门对实验教学改革和平台建设也十分重视，给予了政策和经费上的支持。教育部自 2005 年起陆续公布国家级实验教学示范中心名单，引领实验教育的升级和改进。目前全国已经有近千家国家级实验教学示范中心。前面介绍的各种重点实验室和工程研究中心也为教学实验提供了良好的平台。

下面是高校自动化仪表相关实验室建设和实验平台的代表性情况。

（一）浙江大学

1978 年，浙江大学化工自动化专业师资分成化工自动化和化工仪表两个教研室，同时建立了化工自动化实验室和化工仪表实验室，共同承担化自专业本科生教学和实验的各环节的任务。进入新世纪，控制学院实验团队在张宏建、张光新、侯迪波等分管领导的重视下，加大了对本科生实验平台建设的投入，搭建了一流的教学实验平台。实验中心团队积极开展自研自制设备工作，推进与业界顶尖企业的技术合作，引入最前沿自动化技术及装备，持续提升教学效果。

2010 年，自动化教学实验中心成功入选第一批省级实验教学示范中心建设项目。由中控科技集团公司捐赠设备，建设浙大－中控联合过程控制实验室，为学生提供了全新的新一代过程控制实验条件。2011 年，控制系分别与浙江中控集团（控制系统）、恩德斯豪斯公司（自动化仪表）、菲尼克斯电气（工业通信）达成合作意向，建立多个校企联合实验室，构建以仪表、电气、通信、系统为实验教学主线的控制系自动化实验教学体系。

浙江大学的实验平台有：① 1989 年，工业控制技术国家重点实验室；② 1991 年，工业自动化国家工程研究中心；③ 2013 年，工业控制系统安全技术国家工程实验室；④ 2016 年，流程生产质量优化与控制国际联合研究中心；⑤ 2008 年，浙江省工业自动化公共科技创新服务平台；⑥ 2019 年，工业信息物理融合系统省部共建协同创新中心。

（二）中国石油大学

1958 年曹本熹副院长去英国参加英国皇家学会的学术活动，自费买了最先进的气动、电动、液动三套调节器和长冲程执行机构，全部赠送给仪表实验室。袁璞作为自动化实验室主任，用这些设备建立了液位流量自动调节系统实验装置，基本满足了自动化专业和各生产过程专业教学的需要。压力和流量调节系统也为调节阀制造厂的新产品测定特性和技术鉴定提供试验报告。

中国石油大学的实验平台有：① 2006 年，山东省高校重点实验室—控制理论与控制工程实验室；② 2007 年，省级实验教学示范中心——电工电子学实验教学中心；③ 2012 年，青岛市随钻仪器及信息处理工程技术研究中心；④ 2015 年，青岛市海洋灾害预防检测信息国际联合研究中心；⑤ 2016 年，海洋物探及勘探设备国家工程实验室；⑥ 2016 年，海洋水下设备试验与检测技术国家工程实验室分室——深水油气开发装备及井筒安全测试研发实验室。

（三）同济大学

1979 年，同济大学电子仪器与测量技术本科专业建立后，设有自控教研室、供电教研室、计算机教研室、拖动控制系统教研室，电子技术教研室和无线电技术研究室。1980 年，无线电技术研究室改名为电子仪器与测量技术教研室，并增设电子仪器与测量技术实验室。1984 年，将涉及工业自动化领域的四个教研室合开为工业电气自动化教研室，同时成立工业电气自动化研究室。1993 年，电子仪器与测量技术专业改为电子信息工程专业。原电子仪器与测量技术教研室和实验室易名为信息工程教研室、电子信息工程实验室。2003 年，成立电子与信息学院实验中心，由原学院中心实验室、信息与控制工程系、计算机科学与技术系、电气工程系所属实验室及同济大学大学生电子信息科技创新基地组成。原先设立的传感器技术实验室、微机原理与接口技术实验室与自控原理实验室并为控制电气实验组。

1995 年开设传感器技术实验室；2002 年开设微机原理与接口技术实验室。而自动控制原理实验室成立于 1980 年，开设的专业课程实验主要有线性系统的时域频域分析、模拟直流电机闭环调速实验、模拟温度闭环控制实验等。过程控制实验室成立于 2004 年，开设的实验有单容对象建模实验、单回路压力控制实验、单回路流量控制实验和复杂系统串级控制实验等。

同济大学的实验平台有：① 2010 年，国家设施农业工程技术研究中心；② 2012 年，教育部嵌入式系统与服务计算重点实验室；③ 2016 年，上海市智能感知与自主系统重点实验室，上海市教委；④ 2018 年，上海自主智能无人系统科学中心；⑤ 2020 年，上海市自主智能无人系统重点实验室，上海市科委。

（四）哈尔滨理工大学

电磁测量技术及仪表专业的实验室从 1953 年着手建立，主要为教学实验服务。当时以指示仪表和测量仪器、电气测量和磁测量的教学为主。以后逐渐增加电子测量仪器、非电测量、传感器、自动化仪表、数字化测量技术、微机化仪器个人仪器与系统、通用目的接口总线、测控系统等课程的实验。

设立自动化仪表与装置专业时就考虑到，该专业的专业基础课与已有的电磁测量技术与仪表专业基本相同，如，测控技术与计算机应用，传感技术，数字系统设计，计算机控制与系统，智能仪器原理与设计等，类似课程的实验就在已有的仪表实验室开设。

哈尔滨理工大学的实验平台有：①测控技术与仪器国家级实验教学示范中心，2015 年教育部；②电工电子实验教学实训中心，2005 年黑龙江省级实验教学示范中心；③测控技术与仪器实验教学中心，2012 年黑龙江省级实验教学示范中心；④激光光谱技术及应用重点实验室，2020 年黑龙江省科技厅；⑤量子调控重点实验室，2018 年黑龙江省科技厅；⑥测控技术与仪器省高校重点实验室，2002 年黑龙江省教育厅；⑦电工测试技术与装置研究生培养创新基地，2013 年黑龙江省教育厅；⑧工信部公共技术服务基地——光机电一体化公共技术，2013 年工信部。

（五）北京化工大学

1982 年创建"检测技术实验室"。现配有三十套 YL2100 型传感器与测控技术综合平台，集信号检测、仪表控制、计算机控制为一体，具有开放的系统设计，在传感器应用方面不但能完成智能仪表的闭环控制功能，而且能够完成计算机的闭环控制功能，集成化的自动化实验系统，支持虚拟仪器 LabVIEW、MATLAB 信号检测与实时闭环控制试验等技术。可以满足自动化专业、测控技术与仪器专业及通信工程各种专业课程的实践教学要求。

2003 年创建"智能仪器实验室"。经过十几年的发展建设，已经成了集检测技术、自动控制技术、人工智能为一体的先进的实践教学平台。实验室现配有 S7–300PLC 实验装置、32 位嵌入式系统综合实验装置、运动控制综合实训平台及智能车、四翼飞行器、倒立摆、服务型机器人等多种控制对象。

2018 年北京化工大学测控技术与仪器专业与恩德斯豪斯公司联合建立北化—E+H 过程检测与自动化技术实验室。在学校以往的过程热工量传感与检测技术课程体系基础上，强化智能传感与检测技术和现代质量检测与分析技术，特别结合北京市地区工业及生活环境对于水和气体监测的技术需求，开展实验教学、工程实践以及科研教学活动。

除上述专业实验室，测控技术与仪器依托学院拥有三个国家级学生校外实践教育基地：北化–西门子、北化–上海黑马、北化–联想。同时还拥有一个市级实验教学示范中心北京化工大学电工电子教学实验中心，有力支撑学生一系列电工电子方面的基础课实验活动。

（六）成都电子科技大学

专业类实验室有：传感器技术实验室、电力电子与运动控制实验室、微机系统与接口实验室、现代测试技术实验基地实验室、射频电路与微波技术实验室、虚拟仪器实验室、电子与通信系统虚拟仿真实验教学中心（国家级）等。

实验平台有：①电子测试技术与仪器教育部工程研究中心，2012 年教育部；②人机智能技术与系统教育部工程研究中心，2019 年教育部；③四川省新能源与智能电网自动化技术工程技术研究中心，2015 年四川省发改委；④四川省智能制造国际联合研究中心，2018 年四川省科学技术厅；⑤无损探测大脑国际联合研究中心，2018 年四川省科学技术厅；⑥四川省电子信号测试技术工程研究中心，2019 年四川省发改委；⑦电子科技大学–江苏华昌氢能联合研究院，2018 年；⑧电子科技大学—德源管道检测技术研究中心，2019 年；⑨电子科技大学—国网四川省电力公司泛在电力物联网联合研究院，2019 年。

（七）东北大学

东北大学冶金自动化仪表专业在 1964 年开始招生之后，尤其 1970 年转入自控系后，面向专业课程的需要，逐步建设并完善了电子技术实验室、电工实验室、电工原理实验室、工业自动化仪表实验室、工业自动化实验室及控制理论实验室。

2002 年，东北大学信息科学与工程学院成立实验中心，测控技术与仪器专业的全部实验教学均由实验中心承担。2006 年东北大学信息科学与工程学院实验中心被教育部批准为国家级实验教学示范中心，2012 年通过了教育部复评验收。国家级电子教学示范中心已经成为测控技术与仪器专业培养创新型、研究型人才的重要支撑平台。

实验中心下设电工技术实验室、电子技术实验室、自动化及检测技术实验室以及智能信息技术实验室面向测控技术与仪器专业学生开放。其中，自动化及检测技术实验室下设 8 个分实验室：自动控制原理实验室、虚拟系统设计智能控制实验室、过程控制及电气控制实验室、检测技术与虚拟仪器实验室、计算机控制技术实验室、电力电子技术实验室、供电实验室、继电接触控制实训室，承担自动控制原理、常用电气控制技术、PLC 应用技术、电力电子电路、计算机控制系统、控制系统仿真与 CAD、精密仪器设计与制造、过程检测技术、现场总线与网络化仪表、虚拟仪器设计、现代传感技术、热工测量仪表与自动化等课程的实验，还承担相关课程的综合课程设计、实习实训等实践教学环节的教学任务。

东北大学的实验平台有：①国家冶金自动化工程技术研究中心，科技部 1997 年；②流程工业综合自动化国家重点实验室，科技部 2011 年；③流程工业数字化仪表教育部工程研究中心，教育部 2007 年；④辽宁省光电测控工程研究中心，辽宁省科技厅 2015 年；⑤辽宁省光纤传感与先进检测技术重点实验室，辽宁省科技厅 2016 年；⑥红外光电材料及微纳器件重点实验室，辽宁省科技厅 2018 年；⑦河北省微纳精密光学传感与检测技术重点实验室，河北省科技厅 2018 年。

（八）华东理工大学

1958 年起在化工机械系下组建化工自动化专业实验室，包括电工实验室、热工仪表实验室和自动化实验室。1981 年创建自动控制与电子工程系之后，在化工自动化专业下先后设置了自动化系统实验室、化工仪表及自动化实验室、测量仪表实验室、调节仪表实验室、传感器实验室、微机实验室、DCS 控制系统实验室。1981 年，完成了三套微小型过程控制实验装置的研发，包括温度、压力和液位的三类实验装置。1984 年开发了与计算机通信的有关模块，实现了既可用模拟仪表实施过程控制实验，也可连接计算机进行过程控制实验的双重实验要求。实验装置从原来的气动仪表到电动仪表，发展到单元组合仪表和智能仪表。

自动化实验室引进 Foxboro 公司的 DCS 装置，并将一套实际的精馏塔与该装置连接，通过编程，可实现各种控制系统，为本科生和研究生研究有关先进控制系统提供实验条件。1997年正式成立学院直属的电工与电子实验教学中心。中心下设自动化系统实验室、DCS 控制系统实验室、微机实验室、测量仪表实验室、调节仪表验室、传感器实验室、PLC 实验室、电工学实验室、电子技术实验室、电路原理实验室等。2007 年 2 月，学校对实验教学进行了系统的资源整合和规划，中心更名为电子信息实验教学中心，构建了电子信息大学科实验平台，实现了课程级教学实验设备的共享。2012 年 9 月，在奉贤校区新建了控制仪表、智能仪表、单片机、虚拟工厂实验室，更新了检测仪表和过程控制工程实验室。还建成了技术先进的新能源、飞思卡尔、航模、机器人、电子设计综合实训、PLC 控制等创新实验室和虚拟仿真实践平台。

2012 年由华东理工大学与上海自动化仪表股份有限公司联合建设的工程实践教育中心，成为被教育部授予的第一批国家级工程实践教育中心。2014 年获批建设华东理工大学石油和化工过程控制工程国家级虚拟仿真实验教学中心。2018 年，学院将电子信息实验教学中心和计算机实验教学中心整合为信息技术实验教学中心。

华东理工大学的实验平台有：①过程系统工程教育部工程研究中心，2006 年教育部；②化工过程先进控制和优化技术重点实验室，2008 年教育部，2021 年更名为：能源化工过程智能制造教育部重点实验室；③上海市化工过程能质高效利用专业技术服务平台，2013 年上海市；④石油化工行业智能优化制造创新引智基地，2016 年教育部国家外专局；⑤上海市流程工业智能制造工程研究中心，2019 年上海市发展和改革委员会；⑥石油化工行业智能优化制造教育部国际合作联合实验室，2019 年教育部。

（九）南京工业大学

2002 年，自动化学院实验中心建有控制工程实验室、计算机控制实验室、现场总线控制实验室。2007 年，自动化实验中心成为省级实验教学示范中心建设点，2010 年通过了点验收。2015 年，合作共建南京工业大学罗克韦尔自动化实验室。同年与南京科远自动化有限公司合作联合建立 DCS 控制实验平台。

南京工业大学的实验平台有：①江苏省工业装备数字制造及控制技术重点实验室，2012 年江苏省科技厅；②江苏省流程工业节能环保技术与装备工程实验室，2015 年江苏省科技厅；③江苏省绿色智能制造工程研究中心，2019 年江苏省发改委。

（十）上海第二工业大学

相关科研方向有智能制造系统及控制、先进制造与运筹优化技术、制造业信息化与系统集成、智能检测与运动控制。具体的应用技术研究与开发有：①以机器人、机械手为关键设备的制造系统的控制、信息处理与集成技术。在智能制造系统的机器人、机械手自动化分拣、装配、检查、焊接等工艺环节应用进行研究和推广；②离散制造业迫切需要的 CAD、CAM、CMM 领域的专门技术。在复杂曲面精密几何检测技术、三维模型处理与轻量化方面，以及离散制造系统的采购、存储、排程方面的运筹与优化问题开展研究和应用；③以 MES/ERP 等异构系统的横向与纵向集成为对象，以 SAP 等代表性的软件系统与制造系统集成为抓手的技术开发，建立典型应用示范；④以多传感器融合技术为对象，开展智能检测技术与生产线工位运动控制方面的技术研究与开发，以电子废弃物拆解自动化生产线为切入点，建立典型应用示范。

同时，以上海理工大学为标杆学校，通过四个学术方向的互相依赖、互相促进、互相融合，在先进制造及智能制造技术及系统优化方面体现我校学科研究及建设特色。2012 年，研制成功热电池自动称粉装置和热电池自动检测系统，2015 年，研制成功废旧液晶显示器自动拆解生产线。

（十一）北京理工大学

北京理工大学的实验平台有：①复杂系统智能控制与决策国家重点实验室；②自主智能无人系统基础科学中心，国家自然基金委；③复杂系统智能控制与决策重点实验室，教育部；④自动控制系统重点实验室，北京市；⑤电动车辆国家工程实验室；⑥导航、制导与控制技术工程研究中心，教育部；⑦工业和信息化部实验教学示范中心；⑧自动化实验教学示范中心，北京市；⑨伺服运动系统驱动与控制重点实验室，工业和信息化部。

（十二）杭州电子科技大学

先后成立生物医学检测技术及仪器实验室（2011 年）、医学信息与智能化诊疗实验室（2012 年）、生物医学传感与检测技术实验室（2015 年）和智能仪器与健康监护网络实验室（2015 年）。

（十三）清华大学

1956 年动力机械系成立了热工自动化专门化，时任热力设备自动化教研组主任方崇智先生和实验室主任师克宽便着手建立水箱等实验台，以满足教学的要求。1981 年新成立了自动检测及仪表教研组，师克宽任自动检测及仪表专业的教研组主任，王家桢任自动化仪表实验室主任，特别重视实验室建设。实验室自行开发采用温度和压力检测装置、压力变送器、显示调节仪和记录仪等组成的实验装置。1983 年开发建成 DDZ-Ⅱ 系列仪表实验装置和 EK 系列仪表实验装置；1988 年在原有水位动态特性试验台和温度校正台的基础上改建成水位控制系统实验装置和温度控制系统实验装置。还开设动圈式调节仪表的演示实验、DDZ-Ⅲ 型安全栅特性实验。

1990 年开发建成自动化仪表计算机辅助教学实验系统，之后开发建成带微机数字记录仪、数字调节器的微机化仪表实验。设计开发物理及仿真仪表计算机综合实验系统，既有基于工业应用的实际仪表和实际对象，又有基于计算机技术的仿真仪表和仿真对象，可以灵活组成调节系统，方便进行仪表、对象特性、调节参数整定的实验和研究。之后作为国家"211"工程项目，设计开发数字式调节仪表实验、智能型差压变送器实验、一体化超声波料位计实验，它们都具有与现场总线网络连接的能力，是当时最具代表性的自动化仪表。

现在的传感器与检测实验室是从过去的自动化仪表实验室演变过来的，为自动化系检测类专业课程，如现代检测技术基础、检测原理、现场总线技术、智能传感与检测技术等实验课。1999 年开始，实验室利用德国倍加福公司捐赠的传感器和 AS-i 总线模块产品进行二次开发，开设开关量和模拟量传感器的总线连接、故障诊断信息判定、开关量和模拟量的输出控制等实验，推出了基于 AS-i 总线的电动轨道小火车运行监控系统、基于 AS-i/PROFIBUS 的识别分类自动传输系统的实验。另外研制了压力检测检定实验系统、液位变送器自动校验实验系统、流量计互校（孔板式、转子式、电磁流量计、超声流量计）实验系统。近年增加了太赫兹光谱检测和磁场梯度探测等实验内容。

在自动化系实验教学中心，还有过程控制实验室、电力电子与运动控制实验室、工业自动化与网络化控制实验室和系统虚拟仿真实验室。其设备支持包括流程工业综合自动化、过程建模与优化、先进控制、智能优化算法、故障诊断与容错控制、工业数据通信、现场总线技术、流程模拟与仿真、过程物流与供应链、间歇过程控制以及无人机和机器人运动控制的实验和研究。

清华大学自动化系实验教学中心成立于 1996 年，2007 年成为北京市实验教学示范中心，2015 年成为国家级实验教学示范中心，同年成为国家级虚拟仿真实验教学中心。

（十四）上海理工大学

1957 年学校仪表科（现光电信息与计算机工程学院）创办了两个学生实习车间，即仪表车间和光学车间。1958 年至 1959 年，学校又创办了两个专业实验室，即光学仪器实验室和调节仪表实验室。八十年代末到九十年代初，各教研室相继建立的实验室有光学仪器、自动化仪表、精密仪器、办公自动化、光电子、计算机科学、电工、电子技术、仪器零件、自动控制十个实验室。2000年初，学院将所有的实验室合并，组建了光电信息实验中心，冯兴华任实验中心主任。

目前，实验中心与自动化仪表相关的测控技术与仪器和自动化两个专业，已建成以下实验室。①热工测试实验室：实验室拥有先进的流体、热工测试设备，包括流体力学综合试验台、进口黑体炉等十七台套，可以开展流体力学、传热学；温度、压力、流量仪表的测试、校准实验。②传感器与测控系统实验室：实验室拥有传感器实验设备三十余台套；大型测控技术综合实验平台（设备）四台套，可以进行传感器、信号与系统、控制理论、计算机控制、测控电路等七大类科目的实验。③过程控制与现代工业控制实验室：实验室拥有过程控制实验设备一台套；上海理工大学与艾默生共建的智能无线技术与DeltaV先进过程控制系统大型实验平台一台套；基于西门子和三菱PLC的可编程控制实验设备十四台套；现场总线实验设备两台套。④虚拟仪器实验室：实验室包含虚拟仪器起步、机电、嵌入式、机器人等学习套件共计二十四套。虚拟仪器实验室承担了测控技术与仪器、自动化等相关专业的"虚拟仪器"课程的课内实验。

上海理工大学的实验平台有：①1995年建立上海理工大学—Rosemount实验室；②1996年与上海工业自动化仪表研究所共建工业过程自动化国家工程研究中心；③2014年成立仪表与自动化系统研发中心联合实验室；④2015年创建智能无线技术与DeltaV先进过程控制系统联合实验室；⑤2017年与江苏气体计量中心、信东（苏州）仪器仪表股份有限公司联合成立了SJU能源计量联合实验室；⑥2020年上海理工大学成为中国计量测试学会国家流量仪表评价计量测试联盟副理事长单位。

（十五）沈阳化工大学

沈阳化工大学的实验平台有：①国家级虚拟仿真实验教学中心，化工过程虚拟仿真实验教学中心，2015年；②国家级实验教学示范中心，化工过程装备与控制综合实验教学中心，2015年；③国家级虚拟仿真实验教学项目，精馏分离DCS生产过程3D仿真实训，2017年；④辽宁省实验教学示范中心，电工电子实验教学中心，2005年；⑤辽宁省虚拟仿真实验中心，电子信息类虚拟仿真实验中心，2013年；⑥辽宁省虚拟仿真实验中心，流程工业过程控制虚拟仿真中心，2017年；⑦辽宁省实验教学示范中心，控制科学与工程实验中心，2018年；⑧辽宁省重点实验室，化工过程控制实验室，2010年；⑨辽宁省重点实验室，工业环境–资源协同控制与优化技术实验室，2007年；⑩辽宁省重点实验室石油化工信息安全重点实验室，2018年；⑪辽宁省重点学科控制科学与工程，2002年。

（十六）沈阳工业大学

沈阳工业大学的实验平台有：①辽宁省高校先进在线检测技术实验室；②辽宁省长输油气管道内检测技术工程研究中心；③辽宁省输油气管道内检测重点实验室；④辽宁省机器视觉重点实验室；⑤辽宁省集成电路及电子系统设计联合实验室；⑥辽宁省高校嵌入式技术应用重点实验室；⑦辽宁先进能源装备及应用协同创新中心；⑧沈阳工业大学与中海油田服务有限公司管道检测联合实验室；⑨沈阳工业大学与美国德州仪器DSP联合实验室；⑩沈阳工业大学与聚德视频技术有限公司联合实验室；⑪沈阳工业大学与广东汕头超声电子股份有限公司无损检测新技术联合实验室；⑫沈阳工业大学与上海航天能源联合工程技术研究中心；⑬辽

宁省仪器仪表校企联盟。

（十七）天津大学

1977 年天津大学热工仪表及自动化装置专业更名为工业自动化仪表专业。1996 年，工业自动化仪表专业与工业电气自动化专业合并为自动化专业后，在实验室建设了一批如：气水两相流实验装置等适合科学研究的实验设备。

2003 年，天津大学开展教学实验改革，专业所属的电气与自动化工程学院成立电气与自动化教学实验中心，原工业自动化仪表专业所属的、以承担教学任务为主的各实验室，整合为电气与自动化教学实验中心。该实验中心成立时设置了自动控制理论、过程检测与控制系统、计算机与智能控制、工业网络控制、流量检测技术、微机系统及应用、电力电子与电气传动、电机与拖动技术八个综合功能的教学实验室。重新建设了新型的实验教学设备，承担了包括自动化专业和电气工程专业本科生的教学实验。

2003 年，在建立电气与自动化教学实验中心的同时，依托自动化专业的各实验室中所承担的科研功能，建立了过程检测与控制实验室，并于 2004 年被天津市科学技术委员会和天津市教育委员会共同认定为天津市重点实验室。同时，检测技术与自动化装置国家重点学科在天津大学"985""211"建设和所承担的科研项目的支持下，在原工业自动化仪表专业实验室的基础上，新建了如：油气水多相流实验装置、气固两相流实验装置、可调压湿气实验装置、常压气体流量实验装置、临界流音速喷嘴气体流量实验装置、中压闭环音速喷嘴气体流量实验装置、变黏度液体流动实验装置；改造了原有的大口径水流量实验装置和小口径水流量实验装置；购置了一批动态系统模拟实验系统和数值仿真建模软件等，服务于学科所开展的科学研究和创新性人才培养。2006 年，电气与自动化教学实验中心被天津市教育委员会评为天津市高等学校优秀教学实验室。

在天津市过程检测与控制重点实验室和电气与自动化教学实验中心建设的基础上，通过开展科学研究与技术服务，2007 年与三菱电机（中国）自动化有限公司合作，在三菱公司捐赠新型控制设备和校、院、学科共同投入经费的支持下，以啤酒生产过程为对象，建设了模拟实际工业场景的工业生产线模拟实验系统，并建立了天津大学—三菱电机工厂自动化实验室；2014 年与日本 SMC 株式会社合作，在 SMC 捐赠和学科投入经费的支持下，以加工、制造、装配等生产过程为对象，建设了模拟离散制造过程的自动加工及装配过程模拟实训系统，并建立了天津大学—SMC 测试与控制技术实验室。上述实验室及实验平台的建立，为在新形势下培养具有创新素质、实践能力的高素质人才培养，提供了教学实验、工程训练、创新实践的实验平台。

2008 年，承担自动化专业教学实验的电气与自动化教学实验中心作为天津大学电气电子实验教学中心的一部分，被教育部授予国家级实验教学示范中心。2015 年，依托学院的电气与自动化教学实验中心、控制学科的天津市过程检测与控制重点实验室和电气工程学科的相关科研平台，建设了电气工程与自动化虚拟仿真实验教学中心，于 2016 年被教育部评为国家级虚拟仿真实验教学中心。

天津大学的实验平台有：①天津市过程检测与控制重点实验室（2004 天津市科委和教委）；②天津市工业 4.0 示范技术国际联合研究中心（2015 天津市科委）；③天津市工业互联信息物理系统工程技术中心（2017 天津市科委），与宜科（天津）电子有限公司合作；④天津市过程成像与检测国际联合研究中心（2017 天津市科委）；⑤天津市仿生系统与智能控制国际联合研究中心（2017 天津市科委）。

（十八）西安交通大学

自动控制与检测技术研究所围绕工业过程对自动化与智能化的需求，同时瞄准检测技术与自动化装置的学科前沿，在智能检测与工业大数据处理、机器人视觉感知与智能控制、智能制造系统控制、能源局域网等方向的产学研方面形成了研究特色和优势。研究所拥有智能制造实验系统、数控装备综合性能测试、机器视觉开发、机器人控制、大数据云计算等软硬件实验平台。

西安交通大学的实验平台有：①机械制造系统工程国家重点实验室；②智能网络与网络安全教育部重点实验室；③陕西省智能测控与工业大数据处理工程研究中心；④陕西省并行与分布式数据处理工程研究中心。

（十九）上海交通大学

自动化教学实验室最早包括自动控制实验室、电力拖动实验室和消磁实验室三部分。其中自动控制实验室又分为自动控制实验室、微机控制实验室，主要为自动控制原理、现代控制原理、线性控制系统课程设计和微机原理课程承担相应的实验教学和课程设计。电力拖动实验室主要承担运动控制、数字程序控制和单片机系统设计等课程的实验教学。1998 年成立过程控制实验室。由此，奠定了自动化教学实验室的三大基础方向：自动控制、运动控制和过程控制。自动化教学实验室除了为本专业学生服务，同时还承担自动控制原理电类大平台课程非本专业学生的实验教学，以及机器人、智能车等面向全校本科生的工程实践与科技实践教学活动。根据自动控制原理课程的建设需要，自行设计了模拟控制系统、温度场控制系统、小功率随动系统等实验装置。近年来，根据教育改革的新形势和人才培养的新目标，自动化教学实验室积极探索全面贯彻落实素质教育，建设培养基本技能扎实、应用能力和实践能力强和富有创新精神的高素质人才的教学基地。

上海交通大学的实验平台有：①系统控制与信息处理教育部重点实验室，教育部 2007 年；②船舶自动化上海高校工程研究中心，上海市教委 2014 年；③上海市北斗导航与位置服务重点实验室，上海市科委 2011 年；④上海工业智能管控工程技术研究中心，上海市科委 2020 年。

（二十）中国计量大学

1999 年设立了自动化系和机械电子工程系。自动化系设电工电子教研室、自动化教研室、自动化技术中心实验室，针对相应的专业课程建有自动化类教学实验室。2000 年，学校在自动化系和机械电子工程系的基础上组建机电工程学院。检测与控制技术实验教学中心被批准为浙江省本科院校实验教学示范中心。

中国计量大学的实验平台有：①浙江省现代计量测试技术及仪器重点实验室，浙江省科技厅 2006 年；②太赫兹波技术实验室，浙江省省属高校实验室建设专项 2009 年；③教育部计量测试技术与仪器工程研究中心，教育部 2009 年；④浙江省在线检测装备校准技术研究重点实验室，浙江省科技厅 2010 年；⑤灾害监测技术与仪器国家地方联合工程实验室，国家发改委 2011 年；⑥"质量检测技术与仪器"浙江省协同创新中心，浙江省教育厅 2013 年；⑦浙江省智能制造质量大数据溯源与应用重点实验室，浙江省科技厅 2020 年。

四、自动化仪表学科的国家重点实验室和重点学科

进入八十年代，国家科委、国家教委、国家自然科学基金委、各省部委和各高校自身纷纷开始建立自动化仪表相关学科的科研基地，国家科技攻关、国家"863"高技术计划、国家攀登计划、国家"973"基础研究计划里也列入了自动化相关的研究和应用。这些基地和项目吸引了大批学者和科技人员专门从事或跨学科兼顾从事自动化技术的研究，自动化仪表学科也得到蓬勃发展。

先后批准建立的与自动化仪表学科相关的国家重点实验室、国家工程实验室、国家工程研究中心、国家工程技术研究中心、国家重点学科如下。

（一）国家重点实验室

工业控制技术国家重点实验室（浙江大学）；流体传动及控制国家重点实验室（浙江大学）；精密测试技术与仪器国家重点联合实验室（天津大学与清华大学）；智能技术与系统国家重点实验室（清华大学）；数字制造与装备技术国家重点实验室（华中科技大学）；流程工业综合自动化国家重点实验室（东北大学）；轧制技术及连轧自动化国家重点实验室（东北大学）；混合流程工业自动化系统及装备技术国家重点实验室（冶金自动化研究设计院）；模式识别国家重点实验室（中科院自动化所）；复杂系统管理与控制国家重点实验室（中科院自动化所）；机器人学国家重点实验室（沈阳自动化所）；机器人技术与系统国家重点实验室（哈尔滨工业大学）；虚拟现实技术与系统国家重点实验室（北京航空航天大学）；复杂系统智能控制与决策国家重点实验室（北京理工大学）。

（二）国家工程实验室

光纤传感技术国家工程实验室（武汉理工大学）；钢铁制造流程优化国家工程实验室（冶金自动化研究设计院）；真空技术装备国家工程实验室（中科院沈阳科学仪器研制中心有限公司）；汽车电子控制技术国家工程实验室（上海交通大学）；无线网络安全技术国家工程实验室（西安电子科技大学）；电子商务交易技术国家工程实验室（清华大学）；工业控制系统安全技术国家工程实验室（浙江大学）；工业控制系统信息安全技术国家工程实验室（中国电子信息产业集团第六研究所）；高档数控机床控制集成技术国家工程实验室（大连光洋科技工程有限公司）；视觉信息处理与应用国家工程实验室（西安交通大学）；机器人视觉感知与控制技术国家工程实验室（湖南大学）；轨道交通系统测试国家工程实验室（中国铁道科学研究院）。

（三）国家工程研究中心

传感器国家工程研究中心（沈阳仪表科学研究院）；工业自动化国家工程研究中心（浙江大学）；制造业自动化国家工程研究中心（北京机械工业自动化研究所）；工业过程自动化国家工程研究中心（上海工业自动化仪表研究所）；机器人技术国家工程研究中心（中科院沈阳自动化所）；电力系统自动化－系统控制和经济运行国家工程研究中心（国家电网南京自动化院）；轨道交通运行控制系统国家工程研究中心（北京交通大学等）；高效轧制国家工程研究中心（北京科技大学）；无污染有色金属提取及节能技术国家工程研究中心（矿冶科技集团）。

（四）国家工程技术研究中心

国家仪表功能材料工程技术研究中心（重庆仪表材料研究所）；国家企业信息化应用支撑

软件工程技术研究中心（清华大学和华中科技大学各一）；国家计算机集成制造系统工程技术研究中心（清华大学等）；国家电力自动化工程技术研究中心（国家电力自动化研究院）；国家电液控制工程技术研究中心（浙江大学）；国家工业控制机及系统工程技术研究中心（中国航天科技集团五〇二所）；国家轨道交通电气化与自动化工程技术研究中心（西南交通大学）。

（五）国家重点学科

国家重点学科是国家根据发展战略与重大需求，择优确定并重点建设的培养创新人才、开展科学研究的重要基地，在高等教育学科体系中居于骨干和引领地位。下面是自动化仪表相关领域里三次重点学科评选的结果。

1. 1988 年审批的国家重点学科

在仪器仪表学科里有：①光学仪器（清华大学、天津大学、浙江大学）；②精密机械仪器（清华大学）；③测试计量技术及仪器（天津大学）；④生物医学仪器及工程（西安交通大学）。

在自动控制学科里有：①自动控制理论及应用（清华大学、上海交通大学、东南大学）；②工业自动化（浙江大学）；③系统工程（天津大学、西安交通大学）；④模式识别与智能控制（清华大学、上海交通大学）。

教育部第一次评选国家重点学科，共评选出 416 个重点学科点，其中工科 163 个点，涉及 108 所高校。自动化仪表相关领域的重点学科在工科中占了 14 个学科点。

2. 2002 年审批的国家重点学科

在仪器类学科里有：①精密仪器及机械（清华大学、北京航空航天大学、哈尔滨工业大学、重庆大学）；②测试计量技术及仪器（天津大学）。

在自动化类学科里有：①控制理论与控制工程（清华大学、北京理工大学、东北大学、上海交通大学、东南大学、浙江大学、西北工业大学）；②检测技术与自动化装置（天津大学、浙江大学）；③系统工程（华中科技大学、西安交通大学）；④模式识别与智能系统（清华大学、上海交通大学、南京理工大学、西安交通大学）；⑤导航、制导与控制（北京航空航天大学、哈尔滨工业大学、哈尔滨工程大学）。

2002 年的重点学科评选中，共评选出 964 个高等学校重点学科。其中自动化仪表相关领域的重点学科数量是 23 个。

3. 2006 年审批的国家重点学科

在 0804 仪器科学与技术学科里有：① 0804 仪器科学与技术（北京航空航天大学、天津大学、哈尔滨工业大学）；② 080401 精密仪器及机械（清华大学、重庆大学）；③国家重点（培育）080401 精密仪器及机械（上海交通大学）。

在 0811 控制科学与工程学科里有：① 0811 控制科学与工程（清华大学、北京航空航天大学、东北大学、浙江大学、哈尔滨工业大学、上海交通大学、华中科技大学、西安交通大学、国防科学技术大学）；② 081101 控制理论与控制工程（北京理工大学、同济大学、华东理工大学、东南大学、山东大学、湖南大学、中南大学、西北工业大学）；③ 081102 检测技术与自动化装置（天津大学）；④ 081104 模式识别与智能系统（南京理工大学）；⑤ 081105 导航、制导与控制（哈尔滨工程大学、第二炮兵工程学院）；⑥国家重点（培育）081101 控制理论与控制工程（北京科技大学）；⑦国家重点（培育）081105 导航、制导与控制（北京理工大学、南京航空航天大学、西北工业大学）。

可以看出，第三次评选对国家重点学科的结构做了调整，调整的重点是在按二级学科设置的基础上，增设一级学科国家重点学科。一级学科国家重点学科的建设突出综合优势和整体水平，促进学科交叉、融合和新兴学科的生长。二级学科国家重点学科的建设突出特色和优势，在重点方向上取得突破。此次共评选出286个一级学科国家重点学科，677个二级学科，217个国家重点（培育）学科。其中自动化仪表领域重点学科的占比分别是一级学科12个、二级学科14个、重点培育学科5个。①

上述重点学科、重点实验室和研究机构的选拔评比，树立了标杆，促进了学科发展。广大科研和工程技术人员为解决国家现代化建设中的重要科学技术问题、为开拓新的学术领域、取得了各自的学术成就，其中也有不少与自动化仪器仪表产业相结合的科研成果。

此外，更多数量高校的自动化仪表相关学科参加了教育部学位办组织的学科评估工作。学科评估工作在2002年首次开展，截至2017年完成了四轮，前三次是百分制评估，第四次是等级制评估。参与第一至四次控制科学与工程学科评估的高校数量分别是29、51、84、115所；参与第一至四次仪器科学与技术学科评估的院校数量分别是29、26、33、73所。具体学科评估结果可见相关资料。

撰稿人：曹　丽　文玉梅

参考文献

［1］教育部高等学校自动化专业教学指导分委员会. 自动化学科专业发展战略研究报告［M］. 高等教育出版社，2007.

［2］首届全国高校自动化系主任（院长）论坛论文集2005：自动化学科专业的定位与发展［C］. 清华大学出版社，2006.

［3］万百五，韩崇昭，蔡远利. 自动化（专业）概论［M］. 武汉理工大学出版社，2019.

［4］戴先中，马旭东. 自动化学科概论［M］. 高等教育出版社，2016.

［5］中国通信学会编著. 中国通信学科史［M］. 中国科学技术出版社，2010.

---

① 以上重点学科统计中只考虑了自动化类和仪器类中的学科，没有包括电力系统及其自动化和机械制造及其自动化学科。

第九章 自动化仪表产业的快速发展

第一节 自动化仪表产业管理体系的演进

一、行业管理体系变迁

1978年12月18日至22日中国共产党第十一届中央委员会第三次全体会议在北京举行。全会的中心议题是讨论把全党的工作重点转移到社会主义现代化建设上来，全会作出了实行改革开放的新决策。党的十一届三中全会揭开了党和国家历史的新篇章，中国自动化仪表产业进入快速发展的新阶段。

1979年10月国家仪器仪表工业总局成立，曹维廉任局长、党组书记。作为主管全国仪器仪表工业的国务院直属机构，由第一机械工业部代管。其主要任务是，负责协调各部门仪器仪表和自动化装置的发展规划，管理全国工业自动化仪表和装置、测试仪器、电影照相机械等产品的规划、计划、科研及生产等工作；管理仪器仪表产品的技术标准和型谱系列的制定；归口审查各部门、各地方仪器仪表进口和技术引进计划，并向进出口管理委员会提出建议。国家仪器仪表工业总局于1980年2月10日至13日在北京召开了总局第一届科学技术委员会成立大会。该委员会由四十三人组成，全部是来自从事仪器仪表行业科研、生产、教育和科技管理工作的科技专家、工程师以及有关领导机关的科技干部。在成立大会上，总局党组副书记、副局长苏天同志代表党组致辞，并宣布由曹维廉同志任主任委员。

1982年5月，第五届全国人大常委会第二十三次会议决定，将第一机械工业部、农业机械部、国家仪器仪表工业总局、国家机械设备成套总局合并，成立机械工业部。机械工业部下设仪器仪表工业局。1987年2月，根据第六届全国人民代表大会常务委员会第十八次会议通过的决议，撤销机械工业部、兵器工业部两部，组建国家机械工业委员会，国家机械工业委员会下设仪器仪表司。1988年，在机械工业委员会和电子工业部的基础上组建机械电子工业部，作为下设部门保留了仪器仪表司。1993年3月，根据第八届全国人民代表大会第一次会议审议通过的《国务院机构改革方案》，撤销机械电子工业部，第二次组建机械工业部。仪器仪表行业管理并入机械基础装备司，下设仪器仪表处。1998年3月，根据第九届全国人民代表大会第一次会议审议通过的《关于国务院机构改革方案的决定》，撤销机械工业部，改组为国家机械工业局，由国家经济贸易委员会管理。2000年12月，国家机械工业局撤销。

2008年在中国"大部制"改革背景下成立工业和信息化部，将国家发改委的工业管理有关职责、国防科工委除核电管理以外的职责，以及信息产业部和国务院信息化工作办公室的职责加以整合，并且划入工业和信息化部。

二、院士专家对我国仪器仪表工业发展的建议

1987 年 11 月 12 日至 13 日，正值党的十三大胜利闭幕不久，全国政协科技组和中国仪器仪表学会联合在京召开了我国仪器仪表工业发展问题座谈会。这次会议是在钱学森同志提议下召开的，由全国政协科技组组长裴丽生同志和中国科协副主席、中国仪器仪表学会理事长王大珩同志共同主持。会议以机械委仪器仪表局提供的《仪器仪表工业汇报提纲》和《振兴我国高技术产业——仪表工业的政策措施建议》为背景材料，就我国仪器仪表工业的地位和作用、存在的问题以及对策和措施等议题进行了座谈，提出了许多重要建议。

1995 年 1 月，卢嘉锡、王大珩、杨嘉墀等二十位院士针对当时我国仪器仪表工业发展滞后的严峻形势，提出了"关于振兴我国仪器仪表工业的建议"，受到了领导同志的高度重视，并作了重要批示。有关部门根据领导同志的批示精神，经过调查研究提出并落实了某些改进措施。但由于处理"建议"时，"九五"计划已经制定，不久政府机构又作出重大调整，落实"建议"的工作未能持续下去。

时隔五年的 2000 年 4 月，王大珩、杨嘉墀、马大猷、师昌绪等十一位院士，抓住正在制定"十五"计划，尤其是讨论新世纪大力发展高新技术及产业的时机，针对我国仪器仪表工业分散落后、技术差距同发达国家越来越大、主要产品市场被外商占领的严峻形势，经过认真地讨论，再次提出"我国仪器仪表工业急需统一规划和归口管理"的建议。有关领导作了圈阅和批示。

2012 年，中国机械工业联合会牵头组织机械工业仪器仪表综合技术经济研究所、中国仪器仪表行业协会、浙江大学、中国科学院沈阳自动化研究所、北京机械工业自动化研究所、沈阳仪表科学研究院、重庆川仪自动化股份有限公司等相关单位和专家对浙江、辽宁、重庆、北京等地区的典型企业进行实地调研，与环保部、国家文物局等专业应用部门对接洽谈，召开不同领域的专家座谈会。提出了《加快推进传感器及智能化仪器仪表产业发展工作方案》，编写了系列研究报告。

2013 年 2 月 18 日工业和信息化部、科学技术部、财政部、国家标准化管理委员会联合印发《加快推进传感器及智能化仪器仪表产业发展行动计划》，该计划是新中国成立以来专门针对仪器仪表行业出台的第一部产业政策。2020 年工业和信息化部委托第三方机构对该政策文件的执行效果开展了中期评估。该政策文件对仪器仪表行业发展起到了良好的促进作用。

第二节　工业现场仪表的发展

新技术革命的兴起，对自动化仪表行业的发展产生了巨大的影响，自动化仪表工业在产业结构、产品结构、技术结构和工艺结构方面都发生了重大变革。面向流程工业的温度仪表、压力仪表、流量计、物位测量仪表、机械量测量仪表、在线物质成分分析仪、控制阀和执行机构，面向离散制造的图像传感器、位置传感器、光电传感器、机器人传感器，以及航天、航空、海洋、环境监测等专业领域的各种现场检测仪表、检测装置等，开创了一条从模拟到

数字化、网络化、智能化发展之路。

1986 年 6 月，针对自动化仪表产品质量不高、可靠性差等行业共性问题，机械工业部发布第四号通告，对部分自动化仪表限期考核可靠性指标。到 1991 年共将仪器仪表的十一个专业中的二百多种产品纳入部级考核范畴。通过这阶段的实践，形成了仪器仪表可靠性方法、工作程序、技术规范等一系列技术文件，为开展可靠性研究、试验与考核评定创造了条件。

自 1987 年我国仪器仪表行业开展国产化工作以来，陆续集中公布了三批替代进口产品清单，共二百六十九项。这些推荐替代进口产品，其技术性能指标基本达到国外同类产品水平，产品质量好，生产能力一般能满足用户需要，在一定程度上发挥了替代进口的作用。

"九五"期间，国家部署现场总线智能仪表研究开发。攻关的目标是跟踪国际自动化仪表系统新技术发展，面对现代化工业和传统工业对自动化的新要求，围绕提高我国工业综合效益，突破现场总线智能仪表和系统关键技术，开发出变送、执行、配套、网络等多项现场总线智能仪表基型品种和现场总线控制系统及软件。列入"九五"攻关的现场总线智能仪表包括 HART 协议和 FF 协议的智能仪表基型品种四十余个，这些仪表均要求达到工程化，并在"九五"后期投入生产，形成批量。

从 1985 年国际电工委员会（IEC）着手制定现场总线标准开始，现场总线、工业以太网技术和应用进入高速发展阶段。现场总线技术的出现给自动化领域带来了又一次革命，其深度和广度远远超过历史上的任何一次，直接引发了二十世纪九十年代末和二十一世纪初的"现场总线大战"。在国家"863"计划等的支持下，由浙江大学、浙江中控科技集团有限公司、中科院沈阳自动化所、机械工业仪器仪表综合技术经济研究所、上海自动化仪表股份有限公司、大连理工大学等单位，自主研发了用于工厂自动化的实时以太网通信技术（Ethernet for Plant Automation，EPA）。从 2005 年开始，EPA 核心技术分别纳入 IEC 61158 和 IEC 61784 国际标准，包括系统结构、通信规范、功能安全、安装规范等，形成了一个完整的控制网络通信技术解决方案，可应用于大型化工、炼油等各种过程工业的自动化控制系统。

工业无线技术兴起于本世纪初，引发了现代工业测控模式的变革。在科技部和中国科学院支持下，中国科学院沈阳自动化研究所牵头，联合浙江大学、机械工业仪器仪表综合技术经济研究所等国内十余家单位，借鉴国外其他先进工业无线通信技术，并参考通用工业通信网络标准体系，创新性地设计完成了我国工业无线通信网络 WIA 技术及标准体系框架。2011 年用于过程自动化的无线通信网络与通信规范（WIA-PA）首先成为 IEC 62601 国际标准，2017 年用于工厂自动化的无线通信网络与通信规范（WIA-FA）也成为 IEC 62948 国际标准。WIA 与 WirelessHART、ISA100.11a 成为目前国际三大主流工业无线标准，标志着我国自主研发的工业自动化无线网络技术得到自动化领域的普遍认可。

2018 年 11 月 16 日，第二十六届国际计量大会（CGPM）在法国巴黎召开，宣告开启国际单位制重大变革，计量将迈入量子化新时代。自动化仪表作为工业计量的核心技术和物质基础将迎来新的挑战和机遇。

一、温度仪表

二十世纪八九十年代，红外辐射温度仪表发展迟缓，采用新原理、新结构的新型温度计出现速率减慢。国产红外辐射温度计的产品设计水平与国外产品相差不远，主要是缺乏与热电偶兼容，不能按 J 型或 K 型热电偶的分度表输出信号。接触式测温仪表不论是热电偶还是热电阻，其结构、性能等都达到了一定的水平：如四川仪表十七厂引进生产线生产的铠装热电偶系列产品，最小外径仅 0.25mm，国外也不多见；航空航天部北京遥测技术研究所开发的热电偶、热电阻，结构上突破了我国常规大量生产的统一设计产品的框框；北京自动化仪表二厂生产的用碳钢表面渗铅保护管的热电偶，在一些高腐蚀性的场合，其耐腐蚀能力超过了耐酸不锈钢套管的热电偶；中科院新疆物理研究所技术开发公司开发的热敏电阻产品，包括电阻元件和用热敏电阻制造的温度计，元件测温范围包括中温、低温、高温，以及临界热敏电阻系列，结构有珠状、棒状和片状，珠状最小尺寸为 0.3mm，已形成年产热敏电阻五百万支的生产能力并批量出口。温度变送器发展较快，但与国外相比差距仍较大。我们的温度变送器缺少专用电路，都是用小型元件组成的，因而无法做出隔离型和宽量程型产品，技术上还处于国外几年前的水平。如沈阳测量仪表厂生产的二线制温度计，其变送器没有自己的外壳，外形上只是一个组件，安装在温度计接线盒内，与温度计组成一体，没有指示功能；天津中环温度仪表公司的 SBWQ-X 型和 SBWZ-X 型温度变送器，输入输出都没有隔离，也不是宽量程的。

可以说这一时期，国内温度仪表已开始向小型化、结构多样化、传感－变送一体化发展，并开始注意结合应用开发产品；通过攻关，使接触式和非接触式测温中的热电阻测温仪表系列和红外辐射测温仪表系列得到更新。上海工业自动化仪表研究所和重庆仪表材料研究所攻关突破的 1.6~4.2mm 的小型铂热电阻元件系列和铠装铂热电阻整机系列，达到国际 IEC 标准和国外八十年代同类产品水平。在非接触式测温仪表方面已完成了带微机的红外辐射温度计系列和光纤比色温度计，突破了红外测温仪表中微弱信号的测量技术和在高温、高烟雾等恶劣工况中的连续测温问题，提高了红外辐射温度计在恶劣工况中的精度和可靠性，取代了加热炉中采用"双铂铑热电偶"测温的传统方法，确保了生产的连续性，达到英国兰德公司七十年代末八十年代初的产品水平。但我国温度仪表的生产技术仍很落后，除引进的温度计产品是用先进的工艺装备生产的外，其余仍是用人工装配、通用设备生产的。

根据第十八届国际计量大会及第七十七届国际计量委员会的决议，自 1990 年 1 月 1 日起在全世界范围内实行 1990 年国际温标（ITS-90）代替自 1968 年起执行的 1968 年国际实用温标（IPTS-68）。为应对温标变革升级，温度仪表行业三十余家企业联合开发设计了 TC 系列热电偶和 RT 系列热电阻新一代温度测量产品，实现了与国际 90 温标的接轨，促进了产品的升级换代。该系列产品品种规格符合国内、国际两个市场的需求，产品结构以铠装化、传感变送显示一体化为重点，单传感式为安装套管相配的两节式，并兼顾固定安装在线式。该系列产品的导线防折断装置、带自锁止动的插头座、大空腔外密封式隔爆接线盒、顶挤式防松结构、带压簧的感温元件、实体型热电偶、现场液晶数字显示等八项技术获得国家专利。

进入二十一世纪以来，尽管温度的测量原理变化不大，但在新材料、新结构研发，面向极端环境（如：核电站、高污染、高安全）重大需求应用，以及微处理器、专用集成电路、嵌入式软件、现场总线和工业以太网、工业无线通信等电子信息技术融合，大大推进了温度仪表的数字化、网络化、智能化水平。2012 年 12 月中科院沈阳自动化研究所自主设计研发、沈阳中科博微自动化技术有限公司制造生产的"NCS-TT105H 温度变送器"通过了 SIL2/3 等级功能安全认证。2003 年暴发的非典（SARS）事件和 2020 年暴发的新冠（COVID-19）疫情，刺激了非接触红外测温技术和产业的快速发展。

北京机械工业自动化所张开逊研究员发明的"α–碳化硅 PN 结宽温区高线性度测温技术"获 1985 年国家发明奖二等奖，上海工业自动化仪表研究所完成的"高低温测试装置"获 1987 年度国家科技进步奖二等奖，中国计量科学研究院牵头完成的"标准高温铂电阻温度计和铝、银、金凝固点"获 1987 年度国家科技进步奖二等奖，中国计量科学研究院、云南仪表厂、哈尔滨工业大学共同完成的"国家高温温标的建立与传递含高温–波长实验研究、光电比较仪、光电高温计"获 1987 年度国家科技进步奖二等奖，重庆仪表材料研究所"钨铼热电偶新工艺均匀性"获 1988 年度国家科技进步奖二等奖，浙江大学牵头完成的"精密集成恒流源与硅集成温度传感器的研制与应用"获 1988 年度国家科技进步奖三等奖，中国计量学院"基于拉曼散射的新型分布式光纤温度传感技术与工程安全监测应用"获 2012 年度国家技术发明奖二等奖，中国计量科学研究院、北京工业大学、北京科技大学牵头完成的"气控热管国家高精度温度源"项目荣获 2015 年度国家科技进步奖二等奖，中国计量科学研究院、清华大学等共同完成的"温度单位重大变革关键技术研究"项目获得 2018 年度国家科技进步奖一等奖。

重庆工业自动化仪表研究所的"ABT 系列红外薄膜热电堆"，上海工业自动化仪表研究所和南昌自动化仪表厂共同开发的"WFHX–60 型便携式红外辐射温度计"，杭州自动化仪表厂（杭州温度表厂）的"WTYK–04 型线圈温度控制器"，上海医用仪表厂的"二等标准高温水银温度计"，重庆仪表材料研究所"热偶型温度报警热敏电缆""WRe5/26 微细钨铼热电偶丝"，重庆材料研究院有限公司"线式温敏传感器产业化关键技术研究""基于大型压水堆的核级测温材料及应用技术研究""资源替代型高性能钨铼热电偶材料及产业化关键技术研究"，国家仪表功能材料工程技术研究中心的"工程冷却剂回路测温铂电阻温度计研制"，成都中核鑫星应用技术研究所的"乏燃料水池液位温度测量装置"，北京远东仪表有限公司的"IFD–IR–101 型一体化火焰检测器"，北京京仪自动化装备技术有限公司的"半导体生产线专用温控系统装置（Chiller）"，中国科学院新疆理化技术研究所的"高性能 NTC 系列热敏电阻系列研究""热敏电阻新材料、新工艺及产业化""快响应热敏电阻器的研制及应用"，武汉高德红外股份有限公司的"高性能制冷红外焦平面探测器关键技术及应用"等，一批技术产品获省部级科技进步奖。

二、压力仪表

上世纪八九十年代，压力仪表的基本情况如下。

国内从事压力仪表产品开发的单位较多，且历史悠久，水平较高。如航空航天部七〇一所，是国内最早从事传感器研制、生产的单位之一，其应变式压力传感器结构简单、尺寸小、规格全、量程范围宽（–0.03~100MPa）、精度高（0.1%FS、0.2%FS、0.5%FS）、稳定性好、零点和灵敏度均可调节。YZW 系列压阻式压力传感器采用集成工艺把 4 桥臂电阻扩散到硅片上，最小尺寸为 2.8~12mm，频响高、输出大。JP 系列溅射薄膜压力传感器采用真空溅射工艺，用陶瓷介质代替一般应变传感器的胶层，克服了胶层引起的蠕变等不利影响。再如航空航天部七〇二所的 6301（SYL–1）压力传感器采用石英晶体作为敏感元件，适用于测量气体、液体的缓变和速变的压力，测量范围可达 6MPa，居国内先进水平。虽然不少品种可达到国外七十年代末八十年代初的水平，但其工艺还不够成熟，成品率较低，与国外先进产品相比尚有差距。

除一般压力表外，国内引进生产特殊压力表的专业厂不少，且水平较高。如北京自动化仪表三厂的隔膜压力表、防腐压力表、耐震压力表和微压压力表是从日本山本计器引进生产的，在国内同类仪表中居先进水平。西安仪表厂压力表分厂，是我国最大的压力仪表生产厂，生产各类压力表，其中从美国德雷尔（Dreer）公司引进生产的带微处理器的新一代精密压力表，具有单位选择、净压力、高低压力值设定和压力值跟踪等多种功能，可单独或同时输出模拟和数字信号，采用独特的、获得专利的无接触式光电传感器。引进产品中，机械类压力表除了关键材料尚须进口外，其余大部分已立足国内解决，国产化程度较高，而电子类压力表的国产化程度较低，且价格昂贵。

国产一般压力表精度、式样等变化不大，主要进步体现在加工工艺和加工自动化程度有所提高。特殊压力表通过"七五"攻关，发展了耐高温、耐腐蚀、防爆远传、抗震四大系列，共取得十二项成果。由西安工业自动化仪表研究所攻关研制的特种压力表，能耐多种腐蚀性介质，抗300℃高温，测压上限可达40MPa，并具有抗震和压力信号远传功能，填补了国内空白，成果达到七十年代末八十年代初的国际水平，使工业用特种压力表产品完全依赖进口的局面得到改变。但总的来说，我国压力表厂的生产工艺仍很落后，劳动生产率低，大量机加工零件仍用普通机床加工；塑料注射成型的精密齿轮，从材料到工艺均无实践。国外自动化生产线生产的压力表，日产量可达一万台左右，而我国平均只有七百台，最高两千七百台。

上海光华仪表厂的CEC系列差压、压力变送器是国内自主开发电容式系列变送器产品的代表，其测量范围较宽，精度有0.2级和0.5级两种，可靠性好，得到国内许多企业（如鞍钢）的青睐。在秦山核电站招标中，秦山所需七百台这类仪表中，有三百七十五台选用了该厂产品，从1987年起已连续三年向东欧出口数千台。上海自动化仪表一厂的差压（CECC）和压力（CECY）变送器，结构和测量线路都与罗斯蒙特1151相仿，测量范围较宽（差压10~100mmH₂O到0~25000mmH₂O，压力：0~40kPa~10MPa），精度分别为±0.25%和±0.35%，在国内得到广泛应用，虽然性能上比1151尚有差距，但在国内亦属上乘。

引进开发或合资生产的差压、压力变送器已达到国外同类产品水平，有的已属当时最高档次的智能式变送器。北京电表厂的1751变送器，其中的压力变送器、绝对压力变送器、差压变送器、微差压变送器以及高静压变送器，各项性能指标均达到罗斯蒙特1151系列电容式变送器的水平。上海自动化仪表一厂的SH1151SMART型变送器，是在1151变送器基础上加上微机后发展起来的，引进了变送器和286型远传变送器通讯器，实现了变送器的智能化。从功能上看，与罗斯蒙特公司智能式变送器3051C相似，但精度比3051C低，SH1151SMART为±0.25%和±0.5%，而3051C则为±0.1%。上海福克斯波罗公司的820系列差压、压力智能变送器，其传感部分采用原有振弦式传感器加上温度补偿，信号处理部分采用以微机为基础的微电子技术和线路；由于振弦式传感器输出信号省了A/D转换，信号直接输入微机，简化了电子线路；由于采用表面安装技术，提高了抗干扰能力；为了提高抗腐蚀能力传感器的膜片材料采用钴－镍－铬合金，外壳用抗腐环氧喷涂，连接螺钉采用高强度的B7合金钢，从而使结构紧凑。四川仪表七厂从日本山武霍尼威尔公司引进了智能式差压变送器ST-3000，它采用复合传感器制造技术，在硅片上除了用扩散法制造压力（差压）传感器外，还制造两个辅助传感器（温度传感器和静压传感器），把三个传感器的信号同时输入多路转换器进行复合，这样就可实现温度和静压补偿，使 ST-3000 的精度提高到 ±0.1%。

总的看来，压力仪表由于引进了国外先进技术，产品水平有所提高，但国产化程度还不高，有的还处于 SKD、CKD 的阶段，核心部分（如硅杯）难于国产化，电子部分的国产化程度更低，主要是关键原材料、元器件，特别是大规模集成电路以及制造工艺（如表面安装技术）等难以解决。这就说明，国外压力表发展更快，水平更高，特别是推出的智能式差压、压力变送器，代表了变送器的发展方向，无论在精度、可靠性以及其他功能方面都有很大的改善和提高，使变送器更新换代，上了一个新台阶。

进入二十一世纪，压力仪表尤其是压力变送器取得长足进步。数字技术与传感器技术的结合使新一代高性能现场仪表成熟完善，智能化和网络化技术使现场仪表具有运算功能、控制功能、补偿功能、通信功能等模拟仪表难以实现的丰富功能。在不断引进美国罗斯蒙特公司新一代悬浮式金属电容变送器 3051S、日本横河硅谐振变送器 EJA 系列，测量精度达到 0.075%、0.04%、0.035%。另外，国家积极部署压力传感器、变送器的攻关任务，使压力变送器的性能不断改善，特别是高性能变送器，其精度、可靠性、长期漂移和过压保护能力越来越好，智能化水平不断提高。重庆川仪自动化股份有限公司在引进技术的基础上开始了复合微硅压力传感器的研究并取得突破，PDS400 系列产品的精度达到 ±0.075%、PDS800 系列产品精度达到 ±0.04%。重庆市伟岸测器制造股份有限公司研发制造的核级压力传感器、变送器可满足核电站工艺介质的压力、差压、流量和液位安全级参数测量，符合核级产品耐辐照、抗地震、耐高温高压及事故环境等特殊要求，全面覆盖核电站核岛及外围使用条件。中国科学院沈阳自动化研究所自主研发的总线型智能压力变送器 2020 年通过 SIL2/3 功能安全认证。北京康斯特仪表科技股份有限公司被工信部授予制造业单项冠军示范企业，自主研发制造的 ConST811 现场全自动压力校验仪荣获"改革开放四十周年机械工业杰出产品"。

中国计量科学研究院"基准液体压力计"获 1990 年度国家科技进步奖三等奖，西安交通大学、昆山双桥传感器测控技术有限公司等共同完成的"耐高温压力传感器设计、制造关键技术及系列产品开发"和北京大学"硅基 MEMS 技术及应用研究"同时获 2006 年度国家技术发明奖二等奖，北京航空航天大学"传感技术与测试系统"获 2008 年度国家科技进步奖二等奖，北京航空航天大学、太原航空仪表有限公司共同完成的"高性能谐振式传感器关键技术及其应用"获 2013 年度国家技术发明奖二等奖。西安交通大学"高动态 MEMS 压阻式特种传感器及系列产品"获 2017 年度国家技术发明奖二等奖，东南大学、江苏英特神斯科技有限公司、无锡华润上华科技有限公司三家单位合作完成的"高性能 MEMS 器件设计与制造关键技术及应用"获 2019 年度国家科学技术进步奖二等奖。

沈阳仪器仪表工艺研究所（沈阳仪表科学研究院）"OEM 通用压力传感器""传感器技术研究""力、磁、热敏传感器关键技术的开发与工程化研究""力敏传感器专用工艺装备开发""高性能硅电容压力传感器"，重庆工业自动化仪表研究所的"气动抗震压力变送器"，上海工业自动化仪表研究所"智能压力、差压变送器（HART）电路板研究开发和产业化"，北京信息科技大学"压电陶瓷–聚合物复合材料及其力敏传感器"，重庆四联测控技术有限公司"PDS 智能变送器"，浙江神能科技股份有限公司"面向微压领域的高灵敏压力传感器的关键技术及应用"，上海朝辉压力仪器有限公司"环保型隔膜式耐高温压力传感器"等技术产品获得省部级科技奖励。

三、流量仪表

二十世纪八九十年代，我国有流量仪表生产厂四十多家，其中骨干厂十八家；"六五""七五"期间有近三十个企业引进了四十项产品和技术；"七五""八五"期间承担国家攻关任务分别为十八项和十二项。技术引进产品大都已接近或达到国外原型产品水平，部分产品国产化率有大幅度提高，有的产品还在企业产值中占有举足轻重的比例，劳动生产率也达到相当高的水平，如上海光华爱尔美特仪器有限公司的人均产值超过十三万元。开封仪表厂从美国肯特公司引进的电磁流量计、银河仪表厂从美国 EASTECH 公司引进的涡街流量计均已通过计量认证，质量稳定，可取代国内大型石化装置中的国外仪表。

质量流量计。质量流量计分为直接式和间接式两种。八十年代发展最迅速的直接式质量流量计是热氏质量流量计和柯氏质量流量计（简称 CMF）。1982 年美国 Micromotion 公司推出世界上第一台商用 CMF，后又开发出连续管型、高温型（400℃）及先进的 RFT9712 型智能化转换器；RFT9712 具有多种智能化功能，如自诊断、自校正、多参数运算和输出等，有现场到控制室（常为 DCS）的双向通信功能，它标志着流量显示仪表真正走向智能化。"八五"科技攻关项目将 CMF 作为攻关目标，部分单位投入研究开发，取得了良好的效果。

涡街流量计。涡街流量计是六十年代末期在美国、日本问世的，发展极为迅速，世界各大仪表公司都投入力量开发，陆续推出各具特色的产品；八十年代应力式涡街流量计的出现，把涡街流量计推向新的一代。我国涡街流量计的生产厂已近三十家，八十年代末期，国内开发出了应力式涡街流量计，出现了"涡街热"，年产量达到九千多台，但除少数骨干厂有流量标准装置外，很多生产厂没有流量标准装置。为此，重庆工业自动化仪表研究所在"七五"期间完成了"涡街流量计干式标定研究"，达到了国际先进水平，这对涡街流量计的设计、生产和应用具有重要意义。与此同时，重庆工业自动化仪表研究所率先推出了"耐腐蚀型涡街流量变送器"，在氯气流量测量中应用效果令人满意。涡街流量计的研究工作主要集中在旋涡发生体和旋涡信号检测技术两个方面。八十年代以来，国内在阻流法方面进行了卓有成效的研究，提出一种产生"三维涡街"的新型环形阻流体，其信噪比、压损、重复性都比柱状阻流体有明显改善。九十年代末，为了改善恶劣环境下涡街流量计的应用，重庆川仪设计出抗震型产品。在管道震动环境下抗震型涡街流量计可以承受不超过 3G 加速度的冲击，达到了较好的应用效果。

电磁流量计。电磁流量计从四十年代起用于工业测量，经过几代产品的不断改进，已日臻完善。七十年代后期，国外各制造厂纷纷以低频（50Hz 的 1/2–1/32）矩形波激磁，替代使用了近三十年的市电交流激磁方式，克服了随机性的电涡流干扰电势，提高了零点温度，大大改善了因脏物附着电极产生的零点偏移和示值变化，仪表的测量精度明显提高。进入八十年代，发展更为迅速，日本横河公司开发了双频矩形波激磁式电磁流量计，在抗噪声、零漂及响应时间等方面又提高了一步；另外，电磁流量计在衬里材料、电极材料、电极表面脏物消除、转换器智能化等方面也有重大改进，如罗斯蒙特公司的智能化电磁流量转换器、8721型智能化转换器已被纳入 Smart Family，具有 RFT9712 智能化质量流量转换器的类似功能。电磁流量计在我国起步较晚，六十年代初首先由上海光华仪表厂提供产品，八十年代中期，电磁流量计取得了几项主要进展，如小型轻量化、传感器与转换器一体化、转换器智能化等；内衬材料采用了高纯度 Al_2O_3，成为高抗腐蚀性流量计。

超声波流量计。很早以前就有人研究用超声波测流速，但直到六七十年代，由于集成电路的迅速发展，以 PLL（锁相环路）技术为基础的超声流量计才在工业检测中得到应用。我国从六十年代开始超声流量计的研制工作，到八十年代取得实质性成果，已有生产厂四五家，其中有两家引进了国外技术。随着微机技术的应用，使超声波流量计采用各种先进的信号处理技术有了可能，这对提高仪表的技术性能和实现仪表的智能化有很大的促进作用。

插入式流量计。该流量计是八十年代才崭露头角的仪表，是一种以结构形式分类的流量计，主要有点流速型（如插入式涡街等）和径流速型（如均速管）两种，这种仪表有很多优点，但也有些不足，如仪表特性受流体流动特性影响较大，仪表的测量精度普遍较低，仪表的标准化难度大，因而发展迟缓。但由于大管径流量测量的迫切要求，我国已有十五家企业生产这类仪表。重庆工业自动化仪表研究所继推出了插入式涡街流量计和均速管流量计之后，"七五"期间又开展了插入式流量计的精确度研究，采用插入式涡街、涡轮流量计和均速管，在充分发展管流和非充分发展管流两种流动状态下，对仪表系数和影响因素进行了探讨，达到了国际先进水平。

这一时期，国内已能提供数十种不同原理的流量仪表，且都有长足的发展，如容积式流量计在抗脏污方面的改善、可变面积式流量计在测量传动机构上的新颖设计、涡轮流量计在耐磨材料和轴承方面的突破等；但在外观、工艺、综合技术性能方面与国外同类产品相比尚有明显差距，特别是传感器的性能指标差距更大，显示仪表也无真正智能化的产品。国外产品 MTBF 都以十万小时计，而我国才几千小时。

进入新世纪，随着工业技术的发展，现代流量计量技术发展日新月异。基于各种测量原理生产、使用的流量仪表已经超过百种。节流式差压流量计、靶式流量计、涡街流量计、容积式流量计、浮子流量计等传统流量仪表的性能不断提高。电磁流量计、超声波流量计、科里奥利质量流量计、激光流量计等新型流量仪表发展迅速。随着流量计理论趋于完善，流量仪表的发展主要集中在两个方面：一是致力于提高流量仪表的精度和可靠性；二是融合电子信息技术提高仪表的智能化和自动化水平，使流量仪表测量的准确程度越来越高、测量的速度越来越快，努力实现流量测量的智能识别、定位、远程控制以及自动跟踪功能。

多相流量计取得突破性发展，海默科技（集团）股份有限公司不仅是多相计量领域的技术开拓者，而且已经成为国际市场上油田多相计量产品和服务的三大主流供应商之一，被工信部认定为制造业单项冠军培育企业。其研制的 MFM2000 多相流量计采用伽马射线互相关测量流速，双能与单能伽马传感器测量相分率，经过运算后输出各相流量，在仪表内部增加了一个静态流型调整器使得测量精度受流型和相分率变化的影响较小。开封仪表有限公司是我国专业流量仪表生产企业，先后研制生产了四大系列九十多个品种四千多个规格的流量仪表。主要产品有：引进技术制造的电磁流量计、金属管浮子流量计，自行设计制造的涡轮、涡街、旋进旋涡、腰轮、双转子、刮板、蒸汽、孔板、文丘里管等流量计，智能流量显示仪及流量标准装置等，其中部优产品两个、省优产品五个。自 2002 年重庆川仪推出了自主知识产权的电磁流量计后，在国内与享誉世界的科隆电磁流量计产品形成了强有力的竞争。特别是两线制电磁流量计，重庆川仪最大口径做到了 DN400，浆液型电磁流量计也得到广泛市场认可。北京首科实华自动化设备有限公司、西安东风机电股份有限公司研制生产的质量流量计达到了较高水平。

浙江大学和浙江天信仪表有限公司共同完成的"流体振动流量计关键共性技术研究及其产品的系列化开发"获 2005 年度国家科技进步奖一等奖，上海工业自动化仪表研究所和开封仪表厂共同完成的"容积法水流量标定装置"获 1987 年度国家科技进步奖三等奖，天津自动化仪表十四厂"LUCB 型大口径插入式液体涡街流量计"1987 年度国家科技进步奖三等奖。

重庆工业自动化仪表研究所"LCCY-C 插入式压电涡街流量变送器""蒸汽、气体涡街流量计系列产品"，天津自动化仪表十厂和浙江大学共同开发的"XLF-10 型质量流量计"，齐齐哈尔仪表总厂"LS210 型应力式涡街流量计"，上海工业自动化仪表研究所"带微机电磁流量计"、与河北省泊头市仪表厂共同开发的"食品工业用流量计"，合肥精大仪表股份有限公司"LLT 螺旋转子流量计""LC 系列 -/B 型智能一体化椭圆齿轮流量计"，重庆耐德正奇流量仪表有限公司"新型数字涡街流量计"，重庆川仪自动化股份有限公司"MFL 型两线制电磁流量计"，浙江苍南仪表厂"LWQZ 系列气体智能涡轮流量计"，宁波水表股份有限公司"垂直螺翼式无线抄读水表""基于射流传感技术热能表""超声水计量检测技术研究及其产业化"，中航工业太航流量工程公司研发的"质量流量传感器"，上海市计量测试技术研究院完成的"气体流量计量标准量传溯源关键技术的研究与应用"等技术产品获得省部级科技奖励。

四、液位仪表

目前国内大量生产浮球液位开关、玻璃板液位计等传统产品，同时也可提供超声式、电容式、微波式、核辐射式等各种先进的液位计。

上世纪八九十年代，从技术发展的特点来看，可概括为：电子式产品占大多数，非接触式产品虽不是主流，但发展很快，高精度产品也已有生产，如天津中环自动化仪表公司 1989 年年初与德国威格（VEGA）公司合资成立了天津天威有限公司，生产 VEGA 公司的各种物位仪表，包括电容式物位仪表；上海自动化仪表五厂引进生产的 RF-9000 系列电容式物位开关、ILM-232 智能化超声物位计及 DLM-50 数字超声物位计；北京自动化仪表四厂引进生产的 2500 型钢带浮子液位计，以及大连仪表五厂生产的 UHZ-223 型高精度自动平衡式液位计，铁岭光学仪器厂引进了高温双色玻璃板液位计制造技术等，均达到国外八十年代初的水平。同期，上海凡宜科技电子有限公司、恩德斯豪斯（苏州）自动化仪表有限公司等十余家外资企业成为我国物位仪表行业的重要力量，成为我国物位仪表高端产品的主要供应商。"七五"攻关完成了测量固体料位的超声物位计，包括防爆、非防爆、中量程和长量程等四个品种，突破了动态测量固体料位的难题，为解决大中型电站煤粉仓的料位测量和工业煤气柜的活塞位置测量提供了有效的测量手段，填补了国内空白。但与国外相比，国内物位仪表在产品品种、技术性能指标、品种类别等方面尚有较大差距。

进入二十一世纪，北京古大仪表有限公司、北京仪通鑫磊测控技术有限公司等一批民营企业发展很快，生产的产品技术含量较高。以射频电容物位计最多，超声物位计次之，以及磁致伸缩液位计及微波物位计等。电子型物位仪表发展很快，微电子技术的渗入大大促进了新型物位测量技术的发展，在连续测量和定点测量领域都开发了许多新型物位测量仪表，并使物位测量仪表产品结构产生很大变化。电子型物位仪表在品种和产值上都已超过机械型仪表，成为物位仪表的主流。在近年新发展的物位测量技术中，非接触测量物位的行程时间或传播时间测量技术是发展最快、应用最广的一种物位测量技术，包括超声物位计、微波物位计及激光物位计。北京京仪海福尔自动化仪表有限公司、江苏中仪仪表集团有限公司等实现了雷达物位计的研发与产业应用。上海自动化仪表有限公司开发成功了功能安全浮筒液位计。中南大学、太原理工大学等开展了基于图像处理的液位测量技术研究开发。

北京自动化仪表四厂（现北京京仪海福尔自动化仪表有限公司）"UFC-01 型磁浮筒液位计"在"六五"期间获国家科技进步奖三等奖。太原理工大学"数字化物位检测传感器研究"等获得省部级奖励。

五、在线分析仪表

在线分析仪表在国家统计范畴属于实验分析仪器制造业，但由于近年来在流程工业的大量使用，因此也将其纳入自动化仪表一并考虑。在线分析仪表是安装在生产流程装置现场，能自动对原料、成品、半成品、中间产品的成分、组分进行连续测量、分析、指示的分析仪器。常用的在线分析仪表有热导式气体分析仪、电导式气体分析仪、氧分析仪、红外线气体分析仪、工业 pH 计、工业气相色谱仪及质谱仪等。在线分析仪器一般分成取样系统、传感器、信号处理与显示。取样系统采集被分析物质，经过诸如冷却、加热、气化、减压、过滤等方式进行预处理，然后送入仪器的传感器进行分析。传感器是在线分析仪器的核心，往往利用一种或数种敏感元件，将被测量的变化转变成电信号，在线分析仪器的测量精确度基本上取决于传感器的性能。

到 1990 年，国内在线分析仪表中，销售量最大的是红外线气体分析器（1986 年销售量为一千五百台，其中用于工业过程的约占二分之一），其次是磁氧仪、氧化锆氧分析仪、热导式分析器、工业电导仪、工业湿度计、工业黏度计、热效率测定仪、工业 pH 计、硫酸根测定仪、磷酸根测定仪及工业色谱仪等。南京分析仪器厂引进生产的美国贝克曼（Beckman）GX-6710 系列业色谱仪、引进生产的英国肯特 DH-7、DH-8 氧化锆氧分析仪，北京分析仪器厂引进生产的西德麦哈克 UNOR-4N 红外线分析仪，上海雷磁仪器厂引进生产的英国肯特电站水质分析仪等，国产化率都达到了 80% 以上。南京分析仪器厂研发的 HW-200 多组分气体分析器、CX-2B 系列防爆工业气相色谱仪，上海雷磁仪器厂的 PHG-217 型工业酸度计系列、SJG-785 型水质连续自动监测站，天津自动化仪表成套设计所的工业高温 pH 酸度测量和自动控制系统等获得国家、省部、局级科技进步奖。

近年来，在线分析仪器取得突破性进展。可调谐半导体激光气体分析仪最大突破是取消了采样和样品处理环节，避免了样品传输造成的测量滞后，提高了分析速度。近红外光谱（NIR）是发展最为迅速的分析技术之一，具有快速、高效、无损和适合在线分析等诸多优点，在农业、制药和石化等领域将得到广泛应用。用于实验室的分析仪器开始进入在线分析领域。如傅立叶变换红外（FTIR）光谱仪、在线核磁共振分析仪（NMR）、在线光声光谱仪（PAS）、离子迁移谱仪（IMS）、在线原子发射光谱仪（AES）。测量方法和传感器方面的变化不大。微型热导检测器、微流量检测器、光声检测器（PAD）、光纤探头和半导体阵列检测器、用于液体检测的探头式传感器发展较快。采用微处理器系统的在线仪器比比皆是，自动补偿、自动标定、自动识别谱图、故障自动诊断和失效预测等功能已经不足为奇。重庆川仪分析仪器有限公司新近开发出一批带 Profibus–DP 功能接口的在线分析仪器产品，杭州聚光科技和重庆川仪公司的在线分析仪产品已有无线通信功能。硫化氢 H_2S、总硫分析仪和过程质谱仪（PMS），以及质谱仪和气相色谱仪联用（GC–MS）已广泛用于污染物的连续监测。

聚光科技（杭州）股份有限公司研制成功的"激光在线气体分析系统"2006 年获国家科学技术进步奖二等奖，"原位抽取热湿法在线紫外/可见光纤光谱气体分析系统研制及产业化"2010 年获国家科学技术进步奖二等奖。北京雪迪龙科技股份有限公司等完成单位的"工业园区有毒有害气体光学监测技术及应用"项目 2019 年荣获国家科学技术进步奖二等奖。

南京南分成套分析仪器有限责任公司 JMF–1 型焦炉煤气成分自动分析装置、聚光科技（杭州）股份有限公司基于顺序注射分析技术的新型在线水质分析系统、广州禾信仪器股份有限公司的 PM2.5 在线源解析质谱监测系统、重庆川仪分析仪器有限公司的 PS7000 系列过程分析系统等技术和产品获得省部级科技进步奖。

六、机械量仪表

机械量仪表是一种高附加值、高经济效益的产品，同时又是一种高技术产品。

上世纪八九十年代，通过技术引进消化吸收和调整产品结构，机械量仪表的产品水平上了一个台阶。如北京测振仪器厂生产的 HZ–85 轴运动监视仪，其性能指标与美国本特利公司7200 系列相同，已可替代进口。北京华海新技术公司、化工部自动化研究所开发的核子皮带秤，精度达到 0.5%~1.0%，已能批量生产，其产品水平接近美国罗斯蒙特公司的同类产品，可替代电子皮带秤。江苏海安机器厂生产的齿轮相位差式转矩传感器，航空航天部七〇二所开发的应变式转矩传感器，产品最大测量范围为 300kg·m，精度可达 0.2 级；小量程转矩传感器国内也有相当水平和一定的生产能力。攻关完成的电子皮带秤重点突破了动态精度和长期稳定性问题，增加了在线自动校零和标定功能，使电子皮带秤的性能价格比优于进口产品。攻关的微波测厚仪，解决了在线测量微薄钢带的厚度问题，对确保产品质量、提高轧制速度发挥了较好的作用。但不少产品与国外相比差距仍较大，如北京测振仪器厂与宝应振动仪器厂的振测仪表，一般均为单一功能，而德国 SCHENCK 公司的同类产品，一机可集十种仪器之功能。1990 年承德市自动化计量仪器厂 GGG–ZZB 型微机高精度动态电子轨道衡荣获国家质量金奖。

进入新世纪，中国的称重传感器产品获得长足发展并大量销往海外。南京赛摩三埃工控设备有限公司发明的阵列式皮带秤获得世界上首张精度 0.2 级电子皮带秤计量许可证。河南丰博自动化有限公司的科里奥利粉体定量给料秤达到粉体料计量国际先进水平。

南京第二钢铁厂自控分厂"高精度电脑计量配料皮带秤（DSM–Ⅲ）""七五"期间获国家科技进步奖三等奖。承德市自动化计量仪器厂（现承德承申自动化计量仪器有限责任公司）"GGQ–10A–30A 30 吨高精度电子汽车衡""GGG–ZZB 型微机高精度动态电子轨道衡"，宁波柯力传感科技股份有限公司"数字化智能称重传感器关键技术研发及产业化"等产品技术获得省部级科技奖励。

七、执行机构

上世纪八九十年代，我国执行器行业已具有一定规模，主要生产厂家有吴忠仪表厂、鞍山热工仪表厂、无锡仪表阀门厂、大连仪表三厂、天津自动化仪表七厂、上海自动化仪表七厂等。生产的产品以通用普及型为主。带微机、智能式、全电子型高技术产品，以及大化肥、冶金工业用快速切断、低噪声、防空化等产品都还处于研制开发阶段。"七五"攻关成果以及DDZ-S 系列仪表电动执行器联合开发产品，已达到了较高水平。

精小型气动调节阀，是一种需要量大、使用面广、形小体轻、精确、高效的气动调节阀通用系列产品，它符合 IEC 标准，采用先进结构，其外形高度比老产品降低了 30%，重量减轻了 30%，流量系数增大了 30%。与日本山武公司 1985 年推出的 CV3000 系列中同类产品相比，在技术性能和体积重量相当的情况下，该产品的流量系数高 14%，山武产品的最大公称通径为 200mm，国内已开发出 250mm 和 300mm 两种更大规格的产品。无锡仪表阀门厂、四川仪表十一厂等六家制造厂着力推广这一攻关成果，与国内引进产品相比，其价格至少便宜50%，而主要技术指标达到了国际八十年代同类产品的先进水平。

高压差调节阀，这是一种大型火力发电机组等高压工程的关键配套设备，在高压差下，一般调节阀使用两三个月，甚至一两个星期即因严重空化而损坏，致使泄漏量高达额定流量的 30% 以上，严重威胁着发电机组的安全可靠运行。为此，美、日、英等国从六十年代初起即开始专门研究防空化高压差调节阀，但到上世纪九十年代初，电站给水及再循环调节阀的空化与空蚀还没有完全解决。我国经过"七五"攻关，完成了直角式和直通式电动与气动两个品种、三个系列共九个规格的系列产品，经过两年多的现场运行证明，防空化效果显著。另外在设计制造中还采用了新型密封件和专用工艺，使产品具有高压密封可靠、泄漏小、动作灵活、使用可靠等优点；其主要技术指标和防空化功能达到甚至超过八十年代国际水平。

另外，以武汉热工仪表厂为承担单位完成的"七五"攻关项目 DYJ（Z）710、810 型电液执行机构，以上海工业自动化仪表研究所为主完成的 ZFD 型调节式多转电动执行机构，都达到了国际先进水平。以重庆工业自动化仪表研究所为主承担的新系列直行程电动执行器，以浙江大学为主完成的低 S 值调节阀，都处于国内外领先地位。

1989 年下半年由重庆工业自动化仪表研究所、鞍山热工仪表一分厂、肇庆自动化仪表二厂、张家港仪器仪表总厂、南阳仪表厂五家单位集资，进行 DDZ-S 系列仪表电动执行机构联合设计开发工作，完成了角行程、直行程两大系列产品（含户外型、隔爆型）。其中角行程是在总结 DDZ-Ⅱ 型角行程电动执行机构经验基础上，直行程是在总结 DDZ-Ⅲ 型直行程电动执行机构经验基础上，从系统安全可靠的需要出发，吸收国外同类仪表的先进技术研制开发而成的。这两大系列产品结构简化、加工方便、精度提高、功能强化、更加安全可靠，尽管总的成本比 DDZ-Ⅱ、DDZ-Ⅲ 型电动执行机构有所增加，但性能价格比有明显的提高，且在诸多方面优于国内引进技术生产的同类产品，如角行程电动执行机构，其系统体系、产品组成结构、联络信号等均符合 DDZ-S 系列仪表总体要求，安装尺寸与 DDZ-Ⅱ 型角行程电动执行机构一致，符合用户习惯，易于接受；零部件、元器件和材料 100% 国产化，便于组织生产和维修；价格是引进产品的五分之一到三分之一。总之，与国外同类产品相比，在基本性能指标、防护结构、环境适应性、系统联锁保护等方面均达到国际八十年代后期的水平。

通过"七五"攻关的努力，我国在执行器产品的品种和技术上取得了显著的进步，如气动调节阀的基型产品已跟上世界潮流，采用了多弹簧执行机构与低流阻阀体。电动执行机构也与欧美常规产品的水平相当，工艺水平、外观质量也有所提高。相比之下，在特种产品的品种和新技术的应用与开发上，仍然存在着较大的差距。材料品种依然以碳钢、不锈钢为主，而国外常用材料一般有十几种，如蒙乃尔合金、哈氏合金、合金6、合金20等。工艺水平仍然落后，国外已成熟的内衬防腐衬里的工艺国内无法解决，尚不能开发高性能的防腐类产品。特种产品自主开发能力差，如防火调节阀、高性能蝶阀、防腐阀、复合型的减温减压阀、自力式调节阀等。测试装置也存在一定差距，如压力往复系数测试装置、高温耐火试验装置、大力矩测试装置，直接影响到产品性能验证和产品开发。

进入新世纪，我国执行机构，尤其是控制阀需求旺盛，技术和产品发展态势良好。浙江三方控制阀股份有限公司已形成八十多个系列、七千多个品种规格、三万台套年生产加工规模。哈电集团哈尔滨电站阀门有限公司先后承担并完成了600MW超临界火电机组配套阀门国产化、1000MW超超临界火电重大装备研制与产业化等攻关任务，开发了二十八种超临界火电机组配套关键阀门共计二百多个规格，达到国际同类产品先进水平，打破了我国超超临界火电机组阀门依赖进口的局面。株洲南方阀门制造有限公司及深圳南方通用电气有限公司研制生产了多功能水泵控制阀、可调式减压阀、智能型部分回转电动执行机构、智能型多回转电动执行机构。吴忠仪表有限责任公司突破了控制阀产品设计、制造、试验验证的技术瓶颈，彻底改变了高端工业控制阀全部依赖进口的现状，推动我国流程工业自动化控制阀向智能化、集成化、高参数化、大型化、高性能化方向发展，如：通过十年研发，实现了深海采油急需的水下球阀国产化，产品技术达到国际领先水平，就球芯圆度比较，美国误差是0.0005mm，吴忠仪表达到了0.0001mm。

浙江大学"电液比例二通调速阀"获国家发明奖二等奖、"新原理电液比例压力控制阀"获国家发明奖三等奖，吴忠仪表有限责任公司"高端控制阀关键技术自主创新和产业化项目"获2013年度国家科学技术进步奖二等奖。

重庆川仪自动化股份有限公司"油气管道关键设备国产化电动执行机构"、吴忠仪表有限责任公司"高参数智能控制阀研究开发及产业化"、鞍山拜尔自控有限公司开发的"精小型调节阀""自力式压力、温度、流量调节阀德国技术国产化项目"，哈电集团哈尔滨电站阀门有限公司"全量型安全阀""电磁泄放装置""全尺寸超高温超高压恶劣工况用高端阀门研制及产业化"，中国通用机械研究院有限公司主持完成的"煤粉流量控制阀研制"，江苏大学和常州电站辅机总厂有限公司共同完成的"SND系列智能型非侵入式（多总线）阀门电动执行机构"，上海自动化仪表股份有限公司自动化仪表七厂"煤液化用煤浆阀制造技术攻关"，北京奥特美自控设备有限公司、北方工业大学和浙江精杰自动化仪表阀股份有限公司共同完成的"新型智能电动执行器关键技术研发及应用"，江苏大学"高性能阀门电动执行机构关键技术与应用"等技术、产品获得省部级科技奖励。重庆川仪M800电动执行机构获2018年"改革开放四十周年机械工业杰出产品"奖。

第三节　自动化控制系统的发展

一、调节控制仪表

（一）DDZ-Ⅲ和DDZ-S系列控制仪表

1978年以重庆工业自动化仪表研究所为组长，北京自动化技术研究所为副组长，会同西安仪表厂、天津仪表厂、大连仪表厂等单位组成联合设计组，设计成功第三代产品，线性集成电路式DDZ-Ⅲ型电动单元组合仪表，采用国际通用的4~20mA信号制、以线性集成电路作为主要放大元件并具有防爆安全功能。包括变送、转换、计算、显示、给定、调节、辅助、执行八类，共有品种148个，规格478个。同时还试制成功组件组装式仪表和气动薄膜调节阀等系列产品。

在总结与继承了电动单元组合仪表优点的基础上，重庆工业自动化仪表研究所于1985年研制成功具有七十年代末八十年代初国际先进水平的单回路、多回路智能调节控制仪表系列。四川仪表总厂等主要自动化仪表厂家也先后研制出DTZB-2310A、DTZB-4110、CS910等智能数字调节器。它不仅能与电动单元组合仪表兼容，还能充分发挥微型计算机的运算控制功能，是一套新型的仪表控制系统。它可通过通信接口，与上位计算机系统相连，把过程控制与监控联系起来，实现生产过程最佳调节等优化技术。

1990年在机电部仪表司组织下，由有关工厂和研究所参加，成立了总体技术组，制订统一方案，作为我国数字化成套仪表发展的体系结构和技术规范，并把这套仪表定名为DDZ-S系列仪表。DDZ-S系列仪表包括变送、转换、显示、设定、辅助、调节控制、执行机构、数据链路、操作监控九大类仪表，共九十个基型品种一千多个规格。它是一套包括新型变送器、执行机构及配套仪表在内的两级智能仪表型综合控制系统，并可以与分散控制系统监控级联网，构成分散控制系统的一部分。

（二）组件组装式自动装置

组件组装式控制仪表的特点是把原来整套仪表中的控制和运算功能与显示操作功能分开。组件组装式控制仪表在结构上分为控制柜和操作台两大部分。控制柜中以插接方式密集安装了多块具有独立功能的组件，这是组件组装式控制仪表的显著特征。操作台是人机联系部分，集中安装了与监视、操作有关的台装仪表。运行人员利用屏幕显示、操作装置实现对生产过程的集中显示式操作。组件分为六大类。①输入输出组件：输入转换组件、输出转换组件、脉冲转换组件、mV/V转换组件、P/E转换组件、积算功率驱动器组件等。②信号处理组件：信号缓冲组件、继电器缓冲组件、信号发生组件（斜坡发生组件、定时组件等）。③模拟计算组件（乘除组件、开方组件、加法组件、函数组件、限幅组件三信号选择组件等）、积算组件、报警组件、逻辑组件。④调节组件：PID组件（比例、积分、微分组件）、动态补偿组件、跟踪组件、多输出接口组件、声光控制组件。⑤辅助组件及其他组件：电源分配组件、信号分配组件、切换组件、给定组件、继电器组件、监控组件。⑥显示操作仪表：单（双）针指示仪、单（双）笔记录仪、三（四）笔记录仪、趋势记录仪、手操器、控制显示操作器。在我国组件组装式控制仪表系列主要有自行研制的TF-900型和MZ-3型，及引进生产的SPEC-200型。这类仪表在二十世纪八十年代的 200MW 和 300MW 机组中有所应用。由于分散控制系统 (DCS) 的出现，这类控制仪表现在已经被淘汰。

（三）数字调节仪表

上世纪七十年代中后期，随着大规模集成电路，特别是微型计算机的商品化和日趋廉价，新型传感技术、计算技术、数据通信及网格技术、图像显示技术、现代控制理论等得到广泛应用。国外仪表厂商纷纷推出了以微型计算机为基础，具有综合控制功能的单一系列数字调节仪表，即不仅是数字显示，而且调节控制规律也是用数字方法来实现的（也有数字显示，模拟调节控制方式的）。数字调节仪表一般分两大类：高档的单、多回路调节器及中档的简易型数字调节仪表。

单、多回路调节器的特点是软件功能模块化，如有输入模块、控制运算模块、输出模块等，根据控制对象在线或离线进行组态。从当时全国六家生产厂引进开发的情况看，国产化率已达到 80% 左右，并在此基础上开发了多回路调节仪表，如西安仪表厂引进了日本横河公司的 YS-80、YS-100、YS-150 系列单回路调节器，自行开发了 JTZB-40 型四回路调节器；川仪十八厂引进了日本山武霍尼韦尔公司的 Digitronik 系列 KMM 单回路调节器，在技术引进国产化的基础上自行开发了 DTZB-4110T 型四回路调节器等。这些仪表系列品种齐全、具有多种控制算法、趋向在线组态、备有通信接口与多种通信方式、外形尺寸采用国际标准等，可以说达到了国外八十年代同类产品的水平。重庆工业自动化仪表研究所于 1978 年就开始了数字式调节仪表的研究准备，1981 年用进口模板研制出了第一台数字式调节器，1982 年又研制出第一台全部用芯片自行设计的智能调节器，成功地应用到钒烧结窑控制系统，仪表的投资几个月就收回了；在此基础上又开发出了 DTZB-4110 T 型智能式四回路调节器。

简易型数字调节仪表。上世纪八十年代，国外开始注意开发这类产品，有些还是专用的，如日本理化工业公司 REX — C1000 型单回路 DDC 温度调节器、高士电机制造公司 PLasmac-1 型混合式机器控制器、千野制作所的 DF 系列数字式指示调节器和 DC 系列多功能型高精度数字指示调节器。DF 系列仪表有两位式、比例式、通断脉冲型 PID 式、通断伺服型 PID 式、电流输出型 PID 式几种，指示精度为全标度的 ±0.3%；DC 系列仪表使用微处理器进行数字运算，调节方式为速度型 PID，其他标准功能有上下限报警、检出器误差校正、温度限制等功能；品种有四通道型、三通道加程序型、串级加程序型三种，主要用于温度控制。国内这类产品发展也相当快，如由上海工业自动化仪表研究所开发的 XMT 新型数字调节仪表，全国约有十多家工厂在进行批量生产。与上述国外同类产品水平相比，虽然在品种规格上和功能上有些差异，但基本上已接近国际八十年代初中期水平。

二、分散型控制系统

"七五"期间，我国把开发"分散型控制系统与工业控制局部网络（DNS）"列为国家重点科技攻关项目（75-53-03），以机械部重庆工业自动化仪表研究所为主并联合国内几十个单位经过三年多的攻关，建立了自己的 DCS 体系结构，自主开发了 DJK-7500 分散型控制系统。"八五"期间，国家继续列项攻关，即"DJK-7500 分散型控制系统优化生产技术研究开发"（85-720-01）。与此同时，国内其他行业和部门也相继开发了一些 DCS，如清华大学与大连自动化系统工程公司研制的 DCS-100，航天部与石化总公司联合组织、航空航天部测控公司、沧州炼油厂等九个单位共同开发成功友力 -2000 分散型控制系统，核工业部二院研制的 PRS-80、化工部与深圳华天电子有限公司开发的 HTCS，工业自动化国家工程研究中心和浙江大学工业自动化公司共同研制开发的 SUP-CONJX-100 分散控制系统，北京和利时系统工程有限公司开发推出了 HS-2000 分散控制系统，上海新华控制工程公司推出了 XDPS 分散控制系统，并在钢铁、石化、建材、电站多个领域得到应用。

以 DJK-7500 分散型控制系统为例，系统已具备：包括七种过程级装置、七种监控级装置和三种通信系统的硬件、软件，可为用户提供大、中、小型系统及单机应用系统四种不同规模的系统配置模式，成套性强，应用覆盖面广，适用于冶金、石油、化工、电力、机械、纺织等工业部门；具有连续和断续控制功能。可实现各种复杂控制系统要求，并具有各种工艺流程画面，控制回路画面和表格生成能力以及各种报警、事故追忆、历史数据检索、趋势预报等功能；将分散控制与分级控制综合一体，体系结构灵活实用；具有汉字化图像化的人机界面，现场人员使用、操作和维护方便；纳入了数字仪表及 PLC 装置，实时性、可靠性高；采用软件工程化设计方法开发软件系统，为今后的进一步完善创造了条件。

"九五"期间，伴随着现场总线大战，国家部署了"现场总线智能仪表研究开发"任务。浙江中控技术股份有限公司开发成功了 WebField ECS-100 控制系统，北京和利时系统工程有限公司推出了面向流程工业的管控一体分布式计算机控制系统，重庆川仪控制系统有限公司 FCS-1000 现场总线控制系统、浙江威盛自动化有限公司推出了 FB-2000 现场总线控制系统。

进入新世纪初，中国形成了自主知识产权的第三代分散型控制系统生产规模。控制系统的控制站功能强大，大型分散型控制系统的一台控制站可以完成上百个回路的控制，而且对开关量和模拟量处理能力很强，回路控制、顺序控制、批量控制及数据采集可采用同一控制站。中控科技集团有限公司、北京和利时系统工程有限公司、北京国电智深控制技术有限公司、上海自动化仪表股份有限公司等企业自主研制的分散型控制系统，其基本性能和技术水平已与国外产品接近，国内市场占有率达到 40%，承接工程数量占 50%。可满足大型工程有 600MW 超临界火电机组、年产 30 万吨合成氨、52 万吨尿素、50 万吨化肥、500 万吨炼油、400 万吨氧化铝、20000m³/h（58m³ 聚合釜）PVC、265m² 烧结装置、轨道交通信号控制等项目需要。以国电智深国产 DCS 系统成功用于 1000MW 超超临界火电机组、中控技术国产 DCS 系统成功用于年产百万吨大型乙烯装置、1300 万吨大炼油等为标志，改变了大型工程配套系统长期由国外公司垄断的局面，不但减少了进口，且有重要经济领域核心技术自主的战略意义。

2010 年以来，DCS 进入到第四代，其主要特点是信息化和集成性更强，系统实现了管理控制一体化。国产大型 DCS 在典型应用领域推广应用步伐加快，在中国石化、冶金、电力领域已具备与国际 DCS 巨头同台竞技的能力。浙江中控国产 DCS 实现了在百万吨级乙烯装置上的应用，打破百万吨级乙烯控制系统的国外垄断。国产控制系统首次应用于超过十五万点的大规模联合装置，系统 I/O 点数规模超过十七万点，控制系统的可靠性、稳定性达到世界一流水平，可用性好于国外控制系统供应商。国产控制系统在海上中心平台项目取得重大突破，推进了海洋工程关键控制系统国产化进程，实现自主可控。工业信息安全方面，以嵌入式双体系可信计算为技术架构，实现了 DCS、PLC 等关键工控系统的内生信息安全，并结合多层次防护产品与技术，构建从集团级到工厂级的全方位、一体化综合防护体系，实现贯穿设计、运行、服务全生命周期的防御、检测、响应、预测主动安全防御循环，全面满足等级保护 2.0 等法规标准要求。浙江中控的 DCS 超越国外品牌，成为中国市场占有率第一。和利时开发的 DCS 在火电、核电、高铁市场也取得了大量应用，成功打破了国外品牌的垄断地位。重庆川仪开发的 PAS300 大型 DCS 控制系统在化工、冶金、垃圾发电、核电、城市轨道交通等领域获得了大量成功应用。十三五期间，我国自主研制的核级 DCS 也取得了突破，并获得工程应用。中核集团首套军民融合安全级 DCS（龙鳞系统）于 2018 年正式发布。该系统是中国拥有完全自主知识产权的平台，适用于核电站、研究堆、小堆、动力堆等多种反应堆的控制。中广核集团核级 DCS（FirmSys，和睦系统）通过世界权威组织 IAEA 评审，技术先进性和装备可靠性在实际工程应用中得到了检验。

三、可编程序控制器

可编程序控制器（PLC）作为七十年代崛起的一类工业控制装置在取代继电控制盘进行逻辑控制、顺序控制、联锁保护等方面的能力和优势，已广泛被我国工业界所接受。进入八十年代以来，它作为与 DCS 同步发展的另一种主流工业控制机以其特有的优势（功能强、连接性好等）得到广泛的应用推广。自七十年代以来，我国 PLC 的发展大致经历了三个阶段。

第一代（顺序控制器）自上海起重电器厂 1973 年首先推出矩阵式电子顺序控制器之后，国内各种型号的矩阵式、步进式顺控器迅速发展起来，到 1979 年，研制和生产单位已达一百多个，生产厂约六家，品种八十多种，年产量达两千多台，从事研制的单位有机械部自动化所、天津电气传动所、上海电器科研所、重庆工业自动化仪表研究所以及上海工业自动化仪表研究所；主要生产厂家有上海起重电器厂、上海成套电器厂、北京低压电器厂以及柳州控制设备厂等。

第二代（带微处理器的可编程序控制器）随着一位微处理器的出现，以一位机为主体的第二代 PLC 应运而生，它以其结构简单、编程容易、通用性好等优势迅速发展。1980 年至 1985 年，是第二代 PLC 的兴旺期，在此期间，我国机械、化工、轻工、交通等行业广泛采用带微处理器的顺序控制器。据有关资料统计，当时国内生产这种产品的厂家有三十多个，产量三千台左右。

第三代（带微处理机的可编程序控制器）随着微电子技术的发展以及大型工程项目等的需要，第二代产品远远不能满足各行业的需求。因此，八十年代以后，国内各行业以各种方式引进了不同型号的 PLC，如有的单位随一些大型工程项目，大批地引进中小型 PLC，估计上千套；有的采用直接引进方式，据有关资料报道，1984 年至 1987 年，直接引进的中小型 PLC 总数超过两千台；有的厂家则引进生产装配线，进行散件组装；还有的单位经销或代销国外 PLC 产品，以满足国内市场需要等。上述手段为国内分析解剖、消化吸收国外先进技术创造了有利条件，促进了我国第三代 PLC 的发展。列为国家"七五"攻关项目的 75-53-05（03/05，06/09）即"小型可编程序控制器 MPC-001"，"高功能可编程序控制器 DJK-S-480"，由机械部北京自动化所等单位研制成功，于 1990 年通过国家鉴定，此成果的研制成功，为我国自行生产 PLC 奠定了基础。

DJK–S–480 高功能可编程序控制器。其开关量 I/O1024 点任混，模拟量 I/O224/224，用户存储器 8K，扫描速度 5ms/K 字，基本指令为逻辑运算、计时、计数（时标 0.01s，0.1s，1s）等，数据传送：寄存器二表、表与表、表与块、块传送、先进先出、查找、状态、矩阵运算、位操作、定点四则运算，应用软件为中文编程软件和图形监控软件。于 1991 年 3 月在重庆通过部级鉴定和国家级验收，被专家确定为国际水平。该装置由天津自动化仪表厂小批量生产，在高速公路拌和机控制、微型汽车厂生产线控制以及河南省耿村煤矿地面生产线指挥系统中应用。

九十年代末期因投入不足、应用推广困难等，可编程序控制器前几年通过技术引进和自主开发形成的研究开发和生产能力几乎被国外产品全部冲垮，与国外水平又被拉大。

进入新世纪，北京和利时系统工程有限公司自主研发的 LK 系列 PLC 已经全线覆盖大中小型产品。在国内的 PLC 市场上，虽然市场份额尚不大，但打破了 PLC 市场国外产品一统天下的市场格局，影响深远。无锡信捷电气股份有限公司在国内中小型 PLC 市场排名中一枝独秀，市场占有率稳步提高，已经成为国内 PLC 厂商中销售额最高的企业。北京和利时系统工程有限公司 LKS 安全型大型 PLC 顺利通过功能安全 SIL2 级国际认证，中电智能科技有限公司实现了以安全可靠 PLC 为核心关键产品布局。

第四节　自动化仪表标准体系全面建成

一、标准化行业管理

我国仪器仪表标准化工作是伴随着仪器仪表产业的从无到有、从小到大而发展起来的。自动化仪表行业技术标准工作始于 1958 年。最早一批部级标准是第一机械工业部于二十世纪五十年代末六十年代初颁发的代号为 Y（仪）和 JB 标准。1965 年批准发布了自动化仪表行业第一个国家标准《GB 777—65　工业自动化仪表用模拟气动信号》。改革开放开启了自动化仪表行业标准化工作新阶段。

1980 年，国家仪器仪表工业总局成立仪器仪表标准化研究室（标准处）总归口仪器仪表全行业标准化工作，上海工业自动化仪表研究所作为工业自动化仪表综合归口，重庆工业自动化仪表研究所归口调节仪表、控制仪表等，西安工业自动化仪表研究所归口压力仪表，武汉工业控制计算机外部设备研究所归口工业控制计算机外部设备、汉字信息处理系统装置等。1981 年起，仪器仪表行业根据《中华人民共和国标准化管理条例》中"部标准应当逐步向专业标准过渡"的规定，率先制定专业标准，此时仪器仪表专业标准的代号采用 ZBY，1981 年12 月国家仪器仪表工业总局批准发布建国以来仪器仪表工业第一批全国性的二十九项专业标准，包括：《ZBY 001—81　光学仪器常用名词术语》《ZBY 002—81　仪器仪表运输、运输贮存基本环境条件及试验方法》等基础标准外，以及《ZBY 021—81　气动浮筒式液位仪表》《ZBY 023—81　工业热电偶型式、基本参数及尺寸》等八项自动化仪表标准。到 1986 年共批准发布五百余项仪器仪表专业标准。

1984 年 3 月，国家标准局发布《专业标准管理办法（试行）》（国标发［1984］147 号），专业标准编号采用《中国标准文献分类法》的新代号，1986 年机械工业部科技司发布《关于机械工业部标准逐步过渡为专业标准的要求》（［86］技标字 46 号），仪器仪表专业标准代号不再使用 ZBY，开始采用 ZBN 一直到 1990 年。为提高产品质量和企业上等级要求，1987 年至 1989 年实施了仪器仪表产品质量分等局批企业标准，标准代号 JB/YQ。

1988 年 12 月 29 日中华人民共和国第七届全国人民代表大会常务委员会第五次会议表决通过《中华人民共和国标准化法》并于 1989 年 4 月 1 日起实施。1990 年 4 月 6 日国务院第 53 号令发布《中华人民共和国标准化法实施条例》，标志着我国的标准化工作从此走上法制化轨道。《标准化法》规定，中国现行标准体系分为国家标准、行业标准、地方标准和企业标准四级。国家标准和行业标准分为推荐性标准和强制性标准两种类型。至此自动化仪表纳入机械行业标准 JB。

2013 年国家标准委启动团体标准研制试点项目，2014 年中国仪器仪表学会标准化工作委员会正式成立开始制定仪器仪表学科／专业领域团体标准。2017 年新修订的《中华人民共和国标准化法》正式确立团体标准的法律地位，随后中国仪器仪表行业协会等社会团体也纷纷组织研制和发布本领域的仪器仪表团体标准。

上世纪八十年代末，仪器仪表行业标准化管理体制实现了由行业归口研究所向标准化技术委员会的转变。1988 年 10 月 22 日至 26 日 CSBTS/TC124 全国工业过程测量和控制标准化技术委员会成立大会暨第一次委员会全体会议在苏州召开，上海工业自动化仪表研究所林辉渝任主任委员、邵志勇任秘书长，秘书处设在上海工业自动化仪表研究所，标委会下设三个分技术委员会和一个特别工作组。分别是：第一分技术委员会负责温度、流量、机械量、物位、显示仪表和执行器方面的标准化工作；第二分技术委员会负责电动和气动单元组合仪表、基地式仪表、工控机和外部设备方面的标准化工作；第三分技术委员会负责压力仪表方面的标准化工作；特别工作组负责系统与成套控制装置、结构装置方面的标准化工作。1994 年 1 月 16 日至 18 日 CSBTS/TC124 第二届全国工业过程测量和控制标准化技术委员会成立大会暨第一次委员会全体会议在福州召开，上海工业自动化仪表研究所林辉渝任主任委员、邵志勇任秘书长，改组特别工作组和筹建第五分技术委员会，标委会下设分技术委员会增至五个。第四分技术委员会对口 IEC/TC65/SC65C（工业网络），负责工业通信方面的标准化工作；第五分技术委员会负责可编程序控制器（PLC）方面的标准化工作。

2001 年 7 月 17 日 CSBTS/TC124 第三届全国工业过程测量和控制标准化技术委员会成立大会暨第一次委员会全体会议在北京召开，机械工业仪器仪表综合技术经济研究所冯晓升任主任委员、欧阳劲松任秘书长，秘书处由上海工业自动化仪表研究所调整为机械工业仪器仪表综合技术经济研究所。2008 年 11 月 16 日至 19 日 SAC/TC124 第四届全国工业过程测量和控制标准化技术委员会成立大会暨第一次委员会全体会议在北京召开，浙江大学褚健任主任委员、欧阳劲松任秘书长。从第三届到第四届五年间，新增四个分技术委员会分别是：第六分技术委员会对口 IEC/SC65B/WG14（分析设备），负责包括物质成分、化学结构和物理特性的分析测量仪器及仪器的测量技术的标准制修订；第七分技术委员会负责焓差试验台、冷量试验台（如压缩机性能试验台等）、汽车环境模拟实验室、实验室用过程信号校准器的产品标准及校准方法的标准化工作，负责空调冷量传递的标准化工作；第八分技术委员会负责智能记录仪表及其相关产品方面的标准化工作，包括无纸记录仪及其衍生产品，如调节记录仪、积算记录仪、高速记录仪和 PC 记录仪等产品的标准化制修订；第九分技术委员会：负责石油产品的专用检测仪器设备的标准化工作。2013 年 12 月 2 日至 4 日 SAC/TC124 第五届全国工业过程测量控制和自动化标准化技术委员会成立大会暨第一次委员会全体会议在上海召开，为保持与 IEC/TC65 名称一致，本届标委会正式更名为全国工业过程测量控制和自动化标准化技术委员会，于海斌任主任委员、王春喜任秘书长，秘书处为机械工业仪器仪表综合技术经济研究所。新增第十分技术委员会，对口 IEC/SC65A（系统方面），负责工作条件（如 EMC）、系统评估方法、功能安全、安全仪表系统等方面的标准化工作。2018 年 11 月 6 日至 8 日 SAC/TC124 第六届全国工业过程测量控制和自动化标准化技术委员会成立大会暨第一次委员会全体会议在北京召开，于海斌任主任委员、王春喜任秘书长，秘书处为机械工业仪器仪表综合技术经济研究所。

二、关键标准和重要标准化活动

1981 年在仪器仪表行业开始实施采用国际标准战略，通过召开采用国际标准厂长会的形式，极大地推动了标准体系的建立和标准对于产品质量提高和促进技术进步的地位的确立。到 1992 年仪器仪表全行业国家标准和行业标准总数已达到两千余项，这些标准不同程度地等同、等效、修改采用国际标准，基本做到了有对应的国际标准都能积极采用，标准采标率由原来的不足 30% 提高到 75%。自动化仪表行业共制订了四百余项各种技术标准。其中国家标准七十余项，行业标准一百七十余项，分等标准一百六十余项，产品覆盖率已达 85%。积极采用国际标准和国外先进标准，标准总体水平与国际七十年代末八十年代初水平接近。在互换、接口、通用测试方法、基本概念和名词术语等方面基本上与国际标准相协调。

"六五"期间获国家标准化成果奖的项目有：上海工业自动化仪表研究所 GB 778—84 的公称口径 15~40mm 旋翼式冷水水表获三等奖，上海工业自动化仪表研究所 GB 2624—81 流量测量节流装置、重庆工业自动化仪表研究所 GB 4830—84 工业自动化仪表气源压力范围和质量获四等奖。获部级奖的项目有：上海工业自动化仪表研究所等的 ZBY 002—81 仪器仪表运输、运输贮存基本环境条件及试验方法获二等奖，重庆工业自动化仪表研究所 GB 4729—84 工业过程测量和控制系统用电动和气动模拟信号调节器性能评定方法、上海工业自动化仪表研究所 GB 3386—82 工艺过程测量和控制系统用电动和气动模拟记录和指示仪性能评定方法、重庆工业自动化仪表研究所 GB 4730—84 工业过程控制用电动和气动输入输出模拟信号调节器性能评定方法、上海工业自动化仪表研究所 ZBY 120—83 工业自动化仪表工作条件温度、湿度和大气压力、ZBY 121—83 工业自动化仪表工作条件动力、ZBY 124—83 工业自动化仪表检测仪表和显示仪表精度等级基本误差及工作条件影响的表示方法等获三等奖。还有十一项标准获部级成果四等奖，获局级标准成果奖九项。

"七五"期间标准化成果：重庆工业自动化仪表研究所 GB 10075—88 工业过程测量和控制系统用电动和气动模拟计算器性能评定荣获三等奖；西安工业自动化仪表研究所 GB 1226-1227—86 压力表获四等奖。"七五"期间标准化成果获部级奖的项目有：上海工业自动化仪表研究所 ZBY 247—84 工业自动化仪表术语、ZBN 12001—87 容积式流量计通用技术条件、西安工业自动化仪表研究所 GB 7899—87 焊接、切割及类似工艺用气瓶减压器、重庆仪表材料研究所 GB 4993—85 镍铬‐铜镍（康铜）热电偶丝及分度表、GB 6145—85 锰铜、康铜精密电阻合金获二等奖，上海工业自动化仪表研究所 ZBY 320-321—85 仪器仪表可靠性验证试验及测定试验（指数分布）导则和评定程序、GB 6968—86 家用煤气表、GB 7551—87 电阻应变称重传感器、ZBN 11002—87 工业热电偶技术条件、ZBN 11010—88 工业铜热电阻技术条件及分度表、GB 9248—88 不可压缩流体流量计性能评定方法、GB 3386—88 工业过程测量和控制系统用电动和气动模拟记录仪和指示仪性能评定方法、GB 8616—88 工业过程控制系统用时间比例控制器性能评定方法、重庆工业自动化仪表研究所 ZBN 15001—86 QDZ 系列气动单元组合仪表指示调节仪、ZBN 15002—86QDZ 气动单元组合仪表调节器、ZBN 18002—88 工业控制微型计算机系统过程输入和输出通道模拟试验检查方法、西安工业自动化仪表研究所和天津减压器厂等单位制订的 ZBN 11001—86 焊接、切割及类似工艺用压力表标准、上海工业自动化仪表研究所和重庆工业自动化仪表研究所联合制订的 ZBN 04001—86 过程控制仪表的可靠性要求与考核方法、重庆仪表材料研究所 ZBN 05003—88 钨铼热电偶丝及分度表获部级标准成果三等奖；还有获部级标准化成果四等奖的项目两项。

　　1992 年邓小平南方讲话后，仪器仪表行业标准化工作又进入了一个新的发展阶段。1992 年至 2002 年的十年间，仪器仪表行业共制修订国家标准、行业标准 1618 项，其中国家标准 410 项，行业标准 1208 项，通过标准清理整顿工作，进一步优化了标准体系。其间自动化仪表行业批准发布的重要标准包括：JB/T 6806.1—1993 DDZ−S 系列仪表　型号命名方法等 S 系列仪表标准、GB/T 15969.1—1995 可编程序控制器等可编程序控制器系列标准、JB/T 7812—1995 分散型控制系统场地安全要求、GB/T 16657.2—1996 工业控制系统用现场总线等现场总线系列标准、GB/T 17165.1—1997 模糊控制装置和系统等模糊控制装置和系统系列标准、GB/T 17213.1—1998 工业过程控制阀系列标准、GB/T 17614.1—1998 工业过程控制系统用变送器等变送器系列标准、GB/T 18271.1—2000 过程测量和控制装置　通用性能评定方法和程序、GB/T 18272.1—2000 工业过程测量和控制等工控系统评估标准、GB/T 17214.3—2000 工业过程测量和控制等工作条件系列标准、GB/T 18403.1—2001 气体分析器性能表示、GB/T 18659—2002 封闭管道中导电液体流量的测量　电磁流量计的性能评定方法、GB/T 18660—2002 封闭管道中导电液体流量的测量　电磁流量计的使用方法。

　　到 2012 年 11 月党的十八大召开前，自动化仪表行业现行有效的国家标准、行业标准超过六百项，十年间新制修订国家标准 284 项、机械行业标准 39 项，在现场总线、工业以太网、功能安全、功能块等领域实现突破，批准发布的重要标准包括：GB/Z 19582.1—2004　基于 Modbus 协议的工业自动化网络规范　第 1 部分：Modbus 应用协议、GB/T 19582.1—2008 基于 Modbus 协议的工业自动化网络规范　第 1 部分：Modbus 应用协议，GB/Z 19760—2005 控制与通信总线 CC−Link 规范、GB/T 19760.1—2008　CC−Link 控制与通信网络规范　第 1 部分：CC−Link 协议规范，GB/Z 20541.1—2006　测量和控制数字数据通信　工业控制系统用现场总线　类型 10：PROFINET 规范　第 1 部分：应用层服务定义，GB/Z 20177.1—2006　控制网络 LONWORKS 技术规范　第 1 部分：协议规范、GB/T 20540.1—2006　测量和控制数字数据通信　工业控制系统用现场总线　类型 3：PROFIBUS 规范　第 1 部分：概述和导则、GB/T 21547.1—2008　VME 总线对仪器的扩展　第 1 部分：TCP/IP 仪器协议规范，GB/Z 25105.1—2010　工业通信网络　现场总线规范　类型 10：PROFINET IO 规范　第 1 部分：应用层服务定义，GB/Z 25740.1—2010　PROFIBUS & PROFINET 技术行规 PROFIdrive 第 1 部分：行规规范、GB/T 25919.1—2010　Modbus 测试规范　第 1 部分：Modbus 串行链路一致性测试规范、GB/Z 26157.1—2010　测量和控制数字数据通信　工业控制系统用现场

总线 类型 2：ControlNet 和 EtherNet/IP 规范 第 1 部分：一般描述、GB/T 27960—2011 以太网 POWERLINK 通信行规规范、GB/T 27526—2011 PROFIBUS 过程控制设备行规、GB/T25931—2010 网络测量和控制系统的精确时钟同步协议，以及具有我国自主知识产权的 GB/T 20171—2006 用于工业测量与控制系统的 EPA 系统结构与通信规范、GB/T 26790.1—2011 工业无线网络 WIA 规范 第 1 部分：用于过程自动化的 WIA 系统结构与通信规范；GB 4793.1—2007 测量、控制和实验室用电气设备的安全要求 第 1 部分：通用要求、GB/T 20438.1—2006 电气 / 电子 / 可编程电子安全相关系统的功能安全 第 1 部分：一般要求、GB/T 21109.1—2007 过程工业领域安全仪表系统的功能安全 第 1 部分：框架、定义、系统、硬件和软件要求；GB/T 19769.1—2005 工业过程测量和控制系统用功能块 第 1 部分：结构；GB/T 19870—2005 工业检测型红外热像仪、GB/T25479—2010 工业过程测量和控制系统用无纸记录仪、GB/T 28854—2012 硅电容式压力传感器、JB/T 11049—2010 自力式压力调节阀。以及 2003 年抗击非典疫情制定的 GB/T 19146—2003 红外人体表面温度快速筛检仪通用技术条件。GB/T20171—2006 用于工业测量与控制系统的 EPA 系统结构与通信规范等多项标准获得国家标准创新奖和科技进步奖。具有我国自主知识产权的实时以太网 EPA 通信协议、工业无线通信 WIA-PA 技术等成为 IEC 国际标准。机械工业仪器仪表综合技术经济研究所欧阳劲松所长荣获 2009 年度 IEC 专家最高荣誉 "IEC 1906 奖"。

党的十八大、十九大全面深化改革进入新时代以来，到 2021 年上半年，自动化仪表行业现行国家标准 536 项，行业标准 196 项。这个时期新制修订国家标准 304 项、行业标准 92 项，主要集中在控制网络、智能传感器、智能化仪表、工控信息安全、数字化车间、智能工厂等方面。包括：GB/Z 29619.1—2013 测量和控制数字数据通信 工业控制系统用现场总线 类型 8：INTERBUS 规范 第 1 部分：概述、GB/T 29247—2012 工业自动化仪表通用试验方法、GB/T 29618.1—2013 现场设备工具（FDT）接口规范 第 1 部分：概述和导则、GB/T 20965—2013 控制网络 HBES 技术规范 住宅和楼宇控制系统、GB/Z 29496.1—2013 控制与通信网络 CC-Link Safety 规范 第 1 部分：概述 / 协议、GB/Z 29619.1—2013 测量和控制数字数据通信 工业控制系统用现场总线 类型 8：INTERBUS 规范 第 1 部分：概述、GB/T 29910.1—2013 工业通信网络 现场总线规范 类型 20：HART 规范 第 1 部分：HART 有线网络物理层服务定义和协议规范、GB/T 31230.1—2014 工业以太网现场总线 EtherCAT 第 1 部分：概述、GB/T 33537.1—2017 工业通信网络 现场总线规范 类型 23：CC-Link IE 规范 第 1 部分：应用层服务定义、GB/T 33863.1—2017 OPC 统一架构 第 1 部分：概述和概念，GB/T 33901—2017 工业物联网仪表身份标识协议、GB/T 33905.1—2017 智能传感器 第 1 部分：总则、GB/T 36411—2018 智能压力仪表 通用技术条件、GB/T 37393—2019 数字化车间 通用技术要求、GB/T 38129—2019 智能工厂 安全控制要求、GB/T 38844—2020 智能工厂 工业自动化系统时钟同步、管理与测量通用规范，GB/T 31130—2014 科里奥利质量流量计、GB/T 32202—2015 油气管道安全仪表系统的功能安全 评估规范、GB/T 29812—2013 工业过程控制 分析小屋的安全、GB/T 30992—2014 工业自动化产品安全要求符合性验证规程 总则、GB 30439.1—2013 工业自动化产品安全要求 第 1 部分：总则、GB/T 30976.1—2014 工业控制系统信息安全 第 1 部分：评估规范、GB/T 35673—2017 工

业通信网络 网络和系统安全 系统安全要求和安全等级。

自动化仪表专业领域的标准体系基本形成，共分为十七大类，主要包括：温度仪表、流量仪表、压力仪表、物位仪表、分析仪器、机械量仪表、显示仪表、记录仪表、执行器、控制仪表及系统、工业通信系统、工业控制计算机及系统、安全仪表系统、在线计量装置、专用仪器仪表及系统、其他仪器仪表及装置、工业应用系统。

第五节　国内自动化仪表产业的发展

一、1978 年至 1992 年

根据 1987 年的统计，全国工业自动化仪表与装置大行业共有企业 366 家，职工 121496 人，工业总产值达 17.86 亿元（按 1980 年不变价计算），工业净产值 7.21 亿元，完成利税总额 4.08 亿元，固定资产原值为 10.5 亿元。

根据 1991 年的统计，全国工业自动化仪表与装置大行业共有企业 432 家，职工 144617 人，工业总产值达 30.13 亿元（按 1990 年不变价计算），完成利税总额 4.52 亿元，固定资产原值为 17.68 亿元。万人以上的企业有一家，五千人以上一万人以下的企业有两家，一千人以上两千人以下的企业有十八家，其余均为一千人以下的中小型企业；按固定资产原值分，两千万元以上的企业有七家，一千万元至两千万元的有二十八家。

随着生产规模不断扩大，产品品种不断增加，生产能力提高，产品产量也有较大幅度的增长。"五五"期末（1980 年）工业自动化仪表行业生产各类自动化仪表 611 万台件，到 1991 年，已达 1315.73 万台件，产品产量翻了一番以上。在各类产品中，以调节仪表发展速度最快，1980 年至 1990 年间的年均增长速度达 17.03%，其次是机械量仪表，平均年增长率为 15.51%。按 1990 年的统计，压力仪表产量最大，达 492.9 万台件，占当年自动化仪表总产量的 41.5%。

工业自动化仪表行业的生产装备水平不断提高。1952 年自动化仪表行业拥有金属切削机床 103 台，锻压设备 78 台，到 1980 年金属切削机床拥有量已增至 11326 台，锻压设备增至 2102 台。从"六五"以来，自动化仪表行业通过技术引进、技术改造和科技攻关，更新了工艺装备，提高了生产能力。据 1991 年的统计，本行业拥有主要生产设备 26539 台，年末完好的有 24536 台，其中进口设备 1427 台，八十年代以来进口的有 816 台。在主要生产设备中，金属切削机床有 14505 台，锻压设备有 2873 台。

固定资产投资。"六五"期间自动化仪表行业固定资产投资总额为 14701 万元，其中基本建设投资 7833 万元，占仪器仪表行业的 21.45%，比"五五"期间基本建设投资增长 110.34%。"七五"期间固定资产投资额共 46123 万元，占仪器仪表行业的 38%。

工业总产值。"六五"期间工业自动化仪表行业工业总产值年均增长率为 14.1%。1981 年由于国家宏观调控政策的影响，生产出现了滑坡，自动化仪表行业工业总产值为 6.44 亿元，比 1980 年减少了 8.2%。从 1982 年开始自动化仪表行业生产持续增长，其中 1985 年增幅最高，为 22.2%，1985 年工业总产值比 1980 年增长了 93.16%。"七五"期间自动化仪表行业工业总产值持续增长，年均增长速度为 8.86%，低于"六五"。

经济效益指标："六五"期间，全员劳动生产率的年均增长率为 9.43%，1985 年的全员劳动生产率为 1980 年的 1.57 倍；利润总额的年均增长率为 8.46%；反映经济效益的其他几项经济指标如人均利税、工业资金利税率、固定资产利税率等均呈上升趋势。"七五"期间，全员劳动生产率的年均增长率为 4.63%，但有些经济指标则有不同程度的下降。1989 年自动化仪表行业利润总额为 29780 万元，1990 年减少到 22283 万元，下降 25.17%；资金利税率逐年降低，从 1986 年的 31.71%，下降到 1990 年的 15.91%，下降了 15.8 个百分点。"七五"期间，由于交通、能源、原材料紧缺，价格上涨，企业税务负担加重等原因，行业经济效益受到影响，利润向能源、原材料、金融、税收、交通和企业内部转移。

二、1992 年至 2012 年

（一）1992 年至 2002 年

根据 2001 年的统计，全国工业自动化仪表工业总产值达 110.6 亿元，较 1991 年的 30.13 亿元相比十年间增长 3.65 倍，工业增加值 35.57 亿元，完成利税总额 14.53 亿元，固定资产原值为 63.06 亿元，2001 年自动化仪表行业主要经济指标见表 9-1。工业总产值超亿元企业有十四家（见表 9-2），利润超千万元的企业有十一家（见表 9-3），出口交货值在六百万元以上的企业有十家（见表 9-4）。

表 9-1 2001 年自动化仪表行业主要经济指标

指标名称	2001 年完成	指标名称	2001 年完成
工业总产值（不变价）	1212198.2 万元	应交增值税	58571.3 万元
工业总产值（当年价）	1209567.8 万元	出口交货值	204582.6 万元
工业销售产值（当年价）	1163457.8 万元	全部职工数合计	75003 人
工业增加值	355667.3 万元	固定资产合计	630679.5 万元
产品销售收入	1191008.5 万元	全员劳动生存率	47420.4 元 / 人
利润总额	73335.3 万元	工业增加率	29.4%
应交所得税	13415.2 万元	资产负债率	63.2%

表 9-2 工业总产值超亿元企业有十四家

企业名称	工业总产值（万元）	企业名称	工业总产值（万元）
中国四联仪器仪表集团有限公司	129303	合肥仪表集团公司	30120
上海自动化仪表股份有限公司	50007	上海福克斯波罗有限公司	28324
武汉仪器仪表自动化工业集团公司	37723	浙江中控技术股份有限公司	27000
吴忠仪表集团有限公司	34453	太原航空仪表有限公司	19000
安徽天康（集团）股份有限公司	33000	上海光华仪表厂	17800
北京远东仪表公司	32670	上海光华爱而美特仪器有限公司	17299
天津仪表集团	32348	宁波水表股份有限公司	14295

表 9-3　2001 年自动化仪表行业利润总额超一千万元企业

企业名称	利润总额（万元）	企业名称	利润总额（万元）
吴忠仪表集团有限公司	4317	中国四联仪器仪表集团有限公司	3034
上海自动化仪表股份有限公司	3787	上海福克斯波罗有限公司	2759
上海光华爱而美特仪器有限公司	3390	北京远东仪表公司	2261
合肥仪表集团公司	3360	宁波水表股份有限公司	1183
浙江中控技术股份有限公司	3298	承德热河克罗尼仪表有限公司	1167
安徽天康（集团）股份有限公司	3098		

表 9-4　2001 年自动化仪表出口交货值在六百万元以上的企业

企业名称	出口交货值（万元）	企业名称	出口交货值（万元）
上海福克斯波罗有限公司	13274	宁波水表股份有限公司	3736
北京远东仪表公司	7661	泊头宏业（集团）有限公司	929
吴忠仪表集团有限公司	7514	福州水表厂	926
天津仪表集团	5422	上海自动化仪表股份有限公司	818
中国四联仪器仪表集团有限公司	5197	合肥仪表集团公司	671

到 2001 年自动化仪表产业基本状况如下。

一是，自动化仪表行业的主要经济指标，如实现工业总产值、销售收入、利润总额呈现两位数增长，整体处于良好的发展态势。这首先得益于国内机械、轻纺、冶金、石化行业等仪器仪表传统服务领域经营状况的好转，国家推行积极的财政政策，加大投资力度，拉动内需，对自动化仪表投资类产品的需求增长起到明显作用，同时环保、信息、教育等产业得到国家大力支持，也是仪表行业发展的推动力。

二是，自动化仪表企业经过多年的深化改革与结构调整，营销工作更加适应市场需求，尤其是大型国有企业通过结构调整和转换机制，经营水平和市场开拓能力明显提高并逐步走出困境。中国四联仪器仪表集团公司、上海自动化仪表股份有限公司实现扭亏为盈；吴忠仪表集团有限公司经营稳健，健康稳定增长；宁波水表股份有限公司不断成长壮大，产品水平不断提高，在行业中地位和作用增大。中科院沈阳自动化所等部分科研院所，利用原有的技术基础，高起点投资兴办高技术企业，如北京和利时系统工程股份有限公司、浙江中控技术股份有限公司积极推进科技成果产业化，通过市场竞争，在行业中脱颖而出。其中北京和利时系统工程股份有限公司用于研究开发的投入占销售收入的 10% 以上，通过掌握 DCS 产品的核心开发技术，确保了在行业中领先地位和竞争优势，产品已应用于三十万千瓦火电机组和核电站工程。

三是，看好仪器仪表行业的发展前景和中国国内市场的巨大需求，仪器仪表行业成为外资进入的热点，自动化仪表是其中的重要部分。自动化仪表行业的三资企业已具有相当的规模，如上海福克斯波罗有限公司、横河川仪有限公司、工装自控工程无锡有限公司、上海欧姆龙自动化系统有限公司、梅特勒托利多常州电子衡器有限公司等，这些三资企业的销售收入在行业中已处于举足轻重的地位，随着外资的不断涌入，行业内三资企业迅速发展，有效拉动行业规模和增幅。

四是，通过科技攻关、联合开发、合资合作和引进技术、消化吸收、实现国产化等多种形式，使我国仪器仪表行业部分中高档主导产品缩小了与国际先进水平的差距。2001年自动化仪表行业出口交货值在六百万元以上的企业超过十家。出口交货值与本企业工业销售产值比例较高的企业有：上海福克斯波罗有限公司、杭州自动化仪表有限公司、重庆川仪十八厂、宁波水表股份有限公司。

五是，自动化仪表行业虽然取得了较好进步和成绩，但还存在一些行业发展的问题，尤其是面临入世，既有机遇又有挑战，通过竞争，对提升行业企业的科研开发能力、产品种类、质量水平、改进服务意识有较大促进，但行业内高新技术产品的发展面临巨大压力，形势严峻，市场竞争更加激烈。

（二）2002年至2012年

2002年至2012年自动仪表产业进入高速发展阶段，工业总产值和销售额年均增长率30%左右，高于仪器仪表行业的平均水平。2007年自动仪表行业工业总产值是1978年的96.3倍；企业数、职工人数、固定资产净值分别是1978年的5.4倍、2.5倍、35.4倍。2009年自动仪表行业工业总产值和销售额双双首次超过千亿元。2001年至2012年的工业总产值和销售额见表9-5。

表9-5　2001年至2012年工业自动化仪表工业总产值和销售额

年份	工业总产值（亿元）	销售额（亿元）
2001年	110.6	108.1
2002年	136.4	133.7
2003年	172.3	170.4
2004年	261.1	252.5
2005年	404.5	393.4
2006年	573.6	549.2
2007年	783.8	759.2
2008年	950.0	917.9
2009年	1163.0	1126.2
2010年	1699.1	1667.6
2011年	2101.0	2040.6
2012年	2504.1	2448.6

　　通过三十余年的改革开放，国有企业改制、脱困，民营企业新秀涌现并快速发展，三资企业的持续投入扩大规模，自动化仪表行业情况发生了根本的变化。到 2012 年，自动仪表产业的基本状况如下。

　　第一，我国已经成为国际上仪器仪表行业规模较大的国家，成为亚洲除日本以外的第二大仪器仪表生产国。在发展国家中，我国更是仪器仪表行业规模最大、产品品种最齐全的国家。到 2012 年自动化仪表 972 家企业完成工业总产值 2504.1 亿元，实现工业产品销售收入 2448.6 亿元，实现利润总额 214.83 亿元，实现出口交货值 157.78 亿元，进口额 152.01 亿美元（其中工业自动化控制系统及装置为 73.67 亿美元，同比减少 14.20%），出口额 91.11 亿美元（其中工业自动化控制系统及装置为 37.27 亿美元，同比增长 5.46%）。见表 9-6。

表 9-6　2012 年工业自动化仪表行业主要经济指标

指标名称	金额（亿元）	同比增长（%）
工业总产值	2504.1	17.99
工业产品销售收入	2448.6	17.80
利润总额	214.8	4.75
出口交货值	157.78	6.49
完成投资额	327.65	22.09
新增固定资产	196.08	-12.39
资产总额	2016.1	13.86
负债总计	991.75	7.43

　　第二，2012 年自动化仪表行业经济运行良好。生产处于中速增长（15%~20%）的运行态势，全年产销值约 2500 亿元，同比增长约 18%，但同比增长幅度与上年相比下降约十个百分点，下降态势明显。自动化仪表行业年产值 2504.16 亿元，产品销售收入 2448.65 亿元，其产值、销售收入占仪器仪表行业的比重为 35%，与上年相比，基本持平。利润总额处于快速下降运行态势，同比增长 4.75%，同比增长幅度急剧下降，经营状况严峻，运行质量降低。出口交货值完成 158 亿元，同比增长 6.5%，同比增长幅度与上年相比下降 50%，下降幅度明显。进口额同比减少，出口额同比微增，与上年相比逆差基本持平。以水表为代表的劳动密集型产品出口同比增长 17%，但同比增长幅度与上年相比下降 50%。大型工程控制系统国产化工作进展顺利，取得用户信任，使系统形式分散型工业过程控制设备进口进一步减少。完成投资和新增固定资产增幅继续减小。这是由于前些年政府、行业企业、用户企业、金融投资企业等强化投资自动化仪表行业计划项目已完成。经济运行良好、效益明显的企业大多是产品技术含量高、产业化效果好、产品国产化率高、产能扩张与市场需求协调的企业。国外制造商在中国本土化制造不断加快，比较重视投资建设生产及研发基地（或实验室），建立大型测试校验装置，提高检测精度和测量范围，满足高品质过程仪表生产制造需要。通过行业整合、企业并购，资本运作也是推进自动化产业发展趋势之一。施耐德公司以 6.5 亿美元收购国内高压变频器企业利德华福公司，进一步促使施耐德在我国市场占据强势地位，丰富了行业解决

方案和区域覆盖网络，而利德华福在未来市场的发展也值得期待。和利时集团公司以资本运作方式推进企业发展步伐，全股收购新加坡康科德公司，成为和利时集团推进国际化战略的有力举措。2012 年，自动化仪表行业经济处于中速增长运行状态，但产销增幅下降明显，利润增幅急速下降，经济效益降低，进口额减少，出口额微增，逆差微降。从总体看主要经济指标下降幅度较大，但仍处在中速增长运行状态，这是由于企业结构调整稳步推进，新兴产业发展态势较好，高技术产业增加值比重加大，企业自主创新能力提升，一些关键核心技术取得突破，使工业自动化仪表行业得到了发展。

第三，产品实现了从模拟技术向数字技术的转变。自动化仪表基本实现了从模拟技术向数字技术的转换，绝大部分仪表已经采用数字技术，完成了一代技术的跨越。同时在智能化、网络化技术方面也有很大的进展。产品逐步从中低档向中高档发展，在中低档产品已经普遍满足国内中小工程要求的情况下，加快了向中高档产品发展的速度，开发了一批技术达到或接近国际水平的中高档产品，重大装备控制系统连续取得突破和推广，主持和参与用于工厂自动化的以太网（EPA）、用于工业过程自动化的无线网络（WIA-PA），以及激光气体分析仪国际标准制定，取得国际技术话语权。

第四，民营、三资企业发展迅速。越来越多的风险投资商、上下游产业链的企业、具有某一领域专项技术的高校、科研院所、高技术企业等以不同的产业角色加入进来。北京和利时、浙江中控、上海威尔泰、重庆伟岸、福建上润、安徽天康、浙江天信、北京华控、重庆耐德等一批民营企业茁壮成长。2012 年，民营企业数量占全行业企业总数的 68%，民营企业完成工业总产值占全行业的 61.2%，有的民营企业已经成为某一类产品的龙头企业；三资企业数量占全行业企业总数的 21%，完成工业总产值占全行业的 25%，由于中国经济保持高速发展，对仪器仪表的需求旺盛，所以国外知名的仪器仪表企业都不断加大对中国市场的投入。

第五，产业布局发生改变。2012 年，自动化仪表行业的主要产品产量为 2153.12 万台，主要生产地区集中在天津、浙江、广东、江苏、重庆、上海、福建、北京等省市，约占总产量的 91.19%。上世纪九十年代，以国有企业为核心的重庆、上海、西安"三大基地"，重庆川仪、上海自仪、西安仪表、北京仪表、天津仪表、大连仪表、广东仪表、武汉仪表"八大骨干"，已经蜕变为实力较强的重庆川仪、上海自仪、天津仪表等综合企业和吴忠仪表、国电智深、上海宝信、开封仪表等实力较强的专业产品制造商。民营企业和三资企业的迅猛发展改变了全国范围内的自动化仪表产业布局，珠三角、长三角、京津冀、成渝地区产业聚集地的优势开始显现。

三、2012 年至 2020 年

全面深化改革进入新时代，自动仪表产业主营收入保持较高增幅，行业进入平稳发展，工业总产值和销售额年均增长率保持两位数，企业更加注重追求高质量发展。2013 年自动仪表行业工业总产值和销售额超过三千亿元。2011 年至 2020 年的工业总产值和销售额见表9-7。

表 9-7　2011 年至 2020 年自动化仪表工业总产值和利润额

年份	主营收入（亿元）	增幅	利润（亿元）	增幅
2011 年	2101.0	29%	—	—
2012 年	2504.1	17.99%	214.8	—
2013 年	3032.1	16.6%	276.1	22.22%
2014 年	3304.4	11.78%	289.5	7.31%
2015 年	3373.92	3.43%	286.81	−0.27%
2016 年	3686.47	9.71%	307.84	6.71%
2017 年	3807.42	11.62%	353.52	21.42%
2018 年	3383.48	11.3%	326.9	9.71%
2019 年	2187.12	2.6%	212.61	−4.09%
2020 年	2829.7	5.5%	279.68	9.23%

到 2020 年，自动化仪表产业的基本状况如下。

一是产业规模不断扩大。2020 年全国仪器仪表行业规模以上企业 4906 家，主营收入 7660 亿元，资产总计 11316 亿元，国有及国有控股企业营业收入占比约 3%，民营企业营业收入占比约 62%，外资企业（包括港澳台）营业收入占比约 35%。江苏、浙江、广东、上海、北京、山东、重庆位列收入规模前列，七个地区的营收规模超过行业营收总规模的 60%。

自动化仪表行业占仪器仪表大行业三分之一。实现主营业务收入 2830 亿元，利润总额 280 亿元，自动化仪表产品产量 65457061 台（套），即使受到新冠肺炎疫情影响，主营收入仍保持 5.5% 的增长，经济效益明显提升，行业规模迈上新台阶。

二是技术水平不断提高。大型控制系统装置在典型应用领域推广应用步伐加快；一批有代表性的重点产品打破国外垄断，实现国产替代；部分具有国际先进水平的重点产品形成产业化能力并与国外知名产品同台竞争；传统优势产品实现转型升级，在国际、国内市场保持竞争优势。

控制系统及装置方面，自主核级数字化仪控平台"和睦系统"通过 IAEA 审评，得到了世界权威组织的认可，技术先进性和装备可靠性在实际工程应用中得到了检验；推出了具有国内自主知识产权的工业操作系统这样一个以自动化为起点，从下至上推进的企业全信息操作平台；实现了国产 DCS 在百万吨级乙烯装置上的应用，打破百万吨级乙烯控制系统的国外垄断；参与中国石油超过一千公里的管道自动化建设，打破中国油气管道自动化产品进口品牌的垄断。国产控制系统首次应用于超过十五万点的大规模联合装置，系统 I/O 点数规模超过十七万点，控制系统的可靠性、稳定性达到世界一流水平，可用性好于国外控制系统供应商；通过不断完善与升级覆盖电厂运行管理全流程的智慧化系统和解决方案，承接了数十家智慧电厂的项目；国产现场总线控制系统实现大型火电项目全厂集中数字化控制，助力火电企业满足绿色、低碳、清洁、高效、环保的现实要求；国产控制系统在海上中心平台项目取得重大突破，推进了海洋工程关键控制系统国产化进程，实现自主可控；工业信息安全方面，以嵌入式双体系可信计算为技术架构，实现了 DCS、PLC 等关键工控系统的内生信息安全，并结合多层次防护产品与技术，构建从集团级到工厂级的全方位、一体化综合防护体系，实现贯穿设计、运行、服务全生命周期的防御、检测、响应、预测主动安全防御循环，全面满足等级保护等法规标准要求。

现场仪表方面，相继推出了具有国际领先水平的智能全自动压力校验仪、智能多通道超级测温仪、智能干体炉等产品，并大量进入欧美市场；自主品牌的智能压力变送器产业化规模稳步扩大，合资生产的 EJA/EJX 智能变送器中国区销量突破四百万台，在不到三年的时间里再次实现了一百万台的跨越，开创了中国变送器市场的新纪录；电液执行机构、高性能多点温度计、浆液型电磁流量计、核级用仪表（温度、液位、变送器等）、LNG 高磅级低温调节阀、石化流程用高频程控球阀、深海高压球阀、气化炉阀门（包括氧气阀以及黑水、灰水、渣水及煤粉输送等恶劣工况阀）在典型用户得到规模应用，实现进口替代；水质重金属在线监测系统、全自动水质 COD 分析仪、全自动总磷总氮分析仪、全自动微生物质谱检测系统、全自动超级微波化学工作站、复杂体系大气 VOCs 检测系统等主要产品进步明显。物联网水表、物联网气表成为国内市场的主流产品，智慧水务、智慧燃气工程示范应用效果良好；高精度关口表、智能电表及用电信息采集充分满足"两网"建设需求，大量出口国际市场。

工业传感器及关键元器件方面，MEMS 气体系列传感器、MEMS 湿度传感器形成了从材料到最终产品的全产业链保障能力。具备了万分之一高精度压力传感器芯片的设计能力。研制成功柔性压力传感器产品并解决了工艺保障问题。依托"温漂传感器技术""HALIOS 光电测距技术""微米级高精度激光测距技术"，开发成功具有国际先进水平的接近传感器、光电传感器、测距传感器产品。

三是行业综合实力显著提升。整体上看，行业综合实力显著提升，具备良好的发展基础。行业已经形成细分门类基本齐全并达到一定规模的产业体系；行业整体科研能力和装备条件明显改善，信息化、自动化、智能化稳步推进；行业企业经过多年的市场磨炼、品牌培育、队伍培养和经营模式探索，各方面有利因素增多，经济实力也有显著增强，部分行业头部企业已具备与国际知名企业同台竞技的基本要素和条件。

量大面广的中低端通用型产品具备全产业链基本保障能力，并占有主要的国内市场份额，形成了行业的优势特色。部分中高端产品形成了较强竞争力，并占据了一定市场份额，但核心技术自主化程度不高，关键器件和材料的供应得不到有效保证，持续发展能力受各种因素的制约和影响。高端仪器仪表产品方面，虽然以中大规模 PLC、质量流量计、高精度压力变送器、高精度压力（温度）校验仪等为代表的少数产品实现产业化并具备与国际知名品牌产品同台竞争的实力，但产品种类整体严重缺失，智能阀门定位器、高精度在线分析仪器等高端产品上技术差距明显、产业化进程缓慢、品牌影响力弱小，基本上没有市场地位，高端用户和典型领域应用长期被国外产品垄断，行业短板十分明显。

四是"引进来"和"走出去"成果显现。改革开放四十年来，霍尼韦尔、西门子、艾默生、ABB、欧姆龙等国际知名自动化仪表企业在中国建立了研发中心和生产基地，面向全球大力开发新产品，我们不仅引进学习了先进技术和产品也学习借鉴了先进管理经验，促进了我国自动化仪表技术和国内企业的发展。他们与国内高校合作建立联合实验室、通过学会协会等大力推广交流先进技术产品、编辑出版图书教材，不仅促进了我国自动化仪表技术自主研究工作，也为我国培养了相关人才。

行业出口额在行业营业收入中的占比约为五六分之一，出口额的 60% 来自外资（三资）企业，国有及国有控股企业、民营企业出口的产品主要集中在水表、燃气表、压力表等通用大宗产品；近几年高端压力校验仪、压力变送器、在线分析仪器的出口出现良好势头，但从总量上占比很小。受制于行业企业整体经营规模较小，综合实力偏弱和产品技术水平上存在的明显差距，行业企业在海外投资的意向较弱，真正在境外建厂（园区）、设立海外总部和研发机构方面付诸实质性行动的企业凤毛麟角，行业整体国际化推进步伐迟缓。

五是高端产品与国际先进水平的差距仍然很大。自动化仪表在流程工业应用方面，控制系统、安全仪表、温度、压力、物位、流量等系列产品的竞争力明显加强，差距有所缩小；在离散工业应用方面，硬件产品储备严重不足，软件产品差距更大，示范性应用推广进展缓慢；整体上还有差距。工业传感器方面的情况与工业自动化控制系统装置及仪表的境遇相似，在流程工业量大面广的通用产品、产品智能化和工业互联网应用推广方面进展顺利，个别离散细分领域的产品开发也有较大进展，但主要产品核心技术自主化程度不高，高精度芯片工艺技术短板明显，工业传感器关键材料技术和关键工艺技术依赖国外的情况比较普遍，高精度硅谐振压力传感器、高精度振动传感器、高可靠压电式加速度传感器和电涡流传感器、高温动压传感器、抗振动位移传感器等产品几乎空白，主要产品的产业化、规模化进程也不理想；整体差距较大。

第六节　国内主要仪表厂的发展状况

改革开放四十年来，我国自动化仪表企业从国有企业改组改制、民营企业迅速崛起、外资企业蓬勃发展，到多种所有制市场主体共同发展的新局面。

一、国有企业改组改制

（一）整顿企业管理和提高企业经济效益

党的十一届三中全会以来，在党的改革开放、治理整顿等方针的指导下，在国务院《关于加强工业企业管理若干问题的决定》推动下，随着我国经济体制改革的不断深化，《企业法》的贯彻和企业经营自主权的扩大，企业经营机制有了明显的变化，普遍实行了厂长负责制、承包经营责任制和企业内部经济责任制。企业在领导体制、组织机构、人事制度、劳动制度、分配制度等方面进行了一系列配套改革，使企业由生产型向生产经营型转变，由内向型向外向型转变，企业经营管理思想有了明显变化，管理水平有明显提高，现代企业的社会化大生产意识、质量与服务意识、市场与竞争意识、效益观念、人才观念等等，被越来越多的企业认识，并逐步付诸行动。工业自动化仪表行业经过治理整顿加强企业管理，使企业的经济效益获得不断提高。如四川仪表总厂推行看板管理，促进整体优化，向管理要效益。该厂下属有二十二个生产厂，并设有仪器仪表研究所、工程设计院、中专及技校，拥有固定资产 1.7 亿元，职工近万人，主要产品有工业自动化仪表与装置、电工仪器仪表、分析仪器、光学仪器、工艺装备、仪表材料、仪表元件七大类，1063 个品种，一万多种规格，主要为电站、冶金、石油、化工、轻工等行业提供自控系统成套装置及服务。他们通过加强管理，不断改革，使企业素质有了显著的提高，增强了自我完善、自我约束的机制，进入了良性循环。1988年该厂被国家定为大型一类企业，并跨入全国五百家大型企业之列。1989年该厂克服了资金、原材料、电力紧张和市场疲软给生产经营带来的严重困难，全面完成了各项技术经济指标，工业总产值达3亿元。1990年工业总产值比1989年又增长8.6%，利税增长8.5%。他们通过实践深刻体会到只有不断加强管理，提高管理水平，才能不断提高企业的素质，最终达到提高企业效益的目的。其"看板管理"方法，在机电部仪表司于1990年12月召开的强化企业管理现场经验交流会上作了详细的经验介绍，部司领导和与会代表给予了充分肯定。其出版的《仪表生产的看板管理》一书，对加强企业管理，提高企业素质，向管理要效益，起到了典范作用，"看板管理"在仪表生产企业中已推广应用。

（二）集团公司的建立

随着我国经济体制改革的逐步深入和市场机制的逐步建立，自动化仪表行业开始组织起来，走企业联合的道路，相继成立了几家紧密型的企业集团，发挥了整体优势。

中国四联仪器仪表集团是以四川仪表总厂为主体组建的大型综合性仪器仪表企业集团。集团公司拥有一万六千余名职工，固定资产3.5亿元，1990年实现销售收入3.7亿元，创汇307万美元。集团公司以国家大、中型工程自控系统成套为龙头，发展品种，积极引进国内外先进的产品设计技术、制造技术和管理技术。其中，TDC-3000分散型控制系统、单、多回路调节仪表系列、QDZ-III型气动单元组合仪表、DDZ-S系列仪表、ER系列工业记录仪、数字显示调节仪表、可编程序控制器、流程分析仪器及成套装置、铠装热电偶等是公司工业自动化仪表的主导产品，年生产能力达21万台套。主要为冶金、电站、煤炭、机械、石油、化工、轻工等工业部门的建设及技术改造服务，有为大型炉、二三十万千瓦火电站、三十万吨合成氨、五百万吨炼油厂及六十万立方米城市煤气化等大中型工程自控系统提供产品成套和技术服务的能力。

四川仪表总厂是技术密集型企业，在万余名职工中有三分之一的工程技术人员，并有高级技术职称人员240名。"六五""七五"期间从美、日、西德、意大利等国引进了ST-3000智能变送器，单回路调节仪表系列，TDC-3000BASIC系统，ER、μR、HR工业、实验室记录仪，红外、紫外磁氧分析仪器，复合薄膜电路和CMOS电路等十多个项目的制造技术和生产线。1990年DDZ-S系列仪表的生产通过了部级鉴定。高精度CNC加工技术、精密模具制造技术、精密铸造和注塑成型技术及计算机辅助检测技术等现代化的制造技术和看板管理、计算机辅助管理等现代化的管理方法，保证了高质量仪表产品的生产要求。ER-181、182和ER-101、102工业记录仪，在1988年、1989年获国家优质品金奖。

上海自动化仪表公司是上海自动化仪表行业的有关单位，为了适应社会主义商品经济发展的需要，更好地发挥上海自动化仪表行业的整体优势而共同组建的。它包括公司本部和自动化仪表行业的十七家整机厂，八家为整机配套的元器件、工艺协作厂，从业人员16600余人，其中工程技术人员3140余人，年产值达3.9亿元。公司设有系统成套经营部、产品供销经营部、对外经济合作部等业务部门。是一个具有科研、生产、销售、信息、服务、管理等多功能的企业性公司。

公司主要产品有集中控制装置、工业控制计算机、组件组装仪表、气动、电动单元组合仪表、数字调节仪表、显示记录仪表、温度仪表、压力仪表、流量仪表、物位仪表、机械量仪表、电动、气动执行器、船用仪表、仪表控制盘台箱、柜、框十六大类一百五十个系列，近三千个品种，年产单机115万台套，以及与各类仪器仪表配套的仪表电机、游丝、变压器、弹性元件、接插件、表牌等配套件、元器件和铸锻、钢模等工艺协作件。公司产品为国民经济各部门各领域服务，在电力、冶金、石油、化工、建材、核能、机械、轻纺、造船、食品、医药等行业中发挥着重要的作用，部分产品出口东南亚、中东、欧美。

上海自动化仪表公司本着"发展企业，振兴上海自动化仪表行业"的精神，大力组织全公司的产销活动，积极开拓国内外市场，完善健全公司内部的生产经营机制，并根据承包、分包重大工程自控系统的特点，发展同主机承包单位、设计科研单位等的横向联合，以承担国家重点工程项目的系统成套任务。以技术进步为先导，抓紧十七项引进技术国产化的同时，抓好"七五"末期电站国产化补充引进的八个项目，并以此为基础，实现以数字式控制仪表为主的技术引进和技术改造，发展机电仪一体化产品，使以模拟技术为主的产品结构转向以数字技术为主的数一模混合应用一体化结构，以满足国民经济各领域对自控系统装置和自动化仪表的要求。

大连自动化仪表集团公司是由直属的十二个生产厂、两个研究所、三个分公司、一个中外合作企业及十五个松散单位联合组成的多层次、跨地区的仪表企业集团。公司主要生产经营工业过程控制仪表及装置，承包和分包国内外自控系统工程，承担系统设计、成套供货、安装调试及技术服务等业务。主要产品有电动、气动单元组合仪表，显示记录仪表，温度仪表，压力仪表，流量仪表，物位仪表，数字调节仪表，集中控制装置，电动、气动执行器，仪表元器件，光学仪器，实验室设备及仪表盘箱等。该集团公司是国家定点自控系统总成单位，开发并生产先进的DCS-100集散控制系统、DSZ-10电站专用智能式自动调节装置、DSS-01能源回收机组自控装置，面向国民经济各个领域。

（三）企业承包责任制和市场开拓

工业自动化仪表行业为适应改革开放的形势，在企业经营机制的转换中，推行企业承包责任制，积极开拓市场，以增强企业活力。

西安仪表厂从1987年开始与上级签订承包经营责任合同，期限四年，承包形式是"两保一挂"，即"一保"上缴税利，以1986年860万元为基数，每年递增7%；"二保"技术改造，利用企业留利或企业自行贷款，四年实现技改、基建投资三千至五千万元；"一挂"为企业上缴利润与工资总额挂钩，上缴税利每超交1%，企业核定的工资总额基数允许增长0.7%；税利下降1%，则工资总额相应下降0.7%。西安仪表厂为确保实现承包指标，在企业内部大力推行了全员承包、一条龙承包、分片承包、专项承包和单项分包等多种形式的承包。

全员承包，即把企业对上级的各项承包指标层层分解落实到基层，并直接与全体职工的切身利益紧密联系起来，以责任为核心，以经济为杠杆，责、权、利更有机的结合，全厂同心搞承包，千斤重担众人挑，从而进一步调动了全厂各基层单位和职工的积极性，有力地推动了整个企业的生产发展和效益的提高。

一条龙承包，即对新产品开发和引进产品国产化实行了两个一条龙承包。新产品开发和商品化一条龙承包，是实行从科研、样机、试生产、批试、投产、销售直到售后服务的一条龙承包，它大大加快了科技成果从样品、展品转化为商品的速度。短短三年该厂自行开发的电站控制三大装置、数字组装仪表、微机控制单元、60点巡检仪等一批具有特色的高技术产品，均达到八十年代国际先进水平并已进入市场。另一方面，自1980年以来，西安仪表厂相继从日本、美国三家公司引进了六个系列产品的制造技术。为了加速引进产品的国产化，他们实行了引进产品国产化一条龙承包。成立以厂长和总工程师为首的国产化领导小组，由总工牵头，按计划、进度、质量、成本严格考核，到1989年已使占总产值70%以上的I系列仪表和1151系列变送器的国产化节汇率分别达到90.9%和89.6%，YS-80控制装置的国产化节汇率达47%。三大引进产品国产化节汇率的提高，仅1989年就节汇219万美元，从而增强了企业的自我消化能力，取得了明显的社会效益。

分片承包，即给予经销部门以适当的优惠政策，采取多层次、多形式、多样化的经销方式，主动出击，广开门路。在经销部门的承包方式上，推行经销人员的大区承包责任制，按全国原行政大区分片承包，并制定和兑现承包销售奖励政策，按承包合同考核，超额完成承包任务按比例提奖，还在出差费用等方面给予适当照顾，从而调动了经销人员积极性，使经销工作进一步向纵深发展，提高了企业的经济效益。

专项承包，即对产量大、销路好的I系列和YS-80等三大引进产品及压力天平、标准表两项短线产品，分别实行专项产品承包责任制，使上述五项重点产品的产量逐年扩大。

单项分包，即对凡属产品开发、科技发展、技术攻关、国产化以及零部件扩产等节约增效项目，均运用攻关增效立项进行单项分包。

西安仪表厂推行企业经营承包责任制，使企业工业总产值由1986年的1.019亿元增至1989年的1.8亿元，年均递增21%，实现利税总额由1964万元增至4200万元，年均递增28.8%，三年完成技改投资3500万元，新增固定资产4600万元。上缴利税由1449万元增至2670万元，企业留利由533万元增至1846万元，职工人均年收入由1535元增至2789元。从西安仪表厂几年的实践不难看出，对国营大中型企业实行承包责任制是深化改革、完善企业经营机制，搞活企业的一个行之有效的好办法。

二、民营企业蓬勃发展

中国民营企业伴随着改革开放的步伐不断发展壮大，主要经历了六个阶段。第一阶段：1978年至1982年，恢复准生权时期；第二阶段：1982年至1988年，站稳脚跟求发展期；第三阶段：1989年至1992年，挫折中求生存阶段；第四阶段：1992年至1997年，冲破瓶颈大发展阶段；第五阶段：1998年至2002年，二次创业稳步增长期；第六阶段：2002年1月年至今，高速发展阶段。在此，我们截取上世纪末到本世纪初，记录下自动化仪表行业民营企业发展的足迹。

西安东风机电股份有限公司创立于1989年，于2015年完成股改，2016年在新三板挂牌（证券代码为836797）。公司现有员工近一百七十人，是一家专业从事科里奥利质量流量计及其集成产品的研发、生产、销售和技术服务的高新技术企业。

公司产品已广泛应用于石油、石化、化工、制药、食品、建材、电力、新能源等领域，并成为中石油、中石化等大型企业集团国产质量流量计产品的主要供应商。公司持续重视客户需求、自主创新，先后研制出C、N、P、G系列科里奥利质量流量计，原油井口计量装置，BCS批量控制系统等系列产品，已申请各类专利、软件著作权三十余项，其中发明专利十余项，并多次获得国家级、省市级科技计划资金支持。

重庆市伟岸测器制造有限公司成立于 1992 年 5 月，是一家专业从事工业自动化仪表工程及过程控制传感器、变送器、流量计、测温元件研发、生产、销售的高科技自动化仪表企业。2007 年公司实现年生产、销售五万台压力差压变送器，主力产品 SST 系列数字化智能压力差压变送器获得了 2006 年中国仪器仪表学会科技成果奖和重庆市科学技术委员会高新技术产品认定。2007 年公司产品在中国国内市场占有率达到 8.37%，成为国产品牌在国内变送器行业占有率最高企业，同时成为广大能源、电力、石油、化工、航空、航天、水泥、建材用户首选的国产品牌。目前已经完成股份制改造待上市。

上海威尔泰仪表有限公司成立于 1992 年 10 月，2000 年 12 月 28 日经上海市人民政府以沪府体改审（2000）053 号文批准，上海威尔泰仪表有限公司整体变更为上海威尔泰工业自动化股份有限公司，并于 2006 年 8 月 2 日在深交所上市，股票代码 002058。自 1998 年连续成为"上海市高新技术企业"，2000 年获得"上海市先进技术企业"称号。威尔泰 MV2000T 多功能差压 / 压力变送器、WT1151/WT2000 智能差压 / 压力变送器，以其优良的性价比为用户所青睐。威尔泰已经成为目前世界上唯一能够生产和标定口径 3~3800mm 电磁流量计的企业。WR 系列热电偶、WZ 系列热电阻和温度变送器具有测温精确、结构合理、质量稳定、拆卸方便等优点，广泛应用于各种工业环境的测量。

北京和利时集团成立于 1993 年，是一家从事自主设计、制造与应用自动化控制系统平台和行业解决方案的高科技企业集团。集团拥有过程自动化、轨道交通自动化、核电站数字化仪控系统、工厂自动化即控制与驱动等业务单元。公司实行集团化管理，经过十几年快速稳健的发展，和利时已经成为行业知名品牌，成长为国内领先的自动化控制系统制造商。目前业务集中在工业自动化、交通自动化和医疗大健康三大领域。

南京科远自动化集团股份有限公司成立于 1993 年，2010 年 3 月 31 日成功登陆 A 股市场。科远股份专注于工业自动化和信息化产品的研发、生产和销售，围绕过程自动化、装备自动化、工业信息化、传感技术和测控装置四大产业领域，形成了以 NT6000 分散控制系统（DCS）、SyncBase 实时数据库、SY 系列智能一体化电动执行机构、SyncDrive 伺服系统为主的一批核心产品，提出了诸多优秀行业解决方案，获得了市场的普遍认可和一致好评，在国内工业领域得到了广泛应用。

深圳万讯自控有限公司成立于 1994 年 6 月，深圳万讯自控股份有限公司 2010 年成功登陆 A 股市场，是一家专注于智能自动化仪表、MEMS 传感器、机器人 3D 视觉系统、高端数控系统等新兴产业的国家高新技术企业。1994 年至 1996 年成为 HONEYWELL 和 YAMATAKE 公司专业代理商，1997 年开始在中国专业推广德国 PS 和奥地利西贝执行机构，2000 年成立万讯仪表公司着力培育自主创新与研发能力向产业化转型，2001 年成功通过著名国际认证机构德国 TUV 的 ISO9001 2000 版认证，2001 年聘请德国罗兰·贝格管理咨询公司合伙、企业战略专家宋新宇博士为长期战略顾问，2002 年成立万讯电力公司定位于服务电力行业的专业公司，2003 年聘请人民大学金融研究所首席咨询师、著名营销管理专家施炜为万讯营销管理顾问。2009 年公司被评定为国家级高新技术企业。

深圳市科尔达电气设备有限公司成立于 1996 年 5 月。公司专业研发、生产和销售工业动态称重和自动化控制设备的高科技企业。公司依靠深圳特区良好的外部环境和各级政府的大力支持，取得了长足的进步。连续多年被授予"重合同守信用企业""自主创新型龙头企业"。产品广泛应用在国内外大中型建材、冶金、电力企业，远销俄罗斯、巴基斯坦、菲律宾、伊朗、越南、津巴布韦、老挝等国家，受到中外客户的好评，取得了良好的经济效益和社会效益，"科尔达"品牌已被市场广泛认同。

河南汉威电子股份有限公司成立于1998年，是国内最早从事气体传感器研究、生产的厂家之一。获河南省"高新技术企业""创新型试点企业""高成长型民营企业"等多种称号。河南汉威电子股份有限公司2009年10月26日在深圳证券交易所创业板市场上市，"汉威电子"汉威科技（300007）。已初步形成气体传感器、家用气体报警器、商用气体探测器、智能交通产品、个人防护、工业在线气体检测、气体分析仪器、矿业安全八大产品系列。

浙江中控技术股份有限公司成立于1999年，始终秉承"让工作与生活更轻松"的使命，致力于面向以流程工业为主的工业企业提供以自动化控制系统为核心，涵盖工业软件、自动化仪表及运维服务的智能制造产品及解决方案，赋能用户提升自动化、数字化、智能化水平，实现工业生产自动化、数字化和智能化管理。公司核心产品DCS于2020年度在国内的市场占有率达到28.5%，连续十年蝉联国内DCS市场占有率第一。并持续发力海外市场，与哈萨克斯坦石化工业KPI公司、泰国Indorama公司、巴基斯坦Chiniot、印度私营工业集团Reliance等国际企业建立了良好的合作关系，并在2020年与沙特阿美签署谅解备忘录，是公司国际化战略以及打造高端路线道路上的重要里程碑。

北京康吉森自动化设备技术有限责任公司成立于1999年，一直致力于向广大用户提供具有国际先进水平的冗余容错式安全和关键控制系统，是一家集研发、生产、销售、工程服务和售后服务于一体的高新技术企业。公司始终保持着在工业控制领域内的领先地位，并且成为石油化工、煤化工、天然气管线、冶金、电力、铁路等行业中广大用户首选的安全和关键控制系统供货商之一。2007年7月在香港主板的成功上市标志着公司又迈向了新的台阶。公司专注于安全控制、机组控制，跟踪国际先进技术的发展，立志成为中国乃至全世界最有价值的自动化公司。公司主营产品有应用于石油化工装置的安全仪表系统（SIS）、火灾及气体检测保护系统（FGS）、大型透平压缩机组综合控制系统（ITCC）及应用于铁路运输行业的康吉森MCIS铁路微机联锁系统（RIS）。先后设计完成了近六百套控制系统，并且每年以一百五十套以上系统的增长速度迅速覆盖国内石化、铁路行业的市场。系统的应用几乎覆盖了全国所有石化企业。目前在国内SIS市场占有率超过50%，ITCC市场同类产品占有率超过70%。

三、三资企业迅速发展

改革开放以来，我国对外开放领域不断拓展，层次不断提升，利用外资规模快速增长，利用外资方式不断创新，引进和利用外资工作取得了巨大成就，积累了丰富而宝贵的经验。改革开放之后外资企业发展历程可划分为三个阶段。第一阶段：1979年至1991年，为引进外商直接投资的探索与规模导向阶段；第二阶段：1992年至2011年，是全方位吸引外资与效率导向阶段；第三阶段：2012年以来，开放型经济新体制构建与高质量发展阶段。在第一阶段，引资规模不大，主要是制度建设突飞猛进，为后续引资奠定了基础，自动化仪表作为一个小行业而言意义不大，可说的不多。第三阶段是一个多种所有制企业齐发展的新时代放在下一节一并叙述。

上海福克斯波罗有限公司 1982 年 4 月开业，该公司由上海市仪器仪表工业公司与美国福克斯波罗公司合资经营，是自动化仪表行业改革开放后设立的第一家中外合资企业。创建初期以研发、制造、销售电动仪表、组件组装式仪表和计算机技术产品等。1991 年 11 月公司获得国际认证机构（DNV）颁发的 ISO9001 质量管理体系设计（研制）、安装和服务的质量保证模式的合格证书，成为中国第一家通过该机构认证的企业。在引进、消化吸收和国产化国外先进自动化控制系统和仪表方面作出许多贡献。

承德热河克罗尼仪表有限公司成立于 1991 年 6 月，是由承德林达仪表有限公司与德国 KROHNE 公司合资兴办。该公司是由引进技术变合资经营，不断扩股和扩展产品线，合资企业不断壮大的典范。1988 年承德热河仪器厂从德国 KROHNE 公司引进 H27 金属管浮子流量计制造技术，1991 年成立合资公司，1993 年中德双方进行第二次投入、合资年限由初期的十五年延长到三十年，2015 年董事会做出了延长合资公司年限二十年的决议。该公司在二十世纪九十年代单位固定资产创造的新增产值、人均产值、人均利税等经济效益指标一直名列行业前茅，目前公司已经发展成为年产值三亿的专业流量仪表企业。

工装自控工程（无锡）有限公司是日本工装株式会社在华设立的独资企业。公司成立于 1993 年 7 月，主要生产 KOSO 品牌的各类控制阀、执行机构及控制阀附件，销售日本工装各类原装控制阀、执行机构及控制阀附件和相应的配件。无锡工装的发展历程见证了中国经济发展的奇迹。经过八十年代末和九十年代初的飞跃发展，2000 年至 2010 年的持续增长，销售已达人民币八亿元，2013 年超过十亿元人民币。具有从热加工、冷加工、装配到检测的完整的工艺路线及高精端加工设备，年产控制阀整机三万五千多台。始终保持控制阀行业的领先地位，在国内同行业中销售额、国内市场占有率长期稳居第一。

美国霍尼韦尔（Honeywell）公司是历史悠久的自动化仪表和控制系统供应商。许多新产品都是出自霍尼韦尔。例如，世界上第一套 DCS、第一台无线通信压力变送器等。霍尼韦尔四大业务集团均已落户中国，旗下所辖的所有业务部门的亚太总部也都已迁至中国，并在中国的多个城市设有三十多家分公司和合资企业，在上海、北京、天津、南京、重庆有五个技术中心。霍尼韦尔在中国的投资总额超过六亿美金，员工人数超过一万一千名。主要产品有控制系统的 Experion PKS 过程知识系统，现场仪表有温度变送器，压力变送器，多变量变送器，过程分析仪表，电动执行机构，显示仪表等。

霍尼韦尔自动化控制系统集团旗下有传感器自控部、过程控制部、环境自控产品部、建筑智能系统部、扫描与移动技术部、安防集团、生命安全部等七个不同的业务部门。目前，七大业务部门都已经在中国开展业务。霍尼韦尔（天津）有限公司是霍尼韦尔公司在中国成立的第一家独资公司，作为 Honeywell 自控及产品业务在中国的主要代表。中石化－霍尼韦尔（天津）有限公司由霍尼韦尔公司与中国石化集团合资设立，为中石化系统内的企业开发和提供先进的工业自动化控制系统（DCS），为各石化企业技术人员提供技术培训。该公司还为中石化各系统提供备品备件及现场服务。霍尼韦尔过程控制部天津工厂位于天津经济技术开发区，占地 7400 平方米，2005 年 10 月正式投产。目前，霍尼韦尔过程控制部天津工厂的主要产品线包括过程控制系统、安全管理系统、质量控制系统及现场解决方案部分产品等，已涵盖霍尼韦尔过程控制部在全球的所有业务领域，已经成为霍尼韦尔过程控制部全球最大的制造基地。2009 年 5 月，传感控制全球研发中心与制造基地在南京市江宁区科学园落成启动。

厂区建筑总面积 36094 平方米。霍尼韦尔安防集团持续把最优秀的资源投入到中国市场。2005年霍尼韦尔安防集团在上海浦东张江扩建亚太区研发中心，2008 年在上海成立安防产品质量测试实验室。2010 年在深圳投资建立了全球安防探测器研发中心。霍尼韦尔安防集团亚太区研发中心目前已经发展成为霍尼韦尔在全球第二大的产品研发基地。霍尼韦尔扫描与移动技术部在中国苏州工业园区有一个占地一万四千平方米，员工九百多名的研发中心和生产基地。目前霍尼韦尔全球 95% 以上的扫描器都是从这里生产的。

在石化和化工领域 DCS 市场中，霍尼韦尔和艾默生、横河电机是三雄并立，基本上大型工程项目都是这三家承担。有一段时期，中石化的项目几乎全部采用霍尼韦尔的系统。优化软件和先进控制算法软件产品的销售量也是霍尼韦尔最大。

在现场仪表方面，霍尼韦尔的压力变送器销量低于艾默生和横河电机。霍尼韦尔没有流量仪表，执行机构的知名度不高。

艾默生（Emerson）公司在工业自动化仪表和控制系统方面的综合实力非常强。该公司除了有 DCS 之外，还有很强大的现场仪表实力。例如 Rosemount 的压力 / 差压变送器在全世界销量最大；Micro Motion 的质量流量计也是世界销量最大，2012 年已生产出第五十万台质量流量计；Daniel 的超声波流量计在世界上是名牌产品，Fisher 的调节阀是世界上领先的产品。它在收购了 Westinghouse 的 DCS 后，形成两套 DCS–Delta V 和 Ovation。前者用于石化，后者用于电站。艾默生还是基金会现场总线（Fundation Fieldbus）董事会主席。艾默生在中国设立了四十多家企业，其中三十多家为生产工厂，另有十五家研发中心。艾默生在中国市场的销售不断提高，即便是金融危机时期，中国市场的业务还在增长。整个亚太地区有近五万名员工，中国就占三万多人。主要产品，现场仪表有压力 / 差压变送器，温度仪表和温度变送器，物位仪表，科氏质量流量计，涡街流量计，电磁流量计，天然气（超声波）流量计，分析仪器，调节阀；控制系统有 Delta V 和 Ovation。

1989 年罗斯蒙特在上海成立代表处，在北京成立办事处，随后在成都、西安、广州、乌鲁木齐和南京相继开设了代表处。1992 年费希尔控制和天津市自动化仪表四厂合资成立天津费希尔调节阀有限公司，生产和销售费希尔调节阀。1993 年与上海自动化仪表有限公司合资成立上海罗斯蒙特有限公司，并于 2003 年宣布原上海罗斯蒙特有限公司更名为艾默生过程控制有限公司，成为艾默生过程管理在中国的总部。公司拥有流量计的生产能力，并为用户提供各种艾默生产品的销售、维修、技术支持、培训，以及系统工程服务和项目管理。1996 年与北京仪表有限公司合资成立北京远东罗斯蒙特仪表有限公司，主要生产 1151 智能压力变送器、1199 远传膜盒、差压流量计和液位计。2002 年在北京成立了独资公司艾默生北京仪表有限公司，主要生产 3051 压力变送器及新一代艾默生过程管理的罗斯蒙特产品。2003 年在天津武清新建独资企业艾默生过程管理（天津）阀门有限公司，主要生产直通阀、旋转阀、蝶阀，以及小流量阀。武清工厂建有费希尔的研发中心及流量实验室，承担开发新产品、检验和改进产品性能的重任。2007 年艾默生在南京投资三千万美元，占地 12500 平方米，建立艾默生亚洲流量中心，包括一个流量标定实验室和一个获得全球认证的生产制造中心。流量标定实验室拥有亚太地区精确度最高的流量标定装置，能够提供精确有效的流量检定。制造企业艾默生过程控制流量技术有限公司主要生产高准科里奥利流量计和密度计、罗斯蒙特涡街和电磁流量计以及丹尼尔超声波和差压产品。

　　中国是艾默生在亚洲的最大市场，自 2002 年以来，在中国的销售额仅次于美国。Delta V 系统成为石化和化工领域的三大主选系统之一，上海赛科年产九十万吨乙烯工程就是采用 Delta V 系统。系统包括的现场控制站和操作员站的数量都接近一百个。Ovation 系统在电力领域也很受欢迎，承接了几十套 600MW 电站的控制系统。中国目前建成或在建的千兆瓦级发电机组的近 65% 大约四十个使用了艾默生的控制系统。

　　压力差压变送器的销量仅次于横河电机，在国内排名第二。科氏质量流量计在国内销量第一，约占市场 65% 的份额。超声波流量计在天然气管道上使用量很大，仅西气东输主管道十二台超声波流量计，销售额就达一百六十万美元。Fisher 的阀门在大型火电机组中是首选产品。

　　艾默生在中国基本采取独资政策，原有的合资企业基本上都已经转化成独资或绝对控股（如 80%）企业。

　　日本横河电机（Yokogawa）株式会社创建于 1915 年，是国际测量、控制和仪器仪表业中有影响的著名公司，在三十二个国家和地区拥有九十家子公司，在中国有八家独资、合资企业。控制系统产品有：DCS CENTUM CS3000 系统、可编程控制器（PLC）；现场仪表产品有：新型无纸记录仪、智能压力／差压变送器、漩涡流量计、电磁流量计、质量流量计、金属浮子流量计、温度变送器和阀门定位器。

　　横河电机是同行业中最早进入中国市场的外资企业。仪表行业第一项技术转让 I 系列仪表就是它与西安仪表厂签约的。横河电机（中国）有限公司是在中国的总部，管理中国事务及所有的合资公司。上海横河国际贸易有限公司从事测试与测量仪表生产，由日方控股；上海横河电机有限公司是横河电机株式会社与上海自动化仪表股份有限公司的合资公司，于 1994 年 11 月成立，1995 年 1 月正式投产，是日本横河在全球范围内四大流量计生产厂家之一。主要生产、销售各种高质量的流量仪表，如：数字式涡街流量计、智能型金属转子流量计、环保与市政工程配套的大口径电磁流量计和相关的现场仪表。重庆横河川仪有限公司（CYS）由日本横河电机株式会社与中国四联仪器仪表集团有限公司共同出资，于 1995 年创立。投资总额 1420 万美元，主导产品 EJA 智能变送器 2010 年销售量已突破二十万台，是国内最大的智能变送器、无纸记录仪生产厂商。随着公司经营业绩的快速增长，公司经营范围不断扩大，业已发展成为集散控制系统 DCS、智能变送器、分析仪等过程控制仪表、记录仪、智能调节器、数据采集系统以及 PLC 等测控仪表和工厂整体解决方案的专业化、综合性的自动化综合供应商。苏州横河电表有限公司创建于 1988 年 4 月，是由日本横河电机株式会社、苏州创元科技股份有限公司、西仪集团有限责任公司三方参股建立的中日合资企业。是横河电机株式会社唯一的工业板表生产基地，建有亚洲板表企业最大的一千平方米的净化厂房。公司有员工四百多名，年产高质量、高品位的工业板表及现场测量仪器仪表一百多万台，主要销往日本、美国和东南亚。

　　横河电机（苏州）有限公司成立于 2002 年，是横河电机株式会社独资生产性企业，注册资金四十亿日元，总投资一百二十亿日元，占地面积约十三万五千平方米，生产电磁流量计和无纸记录仪、电动机等，产品全部出口。横河电机（北京）研发中心负责在中国的产品研究开发。

　　横河电机在化工和石化领域信誉很高，是该领域的三巨头之一。广东惠州石化的大型工程全部由横河电机承包，新疆独山子大型化工项目的控制系统也是选用横河电机的产品。横河电机的压力／差压变送器产量已经在世界上排名第二。横河川仪有限公司是日本横河电机 EJA 智能变送器全球三大生产基地之一，主导产品 EJA 智能变送器采用日本横河电机开发的单晶硅谐振式传感器技术，从 1995 年 9 月第一台变送器下线，到 2009 年 8 月横河电机已累计向中国市场投放 EJA 变送器超过一百万台。横河电机的电磁流量计在国内销量第二。涡街流量计排名第一，特别是测量纸浆的涡街流量计，市场占有率高达 60% 以上。

阿西布朗勃公司（ABB）是一家综合性的跨国企业，是世界电力和自动化技术领域的领导厂商，业务遍布全球，占据了全球过程自动化市场第一的位置。ABB 的特长是输变电和低、高压电器，因此在火电机组的自动化控制方面实力很强。主要产品有现场仪表：压力／差压变送器、执行机构和定位器、电磁流量计、涡街流量计、科氏质量流量计、热式质量流量计、转子流量计、在线分析仪器等。

北京 ABB 贝利控制有限公司是 ABB 集团在中国公用事业信息管理和自动化领域中过程控制系统供货商和技术中心。公司成立于 1989 年，多年来，公司不断引进最新的 DCS 系统、过程控制软件及仪器仪表产品，为国内外数百个用户提供了先进的 DCS 及其他产品、系统和优质的工程服务，为多个项目提供仪表和电气系统成套。上海 ABB 工程有限公司成立于 1999 年，是 ABB 全球仪表生产基地，独资企业。公司位于上海浦东康桥工业区，占地面积达十万平方米，包括建筑面积 72000 平方米的生产和办公区域，目前拥有 1150 名员工。上海 ABB 工程有限公司是 ABB 的重要本地企业之一，是 ABB 在华工业机器人及系统业务（机器人）、仪器仪表（自动化产品）、变电站自动化系统（电力系统）和集成分析系统（过程自动化）的主要生产工程基地。上海 ABB 工程有限公司自 2008 年至今连续三年跻身"中国工业电力百强企业"之列。

ABB 公司在中国电力领域有很好的业绩，它的 DCS 得到广泛的应用，所收购的 Bailay 公司的 DCS 系统 INFI90 原来是中国火电机组使用最多的系统之一，中国的首台 600MW 机组就是采用的 ABB 的系统。在现场仪表方面，2006 年，ABB 公司在上海建立了先进的压力传感器生产线，成为 ABB 集团全球第三大压力传感器生产基地。执行机构是与川仪合作。ABB 的执行机构虽然质量很好，但价格很贵，而且必须使用进口的低速电机。它的减速机构加工的要求也很高。川仪与 ABB 合作后，将减速机构实现了国产化，降低了造价，并返销 ABB。在线分析仪器由上海 ABB 工程有限公司生产。上海 ABB 工程有限公司能为石油、天然气、化工等行业提供分析系统交钥匙工程，代表产品是由各种分析仪表与其他电气辅助设备组合而成的"分析小屋"。"分析小屋"能在恶劣现场环境下，为客户监控工业生产中的气液流及其对环境的影响。除此以外，上海 ABB 工程有限公司也为客户提供全新概念的能容纳并集成电气设备和 DCS 设备的"自动化小屋"和"电气小屋"。

从 2009 年起，ABB 集团加快了在中国的投资步伐，先后在重庆、上海等地投资创办企业。2009 年 3 月 ABB 投资天康集团旗下的天长市仪表厂，以进一步拓展 ABB 仪器仪表产品线和生产能力，天长市仪表厂主要生产温度测量仪器设备。2009 年 9 月 ABB 集团决定在萧山新设杭州盈控自动化有限公司，从事工业自动化控制系统的研发、生产、销售和服务。这是其在中国的四家独立法人公司之一。

西门子公司工业自动化与驱动技术集团（IA&DT）是全球工业自动化领域的领先供应商，

基于全集成自动化（TIA）和全集成能源管理（TIP）理念，在生产自动化、过程自动化、楼宇电气安装和电子装配系统领域提供多种创新、可靠、高效和优质的产品、系统、解决方案及服务。仪表与传感器产品包括过程自动化仪表、在线分析仪表、称重和计量系统、视觉传感器、传感器测量系统等。过程自动化仪表有压力/差压变送器、温度变送器、电磁流量计、科氏质量流量计、超声波流量计、转子流量计、物位仪表和阀门定位器、显示器、记录仪等。

西门子（中国）有限公司已建立了九十多家公司、六十多个办事处，拥有约三万名员工。

西门子（上海）分析仪器工程有限公司（SPAS）2006年5月成立，投资总额为45万美元，注册资本为32万美元，是外商独资企业，具有独立的进出口经营权。主要产品：气体分析仪器处理系统、气相色谱仪预处理系统、气相色谱仪分析系统。西门子传感器与通信有限公司（SSCL）位于大连高新技术产业园区，成立于2006年10月17日，投资总额为两亿美元，由西门子（中国）有限公司全资控股。工厂整体占地面积约四万平方米。公司于2007年8月正式投产。SSCL是西门子工业自动化与驱动技术集团在中国的第十五个工厂，也是传感器与通讯部在中国的第二个工厂，制造工业过程仪器仪表如流量计、压力变送器、物位传感器、动态称重产品。产品在种类、规格、性能、质量和技术标准方面与西门子位于德国、法国、加拿大、丹麦的此类工厂同步。2012年9月西门子与威胜集团全资公司WGL共同出资五千万元人民币，在长沙成立合资企业，开发及制造计量数据管理系统及智能计量解决方案，并向全球市场出口电、气、水、热表计产品。西门子占股60%。2013年9月，占地逾3.5万平方米的西门子工业自动化产品成都生产研发基地（简称"西门子成都工厂"）正式投运，它是西门子在中国设立的首家、也是唯一的数字化工厂，是德国安贝格数字化工厂的姊妹工厂。

在现场仪表方面，西门子的压力变送器近两年才进入中国市场，目前销量大约2万台，其中一万多台是川仪销售的。电磁流量计是兼并Danfus公司的，其中一部分在国内贴牌生产。西门子公司与中国标准化主管部门有着良好的合作关系。以Profibus为代表的现场总线和工业以太网通信协议都已经转化为中国国家标准，为其下一步技术和产品进入中国市场奠定了坚实的基础。

这一时期，工业发达国家的自动化仪表综合型跨国集团和高精特专企业几乎都在中国设立了办事处、代理机构，设立独资企业和合资企业，抢占中国市场，借中国改革开放大势，利用资源、劳动力等优势，制造物美价廉的产品巩固和占领国际市场。

四、多种所有制企业齐发展

"十一五"期间，仪器仪表行业的企业结构发生了较大变化，民营、三资企业发展迅速，特别是民营企业得到巨大发展。到2012年，民营企业数量占全行业企业总数的68%，国有和国有控股企业数量占全行业企业总数不到10%，三资企业数量占全行业企业总数的21%。以党的十八大为标志，进入全面深化改革新时代，步入开放型经济新体制构建与高质量发展阶段的自动化仪表行业呈现出多种所有制企业齐发展的新局面。

（一）国有企业混改

为推动企业持续稳定发展，重庆川仪较早探索了混合所有制改革。2002年、2004年先后实施了经营管理者及骨干职工持股；2006年，增资扩股引进战略合作伙伴日本横河，变更为中外合资企业；2008年，为推动再次上市，通过股权转让、增资等方式，公司投资者主体进一步多元化，并整体改制变更为股份有限公司；2014年8月5日，川仪股份在上海证券交易所成功挂牌上市。目前川仪股份是国内工业自动控制系统装置制造业的领先企业，并已成为工业自动化仪表国有控股企业的一面旗帜。

上海自动化仪表有限公司于1993年9月经批准改制为上海自动化仪表股份有限公司，属于中外合资股份有限公司，公司的人民币普通股（A股）及境内上市外资股（B股）分别于1994年3月和4月在上海证券交易所上市。在上海市国资委主导下，2015年4月13日，经自仪股份第八届董事会第九次会议审议，通过了《关于公司重大资产置换及发行股份购买资产并募集配套资金暨关联交易方案的议案》，2015年11月2日，改制为上海自动化仪表有限公司，隶属上海电气（集团）总公司。是中国自动化产业发展的典型代表。

1983年，北京市仪器仪表工业总公司成立（前身为北京市电子仪表工业局）。1996年12月，根据国务院及北京市建立现代企业制度试点工作要求，经北京市政府同意，改制为国有独资公司，名称为"北京仪器仪表工业控股（集团）有限责任公司"。2000年9月，为进一步深化工业管理体制改革，北京市政府对控股公司进行重新授权，将北京仪器仪表工业控股（集团）有限责任公司更名为"北京京仪控股有限责任公司"。2006年3月，为发展大公司大企业集团的需要，建设以集团整体发展为目标的战略控股型产业集团管理体制公司，市国资委同意将北京京仪控股有限责任公司变更为"北京京仪集团有限责任公司"。2011年7月，为优化国有经济布局，根据市委、市政府和市国资委要求，北京京仪集团有限责任公司与北京控股集团有限公司实施战略重组，作为其全资子公司承担起高端装备制造的重任。2020年集团混合所有制改革进入实操阶段，2020年7月29日召开北京京仪智能科技股份有限公司创立大会，京仪智能科技的创立标志着京仪集团围绕"打造中国仪器仪表行业领军企业"的目标主动寻求变革，突破传统体制机制束缚，以改革开拓新局面取得了新进展、新突破。

2000年9月经宁波市人民政府批准，宁波水表厂国有资本全部由企业职工一次性置换，成立宁波水表股份有限公司。2016年1月公司在全国中小企业股份转让系统正式挂牌公开转让，被纳入创新层，成为首批九百余家创新层企业的一员。2019年1月22日，公司成功上市，股票登陆上交所主板。2020年3月，开启集团化发展之路，公司正式更名"宁水集团"，朝着高质量、强发展之路腾飞。公司为全球单体规模最大的水表制造基地，年度产销各类水表近千万台，产品覆盖全球八十多个国家和地区，成为水表全球贸易竞争的主要参与者和国际水表标准制定的重要参与者。

在此期间一批专门领域的自动化公司迅速发展，如中国钢研科技集团有限公司、冶金自动化研究设计院1999年创办北京金自天正智能控制股份有限公司，并于2002年在沪市A股上市。国家电网公司下属的南瑞集团公司是中国最大的电力系统自动化、水利水电自动化、轨道交通监控技术、设备和服务供应商。国电科技环保集团股份有限公司、国网电力科学研究院有限公司创办的北京国电智深控制技术有限公司，成立于2002年5月，致力于重大工程和重大技术装备自动化控制系统的研发、设计、制造与推广应用。

（二）民营企业实力壮大

民营企业的实力不断壮大，一批企业成为各细分行业的龙头企业，成为最活跃的科技创新力量。

　　浙江伦特机电有限公司创建于 1983 年，是全国专业生产热电偶和热电阻的厂家。1991 年建立二等标准铂铑 10- 铂热电偶、二等标准铂电阻温度计、二等标准水银温度计等三项计量标准装置。除传统的温度仪表外，公司生产的气化炉高压热电偶、COT 热电偶、耐磨热电偶、多点热电偶等产品质量稳定、性能优异，线性动态表面热电偶填补了国内空白，突破了产品使用前需要激活的缺陷。公司已连任第五、六全国温度仪表专业协会理事长单位。

　　三川智慧科技股份有限公司生产制造智能水表特别是物联网水表、超声全电子水表、环保不锈钢水表各类水表，可提供包括水资源监测、管网监控、水质检测、用水调度、产销差管理在内的智慧水务整体解决方案，成为世界先进的水计量服务商、智慧水务整体解决方案提供商。公司是中国移动物联网产业联盟副理事长及秘书长单位、中国计量协会水表工作委员会副主任委员单位。

　　浙江苍南仪表集团股份有限公司创办于 1977 年，是中国领先的工业及商用燃气流量计制造商。自 1998 年改制以来，引进、吸收国际流量计的先进技术，取得了快速的发展。2019 年 1 月 4 日，在香港联合交易所主板上市。是中国燃气计量仪表行业十强企业、浙江省突出贡献企业。

　　厦门宇电自动化科技有限公司成立于 1998 年 08 月 12 日。公司专注于智能测控仪表的研发、生产与销售，革新性地推出仪表内部模块化技术，使用户可以自由选择不同的内部模块来灵活配置仪表的功能。公司自主研发的 AI 人工智能调节算法，实现了零超调和零欠调的精确控制，在控制算法方面达到先进水平。公司连续多年被评为"高新技术企业""创新型企业""纳税明星企业"，并当选中国仪器仪表协会显示控制仪表理事长单位。

　　福建顺昌虹润精密仪器有限公司创建于 1995 年，经过二三十年的创新发展，当年白手起家的仪表企业，已昂首挺立在中国仪器仪表产业的前列。十大系列仪表品质达到国际一流。公司倾心研发生产的数显表与温控器、无纸记录仪、隔离器与安全栅、温度变送器、压力变送器、电量表与变送器、电能质量分析仪、过程校验仪、可编程控制器、环境监测仪表等十大系列产品，通过严格质量管理，完善服务体系，大大提升产品美誉度。"虹润"商标被国家工商局认定为"中国驰名商标"。

　　宁波柯力传感科技股份有限公司成立于 1995 年，2019 年 8 月上市，主要研制和生产各类物理量传感器、称重仪表、电子称重系统、工业物联网系统成套设备等，年生产能力达到三百万只传感器、五十万台称重仪表、一千五百台（套）称重系统、两万套分析仪器，以及百万台健康秤、脂肪秤、厨房秤。公司先后担任中国衡器协会副理事长单位、中国衡器协会轨道衡专业委员会委员单位。

　　北京雪迪龙科技股份有限公司，创立于 2001 年 9 月，2012 年 3 月 9 日上市。公司围绕生态环境监测相关的"端 + 云 + 服务"展开，主要包括污染源排放监测、大气环境质量监测、水环境质量监测、生态环境大数据、工业过程分析、第三方检测、污染治理与节能等七个板块，是集研发、设计、生产、销售、服务于一体的过程分析仪器领域国家高新技术企业。现为中国仪器仪表行业协会分析仪器分会副理事长单位。

　　河北先河环保科技股份有限公司成立于 1996 年，是集环境监测、大数据服务、综合治理为一体的集团化公司。公司于 2010 年 11 月成功登陆创业板，成为国内环境监测仪器仪表行业率先上市的企业。现为中国仪器仪表行业协会分析仪器分会副理事长单位。

凌云光技术集团有限责任公司成立于 2002 年 08 月 13 日，以光技术创新为基础，聚焦机器视觉业务，坚持"为机器植入眼睛和大脑"，为客户提供可配置视觉系统、智能视觉装备与核心视觉器件等高端产品与解决方案。凌云光股份曾获得一项国家技术发明一等奖、两项国家科学技术进步二等奖。基于二十余年在光学成像、视觉软件与算法、核心视觉部件等领域的技术积累，致力成为视觉人工智能与光电信息领域的全球领导者。

（三）三资企业扩资发展

伴随着全面开放和中国经济高速发展的巨大市场的吸引，不仅西门子、霍尼韦尔、横河电机等跨国集团公司持续加大对华投入，不断引进先进技术、产品，而且世界各国的自动化仪表专业领域的领先企业也纷纷进入中国，通过建立办事处、创立独资合资公司、寻求代理商和经销商等多种方式输出他们的技术、产品和服务。港澳台也积极参与其中。

欧姆龙自二十世纪七十年代初期进入中国，一直与中国制造业共同前进，构筑了集研发、设计、生产、销售和服务于一体的全方位经营管理体制。历经七十年代的技术交流，八十年代的委托加工，九十年代直接投资与生产，进入二十一世纪，欧姆龙迎来了"再投资、协同创造"的新阶段。在华设立了欧姆龙自动化（中国）有限公司等生产制造、研发、销售等二十余家独资、合资企业。

贝加莱工业自动化（上海）有限公司于 1996 年 8 月成立，是总部位于奥地利的贝加莱工业自动化公司（B&R）的独资企业。全球性领导厂商，本地化的销售与技术队伍为中国客户带来了更迅捷的服务响应。贝加莱（中国）一直致力于为国内用户提供高品质的自动化产品和优秀的技术解决方案。贝加莱的产品和方案已广泛应用于机械自动化领域，如包装、印刷、塑料、纺织、食品饮料、机床、半导体、制药等行业；以及过程自动化领域，如电力、冶金、市政、交通、石油、化工和水泥等行业。贝加莱（中国）在国内的机构包括上海总部，北京、广州、济南、西安、成都、沈阳和台湾办事处，上海及各办事处技术培训中心，以及分布在全国的大学联合实验室。

毕孚自动化设备贸易（上海）有限公司是德国倍福自动化有限公司（Beckhoff）在中国的全资子公司，倍福公司是一家从事工业自动化产品研发和生产的高新技术企业。公司所生产的工业 PC、现场总线模块、驱动产品和 TwinCAT 自动化软件构成了一套完整的、相互兼容的控制系统，可为各个工控领域提供开放式自动化系统和完整的解决方案。倍福于 1997 年进入中国市场，2015 年销售额达十亿人民币。办事处遍及国内二十五个大中城市，创新产品和解决方案广泛应用于风力发电、半导体、光伏太阳能、金属加工、包装机械、印刷机械、塑料加工、轮胎加工、木材加工、玻璃机械、物流输送以及楼宇自动化等众多领域。尤其在新能源领域，公司在兆瓦级风电控制系统中的市场占有率超过一半。

南京菲尼克斯电气有限公司隶属于德国菲尼克斯电气集团。菲尼克斯电气作为全球电子连接和电子接口领域、工业自动化领域的市场领导者，致力于各种连接技术的开发，形成了完善的电气接口技术体系，其中很多产品系列已经成为行业的应用标准。1993 年起，菲尼克斯电气在中国投资超过七千五百万美元，积极组建销售网络、生产基地和研发中心。公司在全国设立南京菲尼克斯电气有限公司等五个子公司、二十三个办事处和一百多家分销机构，形成了完善的销售网络。公司引进、自行开发了自动化生产流水线，拥有自己的模具车间和实验室，始终保持与德国总部等同的设计制造品质。2004 年集团公司决定加大在华的投资，建立独立的研发与技术中心，加速研发的本地化进程，提供更符合中国市场的产品和技术。菲尼克斯电气中国公司注重引进世界先进的技术和管理经验，培养和发展自身的核心竞争力，实现了全部本土员工，全部本土管理，宣传了中国的改革开放，长了中国人的志气，并促进了国内工业的升级换代。菲尼克斯电气中国公司的业务发展迅速，已经成为整个集团全球业务的重要基石。

德国魏德米勒集团于1994年进入中国市场，2018年，魏德米勒集团将上海作为其亚太区总部。魏德米勒始终坚持以本土客户为本。服务于中国市场的销售服务机构为魏德米勒电联接（上海）有限公司，拥有覆盖全国的销售网络和完善的售后服务体系，公司在上海、北京等城市设有十七个销售联络处，及上百家经销商。魏德米勒在苏州建立了制造型企业魏德米勒电联接（苏州）有限公司，是集团在全球的三大生产基地之一。位于上海和苏州的两大卓越研发中心，负责电子产品和电气联接产品的开发和技术创新，魏德米勒在上海自由贸易试验区建立了亚太物流中心，为本土客户提供全面便捷的服务。2020年魏德米勒问鼎由上海市人民政府颁发的跨国公司地区总部证书，褒奖其作为亚太地区总部为上海经济持续发展做出的重要贡献。

施耐德电气自1987年在天津成立第一家合资厂，1995年07月10日成立施耐德电气（中国）有限公司，施耐德电气根植中国三十余载。从最初的中低压配电及工业自动化行业领先者，发展成能够为能源与基础设施、工业、数据中心与网络、楼宇和住宅五大领域提供产品和服务。在华投资情况：公司总部设在北京，四个分公司，三十八个办事处，二十一家工厂，七个物流中心，一个研修学院和两个全球研发中心。在2014年施耐德电气分别收购了福克斯波罗（Foxboro）、英维思（Invensys）两家自动化仪表领先企业。

福建上润精密仪器有限公司自1991年创立以来，专注于压力、流量、温度、液位、光电、水质等参数传感器及微执行器的研发、生产、销售，建立了多门类、多学科、专业的研发队伍，从材料科学、自动控制技术、精密机械、模具技术、仪表技术、应用软件、光学系统设计等入手，努力为客户提供一流的工业控制整体解决方案，拥有专利一百多项，主持并参与制、修订六十二项标准。2009年12月8日，以福建上润精密仪器有限公司为主要背景的中国高精密自动化集团有限公司成功在香港联交所上市。公司是中国仪器仪表行业协会显示仪表专业委员会理事长单位及中国钟表协会副理事长单位，福建省对外贸易合作厅认定为"外商投资先进技术企业"。

五、著名自动化仪表企业

（一）重庆川仪自动化股份有限公司

重庆川仪自动化股份有限公司设立于1999年11月，其前身是1965年从上海、江苏、辽宁等地内迁重庆的四川仪表总厂，是二十世纪六十年代国家重点布局的三大仪器仪表制造基地之一。重庆川仪自动化股份有限公司是国内同行业中技术领先、产品门类齐全、系统集成能力强、营销服务网络完善的综合性自动化仪表制造企业，连续多年在国内自动化仪表行业排名第一。

主营业务：仪器仪表制造和工程成套。主要产品：温度仪表（从日本冈崎引进技术）、PDS系列高精度压力差压变送器（自主开发）、EJA系列压力/差压变送器（与日本Yokogawa

合资生产）、电磁流量计（自主开发）、抗震型涡街流量计（自主开发）、金属转子流量计（自主开发）、质量流量计（自主开发）、差压式流量计（自主开发）、雷达物位计（自主开发）及物位开关（自主开发）、记录仪（从日本 Yokogawa 引进技术）、PAS300 分布式控制系统（自主开发）、M8 系列智能电动执行机构（自主开发）、C 系列智能电液执行机构（自主开发）、智能气动阀门定位器（自主开发）、调节阀（引进日本 Yamatake 技术）、流程分析仪器及系统（自主开发）。系统成套的主要服务领域：冶金、电力、石化、煤化、精细化工、农药化肥、能源、轻工建材、市政环保及轨道交通等。

重庆川仪现有二十四家分公司、十九家控股子公司，在全国主要城市设立了营销及服务网点。

重庆川仪大力实施科技创新发展战略，持续加大研发力度，成功打造国内领先的国家级企业技术中心、博士后工作站、院士工作站、工业自动化测控技术重点实验室、工业传感器与智能系统技术创新中心等两个国家级、九个省部/直辖市级技术创新平台；加强人才队伍建设、全国技能大师、全国技术能手、重庆英才、巴渝工匠等优秀创新人才队伍不断壮大，获批"国家高技能人才培训基地"；自动化仪表和控制系统核心技术创新成果不断涌现，部分产品达到国际先进水平，在核电、军工、石化等高端、重要领域填补国内空白、替代进口，为实现自主可控，解决"卡脖子"关键技术做出了重要贡献；加快数字化转型步伐，建成三十二条智能生产线、五个重庆市数字化车间、两个重庆市创新示范智能工厂，获全国"两化融合贯标示范企业"和"智能制造试点示范企业"；在役仪表及机电设备全生命周期健康诊断服务平台在智能制造、智慧市政领域成功应用，入选"重庆市重点软件公共服务平台培育库"。截至 2020 年底，公司拥有有效专利共 664 件（其中发明专利 234 件），拥有软件著作权共 96 件。先后获得国家科技进步二等奖、国家专利优秀奖、中国仪器仪表学会科技进步一等奖、中国产学研合作创新成果一等奖、重庆市科技进步一等奖等科技奖励。

近年来，重庆川仪连续被评为全国首批创新型企业、全国重合同守信用企业、全国质量标杆企业、中国工业自动化控制系统装置制造行业排头兵企业、全国工业重点行业（通用仪器仪表制造）效益十佳企业、国家信息产业高技术产业基地龙头企业、重庆工业五十强等，荣获全国五一劳动奖状。

面对国内经济压力，国际经济脱钩、技术封锁及新冠疫情的严峻形势，川仪广大干部职工，锐意进取、不断创新，取得了优异的经营业绩。2018 年至 2020 年，企业主营业务（不含重庆横河川仪有限公司等合资企业）销售收入分别为 35.57 亿元、39.69 亿元、42.53 亿元；营业利润分别为 2.20 亿元、2.66 亿元、4.30 亿元；资产总额分别为 50.48 亿元、50.83 亿元、56.14 亿元。2021 年上半年实现营业收入 25.01 亿元，同比增加 40.08%；归属于上市公司股东的净利润 3.10 亿元，同比增加 280.20%；每股收益 0.78 元，同比增加 271.43%；资产总额 60.34 亿元，比年初增加 4.20 亿元；公司市值 80 多亿元。

（二）上海自动化仪表有限公司

上海自动化仪表有限公司是一家综合性的仪器仪表与自动化装备制造企业，是我国原三大仪器仪表制造基地之一，形成了以检测仪表、执行器、控制系统和产业服务四大业务协同发展的新模式。1994 年上海自动化仪表股份有限公司是公开发行 A、B 股的股份制上市公司，上海电气集团是最大股东。

主营业务：自动化仪表和控制系统的制造以及系统成套。主要产品：温度仪表（自主开发，从美国 Rosemount 公司引进精密铂电阻制造技术）、压力仪表和压力开关（自行开发）、压力/差压变送器（引进美国 Rosemount 公司技术）、物位仪表（自主开发）。系统成套的主要服务领域包括电力、石化、冶金、轻工等。

公司形成了以控制系统、检测仪表、执行器和产业服务四大业务协同发展的组织架构，并在火电、核电和轨道交通三大重点领域取得重要突破。火电行业：通过系统带装置，装置带单机，发挥自仪公司仪控产品的协同性优势、技术优势。经过几年的市场培育，2008 年 I&C 产业首次出现了大额合同订单。到 2010 年累计签订 23 套机组的 I&C 项目和 DCS 项目合同，合同金额逾亿元；DCS 实现了 1000MW 电站控制系统业务零的突破。核电行业：公司依托第三代核电项目的国产化，加快仪控产品的研发和适应性改造步伐。2008 年自仪七厂阀门首次进入广核集团核电站安全岛。2010 年公司获得符合 AP1000 要求的核电产品首个 SUPMAX800 系统和仪表合同。同时，对温度仪表等产品进行技术攻关，以逐步实现研发的产业化。轨道交通行业：轨道交通累计承接了九条线的监控系统，在 SCADA、信号系统和电源监控系统等均已取得了订单。由公司自主研发的具有自主知识产权的新一代 SUPMAX800v2 分散控制系统已在南通、山西和陕西等现场成功运用。公司以国核自仪为依托，加快引进消化第三代核电 AP1000 产品技术。目前，AP1000 的技术消化和技术攻关顺利推进；与泰雷兹合资组建符合国家国产化要求的轨道交通信号系统合资公司合同已签订完成；重大技术改造项目中的核级调节阀与核级电动执行机构项目研发、设备改造、厂房建设取得进展；拟与英国 IMI 集团组建核电调节阀合资公司按要求正在实施过程中，公司拟通过引进、消化、吸收先进技术，增强企业发展后劲，提高企业在市场中的核心竞争力。

（三）中环天仪股份有限公司（天津天仪集团）

中环天仪股份有限公司（天津天仪集团）是行业中的综合性自动化仪表制造企业。企业的性质是国有控股企业。现任中国仪器仪表行业协会常务理事单位、中仪协自动化仪表分会理事长单位。

主营业务：工业自动化仪表和气象仪表。主要产品：温度仪表（自行开发）、压力/差压变送器（外购部件，组装生产）、电磁流量计（自行开发）、电动执行机构（引进法国博纳德公司技术）、调节阀（引进美国 Fisher 和日本 Koso 公司的技术）、气象仪器（自行开发，有引进芬兰技术的计划）。

中环天仪股份有限公司原来工厂在市区，比较分散。天津市政府采取退二进三的政策，将天津仪表的市区土地拍卖，然后把大部分所得款项归还企业，并在开发区以优惠价提供土地，建立中环智能仪表工业园。天津仪表对集团最优良的业务进行了机制体制的改革，成立两个股份公司，生产调节阀和电动执行机构。一名津伯，一名津通。目前这两个公司是天津仪表的支柱企业。电磁流量计是天津仪表自行开发的新型产品。

气象仪器是天津仪表的特色产品。目前全国只有三家企业生产。气象预报是当前国家的重点支持项目，每年国家气象局都有政府采购项目，市场比较稳定，2006 年销售额已经过亿。天津仪表准备进一步和国外企业合作，引进技术，向高端产品发展。

（四）浙江中控技术股份有限公司

浙江中控技术股份有限公司主要从事石化、化工、冶金、电力等流程工业自动化软硬件产品、智能仪器仪表的开发、生产、销售及技术服务，已形成了控制系统、自动化仪表、综合自动化软件三大系列几十种产品，是国内工业自动化领域产品最为丰富的企业之一。产品国内市场占有率居全国同行业首位，并已成功地进入国际市场。

主营业务：工业自动化控制系统与仪表。主要产品：集散控制系统、压力/差压变送器、电磁流量计、调节阀、电动执行机构、安全栅和信号隔离器。

公司现有员工1911人，大学以上学历的员工数占员工总数的94.3%，技术人员占公司员工总数的51.36%，技术人才基础雄厚。公司作为国家规划内该领域重点骨干企业，中国软件百强企业之一，先后承担了国家"九五"重大科技攻关项目（96-749-02）、"十五"高科技产业化项目、"十五"重点科技攻关项目（2001BA204B02）等多个重大科技项目。公司有二十余项科研成果通过国家及省级技术鉴定，申请专利146余项，其中获得发明专利89项，获得国家科技进步二等奖一次，浙江省科技进步一等奖两次。

公司已经建立了覆盖全国的营销和服务网络，在印度、越南、巴基斯坦、伊朗设立了四个海外办事处，产品直接面向工业企业客户进行销售，并为用户提供全天候全方位的技术服务。

（五）河南汉威电子股份有限公司

公司是国内最早从事气体传感器研究、生产的厂家之一，是气体传感器、气体检测仪器仪表专业生产企业。

主营业务：气体传感器、气体检测仪器仪表的研发、生产、销售及自营产品出口。主要产品：半导体类、催化燃烧类、电化学类及红外光学类气体传感器、可燃气体报警器、可燃气体报警控制器、探测器、呼出气体酒精含量探测器、便携式气体探测器、工业固定式气体探测器（含系统）。

河南汉威电子股份有限公司位于河南省郑州市高新技术产业开发区，1998年创立，是国内最早从事气体传感器研究、生产的厂家。获河南省"高新技术企业""创新型试点企业""高成长型民营企业"等多种称号。2009年10月在深圳证交所创业板上市。募集资金投资以下三个项目：一是年产八万支红外气体传感器及七万五千台红外气体检测仪器仪表项目；二是年产二十五万台电化学气体检测仪器仪表项目；三是客户营销服务网络建设项目。

公司拥有气体传感器、气体检测仪器仪表、气体检测控制系统的完整产业链，拥有气体传感器研发中心，能快速研发和设计出适合市场发展趋势的气体传感器，公司应用此类气体传感器可较快设计和生产出最新的气体检测仪器仪表及高附加值的气体检测控制系统，为公司建立行业领先地位提供根本保证。如今汉威已形成气体传感器、家用气体报警器、商用气体探测器、智能交通产品、个人防护、工业在线气体检测、气体分析仪器、矿业安全八大产品系列。公司在全国二十余个城市设有客户服务网点，产品和解决方案已应用于数十个国家和地区。

（六）上海威尔泰工业自动化股份有限公司

上海威尔泰工业自动化股份有限公司是一家以生产压力/差压变送器和电磁流量计为主的仪表制造企业。企业性质是上市公司，最大股东是上海紫江集团。主要产品：智能型现场仪表—压力/差压变送器、电磁流量计、温度变送器、工业自动化系统。

威尔泰公司最初与ABB公司合作进行高精度变送器的组装生产，变送器总销量曾达到一万八千台。后 ABB 公司在中国自设独资企业生产变送器。威尔泰在消化 ABB 公司产品技术的基础上，引进设备和技术，投资近四千万元，于 2009 年建成"五万台传感器生产基地项目"。电磁流量计最初也是和 ABB 公司合作，进行组装。在 ABB 独资生产后，公司自行开发电磁流量计，2009 年"电磁流量计及其提高在线检测精确度的方法"获得发明专利授权。公司在特殊领域用电磁流量计和大口径电磁流量计方面进行了持续的技术开发，固液两相交流励磁电磁流量计经过测试和用户试用，在水煤浆、铁矿浆等领域使用效果良好。2009 年，该公司进入国内核电领域合格供应商行列，并通过国家核安全局及环保部核与辐射安全中心的现场检查。承接的核电秦山联营有限公司的核级压力变送器订单已交货。

（七）重庆市伟岸测器制造股份有限公司

重庆市伟岸测器制造股份有限公司为工业过程控制和能源计量提供专业的传感器与仪器仪表仪表，致力于变送器的小型化、智能化研究，在变送器国内自主开发领域名列前茅。近年公司进军热计量领域，业绩迅速增长，产品 UH 系列超声波热量表 2010 年被住房和城乡建设部列为全国建设行业科技成果推广项目，并被中国仪器仪表学会授予"优秀产品奖"。

主营业务：专业从事传感器、变送器、热量表的研发、生产、营销。主要产品有：ST 电容式压力 / 差压传感器、SST 系列数字化智能压力 / 差压变送器仪表、T 系列悬浮式多参数压力 / 差压 / 流量变送器仪表、各种特殊法兰、远传法兰变送器、TH 系列差压式热（冷）量仪表、UH 系列超声波热（冷）量仪表。

重庆市伟岸测器成立于 1992 年，自 1995 年以来一直取得国家高新技术企业和高新技术产品认证，被列为重庆市重点扶持高新技术企业。1998 年公司成功研制出国内第一台小型化压力 / 差压传感器；2004 年数字化传感器及变送器仪表投放市场。2004 年与海王、宇通、东电等仪表企业强强联手，总投资 1.2 亿元人民币，在重庆市高新区建设国内最大的变送器生产基地，共占地 62 亩，其中，伟岸总装车间 5000 平方米，办公、科研面积 3000 平方米。目前，公司已形成 5 万台 / 年压力传感器及数字智能变送器生产能力和 20 万只热量表生产能力，成为国内最大规模压力 / 差压传感器制造商和热量表主要制造商。由于拥有压力传感器和流量传感器核心技术，以及产业化的生产能力，使伟岸测器在国内压力 / 差压变送器市场具有较强的竞争力。公司已获得 13 项压力 / 差压变送器专利技术。其压力变送器产品已获得国军标标准体系认证，在军工领域获得应用。随着我国供热计量改革的深入，热量表需求剧增，2010 年公司决策投资建设 20 万只热量表制造和检测生产线，当年就实现 1.35 万只超声波热量表的销售，2011 年产销量迅速扩大至 17 万只，超声波热量表已成为公司新的经济增长点，在热量表行业的地位迅速上升，已位于行业前列。目前公司拥有员工 320 人，下设八大地区营销服务网点，为用户及时提供产品和售前、售中、售后服务工作。

（八）江苏天瑞仪器股份有限公司

江苏天瑞仪器股份有限公司前身是江苏天瑞信息技术有限公司，成立于 2006 年，2008 年 12 月完成股份制改造。公司旗下拥有北京邦鑫伟业公司和深圳天瑞仪器公司两家全资子公司。是专业从事光谱、色谱、质谱、医疗仪器等分析测试仪器及其软件研发、生产、销售的国际化高科技企业。

主营业务：专业从事化学分析仪器及其应用软件的研发、生产、销售。主要产品包括：X 射线荧光光谱仪、气相色谱仪、液相色谱仪、原子吸收分光光度计、等离子体发射光谱仪。

江苏天瑞仪器股份有限公司是"江苏省高新技术企业""江苏省软件企业""江苏省科技创新示范企业""江苏省光谱分析仪器工程技术研究中心""苏州市分析仪器工程技术研究中心"。公司通过自主研发形成了在 X 射线荧光光谱仪方面独有的核心竞争优势，其系列产品被认定为"国家重点新产品"和"江苏省高新技术产品"。子公司邦鑫伟业是目前国内唯一可以生产波长色散 X 射线荧光光谱仪的企业，是国内全面掌握 X 射线荧光光谱仪核心部件、分析软件技术并拥有自主知识产权的少数厂家之一，在 RoHS、贵金属等领域占有较大市场。公司建立了覆盖广东、福建、浙江、上海、山东、天津、北京、重庆等地的营销网点，并在深圳、昆山两地建立了"区域营销中心"，在世界各地建有一百多个办事机构和技术服务站，产品销往欧美、澳大利亚、韩国、新加坡等五十多个国家和地区。2011 年 1 月在深圳证交所创业板上市。募集资金使用于手持式智能化能量色散 X 射线荧光光谱仪产业化、研究开发中心、营销网络建设项目。天瑞分析测试仪器产业园总占地百亩，产业园分为两期建设。

（九）聚光科技（杭州）股份有限公司

聚光科技（杭州）股份有限公司 2002 年注册成立于杭州国家高新技术产业开发区。为客户提供环境监测、食品安全、工业安全、公共安全等领域完整的分析检测及信息化管理整体解决方案。主打产品在国内市场居于领先地位，并出口到美国、日本、英国、俄罗斯等国家。

主营业务：研发、生产和销售应用于环境监测、工业过程分析和安全监测领域的分析仪器仪表。主要产品：激光在线气体分析系统、紫外在线气体分析系统、环境气体监测系统、环境水质监测系统、数字环保信息系统、近红外光谱分析系统。

公司被认定为第三批"国家创新型试点企业""国家火炬计划重点高新技术企业""浙江省首批创新型试点企业""浙江省专利示范企业"。公司研发机构被评为国家技术中心。连续三年作为唯一的分析仪器企业入选"中国最具生命力百强企业"，连续三年上榜福布斯"中国最具潜力企业百强"。聚光科技拥有八个子公司、十个分公司，在美国、日本、韩国等国家均拥有代理商。2011 年 4 月公司在深圳证交所创业板上市。募集资金投资项目包括环境监测系统建设、工业过程分析系统建设、光纤传感安全监测系统建设、数字环保信息系统建设、运营维护体系建设、研究开发中心建设等。

（十）安徽天康（集团）股份有限公司

安徽天康集团创建于 1974 年，从天长仪表厂起步，历经四十年的发展，现已成为拥有三十多家子公司、六千多名员工的跨行业、多元化的集团公司，是全球最大的温度仪表生产基地。主营业务为开发、制造和销售仪器仪表、电气设备、电线电缆和光纤光缆等产品，生产制造各种温度仪表、压力仪表、流量仪表、物位仪表、工业自动化控制盘箱柜，以及控制系统。安徽天康荣获中国民营企业制造业五百强企业、中国电子信息百强企业、国家高新技术企业、全国五一劳动奖状单位等多项荣誉称号。

撰稿人：石镇山

参考文献

［1］ 中国机械工业年鉴编辑委员会. 中国机械工业年鉴［M］. 北京：机械工业出版社，1993–2020.

［2］ 李竞武. 物位测量新技术及我国的物位仪表行业概况［J］. 中国仪器仪表，2007（9）：21–26.

［3］ 朱明凯，赵孝媛. 引进技术改造企业，促进仪表行业发展［J］. 仪表工业，1990（6）：2–6.

［4］ 朱良漪，孙丙玥，周宝虹. 以重点工程带系统，以系统带仪表——30万/60万千瓦电站工程任务的基本做法和初步收获［J］. 仪表工业，1984（5）：1–9.

［5］ 朱良漪，孙丙玥. 再论"以重点工程带系统，以系统带仪表"［J］. 仪表工业，1988（6）：5–9.

［6］ 杨文澜. 智能仪器仪表现状与发展［J］. 机械与电子，1991（3）：5–9.

［7］ 刘树春，杨丽卿. 提高国产仪表替代进口能力，增强国际市场竞争力［J］. 仪表工业，1990（2）：10–13，23.

［8］ 王森. 在线分析仪器技术进展、市场前景、存在问题及建议［J］. 中国仪器仪表，2009（2）：26–30.

［9］ 石镇山. 我国仪器仪表工业水平现状及发展趋势［J］. 机电信息，1997（3）：10–13.

［10］ 石镇山. 我国工业过程测量、控制和自动化产品市场分析［J］. 仪器仪表学报，2010，31（08A）：170–173.

［11］ 卞正岗. 工业自动化仪表及系统的智能化现状和发展趋势［J］. 自动化博览，2014（11）：26–28.

［12］ 中国仪器仪表行业协会. 仪器仪表工业改革开放三十年成就辉煌［J］. 中国仪器仪表，2008（11）：20–24.

［13］ 奚家成. 仪器仪表工业在改革开放中奋进［J］. 自动化与仪表，1990（2）：3.

［14］ 孙怀义，刘琴，东强，等. 重庆市自动化与仪器仪表行业的现状及发展趋势［J］. 自动化与仪器仪表，2013（5）：1–3，6.

第十章 引进自动化仪表技术产品

第一节 引进背景和主要引进的技术产品

一、引进背景

1980 年，国家进出口委、计委、经委发出《关于安排 300MW、600MW 大型火电设备的技术引进和合作生产项目有关事项的通知》，开始了技术引进工作。1980 年 9 月 9 日和 11 月 21 日，一机部分别与美国西屋（WH）和燃烧工程公司（CE）签订了汽轮发电机组和锅炉的技术转让和购买部分零部件合同，规定引进 300MW 和 600MW 火电机组制造技术的内容包括科研发展，产品设计，制造工艺，质量保证，生产技术管理，电站系统工程，人员培训，工厂技术改造和技术咨询，考核机组的高度、安装、运行和维修等。提供的图纸资料包括薄膜底图两套、微缩胶卷两套、技术资料四套、成熟的计算机程序 176 项。

300MW 和 600MW 大型火力发电机组的引进工作是在国家计委统一领导下，机械部、电力部在同心协力、团结造机的目标下进行，同时结合石横电厂、平圩电厂工程建设项目，不仅引进了主机设备的制造技术，而且电力设计部门相应也引进了设计技术。在仪表和自控方面全面地跟踪了世界先进水平，这样就使电站的总体水平大大地提高了一步。在此之前，我国仪表行业无论从生产水平、产品品种、可靠性及设计和成套能力、生产技术、管理水平等都远远不能满足大型电站对仪表和自控系统的要求，通过 300MW 和 600MW 重点工程任务的完成，使仪表行业的技术水平得以提高，又能适应大工程长远规划目标的要求，意义重大。

国家仪器仪表工业总局成立之后，应美国霍尼韦尔、约翰逊和福克斯波罗三个公司的邀请，以国家仪器仪表工业总局副局长翁迪民为团长、国家经委副局长宣世华和国家科委副局长金履忠为副团长、国家仪器仪表工业总局副局长朱良漪为顾问的中国仪器仪表工业技术代表团一行九人，首次赴美考察仪器仪表工业。其任务是了解美国仪器仪表的科研、制造、管理及发展趋势，以便借鉴比较，为我国仪器仪表工业的发展和技术引进提出一些初步设想和建议。代表团于 1980 年 11 月 21 日离京，在美考察到 12 月 21 日结束。返回时经过日本东京，利用过境许可停留三天的机会，参观了北辰电机公司和日本电气计器检定所。12 月 24 日飞离日本回国。这次在美国考察参观了十三家公司的二十二家工厂和有关研究单位与发展中心，以及美国国家标准局，对美国仪器仪表工业的技术水平，现代化科学管理方法以及今后的发展趋向等有了进一步了解和亲身感受。

从 1979 年西安仪表厂与美国罗斯蒙特公司签订第一个技术引进合同开始，国家改革开放政策和重大工程需求的双重叠加就在刺激仪器仪表行业大量的技术引进。

二、引进技术和产品

1979 年到 1985 年年底，仪器仪表行业由中央部委立项的技术引进项目共 95 项。"六五"期间引进 89 项，批汇金额 11581 万美元。其中：自动化仪表行业 37 项，批汇金额 4571 万美元；分析仪器行业 14 项，批汇金额 1247 万美元，引进项目见表 10-1。"六五"期间地方立项的引进项目共 67 项，其中自动化仪表行业有 34 项、分析仪器行业两项，见表 10-2。

表 10-1　"六五"期间技术引进项目表（中央部委立项）

序号	项目名称	引进单位	转让国别厂商	方式	签约年月
1	铠装热电偶	四川仪表一厂	（日）岗崎	技	84.12
2	红外温度计	云南仪表厂	（英）兰德	技	80.10
3	红外辐射温度计	上海自动化仪表三厂	（英）凯曼	技贸	84.12
4	精密压力表和数字压力表	西安仪表厂	（美）德莱赛	技	85.7
5	煤气表	丹东热工仪表厂	（法）福罗尼柯	技贸	84.12
6	热水表	宁波水表厂	（德）迈内克	技	85.12
7	蒸汽流量计	辽阳自动化仪表厂	（日）光辉	技贸	84.12
8	电磁流量计	开封仪表厂	（英）肯特	技	81.12
9	超声流量计	开封仪表厂	（美）西屋	技贸	84.12
10	浮子钢带液位计变送器	北京自动化仪表四厂	（美）维瑞	技	85.5
11	电子皮带秤	上海华东电子仪器厂	（美）梅里克	技	83.12
12	压电传感器	北京测振仪器厂	（法）梅塔维伯	技	85.12
13	自动平衡显示仪表	四川仪表总厂	（日）横河北辰	技	82.12
14	事故程序记录仪	上海大华仪表厂	（美）罗切斯特	技	83.12
15	气动基地式仪表	广东仪表厂	（日）山武－霍尼威尔	技	83.12
16	自动调节阀	吴忠仪表厂	（日）山武－霍尼威尔	技	80.5
17	隔膜调节阀	天津自动化仪表四厂	（英）桑达斯	技	83.10
18	气动执行机构	西安仪表机床厂	（美）贝莱	技	84.11
19	高温高压电磁阀	丹东电磁阀厂	（德）赫瑞	技	85.11
20	Ⅰ系列全电子控制装置	西安仪表厂	（日）横河北辰	技	79.11
21	1151 型电容式变送器	西安仪表厂	（美）罗斯蒙特	技	79.11
22	汉字信息处理装置	上海电表厂、上海仪器仪表所	（德）奥林匹亚	合作	81.7
23	电动仪表合资经营	上海仪表公司	（美）福克斯波罗	合资	82.4
24	热工信号装置及报警系统	上海自动化仪表一厂	（美）罗切斯特	技	83.12
25	火焰检测系统	北京环保仪器厂	（美）福尼	技	84.5
26	循环水加氯装置	北京自动化仪表七厂	（美）克波特	技贸	84.12
27	火灾消防控制系统	北京自动化仪表二厂	（英）阿发米诺瓦	技	84.12
28	暖通控制系统	北京自动化仪表厂	（瑞士）索特	技	84.12

续表

序号	项目名称	引进单位	转让国别厂商	方式	签约年月
29	控制系统合资经宫	西安仪表厂	（日）横河北辰	合资	85.5
30	分散型工业控制系统	四川仪表总厂	（美）霍尼威尔	技	85.12
31	协调控制系统	上海工业自动化仪表研究所	（美）福克斯波罗	合作	84.12
32	可编程序控制器	天津自动化仪表厂	（美）哥德	技贸	84.5
33	平台（船）用仪表设计入级验证	上海工业自动化仪表研究所	（英）劳氏船级社	技	83.12
34	暖通消防自控系统设计	北京自动化系统成套研究所	（美）霍尼威尔	合作	84.8
35	单回路调节器	四川仪表总厂	（日）山武－霍尼威尔	技	84.8
36	电量变送器	贵阳永胜电表厂	（美）罗切斯特	技	84.11
37	BT 控制盘	上海仪器仪表成套厂	（美）贝莱	技	84.11
38	红外线气体分析器	北京分析仪器厂	（德）麦哈克	技	79.12
39	氧化锆氧量分析器	南京分析仪器厂	（英）肯特	技	80.8
40	紫外线分析器	四川仪表九厂	（德）哈特曼	技	83.10
41	硅酸根分析器	北京分析仪器厂	（英）肯特	技	85.3
42	电站水质分析仪	上海雷磁仪器厂	（英）肯特	技	85.3
43	燃烧效率优化仪	南京分析仪器厂	（英）凯曼	技贸	84.12
44	工业色谱仪	南京分析仪器厂	（美）贝克曼	技贸	81.9
45	水质监测系统	上海雷磁仪器厂	（英）肯特	技	82.12
46	总有机碳分析器	北京分析仪器厂	（德）麦哈克	技	85.8
47	气相色谱仪、液相色谱仪	北京分析仪器厂	（美）瓦里安	技贸	81.12
48	环境污染监测器	北京分析仪器厂	（美）莫尼特	技贸	84.11
49	血液自动分析仪	南京分析仪器厂	（美）爱埃尔	技贸	85.12
50	质谱计	北京分析仪器厂	（美）惠普	技	85.12
51	核磁共振波谱仪	北京分析仪器厂	（美）瓦里安	技	85.4

表 10-2 "六五"期间技术引进项目表（地方立项）

序号	项目名称	引进单位	转让国别厂商	签约年月
1	铠装热电偶	上海自动化仪表三厂	（法）CMR	84.1
2	微型薄膜铂电阻	上海自动化仪表三厂	（美）罗斯蒙特	85.2
3	防腐用压力表	北京自动化仪表三厂	（日）山本	84.7
4	水表	辽阳水表厂	（德）威勒	84.4
5	干式水表	天津自动化仪表三厂	（日）金门	83.12
6	家用煤气表	天津自动化仪表十厂	（英）伊美	84.9
7	差动变压器、位移传感器	阜新传感器厂	（英）胜索尼	85.1
8	容积式流量计	哈尔滨龙江仪表厂	（日）东机工	85.12
9	旋涡流量计	上海自动化仪表九厂	（日）横河	83.12

续表

序号	项目名称	引进单位	转让国别厂商	签约年月
10	涡街流量计	银河仪表厂	（美）伊斯特尼	84.12
11	彩色液位计	铁岭光学仪器厂	（日）文化交易	84.11
12	物位仪表	上海自动化仪表五厂	（美）平迪开特	85.2
13	传感器和应变片	上海华东电子仪器厂	（日）新兴	84.11
14	称量仪表	上海华东电子仪器厂	（德）菲利浦	84.11
15	荷重传感器显示器吊车秤	韶关仪表厂	（澳）EFM	85.2
16	箔式电阻应变式传感器	宝鸡仪表厂	（日）大和制衡	85.2
17	多功能记录仪	北京自动化仪表五厂	（日）东亚电波	85.12
18	台式平衡记录仪	北京自动化仪表五厂	（捷）柯弗	84.8
19	记录仪	上海大华仪表厂	（日）千野	84.5
20	小型记录仪	大连仪表厂	（日）大仓电气	84.9
21	二位式控制器	上海远东仪表厂	（德）海隆公司	84.12
22	气动执行器	天津仪表专用设备厂	（日）富士	84.12
23	高温高压调节阀	上海自动化仪表七厂	（日）日立	84.2
24	高压电磁阀	天津电磁阀厂	（日）金子产业	85.1
25	单回路调节器	天津自动化仪表厂	（日）富士	84.12
26	单回路调节器	大连仪表厂	（日）富士	85.1
27	单回路调节器	上海调节器厂	（日）日立	84.12
28	电量变送器	上海浦江电表厂	（日）山武-霍尼威尔	84.2
29	EK系列电子控制装置	北京电表厂	（日）横河电机	84.5
30	YS-80单元式数控仪表	西安仪表厂	（日）横河北辰	84.11
31	暖通空调系统	北京自动化仪表七厂	（美）江逊	85.5
32	自动化接口装置	北京自动化技术研究所	（日）康特克	84.7
33	软磁盘	上海电表厂	（德）巴斯斯夫	84.7
34	船舶机舱自控仪	上海自动化仪表一厂	（德）西门子	84.11
35	油份浊度计	佛山分析仪器厂	（日）掘场	85.5
36	汽车尾气分析仪	佛山分析仪器厂	（日）掘场	84.4

"七五"期间自动化仪表行业技术引进项目见表10-3，其中自动化仪表行业有十五项、分析仪器行业七项。

表10-3 "七五"期间技术引进项目表

序号	项目名称	引进单位	转让国别厂商	方式	签约年月
1	温度变送器技术	西安仪表厂	（美）罗斯蒙特	技	90.12
2	船用热电偶温度计	云南仪表厂	（法）CM公司	技	90.10
3	二位式控制器及设备	上海远东仪表厂	（德）海隆公司	技	90.8

续表

序号	项目名称	引进单位	转让国别厂商	方式	签约年月
4	压电式旋涡蒸汽流量计	合肥仪总厂	（日）奥巴尔	技	88.7
5	玻璃转子流量计	常州热工仪表厂	（德）科隆公司	技	87.3
6	不锈钢椭圆齿轮流量计	湛江仪器厂	（美）布鲁克斯	技	87.4
7	加油车流量计	重庆仪表厂	（美）LTVE公司	技	87.1
8	H27微电子流量计	承德热河仪器四厂	（德）科隆公司	技	88.12
9	41系列压力变送器	武汉仪器仪表工业公司	（波）METRONEX	技	88.1
10	超声波物位计	上海自动化仪表五厂	（美）开瑞公司	技	86
11	电动执行器	大连第三仪表厂	（德）西门子	技	86.7
12	气动调节阀	吴忠仪表厂	（日）山武	技	87.1
13	密封型调节阀	无锡仪表阀门厂	（日）工装	技	87.12
14	V型调节阀	天津自动化仪表四厂	（日）工装	技	90.12
15	电容式变送器	北京电表厂	（美）罗斯蒙特	技	87.4
16	烟气监测系统设计、制造技术和设备，补充硅酸根分析仪关键设备	北京分析仪器厂	（瑞士）ACIERA（德）MAIHAK	技	
17	工业流程浊度计制造技术及设备	上海雷磁仪器厂	（德）NOCDEHS/S	技	
18	SP系列高效液相色谱仪装配技术和关键设备	佛山分析仪器厂	（英）光谱物理公司（日）ATEC，科达天田（瑞士）EPM（德）ROYOMC	技	
19	离子色谱测试设备及散件	上海分析仪器厂	（英）光谱物理公司	技贸	
20	工业色谱仪关键件	南京分析仪器厂	（美）贝克曼	技贸	
21	共振波谱仪及有机碳分析仪和红外线分析仪关键件	北京分析仪器厂	（美）Varian	技贸	
22	燃烧效率测定仪消化吸收进口数控设备	南京分析仪器厂	（美）哈挺	技贸	

  1983年至1987年间，围绕石横电厂、平圩电厂两项重点工程，仪器仪表行业与26家国外厂商签订33项合同，用汇2400万美元，共引进17个系统52种仪表。到"七五"结束，对大型电站的配套品种满足率已达80%，国产化率65%。随着新技术的发展、大型电站设备的需要，尤其在控制系统方面，国外已从监控计算机系统发展为分散型控制系统。为了跟踪世界先进水平和进一步提高产品成套率和国产化率，经国家计经贸委批准对电站控制系统国产化专项批准用汇2900万美元，进一步补充引进项目和购置设备，提高批量生产能力。为了保证国产化率及其质量，增强企业对引进产品批量生产能力，许多工厂补充购置了测试设备，完善了工艺装备，共用汇2662万美元，进一步提高了电站用仪表的配套能力。"八五"期间共引进27个项目，见表10-4。

表 10-4 "八五"期间技术引进项目表

序号	引进单位	项目名称	技术引进	进口设备
1	上海调节器厂	MAX-1 电站控制装置	√	
2	上海自动化仪表公司	电站 BTG 盘 CAD 设计		√
3	大华仪表厂	自动绘图仪	√	
4	上海自动化仪表七厂	高温高压调节阀	√	
5	上海自动化仪表十一厂	新型电动执行器	√	
6	上海远东仪表厂	小流量逻辑开关	√	
7	上海雷磁仪器厂	工业过程浊度计	√	
8	天津自动化仪表厂	可编程序控制器		√
9	天津自动化仪表四厂	球阀和 V 型阀	√	
10	北京分析仪器厂	硅酸根分析仪		√
11	北京分析仪器厂	烟气分析仪	√	
12	北京电表厂	锅炉火焰监测系统		√
13	北京测探仪器厂	汽轮机安全监控仪表		√
14	北京成套设计院	暖通空调 CAD 设备		√
15	北京自动化仪表七厂	循环水加药装置		√
16	贵阳仪器仪表公司	电工记录仪		√
17	贵阳仪器仪表公司	电量变送器、模具中心		√
18	吴忠仪表厂	调节阀工艺制造设备		√
19	四川仪表总厂	智能变送器	√	
20	四川仪表总厂	智能记录仪	√	
21	四川仪表总厂	金属复合材料	√	
22	四川仪表总厂	TDC A-MC 控制系统		√
23	西安仪表厂	444 型温度变送器	√	
24	西安仪表厂	CENTUM 控制系统	√	
25	大连仪表元件厂	扩散硅传感器	√	
26	南京分析仪器厂	燃烧效率测定仪、工业色谱仪		√
27	上海工业自动化仪表研究所	电站协调控制系统、输煤保护	√	

通过这一轮近十五年的大规模技术引进，使行业产品的技术水平上了一个台阶，产品总体水平达到七十年代末八十年代初国际先进水平，大大缩短了与先进国家的差距。

在上述引进项目中，大部分项目是引进关键制造技术，采取许可证贸易的占比最高，如调节阀、记录仪等；还有的采取技贸结合、合作生产等方式。根据国家利用外商投资的政策，积极创办行业主导产品的合资企业、合资经营企业等，如上海福克斯波罗有限公司。另外，考虑仪器仪表行业各专业产品的特点，对高技术、技术密集型产品采用先组装后带制造技术方式等。对内地工厂的项目，充分利用沿海城市的优势，尤其是先在深圳特区设点搞合作生产，再将技术移植到内地的方式。在技术引进项目取得实质性进展，确认了长期合作的前提下，创办全出口型企业，为支持高技术合作项目，缓解外汇平衡提供了新的值得探索的途径，如创办了日本横河电机与苏州晶体元件厂、西安仪表厂的合资企业等。在行业突出技术引进与技术改造相结合，技术引进与技术开发、攻关相结合，技术引进与消化吸收国产化相结合、与替代进口、堵进口相结合等"三个结合"。

引进的技术中绝大部分具有七十年代末八十年代初的国际水平，其中少部分是八十年代中期水平。引进技术使行业产品结构和产品生产技术大大提高，自动化仪表实现了分离元件向第三代模拟控制仪表的转变，数字控制系统及仪表已起步，产品 MTBF 由八十年代五千小时提高到一两万小时，控制技术水平已达到网络规模 64 个站、1000 个回路，具有数据采集、可编程控制站、多功能控制站、DCS 控制站等 7 种功能。提高了行业的经济效益和社会效益，过去仪表行业仅能对一些小型项目进行工程配套，没有独立的系统设计能力，目前已能对 30/60 万千瓦火电机组、250 万吨炼油厂、120 吨转炉、30 万吨合成氨等过程优化控制提供配套。在技术引进工作开展的同时，消化吸收国产化工作也开始起步，国产化率不断提高，引进产品的 50% 实现了大批量生产，引进产品的产值在行业中所占比重逐年增大。出口创汇水平有所提高。培养了人才，提高了管理水平。

取得的主要经验：引进技术是仪器仪表加速技术进步的重要途径，能使国外先进技术为我所用，今后应坚持下去。引进技术项目要结合国家重点工程、主导产品的配套基础技术的需要，项目要有重点地放在行业重点、骨干企业，给予立项和实施。这是搞好重点引进，收到实效的基本条件。采取许可证贸易、技贸结合、合作生产、联合开发、合资等多种方式，经货比三家来选择国外先进企业作为合作伙伴。把技术引进、技术改造和消化吸收国产化作为完整的系统工程来抓，从经费、技术应用、组织管理等各方面统筹考虑安排，发挥中央、地方、企业、用户各方面的积极性，这样才能搞好技术引进各方面的工作。

值得吸取的教训：从宏观看，由于各地方立项的引进项目未上报部统一平衡，重复引进的问题没能有效克服，少数产品有多家引进现象，如记录仪、单回路调节器、电容变送器等产品，造成了一定的浪费。有个别项目立项的可行性分析不够充分，对国外产品状况了解不深，引进产品选型不妥，项目拖的时间很长，效益达不到预期的效果，甚至引进失败。有些项目外汇和人民币安排不配套，只解决了软件，形成不了生产能力。在引进过程中发挥研究所作用不够，大部分以工厂为中心，行业所和行业科研单位在技术引进工作中应该发挥更大的作用。引进项目早期国产化工作抓得不够紧，造成一些项目国产化缓慢或依赖外商的被动局面。为此制定了相应的管理办法和政策措施，为后续的引进、消化吸收、国产化提供借鉴和保障。

第二节　自主研发产品及引进技术的国产化历程

在中央开放、搞活等改革方针的指引下，在中央、地方各级主管部门的支持下，经行业全体同志的共同努力，改革开放初期的十余年里仪器仪表行业引进技术工作取得了很大成绩。

引进技术三百余项，其中自动化仪表和在线分析仪器近一百四十项，创办了十四家中外合资企业，在引进技术的同时便开启了引进技术消化吸收、国产化替代的艰难攻关历程。

机械部仪表局（机电部仪表司）高度重视引进技术的消化吸收和国产化工作，成立专门工作组，制订计划，动员全行业的科研力量，包括高校、科研院所、检测中心、重点骨干企业、配套企业联合攻关，每年召开专题工作会议。国家计经委等批准安排多项自动化控制系统和仪表引进技术消化吸收国产化重大专项，并给予专项资金支持。

在围绕300MW和600MW大型火力发电重点工程组织实施技术引进消化吸收国产化任务过程中，机械部仪表局（机电部仪表司）总工程师朱良漪等总结提出了"以重点工程带系统，以系统带仪表"的基本做法，为全行业的技术引进消化吸收国产化提供了范本和模式。

通过几年的消化吸收和国产化，引进产品已基本上成为行业的主导产品，技术引进和消化吸收使自动化仪表行业承担国家重点工程项目的成套水平也相应得到较大的提高。1987年全国600万千瓦电站项目中就有210万千瓦应用了西安仪表厂生产的控制系统。对30万吨乙烯工程、20万吨合成氨工程、250万吨炼油工程、大型输油管道工程等，自动化仪表行业都能组织成套供货和安装调试。西安仪表厂已形成年产I系列3万台、1151系列2.5万台、YS-80数字控制系统5500台的能力。吴忠仪表厂的调节阀、四川仪表总厂的记录仪、上海福克斯波罗的SPEC-200模拟控制系统、开封仪表厂的电磁流量计、四川仪表十七厂和上海自动化仪表三厂的铠装热电偶、上海自动化仪表九厂的旋涡流量计、北京电表厂的EK系列仪表、北京分析仪器厂利用引进红外技术开发的QGS-10红外分析仪、南京分析仪器厂的DH系列氧化锆氧量分析器、上海雷磁仪器厂的电站水质分析仪等产品投放市场后都受到用户的欢迎。

1988年机械电子部仪器仪表司在总结十年来技术引进、消化吸收国产化工作中，认为：当前这些项目正处在引进技术消化吸收和国产化的重要阶段，我们要不失时机地认真总结前一阶段的经验，肯定成绩，发现问题，制订好国产化工作计划，进一步搞好全行业引进技术消化吸收和国产化工作。

这段时间主要取得了四个方面的成绩。一是，引进消化吸收的工作取得了明显进展，国产化率不断提高，引进产品的产量迅速上升。在200个项目中有180项需要考核国产化率。目前，国产化率达到80%以上的有29项，占16.1%，国产化率在50%~80%的有53项，占29.4%；国产化率在30%~50%的有32项，占17.8%。以上项目共114项，占180项的63.3%，其中有70项已经投入了大批量生产。二是，提高了产品水平，满足了国家重点工程和社会的部分需要。引进技术绝大部分具有70年代末和80年代初的技术水平。所有引进的国产化产品都起着替代进口的作用，在公布的两批替代进口205个产品里，引进产品有70个，占34%。三是，提高了科研、设计和工艺水平，推动了技术改造，促进了技术进步。技术引进过程中，带进了大量的科研、设计、工艺、质量、标准及经营管理方面的技术，使产品水平前进了10~15年，行业的工艺水平也有了相应的提高。四是，培养了人才，提高了管理水平。

主要经验可归纳为：立项正确，可行性分析认真、充分，是引进消化吸收和国产化工作顺利进展的基础。加强组织领导是消化吸收和国产化工作的关键。重视横向联合，搞好协作，充分发挥有关企业、科研院所和大专院校的力量是加速消化吸收和国产化工作的重要途径。引进产品配套的元器件、原材料的落实是仪器仪表行业消化吸收引进技术和国产化工作中面临的突出问题。组织好推广应用和改进创新，是发挥引进效果的重要环节。要使消化吸收和国产化的产品不失时机地进入国际市场。

1996 年召开了 300MW 和 600MW 大型火力发电机组的引进工作总结会，回顾了十五年来，自动化仪表行业与电站主辅厂一起参与了这项工作，无论在技术引进、设计制造、安装投运中都取得了一些成绩。自动化仪表行业已从单机的配套，到能承担从系统设计到投运的独立系统，并向整台机组仪表的成套交货迈进了一大步。通过 300MW 和 600MW 重点工程任务的完成，使自动化仪表行业的技术水平得以提高，又能适应大工程长远规划目标的要求，意义重大。

在此期间，国家计经贸委安排专项支持对电站控制系统国产化，跟踪世界先进水平，引进新技术和进口设备，加强技术改造，进一步落实国产化工作，提高批量生产能力。

国务院重大办对大型火电发电站的自控系统和仪表给予很大的支持，"八五"期间共立项十四个专题，其中国产化协调控制系统在潍坊电厂得到了很好的应用，锅炉火焰安全检测系统的国产化，完成了锅炉燃烧多功能保护系统的研制，开发了适合国情的 CRT 系统及在锅炉安全检测保护系统中应用，并在黄台电厂、华鲁电厂、丰镇电厂等得到很好的应用。再加上对缺门仪表的配套进行科研攻关等，使得电站的自动化控制系统和仪表的成套率从原来的80%，提高到90% 左右，引进产品的国产化率也从"七五"期间的 65% 提高到 80% 左右。具备了大型电站自控系统的仪表的总承能力，总体水平达到了八十年代前期水平。

在取得 300MW 和 600MW 自控系统和仪表引进技术消化吸收国产化经验的同时，也针对250 万吨炼油厂、120 吨转炉、30 万吨合成氨、52 万吨尿素等大型石化、冶金项目的自动化控制系统和仪表国产化进行了攻关。工业色谱仪、红外线分析仪、热导分析器、热磁式分析器、磁力机械式分析器、氧化锆微量氧分析器、水质分析仪表、气体泄漏报警器等在线分析仪器国产化率达到了 60%~80%，常规测量分析仪表基本满足需要，但质量有待进一步提高。各种微量仪表仍待集中攻关突破。兖矿鲁南化肥厂 30 万吨合成氨、52 万吨尿素大化肥装置在关键装备上立足于国产化技术通过业主单位、控制系统提供商及设计院三方的通力合作首次基于国产 WebField ECS-100DCS 平台实现了"3052"大化肥装置全流程生产过程实时监控，有力推进了石油化工行业关键装备国产化进程。

1991 年创办的"纪念苏天·横河仪器仪表人才发展基金会"，日方提供一百万美元资金，十几年来，中方从仪器仪表行业企业中选派了一百多名骨干，举办了十六期赴日培训，为中国仪器仪表行业的发展做出了重要贡献。

进入二十一世纪后，核电技术受到越来越多关注重视，核电仪控设备的自主研发和国产化率不断提高。核电的控制因为生产环节多、被控量繁多、模型复杂难以进一步深入，设计、生产、装配、检测要求苛刻，仪控设备安全性、可靠性尤其得到各方的关注。核电第三代技术取得了丰硕成果，上海市电站自动化技术重点实验室（由上海大学、上海自动化仪表有限公司、上海电力学院等合作组成）产学研合作研制的国内首套百万千瓦级核电汽机岛控制系统、广利核设计的"和睦系统"、国核自仪开发的 NicSys8000 和 NuPAC 系统等，吴忠仪表有限责任公司的控制阀、重庆川仪自动化股份有限公司和上海自动化仪表有限公司的执行机构、成都中核鑫星应用技术研究所自主研发的乏燃料水池液位温度测量装置等，使得我国核电仪控设备走上自主化并向海外出口的道路。第四代核技术的出现，对新一代核电仪控系统提出了更高的要求，国产化尚停留在单一的执行器和检测装置上，整体仪控系统还难以替代国外先进系统，核电系统中的故障诊断停留在对物理因素的检测，通过装配前试验等手段进行检测，而在线实时故障诊断和分析仍显不足，先进智能分析方法的研究和性能评估系统研究还有待完善。

第三节 国外仪表产品的代工和规模生产

合资、合作经营、外商独资、补偿贸易（"三来一补"）都是利用外资、引进技术的不同方式。国际上通常把合资企业视为利用外资、引进技术的一种较为高级的形式，也是我国政府鼓励并优惠对待的一种利用外资的重要渠道，便于引进和学到比较先进的技术和管理方法，能够利用外商产品的品牌、商标及销售渠道，能够迅速将产品打入国际市场。

从全国来看，到 1987 年年底，外国和港澳地区在大陆投资兴办的外资企业已超过一万家，实际使用外来投资金额为 85 亿美元。其中广东省使用外资最多，为 12 亿美元；北京次之，实际使用 6.1 亿美元；上海为 5.9 亿美元。仪器仪表行业有中外合资企业 12 家，投资总额 7462.6 万美元，吸收外资 3086.75 万美元。仪器仪表行业的中外合资企业，既有技术先进型企业，也有出口创汇型企业。1982 年 4 月开业的，由上海市仪器仪表工业公司与美国福克斯波罗公司合资经营的上海福克斯波罗有限公司，投资总额 1500 万美元，就是一个技术先进型企业，经营电动仪表、组件组装式仪表和计算机技术产品等。该合资公司 1984 年开始向国内有关单位提供的智能化自整定控制技术产品（EXACT），是美国福克斯波罗公司当年开发的以微处理器为基础的智能化的 PID 自整定控制技术。1991 年 11 月公司获得国际认证机构（DNV）颁发的通过 ISO9001 质量体系设计（研制）、安装和服务的质量保证模式的合格证书，成为中国第一家通过该机构认证的企业。

随着全方位吸引外资与效率导向阶段（1992 年至 2011 年），兴办了一大批外国独资企业和中外合资企业。这些企业生产起步阶段一般均以散件组装的形式，包括全散件组装（CKD）、半散件组装（SKD）、直接组装或者成品组装（DKD）；中期不断地将非核心关键零部件实现本土化、国产化配套；后期对个别核心关键零部件和整机通过 OEM 和 ODM 等形式贴牌生产。铠装热电偶、压力表、压力变送器、记录仪、电磁阀、单回路调节器、可编程序控制器、氧化锆分析仪等量大面广国外仪表产品的引进、消化吸收、国产化都走的是这条路。国外企业牢牢把控着核心技术和高附加值部分的关键零部件，并按其战略计划和时间表推出一代接一代的新技术、新产品，直至用品牌、标准和知识产权赚取最大利润。我们完全处于被动跟随状态。

压力变送器在自动化仪表中市场规模和重要性一直位于前列。几乎所有工业领域的测量控制都需要使用变送器。例如在火电、石化等工程项目中，变送器是作用大、用量多、最受关注的现场测量仪表。下面以压力变送器为例，对引进合资、消化吸收、国产化攻关情况进行分析。

从二十世纪五十年代至今，世界上变送器已经更新了五代技术。五十年代变送器采用力平衡原理和在力平衡原理的基础上发展出来的矢量机构原理。测量精度一般为 0.5%~1%。六十年代出现以美国罗斯蒙特公司为首的金属电容原理变送器，因其测量精度高达到 0.2%，且调整方便、体积小，很快在全世界得到推广应用。以后又出现 0.2% 级的硅压阻原理变送器、硅电容变送器和陶瓷电容变送器。到九十年代，美国罗斯蒙特公司又开发出新一代悬浮式金属电容变送器 3051S，日本 Yokogawa 也开发出硅谐振原理的变送器 EJA 系列，测量精度达到 0.075%。0.04%、0.035% 级产品是在 0.075% 基础上的进一步完善，没有新的原理性变化。现场总线、在线分析校准、人工智能等新技术使压力变送器的性能不断改善，特别是高性能变送器，其精度、可靠性、长期漂移和过压保护能力越来越好，智能化水平不断提高。

北京远东罗斯蒙特仪表有限公司从 1996 年开始生产精度为 0.1% 的智能型罗斯蒙特 1151 压力变送器和罗斯蒙特 1199 型远传膜片产品，陆续又引进生产了罗斯蒙特 3051 变送器系列产品。重庆横河川仪有限公司主要生产 EJA、EJX 系列智能变送器，从膜盒体到整机装配的全过程均在横河川仪工厂内完成，制造成本降到了最低点。重庆川仪自动化股份有限公司与德国 SIEMENS 公司合作生产 PDS 压力 / 差压变送器产品，与美国霍尼韦尔合作代工生产 ST-3000 压力 / 差压变送器及核心部件。

我国从"六五"到"十三五"每个五年计划的国家科技重点研发项目中都部署了压力传感器、变送器的攻关任务，先后支持沈阳仪器仪表工艺研究所、重庆川仪自动化股份有限公司、福建上润精密仪器有限公司、浙江中控集团、太原航空仪表有限公司等。但高端压力变送器国产品牌市场占有率仍不足 20%，还是罗斯蒙特、横河、霍尼韦尔、西门子等国外品牌占主导地位。

电磁流量计、质量流量计、控制阀、电动执行机构、大规模 PLC、在线分析仪等高端自动化仪表产品的发展状况与压力变送器类似，市场主流产品主要是依靠进口，或由外商独资企业在中国制造，国内外技术水平仍有较大差距。DCS 技术和产品在国家大力支持和浙江中控、和利时、国电智深、南京科远、浙江优稳、正泰中自等企业、高校、院所共同努力下，与国外企业的技术差距在缩小。

第四节　国内仪表产品质量提升和产品占比的再回升

进入开放型经济新体制构建与高质量发展阶段（2012 年以来），物联网、智能制造、工业互联网的发展，制造业数字化、网络化、智能化转型升级的新需求，为自动化仪表提供了新机遇。庞大的中国市场吸引了全世界的眼球，自动化仪表跨国集团和拥有先进技术产品优势的外国企业纷纷涌入和扩资增产。市场竞争越发激烈，国外企业不仅试图在高端产品和技术保持其垄断地位，同时也在中低端产品市场与中国本土企业一争高低。国际形势更加错综复杂，核心技术自主可控、产业基础高级化和产业链现代化成为攻坚战。

2013 年 2 月 18 日工业和信息化部、科学技术部、财政部、国家标准化管理委员会联合印发《加快推进传感器及智能化仪器仪表产业发展行动计划》，企业更加重视科技创新、产品质量、品牌和知识产权的保护利用。

国际著名仪器仪表厂商在中国建立研制开发基地。如霍尼韦尔、西门子、菲尼克斯、艾默生、阿西亚布朗勃、欧姆龙等利用中国的人力资源优势和良好的政策环境，面向全球大力开发新产品，这些研制开发基地的建设为其节约成本和服务本地化创造了条件，同时也为中国培养了人才。

国有和国有控股企业经过改制和市场磨炼，初步形成了应对各种挑战的机制体制、行业振兴的责任担当。一批民营企业不再是进口产品代理、仿制、代工者，已经成为行业细分领域的龙头企业，不仅保持了灵活的机制优势，而且拥有了自己的核心技术、产品，更有一批行业翘楚成功登陆资本市场，在国内主板、中小板、创业板、新三板上市，在美国、中国香港上市，发展资金和空间得到强化，管理更加规范。

从国家实施知识产权战略以来，仪器仪表行业的创新活动非常活跃，浙江中控科技集团有限公司、江苏天奇自动化工程股份有限公司、同方威视技术股份有限公司等成为国家第一批知识产权创新示范企业。吴忠仪表有限公司、福建顺昌虹润精密仪器有限公司等二十一家仪器仪表企业成为国家知识产权优秀企业。

开发了一批具有自主知识产权的高端控制系统和仪表，核级数字化仪控平台、工业操作系统、高性能多点温度计、浆液型电磁流量计、核级用仪表（温度、液位、变送器等）、深海高压球阀、全自动水质 COD 分析仪、MEMS 气体系列传感器等。

到 2020 年年末，全国仪器仪表行业国有及国有控股企业营业收入占比约 3%，民营企业营业收入占比约 62%，外资企业（包括港澳台）营业收入占比约 35%。自动化仪表作为仪器仪表行业龙头老大，实现主营业务收入 2830 亿元，利润总额 280 亿元。

但是，我们也应清醒地认识到，国产自动化仪表产品大部分还是中低端，高端产品占比较少；行业的主干产品仍有相当一部分是靠引进技术或合资合作生产，核心关键零部件受制于外方；相比外企技术产品编入我高等学校教材、共建实验室，业界更应给予足够重视。

撰稿人：石镇山

参考文献

［1］　中国机械工业年鉴编辑委员会. 中国机械工业年鉴［M］. 北京：机械工业出版社，1993–2020.

［2］　朱明凯，赵孝媛. 引进技术改造企业 促进仪表行业发展［J］. 仪表工业，1990（6）：2–6.

［3］　刘旸. 在役进口分散控制系统国产替代可行性分析［J］. 石油化工自动化，2021，57（4）：9–14.

［4］　张良军，王冬青，赵柱，等. "3052" 大化肥装置国产控制系统开发及应用［J］. 石油化工自动化，2009，45（3）：13–16.

［5］　朱良漪，孙丙玥，周宝虹. 以重点工程带系统，以系统带仪表——30 万 /60 万千瓦电站工程任务的基本做法和初步收获［J］. 仪表工业，1984（5）：1–9.

［6］　朱良漪，孙丙玥. 再论 "以重点工程带系统，以系统带仪表"［J］. 仪表工业，1988（6）：5–9.

［7］　杨文澜. 积极利用外资，为振兴我国仪器仪表工业服务［J］. 仪表工业，1988（4）：30–34.

［8］　刘树春，杨丽卿. 提高国产仪表替代进口能力，增强国际市场竞争力［J］. 仪表工业，1990（2）：10–13，23.

［9］　机械电子工业部仪器仪表司规划处. 总结经验、制定规划、进一步搞好仪表行业引进技术消化吸收和国产化工作［J］. 仪表工业，1988（4）：2–6.

［10］　石镇山. 我国仪器仪表工业水平现状及发展趋势［J］. 机电信息，1997（3）：10–13.

［11］　中国仪器仪表工业技术代表团访美考察总结报告［J］. 仪表工业，1981（3）：1–6.

［12］　中国仪器仪表行业协会. 仪器仪表工业改革开放三十年成就辉煌［J］. 中国仪器仪表，2008（11）：20–24.

第十一章　自动化仪表学科科研体系和学术共同体的发展

　　我国自动化仪表学科、基础检测及控制方法的研究开发以各大高校和重点科研院所为主体，国家层面设置了相关国家重点实验室，国家工程研究中心，重点科研项目由国家科委、科技部管理。

　　产业化项目初期由计委管理。1979 年开始，归同年 10 月成立的国家仪器仪表工业总局归口管理。总局是国务院直属机构，由第一机械工业部代管。国家仪器仪表工业总局负责协调各部门仪器仪表和自动化装置的发展规划，管理全国工业自动化仪表和装置、测试仪器、电影照相机械等产品的规划、计划、科研及生产等工作；管理仪器仪表产品的技术标准和型谱系列的制定；归口审查各部门、各地方仪器仪表进口和技术引进计划，并向进出口管理委员会提出建议。1982 年 5 月，第一机械工业部、农业机械部、国家仪器仪表工业总局、国家机械设备成套总局合并，成立机械工业部。经过多轮机构改革，目前自动化仪表工业管理归口工业和信息化部。

　　国家设立科研和工业归口管理部门的同时，随着学科及产业的发展繁荣，科技团体、社会组织也迎来了繁荣发展时期。以工业自动化仪表学科及工业自动化为主体的社会组织，主要有 1961 年成立的中国自动化学会、1979 年成立的中国仪器仪表学会、1988 年成立的中国仪器仪表行业协会。社会组织主要面向学科和行业开展相关学术及技术交流、期刊创办、行业服务、咨询建议、国际交流等学科及行业工作。

第一节　国家科研机构设置

　　国家级的科研机构以国家重点实验室、国家工程研究中心为主要组成部分，调动了天津大学、清华大学、浙江大学、中科院上海微系统与信息技术研究所、中科院电子学研究所、上海理工大学、上海工业自动化仪表研究所、沈阳仪表科学研究院等学科和行业科研院所资源，开展全学科和行业的技术攻关。

一、精密测试技术及仪器国家重点实验室

　　精密测试技术及仪器国家重点实验室于 1989 年经国家计委批准，在测试计量技术及仪器学科的基础上，集中天津大学和清华大学测试计量技术及仪器、精密仪器及机械、光学工程

三个学科优势组建而成，仪器科学与技术、光学工程为首批一级国家重点学科。实验室于1995 年建成并正式对外开放。

精密测试技术及仪器国家重点实验室是国内精密测试领域内唯一的国家重点实验室，依托天津大学、清华大学建设，围绕计量科学、仪器科学以及精密测试技术工程前沿，聚焦社会发展、国民经济建设和国家安全的重大需求，开展精密测试领域应用基础研究的科学研究基地。

实验室四个主要研究方向包括：激光及光电测试技术、传感及测量信息技术、微纳测试与制造技术、制造质量控制技术。实验室的主要工作围绕着这四个领域方向开展基础理论与关键应用技术的研究，解决先进制造、信息通信、航空航天、海洋环境、能源环保等支柱产业以及国防、基础计量、人民健康、生态保护和基础科学研究等领域精密测试问题。

实验室现有人员 120 人，其中教授 51 人，副教授或相当职称 55 人，45 岁以下的教师 82 人，98% 以上具有博士学位。实验室有两院院士三人，国家杰出青年基金获得者四人。

实验室 2017 年至 2021 年科研经费 5.86 亿元，其中国家级项目一百余项，经费约 3.9 亿元，发表 SCI 检索论文 760 余篇，获得国内外授权专利三百余项，获国家技术发明奖二等奖一项，教育部及其他省部级一等奖五项，在大飞机、国产航母、国产卫星、通信射频芯片等国家重大工程中发挥了突出作用。

实验室与美国、英国、德国、奥地利、爱尔兰、日本、澳大利亚、俄罗斯、法国、韩国等二十余个国家展开国际合作研究，每年邀请三十余位国际知名学者来实验室交流访学。实验室注重产学研成效，已成功培育或支持了易思维科技、天银星际、诺思微系统、同阳科技等新兴高端仪器与传感企业，在工业智能自动化、星敏感器、射频芯片、环保监测等领域处于国内领先地位。

二、工业控制技术国家重点实验室

工业控制技术国家重点实验室源于浙江大学工业控制研究所，1989 年由国家计委批准建设，1995 年正式对外开放。实验室长期开展面向工业控制装备与系统的工业控制基础理论、技术、装备、系统、网络及安全等领域研究。

2021 年，实验室有固定研究人员一百零六名，其中具有博士学位者一百零三名，实验室依托浙江大学"控制科学与工程"双一流"A+"一级学科，先后承担两个国家自然科学基金创新研究群体项目，形成了基础研究技术创新、成果转化、应用辐射的全链条式发展模式，在高端控制装备与系统、高安全工业控制系统与技术、复杂工业过程先进控制与优化等方面处国内领先地位，基本形成了重大工程自动化控制系统的应用基础理论体系、先进控制与优化技术体系、高端控制装备体系、工业控制通信标准体系等四大成果体系。

三、流程工业综合自动化国家重点实验室

流程工业综合自动化国家重点实验室以东北大学控制科学与工程为依托，面向流程工业重大需求，以复杂工业系统的建模、控制、优化和综合自动化新理论和技术为主攻方向，按照国家重点实验室工作安排，2011 年 1 月，科技部同意"流程工业综合自动化国家重点实验室"批准立项。

目前实验室拥有四支国家自然科学基金委创新研究群体、两个学科创新引智基地（"111"计划）、海内外院士四人、特聘教授十二人，国家青年千人计划人才六人，国家杰出青年基金获得者十人，国家优秀青年基金获得者两人，教育部长江学者特聘教授八人，长江学者讲座教授七人，教育部新世纪优秀人才十六人，高等学校科学研究优秀成果奖（科学技术）青年科学奖获得者一人。

实验室科研项目六百五十余项，总经费 6.8 亿元；国家纵向科研项目五百六十余项，经费 4.96 亿元。实验室共承担国家自然科学基金重大、重点以上项目二十六项，重点研发计划项目（课题）九项，"973"计划项目两项，"863"计划、支撑计划以及高技术产业化示范工程项目三十余项；承担与完成千万元以上海内外重大自动化工程项目十余项。发表 SCI 论文六百余篇，其中 IEEE 会刊及 IFAC 会刊四百余篇。授权发明专利一百七十余项，获国际发明展金银奖十四项。实验室共获国家自然科学奖二等奖两项，国家技术发明奖二等奖五项，国家科学技术进步奖二等奖五项，中国国际科技合作奖一项，省部级特等和一等奖共二十四项，其中自然科学奖一等奖八项。

实验室共培养一百五十余人获得博士学位。其中，一人获得全国百篇优秀博士论文，三人获得全国百篇优秀博士论文提名，十一人获得辽宁省优秀博士论文奖，五人获得中国自动化学会优秀博士论文奖。

四、传感技术联合国家重点实验室

传感技术联合国家重点实验室 1987 年成立，1989 年正式对外开放。实验室由南北两个基地及四个专业点组成。南方基地依托单位为中科院上海微系统与信息技术研究所，两个专业点分别在上海技术物理研究所、合肥智能机械研究所。北方基地依托单位为中科院电子学研究所，两个专业点分别在半导体研究所和微生物研究所。实验室性质属应用基础研究，南方各单位主要侧重物理量器件及其相关技术研究，北方各单位主要侧重化学量器件及其相关技术研究。

实验室主要学术方向是以微电子技术和微机械加工技术为基础的微传感器及微系统研究。其主要研究内容为：微米尺度力学、光学、热学与材料特性以及真空微电子学研究；MEMS 加工技术研究；新型传感器原理及器件研究；集成化微系统设计、微型化技术及系统集成、封装和系统测试等研究。

实验室先后主持国家攀登 B 计划项目及"973"计划，以及"七五"至"十五"国家攻关项目，开展了微电子机械系统（MEMS）加工技术及器件研究，如在国内首次研制成功微型静电晃动马达、微型谐振子、压阻型微陀螺，高冲击加速度传感器，高精度谐振压力传感器，真空微电子压力传感器以及微机械红外热堆阵列等器件，近几年在微米尺度光学器件、微米尺度动力学、微摩擦机理、微米尺度的材料特性等方面做出了创新性的工作。特别是为国家的气象卫星系列、海洋卫星、神舟飞船有效载荷提供了全部碲镉汞红外传感器或焦平面组件，图像质量已达到国际先进水平。

实验室历年来研制的铂薄膜电阻温度传感器、厚膜压力传感器、离子敏场效应管生物传感器、表面等离子体谐振测试仪、高温压力传感器等系统均已产品化或技术转让。实验室还在航天器微型化技术等方面为国家重大战略工程提供技术论证报告，开展相关研究。

五、工业过程自动化国家工程研究中心

工业过程自动化国家工程研究中心，1996年2月由国家计委批准，利用世界银行贷款和国内配套资金建设的科技发展项目。它主要从事工业过程自动化仪表和控制系统的产品开发工程化研究及技术应用，以加快我国自动化仪表和系统装置的工程化研究和工业应用，提高我国过程工业自动化系统的成套能力和技术水平，推动行业技术进步。2007年10月，由上海理工大学和上海工业自动化仪表研究所共建成立。

工业过程自动化国家工程研究中心面向国内工业过程自动化领域科研成果的工程化研究与开发，使科研成果转化为企业产品更新换代、技术改造和形成规模生产所需的成熟成套技术。工程研究中心的宗旨是提高我国企业生产过程的自动化技术水平和劳动生产率，提高产品的质量和加速产品的更新换代，降低企业生产中的能耗和材料消耗，减轻劳动强度和改善劳动环境，从而提高企业的市场竞争能力。

六、传感器国家工程研究中心

传感器国家工程研究中心由国家计委依托沈阳仪表科学研究院于1995年正式启动建设，2002年12月20日经国家计委批复正式成立。

传感器国家工程中心是以提高自主创新能力、增强传感器产业核心竞争能力和发展为目标的研究开发实体，是国家传感器产业创新体系的重要组成部分。重点研究力、热、光、磁及声学、生物与生命科学、电化学、图像等传感器技术，是涵盖科技研发、科技产业和科技服务多领域、多层面、多元化的传感器产业技术创新平台。

中心拥有两条"芯片线"：硅基压力敏感芯片四寸线和精密光学薄膜芯片四寸线。中心的"大传感器产业体系"的规模已突破一个亿，从芯片、元器件、传感器、仪器仪表、系统成套的传感器产业链发展模式十余年来技术成果的转化创造市场价值近十亿元。中心总人数三百四十多人，其中研发人员一百六十多人，拥有：ISO9001国际质量体系认证体系、GJB9001A—2001军工质量管理认证体系、GJB贯彻国军标体系、武器装备科研生产许可证。中心享有军工体系保密资质，同时是国家博士后科研工作站及沈阳市博士创业基地之一。

第二节　自动化仪表科技项目发展历程

第一个五年计划期间，仪表工业发展迅速，新品种增加快速。发展新产品的路线主要是按苏联产品图纸及样机仿制，后期着手仿制了一批当时苏联和其他社会主义国家技术先进的（如采用电子技术）和较精密的仪器仪表产品，以适应国内重点建设项目的需要。

1956年12月22日，中共中央批准了《一九五六至一九六七年科学技术发展远景规划纲要（修正草案）》（简称《十二年科技发展远景规划》），规划从十三个方面提出了五十七项重大科学任务，从中进一步综合提出了十二个对科技发展更具关键意义的重点任务，其中第四项为生产过程自动化和精密仪器，自动化被列为重点发展学科。

"六五"至"九五"期间，国家采取联合攻关的方式，开展了单元组合仪表联合设计、分

散性控制系统研究开发及应用、现场总线仪表及现场总线控制系统技术开发与产业化等国家科技攻关项目。

"九五"开始，国家科技计划开始支持仪器仪表关键部件的研发，"十五"开始，科技部、国家基金委、中国科学院等部门陆续启动了多项支持科学仪器仪表的专项或重大项目。1996年至2014年，科技部分别通过科技支撑计划、国家重大科学仪器设备开发专项等共支持了七百零七个研发类项目，总经费为140.9亿元，其中中央财政投入经费为80.7亿元；2003年至2014年国家基金委通过国家科学仪器基础研究专款项目、重大科研仪器研制项目等共支持了五百七十六个项目，总经费44.45亿元；2001年至2014年中国科学院先后对五百五十九个项目投入了16.02亿元进行资助。我国"十三五"期间又投资二十亿元，重点支持关键核心部件、高端通用仪器仪表、专业重大仪器仪表。

在科技部"973"计划、"863"计划，国家基金委会面上项目、重点项目等的支持下，积累了大量的仪器仪表相关原理和技术方法，为新型国产仪器仪表开发提供了充足的科学理论和技术储备。详见表11-1。

表 11-1　2000 年至 2020 年国家关于仪器仪表产业规划及科技计划汇总表

序号	规划或计划名称	主要内容	发布年份
1	《国家经济与社会发展第十个五年计划纲要》	明确提出"把发展仪器仪表放到重要位置"。国家发展纲要提到仪器仪表，而且放到重要位置，是建国以来的第一次	2001 年
2	《加快振兴装备制造业的若干意见》	提出了在各个行业中选出十六项重点发展领域立专项支持发展，其中第十一项就是重大工程自动化控制系统和精密测试仪器	2005 年
3	《国家中长期科学与技术发展规划纲要》	涉及多项仪器仪表与测量控制发展项目	2006 年
4	《装备制造业调整和振兴规划实施细则》	提出加快发展工业自动化控制系统及仪器仪表、中高档传感器等	2009 年
5	《国家火炬计划优先发展技术领域（2010 年）》	重点支持在精度、量程、环境适应性或功能上有突破性发展的新型仪器仪表，以及采用新原理、新结构、新材料的新型仪器仪表	2009 年
6	《国家"十二五"科学和技术发展规划》	提出实施智能制造、科学仪器设备等科技产业化工程，其中智能制造中要重点研发重大工程自动化控制系统和智能测试仪器及基础件等技术装备	2011 年
7	《"十二五"产业技术创新规划》	将装备制造业规划为"十二五"期间产业技术创新重点领域，并明确工业自动化控制系统与精密、智能化仪器仪表设计制造技术为装备制造业"十二五"期间技术发展方向	2011 年
8	《仪器仪表行业"十二五"发展规划》	到 2015 年，行业总产值达到或接近万亿元，年平均增长率为15% 左右；出口超过 300 亿美元，其中本国企业的出口额占50% 以上，到"十二五"末或"十三五"初贸易逆差开始下降；积极培育长三角、重庆以及环渤海三个产业集聚地，形成三五个超百亿的企业，销售额超过十亿元的企业过百	2011 年

续表

序号	规划或计划名称	主要内容	发布年份
9	《加快推进传感器及智能化仪器仪表产业发展行动计划》	行动计划的实施期为2013年至2025年。行动计划的总体目标是：传感器及智能化仪器仪表产业整体水平跨入世界先进行列，产业形态实现由"生产性制造"向"服务型制造"的转变，涉及国防和重点产业安全、重大工程所需的传感器及智能化仪器仪表实现自主制造和自主可控，高端产品和服务市场占有率提高到50%以上	2013年
10	《信息产业发展规划》	《规划》指出：突破核心技术，增强产业化能力，提高半导体功率器件、光电子器件、高频器件、混合集成电路等元器件产品国内保障能力	2013年
11	《工业和信息化部关于加快推进工业强基的指导意见》	围绕重大装备、重点领域整机的配套需求，提高产品的性能、质量和可靠性，重点发展一批高性能、高可靠性、高强度、长寿命以及智能化的基础零部件（元器件），突破一批基础条件好、国内需求迫切、严重制约整机发展的关键技术，全面提升我国核心基础零部件（元器件）的保障能力	2014年
12	《〈中国制造2025〉重点领域技术路线图》	"高分辨显微光学成像系统"列入高性能医疗器械重点发展产品；"车载光学系统"列入智能网联汽车关键零部件	2015年
13	《中国制造2025》	加快发展智能制造装备和产品。组织研发具有深度感知、智慧决策、自动执行功能的高档数控机床、工业机器人、增材制造装备等智能制造装备以及智能化生产线，突破新型传感器、智能测量仪表、工业控制系统、伺服电机及驱动器和减速器等智能核心装置，推进工程化和产业化	2015年
14	《"十三五"国家科技创新规划》	围绕建设制造强国，大力推进制造业向智能化、绿色化、服务化方向发展。开展设计技术、可靠性技术、制造工艺、关键基础件、工业传感器、智能仪器仪表、基础数据库、工业试验平台等制造基础共性技术研发，提升制造基础能力。重点发展电动汽车智能化、网联化、轻量化技术及自动驾驶技术	2016年
15	《仪器仪表行业"十三五"发展规划建议》	《建议》指出：以国家重点产业安全、自主、可控为契机，推进重点产品核心技术自主化进程，力争基本形成国家大型工程项目、重点应用领域自控系统和精密测试仪器的基本保障能力和重大科技项目所需自控系统和精密测试仪器的基础支撑能力	2016年
16	《智能制造发展规划（2016—2020年）》	培育智能制造生态体系：做优做强一批传感器、智能仪表、控制系统、伺服装置、工业软件等"专精特"配套企业	2016年

第三节　社会组织的设立与发展

　　我国自动化仪表领域的全国性社会组织有中国仪器仪表学会、中国自动化学会、中国仪器仪表行业协会。

一、中国仪器仪表学会

1961 年在王大珩院士的提议下，成立了中国计量技术与仪器制造学会筹备委员会。1978 年 7 月，在原筹委会副主任孙友余同志（时任第一机械工业部副部长）的支持下，中国仪器仪表学会筹备组成立。1979 年 3 月 29 日至 4 月 5 日，中国仪器仪表学会在北京召开成立大会。三十多个部委系统、全国各省、市、自治区仪器仪表界三百三十余名科技工作者出席大会。大会选举汪德昭担任学会第一届理事长。1980 年 2 月《仪器仪表学报》创刊，同年 10 月《仪器与未来》创刊。1983 年 4 月举办首届多国仪器仪表学术会议暨展览会。1985 年创办《中国仪器仪表报》，1995 年 1 月起改为《中国仪电报》，2003 年更名为《中国联合商报》。2014 年创办学会首本英文刊 *Instrumentation*。

汪德昭、王大珩、包叙定、李守仁、庄松林、李天初、尤政先后担任学会理事长。中国仪器仪表学会目前学会拥有个人会员五万余名，团体会员一千四百个，下属专业分会四十四个，特设工作委员会十五个，联系指导地方学会三十个，联络处一个，主办八种仪器仪表及测量控制学术、技术类期刊。

中国仪器仪表学会的业务范围涵盖会员服务、学术会议与展览、媒体与出版、教育培训、科技咨询、信息网络、科技评价、科技奖励、团体标准、科普教育、人才评价、创新驱动助力工程、工程教育专业认证、智能制造推进、市场调研等。

（一）决策咨询

学会成立以来，多位国家领导人参加过学会活动或对学会活动做过重要批示。

1979 年 4 月 5 日中国仪器仪表学会第一次代表大会向国家呈报《关于加快仪器仪表工业发展几点建议》，根据建议 1979 年 7 月，国务院批准成立国家仪器仪表工业总局。1982 年 1 月，中国仪器仪表学会组织汪德昭、钱伟长、李文采、王天春等四十多位科学家向中国科协书记处、国务院呈报《科学家建议加快仪器仪表工业发展的步伐》的建议。1987 年 11 月全国政协科技组和中国仪器仪表学会共同召开"我国仪器仪表工业发展问题"座谈会。会议由全国政协科技组组长裴丽生和中国仪器仪表学会理事长王大珩主持。会议经过认真讨论，提出《振兴我国仪器仪表工业的建议》。1995 年 1 月，由王大珩院士倡议，学会组织了卢嘉锡、王淦昌、王大珩，杨嘉墀等二十位院士向国务院提出《关于振兴中国仪器仪表工业的建议》。2000 年 4 月，经金国藩院士提议，学会联络组织了王大珩、杨嘉墀、金国藩等十一位院士向国务院提出《我国仪器仪表工业急需统一规划和归口管理的建议》。

以上建议，都得到国家领导人的重视和批示。特别是 2000 年十一位院士的建议，受到高度重视，由国家计委、国家经贸委、科技部、机械部、信息产业部五个单位研究提出扶植发展方案。国家计委、国家经贸委、科技部的领导亲自会见王大珩、杨嘉墀、金国藩三位院士，当面听取意见。

国务院有关部门在 2000 年 9 月 26 日给国家领导人的报告中提出："一、由国家计委牵头，会同国家经贸委和科技部共同组织有关部门和专家，在调查研究的基础上统一规划，尽快提出振兴我国仪器仪表工业发展的对策和建议。二、国家计委、国家经贸委、科技部、财政部等有关部门共同协商制定必要的扶植政策，纳入'十五'规划分别实施。"

由国家计委、国家经贸委、科技部授权中国仪器仪表学会组织以王大珩院士为首的专家组开展了历时三个月调研，在北京举行了两次大行业调研座谈会，中华人民共和国工业和信息化部、科学院、教育部、原国家机械工业部等十九个主管仪器仪表产业的部委和集团公司参加。最后向国家提出"关于振兴我国仪器仪表产业对策与建议"的报告。报告中，王大珩院士有关仪器仪表重要性的阐述：仪器仪表是科学研究的"先行官"、工业生产的"倍增器"、军事上的"战斗力"、社会生活的"物化法官"，得到仪器仪表领域科技工作者一致认同和转述。

学会面向国家战略需求，先后承接中国工程院、科技部、工信部、中国科协等项目四十余项；目前是国家智能制造标准化总体组和专家咨询组成员单位。

（二）中国国际测量控制与仪器仪表展览会（原多国仪器仪表学术会和展览会）

1981年4月由国家科委、外交部、国家仪器仪表工业总局联合呈报国务院"关于1983年春在我国举办多国仪器仪表学术会和展览会的请示报告"。此活动由中国仪器仪表学会、美国仪表学会、日本测量与控制学会共同举办。

1983年4月12日首届多国仪器仪表学术会议暨展览会（Multinational Instrumentation Conference And Exhibition，MICONEX）在上海举行。参加学术会议的有中国、日本、美国、印度、加拿大、新加坡六国二百零一名代表，展出展品涉及十六大类、五千多种。展览会期间举办了九十五个项目二百多场次技术座谈，开展了技术合作、贸易洽谈等活动。MICONEX在创办之初以振兴我国仪器仪表科技与产业为己任，给国内科技工作者提供了一次"不出国的考察"机会。

1986年4月16日至22日第二届多国仪器仪表学术会议暨展览会在北京展览馆举行。来自十六个国家和地区的二百五十家公司参加了展出，共接待观众八万人次，同时举行了九十三个项目的技术座谈，两千二百余名科技人员参加。学术会议有十三个国家和联合国教科文组织的二百一十八名代表出席会议。会议期间举行了第三次国际仪表与控制对话会议。中、美、日、英等九个国家的代表出席了会议，交流各国仪器仪表的情况和经验，并商定第四次对话会议于1988年在美国举行。

1988年5月18日至24日在北京召开第三届多国仪器仪表学术会议暨展览会。本届学术会议的主题为"信息时代的仪器仪表和控制系统"。此次展览面积一万一千平方米，展品约四千台件，来自二十一个国家和地区的参展厂商三百二十家（其中有一百七十家我国厂商），接待观众八万余人次。同期还在北京科学会堂举行了学术会议，共有代表二百六十四人，其中外宾一百二十六人。

1994年10月，MICONEX展会成为我国第三个成员参加了国际展览联盟（UFI），不久后，又被确认为世界仪表测量与自动化展览联合会（World–FIMA）发起会员国组织之一。

2012年更名为中国国际测量控制与仪器仪表展览会。截至2020年，已举办了三十届，历经三十多年发展，MICONEX始终不忘展会创办的初心，牢记促进产业发展的使命，紧紧把握科技领衔，聚焦前沿的科技与产品的同时，注重于科学技术的发展趋势；展示国内外知名仪器仪表厂商最新前沿科技成果和产品的同时，不忘助力我国中小仪器仪表企业的发展，激励他们引进先进技术和管理模式，跨界合作。坚持以外促内，以内吸外，以大（企业）带小（企业），以会领展，创新驱动和跨界融合的办展原则，使展会的发展与企业的发展、行业的发展同步，为全行业的振兴和创新搭建平台。

（三）学术交流

多年以来，中国仪器仪表学会秉承融合、创新理念，积极为仪器仪表领域老中青三代科技工作者搭建了一个交流学科前沿技术、展示科研成果的开放、合作的学术平台。总会和各分会每年举办学术会议百余次，参与人数逾万人。

中国仪器仪表学会学术年会是由中国仪器仪表学会联合国务院学位委员会仪器科学与技术学科评议组和教育部高等学校仪器类专业教学指导委员会共同主办的大型学术会议。会议旨在仪器仪表学科的基础研究方向、技术创新及产业路径开展深入探讨。拓展学科边界，搭建开发、共融、互通、和谐的交流平台。首届年会于 2019 年 4 月在北京成功召开。

世界传感器大会（WSS）是由中国仪器仪表学会、智能传感器创新联盟和郑州高新区管委会联合发起。首届大会于 2018 年 11 月在郑州举办。大会旨在通过交流全球传感器科技、产业和应用的最新成果，促进政、产、学、研、用、金、媒等环节的合作，多层次、全方位深度聚焦全球传感器发展，进行学术交流、产业推广和产品技术展示，第二届和第三届 WSS 大会分别于 2019 年 11 月和 2021 年 11 月在郑州举办。

中国仪器仪表学会学术产业大会由中国仪器仪表学会主办的学术界与产业界相融合的重要大会。会议目前每年一届，首届大会于 2012 年 11 月在京召开。

由分支机构举办的全国敏感元件与传感器学术会议、全国嵌入式仪表及系统技术会议、中国仪器仪表学会青年学术会议、全国光机电技术及系统学术会议、微米纳米技术创新与产业化国际论坛（ICMAN）等学术会议均已在学术界产业界产生深远影响，均已举办十届以上。

学会与电气与电子工程师协会（IEEE）、国际近红外光谱学会（NIR）、国际光学工程学会（SPIE）、国际测量与仪器委员会（ICMI）等国际组织联合主办了国际测试自动化与仪器仪表学术会议（ISTAI）、国际电子测量与仪器学术会议（ICEMI）、国际近红外光谱学术会议（ICNIRS）、国际精密机械测量学术研讨会（ISPMM）、光学仪器与技术国际学术会议（OIT）、国际结构健康监测与完整性管理会议、显微仪器技术国际高层论坛（IFM）等多场重要国际交流会议。

（四）科学普及

1979 年 4 月，中国仪器仪表学会第一届科普委员会成立，学部委员钱伟长担任主任委员。1984 年 7 月中国仪器仪表学会科普工作委员会举办全国青少年仪器仪表与自动化夏令营。一百二十多名优秀青少年参加了夏令营活动。总营设在北京，在上海设分营。2002 年《科学普及法》颁布后，学会组织科技人员参加每年中国科协组织的"全国科技活动周""全国科普日"活动，金国藩院士、张钟华院士等科学家也积极前往活动现场，参与科普宣讲及知识普及。

2018 年，开启试行设立"中国仪器仪表科普教育基地"，目前已完成十家科普基地的设立和授牌。2018 年以来，学会先后同长沙市科协、陕西榆林市科协、吉林通化、贵州遵义、吉林省珲春等围绕油茶、煤化工、中医药、茶叶、海洋经济和"一带一路"中涉及检验检测的相关产业开展了科普学科应用。

学会组织各方资源利用展览展示、印刷出版、科普软件、网络媒体等传播手段，开展科普宣传。

（五）承担社会职能

为促进仪器仪表领域科技、人才进步，学会开展科技奖励、人才举荐、水平评价、工程教育专业认证、职业技能大赛、成果鉴定、国家职业技能标准、团体标准等多项业务，很好地鼓励和肯定了仪器仪表领域中先进科技工作者及科学研究成果。

1991年10月中国仪器仪表学会首次颁发中国仪器仪表发明奖，目前发明奖已颁发三十届，奖励三十人。1992年11月8日，学会设立的中国仪器仪表奖学金，截至2021年，已有三十六所高校共一千五百余人获得学会奖学金，累计奖金总额为三百余万元。

2001年3月国家取消了省部级奖项，由国家奖励办授权设立社会力量设立科学技术奖，我会为首批二十五家单位之一。中国仪器仪表学会科学技术奖目前共为三千余个单位一千余个项目颁发了奖项，其中有十五个项目获得了国家科技发明奖或科技进步奖。

学会自2016年开始评选中国仪器仪表学会青年科技人才奖，每年评选一次。截至2021年共评选出三十七位青年科技人才。学会自2016年开始评选中国仪器仪表学会"测量控制与仪器仪表领域全国优秀博士论文"，截至2021年共评选出优秀博士论文二十五篇，优秀博士论文提名二十八篇。中国科协从2015年起每年组织开展"青年人才托举工程"评选工作，学会自2016年起参与推荐工作，目前已成功推荐入选了"青托"人才二十六名。"青托"项目在青年科研人员科研黄金期中起到了重要托举作用。中国（国际）传感器创新创业大赛是由中国仪器仪表学会于2012年创立的全国性赛事，为传感器技术创新挖掘了大批优秀青年人才。

学会是两院院士、最美科技工作者、光华工程科技奖、中国青年女科学家奖，未来女科学家计划等国家级奖项和人才计划的推荐单位。截至2021年，已累计推荐国家级人才五十余名。

2005年3月，中国科协批复中国仪器仪表学会作为开展测量控制与仪器仪表专业技术人员水平评价工作试点单位。2005年10月，学会正式开展专业技术人员的培训、考核、认证工作。截至2020年，通过学会水平评价工作获得工程师资格认证的共有正高级工程师八十名，高级工程师1642名，工程师1560名，见习工程师已达到一万余名。

仪器类专业认证委员会是工程教育认证协会下属分支机构，于2012年3月成立，其秘书处挂靠在中国仪器仪表学会，负责处理仪器专业认证工作流程中各个环节的日常事务。截至2020年年底，在全国范围内已经有65个高校的仪器专业通过了认证，超过全国高校仪器本科专业总数的20%。

学会自2002年开展科技评价服务工作，在科技成果和新产品鉴定等方面积累了丰富的工作经验。2019年以来，学会科技成果评价工作得到了快速发展，累计召开科技成果评价会议百余次，为成果完成单位在科技奖励申报、科技成果推广、转移和转化等工作提供了权威的第三方评价材料。

2016年以来，学会组织举办国家级技能大赛二类赛六项。通过大赛平台，十八名选手获得人力资源社会保障部授予的"全国技术能手"荣誉称号，其中三名选手被推荐评选全国总工会"五一劳动奖章"。

为实施制造强国战略和推动高质量发展提供有力人才支撑，2020年，中国仪器仪表学会牵头制定了《仪器仪表制造工国家职业技能标准》，并于同年10月由人力资源社会保障部颁布实施。2021年，中国仪器仪表学会牵头制定国家职业技能标准四项：《服务机器人应用技员国家职业技能标准》《阀门装配调试工国家职业技能标准》《计量员国家职业技能标准》《无损检测员国家职业技能标准》。

学会 2015 年成为国家标准委首批团体标准试点单位，2019 年成为国家标准委首批二十八家团体标准培优社团之一。学会积极推进团体标准转化为 ASTM 标准和 ISO 标准，目前国际标准立项三项。学会发布团体标准十项，在研团体标准十项，其中两项入选工业和信息化部2020 年一百一十项团体标准应用示范项目。

（六）国际合作与交流

自 1980 年开始，学会先后与美国国际自动化学会（ISA，原美国仪表学会）、英国测量与控制学会（InstMC）、日本测量与控制学会（SICE）、韩国测量仪器协会、新加坡仪表与控制学会（ICS）、意大利仪器制造商协会（GISI）等组织正式建立了双边友好关系。同时与国际自控联盟（IFAC）和国际计量测试委员会（IMEKO）的相关专业委员会，通过委派委员建立了联系。另外，参与筹备和建立了亚太地区仪器仪表与控制联合会组织（APFICS）和国际仪器仪表展览联盟（worldFIMA），为我国的仪器仪表及测量控制科技人才走出国门，参加国际交流，参与国际事务起到了积极的推动作用。

二、中国自动化学会

1957 年 5 月，在我国自动化事业的老前辈钱学森、沈尚贤、钟士模、陆元九、郎世俊等同志的倡议下，经过有关国家部门的酝酿和全国科学联合会的商定，产生了由钱学森等二十九人组成的中国自动化学会筹备委员会。

1961 年 11 月 27 日，在天津召开中国自动化学会第一次全国代表大会，正式宣告中国自动化学会成立。钱学森被推选为中国自动化学会第一届理事会理事长。学会办事机构设在北京，挂靠在中国科学院自动化研究所。

钱学森、沈尚贤、钟士模、陆元九、郎世俊等人为中国自动化学会创始人，钱学森、宋健、胡启恒、杨嘉墀、陈翰馥、戴汝为、孙优贤、郑南宁先后担任中国自动化学会理事长。

中国自动化学会从筹建至今六十多年，我国自动化系统工程研究和发展发生了翻天覆地的变化，学会的专业领域涉及的范围也越来越广泛和细致，学会的组织机构也越来越专业化、科学化、规范化，学会现有二十九个省级学会，五十五个专业委员会，九个工作委员会，会员数量六万余人。这些机构基本覆盖了我国自动化科学技术领域的各个层面。学会的组织成员包括了全国自动化科学技术领域的中国科学院院士、中国工程院院士、科学家、专家、教授、工程技术人员、管理人员以及在学术、工程技术领域中有一定造诣的科技工作者、企业家和管理科学家。

中国自动化学会致力于促进自动化、信息与智能科学的进步和发展；促进自动化、信息与智能科学的普及和推广；促进自动化、信息与智能科学人才的培养和成长；促进科技与经济的结合，建设成为深受广大科技工作者喜爱的会员之家。

中国自动化学会目前已形成综合交叉、前沿高端、分支机构品牌会议、云讲座多位一体学术交流体系，每年召开三百余场学会活动，受众十万余人；同时学会拥有庞大的竞赛体系，涉及智能车、机器人等多个应用领域，实现赛事云端同步。

中国自动化学会形成完善的奖励体系，其中包括成果奖、人物奖、论文奖及团队成果奖，并承接青年人才托举项目，助力青年科技人才成长成才。

中国自动化学会积极参与"科创中国"创新驱动助力工程项目，在浙江宁波、江苏苏州、天津武清区等多地成立学会服务站，组织专家走访多个产业集群，为企业及当地经济发展提供技术攻关、产业升级等服务。

中国自动化学会公开出版刊物共有九种，分别是《自动化学报》、*IEEE/CAA Journal of Automatica Sinica*、《模式识别与人工智能》《机器人》《信息与控制》《电气传动》《计算技术与自动化》《自动化博览》《中国自动化学会通讯》。其中，《自动化学报》创刊于 1963 年，是中国科技核心期刊、中文核心期刊、中国科技期刊卓越行动计划入选期刊；被 EI、SA、JICST、AJ、CSCD 等数据库收录，最新影响因子（CJCR）为 2.793，影响因子等四项主要指标在领域中文刊中全部排名第一。世界期刊影响力指数位列 Q1 区。多次获得"百强报刊""中国精品科技期刊""百种杰出学术期刊"等称号；*IEEE/CAA Journal of Automatica Sinica*（《自动化学报》英文版，JAS）创刊于 2014 年，被 SCI、EI、Scopus、中国科技核心期刊等收录，最新 SCI 影响因子为 6.171，是自动化与控制系统领域唯一中国主办 Q1 区 SCI 期刊，CiteScore 为 11.2，在谷歌学术计量自动化学科顶级出版物中排名全球第八，入选中国科技期刊卓越行动计划重点期刊，自首次参评连年荣获"中国最具国际影响力学术期刊"称号。

重点活动有如下几项。

一是中国自动化大会。由中国自动化学会主办的国内最高层次的自动化、信息与智能科学领域的大型综合性学术会议，创建于 2009 年，中国自动化大会活动包括开幕式、大会报告、分会场报告、专题研讨会、特色论坛、展览，以及其他专项活动等。

二是国家智能制造论坛。学会为宁波"中国制造 2025 试点示范城市"建设打造"国家智能制造论坛"学术品牌活动，每届会议有五百人参加，设置主报告环节和专题报告环节，邀请领域专家从工业制造、数字化工厂等角度进行剖析；针对基础理论研究、生产研发等不同角度，设置不同的专题论坛。

三是中国智能车大会暨国家智能车发展论坛。为配合国家自然科学基金委员会重大研究计划"视听觉信息的认知计算"，中国自动化学会于 2015 年创建"中国智能车大会暨国家智能车发展论坛"品牌学术会议，旨在增强我国智能车自主研发水平和实际应用能力。会议同期举办"中国智能车未来挑战赛"，来自国内外高校、科研院所和企业的无人驾驶车队同台竞技，通过"会""赛"的结合，为中国乃至世界智能车的创新发展注入新的活力。

四是国家机器人发展论坛暨机器人世界杯（Robocup）中国赛。中国自动化学会 2015 年创建高端品牌学术活动"国家机器人发展论坛"，同期举办机器人世界杯中国赛。会议邀请机器人及相关领域的两院院士、专家学者、企业精英，会议设置开幕式、主论坛、专题论坛、展览、机器人大赛等板块，其中论坛聚焦学术和产业热点，注重国家重大战略需求和学科交叉融合，加强智能机器人基础理论研究、成果原始创新和高技术开发以及研发成果展示。自 2015 年创建以来，会议走过了北京、重庆永川、山东日照、浙江绍兴、广东深圳等城市，为地方企事业单位与高端智力对接交流搭建桥梁，有力助推当地机器人产业的健康发展。

五是中国认知计算与混合智能学术大会。由中国自动化学会、中国认知科学学会、国家自然基金委信息科学部共同主办，旨在研讨与交流认知科学、神经科学与人工智能学科等领域交叉融合的最新进展和前沿技术。

三、中国仪器仪表行业协会

中国仪器仪表行业协会于 1988 年 8 月 19 日，在北京召开成立大会，选举产生了第一届理事会，第一届理事会会长张学东时任机械电子工业部副部长。第一届理事会成立了包括自动化仪表分会在内的多个分支机构。同年，中国仪器仪表行业协会成为《中国仪器仪表》杂志主办单位之一。包叙定、奚家成、向晓波、汪力成、吴朋先后担任协会会长。

中国仪器仪表行业协会现有会员单位一千四百余家，主要来自仪器仪表制造业、科研院所和应用领域等方面。历经三十多年发展，在各级政府管理部门、行业企业、用户单位以及社会组织的关心、支持和帮助下，坚持服务宗旨，紧跟行业发展，以创新求发展，逐步形成了对政府工作稳定的服务支撑能力，提升了对行业和会员企业的整体服务水平，在积极承担政府委托工作、当好政府的参谋和助手、反映行业的诉求和呼声、维护会员单位合法利益、大力推动行业的交流与合作、促进仪器仪表行业健康发展等方面做了大量的工作，发挥了协会在政府部门和会员单位之间、会员企业和用户之间、会员企业之间的桥梁和纽带作用，在社会上具有广泛的行业代表性和权威性，得到了行业企业、会员单位和社会各界的认同。

1991 年、1995 年，协会在北京先后组织举办了第一、第二届中国仪器仪表产品博览会。参展的主要产品为自动化仪表，为用户领域提供了选购自动化仪表的平台。

1998 年，协会与国际现场总线基金会联合举办的北京国际现场总线技术交流暨展览。为仪器仪表行业引进、宣传现场总线技术，利用总线技术开发产品提供了有效帮助。

2001 年，"中国机械工业科学技术奖"项目正式设立，该奖项的"仪器仪表评审组"秘书处设在协会，由协会组织开展仪器仪表领域科学技术奖项的评审。有力地发现和宣传了仪器仪表领域的科学技术成果，推动了仪器仪表行业的发展。

2002 年至 2018 年，协会与纪念苏天·横河仪器仪表人才发展基金会共同组织行业企业赴日本研修考察，为仪器仪表行业培养了大批经营管理人才。

2005 年，协会完成了国家发展和改革委员会委托的《"十一五"自动化控制系统和关键精密测试仪器国产化规划》编制任务。为发改委实施重大装备领域自动化控制系统国产化提供了重要信息和政策依据，该规划的实施有力地促进了国产分散型控制系统（DCS）的发展，是国产 DCS 替代进口产品并占据国内市场 70% 以上份额的重要保障。

2013 年，协会承接了工信部"仪器仪表行业企业生产过程信息化示范及推广应用"专项，组织自动化仪表行业重点骨干企业开展生产过程信息化攻关并同步组织培训和推广应用，取得了显著成绩，荣获"2015 两化融合推进工作突出贡献单位"荣誉称号。该项目的实施，推动了自动化仪表行业一大批中小企业开展生产过程信息化攻关，促进了企业竞争力的提高。

2016 年，协会现场设备集成技术（FDT）专业委员会成立，有力地促进了 FDT 技术在中国的推广应用，在帮助中国的自动化仪表企业接轨国际先进技术方面发挥了重要作用。

另外，协会是我国仪器仪表行业"十一五"至"十四五"规划及相关建议的起草单位，还参与了国家统计局统计目录编制、国家海关总署海关税则调整的相关意见和建议的反馈等工作。

第四节 科技期刊的发展

科技期刊是学者进行学术成果发布和交流的重要平台，也是反映学科领域最新理论研究成果和研究动态的主要渠道。随着自动化仪表学科的发展，以及首本《自动化仪表》期刊的创刊，自动化仪表学科专业期刊相继创刊，二十世纪八十年代，我国自动化仪表学科专业类期刊迅速发展（表 11-2），根据办刊性质可分为学术性和技术应用性。学术期刊与技术应用性期刊的双效并行为自动化仪表学科的理论研究、成果发布提供了发声载体，为学科的发展做出了重要贡献。

表 11-2 自动化仪表相关期刊

期刊	创刊时间	主办单位	办刊性质
《自动化仪表》	1957 年	中国仪器仪表学会 上海工业自动化仪表研究院	学术
《仪表技术与传感器》	1964 年	沈阳仪表科学研究院有限公司	学术
《化工自动化及仪表》	1965 年	天华化工机械及自动化研究设计院有限公司	学术
《工业仪表与自动化装置》	1971 年	陕西鼓风机（集团）有限公司	技术应用
《仪表技术》	1972 年	上海仪器仪表研究所 上海仪器仪表学会 中国仪器仪表学会汉字信息处理系统分会	技术应用
《仪器仪表学报》	1980 年	中国仪器仪表学会	学术
《自动化与仪器仪表》	1981 年	重庆工业自动化仪表研究所	技术应用
《中国仪器仪表》	1981 年	机械工业仪器仪表综合技术经济研究所 中国仪器仪表行业协会	技术应用
《自动化与仪表》	1981 年	天津市工业自动化仪表研究所有限公司 天津市自动化学会	技术应用
《仪器仪表与分析监测》	1985 年	北京京仪仪器仪表研究总院有限公司	技术应用
《仪器仪表用户》	1994 年	天津仪表集团有限公司	技术应用

学科相关度及学术影响力较高的有关期刊有如下几种。

一、《自动化仪表》

1957 年，国内首本自动化仪表学科期刊《自动化仪表》创刊，是由中国科学技术协会主管、中国仪器仪表学会和上海工业自动化仪表研究院有限公司合办的自动化仪表行业综合性技术刊物。期刊主要报道我国自动化仪表行业的科研成果、先进技术，介绍新产品、新器件、新材料、新工艺，交流仪器仪表使用、维护经验，传播自动化仪表基础知识，反映国内外自动化仪表发展动态，成了当时自动化仪表学科科研成果和学术研究发布的重要载体。

连续入编《中文核心期刊要目总览》（1992、1996、2000、2008、2011 版），是中国科技核心期刊；《中国学术期刊综合评价数据库》来源期刊，RCCSE 中国核心学术期刊。

二、《仪表技术与传感器》

《仪表技术与传感器》1964 年经国家科委、新闻出版署批准创刊，期刊的主管单位、主办单位是沈阳仪表科学研究院有限公司。《仪表技术与传感器》在内容上注重报道应用和开发研究的科技成果，着力发表具有技术导向性内容的文章和在采用新工艺、新技术、新设备时对所遇"热点"问题展开探讨、新的经验的文章，及时地刊载国家重点科技攻关项目和省部级以上各种基金资助项目的各阶段成果。不断展示当前国内外仪表技术与传感器先进的技术成果或进展，努力向中国仪器仪表行业的技术决策者、生产设计工程师提供国内外全面、及时、准确的科研动态、技术、产品、市场等方面的信息。

创刊之初《仪器仪表工艺》是内部刊物，1970 年 1 月更名为《仪器仪表通讯》，1974 年 4 月，更名为《仪器制造》；1980 年《仪器制造》杂志获得期刊登记证第 036 号；1987 年经国家科委、新闻出版署批准，更名为《仪表技术与传感器》；1989 年《仪表技术与传感器》获得 CN 刊号：CN21-1154/TH；1996 年《仪表技术与传感器》由创刊以来双月刊变更为月刊出版至今。

《仪表技术与传感器》连续九次入编《中文核心期刊要目总览》2020 年版（即第九版）"机械、仪表工业"类的核心期刊；是中国科技核心期刊；是中国科学引文数据库（CSCD）来源期刊；是 RCCSE 中国核心学术期刊；期刊先后被国内外十六家重要数据库检索系统收录。

期刊历届编委会主任黄辑熙、黄西培、赵志诚、徐开先、庞士信、费书国，为期刊的高质量发展做出了重大贡献。期刊特聘委员王天然院士、王立鼎院士、刘人怀院士、金国藩院士、桂卫华院士、柴天佑院士、蒋庄德院士为加速期刊争创世界一流科技期刊做出了突出贡献。

三、《仪器仪表学报》

《仪器仪表学报》创刊于 1980 年，是由中国科学技术协会主管、中国仪器仪表学会主办，是中国仪器仪表领域的学术刊物，主要报道仪器仪表领域及其交叉学科具有创新性的基础理论研究、工程技术应用的优秀科研成果。

1996 年，变更为双月刊；2005 年，变更为月刊；2014 年 12 月，该刊成为原国家新闻出版广电总局第一批认定学术期刊；2018 年 12 月 25 日中国知网显示，《仪器仪表学报》共出版文献 12814 篇、总被下载 2756622 次、总被引 138336 次；（2018 版）复合影响因子为 3.134、（2018 版）综合影响因子为 2.420。据 2018 年 12 月 25 日万方数据知识服务平台显示，《仪器仪表学报》载文量为 11336 篇、被引量为 99615 次、下载量为 930805 次、基金论文量为 6149 篇；据 2015 年中国期刊引证报告（扩刊版）数据显示，《仪器仪表学报》影响因子为 2.37，在全部统计源期刊（6735 种）中排第一百零六名，在机械与仪表工业（98 种）中排第一名。

自 2006 年起，本刊持续得到中国科协精品科技期刊项目工程资助；并多次获得中信所颁发的"百种中国杰出学术期刊"称号，连续被评为"中国最具国际影响力期刊"。近年来，刊物总被引频次、影响因子和综合评价总分在仪器仪表类期刊中位居第一。

《仪器仪表学报》被 EI 工程索引（美）（2018）、美国化学文摘（CA）（2014）、英国科学文摘（INSPEC）、俄罗斯文摘杂志（РЖ）、JST 日本科学技术振兴机构数据库（日）（2013）、中国学术期刊综合评价数据库 CAJCED、中国科学引文数据库、中国科技论文与引文数据库

（CSTPCD）、中国学术期刊（光盘版）、中国期刊网、中国学术期刊文摘等检索系统收录，是CSCD中国科学引文数据库来源期刊（2017—2018年度）（含扩展版）、北京大学《中文核心期刊要目总览》来源期刊（1992年、1996年、2000年、2004年、2008年、2011年、2014年、2017年、2020年版）。

第五节　国际组织

作为国际科技合作的重要载体，国际民间科技组织既是各国科技界之间开展交流，促进科技发展的重要组织形式，也是展示各国在国际科技界影响和地位的重要舞台。通过国家、地区间的组团互访、参加会议、展览等形式，可以与其他国家和地区建立稳定的合作渠道，开展各种形式的合作，对我国科技水平发展起到至关重要的作用。

以下是我国自动化仪表领域开展国际交往及国际交流合作密切相关的国际组织及其创办的学术期刊、重点国际学术交流活动。

一、国际自动化学会（ISA）

国际自动化学会（ISA）是一个非营利性技术协会。1945年4月28日正式成立，原名美国仪表学会，曾更名为美国仪器、系统和自动化学会（The Instrumentation, Systems, and Automation Society），现名为国际自动化学会。ISA旨在制定标准并教育自动化行业的专业人员。会员人数从1946年的九百名增加到1953年的六千九百名，截至2019年，ISA成员来自一百多个国家，大约三万两千名。ISA在2019年宣布成立ISA全球网络安全联盟推广ISA / IEC 62443系列标准，这是世界上唯一针对自动化和控制系统应用的基于共识的网络安全标准。*ISA Transactions*是一本关于测量和自动化科学与工程进展和最新水平的杂志，对前沿行业从业者和应用研究人员具有价值。*ISA Automation Week*是ISA主办的全球最负盛名的自动化与控制领域专业展及研讨会。

二、IEEE仪器与测量学会

IEEE仪器与测量学会是电气和电子工程师协会（IEEE）的专业分会。前身IRE仪表专业小组成立于1950年3月9日，1963年与美国电气工程师学会合并后，该小组更名为IEEE仪表与测量专业技术小组。1964年，该组织更名为IEEE仪器与测量组，1978年再次更名为IEEE仪器与测量学会。

学会致力于开发和使用电气和电子仪器和设备来测量、监测和记录物理现象。涉及的领域包括计量学、模拟和数字电子仪器、测量和记录电量（频域和时域）的系统和标准、测量非电气变量的仪器和传感器、校准和不确定度，具有自动控制和分析功能的仪器、安全仪器和新技术应用等。

*IEEE Transactions on Instrumentation and Measurement*旨在提出创新解决方案，以开发和使用电气和电子仪器和设备来测量、监测和记录物理现象，从而促进测量科学、方法、功能和应用。

IEEE 国际仪器和测量技术会议（IEEE I2MTC）是 IEEE 仪器和测量学会的旗舰会议，致力于测量方法、测量系统、仪器和传感器在所有科学和技术领域的进步。是仪器和测量领域中最重要的会议之一。

三、日本测量自动控制学会（SICE）

日本测量自动控制学会（SICE）成立于 1961 年 9 月，日本测量学会和自动控制研究会两个团体合并成立了测量自动控制学会，在推动国内外研究、促进跨学科研究、加强与海外机构的国际合作以及通过系统建设引导创新机制方面发挥了领导作用。

《测量和控制》（*Journal of the Society of Instrument and Control Engineers*）由 SICE 于 1962 年发行，每期都会企划特集，通过"解说"和"事例介绍"，简单易懂地介绍最新的话题。

日本测量自动控制学会学术年会开始于 1962 年，是由日本测量自动控制学会主办的国际会议。涵盖从测量和控制到系统分析和设计、从理论到应用、从软件到硬件的广泛领域。

四、英国测量控制学会（InstMC）

英国测量控制学会是由测量、自动化和控制领域的专业工程师和科学家组成的国际组织。学会成立于 1944 年，最初的首要任务是维护国家基础设施和支持战时后勤。之后注意力转向发展新的主要基础设施方案，包括核电、石油和天然气、运输网络以及主要工业和化学设施。在数字化时代与智能相关的传感器领域开辟了一个新的参与领域，包括物联网、网络安全、智能城市和交通网络、无人驾驶汽车、个人健康监测和天文探索。*Precision*、*Measurement and Control Journal* 是 InstMC 主办的测量控制领域期刊。

五、英国工程技术学会（IET）

英国工程技术学会（The Institution of Engineering and Technology，IET），是欧洲规模最大、全球第二（仅次于 IEEE）的国际专业学会。IET 前身为英国电气工程师学会 IEE，IEE 创立于 1871 年，最早名称为电报工程师学会（Society of Telegraph Engineers），1888 年正式更名为英国电气工程师学会（The Institution of Electrical Engineers，IEE），2006 年英国电气工程师学会（IEE）和国际工业工程师学会（IIE）合并，更名为英国工程技术学会（IET）。

IET 的专业分类涉及电力、通信、控制技术、电子、信息技术、工程管理、工业制造、交通运输、消费产品和生命科学等十大行业。IET 拥有的 Inspec 全球工程技术文献索引是占世界主导地位的英文工程出版物索引，资讯涵盖全球范围内千万篇科技论文、专业技术杂志以及其他多种语言的出版物，内容涉及电子、电气、制造、生物、物理、电信、资讯技术等多个工程技术领域。

IET 每年都在全球各地举办大量国际会议和其他国际交流活动，出版五百多种出版物。IET 出版大量报道研究和技术发展的专业技术期刊（其中包括二十一种专业领域的学术期刊和两种科学快报，均被著名的科学索引 SCI，Inspec 和 EI 收录）。*IET CONTROL THEORY A* 致力于最广泛意义上的控制系统，涵盖新的理论成果以及新的和已建立的控制方法的应用。

六、国际自动控制联合会（IFAC）

国际自动控制联合会（International Federation of Automatic Control，IFAC）成立于 1957 年 9 月，它是一个以国家会员组成的多国联合会（NMO），其会员是各国中与自动控制有关的学术组织。它目前共包含四十五个国家级会员，我国的自动化学会、美国的自动控制议会（AACC）和英国的自动控制议会（UKACC）等均是它的会员。IFAC 和国际信息处理联合会（IFIP）、国际运筹学联合会（IFORS）、国际数学与计算机仿真联合会（IMACS）以及国际计量测试联合会（IMEKO）共同组成国际五大联合会协会（FIACC）。

国际自动控制联合会（IFAC）世界大会于 1960 年起每三年召开一次，是自动控制领域公认的顶级学术会议。每届会议接收论文超过三千篇，分组会议四百个左右，参会代表三千余人。会议期间，除 IFAC 会议的各项学术交流外，还会召开 IFAC 成员国代表大会，主要议程包括总结过去三年的活动、审议 IFAC 的章程及议事程序、选举下一届的 IFAC 主席和执委会成员等。

AUTOMATICA 是国际控制领域中很有影响的权威刊物。国际自动控制联合会（IFAC）世界大会每三年一次，在每两次世界大会之间，IFAC 举办许多中小型学术会议，包括 IFAC Symposia、IFAC Conferences 等。

1957 年 9 月国际自动控制联合会（IFAC）在法国巴黎召开创办国工作会议，有十八个国家代表参加，中国自动化学会筹备委员会代表中国派钟士模、杨嘉墀同志参加。钱学森在这次会议上当选为 IFAC 第一届执委会委员，中国自动化学会成为 IFAC 的第一批成员和发起者之一。

浙江大学的吕勇哉教授曾任 IFAC 主席，任期为 1997 年至 1999 年。在他积极推动下，第十四届 IFAC 世界大会（IFAC World Congress）于 1999 年在北京成功举办。来自美国、日本、法国、德国、英国等五十多个国家以及香港和台湾地区的专家、学者两千多人参加了大会。

2020 年中国自动化学会监事长、中国科学院自动化研究所研究员王飞跃教授被国际自动控制联合会（IFAC）授予杰出服务奖（IFAC Outstanding Service Award），以奖励其在 IFAC 主要领导职位上持续出色的表现。王飞跃教授于 2007 年当选为国际自动控制联合会会士。

撰稿人：张　彤　张　莉　李淑慧　王兰萍　王黎明　张　真　郭晓维

张　建　曹　征　李　杰　张迎春　韩永刚　殷佳丽

第十二章 自动化仪表学科的应用与发展

第一节 化工领域自动化仪表应用发展

随着科学技术的发展，化学工业由最初的只生产纯碱、硫酸等少数几种无机产品和主要从植物中提取茜素制成染料的有机产品，逐步发展为一个多行业、多品种的生产部门，出现了一大批综合利用资源和大型化的化工企业。化工包括基本化学工业和塑料、合成纤维、石油、橡胶、药剂、染料工业等，是利用化学反应改变物质结构、成分、形态等生产化学产品，如无机酸、碱、盐、稀有元素、合成纤维、塑料、合成橡胶、染料、油漆、化肥、农药等。

一、石油化工领域

石油化工是以石油和天然气为原料，生产石油产品和石油化工产品的加工工业。石油产品又称油品，主要包括各种燃料油（汽油、煤油、柴油等）和润滑油以及液化石油气、石油焦炭、石蜡、沥青等。石油化工产业在国民经济的发展中发挥重要作用，是我国的支柱产业之一。

石油化工涉及的生产工艺复杂，主要是在高温、高压、真空、深冷等密闭的环境下连续进行。石油化工产品以及原料还多具有易燃易爆、有毒以及腐蚀性等特点。因此，为了确保石油化工安全生产的正常进行，必须全面实现生产过程的自动化，将各项工艺参数控制在最佳范围内。

（一）炼油工业自动化仪表应用发展

1. 概述

炼油是将原油或其他油脂进行蒸馏不改变分子结构的一种工艺，一般是将石油通过蒸馏的方法分离生产出煤油和符合内燃机使用的汽油、柴油等燃料油，副产物为石油气和渣油，比燃料油重的组分，又通过热裂化、催化裂化等工艺化学转化为燃料油，这些燃料油有的要采用加氢等工艺进行精制。石油炼化产业链如图12-1所示。

2. 控制系统

炼油领域是最早使用分散型控制系统（distributed control system，DCS），也是采用DCS最多的领域。我国最早应用DCS的企业是上海炼油厂，于1977年投用了一套山武·霍尼韦尔公司TDC-2000基本控制器，1982年又投用了一套福克斯波罗公司SPECTRUM系统。

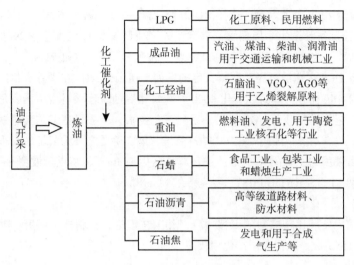

<table>
<tr><td>LPG</td><td>化工原料、民用燃料</td></tr>
<tr><td>成品油</td><td>汽油、煤油、柴油、润滑油
用于交通运输和机械工业</td></tr>
<tr><td>化工轻油</td><td>石脑油、VGO、AGO等
用于乙烯裂解原料</td></tr>
<tr><td>重油</td><td>燃料油、发电，用于陶瓷
工业核石化等行业</td></tr>
<tr><td>石蜡</td><td>食品工业、包装工业
和蜡烛生产工业</td></tr>
<tr><td>石油沥青</td><td>高等级道路材料、
防水材料</td></tr>
<tr><td>石油焦</td><td>发电和用于合成
气生产等</td></tr>
</table>

图 12-1　石油炼化产业链

　　从改革开放初期到二十世纪末，我国炼油领域 DCS 系统一直被国外品牌垄断。先是美国霍尼韦尔（Honeywell）、日本山武·霍尼韦尔（Yamatake Honeywell）、日本横河（Yokogawa），后来美国爱默生（Emerson）加入，山武·霍尼韦尔退出。Foxboro、ABB、SIEMENS 等国外公司也获得了少部分炼油项目。

　　重庆川仪是第一家引进国外 DCS 生产制造技术的国内企业，于 1984 年引进美国霍尼韦尔 TDC-2000 集散控制系统制造技术，并与霍尼韦尔、山武·霍尼韦尔成立了三方联合销售及技术服务机构，为国内炼油项目提供了大量 TDC 系统。1993 年，中石化—霍尼韦尔（天津）有限公司合资成立，重庆川仪转为国外各大 DCS 品牌的系统集成商为包括石化企业在内的广大领域提供 DCS 系统和技术服务。此外，上海自仪与福克斯波罗成立合资企业，为中国炼油项目提供 SPECTRUM 系统。西安仪表厂与横河成立合资企业，为中国炼油项目提供 Centum μXL 系统。日本横河与重庆川仪成立的合资企业以压力变送器为主，但也曾为中国炼油项目提供横河 DCS 系统。

　　进入二十一世纪，国产 DCS 系统已在其他行业广泛应用，浙江中控、和利时等企业开始进入炼油市场。起初国产 DCS 只能在公辅装置参与竞争，自从 2007 年浙江中控 ECS100 中标武汉石化 500 万吨级炼油项目五套炼油装置并获得成功应用的鉴定，打破了国外的垄断。2009年浙江中控在与多家国外知名厂家竞争中，又成功中标中石化长岭分公司油品质量升级改造工程，为国产大规模 DCS 进军千万吨级炼油项目吹响了号角。浙江中控 DCS 系统在中石化中天合创、川维等超大型新能源项目上也接连中标，还被应用到中石油庆阳石化、广西东油沥青、中海油宁波大榭石化、中海油青岛重质油工程等重大一体化项目中，标志着国产化的 DCS 控制系统研究、制造、工程应用已经达到了世界先进水平。中石化青岛石化公司 500 万吨每年炼油联合装置（六套主生产装置）采用国产和利时 MACS 系统。该项目既具备典型炼油装置的安全性、可靠性，又具有先进性和全厂信息化管理功能。大庆石化公司炼油结构调整优化与转型升级项目为中石油旗下首套应用国产化控制系统的千万吨级炼油项目，和利时作为该项目自动化系统解决方案供应商，依托 HOLLiAS 石化一体化解决方案，为该项目提供 DCS、GDS、SIS 三大控制系统全生命周期解决方案服务，项目涉及 12 套装置、29 项配套公用工程和辅助设施的新建、改造，总 I/O 点 15000 余点，机柜 144 面，主机 91 台。

目前，国产 DCS 在炼油市场已获得长足的发展。但国外 DCS 在国外提供工艺包的新建大炼油装置中仍有一定优势。如浙江石化 4000 万吨每年炼油工程项目由美国霍尼韦尔公司旗下的炼油与石化工艺技术专利商 UOP 提供一系列工艺技术，该项目主工艺装置规定必须采用霍尼韦尔 Experion PKS 系统，因此中控 ECS700 系统只能在除此之外的公辅装置采用。

在炼油项目采用的主要国外 DCS 品牌还有艾默生 Delta V、福克斯波罗 Evo（I/A）、横河 CENTUM VP、西门子 SIMATIC PCS7、罗克韦尔 PlantPAx。

3. 现场仪表

炼油属于国内发展比较成熟的工程项目，其工艺理论、专利技术研究、项目设计、装备研究和设计都比化工成熟，仪表国产化率较高。

（1）控制阀

在各个炼油项目的控制阀选择应用上，通常以压力、温度、功能来划定采购范围。一般在 900LB 以上的高温高压阀门主要采用原装进口产品，有切断阀、角阀、闸阀、减温减压控制阀、高压控制阀等多个品种。这些控制阀按种类分别招标，主要选用的品牌有 FISHER、SAMSON、Gasco、KOSO、SCHUF、霍普金森等。600LB 及以下的控制阀基本全部采用国产。国产品牌控制阀的应用比例占到炼油项目阀门总数量的 70% 以上，但价值量不足一半。国产的控制阀在炼油行业有业绩的公司非常多，主要的品牌有重庆川仪、吴忠仪表、无锡智能等。

智能阀门定位器作为气动控制阀必配的重要附件，通常由用户指定选择。通常大型石化主要工艺装置在稳定性、控制精度、耐用性等质量指标和应用业绩上要求较高，所以总体上以采用国外品牌阀门定位器为主。用户习惯采用的智能阀门定位器有费希尔 DVC 系列、山武 AVP 系列和西门子 6DR 系列。国产的智能阀门定位器品牌较少，其中以重庆川仪 HVP 系列智能阀门定位器市场规模最大。

电磁阀作为控制阀应用中可靠性要求较高的附件，以采用进口品牌为主，如 ASCO 低功耗不锈钢 24V DC 电磁阀，常由业主指定品牌后与控制阀捆绑采购。国内电磁阀也在一些主流装置上应用，其中以鞍山电磁阀有限责任公司规模最大，其前身是丹东电磁阀厂，是国内较早研发生产电磁阀的企业，曾引进德国 HERION 电磁阀设计制造技术。

（2）差压/压力变送器

自改革开放以来，到二十世纪末，炼油行业使用的差压/压力变送器均以国外品牌为主，但这些品牌均已在中国国内合资或独资生产，如北京远东罗斯蒙特 1151/3051 系列，重庆横河川仪 EJA 系列、霍尼韦尔 ST3000 系列等。进入二十一世纪，国产差压/压力变送器因性能好、价格低而占领了许多大型炼油项目的市场，供应厂商比较多，主要有重庆川仪 PDS 系列、上海自仪 3151 系列、重庆伟岸 SST 系列等。

（3）温度仪表

在炼油工程项目中，温度仪表应用非常广泛、测量点也多。整个炼油项目中高压加氢反应器多点柔性热电偶、罐区多点平均温度计等仍以进口品牌为主，主要供应商有 WIKA、

DAILY、E+H 等，近年来在新上炼油项目中也采用了国产品牌的多点热电偶，如重庆川仪、浙江伦特，天津中环生产的加氢反应器多点柔性热电偶、EO 反应器多点热电偶等。还有浙江乐清伦特，重庆川仪生产的 900LB、1500LB、2500LB 高压热电偶（含套管、法兰式连接高压防漏结构热电偶），安徽天康的中低压热电偶，武汉理工生产的用于码头原油罐区和芳烃罐区测温的多点分布式温度光栅系统等都得到了大量的应用。除此之外，管线上的温度仪表多以法兰安装结构为主，这一类产品种类单一、结构简单，几乎全部采用国产品牌，国内主要供货企业有重庆川仪、乐清伦特、浙江伦特、安徽天康等。

（4）流量仪表

流量仪表中的差压式测量仪表进口品牌主要有霍尼韦尔、横河和艾默生，国产品牌有重庆川仪等。

电磁流量计过去以进口品牌为主，如德国科隆、ABB 和横河产品。现国产产品亦可大量采用，如重庆川仪 FlowMaster 系列等。

超声波流量计主要选用德国西门子和德国科隆产品。火炬气测量仪表可选用美国 GE 的插入式超声波流量计。

涡街流量计主要选用艾默生、横河和 FOXBORO 产品。国产产品亦可采用，如重庆川仪 VFC 系列等。

质量流量计以国外品牌为主，如艾默生、ABB。口径在四寸以下的控制级质量流量计和非贸易交接型的质量流量计基本可以采用国产品牌，如西安东风机电的国产质量流量计。在常减压、渣油等装置中可选用国产瑞安联大公司的自动冲灌系统。在高压加氢、渣油加氢和柴油加氢中，所有高压孔板可全部选用国内品牌，如重庆川仪、温州捷达公司的产品。

（5）液位仪表

液位仪表产品主要有电浮筒液位计、超声波液位计、雷达液位计、浮球式液位计、钢带式液位计、电容式液位计、磁致伸缩液位计、伺服液位计等多个品种。

电浮筒液位计在炼油行业应用广泛，国内提供的产品主要由丹东通博、上海自仪、上海星申、南京龙聚、启东恒盛等公司集成制造，这些供应商都是以进口电浮筒头与国内制造的筒体进行产品集成的，由于性价比较高，深受用户的青睐。西安定华生产的外贴式超声波液位计作为无开孔要求的底部安装式液位计，在测量要求高的贮罐、球罐液位测量中可作为双测量显示方式。钢带式液位计属于早期应用的物位仪表，目前已被雷达液位计和磁致伸缩液位计取代。雷达液位计进口品牌可选用德国科隆、西门子产品，国产品牌可选用重庆川仪等产品。

4. 在线分析仪器

在线分析仪器主要由样品处理系统、在线分析仪器、数据采集管理系统和辅助设施等组成。样品处理系统包括采样探头、传输管路、过滤、调压、气化、分离等处理器件，以及样品排放或返回装置。在线分析仪器根据工艺要求，选用包括气相色谱、红外分析、氧分析、热导分析、质谱分析、激光分析等气体分析仪器，以及 pH、电导率、密度、黏度、近红外、水质、油品等液体分析仪器。数据采集和管理系统（包括软件、硬件）用于数据采集和处理，并对在线分析仪器系统各组成部分的性能和运行情况进行监测、分析、维护管理。辅助设施包括 UPS 不间断电源、24V 直流电源、空调、排风扇、仪表气源、给排水、蒸汽等，以及适应相应环境防护等级的分析仪防护栅、机柜和小屋。

由于在线分析仪器直接测量炼油工艺管道或设备上介质的组成成分或物性参数，牵涉到安全环保和精益化生产管理，系统结构复杂、环境恶劣，早期以选用国外品牌为主。国外在线分析仪器综合实力较强的品牌有西门子、ABB、横河等，其在工业在线色谱仪领域具有较强的优势。德国布鲁克（BRUKER）傅里叶光栅型的近红外光谱仪在炼油项目应用较多，美国热电（THERMO FISHER）的总硫分析仪表在汽油调和系统中应用效果较好。重整再生氧分析仪和硫黄回收比值分析仪选用美国阿美特克公司产品，水中油分析仪选用德国 DECKMA产品。

随着国内厂商技术进步，国内老牌国有企业如重庆川仪、上自仪、京仪、南京分析仪等走引进、消化、吸收和自主创新的技术路线，在众多领域已经培育了一批重点产品，起到了国产化的关键作用。一批高科技民企如杭州聚光、北京雪迪龙、河北先河环保经过多年的发展，已经成为上市公司，而更多的高科技民企也在积极开发分析仪器，进军在线分析仪器产品领域，如上海舜宇恒平、湖北通力、上海爱文思等公司开发的在线质谱、在线油品测量等方面的仪器取得了比较大的成绩。

分析仪器的系统集成目前普遍由国内有实力的厂家提供产品和服务，样品处理系统、数据采集管理系统和辅助设施均有国内厂家生产，但分析仪器主机在主装置上仍以国外品牌为主。其中主要的系统集成商有重庆川仪、北京凯隆、兰州实华、南京世舟、上海汉克威等。国内自主品牌分析仪器如烟气排放连续监测系统（continuous emission monitoring system，CEMS）、水质分析仪等在公辅、环保等装置上已全面应用。如扬子石化炼油项目 CEMS 选用了北京雪迪龙公司和国电环保的国产系统，四川石化炼油项目 CEMS 选用了重庆川仪的国产化在线分析系统。富岛科技公司研发的国产在线汽油调和分析优化系统、深圳诺安公司的苯毒气在线监测仪均在炼油项目成功应用。

5. 典型应用案例

浙江石油化工有限公司 4000 万吨每年炼化一体化项目建设地点为舟山绿色石化基地，项目投资 1730 亿元，总占地面积为 1307.9 公顷。生产国 VI 汽柴油、航空煤油、对二甲苯（PX）、高端聚烯烃、聚碳酸酯等二十多种石化产品。项目一次性规划、分两期实施：一期年加工原油 2000 万吨，年产芳烃 520 万吨、年产乙烯 140 万吨，主体工程包括 22 套炼油装置和 15 套化工装置，已于 2019 年 12 月底建成投产；二期年加工原油 2000 万吨，年产芳烃 660 万吨、年产乙烯 140 万吨，2021 年项目将整体竣工。

炼油各类仪表设备和控制系统一体化设计、一体化选型、一体化施工、一体化运维。全厂仪表设备及控制系统实行信息化管理、信息共享共用、集中管理，自控率自动统计、联锁投用率自动统计、仪表设备集中管理、系统自动备份、系统自动同步、各装置数据信息共享、控制系统集中管理、实施监控各系统各机柜运行状况，对仪表设备及控制系统实行预知性维护，将故障消灭在萌芽状态。

（1）控制系统

炼油芳烃事业部控制系统共 507 套，其中国产控制系统 52 套，进口系统 455 台。其中DCS 系统 166 套、SIS 系统 75 套、CCS 系统 44 套、GDS 系统 31 套、机组设备状态监测系统96 套、PLC 系统 83 套、ACCS（吸附塔控制）系统 4 套、CRCS（催化剂循环再生）系统 4 套、

DRCS 系统 1 套、LMS（催化汽油吸附脱硫装置闭锁料斗控制）系统 1 套、APC 系统 2 套。主要进口品牌为 Honeywell PKS、西门子 PCS7、施耐德 TRICON、ROCKWELL AB、BENTLY 3500，国产控制系统主要供货商是浙江中控。

（2）现场仪表

炼油芳烃事业部现场仪表设备共 110626 台，其中进口、合资仪表设备 59765 台，国产仪表设备 50861 套，国产综合仪表设备供货商为重庆川仪。

控制阀 12165 台，主要进口品牌为 MASONEILAN、福斯、FISHER、美卓、美国博雷，国产品牌主要为重庆川仪、吴忠仪表、无锡智能。

执行机构包括气动、电动、电液执行机构在内 6275 台，进口品牌主要为 ROTOK、LIMTORK、Bettis，国产品牌为重庆川仪、福斯拓科、无锡圣汉斯。

变送器 21044 台，主要品牌为罗斯蒙特，重庆横河川仪、重庆川仪。

流量仪表 8608 台，主要进口品牌为科隆、E+H、GE，国产品牌主要为温州捷达、温州达安。

温度仪表 19096 台，主要品牌为艾默生、重庆川仪、乐清伦特、WIKA、重庆横河川仪。

物位仪表 3008 台，进口品牌主要为艾默生、VEGA、E+H，国产品牌主要为上海妙迪。

固定式报警器 3008 台，全部为国产品牌深圳诺安、河南汉威、成都安可信。

内窥式火焰监视器 562 台，全部为国产的铁岭铁光。

（3）在线分析仪表

各类在线分析仪表共计 770 台（套），其中国产在线分析仪表 55 台（套），进口、合资在线分析仪表 715 台（套）。

其中色谱分析仪 75 套，CEMS 分析仪 42 套，氢分析仪 34 套，TOC 分析仪 40 套，COD 分析仪 6 套，氢烃氧分析仪 4 套，总硫分析仪 8 套，以及其他各类分析仪 560 余套。

其中主要品牌为艾默生、横河、赛默飞世尔、SICK、E+H、哈希、GE、西门子、ABB、戈韦尼克、杭州聚光、兰炼富士。

（二）乙烯工业自动化仪表应用发展

1. 概述

乙烯工业是石油化工产业的核心，在国民经济中占有重要的作用，国际上已将乙烯产量作为衡量一个国家石油化工发展水平的重要标志之一。随着建材、家电、汽车等工业的快速发展，聚乙烯、苯乙烯、合成橡胶等产品市场需求大幅增长，从而带动了乙烯行业的增长。2019 年，我国新增乙烯产能 184 万吨，合计达到 2734 万吨，同比增长 7.2%；产量约为 2060 万吨，同比增长 11.8%。我国是仅次于美国的世界第二大乙烯生产国。乙烯产业链如图 12-2 所示。

2. 控制系统

随着技术进步，DCS 系统的功能日趋强大，逐步形成了与现场总线控制系统（FCS）、安全仪表系统（SIS）、气体检测系统（GDS）、压缩机控制系统（CCS）、可编程序控制器（PLC）、智能设备管理系统（IDM）、转动设备监控系统（MMS）、数据采集与监控系统（SCADA）、储运自动化系统（MAS）、操作数据管理系统（ODS）、先进报警管理系统（AAS）、控制器性能监控系统（CPMS）、先进过程控制（APS）、实时优化（RT-OPT）及操作员培训

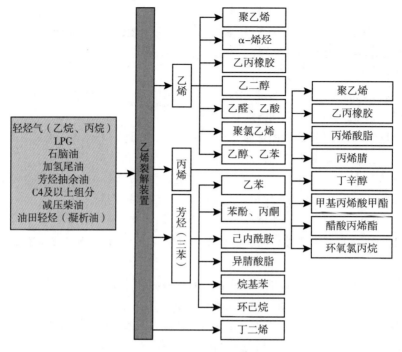

图 12-2　乙烯产业链

仿真系统（OTS）集成于一体的过程控制系统（process control system，PCS）。PCS 是石油化工企业自动化信息化的基础，属于生产运行控制层，它与位于中间层的生产运行管理系统（manufacture execution system，MES）以及位于顶层的企业资源管理系统（enterprise resource planning，ERP）共同构成了自动化信息化的三层架构。

（1）DCS

乙烯行业的自动化技术稳定发展。改革开放初期到上世纪末，DCS 控制系统以美国霍尼韦尔、日本横河、美国艾默生为主，福克斯波罗、西门子、ABB 的 DCS 也时有应用。

2006 年开始，石油化工快速发展，浙江中控、和利时等国内 DCS 厂商开始争取到大型石油化工联合生产装置 DCS 系统供货合同，并成功投入运行，极大地促进了国产 DCS 系统软硬件进步和工程集成能力的提升。目前浙江中控的国产 DCS 市场占有率已超过任何一家国外品牌。

乙烯项目对自动化控制系统要求较高，新技术应用也较早。如上海赛科石化公司乙烯工程采用的艾默生 Delta V 现场总线（FF）控制系统于 2005 年投入运行；中海油惠州乙烯工程采用的横河 CENTUM 现场总线控制系统于 2006 年投入运行。

（2）SIS

采用安全仪表系统实现企业安全生产，防止和降低生产装置的过程风险，保证人身和财产安全，保护环境。SIS 控制系统由美国 Triconex 占 95% 以上的绝对优势，除 HIMA 在镇海炼化百万吨乙烯工程中中标以外，其他乙烯装置基本选用的都是 Triconex 安全控制系统，使用效果较为稳定。

在控制系统之间数据的传递设计上，目前信号传送方案都是采用光缆传输，改变了铜芯电缆一对一的信号传输方式，节约了大量的电缆成本和输入/输出卡件成本，使控制系统的结构得到了进一步的优化。

（3）机组状态监测仪表

石化企业生产环境恶劣，旋转设备结构复杂、易损部件多，机组出现故障概率大，一旦发生事故，损失将不可估量。对石化生产过程特别是大型关键机组进行有效的故障诊断以预防或避免事故的发生势在必行。状态监测与诊断技术最早起源于欧美发达国家，上世纪八十年代引入中国，并率先在国内石油、化工企业进行应用。经过四十年的发展，石化企业已实现对关键动设备的在线监测诊断。

振动信号分析技术是本行业内转动机械故障诊断中应用最广泛的方法，也是评价机组投产和稳定运行基本手段。典型的代表厂家有本特利的 3500 系统、艾默生的 CSI、北京化工大学和北京博华的监测系统、沈鼓的 SG8000 系统产品、陕鼓的 S8000 机组监测诊断系统、重庆川仪的应力波设备健康监测诊断系统等。

（4）APC

从 2002 年开始，扬子石化与华东理工大学合作开发乙烯装置 APC 系统，至 2013 年底，扬子石化乙烯新区五台裂解炉的 APC 和 RTO 全部上线，其控制模型如图 12-3 所示。

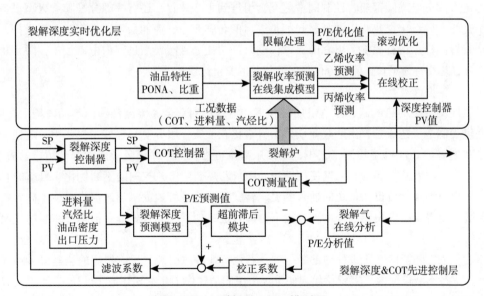

图 12-3　裂解炉 APC 模型图

扬子石化在乙烯装置 14 台裂解炉上全部采用了燃料气、COT 温度、裂解深度的先进控制，还在新区五台裂解炉上采用了实时优化 RTO 控制。由于扬子 APC 应用的成功，中石化在行业内进行了项目推广工作，其中上海石化、镇海炼化、齐鲁石化、天津石化、广州石化、中石油吉林石化等企业都采用了由华东理工大学开发的 APC 控制。霍尼韦尔在上海赛科、茂名石化开通了裂解炉 APC 先进控制，ASPEN 则在燕山石化和扬子巴士夫开通了裂解炉 APC 先进控制。

扬子石化还在乙烯新区和乙烯老区实施了乙烯精馏塔 APC 和丙烯精馏塔的 APC，降低了精馏塔能耗，提高了产量，增加了运行的平稳性，新的炉群优化和全流程优化项目也正在规划中。这些项目的实施标志着国内乙烯装置 APC 的研究工作上了一个新台阶。

3. 现场仪表

（1）控制阀

对裂解区 900LB 以上的高温高压阀门、减温减压控制阀，在低温罐区使用的软、硬密封切断阀等，各公司基于对国内控制阀在制造能力、应用业绩、服务能力等诸多方面的担忧，在新建工程项目中基本上全部选择了著名的进口产品。随着国内控制阀生产企业技术水平的不断提升和应用经验的积累，对一些原来需要进口的特殊控制阀提供检修到国产化替代。如用于聚乙烯、聚丙烯排料系统的高频开关球阀，国外工艺包一般采用 ARGUS 产品，也有使用 KTM 的。随着国产化推进，国内厂家重庆川仪、安特威等成功在国内多个装置实现排料系统高频开关球阀国产化替代。

在乙烯装置压力低于 900LB 的普通控制阀的选型上，国产控制阀的应用业绩则非常之多，粗略统计约占这个领域控制阀数量的 60%，通常在冷区、热区、炉区、加氢区、压缩区等区段都有比较多的应用业绩。吴忠仪表、无锡工装、上海山武、重庆川仪等的产品在扬子乙烯、镇海炼化、福建乙烯、武汉乙烯、浙江石化和其他企业均有比较多的应用。

绝大部分电磁阀都随着控制阀一起配套引进到生产装置，还有一部分是随着大型设备配套引进的。各石化企业所用的电磁阀都是进口的名牌产品，性能稳定，大部分无需维护，为生产装置的稳定运行提供了可靠的保障。进口低功耗电磁阀使用过程中电流很小，防水功能非常好，运行寿命更长，能充分保障生产装置的安全运行。

（2）温度仪表

温度测量中的热电偶、热电阻仪表和现场指示用的双金属温度计国内产品占绝大多数。这些仪表制造工艺成熟，生产企业众多，价格比较便宜，服务质量也好，深受用户欢迎。特别是在裂解炉 COT 高温检测工艺中，浙江乐清伦特提供的产品满足了绝大部分用户的需求，解决了高温耐磨热电偶的长周期使用问题。随着乙烯裂解工艺控制的不断优化，目前的 COT 裂解炉出口温度检测也从传统的插入测温，转变为裂解炉管表面测温，逐步减少了插入式测温点数。使得温度仪表使用寿命大大提高，同时也减少了因插入式套管损坏产品裂解气泄漏的风险。

近年来，随着国产化进程的不断延伸，石化行业各主要装置反应器用的全进口多点温度仪表，正在逐渐被国内厂家所替代。如重庆川仪成功替代了荷兰 SHELL 公司乙二醇工艺包中的环氧乙烷反应器多点热电偶，重庆川仪在满足原工艺包技术要求的同时，优化了产品结构、提升了产品的稳定性、可靠性及安装便捷性。同时还延伸出采用整体拉制成型的多支、多点传感器的系列化产品，给用户更多的选择。

（3）差压/压力变送器

由于国外品牌基本在中国都有制造基地，多数是与国内厂家合资生产，成本也并不比国内品牌高多少，因此中石化、中石油的乙烯工程压力变送器一直以霍尼韦尔、横河、艾默生三家进口品牌为主，采用集中招标的方式选择。国内优秀品牌的产品从公辅装置开始进入，加上近年民营企业投资建设的大乙烯项目为降低设备造价在主工艺装置上大胆允许国产优秀品牌与进口品牌同时竞标，率先采用国产压力变送器，使用效果也很理想。如浙江石化一二期项目差压／压力变送器选用了两个国外品牌（横河川仪 EJA、艾默生 3051）和一个国内品牌重庆川仪 PDS 系列。

（4）流量仪表

流量仪表应用种类比较多，价格比较高。近年来，中石化启动了质量流量计国产化推进计划，目前控制级质量流量计和非贸易交接型质量流量计基本上实现了采购国产化，只有贸易交接的质量流量计选择进口产品。目前国内能提供优等质量流量计的企业有西安东风、太原太航科技、上海一诺等公司。

电磁流量计、热式流量计、超声波流量计、涡街流量计以及其他非主流的流量计产品在乙烯企业的使用量不是很大，多数均以进口品牌为主。电磁流量计过去一直采用进口品牌，目前重庆川仪等国产品牌开始进入乙烯工程。涡街流量计、超声波流量计、热式流量计等也以选用进口品牌产品为主。

（5）液位仪表

液位测量技术在原料罐区和成品罐区都有大量的应用。现场液位指示的玻璃板、磁翻板液位计、玻璃板液位计绝大部分采用国内产品，只有高温高压汽包上使用的牛眼式液位计和玻璃板液位计选择进口产品。乙烯装置液位测量选择的液位仪表主要有浮筒式液位计、超声波液位计和超声波液位开关、雷达液位计、外测式液位计等。在这些产品中，采用声波振动原理的外测式液位计是西安定华公司提供的国产产品；浮筒式液位计中的电浮筒头大部分采用进口产品，筒体则由国内企业制造，并经国内企业配套集成推向市场。

（6）无线仪表

随着武汉石化乙烯装置的开工，278 台霍尼韦尔无线仪表首次在大型乙烯罐区使用成功，标志着无线技术在石化工业关键装置中的应用时代已到来。该装置检测的信号包括流量、温度、压力、液位等多种变量。

4. 在线分析仪器

乙烯装置的主要分析仪器是色谱仪，绝大多数的用户采用了进口产品，基本上是西门子、ABB、横河三家的天下。分析仪表的系统集成目前已普遍由国内有实力的厂家提供产品和服务，样品处理系统、数据采集管理系统和辅助设施均有国内厂家生产，其中主要的系统集成商有重庆川仪、北京凯隆、兰州实华、南京世舟、上海汉克威等。在中石化的推动下，兰州天华院苏州自动化所生产的在线色谱仪在扬子石化和天津石化进行了考核性应用。在所有的新建工程项目中，用户普遍重视色谱仪的网络建设，以提供维护的方便性和数据上传的便捷性。

其他的在线分析仪表包括所有装置必配的 pH 计、电导率仪表，还有贵重的 COD 分析仪、热值仪、黏度计、水分仪等仍在使用进口产品。

为了控制裂解炉炉水中磷酸根的含量，扬子石化实施了磷酸根在线变频控制，在老区和新区现场各设置了一套磷酸根变频加药自动控制系统，投用以后控制效果比较好，获得了工艺专业的好评，所用产品是赛默飞世尔和哈希各一套。这个系统目前在中石化各企业中仍属于领先水平。

为了解决在油品品质变化大的情况下，离线数据模型无法实时优化控制的问题，应用近红外分析仪结合 APC 模型实现了装置的实时优化。目前已经有扬子、镇海、扬巴、赛科、茂名、独山子等乙烯企业成功应用了近红外分析仪。近红外分析仪应用比较好的品牌有布鲁克、ABB、横河等公司的产品。中外合资的天津中沙石化规划引进近红外分析仪，以配合该公司开展 APC 和 RTO 投用工作。

质谱仪是天津中沙石化乙烯装置中标。聚光科技的 Mars 在线质谱仪已经在扬子乙二醇装置进行工业化应用考核，这是国产质谱仪在工业领域中的首次应用，为此聚光科技制订了详细的工业化应用方案并加强在现场的保运服务、数据采集、质量验证工作。

氧化锆仪表在新建工程项目中大多首先选择进口产品，如日本横河、美国阿美泰克、日本富士、德国 ABB 等，正常生产后用户开始选择成本低、服务好的国产产品，如北京首电、原子能研究院等品牌。国产氧化锆仪表使用周期偏短，一般使用两年就得更换，但由于服务比较好，价格低廉，用户还是比较喜欢使用的。

5. 典型项目应用案例

浙江石油化工有限责任公司乙烯化工区分二期建设，其中一期 140 万吨每年乙烯及其配套装置，二期两套 140 万吨每年乙烯及其配套装置。目前一期十八套装置已全部开工成功；二期二十七套装置正处于开工调试阶段。现简要介绍其乙烯及下游化工装置一二期工程控制系统、现场仪表及分析仪器选用情况。

（1）控制系统

一期化工项目共计 18 套 DCS 系统全部为 Honeywell 系统；SIS 系统 17 套，全部为施耐德 TRICON 系统；GDS 共计 18 套，全部为 TRICON 系统；ITCC 系统 14 套，全部选用 TRICON 系统；PLC 成套系统 286 套；目前只有 FDPE 投用一套 UNIVATION 自带的 APC。

二期化工项目共计 27 套 DCS 系统，其中 16 套 HONEYWELL 系统、11 套浙江中控系统；SIS 系统共计 21 套，全部为施耐德的 TRICON 系统；GDS 共计 21 套，全部为浙江中控系统；ITCC 系统 20 套，全部选用 TRICON 系统，PLC 成套系统 364 套。

（2）现场仪表

一期化工项目：现场仪表控制阀一共 10751 台，其中国产 7084 台占比 66%，进口 3667 台占比 34%。其中单个厂家最多的是重庆川仪 1865 台阀门，占比 18%。主要进口阀门品牌：梅索尼兰、萨姆森、福斯、FISHER、VANESSA、METSO、CRANE、ARGUS、xomox、博雷、KTM 等。主要国产阀门品牌：重庆川仪、无锡智能、中德等。液位仪表 3647 台，其中国产 2737 台，进口 910 台。温度仪表 19525 台，绝大部分国产，其中重庆川仪 2166 台占比 11%。流量仪表 6499 台，其中国产 2700 台，进口 3799 台。压力仪表 10539 台，其中国产 9940 台，进口 599 台，其中重庆川仪 3920 台占比 37%。

二期化工项目：现场仪表控制阀一共 16921 台，其中国产 12123 台占比 72%；进口 4798 台占比 28%；其中，重庆川仪 1357 台，占比 8%。主要进口阀门品牌：梅索尼兰、萨姆森、福斯、FISHER、VANESSA、METSO、CRANE、ARGUS、xomox 等。主要国产阀门品牌：重庆川仪、无锡智能、福斯、博雷、KTM、中德等。液位仪表 6382 台，温度仪表 33168 台，绝大部分国产，其中重庆川仪 3249 台占比 8.2%。流量仪表 6110 台，压力仪表 18443 台。

（3）分析仪器

化工一期共有各类在线分析仪 652 套，其中色谱 127 套全部为横河 GC8000；氧含量分析仪 156 套主要厂家有西门子、艾默生、杭州聚光；微量水 59 套全部为 GE MOISTURE；pH 计 103 套，其中 91 套艾默生、12 套梅特勒；TOC59 全部为哈希；CEMS33 套，其中西克麦哈克 32 套、赛默飞一套。

化工二期共有各类在线分析仪 945 套，其中色谱 219 套，全部为横河 GC8000；氧含量分析仪 190 套主要厂家有西门子、艾默生、杭州聚光；微量水 71 套全部为 GE MOISTURE；pH 计 126 套，其中 101 套艾默生、25 套梅特勒；TOC71 套全部为哈希；CEMS48 套，其中西克麦哈克 47 套、赛默飞一套。

（三）液化天然气行业自动化仪表应用发展

1. 概述

液化天然气（liquefied natural gas，LNG）的主要成分是甲烷。LNG 无色、无味、无毒且无腐蚀性，其体积约为同量气态天然气体积的 1/625，液化天然气的质量仅为同体积水的 45% 左右。其制造过程是先将气田生产的天然气净化处理，经超低温液化后，利用液化天然气船、铁路槽车、汽车槽车运送。液化天然气燃烧后对空气污染非常小，而且放出的热量大，是一种清洁、高效的能源。

LNG 接收站接收从外部运来的 LNG，将其储存或气化后分配给用户。接收站一般包括卸船、储存、加压，蒸气处理、气化、天然气计量输送、火炬放空、装卸车等工艺单元，有些接收站还设有热值调整和冷能利用单元。LNG 接收站流程如图 12-4 所示。

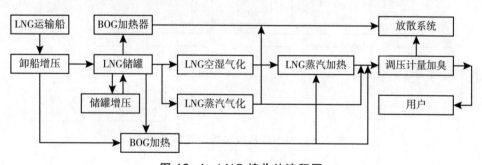

图 12-4　LNG 接收站流程图

自控系统是 LNG 接收站生产指挥的神经中枢，是实现 LNG 接收站现场生产实时监测、集中调控、精准控制的重要技术手段，对于保障 LNG 接收站安全、可靠、高效运行至关重要。LNG 接收站仪控系统可分解为站内主控制系统 DCS、安全仪表系统 SIS、火气探测系统 FGS、FIMS 仪表设备管理系统、现场仪表系统、视频 CCTV、红外报警系统和广播报警系统。

2. 控制系统

目前，LNG 接收站的整体设计大多由国外公司承担，仪控系统集成以国外产品为主导。从我国已建成的 LNG 接收站来看，控制系统基本上全套采用国外的技术和设备。2004 年 6 月，霍尼韦尔通过 EPC 承包商 French Consortium STTS 竞标成为中国广东大鹏液化天然气有限公司设备集成供应商，参与 LNG 接收站项目的建设，并负责整个配套工程的安装、项目实施与管理，形成完整的解决方案。

我国的第二个 LNG 大型项目福建 LNG 接收站由 CB&I 公司 EPC 总承包，采用 ABB 公司的 800xADCS 软件和 SCADA Vantage 软件分别作为 LNG 接收站终端 DCS 系统和输气管线 SCADA 系统的软件平台，接收站的 DCS、ESD、FGS 系统都统一在 800xA 系统平台。而上海洋山 LNG 接收站和上海五号沟 LNG 接收站也分别采用了横河和霍尼韦尔的控制系统。

2011 年，重庆川仪成功中标中石油唐山 LNG 接收站系统集成供货及服务。内容包括 DCS、SIS、火灾报警系统（FGS）、可燃气体检测系统（GDS）、成套供货设备控制系统、储罐管理系统（TMS）、现场仪表管理系统（FIMS）、防爆视频监控系统（CCTV）、在线分析系统（接船、外输）等九大系统。其中 DCS、SIS 核心产品系采用日本横河公司产品，由川仪提供系统集成和编程、调试、投运等总包服务。LNG 接收站控制系统如图 12-5 所示。

2013 年 12 月中海油天津 LNG 项目成功投运，标志着浙江中控生产的国产 DCS 系统打破了国外在 LNG 接收站相关领域的技术垄断，填补了国内空白。

2020 年，中控技术成功中标中海油漳州 LNG 接收站工程项目控制系统，这标志着大型 LNG 接收终端项目 ESD/FGS 系统首次实现国产化。漳州 LNG 项目接收站工程包括 DCS、ESD、FGS、智能设备管理系统 AMS 以及振动监测系统 VMS，其中 DCS 配置的中控 ECS-700 系统，ESD 和 FGS 配置的中控 SIL3 认证的 TCS-900 系统，DCS、ESD 和 FGS 连在一个网络上，共用工程师站、操作站和 AMS 站等。

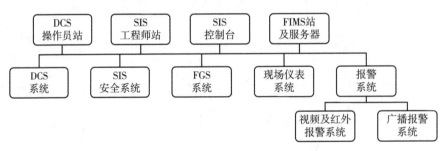

图 12-5　LNG 接收站控制系统示意图

3. 现场仪表

LNG 接收站建设中，一般由系统集成商一并完成现场仪表的集成供货，由于已建或部分在建项目中大多由国外系统集成商集成，因此现场仪表仍以国外品牌产品为主，国内品牌产品在主要工艺系统中很少应用。

LNG 接收站中涉及的现场仪表包括温度仪表、压力仪表、流量仪表、液位仪表、控制阀、分析仪表、可燃气体或火焰探测仪等七大类。下面分类说明各类仪表在 LNG 接收站的应用情况，以及国内外同类产品的水平。

（1）温度仪表

LNG 接收站管道中温度仪表主要有 Pt100 铂电阻（有些带一体化本安型温度变送器）和就地温度显示仪表，还有少量双金属温度计。与 LNG 储罐相关的子系统中有一些专用温度传感器，如测温度分布的多点铂电阻、测平均温度的分布式铂电阻或分布式 Cu100 铜电阻、测罐底温度及泄漏的多点铂电阻、用于测液位的铂电阻等。

铂电阻大量安装在 LNG 接收站中液态天然气管道、气态天然气管道、储罐和氮气管道中。以前均使用国外品牌产品，如 E+H、艾默生等。特别是用于储罐底部的产品使用寿命要求二十年，有一定难度。国内测温仪表优秀企业如重庆川仪、天津中环、浙江伦特等生产的 Pt100 铂热电阻目前也能满足要求。但与 LNG 储罐相关的特种温度传感器国内目前没有。

温度变送器需本安防爆，带就地显示，大多用国外品牌，如艾默生、福克斯波罗、西门子等，通过 4~20mA 信号传输至中控室。国内企业如重庆川仪等生产产品目前也能满足要求。

（2）压力仪表

LNG 接收站液态天然气管道、气态天然气管道、储罐和氮气管道中均安装压力仪表，主要是差压/压力变送器、压力表。

压力/差压变送器由引压管引出测压，环境温度要求 –50℃至 65℃，引压管安装需要防冻防堵。目前仍大多使用横河 EJA、艾默生等公司产品。国内生产企业如重庆川仪、上海威尔泰、上海光华等公司生产的产品均能满足要求，并已在天然气行业中应用。

压力表温度要求 –50℃至 +65℃、压力范围 0 至 2500kPa。国内企业如无锡特种压力表厂、北京布莱迪公司、川仪昆仑仪表的产品已能满足要求，并在天然气加气站中已有应用。

（3）流量仪表

LNG 接收站中使用到的流量计主要有气体超声流量计、液体超声流量计、质量流量计和孔板流量计。

气体超声流量计用于天然气外输计量，DN200~DN600，多声道，内插式。主要选用艾默生丹尼尔（Daniel）、西克（SICK）、RMG、埃尔斯特（ELSTER）等公司产品，国内企业上海中核维思仪器仪表有限公司生产的四声道气体超声流量计已应用于天然气城市门站计量，可满足要求。国内与国外产品的差距主要在于软件功能方面，如实时性、自修正、自整定等。

目前 LNG 站外输天然气主要通过计量撬装系统装置，由计量管路、超声波流量计、温度变送器、压力变送器、自动取样装置、在线气相色谱分析仪、流量积算仪、监控计算机、网络服务器、外输管路及相应阀门仪表组成。计量撬装系统装置中流量计可选用超声波流量计或涡轮流量计：10kPa 压力下、口径小于 DN200、流量低时选用涡轮流量计；压力高、流量大、低温时选用超声流量计。国内生产计量撬装系统装置的企业有天信仪表集团股份有限公司、天津博思特石化有限公司、廊坊瑞华石化有限公司等，其中天津博思特石化有限公司、廊坊瑞华石化有限公司是中石油下属专业生产计量撬装系统装置的企业，天信仪表集团股份有限公司的计量撬装系统已在西气东输城市门站中应用，上海中核维思仪器仪表有限公司已在研发计量撬装系统装置。

液体超声流量计用于开架式气化器海水加热管道中测量海水流量，DN900 左右，多用单声道，选用国外企业艾默生（美国康创品牌）、E+H、科隆和西门子等公司产品。国内生产企业较多，如北京瑞普三元（转换器采用东京计装）、上海迪纳声、深圳建恒、唐山汇中、大连海峰等。现有国内企业生产的产品均能满足要求，直接应用，但在转换器电路、软件温度补偿等方面有一定差距。

质量流量计用于液化天然气槽车装车系统，目前采用艾默生、E+H 等公司产品。国内企业如西安东风、山西太航都有此产品，但不能满足低温要求，并且使用寿命、产品可靠性和稳定性方面还需进一步改进提升。

孔板流量计用于低温 LNG 的过程控制和海水加热管道中过程控制，目前在国内有很多生产企业都能满足海水管道的要求，并广泛应用，其性能指标也已能满足液化天然气管道低温要求。

（4）液位仪表

LNG 接收站中使用的液位仪表集中在 LNG 储罐和其他容器，主要有伺服液位计、雷达液位计和 LTD 伺服液位、温度、密度计。

伺服式液位计用于 LNG 储罐计量，精度 ±1mm，压力 –5~29kPa，温度 –170~65℃，一般储罐安装两三套。目前 LNG 储罐计量级伺服液位计主要是霍尼韦尔（Enraf），E+H、法国 Whessoe 等公司产品。东京计装公司也有此类产品，并和重庆耐德合资已在国内开始生产。国内的伺服液位计生产企业很少，目前仅有北京均友欣业科技有限公司、辽阳市远东仪表阀门厂生产，但均用于油品储罐计量，精度 ±1mm，温度 –40~70℃，尚不能满足低温要求。

雷达液位计用于 LNG 储罐液位报警，计量级产品只有霍尼韦尔（Enraf）和艾默生公司生产。由于 LNG 的介电常数较低，界面上与 LNG 蒸汽的介电常数变化也小，通常采用带导波管的雷达液位计；非计量级的西门子、E+H、科隆、天津天威（VEGA）等也均有产品。国内目前生产雷达液位计的企业主要有重庆川仪、北京古大仪表有限公司等，均用于过程控制，精度 ±3mm。

LNG 储罐应用的 LTD 目前仅有美国 Scentific Instruments 公司 6290 型、法国 Whessoe 公司的 1146 型两种，国内没有企业生产此类产品。

（5）控制阀

控制阀在 LNG 站中使用量大、品种多，分布于 LNG 接收站中液化天然气、天然气、海水和消防水等各类管道中。中大规模 LNG 接收站配备约 160 台控制阀，其中四分之三属于低温阀门，包括低温蝶阀、低温球阀（适用高压）、低温调节阀等，有低温、高压、大口径（最大 DN1000）的要求，目前较多选用美国、德国、日本、法国、英国等国外品牌产品，LNG 接收站低温开关球阀公称压力 1500LB、双向密封达 ASNI V，阀体一般选用 CF3/CF8 双证奥氏体不锈钢、顶装式缩径球阀、自泄压设计。采用焊接式，优点是可以在线维修，不用动火，目前采用西班牙 Poyam 产品居多。低温调节阀有多种工况控制要求，采用多级降压平衡笼式单座调节阀，可调比需达到 15∶1 以上，一般采用福斯产品。海水调节阀采用的大口径衬胶蝶阀，阀板和阀杆采用超级双相钢即可，此阀需带最大开度时机械限位，一般选用盖米和依博罗产品居多。

国内阀门企业生产的气动单座调节阀、气动三偏心蝶阀、气动角形单座调节阀、气动 O 形切断球阀、自力式压力调节阀等已经在 LNG 接收站中得到应用；气动低温角形单座调节阀、气动低温 O 形切断球阀、20″ 以下气动低温单座、套筒调节阀和气动低温三偏心蝶阀等产品技术已经完全达标，但大多缺乏应用业绩；20″ 以上气动低温单座、套筒调节阀和气动低温三偏心蝶阀技术上、结构上还需改进，技术上还要提升；带超高压、超低压切断的燃气减压阀目前还处于研发阶段。

2011 年，国家能源局通过中石油京唐 LNG 项目组织实施了高压超低温球阀的国产化重大装备首台套任务。经过广泛考察和技术交流后，最终确定由重庆川仪承担国产化研制工作。

重庆川仪研制的高压超低温球阀样机型号包括一台 DN600、两台 DN400 和三台 DN300。压力等级为 900LB，极限温度为 –196℃。2013 年，中国机械工业联合会组织了由中国通用机械研究院、中石油、中石化、中海油、神华集团等单位组成的专家验收测试，产品各项性能指标均满足国家相关标准，通过了该系列产品的鉴定。产品在唐山 LNG 接收站使用现场的运行结果也证明符合现场使用要求，实现了该系列产品的国产化首次应用。

2018 年 10 月，重庆川仪又与中国通用机械工业协会和中石油昆仑能源有限公司签订了"天然气液化装置关键阀门国产化"项目联合开发协议，就 LNG 接收站关键阀门进行研制，包括 LNG 低温调节阀、LNG 低温蝶阀和 LNG 低温球阀。

2019 年 10 月，重庆川仪研制的国内第一台 LNG 高磅级调节阀（CL1500 DN200）在江苏 LNG 开架式气化器入口流量调节工位上线运行，截至目前运行稳定。2020 年 5 月，样机顺利通过中国通用机械工业协会和昆仑能源有限公司的联合鉴定。

4. 分析仪器

（1）在线分析仪器

LNG 接收站中主要在码头和外输计量撬装系统装置中有在线气相色谱分析仪和在线气相取样系统、在线硫化氢或总硫分析仪、水露点分析仪、烃露点分析仪等，另外，还有一些实验室用的分析仪器，如实验室气相色谱分析仪。

在线气相色谱分析仪主要包括取样及样品预处理、气流控制及进样系统、色谱柱、温度控制系统、检测器及电气线路、数据处理及数据通信系统等，主要选用艾默生丹尼尔（Daniel）、ABB、Encel、美国 Chandler 等公司的产品。在线气相色谱分析仪国内企业上海舜宇恒平、上海仪盟电子科技有限公司和聚光科技公司都有生产，技术上已经能满足要求，但缺少在 LNG 方面的应用。

在线取样系统将码头的液相天然气气化后取样或将外输气相天然气取样后进行在线分析和实验室分析，目前大多采用美国卡麦隆集团公司产品。在线分析的取样装置难度很大，国内大部分企业采用法国 OPTA 公司的产品。2018 年，重庆川仪和中海油联合开发国产化的 LNG 在线取样系统，目前已经在江苏 LNG 槽车上成功使用。实验室分析仪器国内企业有上海仪盟电子科技有限公司、南京分析仪器公司有产品，技术上已经能满足要求，缺少在 LNG 方面的应用业绩。

在线硫化氢或总硫分析仪用于分析卸船后天然气和气化后外输天然气的 H2S 和总硫量（包括硫醇），并将分析结果传送至上位计算机控制系统，均选用加拿大 Envent 公司产品。

在线水露点或烃露点分析仪均选用英国 Michell 公司产品。水露点采用陶瓷湿度传感器，烃露点采用黑斑冷镜传感器。国内聚光科技公司生产此类产品，但缺乏应用业绩。

实验室气相色谱分析仪用于码头和计量撬装系统在线取样样品的实验室检测，选用美国安捷伦公司、日本岛津公司等公司产品，国内上海仪盟电子、上海天美、北京北分瑞利、上海舜宇恒平、北京东西分析等公司的产品可满足要求，但缺乏在 LNG 方面的应用业绩。

（2）可燃气体或火焰探测仪

主要包括对射式可燃气体报警仪或点式可燃气体报警仪和火焰探测仪等，用于火焰探测报警、泄漏气体探测等。

对射式或点式可燃气体报警仪主要选用美国迪创（DETRONICS）公司、德国恩尼克思

（Ennix）、霍尼韦尔、梅思安产品。国内企业河南汉威电子公司有对射式或点式可燃气体报警仪产品，但没有在 LNG 接收站的应用。

火焰探测仪主要选用美国 DETRONICS、加拿大 Net-Safety 公司等的产品。国内深圳特安电子有限公司、上海翼捷工业安防技术有限公司的产品，从技术指标上能满足要求。

5. 典型项目应用案例

由中石油昆仑能源京唐 LNG 公司负责建设和管理的唐山 LNG 接收站应急调峰保障工程是国家能源战略重点建设项目。项目于 2010 年 10 月获得国家发改委核准，2011 年 3 月，项目一期正式开工建设。

唐山 LNG 接收站作为环渤海地区最大规模 LNG 接收站，是中国石油自主设计、自主采办、自主施工、自主运营的首批 LNG 接收站之一。项目由中石油寰球工程公司承担设计和总承包，其中控制系统首次采用九合一的方式，集中招标。最后由重庆川仪自动化股份有限公司中标后承担系统集成供货及服务。内容包括 DCS、SIS、FGS、GDS、TMS、FIMS、CCTV、成套供货设备控制系统、在线分析系统（接船、外输）等。

中石油京唐液化天然气有限公司被誉为华北暨北京冬季天然气保供气源接收站。唐山 LNG 项目接收站一期工程的设计规模为 350×10^4 吨每年，于 2013 年 10 月 1 日投产；二期工程的设计规模为 650×10^4 吨每年，于 2015 年建成投产；三期工程应急调峰保障工程建设四座十六万方 LNG 储罐、一台气化器（SCV）、两台蒸发气压缩机，一台蒸发气增压压缩机及相关配套设施。项目将于 2021 年完成三期工程，新增 LNG 储蓄能力 $64 \times 10^4 m^3$，唐山 LNG 接收站可达到的最大调峰能力为 $3160 \times 10^4 m^3$（持续 62d）~$4120 \times 10^4 m^3$（持续 31d），成为国内最大 LNG 调峰接收站。唐山 LNG 接收站冬季供气总量约占北京市 35%，日最大供气量约占北京市 45%。

主要装置为 LNG 卸料臂、LNG 储罐、LNG 低压输送泵、LNG 高压输送泵、开架式气化器、浸没燃烧式气化器、BOG 压缩机、海水泵、海水消防泵。总投资八十亿元，LNG 项目规模大、投资高、工艺复杂、国产化技术创新点多。

主要仪表为分 LNG 储罐区仪表 1344 台套、工艺区仪表 676 台套、储运工程仪表 1152 台套、辅助设施与公用工程仪表 1044 台套。

自动化仪表及系统：①全厂全装置自控设备维护 3000 台常规仪表：温度仪表约 620 台套，主要品牌为 ABB、E+H、WIKA、部分川仪品牌；现场就地仪表约 1250 台套，主要品牌为天津中环、浙江伦特、布莱迪、重庆川仪；差压节流装置约 120 台套，主要进口品牌为 ABB 品牌，国产品牌部分为重庆川仪；智能流量仪表约 300 台套，主要进口品牌为福克斯波罗、E+H、横河、GE、艾默生品牌，国产品牌为重庆川仪、上海横河电机；TMS 罐表系统 8 台套，主要进口品牌为 Honeywell。智能变送器 620 台，其中罗斯蒙特 100 台，E+H100 台，重庆横河川仪变送器 420 余台。② 800 余台低温控制阀，其中进口品牌 Bettis、滨特尔、费希尔、泰科；部分国产品牌为重庆川仪。③ 100 台电动阀执行机构，其中进口品牌如 rotork、ABB，国产品牌部分重庆川仪。④ 5 套天然气色谱分析仪、CO_2 分析仪品牌为艾默生、2 台套水露点和烃露点分析仪为 MICHELL、2 台套 H2S 和总硫分析仪为 ENVENT、1 台套 LNG 采样系统分析仪为 OPTA。⑤ 1 套 DCS 系统品牌为横河 CENTUM VP。⑥ 1 套 SIS 安全仪表系统品牌为横河 ProSafe。⑦ 1 套 GS 火气安全仪表系统品牌为 Honeywell。⑧ 47 套 PLC 系统品牌为西门子。

⑨ 4 套压缩机控制系统（CCS）品牌为本特利。总计 I/O 点数 12000 余点。

二、其他化工领域

（一）化肥工业自动化仪表应用发展

1. 概述

（1）我国化肥生产发展简况

化肥一般指的是氮肥，氮肥是农作物需用量最大的肥料，包括合成氨、尿素、碳铵、硫铵、硝铵等。合成氨装置生产规模大小以及工艺技术与运转设备是否先进是衡量一个国家化肥工业是否发达、是否现代化的重要标志。

上世纪五六十年代，我国只有少数年产量几千吨的小化肥厂。六十年代中期，我国分别从英国汉格公司成套引进以天然气为原料年产十万吨合成氨装置，以及从荷兰大陆公司成套引进年产十六万吨尿素装置。七十年代中期，我国成套引进十三套年产三十万吨合成氨装置和四十八万吨尿素装置。其中有十套合成氨装置以天然气为原料，另三套以石油为原料。国家在九十年代初期又引进一批大化肥项目。与此同时，由于早期引进的大化肥装置运行近二十年后存在节能增产困难及设备老化造成安全生产隐患问题，不少企业进行了技术改造。而我国自行设计建设的大中型化肥项目也应运而生，也为我国化肥工业发展做出了贡献。天然气合成氨联产尿素工艺流程如图 12-6 所示。

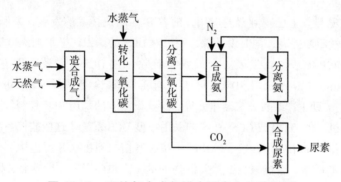

图 12-6　天然气合成氨联产尿素工艺流程图

（2）化肥自动化仪表应用发展过程

随着自动化仪表向高、新、尖发展，化肥行业的应用技术也得到极大发展。其发展大致可分为以下三个阶段。

第一阶段（二十世纪五六十年代）：这个时期的小化肥厂主要采用就地指示、记录仪表，生产就地操作。后来的气动基地式调节器出现，使某些重要工艺参数可实现自动调节功能。之后，我国气动单元综合仪表（QDZ-Ⅱ）上市，使我国中小化肥厂普遍采用这类仪表，并设立控制室，实现集中监控操作。

第二阶段（二十世纪七八十年代）：七十年代气动单元组合仪表（QDZ-Ⅲ）上市。七十年代中期，引进的大化肥装置基本都是采用电动单元组合仪表，如美国 Honewell 公司的 V 系列仪表；日本横河公司的 I 系列仪表等。八十年代我国电动单元组合仪表（DDZ-Ⅲ）上市，在中小化肥厂得到普遍采用。

第三阶段（二十世纪九十年代至今）：化肥行业采用 DCS 还是从引进大型化肥装置开始的，随着对 DCS 的认识了解加深，使用经验的积累，再加上国产较便宜的 DCS 系统问世，从而使 DCS 在化肥项目中得到普遍采用。

2. 合成氨装置自动化仪表应用技术发展

（1）控制室仪表与控制系统

二十世纪七十年代中期到八十年代，是我国化肥工业大力发展的重要时期。随着引进装置采用较先进的电动单元组合仪表后，紧接着国产电动单元组合仪表在中小型化肥项目中普遍采用，使化肥行业使用自动化应用技术也处在重要发展时期。

由于现场仪表的防爆问题得到解决，使现场电动测量仪表种类增多，再加上化肥装置工艺流程的改进，控制室集中监控程度大为提高。在这个时期内国内外的一些仪表或系统也得到采用，如 DDZ-S 数字式智能仪表，DIGITRONIK 系列单回路数字仪表（包括 KMM 可编程调节器），YS-100 系列单回路电子控制系统，μR 系列智能记录仪，SPEC-200 组装式仪表等。

这一时期采用的上述电动单元组合仪表，为以后采用 DCS 打下了坚实基础。八十年代末九十年初，在我国引进工艺技术和主要设备的一批大中型化肥项目中，均采用了 DCS。至此，我国化肥领域结束了在控制室采用电动单元组合仪表的历史。

合成氨装置上采用的控制系统包含 DCS、ESD，以及与 DCS 联用的上位机和其他专用控制装备。

DCS 在合成氨装置上已得到普遍应用，随着 DCS 制造技术的发展，控制功能不断增强、扩展，安全可靠性不断提高；同时设计院、用户对 DCS 的认识、了解加深，从而使 DCS 在合成氨装置上的应用技术得到发展。合成氨装置除采用 DCS 外，还设置有紧急停车系统（emergency shutdown device，ESD），可燃、有毒气体检测系统（gas detection system，GDS），以及一些辅助生产装置和成套单元等。这些设施有的采用 PLC 控制；有的采用专用控制系统（如压缩机组的 ITCC 或 CCS）；有的采用小型 DCS 系统。这些监控系统与主体装置的 DCS 连接，根据需要采用通信连接、硬接线连接、通信与硬接线并用连接，构成以主体装置的 DCS 为核心控制网络。合成氨装置是采用 DCS 的一大热门用户，世界上名牌 DCS 产品在我国合成氨装置上都得到采用。近二十年来，国产 DCS（如浙江中控产品等）在合成氨装置上也得到不少采用。

合成氨装置 ESD 系统的职能是确保生产装置长周期安全运行，降低停车次数，保证装置生产过程处于危险状态时进行紧急停车，避免人身和设备受到损害。ESD 通常由传感器、逻辑控制器、最终执行元件组成。合成氨装置的安全系统可分为全装置联锁、工序联锁、局部联锁三种类型。如造成全装置联锁的原因是，仪表电源故障；仪表气源故障；原料天然气压力低；氧气压力低、工艺空气压力低；中压汽包压力低等原因。当这些原因之一发生时，全装置按既定程序实现安全停车。

（2）现场仪表

第一，温度仪表。合成氨装置就地温度测量采用双金属温度计。工艺过程温度集中检测主要采用热电偶，根据需要也可采用三线制铂热电阻。合成氨装置的二段转化炉采用特殊型号的钨铼热电偶。合成氨装置的工业炉和反应塔内部温度测量采用铠装多支热电偶。装置设备的外表面温度测量采用表面热电偶。装置范围内采用的热电偶或热电阻都是防爆型的；除了表面热电偶，所有热电偶、热电阻和双金属温度计都要采用保护套管，保护套管宜选用整体钻孔锥形的。要求以标准信号传递的场合，可采用温度变送器。变换及合成单元温度仪表除常规的管线测温元件以外，在转换炉、合成塔中有大量的多点测温产品，根据不同的工艺路线，产品的结构有所区别，但大部分温度区间都在350℃至500℃，多选用K分度热电偶进行制作。在尿素生产过程中温度套管的材料常用尿素级316、Monel合金、钛材等耐腐蚀材料。目前该行业采用的温度仪表以国产品牌为主，例如浙江伦特、重庆川仪、安徽天康等企业。

第二，压力仪表。合成氨装置就地测量采用压力表，就地测量结晶介质压力，宜选用法兰连接形式的隔膜压力表；合成氨装置集中测量微小压力（小于5000Pa）时，宜选用差压变送器。测量真空压力，宜选用绝对压力变送器。测量结晶介质的远传压力信号时，宜选用直接安装式或毛细管式法兰膜片密封式压力（差压）变送器，毛细管长度宜短。

第三，流量仪表。采用的流量测量仪表类型，有差压式、转子流量计、电磁流量计、质量流量计等。配用差压变送器流量计的取压方式有标准孔板；小管径或小流量采用整体孔板；要求压力损失小采用文丘里管；大管径流量采用阿留巴管；高压过热蒸汽采用流量喷嘴等。测量精度要求高的可采用质量流量计。测量易结晶、堵塞介质采用电磁流量计。转子流量计用于除高压、高温外的气体和液体宽量程的流量测量。

第四，液位仪表。合成氨装置就地液位测量可采用磁性浮子液位计，对于水、清洁轻淡液体的就地液位测量可采用反射玻璃板液位计。通常情况下集中的液位测量采用差压液位变送器，液氨和0℃以下介质的液位测量采用带毛细管的双法兰差压变送器，在不适合采用差压变送器的场合可采用外浮筒液位变送器。膜片密封双法兰差压变送器用于易结晶、堵塞介质场合。大储罐液位测量可采用雷达液位计或伺服液位计。

第五，控制阀。合成氨装置的控制阀通常采用气动薄膜弹簧返回的球型（GLOBE）控制阀。根据工艺需要也选用蝶阀或球阀。控制阀的材质与额定压力要与工艺管道保持一致，阀芯材质均为316不锈钢。当介质温度高于230℃时，选用散热型阀盖；当介质温度低于0℃时，选用长颈型阀盖。除了联锁系统切断阀、开关阀外，所有控制阀都配装智能电气阀门定位器。气动活塞执行机构用于要求输出力矩较大，响应速度较快场合。用于联锁系统的控制阀配用电磁阀，电磁阀电源为24V DC。控制阀位置开关采用微动开关。

（3）分析仪器

第一，常用分析器。

①红外线分析器，分析甲烷化炉出口的CO和CO_2，CO_2脱碳塔出口的CO_2。②电导率分析仪，工艺冷凝液脱出塔出口冷凝液的电导率，蒸汽透平冷凝液出口电导率，补充脱盐水电导率。③可燃、毒性气体检测器，安装在可燃、毒性气有可能泄漏的地方，如氨合成塔、一段炉输出管周围等。④氧气分析器，用于分析一段转化炉辐射段出口燃料气中的O_2成分（快速型，如氧化锆型）。⑤湿度分析器，安装在合成气干燥器下游。⑥其他用途分析器，硅表、pH计。⑦质谱仪，质谱仪取样一般至少要有以下流路：原料天然气；一段转化炉出口；二段转化炉出口；氨合成塔入口和出口；净化塔出口（用于H/N比率）；去燃料气系统的合成尾气等。

第二，自动分析器室。

　　为了有利于自动分析器的维护、运行和管理、缩短取样管线，应在合成氨装置现场独立设置自动分析器室，安装的分析器有质谱仪、红外线分析器等。自动分析器室位置选择、结构要求、照明、采暖及通风防爆、样品的排放等参照有关规范。室内的分析器要输出信号到 DCS。

（4）典型项目应用案例

　　孟加拉国沙迦拉化肥项目是典型。项目位于孟加拉国锡尔赫特地区西莱特市。该项目由中成进出口股份有限公司与中国成达工程有限公司组成联合体共同承建的 EPC 工程总承包项目。该项目以天然气为原料，日产 1000 吨合成氨、1760 吨尿素。该项目 2012 年动工建设，2016 年第三季度试车投产。

　　合成氨装置的工艺流程采用美国 KBR 公司的专利技术。主要生产有天然气脱硫、造气、变换、净化、甲烷化、氨合成、氨冷冻等工序。合成氨装置采用 DCS 对生产过程进行监视、记录、自动控制和操作，生产过程的安全联锁、停车由 ESD 执行，压缩机组的自动控制和操作通过 ITCC 实现。合成氨装置的 DCS、ESD、ITCC 等控制系统与尿素装置的控制系统共用一个控制室。DCS 设置五个操作站，两个工程师站。ESD 设置一个辅助操作台。

　　合成氨装置的集中控制程度较高，自动调节控制有一百五十余套，其中绝大多数是单参数调节，多参数复杂调节系统有十余套。复杂调节系统有：一段转化炉水碳比率控制；高压汽包三冲量液位控制；去氨合成塔的合成器流量控制；原料气空气比率控制；进甲烷化炉气体预热温度控制；氨饱和压力分程控制；一段转化炉炉膛抽风压力控制等。这些复杂调节系统对合成氨装置的节能降耗、安全运行起着重要作用。

　　控制系统 DCS 选用 Honeywell 公司，ESD（PLC）选用康吉森公司。

　　所有现场安装的变送器均为电动二线制变送器。除温度变送器外，均选用西门子公司产品。①温度仪表：温度测量绝大部采用一体式热电偶或热电阻温度变送器（变送器直接安装在热电偶或热电阻上面），也采用部分分离式温度变送器。温度变送器选用 ABB 公司产品；二段转化炉采用特殊型号的钨铼热电偶。变换炉和氨合成塔内部温度测量采用铠装多支热电偶。②压力仪表：一段转化炉炉膛负压就地指示采用膜盒压力表。所有集中压力显示选用压力或差压变送器，一段炉炉膛负压用微差压变送器。③流量仪表：通常选用配用节流装置的差压变送器，节流装置除采用孔板外选用形式如下：送尿素装置的 CO_2 流量、去一段炉和去二段的空气测量采用文丘里管；合成气压缩机段间的合成气流量测量用阿留巴管；高压过热蒸汽流量测量采用流量喷嘴等。液氨产品采用高精度的质量流量计。转子流量计用于除高压、高温外的气体和液体宽量程的流量测量。对于需要高精度测量的气体介质流量，如过热蒸汽流量和进装置的原料天然气流量，可设置温—压补偿单元。④液位仪表：通常液位测量选用差压变送器，液氨和 0℃ 以下介质的液位测量采用带毛细管的双法兰差压变送器，在不适合采用差压变送器的场合可采用外浮筒液位变送器。膜片密封双法兰差压变送器用于易结晶、堵塞介质场合。液氨储罐液位测量采用雷达液位计。⑤控制阀：合成氨装置一般采用气动薄膜弹簧返回控制阀，主要是 Fisher 产品。根据工艺需要也选用蝶阀或球阀，如 Flowserve、OHL、美索米兰、美卓等公司产品。

　　在合成氨装置现场独立设置一个自动分析器室，室内安装如下分析器：总硫/硫化氢分析器一台，GAS 公司产品；总碳分析器一台，ABB 公司产品；磁氧分析器一台，ABB 公司产品；红外线分析器一台，ABB 公司产品；质谱仪一台，EXTREL 公司产品。在分析器室外的现场还采用湿度计、电导率分析器、pH计。

可燃、毒性气体检测器为隔爆型，安可信公司产品。主要仪表清单：热电偶温度变送器263台，铂热电阻温度变送器54台，电动压力变送器143台，电动差压变送器40台，电动流量差压变送器70台，电动液位差压变送器114台，科氏质量流量计8台，外浮筒液位变送器2台，雷达液位计1台，孔板40块，文丘里管17支，阿留巴管3支，可燃、毒性气体检测器30台，控制阀150台，马达操作阀3台。

（二）煤化工自动化仪表应用发展

1. 概述

煤化工是以煤为原料，通过化学反应加工生产各种化学品和油品的产业。主要有煤气化、煤液化、煤焦化工艺路线。包括高温干馏生产焦炭；通过气化生产合成气，进而生产合成氨和甲醇等碳一化工产品；通过直接或间接液化生产汽油、柴油等油品。从技术路径上看，目前国内主要发展煤制天然气、煤制烯烃、煤制乙二醇、煤制合成氨、煤制油，从经济性、市场空间等因素，与石油化工比较都有较大的优势。

我国缺油少气多煤，石油和天然气的产量增长不快，因此煤化工受到青睐。煤化工产业链如图12-7所示。

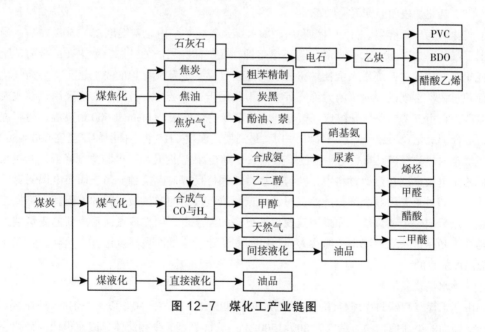

图 12-7　煤化工产业链图

2. 控制系统

（1）DCS

各大煤化工项目在DCS的选用上主要有霍尼韦尔、横河、艾默生等进口品牌。和利时、浙江中控的DCS在煤化工行业占有一席之地。特别是浙江中控技术股份有限公司凭借ECS-100产品技术优势和综合实力，在兖矿集团鲁南化肥厂对其双结构调整项目的核心装置多喷嘴对置式水煤浆气化炉的国际招标中胜出，也是在该项目中连续第五次胜出。2014年1月30日，浙江中控又中标中天合创鄂尔多斯煤炭深加工示范项目集散控制系统。

（2）SIS

煤化工项目大都选用国外品牌的 SIS，如 TRICONEX 的 TRICON、霍尼韦尔的 SM 控制器、德国 HIMA 的 HIQUAD/H51 等。和利时公司 2012 年推出了 HiaGuard 安全仪表系统，获得 TüV Rheinland SIL3 认证证书。

3. 现场仪表

（1）气化炉炉内测温热电偶

气化炉炉内温度是气化炉运行最重要的参数之一，它反映了水煤浆或煤粉在气化炉内化学反应的状况，影响着碳的转化率、运转状况及气化炉的寿命和安全。如经过多年的实践证明，水煤浆气化炉内热电偶的护管在大约 6.5MPa、1350℃气化反应操作条件下容易烧坏或变形，一直是困扰气化炉安全运行的问题，有的企业采用国产的 77%Cr_2O_3/23%Al_2O_3 亚微米碳化硅、二硅化钼材质作为护管，虽有一定改善，但也不尽如人意。再有就是由于气化炉在倒炉过程中，因温度变化使得温度保护管与炉砖容易产生结焦现象导致温度套管损坏，同时因炉砖变形安装孔错位等因素，使得气化炉炉内测温热电偶还必须具备长度可调、角度可调、耐磨头可更换等结构特点。目前在该行业中应用较多的厂家有昆山优利德、重庆仪表材料研究院、天津中环、重庆川仪等。

（2）气化炉表面温度测量仪表

气化炉为压力容器，且炉内温度高。如水煤浆气化炉炉内正常温度在 1350℃左右，异常情况下甚至高达 1500℃，炉砖在高温下会熔蚀，受气体和熔渣的冲刷，耐火砖的减薄甚至脱落或炽热气体通过砖缝侵入会使炉壁的表面温度升高，危及气化炉的安全运行。因为气化炉表面积很大，常规的表面测温元件安装方式不适用于这种场合。目前，大都采用铠缆式表面热电偶，它由三个主要部分组成：核心部分感温段的最外层是 Inconel 600 耐高温、耐腐蚀合金，适合于氧化及还原等高温环境中使用，最高使用温度 1100℃，长期使用温度 800~950℃；中间填充的热敏材料具有负电阻温度系数特性（NTC），温度升高时电阻急剧降低；芯线为热电偶的热电极，埋在热敏材料中，并与热敏材料保持良好的电接触。当表面热电偶测温段某点的温度超过感温段其余部分的温度时，该点两热电极之间的热敏材料的电阻就会降低，从而在该点形成一个测量端。如果测温段出现更高的温度点，则在该点又形成新的测量端。以此类推，利用这一原理测出铠缆式表面热电偶安装覆盖区域的最高点温度，达到监测气化炉表面温度的目的。

（3）水煤浆流量计

由于水煤浆特殊的物理特性，使其流量测量难度大。它含有 60% 以上极细的煤固体颗粒，再加上辅助的添加剂，动力黏度为 800~1500mPa·s，而且是非牛顿流体，流速很低，磨蚀性很大。经多年装置运行的经验证明，采用电磁流量计测量水煤浆流量是目前唯一可用的。水煤浆专用电磁流量计主要部件衬里选用耐磨 PTFE 衬里，双频励磁电极形式，电极和接地环材质选用 316 不锈钢。在选型时，因衬里耐磨问题等，通常选用进口品牌的产品，如德国 KROHNE、日本横河等，重庆川仪国产电磁流量计也有较好的应用。

（4）黑水和灰水调节阀

黑水和灰水调节阀是煤化工装置必不可少的重要设备之一，长期在进出口压差很大（5MPa 左右）的气、液、固三相流介质中使用。在确保调节特性前提下，无论是材质选择，还是结构设计，都体现出设计者对阀门耐腐蚀、抗冲刷、安全可靠工作的构思和措施。独特的流体结构设计、选用特殊工艺、材料配方和气动执行机构，使黑水灰水调节阀的性能更加稳定可靠。调节阀阀体形式选用角阀（锥面），阀体材质可选用 WCB、WC6-12、304、316L、双相钢、特种材料等，阀芯阀座选用硬度较高的碳化钨等材质，阀杆的材质通常选 316 并表面喷硬质合金。在恶劣的操作条件下长时间使用，黑水和灰水调节阀阀芯阀座会出现磨损，有待选用更好材质或处理方法。

（5）锁渣阀

锁渣阀的使用环境恶劣，与其接触的渣水混合物成分复杂，氯离子浓度高，含有 H_2S 和其他酸性物质，并含有大量的固体颗粒；渣水温度较高，容易产生结垢；在泄压时，上游切断阀需承受较高压差；渣水有很强的渗透能力，灰渣很容易随水一起进入阀座后的弹簧内，导致阀门卡塞；阀门的动作频率高。锁渣阀的阀体形式为球阀，应具有耐腐蚀、耐磨、密封好等特点，国内项目引进的主要有芬兰 Neles、德国 Perrin、美国 Argus 和美国 Mogas 等进口品牌。

4. 分析仪器

煤焦化、煤气化制合成氨等属于传统煤化工，传统煤化工的分析仪器基本实现国产化。煤气化制醇、醚燃料，煤液化、煤气化制烯烃等属于现代新型煤化工领域。对煤化工主要的气化工段，通常采用连续气体分析仪（红外加热导）或者是工业气相色谱仪来分析。进口色谱仪厂家有：ABB、西门子、横河等。国内连续气体分析仪生产厂家有北分麦哈克、重庆川仪等。气化工段偶尔有使用工业质谱仪，质谱仪技术上响应时间快，可以多流路分析，但由于仪表价格昂贵、维护烦琐等原因很难有效地推广。

在公用工程上还有配套的自备电站或废热锅炉有部分水质监测仪器。如锅炉用水的浊度、COD、余氯、电导率、二氧化硅等，锅炉给水水质监测（溶解氧、联氨、磷酸根等），锅炉锅水水质监测（pH、电导率等）、凝结水水质监测（电导率、钠离子、溶解氧、TOC 等）、蒸汽质量监测（钠离子、二氧化硅）等。

5. 典型项目应用案例

神华宁煤 400 万吨煤制油项目，是世界单产规模最大的煤制油项目，它的建成投产，奠定了我国在世界煤化工行业的霸主地位。该项目年产合成油品 405 万吨，其中柴油 273 万吨，一旦投产，每年可就地转化煤炭 2046 万吨。项目建设两条 200 万吨生产线包括厂外工程、公用辅助工程。

项目主要装置包括 12 套 10.15 万 Nm³/h 空分装置、28 台干煤粉加压气化炉、6 套一氧化碳变换装置、4 套低温甲醇洗装置、3 套硫黄回收装置、8 套费托合成装置、1 套油品加工装置、1 套尾气处理制氢装置和 1 套甲醇装置。配套公用、辅助厂外工程主要包括锅炉发电机组、产品原料灰渣储运设施、消防、火炬设备等，总投资 550 亿元。项目规模大、投资高、工艺复杂、技术创新点多。

该项目主要设备包括：静设备 6000 台套、动设备 5000 台套、超限设备 370 台、大型超大型机组 60 台套、仪表设备 15 万台套、电气设备 2.7 万台、各类阀门 21 余万台。

全厂全装置现场测量仪表 99600 余台：温度仪表约 20550 台套，主要品牌为天津中环、浙江伦特、安徽贝利、淄博沂源、布莱迪、重庆川仪；现场就地仪表约 46000 台套，主要品牌为天津中环、浙江伦特、安徽贝利、淄博沂源、布莱迪、重庆川仪；差压节流装置约4700台套，主要进口品牌为ABB品牌，国产品牌为银川融神威、重庆川仪、开封仪表；智能流量仪表约7300台套，主要进口品牌为福克斯波罗、E+H、横河、科隆、ABB、美国热电、艾默生，国产品牌为重庆川仪、上海横河电机；料位、液位仪表及液位开关约8600台套，主要进口品牌为福克斯波罗、E+H、横河、ABB、艾默生，国产品牌为重庆川仪、天津VEGA；智能变送器15700余台，其中罗斯蒙特12400台，重庆横河川仪变送器3300余台；控制阀22340台，其中进口品牌福斯、耐莱斯、派润、ORTON、MOGAS、滨特尔、费希尔、ABB、帕克、欧宾罗斯、梅索尼兰、KOSO、萨姆森、阿姆斯壮、力特、泰科；国产品牌吴忠仪表、北京航天十一所、北京航天长征、天津祥嘉、无锡工装、无锡亚迪、无锡智能、无锡宝牛、苏州纽威、苏州安特威、上海开维喜、上海纽京、上海宏盛、上海大通、浙江超达、温州力诺、重庆川仪、中核苏阀等；电动阀执行机构3480余台，其中进口品牌ABB、费斯托、SMC、SIKO、派克、美卓、西门子、罗托克、福斯，国产品牌扬修、瑞基、重庆川仪。

分析仪表1800台套，主要品牌为艾默生、ABB、横河、E+E、希玛、哈希、聚光、E+H、重庆川仪、雪迪龙，5297台可燃有毒探测器主要品牌为德尔格，以及15套GDS可燃有毒检测系统品牌福克斯波罗，512台放射性仪表主要品牌为伯托、兰州天华。

控制系统158套，自动化仪表及系统I/O点数总计31万余点。DCS系统27套：品牌为艾默生、浙江中控；SIS安全仪表系统61套：品牌为福克斯波罗；PLC系统36套：品牌为西门子、ABB、施耐德、罗克韦尔；压缩机控制系统（CCS)34套：品牌为本特利、ABB、西门子。

第二节　冶金领域的自动化仪表应用发展

冶金工业是指开采、精选、烧结金属矿石并对其进行冶炼、加工成金属材料的工业行业。分为：黑色冶金工业，即生产铁、铬、锰及其合金的工业；有色冶金工业，即生产非黑色金属的金属炼制工业，如炼铜工业、制铝工业、铅锌工业、镍钴工业等。冶金生产工艺主要包括采矿、选矿、冶炼、加工，冶炼过程又分火法冶金、湿法冶金、电冶金。

冶金行业中利用自动化仪表不仅能提高冶金行业的生产效率，还能有效减少不必要的消耗，提升能源利用率，并对稳定提高冶金产品质量提供有效保证。冶金行业常见的工作环境主要涉及高温、粉尘、震动和腐蚀，在这些复杂、恶劣的环境中，自动化仪表需要实现长期、稳定的工作。而且，随着冶金生产工艺的不同，其生产过程的复杂程度也不同，有些生产过程不仅复杂，对相关检测和控制的精确性和实时性要求都很高。

冶金生产过程的自动控制包括对采矿、选矿、冶炼、浇铸、轧材等主体生产过程和供水、电、热、氧、气等辅助生产过程的控制。现代冶金企业采用计算机把生产过程控制和生产管理结合成统一的整体，大大提高了自动化程度，PLC、DCS、IPC、现场总线等自动化产品已经应用到冶金生产的多个环节。

一、钢铁工业自动化仪表应用发展

（一）概述

1978 年改革开放至 2020 年，经过四十多年的发展，我国钢铁工业现已拥有具有世界先进水平的沙钢 5800 立方米的高炉，以及世界最大的可年产 150 万吨铁水的宝钢 COREX 炉，宝武、鞍钢、首钢、太钢等一大批钢铁企业的工艺装备水平已达到世界先进水平。钢铁冶炼工艺流程示意图如图 12-8 所示。

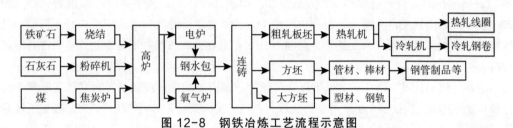

图 12-8　钢铁冶炼工艺流程示意图

（二）控制系统

1. DCS、PLC

1973 年至 1987 年，国际上钢铁行业已进入大规模全线自动化的计算机控制阶段。我国从上世纪七十年代开始逐步从日、德、法引进计算机控制系统，如武钢一米七工程，它包括从加热炉上料、粗轧、七机架连轧、卷区、运输链全线自动化的两级计算机控制的带钢热连轧厂、带计算机控制五机架冷连轧机的冷轧厂，带森吉尔轧机的硅钢厂和带计算机控制的板坯连铸机。

1985 年，我国宝钢一号高炉首次采用日本 CENTUM DCS 控制系统，并成功投产，DCS 在我国钢铁企业的应用逐渐推开，并得到大量采用。国外 DCS 厂家主要有横河、西门子、ABB、Honeywell、Westinghouse、Foxboro 等。

由于早期引进 DCS 价格较为昂贵，不适用中小型规模的控制应用。在二十世纪九十年代，国内生产厂家重庆川仪十八厂、上海调节器厂、西安仪表厂等单位曾经引进生产以微处理器为基础的单回路调节器，结合上位机系统软件组成小型的 DCS 系统，在国内中小规模的装置上推广。如上钢三厂 3300 中厚板分厂的加热炉采用了川仪的控制系统，取得了良好的效果。

二十世纪九十年代，现场总线技术的突破为 DCS 提供了新的发展基础，它是计算机网络技术、通信技术、控制技术和现代仪器仪表技术的最新发展成果。现场总线技术因具有数字化、开放性、分散性以及对现场环境的适应性等特点而获得了非常广泛的应用，主要的产品有 PROFIBUS、FF、CAN、HART 等。在钢铁行业中，原料、烧结、高炉、转炉、连铸、轧线等各工序应用较为广泛。

2010 年，首钢一号、二号高炉容量 5500m³ 成功投运。该高炉采用完善的自动化检测仪表，应用多项先进的自动化技术，同时利用数学模型和智能控制技术，配有炉缸平衡模型、配料计算模型、物料平衡模型、布料模型、炉缸侵蚀模型、热平衡模型以及炉体热模型，通过对料速、风速、炉身静压、压损、热状态指数等重要参数的计算，实现了高炉运行状态变化的专家诊断预报功能，使生产过程全部由计算机进行集中控制和调节，实现了高炉冶炼生产过程的高度自动化和智能化。该系统自动化采用罗克韦尔自动化公司 ControlLogix 系统。

2020 年宝武集团湛江钢铁三高炉项目，系统炼钢、连铸工程定位高强钢、硅钢等高附加值产品，采用了自动倒罐、自动扒渣、自动出钢、自动浇钢、中间包机器人、远程机清等智能化装备和铁水 KR 集控、连铸全集控、智慧浇注等智慧制造技术。

我国 DCS 系统研发和生产也在二十世纪末进入加速发展阶段，崛起了一批 DCS 自主产品，如和利时 MACS、上海新华 TiSNeT-XDC、浙江中控 ECS DCS、科远 NT6000 控制系统等。这些 DCS 产品在冶金行业也取得了较好的成绩。如浙江中控 ECS 控制系统在攀钢新三号高炉 TRT 全干式除尘器项目，河北津西钢铁三期 265m² 大型烧结机项目中均应用良好。目前，虽然国产 DCS 的发展取得了长足进步，但国外 DCS 产品在国内市场特别是钢铁行业中占有率还较高。

随着时代的发展，PLC 系统已不再是传统的逻辑简单的生产控制装置，它已逐渐转变为一种有效控制钢铁行业整个生产过程的装置。尤其是在钢铁行业的生产线中，PLC 控制系统的发展更加智能化。钢铁行业 PLC 主要以 Schneider、Quantum、SIEMENS S7-400/300、Rockwell ControlLogix 等为代表。主要应用在高炉、铸轧、炼铁和炼钢等开关量逻辑控制为主的场景。

二十世纪九十年代以来，由于 PC-based 的工业计算机（简称 IPC）的发展，以工业 PC、I/O 装置、监控装置、控制网络组成的 PC-based 的自动化系统得到了迅速普及，成为实现低成本工业自动化的重要途径。

如重庆钢铁公司的大部分大型加热炉，拆除了原来 DCS 或单回路数字式调节器，而改用工业 PC 来组成控制系统，并采用模糊控制算法，获得了良好效果。

2. 设备状态监测诊断

冶金企业的主要关键设备有焦化、烧结厂风机、炼铁厂高炉鼓风机、炉顶齿轮箱、高炉煤气余压透平发电装置和皮带运料机，炼钢厂耳轴倾动机构和大包回转台、高线、棒材和热轧厂粗精轧机组，冷连轧和硅钢机组等。钢铁行业的设备通常具备大型、高速、生产连续和设备成套化等特点，设备大多处于高温环境以及多粉尘排放的恶劣条件下运行。

目前，冶金设备在故障诊断方面已形成以振动监测诊断、油样分析、电流监测、温度监测和无损探伤为主，其他技术为辅的格局。本行业主要产品厂家以国外的本特利、艾默生、SKF、SPM 等为主。近年来，重庆川仪推出应力波状态监测系统新产品，可以准确地捕捉内部细微的摩擦和冲击变化，过滤钢厂的复杂振动环境干扰，对设备的健康状态持续监测。尤其在低速重载、变速、变载设备上具有独特优势，在一定程度上，弥补了传统振动无法有效在强振动环境下应用及低速重载、变速变载应用场景的不足，该系统已经在华菱集团的湘潭钢铁、连源钢铁等钢厂实现了千点以上规模应用，覆盖了烧结、焦化、炼铁、炼钢、能源等多个工艺的关键设备，项目保障设备运行效果明显。

（三）现场仪表

仪表在冶金行业应用广泛，是其生产体系中不可缺少的设备之一。钢铁工业中的自动化仪表同时具有抗震动性强、耐高温与抗粉尘等特征。

1. 压力变送器

目前，冶金企业采用的压力类变送器多数是重庆川仪 PDS、横河川仪 EJA、威尔泰、西仪、北京远东、E+H、Honeywell、ROSEMOUNT 等仪表生产厂家生产的智能压力、差压变送器，这类仪表一般输出 4~20mADC 模拟信号，同时采用 HART 协议以数字信号输出现场仪表信息，可以通过支持 HART 协议的手持终端或现场通信器与变速器进行数字通信，实现远程设定零点和量程等组态操作。有些仪表除了支持 HART 协议，还支持其他通信协议，如横河川仪的 EJA 系列差压变送器还支持 BRAIN 协议、FF 和 PROFIBUS 协议。

基于生产过程对流量精确测量的要求，有些企业还开发了多参数流量变送器，如加拿大 SAILSORS 的智能压力变送器是 V10F 多参数质量流量变送器，在测量流量的同时实现对流量的压力和温度补偿，采用实时全参数动态数字补偿技术（实现温度补偿功能）和满量程静压补偿技术，实现更高精度和宽量程比。

2. 温度仪表

钢铁行业温度测量中的热电偶、热电阻仪表和现场指示用的双金属温度计应用非常广泛。这些仪表制造工艺成熟，生产企业众多，价格比较便宜，服务质量也好，深受用户欢迎。下面重点简述几种专为钢铁厂特殊研制的关键热电偶。

（1）高炉炉缸炉底侵蚀热电偶

高炉炉缸炉底内衬主要以黏土砖和高铝砖为主，受铁水流动、冲刷导致炉砖被侵蚀砖层减薄，甚至造成炉底烧穿的事故发生，为了保证高炉正常生产和延长寿命，采用热电偶在炉缸、炉底、炉墙进行多点位敷设并结合检测模型对整个高炉内衬及炉缸炉底进行检测的方法得到了广泛的应用。高炉炉缸炉底侵蚀热电偶采用铠装柔性热电偶，其结构简单，体型细长柔韧便于安装，使用寿命长，能够准确反映出炉砖内衬的侵蚀情况。因该产品安装后无法进行更换，所以在 1990 年之前一直以进口品牌为主，如日本山里、日本岗崎等。经过技术发展，目前国产品牌厂家产品已经完全可以满足长周期使用的要求。如重庆川仪十七厂、上海自仪三厂、安徽天康等。

2013 年由重庆川仪与中冶赛迪联合研发的用于高炉水冷壁冷却水进出口水温差检测系统，采用数理镜像处理技术获得量身定制的修正函数，嵌入到温度转换器中；实现非标准化温度计经修正后，其温度输出值都贴近于国际温标温度真值的效果。确保系统内精度为 ±0.05℃，为高炉侵蚀模型提供精准的温度数据。

（2）高炉热风炉高温热电偶

在高炉炼铁生产过程中，需要向高炉内部鼓入大量的助燃空气，以促进高炉内炼铁反应的进行，由于高炉内部温度很高，如果鼓入常温空气会导致高炉内部温度急剧下降，不利于炼铁反应的进行，因此需要鼓入高温的空气，热风炉的作用就是把鼓风加热到要求的温度，从而燃烧焦炭以把铁矿石还原成铁水，可以看出热风炉在整个炼铁过程中起着至关重要的作用。而为了确保热风炉的鼓风温度始终保持在 1200~1250℃，就需要对热风炉炉膛温度以及送风温度进行监测。一座高炉通常会配备三座热风炉循环对高炉进行鼓风，而热风炉高温热电偶会对热风炉的拱顶、炉膛、送风总管等关键位置进行实时监测，当一个热风炉送风温度较低时会切换到另一个热风炉。要求热电偶能够耐受高温、抗热振，同时还要能够抗击送风及休风瞬间出现的冲击。因此对热电偶保护套管的选用、密封结构以及耐高温氧化性能上都提出了严格的考验。该产品目前以国产品牌为主，例如重庆川仪、安徽天康、江苏慧邦等。以日本山里为主的进口品牌产品凭借独有的保护管材料及密封结构也占有一定的市场份额。

3. 流量仪表

现代冶金企业是连续综合作业，工业生产中，会涉及各类气体、蒸汽和液体的流量测量。主要有差压式流量计、涡街流量计、超声波流量计、电磁流量计、质量流量计等。

（1）涡街流量计

涡街流量计按照采用的检测方式不同有应力式、应变式、电容式、热敏式、振动体式、光电式及超声式等种类。涡街流量计主要由旋涡发生体、旋涡检出器、仪表表体及转换器 4 部分组成。国外主要有日本横河、美国艾默生、德国 E+H、日本 OVAL 等公司的涡街流量计。

涡街流量计具有结构简单，适用流体种类多，精度较高的优点。但在冶金工业现场使用时，管道及各种设备振动引起的干扰会降低其测量精度，小流量下尤为敏感。近年来国内外针对这一问题从涡街信号处理的角度出发，在解决干扰情况下涡街频率信号和噪声信号的分离，以准确获得涡街频率信号方面取得了一定的成果。

九十年代中期以后，我国涡街流量计的发展向一体化、多参数检测、智能化方向发展。智能型涡街流量计克服了常规型涡街流量计的不足，而涡街流量计的固有优点继续发挥，使涡街流量计的性能、功能、质量上了一个新台阶。

（2）电磁流量计

冶金行业属于电磁流量计应用量较大的行业，常用于连续铸钢、连续轧钢、高炉水处理系统的流量控制和检测，以及高炉冷却壁进出水的流量控制和监漏等。电磁流量计过去一直采用进口品牌，比如德国科隆公司、日本横河电机的产品。如今重庆川仪等国产品牌开始陆续进入冶金工程。

近年来，随着仪表工业的发展，电磁流量计变送器更加智能化，比如增加了自诊断和自校准等功能支持现场总线通信协议等，由在线检验替代了传统的离线检验方法，减少了电磁流量计的维护工作量。

4. 控制阀

目前，国产控制阀的最高使用压力达 2500 磅级，最高使用温度达 1200℃。钢铁工业所用控制阀除极个别高温、高压、高磨损等关键部位所用控制阀需进口外，绝大多数控制阀产品我国企业能够自主生产制造。

进入二十一世纪以来，随着科学技术的不断进步，一些带有自动化控制技术的智能控制阀产品逐步受到市场的欢迎，我国智能控制阀行业步入了快速发展期。市场上涌现出一批优秀控制阀厂商，企业中以重庆川仪、吴忠仪表等为行业龙头。

钢铁行业的各个工段使用条件复杂，控制阀的选择也有多种形式。

选矿工段，介质都是含颗粒的液体。一般调节阀采用偏心旋转球阀，阀芯的回转中心不与旋转轴同心，可减少阀座磨损，延长使用寿命；还具有流量大，可调范围广的优点。

炼铁工段，高炉热风炉上基本采用的是大口径的低压蝶阀，泄漏等级要求不高，介质压力一般几千帕到十几千帕，一般阀体 WCB 铸钢，内件 304 不锈钢。

炼钢工段，顶吹阀门站上氧气一般也会用到平衡笼式单座阀，120T 转炉控制阀口径一般在 DN350 左右，阀门材料采用 304，同时要禁油脱脂处理。调节工况一般用气动薄膜执行机构，调节动作速率快；切断工况用活塞式执行机构，配置大尺寸附件，达到切断时间小于 5s 的要求。

连铸工段，一般介质为软水、浊环水，口径一般在 DN25~DN150，小口径全部采用 GLOBE 型单座控制阀，一是调节精度高，二是有利于较脏的液体通过；大口径采用衬胶蝶阀或三偏心蝶阀控制。

空分装置，针对液空、液氧和液氮介质，低温可达 –200℃，一般采用低温控制阀，采用奥氏体不锈钢或 LF4，焊接式居多，伸长型上阀盖，阀芯和阀杆可以从上部取出便于维护，一种带保温筒用浮动套方式连接，还有一种用贴面法兰直接与冷箱连接。

钢铁行业主要的执行机构有英国 Rotork、德国西门子公司 SIPOS、重庆川仪、吴忠仪表、上海电气阀门等厂家的电动执行机构和气动执行机构。当用户对阀门控制精度要求高，或者工作环境复杂、需要实现远程控制时，一般都选择智能型阀门电动执行器。

智能阀门定位器是新一代智能化气动执行机构不可缺少的配套产品。它能使调节阀精确调整介质流量，改善调节阀使用精度。国内存量市场上的智能阀门定位器绝大多数出自国外品牌，主要有 SIEMENS、艾默生和 ABB 等，国产厂家仅有重庆川仪和深圳万讯二家产品进入市场。

5. 特殊检测仪表

钢铁生产过程中需要特殊的专用检测仪表较多，涉及极高温（1500~1600℃）的连续、准确测量，高温流体（铁水、钢水及熔渣）的成分分析和液面测量，目前重庆川仪的高温雷达探尺能够满足测量要求。大管道宽范围的脏气体流量测量、高速移动的高温钢带、线材的温度检测，产品形状尺寸在线检测等，特殊和专用仪表占有较大比重。

近年来，国内一些单位已经开发了一些特殊及专用仪表，如高炉炉衬侵蚀监视装置，涡流式、射线式、红外线结晶器钢水检测装置等。

6. 无线仪表

目前冶金行业的无线通信技术应用落后于石油化工行业，但是中国具有自主知识产权的 WIA–PA 无线标准的应用，可以说是从冶金行业开始的，如 WIA–PA 工业无线网络早的应用项目就有鞍钢冷轧厂连续退火生产线故障诊断系统、二十二千米长矿浆输送管线泄漏监测系统、焦炉温度 / 压力监测系统、焦化厂水井参数及运行集中监测和控制系统等，特别是鞍钢冷轧厂连续退火生产线故障诊断系统，无线测点总数达到四百一十六个，是一个应用了多年的比较大的无线网络。

（四）分析仪表

钢铁的冶炼过程实质上是原材料、燃料和成品的流转过程，在流转中伴随着大量气体产生，而在线检测分析这些过程气体是冶金工业生产工艺优化控制、安全和环保监控必不可少的关键技术之一。主要分析仪表包括：在线色谱分析仪、红外分析仪、氧分析仪、热导分析仪和激光分析仪等。主要有艾默生、西门子、ABB、Encel 等公司。

2008 年，首钢京唐高炉一号和二号五千五百立方米高炉首次使用重庆川仪成套在线分析小屋，用于检测磨机入口、煤粉收集器出口、煤粉仓、热风炉及预热炉等工艺气体分析，为设备安全运行提供监测数据。

在线色谱分析仪可以用于分析测量各种复杂样品中的各个气体组分含量，比如高炉煤气

中的 CO、CO_2、N_2、H_2，焦炉煤气中的 CO、CO_2、H_2、CH_2、O_2、N_2 和微量 H_2S 等。加上色谱工作站软件，还可以用于实验室分析。在线气相色谱分析仪国内企业上海舜宇恒平、上海仪盟电子科技有限公司和聚光科技公司都有生产。

多组分非分光红外分析仪通过分析被测气体对测量光束的吸收获得被测气体浓度，由于其较宽的光源，可以同时测量 CO、CO_2、SO_2 等多个组分。

磁压氧分析仪则通过测量含氧混合气的体积磁化率得到混合气中氧气的浓度，快速的响应时间使其能够用于安全控制和优化控制。

激光分析仪可以在线原位测量，实时获取数据。较低的维护成本，最低一秒的响应时间使其逐步代替部分传统分析仪，成为钢铁行业应用中的新宠。主要有 ABB、挪威 NEO、德国西门子、日本富士等品牌。2012 年聚光开发出激光气体分析仪在江苏某钢厂使用。重庆川仪、杭州泽天也陆续推出了自有品牌的激光分析仪并成功应用。

钢铁分析中光电直读光谱仪等大型分析仪器的应用是随着转炉炼钢的需要发展起来的。从矿石到烧结、从原材料到炼铁、从炼钢到轧钢，包括制氧厂、动力厂、技术中心，X 光谱仪、ICP 光谱仪、原子发射与吸收光谱仪、红外碳硫仪和气相色谱仪等分析仪器的使用已逐渐普及。

水质分析仪器主要应用在自备电厂和污水排放，主要仪表类型有工业 pH 计、电导率、硅酸根和磷酸根分析仪、溶解氧和联氨分析仪、钠离子计、TOC 分析仪、COD 分析仪、NH_3N 分析仪等。

（五）典型项目应用案例

宝钢湛江钢铁有限公司（以下简称"湛江钢铁"）是全球领先的现代化钢铁联合企业宝山钢铁股份有限公司的四大基地之一。公司位于广东省湛江市东海岛，建设规模为铁水 1225 万吨、钢水 1252.8 万吨、钢材 1081 万吨。

宝钢湛江钢铁基地生产线和装置主要包括：两座 5050m³ 高炉、三座 350t 转炉、两台 2150 连铸机、一台 2300 连铸机、一条 2250 热轧、一条 4200 厚板、一条 2030 冷轧、一条 1550 冷轧等。辅助工程主要包括：配套码头、原料场、石灰石和白云石焙烧、自备电厂、氧气站等。公用设施：全厂供配电、给排水、燃气、热力、通讯、全厂仓库、机修设施等。项目总投资 700 亿元，规模大、工艺复杂、技术创新点多。

主要设备包括：静设备 5000 套，动设备 3000 套，超限设备 220 台，大型超大型机组 45 台套，仪表设备 10 万余台套，电气设备 1.8 万余台，各类阀门 12 万余台。

采用的自动化仪表及系统如下。

1. 自动化仪表

全装置维护自动化仪表近 10 万台，主要包括以下类型：①温度仪表约 21850 台套，主要品牌为江苏杰克、安徽天康、无锡卓成、上海自仪三厂、菲尼克斯、重庆川仪。②智能流量仪表约 35000 台套，主要进口品牌为 E+H、横河、科宝、西门子、艾默生、德国希尔思，国产品牌为重庆川仪、唐山华洋、江苏杰创。③料位、液位仪表及液位开关约 2960 台套，进口品牌主要为 E+H、横河、西门子、天津 VEGA，国产品牌为重庆川仪。④智能变送器 8160 台，主要品牌为罗斯蒙特、重庆横河川仪。⑤控制阀 12100 台，其中进口品牌 ABB、KOSO、阿自倍尔；国产品牌无锡工装、无锡亚迪、重庆川仪、中核苏阀等。⑥电动执行机构 4000 台，其中进口品牌为 ABB、利密托克、西门子、罗托克，国产品牌深圳南方、重庆川仪。

2. 分析仪器

分析仪表 484 台套。主要品牌为艾默生、ABB、横河、E+H、希玛、哈希、重庆川仪、雪迪龙、西门子，58 台可燃有毒探测器主要品牌为日本理研。

3. 控制系统

① 27 套 DCS 系统，品牌为艾默生、浙江中控、和利时、霍尼韦尔、三星。②一套 SIS 安全仪表系统，品牌为霍尼韦尔。③ 24 套 PLC 系统。品牌为西门子、ABB、罗克韦尔。④ 23 套汽轮机控制系统，品牌为本特利、ABB、西门子。

二、有色工业自动化仪表应用发展

（一）概述

有色金属习惯上又分为重金属、轻金属、贵金属及稀有金属四大类，整个工艺过程大致分为采矿、选矿、冶炼和加工四部分。

我国有色金属工业获得长足发展，国内有色企业的国际地位显著提升。不论是有色金属工业的冶炼，还是有色金属工业的加工，我国都已经处于世界领先水平。有色工业自动化技术已经大规模采用先进的过程检测仪表与 DCS 系统，熔炼过程和装备水平已逐步实现大型化、连续化、密闭化和自动化。

进入二十一世纪以来，自主研发的悬浮铜冶炼、氧气底吹、双底吹和"两步"炼铜技术达到世界先进水平并在替代进口上，取得了重大进展。我国开发的六百千安超大型铝电解技术，属世界首创、国际领先。2019 世界五百强企业中，有色企业八家，全球精炼铜前十位企业排名，我国占据五家，江西铜业位居榜首。

（二）控制系统

1. 采选行业

选矿自动化生产主要包含以下几个方面：浮选、磨矿和破碎等，通过使用计算机网络对生产管理和调度进行自动化管理，使生产过程达到最优状态。

改革开放以来，随着选矿自动化技术研究的不断深入和发展，很多企业都通过一些积极的措施来改善自身的自动控制系统，有的是直接引进国外自动控制系统，有的则是运用国产的自动控制系统。从低级的单回路控制发展到高级复杂系统控制，还有的部分大型企业已经实现管控一体化。

PLC 以其性能可靠、计算速度快、扩展灵活等特点在采矿、破碎应用较为广泛。国内比较常见和通用的品牌如 SIEMENS、ROCKWELL、GE Fanuc 等。

浮选、磨矿控制主要以 DCS 为主，PLC 作为分布应用通过现场总线技术通信。国内市场比较常见和通用的品牌如霍尼韦尔、SIEMENS、Foxboro、ROCKWELL 等。

1996 年铜陵有色安庆铜矿较早采用霍尼韦尔系统结合人工智能算法进行选矿优化控制获得较好的效果，并逐步在国内推广。

2. 重金属冶炼

重金属冶炼主要包括铜、锌、镍等的冶炼。由于现代有色冶炼工厂更多的采用先进工艺，单系列工艺设备的生产能力、工艺复杂性和反应强度均日益强大；各工序中间缓冲环节或取消或相对降低、生产连续性增强，作为控制对象具有非线性、强耦合、大滞后、多参数、时变等特点、难点，使冶炼生产过程对控制要求极高。对于 DCS 和 PLC 系统组成的一体化管控系统需求越来越高。目前，主要引进的控制系统品牌有霍尼韦尔、横河、艾默生、西门子、ABB、Foxboro 等。国内主要有和利时、浙江中控等为代表的国内 DCS 厂家。

二十世纪八十年代后期，我国铜冶炼企业开始引进闪速熔炼，富氧熔池熔炼等先进冶炼技术，火法冶炼硫化矿逐步向节能、高效、无污染方向发展。同时，湿法炼铜技术也得到快速发展。

贵溪冶炼厂一期控制系统采用 EK 系列模拟盘仪表和 HOC-900 计算机，随着工艺的不断改进和自动化技术的不断进步，于上世纪九十年代完成升级改造，首次采用霍尼韦尔 TDC-3000 型集散控制系统和 VAX 型计算机替代原有设备，熔炼车间内的转炉和阳极精炼炉的过程检测与控制系统和电气控制系统共用一套 PLC 控制系统。

同期的伊朗哈通阿巴德铜冶炼厂与此项目类似，但是 DCS 采用的重庆川仪系统集成的德国 H&B 公司的 Contronic S，系统架构为服务器、客户端形式，系统架构采用三级总线型网络结构，全系统设备冗余可靠设计。

二十世纪九十年代，金川镍闪速熔炼工艺生产高冰镍的流程由于采用了先进的强化熔炼过程，其自动化技术的应用也得到充分的发展，控制系统引进 ABB MOD300 系统，是我国有色金属工业首先应用 DCS 系统的企业之一，并于 1998 年开发了闪速炉在线控制数学模型，结合 DCS 的自动化控制，使得金川镍闪速熔炼过程处于国际领先地位。

进入二十一世纪，湿法冶炼领域自动化技术也发展迅猛，DCS、PLC 自动化控制系统更加广泛地应用在铜冶炼、镍冶炼等领域。

由我国瑞林公司设计的亚洲最大的湿法冶炼铜矿缅甸莱比塘铜矿项目（阴极铜 100 kt/a 项目），于 2016 年 3 月正式投产。对铜冶炼行业集采矿、选矿、湿法冶炼的全流程进行自动化控制，产品主要采用德国西门子 PCS7 控制系统。现场总线采用西门子的 Profibus-DP 通讯协议。

国产控制系统也在随着技术发展逐步进入该领域。如，1995 年和利时公司产品 HS2000 系统应用于云南铜业股份有限公司铜冶炼硅整流项目。1999 年，金川集团有限公司贵金属精炼工段采用了浙大中控 JX-300S 控制系统。

3. 轻金属冶炼

轻金属品种较多，主要有铝、镁、钛等，其生产规模差异较大，但其冶炼方法主要是湿法和火法。不同的轻金属其冶炼方法不同，不同规模的企业其过程控制和自动化技术要求也不同，自动化需求差异大。

目前，我国轻金属冶炼过程的基础自动化已经基本实现。以 PLC、DCS、工业控制计算机为代表的计算机控制已经取代了常规模拟控制，已在轻金属冶金企业得到全面普及。近年来发展起来的现场总线、工业以太网等技术逐步在轻金属冶金自动化系统中应用，分布式控制系统替代了集中控制系统成为控制系统的主流。应用 DCS 较早的中国铝业公司的氧化铝企业也实现了 DCS 的更新换代。该类企业已经具备了较为完整的基础自动化级控制系统及网络。

国内氧化铝生产过程中以 DCS 为代表的工业控制计算机的应用基本上覆盖了拜耳法生产

过程的原料制备、高压溶出、蒸发、分解和氢氧化铝焙烧等工序，实现了车间、工序级的自动控制，代表了氧化铝生产自动化的最高水平。近年来，我国氧化铝自动控制发展很快，在自动化和信息化应用方面，郑铝和贵铝已走出了一大步；采用拜尔法工艺的平果铝厂，通过引进多家公司的自动化技术，也已达到较高的自动化水平。

在烧结法生产部分和其他工序中，由于无法直接借鉴发达国家氧化铝生产过程控制的先进技术，加上工艺复杂、流程长、结疤严重，常规的测控技术和设备难适用等因素，目前从过程检测到自动控制的整体水平仍很低，影响了拜尔法流程和烧结法流程之间的协调与生产组织，进而影响了全流程的生产产能和综合经济技术指标的全面提高，也遏制了已有的 DCS 系统进一步发挥作用。

目前，有色工业氧化铝的控制系统大部分还是使用进口 DCS 和 PLC 系统，主要引进的控制系统品牌有横河、艾默生、西门子、ABB、Foxboro 等，国内主要有和利时、浙江中控等为代表的国内 DCS 厂家。

2006 年，我国第一条、世界第二条串联法氧化铝生产线在山西鲁能晋北铝业有限公司落成，氧化铝项目共分为两期，年产 300 万吨氧化铝。全厂范围统一采用西门子 SIMATIC PCS 7 过程控制系统，总 I/O 点数超过 4 万点。

2006 年，和利时公司在山东魏桥铝业氧化铝生产装置成功签下 400 万吨每年氧化铝装置 DCS 控制系统，这是当前亚洲最大氧化铝生产装置。该项目彻底打破了国外 DCS 系统在我国氧化铝行业的垄断。

电解铝生产过程主体是电解槽，电解铝生产控制系统主要有两类应用产品。一类为铝电解槽的计算机控制系统。因为预焙电解槽生产过程是一个非线性的、时变的、多变量耦合和大滞后复杂系统，需要设计专用计算机控制系统完成。国外主要产品有：美国凯撒铝业公司开发的 CELTRO 控制系统，法国彼施涅铝业公司铝电解控制系统，挪威希德罗铝业公司电解控制系统，日本轻金属公司电解控制系统。另一类为常规 DCS/PLC 控制产品，主要应用于电解车间的物料配送系统、烟气净化系统、变电整流所中的安全保护、自动稳流和整体监控、阳极焙烧系统以及其他各类信号检测与计量系统等。

自二十世纪八十年代，贵州铝厂从日本轻金属株式会社引进技术投产八万吨每年铝电解工厂（贵州铝厂第二电解铝厂），是国内当时单系列产能最大、装备最先进的铝电解工程。电解控制系统是日本轻金属株式会社 160kA 预焙电解槽控制系统，采用二级集中式控制，第一级上位主机采用 PDP11 / 34 小型机，收集工艺参数、下达控制命令、响应现场过程中断和人机通信等任务；第二级槽控箱（微处理机）进行分散处理，槽前控制箱及原料分配控制箱担任接受主机命令、完成顺序控制、向主机报告控制情况和设备状态等任务。

随着铝电解工艺技术和控制技术的发展，贵阳铝镁设计研究院、贵州铝厂联合开发出铝电解槽自适应控制技术和铝电解的二级分布式控制系统，并成功应用到贵铝二期工程（186kA 大容量预焙槽），以及平果铝业公司电解十万吨等项目中。

进入二十一世纪，电子技术、通信技术和计算机技术的迅猛发展，使控制系统向全数字化、全分散式、可互操作的新一代现场总线发展，电解槽控制系统结构也由早期的单板机、PLC、STD 主控制器的集中式系统向分布式系统转变。具有工业控制总线技术的智能化槽控机，性能可靠，控制策略先进，已广泛应用于电解铝生产。

（三）现场仪表

冶金工业不断发展和完善，冶金设备和自动化的也不断发展，催生了多种应用类型的仪表，以及有许多特殊要求的仪表，与石油、化工、轻工等行业差别较大。首先主要的原材料是固体物料，如矿石、精矿、煤炭，生产流程长，一般要经历采矿、选矿、冶炼、加工等大的生产工序，不同工序或同一工序不同流程对自动化仪表的设计选型差别很大，比如选矿过程物料主要是以固液两相流的矿浆出现，所以生产过程的一部分自动化仪表其他行业很少用到。

再如冶炼过程的火法冶金，涉及炉膛或熔体 1300℃或更高温度的检测，这对测温元件、测温保护管等都有特殊的要求；而冶炼过程的湿法冶金，则更多的是与酸碱等腐蚀性介质打交道，自动化仪表的设计选型则要求耐腐蚀、耐冲刷磨损等。

我国氧化铝工业大部分以高铝、高硅、低铁、难溶出的一水硬铝石为原料，采用碱石灰烧结法和混联法工艺。与国外采用三水软铝石为原料的拜耳法工艺相比，不利于信号检测和实现自动化。这主要因为工艺流程更为复杂，对上下游工艺的衔接质量的要求更高，且能耗高、结疤严重，使自动检测和控制的难度加大。

进入二十一世纪以来，超声波料位计、雷达料位计、射频导纳料位计、质量流量计、涡街流量计、超声波流量计、光纤比色温度计、核子秤等逐渐应用在氧化铝生产过程检测中，并取得了较好的效果。

在信号检测方面，山东和郑州铝厂采用中子活化分析仪进行生料浆组分的在线分析；山西铝厂采用从匈牙利引进的铝酸钠溶液在线分析仪对蒸发母液进行检测；山东、中州铝厂采用红外测温技术对大窑烧成带温度进行检测；郑州铝厂采用摄像仪和温度图像分析技术，检测大窑烧成带温度并了解结圈状况；各厂均已大量采用放射线密度计、雷达物位计、超声料位计、放射线料位计等非接触式检测仪表。

但我国轻金属冶炼自动化仪表技术与国外相比还有一定差距，当前国内轻金属冶炼过程有不少关键工艺参数的检测，依然不能采用通用仪表准确测量，且现有的通用类一次检测仪表或元件，根本不能满足检测特殊参数的要求，目前无法实现在线检测，主要表现在以下几方面：①氧化铝生产过程中，由于其高温、高压、蒸气、粉尘、碱腐蚀、结疤等特性，生产过程的温度、流量、液位等测量点不能准确测量，甚至有些无法测量；②铝电解过程中，由于其高温、多粉尘、强腐蚀特性，电解槽内电解质温度、过热度、氧化铝浓度、电解质和铝液水平都不能在线检测；③回转窑广泛应用在氧化铝熟料烧结、碳素生产的石油焦煅烧以及金属镁生产的白云石煅烧过程，回转窑的温度检测尚无好的方法；④轻金属冶炼过程的原料、中间产品的质量、成分等快速分析仪器系统尚待开发应用。

当前，常规国产检测仪表、执行机构，大都不适合应用于冶炼生产过程的特定条件，因而各冶炼厂普遍存在着检测精度低、实时性差、寿命短、维护工作量大等问题，严重影响着自动化系统稳定运行，制约了自动化水平的发展、提高和推广。

（四）分析仪器

在有色冶炼工业中，气体成分的分析测量应用的也非常广泛。根据气体成分分析仪工作原理的不同，大致可分为两种测量方式：一是直接测量方式，即将探头安装在过程气体管道中直接测量（测量、变送装置在探头内），如红外线、紫外线和激光气体分析器等；二是间接

（取样）测量方式，即将过程气体抽出进行除尘等处理后送至分析仪表进行测量（测量、变送装置在仪表内）。

铜冶炼工业气体分析仪主要应用于铜冶炼及配套制酸系统，通常在吹炼和熔炼烟气设置二氧化硫和氧气分析仪，在熔炼一次风和吹炼供风设置氧气分析仪，在风机出口和预转化入口设置二氧化硫和氧气分析仪，吸收塔出口设置 PPM 级的二氧化硫分析仪。二氧化硫和氧气分析仪进口厂家主要为 ABB 和西门子，国内厂家有重庆川仪、北分麦哈克等。由于吹炼和熔炼烟气取样困难、腐蚀性强，对预处理系统要求高，目前主要系统集成厂家有重庆川仪、江西力沃德等。

铝冶炼工业气体分析仪分为过程分析和环保监测，过程分析主要应用于氧化铝焙烧煤气监测，分析仪器包含氧化锆分析仪和煤气成分分析。氧化锆进口厂家有横河、富士、艾默生等，国产厂家有北京原子能、深圳朗弘等。煤气分析仪进口厂家有 ABB、西门子等，国产厂家如重庆川仪等。环保监测主要应用在脱硫脱硝工艺，进口分析仪有 ABB、西门子、西克麦哈克等，国产分析仪有重庆川仪、杭州聚光等。

选矿过程中的矿浆是固液两相流的形态，因此选矿工艺需采用矿浆粒度计（矿浆中干矿的磨碎程度）、矿浆载流分析仪（矿浆中干矿的各种金属元素成分分析）、矿浆泡沫图像分析仪等。在线粒度检测仪器目前使用比较广泛的有两种：一种是美国赛默飞世尔科技（ThermoFisher Scientific）公司生产的 PSM-200 或 PSM-400；另一种是芬兰奥托昆普（Outokumpu OY）公司生产的 PSI-200。2001 年，江西铜业公司德兴铜矿大山选矿厂从芬兰公司引进了三台三流道的 PSI-200 粒度分析仪，用于测量每台球磨机所对应的旋流器溢流粒度，经过长时间运行统计，测量误差为 2%。

（五）典型项目应用案例

江西铜业集团贵溪冶炼厂是中国第一家采用世界先进闪速炉熔炼技术、高浓度二氧化硫转化制酸技术、倾动炉杂铜冶炼技术和 ISA（艾萨法）电解精炼技术的现代化炼铜工厂，闪速炉作业率、二氧化硫转化率、冶炼金属回收率等主要技术经济指标达到世界先进水平，具备年产阴极铜九十万吨以上、硫酸一百八十万吨的生产能力，是中国最大的铜、硫化工、稀散金属产品生产基地，是世界生产规模最大的闪速炼铜工厂。

主要装置：五套制氧机组、两台闪速炉、两台回转式蒸汽干燥机、九台 PS 转炉、六台回转式阳极炉、一台卡尔多炉、一台倾动炉、四套烟气制酸装置、六套废酸排水处理装置、七套尾气处理装置等。

自动化仪表及系统：①温度仪表约 4000 套，主要品牌为重庆川仪、上海自动化三厂、江苏红光、德国 WIKA、E+H、日本北辰、安徽天康等；②智能流量仪表约 2000 套，主要进口品牌为横河、艾默生、E+H、FCI、科隆等，国产品牌有重庆川仪、重庆声力特；③液位计、料位计、物位开关等仪表约 1600 套，主要进口品牌有西门子、E+H、日本松岛机械，国产品牌有北京科普斯特、上海凡宜、重庆川仪、江苏红光等；④智能压力、差压变送器约 1700 套，主要品牌有横河川仪、罗斯蒙特、西门子、Honeywell、E+H，国产品牌有重庆川仪 PDS 等；⑤气动阀门约 2000 台，进口品牌有博雷、萨姆森、ITT、泰科、美卓、KOSO、AXEL larsson、耐莱斯、依博罗、FESTO、盖米、FISHER、日本北辰等，国产品牌有重庆川仪、无锡工装和吴忠仪表等；⑥分析仪表 100 套左右，主要品牌为西门子、ABB、上海英盛、中绿环保、哈希、Unibest、BRAN+LUEBBE、江西力沃德等；⑦ DCS 控制系统 20 套，品牌有 Honeywell、艾默生 DeltaV、西门子、横河、AB、ABB、和利时等。总计 I/O 点数近 4 万点。

第三节　电力工业领域的自动化仪表发展

一、概述

我国的火力发电厂在总装机容量中始终占据大份额，是电网稳定的重要保证。随着发电量的不断增长，火电厂的规模和技术水平不断提高。五十年代，国内主力机组仅为小容量低温低压自然循环煤粉锅炉（120~230t/h，3.83MPa，450℃）；六七十年代主力机组为高温高压（7.8~14.7MPa，535~540℃）的 125MW 和 200MW 再热机组，同时引进了一些 300MW 和 500MW 低循环倍率锅炉，发展了液态排渣炉和小型鼓泡流化床锅炉。改革开放加快了设备和技术的引进，通过 300MW 和 600MW 机组技术引进，以技术引进为主，设备引进为辅，主辅机并重，单机和成套并重，工程设计和系统设备并重的原则，形成了大型机组的批量生产能力。300MW~600MW 亚临界循环控制锅炉机组（16.7~18MPa，540℃）逐渐成为主力。

进入二十一世纪以来，火电机组进入了向 600MW~1000MW 超临界（21.4MPa，566℃）和超超临界（25MPa，600℃）发展阶段，日渐成熟；并进一步开发更高参数的机组（31~35MPa，593℃）；同时在直流锅炉、空冷锅炉、流化床燃烧技术（常压、增压循环流化床）、低 NO_x 燃烧技术和联合燃气循环发电技术等方面取得了高速的发展。火力发电工艺流程如图 12-9 所示。

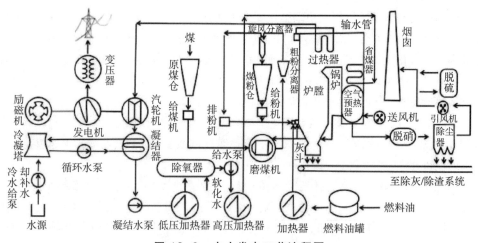

图 12-9　火力发电工艺流程图

电厂自动化技术是指对一个电厂生产过程实现自动化控制所达到的程度，包括参数检测和数据处理（DAS）、自动控制（MCS）、顺序控制（SCS）、报警和联锁保护等系统，最终体现在机组效率、值班员数量和所完成的功能上。火电厂自动化水平是主辅机可控性、仪表及控制设备质量、自动化系统设计完善性、施工安全质量、电厂运行维护水平和人员素质的综合体现。

二、现场仪表

火电厂的现场仪表是对火电厂过程参数和控制设备进行测量、处理、显示、运算、控制和操作。由于火电厂的介质比较单一（水、蒸汽、烟气、煤、油，少量的氢、氧等），其工艺流程已趋于完善，虽然规模和等级不断提高，技术档次不断提高，基本都属于金属材料和制造技术方面的改进所致，并没有革新性的变化。

（一）压力测量

主要包括：①就地压力表、电接点压力表，用于压力的就地显示。采用弹簧管（波登管）、膜片、膜盒及波纹管等敏感元件，弹性元件在介质压力作用下产生的弹性变形，通过压力表的齿轮传动机构放大，就会显示出相对于大气压的相对值（或高或低）。在测量范围内的压力值由指针显示。②压力、差压变送器，压力、差压变送器除了测量各工艺点的压力和差压外，还与孔板、喷嘴等测量元件配合，用于流量、液位等参数的测量，是火电厂重要的检测设备。在电厂应用中，压力、差压变送器主要用于测量设备进出口母管水压力、给水压力、高低加、除氧器压力、过热器再热器进出口蒸汽压力、高中低压缸蒸汽压力、进汽排汽抽汽压力、炉膛压力、设备进出口烟气压力、一次风二次风压力、燃油润滑油油站、油泵压力、压缩机空气压力等。目前中国排名前三的智能式变送器供应商分别是：横河川仪 EJA/EJX 系列变送器，罗斯蒙特 1151 系列变送器，重庆川仪 PDS 系列变送器。

（二）流量测量

火电厂需要进行流量测量的介质主要有水、蒸汽、风量烟气、燃油等。常用的流量测量装置有标准孔板，主要用于凝结水、凝结水再循环、凝结水补水、定子冷却水、辅助蒸汽等中低温低压液体和蒸汽流量的测量。测量需要配合差压变送器进行。在标准孔板的基础上，把整流器和标准孔板结合形成平衡流量计，也称为多孔孔板流量计，对传统的节流装置进行了极大的改进，对流场进行平衡，降低了涡流、振动和信号噪声，大幅提高流场稳定性。国内厂家的产品满足要求，如江阴神州、重庆川仪、江阴宏达等厂家的产品。标准喷嘴、长径喷嘴、文丘里喷嘴应用于给水泵出口、省煤器入口、炉水循环出口、减温水、主蒸汽等高温高压汽水流量的测量。

锅炉一次二次风量、烟道烟气流量等测量方式通常采用机翼式风量测风装置或矩阵式风量测风装置。矩阵式风量测风装置结合了机翼式、均速管等的优势，将整个横截面面积计算后采用多点矩阵式分布传感器，所测流速与流体实际流速更接近；取压传感器有背靠式和文丘里管式两种方式。国内产品的质量已经能够满足用户的需要，常用的有南京瓦特、南京友智、重庆川仪、青岛科联等系列产品。

热式流量测量装置能测极低流速，流体工况（压力、温度）适应范围宽，可靠性高；压力损失很小，量程比通常在二十比一至五十比一。远大于差压类流量计。但由于测量原理跟温度有关，对被测流体洁净度要求较高且不能含有水分。电厂的风量不含水分，空预器出口一次二次风流量常采用热式流量测量装置。一般采用美国、德国的产品。

火电厂燃油流量的测量通常采用涡轮流量计和质量流量计，目前质量流量计的使用更加广泛。质量流量计流通能力好，不易黏附，不易阻塞、自排空，易清洗的特点，特别适合燃油流量的测量。可测量瞬时质量流量、密度等，经运算后可获得累计量、体积量等。国内电厂普遍选用美国 GE 公司、ROSEMOUNT，德国 KROHNE、德国 ABB 进口原装产品。

电磁流量计在火电厂的应用范围较窄，主要用于化水车间。其介质属于普通水和化学溶液，可导电，适用电磁流量计。电磁流量计测量范围广、精度和稳定性在流量仪表系列中都属于偏中高等级。目前市场上的主流的电磁流量计以国产和合资产品居多，性价比较高，如德国 KROHNE、德国 E+H、重庆川仪 MF 系列等。

（三）液位测量

火电厂最重要的液位测量是锅炉汽包水位的测量，其准确和可靠度关系到锅炉热循环效果、蒸汽品质、严重时会造成重大的事故（如炉管大面积爆破），因此汽包水位的测量是火电厂关注的要点。常用的测量仪器有云母水位计、电接点水位计、差压式水位计等。

火电厂除氧器的液位测量，是电厂典型的高温、高压、高湿、高腐蚀环境。其测量方式有多种选择。如采用磁翻板液位计和配套的磁致伸缩液位变送器；或采用单室平衡容器和导波雷达液位计。

火电厂高低加、凝汽器、罐体、扩容器、水箱的液位通常测量精度要求不高，安装位置方便，一般采用差压变送器即可满足要求。也有电厂对高低加、凝汽器的液位测量采用导波雷达（单探杆）测量设备。相对于差压测量而言，有着安装简单、漏点少、测量负压及微正压工况下的液位，其可靠性和稳定性高等优点，但成本相对较高。各类水池、水槽等不易进行测点引压的液位，一般都采用超声波液位计或雷达液位计。

（四）料位测量

火电厂的料位测量包括原煤仓、煤粉仓、灰仓的料位测量。原煤仓粉尘较少，煤粉炉和循环硫化床的原煤仓的测量可采用超声波料位计、重锤式料位计、阻旋式料位开关等。煤粉仓的粉尘大，一般使用雷达料位计，其对粉尘的穿透能力比超声波料位计强。针对粉仓粉尘大，颗粒细等因素导致的料位测量难题，脉冲激光测量技术以其窄发散角、能量集中、穿透力强、相干性好等物理特点、完善的软件算法，成为新的选择。灰仓粉尘大，介电常数低，易粘料易挂料等特点，通常采用重锤式料位计来实现料位测量。

（五）温度测量

火电厂的温度测量主要包括设备内外壁温度，如过热器再热器壁温、锅炉壁温等；发电过程中各位置的蒸汽温度，如锅炉主蒸汽温度、过热器再热器出口蒸汽温度、旁路温度等；发电过程中各位置水的温度，如主给水温度、循环水温度等；各设备一次二次风温，如空预器出口风温、送风机出口风温等；各位置烟气温度，如空预器进口烟温、过热器再热器进口烟温等。

热电偶和热电阻是火电厂温度测量的主要方式。可根据具体设备的工艺要求，选择不同分度、不同类型的热电偶和热电阻。如壁温的测量可以采用多支多点热电偶；对于磨煤机进口温度等处的测点，可采用耐磨型抗震型热电偶；对于过热器烟气温度等介质磨损较大的测点，可采用整段耐磨型热电偶；对于需要冗余配置的重要温度测点，可采用双支热电偶或双支热电阻；等等。

通常热电偶、热电阻信号可以直接接入 DCS 的热电偶、热电阻输入卡，由 DCS 系统执行温度补偿计算。但这种方式下温度测量的信号为 mV 和阻值信号，需要增加补偿电缆，抗干扰能力弱；且在 DCS 侧需要配置不同的输入类型卡件。所以，有些电厂趋向于采用温度变送器的方式来进行温度测量。其测量的元件仍为热电偶和热电阻，在就地通过变送器将其测量信号转换成 4~20mA 标准信号，从而解决了上述问题，还能够为现场提供就地显示。

火电厂的就地温度显示一般采用双金属温度计。温度仪表基本采用国内产品。比较著名的品牌有重庆川仪、上自仪、安徽天康等。

（六）执行机构

火电厂的执行机构是实现控制动作的智能一体化设备，用于控制阀门和烟气、风道风门的开启和关闭。火电厂的执行机构按类型分有气动和电动执行机构；按功能分有开关型和调节型。其中大部分为调节型电动执行机构，广泛用于管道阀门和烟风道，如一次风机出口电动挡板隔离门、送风机出口电动挡板隔离门、磨煤机密封电动挡板等；气动执行机构主要用于减温水调节阀、二次风挡板等。

国外执行机构品牌应用较多，占据相当的市场份额。但国产执行机构厂家通过技术引进和消化，所提供的气动、电动执行机构已完全能够在火电厂控制中安全可靠地使用，取得了大量的应用实践和经验。火电市场比较著名的国外品牌包括：美国福斯，英国罗托克，德国 AUMA，ABB 等；国内厂家包括：扬州电力修造厂、常州电站辅机厂、上仪十一厂、重庆川仪、天津澳托克等。

（七）调节阀

火电厂主要控制阀门包括：给水阀（主、附锅炉给水阀、复合型给水调节阀）；锅炉给水泵最小流量循环阀；高低加热器疏水阀（给水加热器疏水、冷凝水加热器疏水）；除氧器水位控制阀（DALC）；减温阀（减温器）；减温减压阀（高、低压旁路阀）。

三、控制系统

（一）概述

火电机组控制对象复杂，其设备和工作原理涉及多个领域，多变量，多耦合、动态特性具有非线性、大滞后和时变等特点。比如协调控制系统包括了主汽压力控制、功率控制、给水控制、送风控制、引风控制、燃料控制系统。这些控制虽然有独立对应的控制对象和手段，但相互之间有密切的控制关联，加之大滞后的特性，各控制回路必须相互协调支持，通盘考虑，才能实现整个发电过程的平稳、快速、安全和准确响应，可谓牵一发动全身。

早期的控制器的输入回路有限，只能对单一对象执行 PID 调节规律，难以将相关多回路的信号引入，构成多系统联动控制，难以适应机炉协调等复杂调节对象的要求，难以达到理想的效果。主辅机可控性差，自动保护投入率低，成为当时火电厂控制的痛点和难点。

随后国外的智能数字调节器开始引入，这些智能数字调节器能够引入部分变量，实现串级、前馈等复杂的控制，并可以进行编程组态，在一定程度上实现了多变量控制的协调，使自动化投入率有所提高，一时间成为火电厂自动控制的主流。但受制于输入的数量，尤其是输入信号采用硬接线方式，修改极其困难，难以满足电厂调整控制策略。

随着 DCS 系统的不断完善，火电厂的自动控制采用 DCS 系统已成为主流和标配。随进口机组进口的 DCS 系统得到广泛的应用，达到十四种之多。为减少机型并扶持国内 DCS 企业的发展，1992 年能源部根据火电厂的应用实际，推荐六种 DCS 作为优选机型（后扩大到八种），包括 Bailey 公司的 INFI90 系统、Westinghouse 公司的 WDPF 系统、SIEMENS 公司的 Teleperm 系统、FOXBORO 公司的 IA 系统、HITACHI 公司的 HICAS3000 系统、Leeds and Northrup 公司的 MAX1000 系统、H&B 公司的 Contronic 系统、ABB 公司的 procontrol 系统。虽然当时没有国产 DCS，但在火电厂的自动化应用方面和国际先进水平保持同步。

火电厂 DCS 控制系统由多个子系统组成，主要包括八个方面。

（1）DAS 数据采集功能。主要实现对机组运行过程进行在线检测，并根据检测的数据信息形成相关参数，经运算处理后，在显示器上以画面的形式将结果呈现操作人员，并将数据进行历史存储，以趋势图的方式供运行维护人员对相关参数进行比对分析，找出控制变化的规律；同时，系统具备自动报警功能和操作过程记录。

（2）MCS 模拟量控制功能。该子系统能够对锅炉和汽轮机组进行整体控制，主要任务是对相关变量进行控制，同时对汽轮机组的负荷进行调节，从而使机组始终保持在最佳的运行状态。MCS 根据控制对象将子系统分为锅炉侧和汽轮机侧，尤以机炉协调控制为核心。协调控制是基于机、炉的动态特性，应用多变量控制理论形成若干不同形式的控制策略，在机、炉控制系统基础上组织的高一级机、炉主控系统。它是单元机组自动控制的核心内容。

（3）SCS 顺序控制功能。该子系统按照规定的顺序，并依据具体的原则，对火电厂设备的运行状态进行逻辑判断。根据判断结果发出控制指令，从而使机组中各部分设备以预先设定的顺序启动或停止，从而达到控制继续运行的目的。火电厂的主、辅机设备是 SCS 子系统的主要控制对象，可实现主辅机的自动开关机。同时还能对设备的运行参数进行监控。如汽轮机的自动启停程序控制、磨煤机自动启停程序控制、定期排污和定期吹灰的程序控制等。采用分层设计和优先级技术，能够在较短的时间内，完成顺序控制，减轻操作人员的劳动强度，保证操作的准确性。

（4）FSSS 炉膛安全保护系统。该子系统是锅炉运行的重要保护，功能主要包括：①安全监控功能，对炉膛火焰、炉膛负压、重要设备运行参数进行监控，当发生危及锅炉安全的状态，使主燃料跳闸（MFT）和燃料跳闸（OFT），快速切断进入炉膛的燃料；②炉膛吹扫。在锅炉点火前或停炉后，清扫炉膛及烟道中积聚的可燃物，避免锅炉爆燃或爆炸事故的发生；③燃油及油枪管理，实现燃油泄漏试验；④主燃料（煤粉）的投入及磨组的管理，实现煤燃烧器的切投。如果是直吹式制粉系统还包括对给煤机、磨煤机等设备的启停管理功能。FSSS 功能的投入极大地提高了锅炉运行的安全，替代了原靠继电器来实现的保护功能。尤其是 SOE 事故顺序记录设备的使用，能够准确记录事故中各设备动作和操作的先后次序（毫秒级动作记录），这对准确查找事故起因，分析事故原因提供了重要而可靠的依据。

（5）DEH 汽机控制系统。该子系统对汽轮机组的转速、功率、压力等进行控制，是实现汽轮机运行不可或缺的重要组成部分，也是机炉协调控制的重要组成部分。当汽轮机组发生故障时，对机组的关键设备进行保护控制。包括：操作方式选择（手动、自动 OA、程序启动 ATC）；启动方式选择、运行方式选择（机跟炉、炉跟机、协调方式）、阀门管理（实现单阀或多阀运行和实现无扰切换）；超速保护功能 OPC；阀门试验功能等。

（6）ECS 电气控制系统。大型火电厂在自动控制系统实践中越来越要求实现机炉电一体化控制。该子系统根据单元机组的运行和电气系统的特点，将发电机－变压器组合厂用电系统的控制纳入 ECS 中，实现自动准同期并网、电气设备的运行状态监控和操作；自动发电控制

（AGC），可接受中调负荷指令，快速跟踪系统的负荷变化，增强机组调频调峰能力；通过诊断系统对发动机的状态进行分析判断，为检修提供依据。ECS的发展经历了独立的电气自动化装置，DAS模式，保留硬接线的FECS（现场电气控制系统）模式和完全通讯化的FECS等阶段。

（7）汽机安全保护系统TSS。包括汽轮机监视仪表（TSI）和汽轮机紧急跳闸系统（ETS）。汽轮机监视仪表（TSI）在机组启停和正常运行中，实时监测转子轴承振动、偏心、轴向位移、胀差、缸胀、转速等重要参数，并提供超限报警、停机保护等功能，对汽轮机的安全运行起到重要的作用，已是汽轮机组不可缺少的关键设备之一。ETS是大型发电机组运行安全可靠的保护装置，当出现可能导致机组损害的危险情况时，对跳闸请求信号快速响应，对汽轮机进行自动遮断，关闭汽轮机全部进汽阀门和调节门，实现紧急停机。

（8）旁路控制系统BCS。大型中间再热式机组一般都设置旁路热力系统，其目的是在机组启、停过程中协调机、炉的动作，回收工质，保护再热器等。当锅炉和汽轮机的运行情况不相匹配时，即锅炉产生的蒸汽量大于汽轮机所需要的蒸汽量时，多余部分可以不进入汽轮机而经过旁路减温减压后直接引入凝汽器。旁路还承担着将锅炉的主蒸汽经减温减压后直接引入再热器的任务，以保护再热器的安全。旁路系统的这些功能在机组启动、降负荷或甩负荷时是十分需要的。

DCS控制系统在火电机组中的应用是逐步发展实现的。最早是DAS；然后是DAS、MCS两功能，DAS、MCS、SCS三功能，DAS、MCS、SCS、FSSS四功能，DAS、MCS、SCS、FSSS、DEH五功能，再引入ECS功能，构成完整的火电厂DCS控制系统，形成了硬件积木化、软件模块化、控制组态化、通信网络化和高可靠性的特点，在火电厂中得到最普遍的应用。

在逐步实现DCS系统应用的同时，国产的DCS也同步发展壮大。浙江威盛自动化公司于1992年推出FB-2000 DCS系统。以电子部六所技术人员组建的华胜自动化事业部（1996年更名为和利时自动化工程公司）于1992年推出HS-1000系统，并逐步升级到HS2000，Smartpro，MACSV系统。浙大中控于1993年推出SUPCON JX-100系统，逐步升级到JX-200、JX-300和JX-300XP。上海新华控制工程公司1988年成立，首先推出DAS-100计算机监控系统，随后升级为XDPS系统，在电站DCS和DEH成功实现国产化替代。国电智深1988年开发微机分布式监控系统（EDPF-1000），逐步升级开发了大型火电机组分散控制系统EDPF-2000。

1988年，第一套国产DCS系统成功应用。目前，主要使用的国产系统为上海新华、和利时和国电智深。

（二）现场总线

现场总线（fieldbus）技术是实现现场级控制设备数字化通信的一种工业现场层网络通信技术。现场总线技术可使用一条通信电缆将现场设备（智能化、带有通信接口）连接，用数字化通信代替4~20mA/24VDC信号，完成现场设备控制、监测、远程参数化等功能。基于现场总线的自动化监控系统采用计算机数字化通信技术，使自控系统与设备加入工厂信息网络，构成企业信息网络底层，使企业信息沟通的覆盖范围一直延伸到生产现场。

有一定影响和已占有一定市场份额的总线有PROFIBUS现场总线、FF现场总线、LONWORKS总线、CANBUS现场总线、WorldFIP现场总线、P-NET现场总线。

（三）控制算法的发展

火电厂 DCS 控制的根本还是依据经典的控制理论，随着机组容量的不断扩大，已不能完美解决实际控制中所遇到的问题。因此，在控制算法方面，出现了多种有别于传统控制算法的新模式。

高级回路控制。工业生产过程中，往往存在着大迟延系统。如皮带传送、热交换器换热、反应器等都存在相当大的纯迟延。在带纯迟延的生产过程中，调节信号不能够迅速地带动被调量动作，使超调量变大、调节时间缓慢，增加系统的控制难度。仍采用传统的 PID 进行控制，对其中的大迟延系统控制品质往往比较差。很多学者对此问题提出许多控制算法，如史密斯（Smith）预估算法。Smith 预估算法能预先估计出系统在基本扰动下的动态特性并进行补偿，能克服传统 PID 控制算法在大迟延系统控制品质差的情况。

专家系统。就是指专家的系统理论同控制理论的方法和技术的一种有机结合。并且使计算机能够在一种不确定的环境中，模仿专家的智能从而实现对发电机组设备的控制。专家控制系统亦可以分为两类：一是专家控制系统，二是专家式控制器。由于专家式控制器相较于专家控制系统来说拥有结构简单，造价又低的特点，因此，专家式控制器被广泛应用于电力事业当中。

模糊控制。早在 1965 年，Zadeh 教授就提出了模糊集理论，而后又由英国的 Mamdani 以其为基础，成功地将其应用于蒸汽机和锅炉上，进而使模糊理论集得到了实际的应用。随着时间的推移，模糊控制日渐精益地发展并被广泛地应用于火电厂发电设备。模糊控制系统，简而言之就是以比较模糊的数字、语言表示形式和模糊的逻辑思维规则，并且辅助于计算机而实施的一种自动化控制系统。模糊控制得以广泛应用主要是因为它具有很强的鲁棒性，这种特性使传统的控制方法中那种非线性和大延迟得到轻松解决。模糊控制系统采用的是不精确的推理过程，它仿照人类的思维方式，依据经验和数据，来处理一些较为复杂的问题。

神经网络自动控制系统。神经网络，按照字面的理解就是使计算机模拟人的大脑神经的结构和相应的功能，通过模拟这些来处理和传递信息。目前来说，世界上比较成功的复合式智能控制系统主要有模糊神经网络控制系统、专家模糊控制系统、模糊滑模控制系统。

（四）机组操作方式方面的发展

在现有控制系统的基础上，如何结合火电厂的运行特点，制定满足电网需求的运行方式，是火电厂水平提升的重要方向。其中以一键启停 APS 最为典型。

APS 是基于整套机组自动启停控制思想，通过对机组启停过程中的条件、过程变量和调节参数进行实时的客观判断和调节，能使机组各控制回路在机组启停过程中全程处于自动状态，减少了机组启停过程的人为因素，降低了因人为主观错误判断和误操作等导致的风险，提升了机组启停过程的本质安全。

APS 一键启停技术，提高机组自动化水平，避免机组启停过程中的误操作事故，实现机组的全程参数优化控制，缩短机组启动时间，节省油、煤、电及增加发电量；通过 APS 冷态启动到升至额定负荷时间可缩短在二十三小时内，较同类型机组启动时间可缩短五小时，同时通过 RB、FCB 功能，显著降低机组非停次数，减少了电网考核及电量损失；在设计和调试、应用合理的情况下，可减少运行人员工作量 20%，缩短机组启动时间 20% 以上，大幅降低机组运行成本。

（五）机组热效率分析系统

机组热效率分析系统能够监测火电厂机组各主要装置的热效率，发现异常的热损耗变化；分析热损耗变化的原因，指导运行人员采取最适宜的运行方式，调整运行参数，提高热效率；指导维护人员及早发现设备出现的问题，制定维修方案，消除设备隐患。

各大 DCS 厂家结合火电厂的工艺，开发了多种类型的热效率分析和诊断软件，实现热效率的监控和分析。美国怀特公司的 FAMOS 机组热效率分析监控系统以其先进的热力模型和预期评估手段，形成覆盖火电厂所有主设备的热效率在线监控和分析系统，能够准确地计算设备的热效率，判断异常热损耗状态，分析可能出现的设备故障或操作不当，指导运行和维护人员进行相关处理，大幅度提高电厂机组的效率。该系统广泛应用于电力设计、主设备制造和火电厂运行。在防城港电厂得到成功应用。

（六）设备状态监测诊断

电力工业相关设备主要包括发电和供电设备。发电设备主要包括汽轮机、电站锅炉、水轮机、发电机、变压器等；供电设备主要包括输电线路、接触器、互感器等。

汽轮机作为发电厂的主要设备，对其进行在线监测与故障诊断，进而保障稳定运行，对于提高厂区的安全生产和促进电力行业的发展有着重要的意义。汽轮机的主要故障可以分为渐发型和突发型，其中渐发型主要包括叶片结垢、磨损，以及部件变形等，在这过程中一般会伴随着振动或者温度的变化；突发型主要包括运行过程中阀杆断裂、叶片断裂、轴瓦烧毁等故障，是突然发生不可控的。二十世纪六十年代美国的西屋公司（Westinghouse）率先提出了基于网络技术的远距离汽轮机振动监测与诊断，同时开发出了多具有丰富数据库的智能诊断系统，并分别将其用于电力行业的汽轮机、发电机、涡轮机等一些关键旋转设备的状态监测与故障诊断。七十年代，法国也投入了汽轮机故障诊断研究中，并于九十年代开发出了 PSAD 和 DIVA 系统，成功用于故障诊断中。瑞士 ABB 公司自主开发出具有良好人机交互功能的旋转机械故障诊断系统，提高了系统信号处理与分析能力。瑞士 SPM 仪器和德国的西门子公司也分别研究出汽轮机故障诊断系统，并在实际电力生产过程中取得了良好的应用效果。我国关于汽轮机故障诊断与监测技术的起步相对较晚，但是发展较快，并取得了不小成就，其中以上海交通大学、清华大学、浙江大学、华北电力大学等高校为主导，研究出了一系列汽轮机状态监测与故障诊断方法与系统，其中有清华大学的 QH-1 故障诊断系统、上海交通大学开发的汽轮机状态监诊断系统、浙江大学和华北电力大学联合研发的汽轮机组状态监测与诊断系统等。

在电力领域典型的状态监测与故障诊断系统代表厂商和产品型号有西屋公司的 Turbine AID，Bently 公司的 3300、3500 系统，BEI 公司的 DATM，B&K 公司的 COMPASS，西安热工研究所 ZJZ-1，重庆川仪的应力波监测系统等。

目前国内外汽轮机的故障监测与诊断系统主要包括叶片与传动部件的振动与声学分析技术、电能时域频域分析技术等，但是目前的诊断分析技术对于早期故障不能进行预警，具有滞后性。重庆川仪的应力波设备监测诊断系统在北京京桥热电的西门子燃气轮机中实现了故障早期监测应用。

四、分析仪表

火电行业的分析仪主要在锅炉烟气氧含量、锅炉循环水质监测、环保监测（脱硝、脱硫、烟囱排放监测）和用于安全的蒸汽机氢浓度监测、煤粉制备的 CO 监测等。

火电厂对锅炉烟气含氧量的监测和控制，要求准确、稳定、响应迅速和经久耐用等基本性能。目前绝大部分火电厂采用氧化锆测量。氧化锆具有结构简单、耐高温、灵敏度和分辨率高等特点。国外厂家有日本横河、美国阿美泰克、德国 ABB，国内厂家有原子能、安徽美康、首仪华强等。

在锅炉燃烧控制中，连续测量炉膛内氧含量，作为风量控制的校正信号，参与锅炉送风控制，监测和控制炉内燃烧空燃比，实现经济燃烧和尾气排放达标。早期氧量的测量采用热磁式氧气传感器，但由于其反应速度慢、测量误差大、容易发生测量环室堵塞和热敏元件腐蚀严重等缺点，逐渐被氧化锆氧气传感器所取代。氧化锆氧气传感器具有结构和采样预处理系统较简单、灵敏度和分辨率高、测量范围宽、响应较快等优点。目前大型和超大型机组中多采用进口氧化锆测量设备，如阿米泰克、横河、罗斯蒙特等，国产中小型火电厂氧化锆测量设备如深圳朗弘、上海晓舟等。

我国火力发电厂水处理控制系统在线分析仪器的应用情况常因装机容量的大小、建造年代的先后、国产和进口机组的差别，选用和安装在线分析仪器的种类和数量也各有不同。使用最广泛的还是电导仪、pH 计、溶解氧"老三表"。随着我国火力发电厂向大机组亚临界、超临界发展，对水汽品质提出了更高的要求，在线磷酸根、二氧化硅分析仪、工业钠分析仪、在线联氨分析仪、浊度计多种在线化学分析仪器和加药自动控制系统也不同程度得到了应用。

电导和 pH 用于控制和监测化学水系统酸碱量及加酸碱中和的依据。目前市场上国产品牌主要有重庆川仪引进美国 L&N 技术生产 7000 系列、上海雷磁生产 DDG 系列、北京华科仪生产的 HK 系列。随着进口仪表的大量进入，国外先进技术也同时带入，如美国 HACH 公司、瑞士 SWAN 公司、美国热电 ORION、GREAT LAKES 公司 761C 等，其具有光电耦合及自动温度补偿和电极自动清洗等功能可适应于环境和测量介质恶劣的水质。

溶氧仪表是定量测量水中含氧量的在线仪表，应用在电厂化学水系统的真空脱气器出口、凝结水系统母管出口和出氧器出口，用于控制和监测化学水系统除氧器除氧效果。目前市场上主要有重庆川仪引进技术生产的 7036 分析仪，该表配备美国 HONEYWELL 原装进口探头，不需要更换模片和电解液。其他产品型号还有 XO-10 型、SYY-2 型和 SJG-9403型等，上述 9403A 为引进 KENT 技术国内生产，其优点为安装方便，可在空气中标定，便于维护。

在线二氧化硅分析仪应用在电厂化学水系统的阴床和混床出口、凝结水系统混床出口以及饱和蒸汽、再热和过热蒸汽等测点，该仪表采用光电比色法测量技术，并且都具有多通道测量功能。早期国内电厂使的大都是引进英国 KENT 公司 8061 型和瑞士 POLYMETRON 公司的 TE8861M 型二氧化硅分析仪，如今市场上国产和进口仪表齐头并进，国产品牌主要有重庆川仪引进美国 L&N 技术生产 7000 系列、上海雷磁生产 DDG 系列、北京华科仪生产的 HK 系列。随着进口仪表的大量进入，国外先进技术也同时带入，如美国 HACH 公司、瑞士 SWAN 公司、美国热电 ORION 等。

浊度分析仪是通过测量入射光在水样悬浮散射与入射光成 90° 的吸收光被光电池检测强度的原理，是测量和记录水中含悬浮物的电荷分析仪，根据浊度计测量值自动控制药剂的添加量。目前国内生产使用较广的浊度计有重庆川仪生产的 LIQURD-TURB7000 系列，上海雷磁生产的 WZT-701 型，美国 GREAT LAKES 公司的 92T/8202 型，美国 HACH 公司的 1720C 型等。

脱硫脱硝的装置上使用的分析仪主要有脱硝前后的氮氧化物分析和脱硝后的防止热交换器堵塞的氨逃逸测量、脱硫装置前后安装的二氧化硫分析仪器。脱硫装置前后安装的二氧化硫分析仪器用于计算脱硫效率。大部分采用红外分析仪器，典型厂家有德国 ABB、德国西门子、重庆川仪、武汉四方。

五、典型项目应用案例

国家能源集团四川神华天明发电有限责任公司（以下简称天明公司）2×1000MW 超超临界燃煤机组新建工程项目较为典型。天明公司工程位于江油市双河镇，工程规划建设 100 万吨国家煤炭应急储备基地，同步规划建设（4×1000MW）燃煤电厂，分两期建设，同步建设石灰石-石膏湿法脱硫及 SCR 烟气脱硝设施。是四川省首个超超临界百万千瓦机组，采用目前国际领先的环保技术，高标准建设"安全可靠、成本领先、指标先进、国内标杆、宽负荷高效"的示范电站。

分散控制系统全厂数量为一套，全厂系统点数约 29000 点，含 DAS、MCS、SCS、FSSS 等功能，采用杭州和利时自动化有限公司品牌；PLC 约二十五套，品牌采用美国 AB；炉膛火焰检测系统品牌采用瑞士 ABB 品牌；汽轮机 DEH 控制系统品牌采用杭州和利时自动化有限公司；SIS 系统一套，品牌采用北斗星航科技有限公司。

天明公司热控仪器仪表成套中标单位为重庆川仪。主要涉及热控产品范围：压力、差压变送器：采用重庆横河川仪 EJA 变送器和重庆川仪 PDS 变送器，数量约 1000 台。液位开关（电接点液位计）：采用美国莫博雷品牌。化学分析仪表：采用奥立龙品牌，数量为 24 套。氧化锆氧量分析仪：采用深圳朗弘品牌，数量为 12 台。液位测量仪表（导波雷达、超声波液位变送器等）：数量为 50 台。料位计测量仪表：采用重庆川仪品牌，数量为 130 台。电磁流量计：采用重庆川仪品牌，数量为 19 台。V 锥流量计：采用重庆川仪品牌，数量为 17 台。孔板流量计 /ASME 喷嘴流量计：采用重庆川仪品牌，数量为 11 台。热电阻、热电偶：采用重庆川仪品牌，数量约 6500 支。就地压力表：采用重庆川仪品牌，数量约 300 块。热控配电箱、电源柜：采用重庆川仪品牌，数量为 54 面。仪表保护箱：采用重庆川仪品牌，数量为 122 面。电磁阀箱：采用无锡振胡品牌，数量为 5 面。进口仪表工艺阀：采用英国斯弗洛克品牌，数量为 608 支。电动执行机构：采用重庆川仪品牌数量为 400 台。

第四节　核电领域的自动化仪表发展

一、核电发展概述

核电站是利用原子核内部蕴藏的能量产生电能的新型发电站。核电站大体可分为两部分：一部分是利用核能生产蒸汽的核岛，包括反应堆装置和一回路系统；另一部分是利用蒸汽发电的常规岛，包括汽轮发电机系统。目前我国核电站主要采用压水反应堆，用铀制成的核燃料在反应堆内发生裂变而产生大量热能，再通过热能交换在蒸汽发生器内产生蒸汽，以推动汽轮发电机发电。

1951 年 12 月，美国在爱达荷国家反应堆试验中心的实验增殖堆一号（EBR-1）首次利用核能发电，发出了 100 千瓦的核能电力。1954 年 6 月，苏联在奥布宁斯克建成投运了世界第一座商运核电站（5000 千瓦石墨水冷堆）。1961 年 7 月，美国第一座商用核电站杨基（Yankee）核电站建成。由于经济的高速发展与能源供应的矛盾日趋突出，法国、日本、意大利、加拿大、德国等国也相继加入核电工业的行列。世界核电堆型和技术已从早期的原型堆（一代）、商业堆（二代），发展到现在的先进轻水堆（三代）和可持续发展核能系统（四代）。

1985 年 3 月，我国自行设计的第一座 300MW 级压水堆核电站（秦山一期）开工建设，1991 年底并网发电。同一时期，大亚湾核电站引进了法国 90 万千瓦 M310 压水堆机组，1987 年开工建设，一号机组于 1994 年 2 月 1 日开始商业运营。1999 年 10 月，田湾核电站一期工程正式开工，采用俄罗斯 AES-91 型压水堆核电机组，单台机组装机容量 1060MW。

国家核电技术公司（后与中电投合并成为国家电力投资集团）于 2007 年 5 月 22 日成立，引进美国西屋公司 AP1000 三代核电技术，依托浙江三门、山东海阳项目，消化、吸收、再创新。

CAP1400，也称作"国和一号"，是国家电力投资集团在引进消化吸收国际先进三代核电技术的基础上，依托国家大型先进压水堆核电站重大专项开发的、具有自主知识产权的大型先进核电型号。目前我国所建的 CAP1400 型压水堆核电机组示范电站位于山东威海市荣成石岛湾厂址，建设两台单机容量 140 万千瓦。2019 年 4 月，CAP1400 首堆示范工程开工建设。

CPR1000 是中广核改进型百万千瓦级（1000MW）压水堆核电技术方案。而 ACPR1000 是中广核在推进 CPR1000 核电技术标准化、系列化、规模化建设的同时，研发出拥有自主知识产权的百万千瓦级三代核电技术。

中核集团也在 2010 年将其研发的 CNP1000 改造升级为 CP1000。在福岛事故后，中核又进一步将 CP1000 改造升级为 ACP1000，形成了中核集团具有完整自主知识产权的三代压水堆核电品牌。

为促使中国核电走向世界，在国家主导下，中核集团和中国广核集团将各自核电科研、设计、制造、建设和运行经验，根据福岛核事故经验反馈以及全球最新安全要求，研发的具有完全自主知识产权的先进百万千瓦级三代压水堆核电技术，融合为"华龙一号"。

2015 年 5 月 7 日，我国首个完全自主设计的第三代核电技术示范工程华龙一号首堆示范工程福清核电五号机组开工建设，同年 12 月 22 日，福清核电六号机组开工建设。2015 年 8 月 20 日，巴基斯坦卡拉奇核电项目二号机组开工建设。卡拉奇二、三号核电机组是继福建福清五、六号机组之后全球第二个开建的华龙一号核电项目，意味着华龙一号首次走出国门，海内外同步推进华龙一号示范工程建设。

我国第四代核电技术的研发和实验运行取得了较大进展。2007 年 1 月，华能集团联合中国核建、清华大学成立华能山东石岛湾核电有限公司，负责华能石岛湾高温气冷堆核电站示范工程的建设与运营管理。中国原子能研究院研发的实验快堆也于 2011 年 7 月 21 日成功实现并网发电。快堆已成为第四代先进核能系统主力堆型，示范快堆工程采用单机容量六十万千瓦的快中子反应堆，目前已在福建霞浦核电站实施建设。

二、核电仪控发展概述

核电仪表和控制系统是核电站运行操作与监控的中枢神经，控制着核电站三百多个系统、近万台套设备，是核电站四大关键设备之一，是确保核电站安全可靠运行的重要装备。机组的安全可靠、经济运行在很大程度上取决于仪控系统的性能水平。

据此要求，核电厂的控制系统以及全厂仪表均进行了安全分级，对应安全分级有不同的质保分级要求。

仪控系统的结构按功能分为四层：0 层，工艺系统接口层：主要由传感器、执行器及供电和功率放大部件等现场设备组成；1 层，自动控制和保护层：包括电站过程控制机柜系统所覆盖的控制设备及专用仪控系统；2 层，操作和信息管理层：包括主控制室、远程停堆站等处的人机接口设备；3 层，全厂技术管理层：主要负责整个电厂的营运管理，通过网络接口设备接收电厂的一些必要的信息，使管理者对电厂的状况有所了解。

核电站仪控系统经历了从模拟、模拟加数字、全数字化等三个阶段。根据执行安全功能的程度，可分为非安全级（NC）和安全级（1E）两类，其中非安全级主要完成机组在运行状态下的自动控制和监控操作，安全级主要完成在事故工况下的保护和事故缓解功能。

上世纪六十年代，核电站仪控系统是完全基于模拟组合仪表和继电器的设计。七十年代一些国家着手设计开发核电厂数字化仪控系统。

九十年代以来，国内外的一些新建核电机组，如法国的 CHOOZ-B、CIVAUX4 台机组（N4）、日本 K6 和 K7（ABWR）、韩国灵光五号和六号机组，以及我国田湾一号和二号机组等均采用了数字化仪控系统，运行情况良好。目前全球范围内能够提供完整的核电站反应堆保护系统以及非安全级仪控系统解决方案的厂家屈指可数，主要有：Areva+SIEMENS 的 TXS/TXP、三菱电机的 MELTAC 系列、Invensys 的 Triconex/ I/A Series、Rolls-Royce Civil Nuclear 的 SPINLINE3、西屋的 Common Q/Ovation 以及广利核的和睦系统 /SH_N 等。采用全数字化仪控系统是先进核电站的一项重要标志。

我国核电站的仪控系统可以分为三种主要类型。

第一种是以模拟量单元组合仪表为主的仪控系统，如秦山一期核电站主控制系统所使用的 FOXBORO 公司的 SPEC200 组装仪表、大亚湾核电站主控制系统采用的 Baily9020 系统，也包括秦山二期及其扩建工程核岛采用的 SPEC200 组装仪表、CMOS 电路、PLC 的仪控系统。目前，针对秦山一期、大亚湾、秦山二期核电站模拟系统的数字化改造项目正在陆续开展。其中秦山一期核电站主控室和主控室系统的数字化改造项目已由上海核工程研究设计院（七二八院）于 2018 年完成投用，取得了较好的经济效益和社会效益。

第二种是模拟加数字的仪控系统，在所谓二代半技术的核电站中应用较多，如岭澳一期核电站所采用的法国 CEGELEC 公司 ALSTHOM 公司 A320 系统、秦山二期扩建工程常规岛所采用的美国 INVENSYS 公司 I/A SERIES 系统等。这些项目都采用常规模拟仪表加 DCS（分布式控制系统）或 PLC 自动控制系统的方式。

第三种就是全数字化仪控技术，包括目前所有正在设计或者在建的华龙一号、ACPR1000、

ACP1000、AP1000、CAP1400 和 EPR 核电站使用的全数字化仪控技术，它将应用成熟的常规电站 DCS 系统改进并移植过来，研制核安全级 DCS 系统，全面应用在核岛、常规岛以及 BOP 系统，构成核电站全新数字化仪表控制系统。与通常概念中模拟信号与数字信号的区别不同，核电所说的模拟与数字技术的基本区分就在于对软件的应用上。模拟仪表和控制系统就是纯粹采用硬件技术和硬逻辑实现保护和控制功能的仪控系统，而全数字化仪控系统就是嵌入了软件功能的仪表与目前主流的采用软逻辑实现功能的控制系统的总称。

第三代压水堆核电站 AP1000 所采用的是以美国艾默生公司 OVATION 系统和 ABB 公司的 COMMON Q 为基础的数字化仪控系统，整个核电站数字化仪控系统分为四个层级。数字化技术是核电仪控技术的发展趋势，国际原子能机构法规及我国核安全法规已经明确新一代核电站采用数字化仪控技术。

三、核电仪表

通常根据其功能和测量对象的不同，结合仪器仪表的常规分类和核电业者的习惯，核电仪表可以分为温度仪表、压力仪表、流量仪表、液位仪表、机械量仪表、调节阀及执行机构、分析仪表、辐射检测仪表、其他仪表和装置等九大类，如表 12-1 所示。虽然目前国内核电站的堆型有压水堆 CNP300、CNP600、CNP1000、AES-91、M310（+）、CPR1000、AP1000、ACP1000、ACPR1000、EPR1750、HPR1000，高温气冷堆 HTR-PM，重水堆 CANDU-6，快堆 BN-20 等，但是它们所使用的仪表类型基本相同，差别主要体现在环境要求和技术指标上。

表 12-1　核电仪表分类

分类	主要包括
温度仪表	热电偶、热电阻、温度开关、就地温度计、温度变送器
压力仪表	压力 / 差压 / 绝压变送器、压力 / 差压开关、就地压力计
流量仪表	（差压式、速度式等）流量计、质量流量计、流量开关、测速计
液位仪表	（静压式、超声波、导波雷达等）液位计、液位开关
机械量仪表	位移传感器、转速传感器、振动传感器
调节阀及执行机构	阀体、执行机构，以及配套的电磁阀、减压阀、限位开关、定位器、电气接头
分析仪表	湿度传感器、湿度开关、硼及其他浓度计、pH 计、电导率分析仪、氢氧分析仪、磷酸分析仪、硅酸根分析仪，钠离子分析仪
辐射监测仪表	中子探测器、γ 辐射探测器、放射性气体探测器、中子剂量监测装置、γ 剂量仪、微尘取样 / 探测器
其他仪表和装置	记录仪、指示仪、声光报警器

（一）温度测量仪表

1. 热电阻

核电站选用的热电阻温度计主要为 PT100 的铂电阻温度计。铂电阻温度计广泛应用于核级、非核级测量。量程范围覆盖了除堆芯温度以外，核岛内所有场合所要求的温度范围。核安全级铂电阻温度计能通过相关标准要求的设备鉴定，满足四类工况下 LOCA（冷却剂丧失）事故工况中及事故后的设计要求。

核安全级铂电阻温度计主要依赖法国、美国进口，国内上海自动化仪表三厂、重庆川仪十七厂有限公司、重庆材料研究院有限公司、宁波奥崎自动化仪表设备有限公司和浙江伦特机电有限公司等国内企业主要提供非安全级的温度仪表，近几年开始进行核安全级温度仪表的研发，部分厂家已取得了民用核安全设备设计、制造许可证。

2. 热电偶

核电站反应堆堆芯温度通常采用镍铬 – 镍铝的 K 型热电偶进行测量，测量范围 0~1200℃。由于热电偶为点测量，在核电站中主要用于堆芯温度测量、安全壳内混凝土温度的测量、管道表面温度以及一些泵轴承温度的测量。

3. 双金属以及压力式温度计

双金属以及压力式温度计用于就地温度测量，均为非安全级仪表。双金属温度计结构简单，维护方便，易于标定，但容易受到振动影响；压力式温度计可一体安装也可以通过毛细管分体安装。压力式温度计一般国外采购，成本较高，主要是国内压力式温度计的可靠性还有待进一步提升。

4. 智能温度变送器

智能温度变送器近几年开始在核电上投入部分使用，但由于智能变送器目前无法满足核电厂的辐照环境，在核电厂应用不是很多，主要应用于无辐照要求且要求高精度测量的场合。

5. 光纤温度测量仪表及现场总线温度测量仪表

一直以来在核电厂使用的还都是传统的温度传感器，随着技术进步正在扩大新型测温仪表在核电厂的应用。

（二）压力测量仪表

1. 压力表 / 差压表、压力 / 差压开关

目前投运和在建核电站的绝大部分压力表采用弹簧管式，主要供货的品牌包括德国 WIKA、法国 BAUMER、美国 ASHCROFT、北京布莱迪、上自三厂、重庆川仪（昆仑仪表）等。

压力 / 差压开关主要采用力平衡原理，主要供货的品牌包括法国 GEORGIN、BAUMER、英国 DELTA、美国 SOR、常州天利等。

2. 压力 / 差压变送器

在核电站的工艺过程测量中采用了大量的压力（差压）变送器，其中核级的有 Bailey 公司的 6000 和 8000 系列压力变送器、Rosemount 公司的 1150 和 3150 系列电容式压力变送器等，非核级产品主要选用品牌包括 Rosemount、西门子、横河川仪 EJA、重庆川仪 PDS 等。

（三）流量测量仪表

在线安装流量计如孔板、文丘里、浮子流量计、容积式流量计、电磁流量计、涡街流量计、热式流量计、流量开关等均在核电厂有应用，随着核电厂的自主设计，大部分已使用国产或合资厂生产的仪表，国产化程度高。主要供应商有上海自动化仪表公司、开封仪表厂、浙江苍南仪表有限公司、江阴宏达仪表有限公司、江阴节流装置有限公司、承德热河克罗尼仪表有限公司、合肥精大仪表股份有限公司、重庆川仪等，国外品牌包括 Ultraflux、E+H、艾默生等。

主给水流量测量要求高精度，主给水文丘里测量装置已实现国产化，三代核电使用的超声波流量计目前采用进口设备，国内正在进行研发。

主蒸汽管道的高温高压蒸汽的流量测量，目前主要采用弯管流量计的测量方法，精度不高，需要在线标定。

（四）液位测量仪表

浮筒液位计、电容式液位计主要以进口为主，虽然国内掌握测量原理和制造，但是质量不高导致用户倾向于使用进口产品。浮子液位计基本实现国内制造，主要厂家包括：承德热河克罗尼仪表有限公司、上海柯普乐自动化仪表有限公司。静压式液位计、超声波液位计、导波雷达液位计、雷达液位计已大量应用于核电站，现主要选用国外进口产品。差压式测量液位主要选用 Rosemount 变送器。福岛事故后乏池液位测量升级为安全相关仪表，需要进行抗震与事故后辐照环境鉴定，改进项进行初期采用美国进口的 FCI 仪表，目前国内正在开展相关仪表的研发，其中美核电气（济南）股份有限公司的产品已通过鉴定试验。

（五）调节阀及执行机构

核电站调节阀应用比较广，主要有稳压器比例喷雾阀、主给水调节阀、上充流量调节阀、大气排放阀、核岛闭环调节阀、带执行机构调节阀、压力调节阀、自力式温度调节阀、核岛通风直流电动调节阀等。二代及改进型压水堆核电站主要以气动阀为主，主辅系统阀门中约有 98% 为气动阀门，而调节阀在主辅系统阀门中所占比例约为 1%，且多为气动调节阀。三代核电开发以来，越来越多的电动阀投入使用。对于阀门的在线故障及性能监测也已开始使用。

（六）分析仪表

分析类仪表用于分析被测介质中的化学成分。其中核岛用的分析仪表按照用途可分为钠表、电导仪、pH 表、氢分析仪（包括用于测量水中的溶解氢浓度的仪表，以及用于测量厂房中氢气浓度的仪表）、氧表（气中氧）、硼表等。分析仪表目前主要以进口为主。

安全壳内氢气浓度测量仪表是事故后预防氢爆而进行的测量仪表，国内几家公司已有开发，目前已使用于国内核电厂。2007 年，重庆川仪首次与中核集团中原公司合作，开发的安全壳氢氧分析成套系统在巴基斯坦恰希玛 C2 项目上成功使用。

（七）国产化进展

目前我国核电站核岛内的核安全仪表绝大部分还是进口产品，如 ROSEMOUNT 1150、3150 系列等变送器、美国 MASONELAN 调节阀、英国 ROTORK 1400 电动执行机构等。在 CAP1400 三代核电中，有较多重要电仪设备，如堆芯仪表系统、堆外核探测仪表、1E 级压力和差压变送器、1E 级热扩散式质量流量计等都需依靠进口，存在受制于国外厂商的情况。

因此，亟须开展这些核电厂重要电仪设备的国内研发和制造，国内为核电供货的仪表制造厂商虽然数量不少，但绝大部分仅供常规岛和公用系统使用，只有上海自仪、川仪股份、上海光华、261 厂、262 厂、中船重工 719 所、开封仪表厂、重庆材料研究院等少数几家具有核安全仪表的设计制造资质和能力，但产品覆盖面不全，品牌影响力、可靠性、稳定性仍难以与进口产品相比。考虑到我国积极发展核电的既定国策，仅从国家利益和安全的角度出发，仪控系统的国产化也已是当务之急。在国家能源局的牵头组织和推动下，在各大业主、工程公司的积极响应下，我国核电仪表的国产化能力在迅速提升，国产化工作依托项目取得了阶段性的成果。

国家电力投资集团 AP1000 依托项目的仪控部分（不包括保护系统、控制系统等主仪控系统设备）由美国西屋和国核自仪分别供货，比例大约各占一半，其中西屋采购设备全部进口，国核自仪采购设备约 3/4 进口，初步估算，国产化率约 13%。目前国核自仪正在组织国内的相关单位进行棒控棒位系统、堆芯仪表系统、堆外核测系统、地震监测系统、非核级测量 / 分析仪表等产品联合研制攻关工作。上海核工院根据国家发改委、科技部、财政部等三部门、能源局发布的国家科技重大专项立项文件，以及国电投集团发布的大型先进压水堆核电站重大专项项目所列的堆芯仪表系统、1E 级压力和差压变送器、1E 级热扩散式质量流量计、雷达液位计、高精度文丘里管流量计、辐射监测仪表、监测主泵的 1E 级温度传感器和速度传感器、仪表管和管接件、1E 级铂热电阻温度计（含严重事故用铂热电阻温度计）、监测主泵的振动传感器、主给水超声波流量计等十二项关键测量仪表和系统的国产化攻关研发任务，联合了国内重庆川仪、重庆材料研究院等单位从基础能力、结构设计及工艺设计、技术难点研究、样机的生产及制造、鉴定试验等五个方面展开国产化工作。其中重庆川仪承担了 1E 级压力和差压变送器、1E 级热扩散式质量流量计、主给水超声波流量计、1E 级磁浮子液位计、1E 级热扩散式质量流量计、阀门定位器、主给水小流量调节阀、临界水调节阀等仪表产品的开发和研制。

重庆川仪、上海自仪、上海光华、威尔泰、261 厂、262 厂、武汉七一九所、合肥精大、鞍山电磁阀、吴忠仪表、江阴众和电力、河南开封仪表、美核电气（山东）等具备相当研发和产业化能力的国企民企，给核电仪表产业的发展注入了活力。

重庆川仪与中广核集团联合开展了国产化仪表的研发工作，内容包括：核级压力 / 差压 / 绝压变送器；核电 1E 级温度传感器；核反应堆稳压器用电加热器；EPR 及华龙一号液位计 / 液位开关；EPR 及华龙一号 -K3 级静压式液位计；大型先进压水堆汽机旁路调节阀；核级限位开关；核级智能阀门定位器；华龙一号主控、模拟机马赛克盘以及盘装仪表；主控室核级记录仪。

重庆川仪还开发了核级马赛克模拟盘和主控室 JDT 数显表，并已用于福清、方家山、海南昌江、阳江核电站的多个机组后备盘 DEN 整改和全范围模拟机制造项目。在华龙一号国外首堆（巴基斯坦 K-2、K-3 核电项目）中，重庆川仪还提供了可编程序调节仪表和全范围模拟机主控室马赛克盘台设备及技术服务。

重庆川仪在过去合资公司为核电机组提供横河无纸记录仪的基础上，与广利核公司已联合研发国产化无纸记录仪，拟向田湾核电站七号八号机组、徐大堡核电站三号四号机组供货。

四、核电控制系统

我国上个世纪八十年代开始建造核电厂时，自动化系统已经发展到单元组合仪表阶段，国内第一座自主设计建造的三十万千瓦、六十万千瓦核电厂均使用的合资厂生产的 SPEC-200 系列，出口巴基斯坦的核电厂则使用川仪的单回路可编程调节器；开关逻辑控制使用继电器实现。

1999 年 10 月开工的田湾核电厂十二号机组第一次使用全数字化仪控系统，之后我们开工建设的岭澳二期核电厂为自主设计的百万千瓦级全数字化控制的核电厂，彼时数字化仪控系统为引进的德国西门子设备，后续陆续建设的核电厂为使用进口的美国英维思公司和西屋公司的 DCS 系统以及日本三菱公司的 DCS 系统，广利核公司在 2010 年取得核安全级 DCS 系统设计制造证书（有条件使用），2015 年取消限制条件，中核控制 2019 年取得核安全级 DCS 系统设计制造证书。

第三代核电站中，安全级数字化控制系统法国 EPR 使用的是西门子公司的 TXP 和 TXS（安全保护）系统，美国 AP1000 采用的是艾默生公司的 OVATION 和 ABB 公司的 COMMON Q（AC160）。田湾核电站（俄罗斯 VVER 型）主控室采用 TXS+TXP 数字化 I&C 系统；台山 EPR 核电站使用的是西门子公司的 TXP 和 TXS（安全保护）系统；三门 AP1000 核电站采用的是艾默生公司的 OVATION 和 ABB 公司的 COMMON Q（AC160）；防城港核电站"华龙一号"示范工程使用的是北京广利核公司的"和睦系统"和 HOLLiAS-N 系统。如表 12-2 所示。

表 12-2　国内部分核电项目数字化仪控系统一览表

核电项目	安全级	非安全级
田湾（AES-91）	Teleperm XS（SIEMENS+AVERA NP）	Teleperm XP（SIEMENS+AVERA NP）
田湾五、六号机组（CNP1000）	和睦系统（北京广利核）	HOLLIAS MACS6（北京广利核）
红沿河一期（CPR1000）	MELTAC-Nplus R3（三菱电机）	HOLLIAS MACS6（北京广利核）
红沿河二期（ACPR1000）	和睦系统（北京广利核）	HOLLIAS MACS6（北京广利核）
广东阳江一至四号机组（CPR1000）	MELTAC-Nplus R3（三菱电机）	HOLLIAS MACS6（北京广利核）
广东阳江五、六号机组（ACPR1000）	和睦系统（北京广利核）	HOLLIAS MACS6（北京广利核）
福建宁德（CNP1000）	MELTAC-Nplus R3（三菱电机）	HOLLIAS MACS6（北京广利核）
广西防城港二期	和睦系统（北京广利核）	HOLLIAS MACS6（北京广利核）
福建福清（CNP1000）	TRICONEX（INVENSYS/ FOXBORO）	I/A SERIES（INVENSYS/ FOXBORO）
浙江方家（CNP1000）	TRICONEX（INVENSYS/ FOXBORO）	I/A SERIES（INVENSYS/ FOXBORO）
山东海阳（AP1000）	CommonQ（ABB）	Ovation（Emerson）
浙江三门（AP1000）	CommonQ（ABB）	Ovation（Emerson）
广东台山（EPR）	Teleperm XS（SIEMENS+AVERA NP）	Teleperm XP（SIEMENS+AVERA NP）
广西防城港二期	和睦系统（北京广利核）	HOLLIAS MACS6（北京广利核）

俄罗斯的 VVER（田湾核电站）使用的仪表控制系统主要由西门子公司的 TXP（Operational I&C System）和 TXS（Safety I&C System）组成。

目前国内核电 DCS 研发制造的主要有三家企业，逐步形成了核电站数字化仪控系统的能力，实现了产品化和工程应用目标，具备了从研发、制造、鉴定到运维服务全链条的核电 DCS 配套能力。

从 2007 年开始，广利核公司先后承担红沿河一至四号机组、宁德一至四号机组、阳江一号二号机组、防城港一号二号机组共十四个 CPR1000 堆型核电机组的数字化仪控系统供货任务，提供具有自主知识产权的非安全级数字化仪控系统。

2015 年 11 月，中国核能行业协会组织来自国内核电和自动化领域的多位专家，对广利核公司研发的具有自主知识产权的核安全级数字化控制系统"和睦系统"平台进行了鉴定，认为其技术成果属国内领先，达到国际先进水平，部分技术指标优于国外同类产品。2016年7月，"和睦系统"通过国际原子能机构（IAEA）独立工程审评，拿到进入国际市场的入场券。截至2020年3月，北京广利核系统工程有限公司基于"和睦系统"的安全保护系统，已在国内十五台新建核电机组上得到应用。

国核自仪系统工程有限公司作为大型压水堆重大专项AP1000核电站数字化仪控系统技术研究课题的牵头组织单位，目前已完成了国产化的大型压水堆核安全级控制系统设计、集成和验证等技术和设备的研发，推动了三代核电数字化仪控系统技术的引进和国产化的进程。

中国核动力研究设计院于2013年底启动核电厂安全级DCS龙鳞系统研制项目。2018年1月，自主知识产权的安全级龙鳞系统模拟件通过国家核安全局相关审评单位先决条件检查，顺利开工。2018年9月，中核集团自主研发龙鳞系统重要设备安全级显示单元（SVDU）正式通过中国核能行业协会组织的专家鉴定。2018年12月6日，龙鳞系统发布。

核安全设备软件的验证和确认工作一直是核电设备鉴定领域的重大难题和关注点。上海工业自动化仪表研究院（SIPAI）早在2010年已经开始软件验证和确认技术的研究和能力建设，目前已形成较为完整的软件测评质量管理体系和技术作业文件，研制开发了专用的软件测评平台，并建立了一支专业的软件认证和确认人才队伍。

五、核电站其他测控系统

（一）堆芯测量系统

堆芯测量系统由堆芯温度测量子系统、堆芯水位测量子系统和堆芯中子注量率测量子系统组成。堆芯测量系统的功能是提供反应堆堆芯中子注量率分布，燃料组件出口以及反应堆压力容器上封头腔室内反应堆冷却剂温度和反应堆压力容器水位的测量数据。

为了简化传感器部件，堆芯温度测量传感器与水位测量传感器部件使用同样的部件，即热电偶；其中堆芯温度测量传感器设置一个热电阻和一个热电偶，热电偶位于组件的堆芯出口；水位测量传感器在组件的同一水位设置两个热电偶和一个加热元件，其中一个热电偶靠近加热元件，通过测量两个热电偶温差来判断被测水位是否被水淹没来确定水位，多个水位测量传感器可集成在同一组件中，同一组件共用一个热电阻；堆芯中子注量率探测器为自给能探测器，按设计需要可设置多个自给能探测器与多个热电偶集成一体化的组件。

通过电缆将堆芯中子注量率测量信息、温度测量信息和水位测量信息送至对应的机柜，获取堆芯测量系统相关的参数及信息。

由于中子注量率测量为连续测量，实现了能实时监测堆芯功率分布、热点因子、核焓升因子等堆芯状态等参数。

（二）棒位控制系统

反应堆堆芯反应性控制反应堆的功率的变化，反应堆堆芯反应性由中子注量率的变化来控制；控制中子注量率变化通常采用两种手段：一种采用改变反应堆冷却剂中的可溶性硼浓度，另一种是移动可吸收中子的控制棒束。棒位控制系统用于提升、插入和保持控制棒束，并监视每一控制棒束的位置。由于压力容器为高压密闭环境，为了不破坏此环境，棒位控制系统采用电磁力非接触的方式来控制这些棒束。棒位控制系统除引进堆型采用了进口设备，从秦山二期开始均已实现了国产化，控制系统水平随着数字化技术应用也在不断升级换代。

（三）辐射监测系统

辐射监测系统包括电厂辐射监测系统、控制区出入监测系统、环境辐射气象监测系统、实验室和便携式仪表等。

1. 电厂辐射监测系统

电厂辐射监测系统的任务是完成工艺监测、排出流监测和区域监测；通过对相关工艺系统的监测，及时发现被监测工艺系统是否泄漏或故障；通过对区域的监测，及时发现被监测区域是否存在异常的泄漏和被监测区域的辐射水平；通过对排出流的监测，确定是否达标排放。

2. 控制区出入监测系统

控制区出入监测系统对将进入辐射控制区的人员，建立个人剂量信息档案；对进出辐射控制区的人员、车辆和物品进行放射性监测及管理控制，避免沾污的车辆、物品扩散，避免人员剂量超标和人员体表污染。

3. 环境辐射气象监测系统

环境辐射气象监测系统主要功能是监测厂区及周围环境地区的辐射，并预测核电厂的气体和液体放射性排出物的影响。环境辐射气象监测系统由气象站、γ 辐射监测站、中央处理系统和监测车组成。

4. 实验室和便携式仪表

实验室和便携式仪是对现场测量仪表的补充和验证。

5. 辐射监测系统进口的设备、部件

辐射监测系统总体已经实现了国产化，现用于核电站需要进口的部件主要有光电倍增管、放大器、GM 管和闪烁体、半导体探测器。

对于实验室仪表，高纯锗谱仪、超低本底的 αβ 测量仪、超低本底液闪测量仪和批量测量的热释光测量设备都是进口。

核辐射测量仪表的重要系统厂房辐射监测系统（KRT），其系统及设备主要由法国 MGP 公司供货，特别是其中的关键设备（如 16N 辐射监测仪、事故后安全壳剂量率监测仪、PIG 监测系统和安全壳卸压排气活度监测仪等）一直被法国 MGP 公司垄断，目前国内厂家只有部分技术门槛较低的产品供货业绩。中国船舶集团七一九所在中广核工程有限公司的合作支持下，依托顶尖的辐射监测仪表研发团队和丰富的工程经验，迅速对船用辐射监测系统及仪表进行了核电化改造；另外，通过与法国 MGP、日本 FUJI 等公司的交流合作，在短期内完成与国际先进技术接轨，提高了自身的研制能力。目前七一九所已形成了完整的 KRT 产品线，实现了 KRT 系统国产化。

（四）设备状态监测诊断

目前世界各国也开发出了许多不同的核电厂系统与设备故障诊断系统：美国阿贡实验室（ANL）开发了 PRODIAG 诊断系统；德国反应堆安全研究所（GRS）研制出了一套早期诊断系统，它的故障诊断基础是基于对设备的振动信号和噪声信号的监测；挪威的能源技术研究院在 OECD 的资助下开发了 ALADDIN 监测系统，它主要利用神经网络的方法。

国内的研究主要集中在高校，清华大学核研院率先完成了核电厂二回路故障诊断专家系统（FBOLES）的研制；哈尔滨工程大学也开展了基于故障树的安注系统故障诊断专家系统的研究和其他一系列的研究；东北电力大学基于神经网络的凝汽器故障诊断系统，除此国内其他高校例如西安交通大学、四川大学等也都在核电厂设备状态监测与故障诊断研究领域投入了研究。

本应用领域内典型的代表厂家和产品型号有美国 ENDEVCO 公司 Model 2273AM1/AM20 及 Model2771C，德国申克的 AS-063 及 VT-60，美国本特利的 330530 防辐射速度计，中航工业凯天的 KIR/KIV 系统，重庆川仪的设备状态监测诊断系统等。其中重庆川仪的监测系统应用了与传统振动不同的基于应力波的早期监测技术，除了关注机械设备内部的摩擦和冲击以外，还能间接反应设备润滑状况，检测高压高温阀门内部泄漏，该系统已在中广核阳江核电应用，中广核苏州热工院也使用了该系统在核电厂内开展设备健康检查服务。

六、典型项目应用案例

（一）中核华龙一号自动化仪表及控制系统应用

华龙一号为我国自主研发、拥有自主知识产权三代核电技术，国内首堆为中核福清五、六号核电机组，国外首堆为巴基斯坦卡拉奇二、三号核电机组。

1. 现场仪表

以两台机组合并统计，共使用了超过 9118 台常规仪表，其中：温度仪表约 1522 台套，包括双金属温度计、铂电阻温度计、热电偶温度计、快响温度计、温度开关等，主要品牌为浙江伦特、宁波奥崎、重庆川仪、重材院、上自仪、罗卓尼克、宝盟、江森等；流量仪表约 986 台套，包括超声波流量计、电磁流量计、浮子流量计、旋进旋涡流量计、椭圆齿轮流量计、双文丘里流量计等，主要品牌为重庆川仪、开封仪表、上海星申、合肥精大、南京申瑞、江苏宏达、菲时博特等；料位、液位仪表及液位开关约 1320 台套，主要进口品牌为德国 VEGA、德国 BD，国产品牌为上海星申；压力仪表 2786 台套，包括压力表、压力开关、微差压计、U 型管压力计等，主要品牌为重庆川仪、雅思科、Delta、Wika 等；压力变送器 832 台套，主要品牌为重庆川仪 PDS、上海光华仪表、上海威尔泰；气动调节阀 136 台套，主要品牌为上自仪、浙江三方、中核苏阀等；电动执行机构 908 台套，主要品牌为伯纳德、扬修、上自仪等；核级仪表 626 台套，包括铂电阻温度计、热电偶温度计、流量孔板、均速管流量计、压力变送器等，主要品牌为上海光华仪表、宁波奥崎、江苏宏达、浙江伦特等。

2. 分析仪器

分析仪表 662 台套，包括气相色谱仪、浊度仪、溶氧仪、γ 谱仪、电导率仪、R134a 泄漏探测仪、可燃毒物监测仪、便携式氢表 / 严重事故氢浓度监测仪等，主要品牌为北极星、GE、索福达、哈希、重庆川仪、上海仪电、派瑞特等。

3. 控制系统

控制系统共 47 套，包括：两套 DCS 系统，用于非安全级常规控制。品牌为中核控制（三废处理系统、试验数据采集系统）、和利时（其余全厂非安全级系统）；一套安全级控制系统，采用可编程序数字调节系列仪表完成，包括辅助给水系统（TFA）、汽机旁路系统（TSA）、反应堆冷却剂系统（RCS），品牌为重庆川仪；三十八套 PLC 系统品牌为西门子；一套汽轮机控制系统品牌为上自仪；一套硼浓度仪及监测系统，主要品牌为核动力院；一套堆芯测量系统，主要品牌为核动力院；一套松脱部件和振动监测系统；一套棒控棒位系统，主要品牌为中核控制；一套辐射监测系统，主要品牌为法国 MGP。

（二）中广核华龙一号仪控系统应用案例

1. 仪控系统总体架构

中广核华龙一号仪控方案是广利核按照三代核电机组华龙一号仪控总体要求，基于"FirmSys+SH_N+FitRel+HOLLiAS-N"平台实现的。整体仪控系统包括四个独立的防御层次（预防线 PSAS、主防御线 RPS/SAS、多样性防御线 DAS、严重事故防御线 SA I&C），通过纵深防御为核电站提供更安全、可靠的仪控解决方案。

表 12-3　仪控主要系统构成

仪控系统	名称	功能分级	实现平台	安全等级
PSAS	电站标准自动化系统	FC3/NC	SH_N	F-SC3/NC
RPS	反应堆保护系统	FC1	FirmSys	F-SC1
SAS	安全自动化系统	FC2	FirmSys	F-SC2
DAS	多样化驱动系统	FC3	FitRel	F-SC3
SA I&C	严重事故仪控系统	FC3	SH_N	F-SC3
PICS	过程信息控制系统	FC1/FC2/FC3	SCID/SH_N	F-SC1/SC2/SC3
SICS	安全信息控制系统	FC1/FC2/FC3	SCID/HOLLiAS-N/ 常规	F-SC1/SC2/SC3

2. DCS 系统设计

F-SC1&F-SC2 DCS 由反应堆保护系统（RPS）、安全自动系统（SAS）组成。F-SC3 DCS 由以下子系统组成。

采集与控制系统（LEVEL1 系统），可以分为现场控制站（FCS）、通讯站、系统间网关（GW）、网络和配电，以上设备均采用机柜布置。数据处理及服务系统，主要完成 LEVEL1、LEVEL2 数据通信、LEVEL2 层数据处理与计算。包括 NI/CI 服务器、历史服务器、计算服务器、备份服务器和网关。人机接口系统，主控室系统包括主控室、远程停堆站和技术支持中心的完整的和紧凑的 OWP 构成的操作站、维护工程师站、ACP 构成，主控室配置多个大屏实现对全厂概貌和关键过程控制的监视和浏览。维护系统，主要用于系统故障诊断、系统组态修改及系统整定，主要设备包括组态工程师站、配置服务器、维护工程师站等。具体设备数量和布局，可根据规程运行要求自由配置。

3. 多样化保护系统（KDS）

多样性保护系统实现缓解由数字化保护系统软件共因失效（CCF）叠加设计基准事故所引起的后果，缓解预期瞬态不停堆（ATWT）的后果。

4. 严重事故系统（KDA）

严重事故系统主要考虑在堆芯可能损坏事故发生下同时失去全部厂内外电源的严重事故，向主控室提供必要的信息监测与控制手段。

5. 控制室系统（CRS）

主控室（MCR）主要完成电厂日常操作，包括部分安全控制显示系统设备、部分非安全控制显示系统设备、BUP（或 ACP）、ECP、大屏幕等。辅助控制盘（ACP）其功能定位为

LEVEL2 系统的辅助控制，用于在 KIC 不可用的情况下，完成对电厂的基本监视和控制。其他控制室系统设备数量和布局可根据客户和规程运行要求自由配置。

第五节　轻工、建材领域的自动化仪表发展

　　轻工业主要是指生产生活资料的工业行业，如食品、烟酒、家具、五金、玩具、乐器、陶瓷、纺织、造纸、印刷、生活用品、办公用品、文化用品、体育用品等工业部门。轻工业与日常生活息息相关。

　　建材工业是生产建筑材料的工业行业的总称，是重要的基础原材料工业。建材产品包括建筑材料及制品、非金属矿及制品、无机非金属新材料三大门类，广泛应用于建筑、军工、环保、高新技术产业和人民生活等领域。我国是世界上最大的建筑材料生产国和消费国，主要建材产品水泥、平板玻璃、建筑卫生陶瓷、石材和墙体材料等产量多年居世界第一位。

一、造纸工业自动化仪表应用技术发展

（一）概述

　　造纸工业是重要的基础原材料产业。2017 年，我国造纸工业的总资产已达 1.46 万亿元，主营业务收入达 1.48 万亿元，利润达到 1016 亿元；纸张消费总量已达 10879 万吨，约占到全球的四分之一。

　　在造纸行业，仪器仪表作为造纸装备控制系统中的重要组成部分，测量造纸过程相关的工艺值，如真空度、温度、水压、流量、浓度，以及与纸页质量相关的定量、水分、灰分、厚度、白度、匀度、色度、光泽度、不透明度、平滑度、涂布量等。自动化仪表及控制系统在造纸生产中逐步得到了广泛应用，许多厂家在生产过程的重点环节进行了自控系统的技术改造，如蒸煮控制、盘磨控制、配浆控制、上浆流送控制、纸机传动、纸机干燥部多段通气控制（热泵控制）和水分定量检测等方面，也取得了明显的效果，制浆造纸自动化正朝着模块化、智能化、数字化、集成化方向高速发展。

（二）控制系统

1. 送经液压控制系统

　　随着控制理论的出现和控制系统的发展，液压技术与电子技术的结合日臻完善，从而产生了许多应用于工业部门的高质量电液控制系统（高响应能力、高精度、高功率质量比和大功率的控制系统）。造纸网织机送经装置大多采用机械式，也有电子式送经装置。机械送经系统结构复杂、送经精度低，不能够满足高质量产品要求；液压伺服控制与交流伺服控制系统相比，最突出的优点是体积小、重量轻、惯性小、产生力矩极大。在小功率系统中，采用电气伺服控制是有效的。

2. DCS

　　制浆造纸的生产过程，从控制层面看，是一个多设备协调的联动系统，在企业向着大规模化的方向发展的背景下，原有落后的控制方式越来越不能满足生产的要求，促使 DCS 的产生。其突出优点是系统的硬件和软件都具有灵活的组态和配置能力，软件的开放性尤为突出。

浙江中控技术股份有限公司于 2016 年开发的应用于造纸厂的蒸汽冷凝水系统 ECS-700，同时具备了 DCS 的强数据运算能力和 PLC 的高速处理速度，能够整合从备料到成品仓储的流程，将制浆造纸的复杂操作设置缩减到少数按钮控制，极大减小了操作人员的工作负荷。

3. 其他控制系统

高速造纸机控制系统包括集散控制系统 DCS、造纸机本体控制系统 MCS、产品质量控制系统 QCS、马达控制中心 MCC、故障诊断系统等。这些控制系统已经开始应用网络化的配置结构。

（三）现场仪表

1. 浓度变送器

刀式浓度变送器采用压电传感器来测量传感器刀面上的剪切力大小，剪切力与纸浆浓度的大小成正比。传感器中的阻尼油能防止管路振动对测量的影响。传感器对纸浆温度、力传感器温度及电路部分的温度进行测量，并在电路中对温度变化进行补偿。刀式浓度变送器电路单元会根据传感器内存的校正曲线，将剪切力测量结果对应的纸浆浓度以 4~20mA 的形式输出，全部校正都是通过程序菜单界面进行的。

内旋浓度变送器包括一个转动轴和由一个电机带动的皮带传动两个部分。转动轴分为内轴（测量轴）与外轴（传动轴）。其中内轴可以在较小的弧形角度范围里移动，并且与外轴独立；外轴有一个推进器它绘制连续的浆样通过传感器与测量轴连接，在浆样中旋转的传感器产生转矩。这个转矩使得测量轴相比传动轴速度减缓。所延迟的速度被浓度检测到，并产生一个反馈力来平衡这个力矩。两轴的力矩／角度相互作用，最后达到平衡，通过电磁感应系统得到一个常量。同时这个信号又被转换成 4~20mA 电流信号输出，并根据 Hart® 协议转变成一个个的数字信号。常用品牌有 BTG、Valmet。

2. 电磁流量计

法拉第电磁感应定律证明一个导体在磁场中运动将感应生成一个电势。采用电磁测量原理，流体就是运动中的导体，感应电势相对于流速成正比并被两个测量电极所检测，然后变送器将它进行放大。根据管道横截面积计算出流量恒定的磁场由极性交替变化的开关直流电流而产生，它是由智能型电磁流量转换器与电磁流量传感器组合成一体型或分体型电磁流量计。常用品牌有 ABB、科隆、横河、重庆川仪。

3. 压力变送器

过程介质（液体、气体或蒸汽）通过柔性、抗腐蚀的隔膜片以及填充液在测量膜片上施加压力。测量膜片的另一侧接"大气"（用于表压测量）或"真空"（用于绝压测量）。当测量膜片在输入压力变化下产生相应偏移时，同时在磁盘与线圈磁芯（刚性安装在主机体上）之间产生间隙变化。故而线圈在电感发生变化。线圈的电感值与主电子装置上的参考电感器进行比较并转换为与电感感测元件相同类型的电信号。常用品牌罗斯蒙特、E+H、重庆川仪。

4. 控制阀

造纸行业生产中主要介质是浆液、蒸汽、水、污水和黑液等，除漂白工段中的浆含少量氯离子、洗筛和碱回收的黑液含有碱外，其他介质很少有腐蚀性。介质压力一般不超过 1.6MPa，中压蒸汽温度最高，按 1.6MPa 算，其饱和温度也就 203℃。

介质为水、蒸汽和气体的调节阀大多数都是单座阀、套筒阀；而对于浆、黑液等基本全部采用的是 V 型调节球阀、O 型切断球阀及大口径蝶阀，这是造纸工业的特点。因为浆液为水和纤维的混合物，不宜采用流道复杂的直通阀，采用流道通畅的球阀，不会产生挂浆现象。同时球芯和阀座同心结构有剪切作用，切断纤维和杂质等，是理想的控制装置。国产浙江力诺专用 V 型球阀使用较多，进口品牌美卓在造纸行业知名度比较高。

5. 温度检测仪表

温度测量方式有接触式测温和非接触式测温两大类。造纸工业中使用较多的是 Pt100 热电阻，主要用于 600℃以下温区。Pt100 精度高、线性好、测温范围宽，稳定性和复现性好，但价格高。Pt100 有二线制、三线制和四线制三种连接方式。一般短距离选用二线制接法，中距离选用三线制接法，如果要求精度高，近距离则选用四线制接法。三线制比两线制的好处是可以补偿线路电阻的偏差，提高测量精度，所以工业热电阻多采用这种连接方式；四线制不仅可以消除导线电阻的影响，而且还可以消除电路中寄生电势引起的误差。常用品牌 WIKA、E+H、重庆川仪。

6. 物位变送器

对于造纸行业中最常见的低浓度的纸浆浆池、清水池、密封水池、白水池，液位测量选用的是压力式物位测量仪表，压力式物位变送器是利用压力或差压来测量液位的。纸浆和白水是含悬浮物的液体，易结垢，宜选用法兰式差压仪表。对于黏稠性或有凝结的液体，应在导压管的入口处加隔离膜片，并在导压管内充满硅油，借助硅油传递压力。对于腐蚀性液体的液位测量，要注意法兰材料和隔离膜片的材料选择，法兰材料选用的是一般不锈钢，隔离膜片的材料为 316 不锈钢。针对罐（池）体位于地下的液位测量，采用的是雷达物位计。常用品牌有 E+H、科隆、重庆川仪。

（四）分析仪器

造纸工业中的在线分析仪表以水质分析为主，另外有部分配套的锅炉的氧化锆、脱硫、脱硝和烟气连续排放系统。

造纸过程既有物理作用，也有化学反应，生产过程控制参数包括温度、压力、流量、液位、水分、碱浓度、pH、漂白剂浓度等，这些参数对工艺控制有重要的作用，因此过程仪表和各种传感器与自动调节机构和计算机技术一起，组成了造纸工业工艺过程的自控系统。

制浆工艺段氧脱和漂泊需检测 pH 值，循环水和密封水需监测电导，因工艺中温度高需选用高温型电极。漂白过程精确控制二氧化氯漂白剂的浓度有利于精确控制纸品中剩余木质素的含量和目标的亮度。碱回收工艺化学品生产与回收工艺段需监测 pH、ORP、电导率，因温度和含盐量高，需选用高温耐盐性电极。常用的参比电极有甘汞电极、银 – 氯化银电极等，常用的指示电极有玻璃电极、锑电极等。常用品牌有 E+H、ABB、重庆川仪。

废水处理工艺，保证出水达标，保护环境。造纸工业污水处理过程会涉及大量的水质分析仪器来监测过程和出水水质情况，主要包括废水治理工程进、出口处的流量、pH、CODcr、氨氮、SS 和色度等指标；厌氧处理器内的 pH、水温、挥发性脂肪酸（VFA）、碱度，以及沼气产量、成分等指标；好氧生化单元宜检测反应池内 pH、水温、溶解氧（DO）和污泥浓度等指标；三级处理单元宜根据采用的处理工艺检测反应池内的 pH、水头损失、氧化还原电位（ORP）等指标；常用品牌：早期水质分析仪大多选用进口品牌，如美国哈希、日本岛津、E+H、瑞士 SWAN 分析仪。近几年国产水质分析仪器已经比较成熟，典型厂家有重庆川仪、湖南力合、聚光科技、吉林光大等。

（五）典型项目应用案例

岳阳纸业 40 万吨文化纸项目是典型项目。该项目主要设备供应商是 VOITH 公司。VOITH 公司为项目提供先进的自动化设备及检测仪器仪表，主要有集散控制系统（DCS）、质量控制系统（QCS）、定量厚度横向控制系统（CD）、纸病检测系统（WIS）、震动分析系统（SKF）、断纸分析系统（PQV），以及相应的自动化仪表。

关键控制系统如下。① DCS 即集散控制系统，生产厂家 SIEMENS。功能：主要完成工艺过程的控制，包括浆料制备、流送系统、损纸处理系统、白水回收系统、水系统、通风系统、真空系统、涂料制备及湿部化学、蒸汽冷凝水系统等。② MCS 即纸机控制系统，生产厂家 VOITH。功能：主要完成纸机本体设备的控制，包括流箱、网部、压榨、干燥、施胶、软压光、卷取等。③现场仪表方面，压力测量仪表主要由重庆川仪提供，温度仪表主要由重庆川仪、WAKA、E+H 和上海宏达公司提供，电磁流量计主要由重庆川仪、ABB、科隆公司提供，浓度变送器主要由 Valmet、BTG 公司提供，网下白水浓度灰分留着率控制，通过 BTG 低浓光学浓度计控制，控制阀门其中关键蒸汽冷凝水系统和上浆系统主要由耐莱斯和重庆川仪提供。

二、水泥工业自动化仪表应用发展

（一）概述

水泥产业是建材行业的首要产业也是世界上应用最广泛的建筑材料，在建筑、能源、房地产、交通运输等领域有较大需求。水泥工业的发展与自动化仪表技术的发展相得益彰。水泥生产工艺流程如图 12-10 所示。

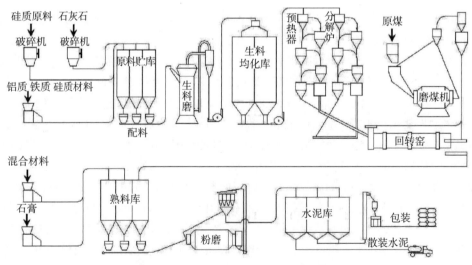

图 12-10 水泥生产工艺流程示意图

（二）控制系统

工业控制领域的更多先进技术被应用到了现代水泥生产线控制系统，SIEMENS 公司和 ABB 公司走在了这个控制领域的前列。水泥生产线控制系统已经实现了全集成自动化（totally integrated automation，TIA），采用全集成自动化概念设计的控制系统提供了强大、高效的控制功能和网络通信功能。国外的大多水泥生产控制系统采用了西门子 SIMATIC PCS7 过程控制系统，用以实现组态和过程控制。西门子公司水泥生产控制系统专门控制软件包（CEMAT）的开发和应用，使水泥生产线控制系统的开发设计时间大大缩短。ABB 公司也在自己的 AC800M 系统中开发出来针对水泥生产行业的专业库。管理信息系统（MIS）、企业资源计划（ERP）和办公自动化（OA）广泛的使用，以及各种专家系统和智能系统技术的使用，使得水泥生产控制系统完全实现了自动化，集成化和信息化。

1. DCS

随着近年来计算机控制技术、通信技术和图形显示技术的飞速发展，DCS 这种分散控制、集中管理的集散型控制系统已经在世界水泥工业中得到广泛的应用。采用这种系统可以实现电动机成组程序控制，过程量的采集、处理、显示和调节。大大提高了劳动生产率，提高了工厂的管理和经营水平。水泥工艺过程是处理固体和粉状物料的生产过程，风、煤、料产生的热工过程变化复杂，不可控因素较多，从过程控制的角度来看，是一个滞留时间长、时间常数大、外来干扰多、相互干扰关系复杂的过程。在水泥制造过程的三大部分（原料制备、熟料烧成和水泥制成）中，熟料烧成系统是个互相干扰因素多、控制复杂、在质量和节能方面占有重要地位的关键过程。

国内水泥行业，乃至全球的水泥行业，ABB-DCS 都是无可争议的领军者。过去使用最多的就是 AC800F。目前在大项目中基于 Industrail IT 理念的 AC800M +800XA 的系统用的也越来越多了。

其他国外品牌例如霍尼韦尔、横河、西门子、AB 也都有着不俗的表现，国内品牌例如浙江中控、北京和利时也受到不少水泥企业的青睐。

2. PLC

水泥厂生产过程自动化控制包括顺序控制和过程控制两方面。顺序控制主要是实现对全厂进入 PLC 的电动机、电控设备进行成组起动、停车以及设备运行时的相互联锁等；过程控制主要是实现对全厂进入 PLC 的温度、压力、速度、流量、料位等工艺参数进行采集，并通过对诸如阀门开度、速度给定等对生产过程进行调节和控制。

PLC 在水泥行业中主要用于生产线的控制和生产设备的控制，如水泥生产线和水泥生产中的粉碎机、生料磨、熟料磨、回转窑等，其中水泥生产线以大型 PLC 为主，而水泥行业的生产设备中是以小型 PLC 为主。PLC 在水泥行业的应用中，西门子、施耐德、罗克韦尔、ABB 等都取得不错的业绩，欧姆龙、三菱、和利时、台达、合信和科威也有部分使用。

（三）现场仪表

1. 压力测量仪表

压力变送器广泛应用于水泥行业工艺风机出口、磨机循环风路、工艺管道进出口、预热器等设备中，如在预热器各级旋风筒设置测点监测压力，同时预热器上设置的压力测点也可以检查 C3、C4、C5 旋风筒锥部的物料堵塞情况；另外，设置在工艺风机出口和磨机循环风路工艺管道进出口的压力仪表测量值，可实现 PID 控制回路控制阀门开度，形成闭环控制回路。

现我国的干法水泥厂已全采用了智能压力变送器，主要产品有重庆川仪的 PDS 系列、E+H 的 Cerabar S、ABB 的 MV2000T、西门子的 SITRANS P、罗斯蒙特 3051C。

2. 温度测量仪表

（1）热电阻

为了消除连接线电阻引起的测量误差，水泥厂使用的热电阻一般采用三线制连接方式。其应用受到中低温区测温条件的限制，主要用于水泥厂各种设备轴承和电机绕组的温度测量。主要使用品牌有重庆川仪、安徽天康。

（2）热电偶

热电偶一般用于水泥厂窑尾烟室、下料管、水泥熟料温度的测量。根据不同工况，水泥厂常采用 K 型、R 型或 S 型。当被测对象温度在 500~1000℃范围内，应选用 K 型热电偶；当被测温度更高时，比如熟料煅烧过程中的分解带到烧成带，温度范围可以从 1100℃到 1500℃，应选用 R 型或 S 型热电偶。主要使用品牌有重庆川仪、安徽天康。

（3）窑筒体扫描仪

窑筒体扫描仪（红外扫描测温系统）是保证回转窑安全可靠运行的重要检测设备。回转窑用红外扫描测温系统主要具有以下三个功能：①精确测量及监视回转窑筒体表面温度；②对窑筒体表面温度的监视，有效预防红窑，延长窑的安全运转周期；③掌握窑内结皮和结圈情况，在人工干预下，使窑结圈危险最小。

红外扫描测系统的最大优势是真正无损检测，解决了回转窑运动所造成的测温难的难题。它通过高速旋转的直流无刷电机带动红外扫描仪内部扫描探头高速旋转，扫描探头旋转一圈，对窑表皮形成一条测温扫描线，扫描探头的扫描频率为 25~50 线 /s。窑旋转一周，为一个扫描周期。所采集的红外线通过红外探测器进行光电转换，传输至计算机，通过安装在计算机上的专用软件，对数据进行运算、分析，然后在显示器上以热像仪图像形式显示出来。所得热像仪图像模拟回转窑 0°~360° 展开图。

3. 物位测量仪表

（1）雷达料位计

非接触型雷达料位计适用于水泥厂里库或料仓呈颗粒状或块状的物料测量；而在生料库、水泥库、粉煤灰库中，所有粉状物料都是松散的，非接触型雷达料位计更适合。主要使用品牌有重庆川仪、北京金德利马克。

（2）超声波液位计

超声波液位计的超声波系统具有一定穿透能力，指向性好，可以实时监测液位，并将信号反馈给 PLC，保证液位的自动调节和补充，因此，在水泥行业的原水箱、工业水箱、循环水箱、重油罐中得到广泛应用。主要使用品牌有重庆川仪、E+H。

4. 流量测量仪表

流量开关在水泥行业中主要对回转窑减速机、大齿圈、轮带润滑装置等重要设备的流体流速进行监测。如果油泵启动 30s 后流量开关不动作，则将油泵停止；如果油泵正常工作，流量开关无信号，延时几秒后将油泵停止；液体流量出现故障时被实时反馈给 PLC，并迅速处理。

5. 机械量测量仪表

（1）设备在线监测分析系统

从选取材料、破碎、研磨、煅烧，冷却直到保存和包装，水泥生产线中使用了旋窑、原料磨、磨煤机、辊压机、球磨机、提升机等各类低速重载运行的机械设备。多类以降低转速、增加转矩为目的的减速机在水泥行业广泛应用。由于水泥生产环境的恶劣，齿轮箱在运行过程中，可能出现漏油、轴承部位过热、噪声大、齿轮箱油池温度过高、减速机异响、主动轴窜轴、轴承碎裂、齿轮损坏等故障。

通过对多类减速机设备实时监测，及时发现减速机内部轴、齿轮、轴承等关键部件的磨损、冲击情况，在故障趋势出现的最早时刻告警，避免故障演变、劣化，引起设备损坏、停机和停产，为客户构建设备预测性维护能力，降低维护成本，延长设备服役周期，优化客户的备品备件管理，保障生产的可靠持续运行。根据监测对象不同，典型的设备状态监测及故障诊断方法主要有基于振动信号的故障监测诊断系统、基于温度信号的故障监测和诊断系统、基于油液分析的故障监测和诊断系统、基于声发射（AE）的故障诊断系统等。

目前，在建材行业领域典型的状态监测与故障诊断系统代表厂商和代表性的产品包括Bently3500系统、阿尔斯通创为实S8000系统、艾默生CSI机械设备状态分析仪、瑞典的SPM系统、重庆川仪的应力波监测系统。其中应力波监测系统与常规振动监测技术有所不同，其关注轴承和齿轮箱的早期磨损以及机械故障的全生命周期发展过程的摩擦和冲击引发的应力波变化，目前已经在海螺水泥的白马山、怀宁、八宿等规模化投用，效果明显。

（2）振动传感器

用于检测冲击力或者加速度的传感器叫做振动传感器。在水泥厂中振动传感器主要应用在大型重要工艺设备的轴承保护上，如厂区中压电机，传感器分别安装在水平方向和垂直方向上检测振动量，而工艺风机检测的是其前后轴承的振动量，振动量信号能实时反应设备故障信息，PLC收到故障报警时，会采取相应措施加以消除以减小这种振动产生的危害。主要的品牌有申克、Metrix、PredicTech等进口品牌。

（四）分析仪器

在水泥厂的生产过程中，有必要对生产线工艺流程中的气体成分进行分析。定期分析工况气体成分，检查设备漏风情况，优化生产，确保生产优质高效。

水泥行业的在线气体分析仪器集中在熟料烧成系统的窑尾烟室、分解炉、预热器出口、煤粉制备系统的煤磨、煤粉仓及窑头窑尾烟囱等工艺点。特别是窑尾烟室的气体成分分析是水泥熟料质量、节能降耗关键控制参数。窑尾烟室气体分析由于取样温度高、粉尘浓度大，取样预处理困难大，长期依赖进口如丹麦史密斯、德国H&B、日本岛津等公司的产品。1999年重庆川仪在国外技术基础上开发的PP1160高温取样探头在广东云浮水泥厂成功使用。2004年铜陵海螺国产化的万吨熟料生产线也采用了重庆川仪国产制造的高温分析系统。目前由重庆川仪供货使用的窑尾烟室气体分析系统超过百套，占国内主导地位。

水泥行业气体分析仪应用初期，国外品牌例如ABB、西门子、HORIBA（堀场）、富士电机、德国MRU等品牌占据着国内大部分市场。但是随着气体分析仪市场的扩张和技术的引进，国内厂商凭借其产品稳定性好，性价比高等优点从而获得众多水泥企业的青睐，其中重庆川仪、南华仪器、雪迪龙、华云仪器等厂家获得较大的认可。

重庆川仪生产的水泥线窑尾烟气脱硫工程的烟气连续监测系统就被包括海螺在内的众多大型水泥企业所采用，该系统采用的是直接抽取法，先进可靠的取样、预处理和检测技术以及系统控制、数据采集处理和网络通信技术。实现了烟气气态污染物、烟气排放浓度、烟气排放总量的连续监测和数据远程通信等。其中气体分析仪选用引进德国 ABB 先进技术制造的 PA200 系列多组分气体分析仪，采用的是不分光红外吸收法原理，一台分析仪可以同时监测 SO_2、NO、O_2 等多个组分。它具有不同测量原理的检测器可供众多流程检测与排放检测应用、定制的模拟量输出，数字量输入输出、简单的菜单驱动式操作界面、标准化设计、维护方便、自动监视功能显示等优点。

（五）典型项目应用案例

芜湖海螺水泥有限公司，成立于 2004 年 9 月，是安徽海螺集团有限责任公司规划建设的沿江四大千万吨级水泥熟料基地之一，有年产 1500 万吨熟料、470 万吨水泥以及 6 亿度发电的能力，属省"861"重点项目。

公司一、二期已建成四条日产 5000 吨水泥熟料生产线、四台 $\varphi 4.2 \times 14.5$ 水泥磨机、两套 18MW 余热发电机组。三期两条日产 12000 吨水泥熟料生产线及配套的 36MW 余热发电项目，所建生产线是目前世界上规模最大、技术最先进的水泥熟料生产线，它的建成，使芜湖海螺跃为当今世界上最大的水泥熟料生产基地。

水泥工业控制系统、现场仪表及分析仪器选用情况如下。

（1）控制系统

目前水泥生产以及矿山区域控制系统采用的是 ABB 公司 AC800M 控制系统。控制系统采用七台服务器冗余控制，负责现场的数据采集以及中控的控制信号传送到现场，现场控制站与中控之间的通信介质为光纤，现场控制站共有石灰石破碎控制站、砂岩控制站、调配控制站、原料控制站、窑尾控制站、窑头控制站、熟料控制站以及两个远程控制站（二期砂岩控制站、二期原煤控制站）。现场控制器均为 ABB 公司的现场控制器 PM860、PM861、PM864、PM866 系列。系统足够大，应用在 5000 点以上，满足使用需求，性能稳定，安全，并且 ABB 公司针对芜湖海螺水泥有限公司开发出了适用于水泥生产现场的软硬件，极大提高了生产效率。

（2）现场仪表

压力测量仪表主要由重庆川仪提供的 PDS403 压力变送器、PDS423 绝对压力变送器。温度仪表主要使用的是由安徽伽伽、江苏金湖、上海攀烨、蓝亚、安徽天康提供的热电偶热电阻等测温元件。还使用了合肥金星机电科技发展有限公司生产的 GS-C 和 GS-A 型高温火焰监视工业电视系统。

物位测量仪表包括罗克希尔脉冲雷达料位计，南京康迪欣生产的一键标定式电容料位控制器料位开关以及上海万珠电气生产的 WTLMR380A 调频连续波雷达料位计。

（3）分析仪器

芜湖海螺水泥有限公司的气体分析仪主要使用型号有重庆川仪 PS7500 型气体分析成套系统以及北京雪迪龙 SCS-900A 可移出式高温气体分析系统。

PS7500 型气体分析成套系统，为重庆川仪引进德国 ABB（H&B）公司先进技术国产化制造，通过针对现场应用条件、工艺气样条件的系统设计，所实现的正确匹配与合理组合，使分析仪器能很好适应工艺的特殊条件。系统能自动、连续、准确、可靠地分析 CO 的浓度、O_2 浓度及 NO_x 浓度。该系统可同时监测反吹压力、样气湿度、样气流量等报警信号和根据状态信号控制系统的运行状态，是 CO、O_2 及 NO_x 气体含量分析的理想设备。

此大型成套系统由高温取样探头、采样及冷却液循环控制柜、预处理及分析仪柜、热交换器、探头气动返回装置等几大部件及一些配套部件组成。完善的设计及相匹配的软件技术以及可靠的安全保护措施，保证本装置能在高温、高粉尘气体取样条件下长期连续地安全使用。彻底解决和妥善协调了能充分过滤粉尘、有效冷却探头管、自动维护和自动报警等三大技术难题，可很好满足气体分析连续性、可靠性和准确性的需要。气体分析成套系统智能化、系统化、模块化。它的主要技术特点有：采用"干法"取样技术，可保证气体分析的准确性；采用PLC可编程序控制器及相关软件技术，实行多种逻辑控制功能及自动操作，使该装置的自动化程度较高；装置有故障自诊断功能，大大减小维护量；有多路状态信号和故障信号输出，送至控制室。在循环液故障、循环液温度高、样气负压高时都能实现故障的自动报警和探头的自动保护；反吹系统设计周到，反吹能力适应任何粉尘浓度的气样；高精度过滤，过滤精度为 $0.3\mu m$，过滤能力为 $2000g/Nm^3$。重庆川仪分析仪器有限公司的 PS7500 型高温气体分析成套系统已成为国内外水泥等行业高温气体分析的首选设备，完全可以替代进口设备。

SCS-900A 可移出式高温气体分析系统是带有可自动移入移出高温取样探头的在线连续气体分析系统，主要应用于水泥回转窑高温炉窑气或其他高温高粉尘工业窑炉气的在线测量。通过对炉窑气体（CO、NO_x、O_2 等）的准确连续测量，可以对回转窑燃烧温度和燃烧效率了解，实现燃烧的优化控制，提高燃烧效率，实现企业产品质量提升和节能减排，带来更好的经济效益。SCS-900A 可移出式高温气体分析系统可应用在高粉尘、高温的介质的气体成分测量，介质温度 1400℃，粉尘含量 $2kg/m^3$。高温取样使用循环油冷却技术，取样温度可控制在 140℃以上，避免一些熔点和沸点比较高的物质沉积和腐蚀，减少系统维护量和故障率。电动和气动两种方式控制探头移出，即使在停电的异常状况下，系统会自动使用气动方式将探头移出，有效保证设备安全。

第六节　市政、环保领域的自动化仪表发展

市政基础设施是城市发展的基础，是保障城市可持续发展的关键性设施，是城市物质文明和精神文明的重要保证。它由交通、给水、排水、燃气、环卫、防灾、园林绿化等各项工程系统构成。

一、水务行业自动化仪表应用发展

（一）概述

水务行业由政府和公共事业单位投资、建设、运营。我国水务工作者吸取了世界各国先进技术，形成了一系列的标准规范，我国供水行业不断提升运营管理的绩效水平，持续优化供水水质管理、水压管理、能耗管理、管网漏损管理、污水处理和出水水质等工作来提高服务质量。水务行业绩效和其供水、排水自动化程度直接相关，关键绩效指标比如水质、水压、电耗、漏损、生产效率等均需要借助自动化仪表及控制系统进行综合优化的管控。随着城市化的发展，我国供水、排水工艺和能力不断提升，常规水处理、加药消毒技术、在线监测、

自动控制等技术有了飞跃发展。

水务行业包括供水水处理工艺和排水水处理工艺。

城市供水水源一般为地表水和地下水。以地表水为水源的自来水厂一般采用预处理、常规处理、深度处理和消毒工艺。以地下水为水源的水厂一般采用常规处理和消毒工艺。此外根据原水特征还需考虑除铁、除锰等工艺。

排水处理就是采用各种技术与手段，将污水中所含的污染物质分离去除，回收利用，或将其转化为无害物质，使水得到净化。现代污水处理技术，按原理可分为物理处理法、化学处理法和生物处理法三类。城镇污水处理目前主要以生物处理法为主。

（二）控制系统

水务自控系统从传统的手工操作发展到现在数字自控系统，发生了巨大的变革。近年来水厂水源原水质量逐年下降，上游污染物类型不断增加。同时，自来水生产过程中絮凝沉淀步骤里的加矾、加氯环节也逐渐从过去的人工加药转变为现在的自动化控制。自动化系统是否稳定可靠，直接影响出厂水质。

我国城市供水企业从二十世纪九十年代初期就不同程度地开始致力于管理信息系统的建设，在长期的探索、开发和应用过程中，积累了丰富的建设经验，企业信息化的水平不断提高。特别是近几年来，"数字供水""智慧水务"等的出现，使自来水企业信息化程度越来越高。以生产管理、管网管理、营业管理、无纸化办公为主要核心的管理信息系统，得到长期的应用实践，已经成为城市供水企业工作中不可缺少的工具。我国水务行业自动化发展经历了五个阶段。

一是机械化。

五六十年代之前建设的自来水厂，通过供水设备实现自来水的工厂化生产，手动机械为标志，通过管道输送到户，人们用上自来水，以增加供水为重点。

二是电气化。

改革开放后，供水行业开始转为以电动机械为主，通过电动操作，计算机开始走进供水行业，水厂工人摆脱繁的重体力劳动，实现不间断供水。

三是自动化。

九十年代，以 PLC（可编程控制器）为标志，水厂则通过工控系统和仪表、传感器数据采集，供水设备实现远程监控、自动化运行，值班人员减少，一些岗位可无人值守，水厂实现自动恒压供水。自动化阶段主要表现为基础信息的自动化采集，逐步实现了阀门、泵站、生产工艺过程等的自动化操控，水质、水压和流量等数据的测量水平也得到很大的提高。

四是信息化。

进入新世纪以来，以互联网为标志，水务企业在管网管理、营业收费、设备管理等方面开始了商业软件的应用，并将各系统集成为 MIS（管理信息系统）。在生产系统之外，以 ERP（企业资源计划）为代表，全面进行了财务、物流、人力资源等信息化的建设，开启了水务行业信息化的新时代，通过用水信息的实时采集，实现按需供水。在这一阶段利用无线传感器网络、数据库技术和网络，水务企业搭建了各自的业务系统和数据库，提高了信息存储、查询和回溯的效率，初步实现了行政办公和业务管理的信息化。目前，我国绝大部分城市的水务工作都已信息化。

五是从信息化迈向智能化。

以传统行业互联网化为标志，物联网远传水表等终端设备广为普及。国家推出智能制造，工业化、信息化两化融合，推进智慧城市、海绵城市建设。在此大环境下，智慧水务应运而生，应用于水务行业的各项信息化应用，涉及水务生产的全产业链和业务领域，这一阶段的特点是水务企业成熟运用物联网、云计算、大数据和移动互联网等新一代信息技术，同时对数据进行深度处理，实现信息化和管理提升的充分结合，紧跟市场、随需速动、智慧经营，充分支持企业模式创新和产业转型升级。

目前水务自动系统主要以 PLC 为核心的三级控制模式，顶层中央集中控制、中间 PLC 边缘自动控制、底层现场设备控制。普遍采用 SIEMENS、GE、AB、Schneider 等品牌。

（三）现场仪表

自动化仪表在整个水务监控系统中可以发挥重要作用，不仅能提高制水、供水、水处理等的计量、监视、控制水平，并为进一步的技术改善、系统智能化打下良好基础。实时监视工艺设备、管网的压力值，可以防止管网过压，保障管网安全，同时还能防止压力过低，影响用户体验。实现水位自动控制、报警，实现自动补水，自动控制运行。连续监测各个设备的运行状况，保障设备安全可靠运行。水务行业应用的主要现场仪表如表 12-4 所示。

表 12-4　水务自动化仪表系统主要现场仪表

分类	主要包括
流量仪表	电磁流量计、超声流量计
压力仪表	压力 / 差压变送器
液位仪表	静压式（投入式）液位计、超声波液位计
阀门及执行机构	阀门、执行机构
分析仪表	pH 计、电导率分析仪、余氯分析仪、浊度分析仪
其他仪表及装置	指示仪、声光报警器

1. 流量仪表

水务行业主要分成取水、制水、售水、废水处理，主要采用电磁流量计和电磁水表来参与计量。

在制水和废水处理中主要采用电磁流量计，仪表口径较大，且都选择 IP68 防护型的仪表，传感器基本安装于水井下，长期面临被水淹没的情况。

在售水过程中，测量点分散，无法解决仪表供电和信号采集等问题，所以需要采用锂电池供电且带无线远传的电磁水表来计量。但目前电磁水表还无法做到入户计量，只能针对大客户、消防水、绿化水、小区总表，DMA 分区等方面应用。其精度及小流量测量特性，解决了以往机械水表的缺点。目前水务除了现场使用电磁水表外，在数据采集、数据分析、数据推送等方面大大提升了水务系统智慧化水平。

2. 压力仪表

在整个水务行业对压力变送器的技术要求远低于其他流程工业，如石化、煤化、化工等行业，采用的压力变送器以国产品牌为主导。

在制水流程里，主要监控制水工艺设备的压力值，保障设备正常运行，变送器类型、数量较多；对变送器技术要求通常有：两线制 4~20mA 信号输出，精度等级要求一般在 0.25 级，接液材质要求一般是 316L（海水淡化处理有少部分接液材质要求是哈氏合金或钽），防护等级 IP65 以上，过程连接以 M20×1.5 外螺纹为主，仪表额定压力小于 1.6MPa。其他技术指标以国标《GB/T 28474—2012 工业过程测量和控制系统用压力／差压变送器》要求为准。

在供水管网里，主要是监视管网压力，控制供水压力，保障管网安全和顺利供水，变送器数量较少；由于管网分布非常分散，目前对变送器的要求有两个方向，有线变送器和无线变送器。

污水处理一般分为生物处理法、化学处理法，该流程里变送器数量较少，涉及普通压力／差压变送器和单法兰液位差压变送器。

3. 物位仪表

水务行业无论是自来水还是污水处理，其测量介质都是以水为主，各工况均为常温常压的敞口容器，测量相对简单，用户对精度要求不高，只需控制大概的水位线就能满足要求。作为连续量的超声波已经能够满足测量要求。因此，目前的测量以使用超声波为主。

4. 调节阀及执行机构

我国水务行业经过多年发展，国产阀门已经接近或达到国际先进水平，基本能满足行业发展需求。一般情况下，DN600 以下多选闸阀，DN600 以上多选用衬胶蝶阀，随着自动化和智能化的发展，越来越多的供排水企业采用带有电动执行器的阀门。

（四）分析仪器

随着供水水质要求和标准日益严格，供水企业越来越重视水质监测，而在线水质分析仪表是水厂生产现场最直接的检测设备，其准确性直接影响到供水处理控制的精度。随着国家对饮用水水质标准的提高，制水全工艺过程的运行管理水平越来越得到供水企业的重视。

目前，自来水厂出水都能满足生活饮用水指标，但是随着远距离传输到用户用水端时，水质问题频发。为了保证饮用水安全，现在越来越多的城市开始在供水管网关键节点和供水末端加装水质监测设备。饮用水管网及二次供水水质自动监测，主要参数有浊度、余氯、pH 值、电导率、温度、色度等。饮用水水质在线监测，一方面，对可能发生的水质超标事件进行预警，防止不合格的自来水进入居民家庭；另一方面，大量管网的水质数据，也可支持自来水厂优化水处理工艺以及管网输水调度决策。

（五）典型项目处理工艺

1. 自来水处理

目前我国自来水处理工艺比较成熟，采用的处理工艺类同规模十万立方米每日的中小型水厂约占 65%。主要处理工艺包括混凝、沉淀、过滤、消毒的成熟水处理工艺。十万立方米每日产能水厂使用的控制系统和现场仪表具体如下。①控制系统。根据工艺布置，原水、过滤、加药、送水等工艺环节一般采用六套 PLC 控制器即可实现水厂自动控制，普遍采用 SIEMENS、NS、GE、AB、Schneider 等。②现场仪表。自来水水厂对于原水进厂、生产出厂水的过程测量及加药环节均采用电磁流量计进行测量，使用约三十台电磁流量计，主要品牌：Krohne、E+H、重庆川仪。原水进厂、生产出厂水滤池水压测量均采用压力变送器十五台左右，主要品牌：Yokogawa、Rosemount、重庆川仪。原水进厂、滤池、清水池液位主要采用超声波液位计二十五台左右，主要品牌 E+H、Rosemount、重庆川仪。原水进厂、生产出厂、水滤池分析仪二十一套，主要品牌 HACH、SWAN、重庆川仪。

2. 污水处理

根据"污水处理设施基本情况统计"，我国一至五万立方米每日规模的污水处理项目达到56.9%，占比最大。污水处理厂的规模和工艺形式对于控制系统和仪表的需求大体相同。图12-11 为重庆鸡冠石污水处理厂生产工艺流程图。具体如下。①控制系统。根据工艺布置，一般采用五套 PLC 控制器即可实现污水自动控制，普遍采用 SIMENS、GE、AB、Schneider 等。②现场仪表。污水处理厂对于进厂水、加药环节均电磁流量计进行测量，使用三台电磁流量计，主要品牌有：Krohne、E+H、重庆川仪；滤池鼓风管流量测量采用热式质量流量计两台，出厂水一般采用一台明渠流量计。滤池鼓风管压力测量采用压力变送器，三台，主要品牌Yokogawa、Rosemount、重庆川仪。格栅、污泥泵井、储泥池液位主要采用超声波液位计，八台，主要品牌 E+H、Rosemount、重庆川仪。

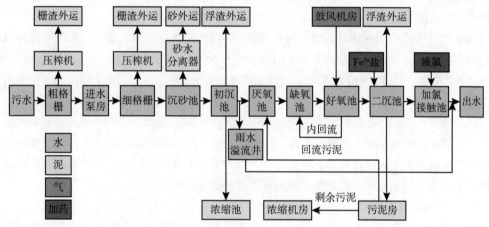

图 12-11　重庆鸡冠石污水处理厂生产工艺流程图

二、环保行业自动化仪表应用发展

（一）概述

我国环保产业的发展历程可以将其分为形成期、发展初期、发展中期和高速发展期四个阶段。

第一阶段，形成期（1990 年前）。这一阶段以发展经济为主，环境形势严峻。1972 年 6月联合国在斯德哥尔摩召开人类环境会以后，环境问题引起了我国高层决策者的重视。1973年 8 月，国务院颁布了我国第一个环境保护文件《关于保护和改善环境的若干规定》，由此，我国环境保护事业开始起步。1988 年，我国从事环保产品生产的企业 1928 个，实现工业销售产值 38 亿元，销售利润 8.3 亿元。产业内容以治理设备的加工制造为主，产品主要集中在"三废"的末端治理和综合利用。

第二阶段，环保产业进入发展初期（二十世纪九十年代）。我国进入新一轮重化工业时代，城镇化进程加快，城市生活型污染加剧。伴随经济粗放式快速推进，工业污染和生态破坏总体呈加剧趋势，农业面源污染问题凸显，一些地区流域、区域环境污染和生态破坏已经制约了经济社会可持续发展，甚至对公众健康构成威胁。产业范畴由以末端治理的设备制造为主，扩展到覆盖环保产品、环境服务、清洁技术产品、资源循环利用四大领域。1996 年底，在国家还没有出台火电厂烟气连续监测技术规范国标标准的情况下，由电规院先制定了《火电厂烟气连续监测设备技术规范》，这样火电厂引进、订购连续监测装置有了设备技术规范。1997 年 1 月开始实施的《火电厂大气污染排放标准》中提出强制性安装 CEMS 的要求，这是烟气排放连续监测系统（continuous emission monitoring system，CEMS）的强制强制性安装要求首次见于国家级行政法规。1999 年国家环保总局颁布了新的《锅炉大气污染物排放标准》，标准规定全国新上每小时二十吨以上锅炉必须安装 CEMS。

第三阶段，环保产业进入发展中期（二十一世纪初），经济发展与保护环境并重。这一阶段，多项政策和规划所制定的污染物总量控制制度带动了污染治理及监测技术装备产业市场快速发展。2010 年，"大力发展环保产业"写入国民经济发展规划中，环保产业地位被提升到前所未有的高度。

2001 年《火电厂烟气排放连续监测技术规范》（HJ/T 75—2001）和《固定污染源排放烟气连续监测系统技术要求及监测方法》（HJ/T 76—2001）的正式颁布，从技术层面对 CEMS 监测设备的安装、调试、检测和验收作出详细要求和说明，标志着中国的 CEMS 的应用走到轨道上来。

第四阶段，环保产业进入高速发展期（2011 年以来）。一方面，环保产业的业务领域更加细化，覆盖全产业链预防、监测、治理，覆盖水、大气、土壤等多领域。"十二五"规划中节能环保产业被列为七大战略性新兴产业之首，节约资源和保护环境已经成了我国的一项基本国策；"十三五"节能环保产业规划，2020 年节能环保成为国民经济一大支柱产业；

（二）污染源监测

污染源监测主要指国家对重点污染企业实施主要污染物排放总量控制，逐步减少污染物的排放量，以改善环境质量，因此要求这些污染企业要安装在线连续自动监测系统。废气监测指标主要包括：工业颗粒物（烟尘）、烟气二氧化硫、氮氧化物、一氧化碳、VOCs 等和烟气流速在线连续监测系统，并实现计算机联网管理。污水监测主要包括：污水流量、pH、COD、氨氮、总磷、总氮等。

1. 固定物污染源气体监测

固定物污染源气体监测，从分析方法上分，SO_2 分析方法有紫外荧光法、不分散红外、紫外吸收法；NO_x 有化学发光法、荧光法、不分光红外法；粉尘测量有透光度法、激光散射法、β 射线法；按取样方法来分，代表性的国外 CEMS 有稀释法（美国热电为代表），直接抽取法（德国 ABB、德国西门子、日本堀场等），原位测量法（韩国企业为主）。国内 CMES 生产企业大部分采用直接抽取法，近几年各大企业实施"超低排放"后，部分企业也开始使用稀释法。

我国固定物源烟气监测是从七十年代开始的，首先在冶金系统引进了国外电站烟气排放连续监测系统，也是在这个时期，我国开始认识到需要采用比手工采样更方便、快捷的方法来测量烟气中的污染物，1986 年广东沙角 B 发电厂从日本引进了首台火电厂烟气连续监测系统。早些年我国引进的烟气连续监测系统大多安装在合资、外资独资及部分华能的电厂，而且一般都是随进口锅炉或主机同时引入的。在引进的 CEMS 技术中，还有一类是国内生产厂家引进技术生产的 CEMS 系统，如北京分析仪器厂和重庆川仪分析仪器有限公司等生产的 CEMS 系统，主要监测烟气中的 SO_2 和 NO_x。现重庆川仪分析仪器有限公司是国内早期从事烟气排放监测的厂家之一，其研发的"PS3400 烟气排放（脱硫）连续监测系统"2003 年被列为国家级火炬计划项目。2016 年重庆川仪分析器公司生产的 PS7400 型烟气排放连续监测系统通过了环境保护产品认证，是采用国产仪表首家通过环境监测产品适用性认证的厂家。

国家"十一五"规划将节能减排作为约束性指标，国内环境监测市场蓬勃发展，涌现出北京雪迪龙、杭州聚光、盈峰环境（收购深圳宇星）等 A 股上市企业和深圳彩虹谷、北京安荣信、南京埃森、常州磐诺等一批专业仪器、部件生产厂家。

2. 固定污染源水质监测

水质污染源指的是造成水域环境污染的污染物发生源，即向水域排放污染物或对水环境产生有害影响的场所、设备和设置，通常是指城市或工业污水排放口。

水环境污染是全球关注的主要环境问题之一。随着我国经济的快速发展，工农业开发、城市扩张等活动使水污染物的种类和来源呈复杂化的趋势，不仅对流域水环境造成了极大危害，也增加了水污染防治的难度。作为水质检测手段，水质分析仪器也伴随着污染源治理的发展过程。中国的环境标准是与环境保护事业同步发展起来的。1973 年 8 月召开的第一次全国环境保护工作会议审查通过了我国第一个环境标准《工业"三废"排放试行标准》，奠定了中国环境标准的基础。标准规定了五种工业十三类气体指标和十九类水质指标的排放浓度限值。

我国水质在线监测系统从技术引进吸收到拥有自主产权的产品，从半自动化发展到信息化，从作坊形式发展为监测仪器的支柱产业之一，涌现出一批技术精良、服务周到、规模较大的龙头企业。纵观水质在线监测系统的发展历程，大致可以分为以下三个阶段。

（1）初期阶段

1996 年，国家环保局发布的《排污口规范化整治技术要求（试行）》中规定：列入重点整治的污水排放口应安装流量计。全国规范化的排污口开始安装流量计和采样器，这可称为最初的在线监测系统。

这一时期，国产水质 COD 在线监测仪器开始问世，主要生产企业有北京环科环保技术公司、南京德林环保仪器有限公司、兰州炼化环保科技有限公司、河北先河科技发展有限公司、山东省恒大环保有限公司、广州怡文科技有限公司等，在重点省份、重点行业开始推广应用。这个阶段水质监测仪器有产品单一、生产规模小、质量不稳定等缺点，但是为国产 COD 在线监测系统奠定了基石。

（2）发展阶段

从 2001 年起，水质污染源监测进入快速发展的阶段，开发出适合我国国情的水质 COD 在线监测系统，使分析仪器的稳定性和适用性得到大幅提高，产品开始多样化，除 COD 外，氨氮、总磷、总氮、TOC 等分析仪开始逐渐进入市场。同时，国外知名企业，如日本岛津、美国哈希等开始逐渐地进入中国市场，国内水质分析仪器厂商也如雨后春笋般涌现出来。

（3）网格化阶段

2006 年以后，尤其是"污染源减排三大体系能力建设"项目实施后，要求占 COD 污染负荷 60% 以上的国控重点污染源必须安装在线监测仪器，且必须联网运行。初步形成由地（市）、省、国家的三级网络。安装仪器数量增多、运行管理逐步规范，尤其是出现了一批专业化运营维护队伍，对水质在线监测仪器的发展起到了推动作用。

现今，随着污染源监测要求的提高和污水治理力度的提高，排放口污水浓度越来越低，比如市政污水排口氨氮浓度从十年前的每升一毫克降低至现在的每十升两毫克以下，COD 浓度从之前的每升二三十毫克降低至每升十毫克左右甚至更低，这对在线分析仪器的要求也越来越高，也促进了在线分析仪器的发展。在污染源排口监测中，检出限更低且不产生危废的 TOC 分析仪也越来越多的开始替代铬法 COD。

同时，随着监测参数的多样化，重金属在线监测、水质毒性在线监测、生物传感器、紫外荧光等新的检测技术也逐步地涌现和成熟。

（三）大气环境监测

空气质量监测是一套以自动监测仪表为核心的自动"监测"系统，用于采集和分析环境空气质量的状态和变化，是了解大气环境现状，判断污染影响的先进手段，对空气质量日报和预报的发布发挥着重要的作用。

七十年代中国步入工业化社会，环境问题日益突出。七十年代末期我国建立了大约二十座大气监测站，使我国的大气监测系统初具规模。1985 年全国大气环境地面自动监测系统评审会决定在北京、上海、天津等市建立大气环境地面自动监测系统。随着社会经济发展和人们环保意识的提高，公众对大气污染问题日趋关注，国家环保总局在 1999 年 6 月 5 日通过媒体首次发布空气质量周报。2000 年全国四十二座城市开始发布空气质量日报。2001 年 6 月全国重点城市开始发布空气质量预报。根据我国城市污染情况和当时技术水平确定的评价空气质量必须依据的污染物有二氧化硫、氮氧化物、可吸入颗粒物三项。随着监测要求和监测水平的提高，一氧化碳、臭氧、硫化氢、氨气和空气中的有害有机物也纳入空气质量监测范畴。

早期空气质量监测仪器利用反应液的湿法监测仪器，其测量原理是库仑法和电导法等。第二代是基于物理光学测量原理的干法监测仪器，如紫外荧光法测量二氧化硫浓度，化学发光法测量氮氧化物，紫外吸收法测量臭氧，β 射线测量、振荡天平法测量可吸入颗粒物。目前湿法测量已经处于淘汰阶段。

八十年代中期，光学遥感技术也实现商业运行，光学遥感技术有安全、快速、准确、无污染、可远距离探测、监测范围广的诸多优点。目前光谱遥感监测技术主要包括：傅里叶变换红外光谱技术，差分吸收光谱技术，激光长程吸收技术，可调谐二极管激光吸收光谱技术，差分吸收激光雷达技术。

我国空气质量监测系统，较发达国家起步虽晚，但是发展较快，已经具备了国内自主研发生产的能力。国内有石家庄先河、武汉天虹、北京中晟泰科、铜陵蓝盾等已经具备一定的生产能力。石家庄先河于 2000 年研制出国内首套 AQMS。武汉天虹 1994 年 12 月推出首台国产智能微电脑烟尘平行采样仪。安徽蓝盾生产的我国首套 DAOS 空气质量监测系统。随着国内厂家技术生产能力的不断提高，国产设备的性能达到甚至部分超过进口产品。2020 年聚光科技四款常规站气体分析仪获得 USEPA 认证，也是国内环保监测企业中第一家获得相关认证的企业。

目前环境空气监测已经从常规大气监测向工业区、垃圾填埋、机场、交通路口等特定区域发展。产品形式也由单一的普通点式监测向宏观、大尺度和现场化、小型化多种监测方式发展。逐步形成了以国家监测网络为主导，以地方监测网络为辅助和补充的网络数据共享，并影响地方辅助和专用监测网（工业区等）的发展方向。

（四）水环境监测

水质环境自动监测系统产生于二十世纪五十年代末，美国、日本等国就开始研究自动在线监测系统，并将其首先应用于城市、污水处理厂等区域的在线监测。在实践中总结出两种在线监测技术，一种是采用实时在线监测，另一种则是间歇式在线监测，两种技术可以对水温、电导率、氟化物、浊度等进行测定。二十世纪七十年代末，T-N、COD、T-P等项目也被加入测定内容当中。环境执法部门通过对远程监控体系传来的监测数据进行分析，做出对应的行政决策。这些年地表的水质环境随着人们环保意识的提高得到极大的改善，某些经济发展水平靠前的国家在城市环境管理的自动监测体系中将市政污水排放系统也纳入其监测范围，甚至视其为重点管理项目。自动监测系统日趋成熟，但人们对监测数据的可靠度仍有质疑。针对这一问题，技术人员通过不断的改进、研究发现，采用优化监测布点的方法有助于监测结果可靠性的提高。水土流失日益加重这一现象也是水样监测作为在线监测系统的重点研究对象原因之一。新增的监测项目对自动监测系统的功能性提出了更高的要求，它要拥有自动校正、自动清洗、远程传输及报警等多项功能。

环境水质监测的基础分析方法和技术来源于分析化学，但随着科技的进步，环境监测技术也在不断发展。在二十世纪八十年代，主要采用传统的化学方法进行BOD、COD等水质参数的测定，以实验室分析为主，需要大量的人力物力进行现场采样和实验室分析；如今，利用卫星遥感图片、高光谱数据和便携式水质测定仪等先进的技术手段进行环境水质监测已经开始逐步推广，大大节省了人工和时间，而且可以在更大的空间范围开展全方位的监测工作，更及时地获得环境质量信息。目前，环境监测技术的发展主要集中在以下方面：以现场人工采样和实验室分析为主向多参数网络在线、多功能自动化监测方向发展；环境样品预处理技术由手工单样品处理向在线自动化和批量化处理方向发展；由较窄领域的局部监测、单纯的地面环境监测向全方位领域监测和与遥感环境监测相结合的方向发展；野外和现场环境监测仪器向便携式、小型化方向发展；环境监测仪器向物理、化学、生物、电子、光学等技术综合应用的高技术领域发展；环境监测方法的综合性、灵敏性和多功能性日益增强，方法检测限越来越低。环境监测信息系统也日趋完善。早期的水环境监测仪器厂家以进口为主，主要是美国哈希、日本岛津、美国赛默飞、SCAN等，国内典型厂家有长沙力合、深圳中兴、杭州聚光、石家庄先河等。目前国内水环境分析仪器常规常数基本实现全国产化。

我国水资源分布范围广，地理环境也很复杂，发生水环境污染事故的概率也较高，因此相对于自动在线监测技术，简易现场监测技术的发展前景更广阔。简易现场监测技术的手段有很多，其中XPF（车载型X线荧光光谱仪）的使用情况较多，测量起来也更为方便，尤其对固体样品的监测技术优势更明显，不用进行消解处理就能直接用于监测工作中。车载型GC的优势在于对有机物污染的测定，很多经济发展程度较高的国家都已经在使用这种监测方法，而该技术进入我国时期比较靠后，由于其所具备的强大优势，在我国会有强大的市场发展前景。典型厂家有 SECOMAM 的 PASTELUV 型水质快速监测仪，它可以在短短 40s 的时间里检测出 TOC、COD 和 BOD 的含量。

（五）典型案例：生活垃圾焚烧发电

"十一五"以来，随着我国经济发展和居民消费结构不断调整，生活垃圾产生量逐年增加。作为城市生活垃圾处理的重要技术工艺，焚烧产业快速发展，设施数量和处理能力逐年增长，特别是"十二五"期间，在结束焚烧填埋路线之争、确立未来主流发展地位后，从国家到地方发布了多项利好政策予以刺激和扶持，《"十二五"全国城镇生活垃圾无害化处理设施建设规划》（国办发〔2012〕23 号）和《"十三五"全国城镇生活垃圾无害化处理设施建设规划》（发改环资〔2016〕2851 号）相继发布，垃圾焚烧行业发展增速惊人。垃圾焚烧电厂从2000 年前的两家，快速发展到 2020 年底的四百九十二家（环保部联网监测企业数据）。在国家政策的推动下，垃圾焚烧技术也在不断完善并取得了长足的发展。目前与垃圾焚烧发电相关的"技术与产品、污染物排放与监测、工程建设和项目运营"的标准达几十项。"十三五"以后，随着国家生态环境建设力度的加大、政策和标准的出台，2020 年 1 月 1 日起施行《生活垃圾焚烧发电厂自动监测数据应用管理规定》推动生活垃圾焚烧发电厂达标排放。

城市生活垃圾焚烧发电的过程是将各地区垃圾集中收集起来，统一运送到垃圾焚烧发电厂进行高温焚烧处理。垃圾在高温焚烧下产生高温蒸汽，高温蒸汽推动汽轮机的转动，通过汽轮机的转动产生所需要的电能资源。生活垃圾发电工艺流程示意图如图 12-12 所示。

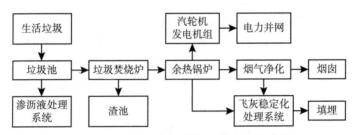

图 12-12　生活垃圾发电工艺流程示意图

目前生活垃圾焚烧发电厂通常配置 300t/d、400t/d、500t/d、600t/d、750t/d、800t/d 炉排焚烧炉。根据焚烧炉工况通常配置 15MW、25MW、50MW 汽轮发电机组。其他配套设施：烟气净化系统采用 SNCR 炉内脱硝（氨水溶液）、半干法旋转喷雾脱酸、活性炭喷射、干法脱酸、布袋除尘器组合工艺。污水处理渗滤液通过曝气、生化、DTRO 等工艺处理达到综水回用。炉渣经过筛检后，用于环保建材生产。因飞灰为危废需要经过添加螯合剂等特殊工艺处理后填埋。

垃圾发电厂自动控制系统主要由分散控制系统（DCS）、焚烧炉燃烧控制系统（ACC）、汽轮机数字电液控制系统（DEH）、余热锅炉系统、烟气净化处理系统、烟气连续测量监视系统（CEMS）、辅助车间控制系统等几部分组成。其中辅助车间系统主要由化学水及废水处理系统、除尘系统、弱电监控系统等几部分组成。

1. 控制系统

DCS，DCS 的运行模式是以全厂集中监控与各设备操作区域及辅助公用系统的控制相结合的运行系统，通过 Profibus 等通信协议组成。其控制系统由操作员站、工程师站、控制站、分布式 I/O 和数据服务器组成，其控制系统功能有数据采集（DAS）、模拟量控制（MCS）、顺序控制（SCS）、焚烧炉燃烧控制（ACC）、汽轮机数字电液控制（DEH）等。

全厂 DCS 系统 I/O 点数约 1.5 万余点（以 3×750t/d 为参考、且根据业主对自动化程度的要求程度系统 I/O 点数进行调整）。DCS 品牌：进口品牌为 ABB、西门子、艾默生，国产品牌为和利时、浙江中控、南京科远、上海新华、重庆川仪。

PLC，一般来说，大型电厂的主机控制系统是无法采用 PLC 来控制的，只有一些辅机系统才能够使用 PLC。但是，随着现场总线技术及微处理器性能的突飞猛进，PLC 已经成功应用在中小型及较复杂的控制领域中。对日处理废物能力在 350t 以下的垃圾焚烧，由于其余热锅炉的热容量小、发电机组小（20MW 以下），就可以使用 PLC 控制系统，这样可以大大降低控制系统的成本。

目前 PLC 均为国外品牌如西门子 S7-400 系列 PLC、ABB、施耐德、罗克韦尔等。

2. 现场仪表

温度仪表约二百台套，主要品牌为重庆川仪、上自仪、安徽天康、上海方欣、广东德力权。压力仪表约一百五十台套，主要品牌为重庆川仪、上自仪、安徽天康、布莱迪、西仪浐河。差压节流装置约五十台套，主要进口品牌为 A+K、ABB、Systec，国产品牌为重庆川仪、江阴节流、江阴神州、西安航联、开封仪表。智能流量仪表约二十台套，主要品牌为 E+H、横河、科隆、ABB、艾默生，国产品牌为重庆川仪、上海华光、南京西尼尔、上海肯特、开封仪表。料位、液位仪表及液位开关约五十台套，主要进口品牌为 E+H、横河、ABB、艾默生、VEGA，国产品牌为重庆川仪、上海凡宜、海雄风、上海思派。压力、差压开关约四十台套，主要进口品牌为 SOR、UE、CCS。智能变送器约三百五十台套，主要品牌罗斯蒙特 3051、横河川仪 EJA、ABB、西门子、E+H、川仪 PDS。调节阀约六十台套，主要进口品牌福斯、费希尔、ABB、帕克、欧宾罗斯、梅索尼兰、KOSO、萨姆森、阿姆；国产品牌吴忠仪表、哈尔滨电站阀门厂、上海电站阀门厂、上海良工、无锡工装、苏州纽威、重庆川仪、中核苏阀。电动执行机构约一百五十台套，主要进口品牌如 ABB、西门子、罗托克、SIPOS，国产品牌重庆川仪、扬修、瑞基、上自仪、上海行力。

3. 分析仪器

烟气在线监测（CEMS）六台套，主要测点为省煤器出口、净化塔入口、出口、烟囱排口。主要进口品牌 ABB、SICK、Gasmet、ESA、DURAG，国产品牌重庆川仪、厦门格瑞斯特等。氧化锆仪表六台套，主要进口品牌为横河、ABB、艾默生，国产品牌为深圳朗弘等。

水质分析仪表约五十台套，主要进口品牌为艾默生、ABB、横河、E+H、Thermo、哈希，国产品牌重庆川仪、杭州聚光、上海雷磁、上海华电等。

可燃有毒探测器约二十台套，主要进口英思科、安姆特、德国莫斯、德尔格、科尔康等。

根据生活垃圾焚烧企业工艺流程，结合生产过程中需要使用的辅助设施等，废气排放的主要来源包括焚烧炉、灰库、石灰仓等。其中，焚烧炉烟气以有组织的形式排向外界环境，主要污染物包括颗粒物、酸性气体、重金属、二噁英类等。垃圾储运系统产生的恶臭，一般采用密闭负压并用一次风机抽向焚烧炉，有部分气体会以无组织的形式扩散到外环境。

根据《生活垃圾焚烧污染物控制标准》（GB 18485）中规定的烟气在线排放监测指标包括颗粒物、一氧化碳、二氧化硫、氮氧化物、氯化物均为连续监测，汞及其化合物和二噁英等污染物由企业自行监测。

垃圾焚烧发电厂的 CEMS 早期大多随着锅炉一同引进，CEMS 采用的原理大多为高温红外或者傅里叶红外。代表厂家有 ABB、SICK、GASMET、FODISCH。

随着要求提高、监管更严格，高温红外逐步被测量组分更多、测量精度更高的 FTIR 所取代。国内也涌现了一批使用进口 FTIR 仪表的 CEMS 系统生产厂家，如重庆川仪生产的 PS7400-F 系统，无论在产品质量、稳定性都到达了国外同类产品品质，占据了国内较大的市场份额，还出口到东南亚及非洲等地区。

第七节　新能源领域的自动化仪表发展

随着科学发展和技术进步，合理利用能源和可持续发展受到高度关注，越来越多的国家正在限制无节制的传统能源开发利用，而把目光投向清洁的可重复利用或可再生的新能源以及新能源技术的发展和应用。改革开放以来新能源、清洁能源领域技术开发和利用受到国家高度重视，特别是近二十年，我国在风力发电、太阳能发电、汽车新能源等领域的技术研发和应用发展迅速，取得了世界瞩目的成就。

一、光伏（多晶硅）领域的自动化仪表发展

（一）概述

光伏发电是利用半导体界面的光生伏特效应而将光能直接转变为电能的一种技术。光伏发电装置主要由太阳电池板（组件）、控制器和逆变器三大部分组成，如图 12-13 所示。

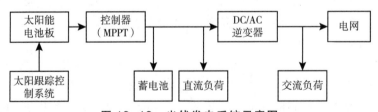

图 12-13　光伏发电系统示意图

建设一座光伏发电场，其中 40.7% 的成本来自太阳能电池组件，即多晶硅电池板。因此，多晶硅电池组件的产能对光伏产业的发展具有重要意义。二十世纪九十年代，我国多晶硅产业处于摸索阶段时，掌握工艺技术的美、日、德等西方发达国家对我国实行了严格的技术封锁。于是 1997 年中科院筹建了年产一百吨规模的多晶硅工业性生产示范线，形成了比较完整的西门子法工艺路线。在此基础上综合了俄罗斯与美国的技术资源后完善了回收工艺，于 2007 年建成了千吨级示范生产线，实现了多晶硅工业化生产技术的突破。此后我国多晶硅产业进入高速发展时期，全国产能从 2011 年的 8.4 万吨至 2020 年达 57.1 万吨，有二十五家年

产一千五百吨以上的生产厂。其中，新疆东方希望新能源有限公司、内蒙古通威集团有限公司产能分别达到八万吨每年。

（二）控制系统

多晶硅生产的工艺方法主要有改良西门子法（如图12-14）、硅烷法、流化床法和冶金法等四种。其中，西门子法工艺经数十年的应用和不断改进完善发展，到目前的第三代工艺称为"改良西门子法"，以其技术成熟、产品纯度高、能耗低、安全性好和容易实现大规模产业化等优点得到大量采用。

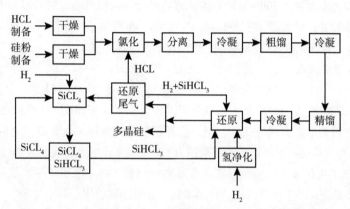

图 12-14　典型多晶硅"改良西门子法"工艺流程示意图

多晶硅生产装置系统控制单元采用 DCS 或 PLC 控制系统。自 1997 年国内第一套多晶硅示范装置建设开始到后续项目建设，该领域的控制系统基本被 SIEMENS、Honeywell、YOKOGAWA 等国外知名品牌所把持。随着国产控制系统制造技术、应用技术和服务日趋成熟，2011 年国电内蒙古晶阳能源有限公司每年万吨多晶硅一期年产三千吨建设项目，国电智深公司 EDPF-2000NT 控制系统实现了大型多晶硅项目首套国产控制系统应用的突破。同年，浙江中控技术股份有限公司 ECS-700 控制系统在焦作煤业（集团）合晶科技有限责任公司年产一千五百吨多晶硅生产装置得到应用，之后杭州和利时 HOLLiAS-MACS 控制系统也应用到多晶硅项目的控制系统与 SIS 系统。从此国产控制系统逐步打破了国外品牌长期在多晶硅领域的垄断局面。

（三）现场仪表

多晶硅生产装置应用的自动化仪表包括温度仪表、压力仪表、流量仪表、液位仪表、分析仪器及控制阀等。

1. 控制阀

1988 年之前多晶硅行业选用的控制阀基本为 MASONILAN、KOSO、SAMSON、Bray、TYCO、KITZ 等进口知名品牌把持。自吴忠仪表 1980 年、重庆川仪 1986 年先后引进日本山武 CV3000 技术、无锡工装引进 KOSO 技术的产品推向市场后情况得到改变，直到现在大部分装置波纹管调节阀和气动切断阀还以进口产品为主，其他类型控制阀基本都有国产品牌的应用。

多晶硅行业多为有毒、有害、易燃易爆的介质，对控制阀门可靠性要求特别高。在装置中氯硅烷、冷凝剂、废气、氢气及氯化氢等介质的调节阀大多数都采用波纹管结构来严防外漏。工艺中硅粉硬度达 HRC58~62 且颗粒小，选用耐磨球阀的球芯和阀座必须经过硬化处理，涂层硬度高于硅粉硬度，一般材质可选 WC 或 CrC，但由于 WC 不耐腐蚀，优选 CrC。同时，阀座必须设计有防尘结构。为了防止球阀卡涩，在没有双向切断要求的场合，应尽量选用单阀座浮动球结构。重庆川仪产品在洛阳中硅和四川永祥等装置中就有大量使用，在云南有机硅成功应用了八台 CLASS 300 DN450 的波纹管三通调节阀，实现了波纹管阀进口产品的国产化替代。

2. 温度仪表

太阳能级多晶硅装置自 2009 年以后各新建项目逐渐以热电偶、热电阻为主向大量采用一体化温度变送器转变，主要厂家有 SIEMENS、E+H、布莱迪、重庆川仪、浙江伦特、天津中环、安徽天康等。特别是温变模块基本以 SIEMENS、E+H 为主。

3. 压力 / 差压变送器

1995 年以前国内建设的项目压力 / 差压变送器基本采用西门子、霍尼韦尔和西仪 Rosemount 1151 系列产品。1995 年之后横河川仪合资的 EJA 智能压力 / 差压变送器推向市场，在多晶硅领域应用效果深得用户认可，到目前为止多晶硅新建项目一直都大量采用 EJA 智能压力 / 差压变送器。目前，多晶硅行业智能压力 / 差压变送器主要选用 EJA 和 Rosemount 产品。2015 年以后，重庆川仪新一代国产智能变送器 PDS 制造工艺、技术指标、稳定性等产品质量和性能得到很大提升，逐步得到认同，在多晶硅行业也得到应用。

4. 流量仪表

多晶硅工艺装置流量仪表主要采用节流装置和质量流量计。节流装置一般选用的进口品牌有 EMERSON、ABB；国产品牌有重庆川仪、上自仪、银川融神威、库科自动化等品牌；质量流量计行业惯例均采用进口产品，主要选用 EMERSON、E+H、YOKOGAWA、KROHNE、ABB、Watson 等品牌。

（四）分析仪器

多晶硅装置主要分析仪有总烃分析仪、总碳氢、乙炔分析仪、微量氧分析仪、微量氮分析仪、二氧化碳分析仪、二氧化硫分析仪、微量水分析仪、露点仪等。主要使用在制氢车间、空分制氮、液氮等公辅车间。用于多晶硅生产过程中的大气，精馏塔中的液氧，氮气、氩气、氢气的分析检测。主要品牌为 EMERSON、ABB、YOKOGAWA、E+H；国产品牌有聚光科技、重庆川仪。

（五）典型应用案例

新疆东方希望新能源有限公司年产十二万吨多晶硅项目 2016 年开始建设，到 2020 年 12 月已建成年达到六万吨规模，产量稳居世界前三位。新疆东方希望多晶硅生产采用改良西门子法，该方法是目前世界上生产多晶硅的主要工艺方法。

主要生产装置包括 TCS 精馏系统、还原系统、尾气回收系统、冷氢化系统、硅芯制备、氮气制备、氢气制备、公用系统、尾气处理、污水处理、电力控制系统、DCS 控制系统、SIS 系统、FGS 系统等。静设备一万八千台 / 套；动设备九千台 / 套；超限设备三百二十台；大型超大型机组五十台 / 套；仪表设备八万台 / 套；电气设备三万台；各类阀门二十一万余台。

1. 控制系统

四套 DCS 系统，进口品牌：Honeywell；国产品牌：浙江中控、杭州和利时；三套 SIS 安全仪表系统，进口品牌：Honeywell；国产品牌：杭州和利时；二十六套 PLC 系统进口品牌：SIEMENS、ABB、Schneider；三十八套压缩机控制系统（CCS），进口品牌：SIEMENS、Bently、ABB。总计 I/O 点数八万余点。

2. 全厂装置自控常规仪表

温度仪表（一体化温变、热电阻、热电偶）约 5657 台套，主要进口品牌为 SIEMENS，国产品牌为重庆川仪、天津中环、北京布莱迪、浙江伦特。智能变送器 6365 台，主要品牌为横河川仪（EJA-E 系列）、Rosemount3051C、SIEMENS、Honeywell。就地压力表约 15684 台，主要品牌为北京布莱迪、重庆川仪、上自仪。质量流量计约 868 台套，主要进口品牌为 EMERSON、E+H、YOKOGAWA、KROHNE、ABB、Watson。节流装置及差压式流量计约 268 台套，主要进口品牌为 EMERSON、ABB，国产为重庆川仪、银川融神威、上海库科；料位、液位仪表及液位开关约 4579 台套，主要进口品牌为 EMERSON、E+H、YOKOGAWA、ABB，国产为重庆川仪、天津 VEGA。

3. 全厂阀门及执行机构

波纹管调节阀约 3268 台，主要品牌进口：MASONILAN、KOSO、SAMSON；国产调节阀约 1692 台，主要品牌：重庆川仪、上自仪七厂、浙江永盛；切断阀约 2365 台，主要品牌为：Bray、TYCO、KITZ；国产切断阀约 2763 台，主要品牌：重庆川仪、无锡工装、苏州安特威、浙江超达、浙江力诺；电动阀执行机构约 230 台，主要品牌：重庆川仪、天津津达。

4. 全厂分析仪器

分析仪器三十四台套，主要品牌进口：EMERSON、ABB、YOKOGAWA、E+H；国产：杭州聚光、重庆川仪；可燃气体报警器、有毒有害气体报警器约 3421 台，主要品牌：深圳特安、杭州聚光、无锡时和、上海翼杰。

二、锂离子动力电池领域的自动化仪表发展

（一）概述

进入二十一世纪，节能减排受到国家高度重视，在国家一系列优惠政策的刺激下，新能源汽车产业得到高速发展。作为新能源汽车两种动力之一的锂离子动力电池产业，我国 1996 年开始发展。2000 年以后锂离子动力电池产业开始进入快速成长阶段。以深圳比亚迪、浙江华友、深圳比克、天津力神等锂离子电池等企业为代表。2004 年我国锂离子动力电池年产量达八亿只，2007 年中国制造的锂离子动力电池占全球市场份额 34%，到 2013 年，我国锂离子电池年产量达到 47.68 亿只，已成为全球电池生产制造大国。

传统新能源汽车采用磷酸铁锂电池，电池组采用"电池芯 - 模块 - 电池组"的三级组装模式。2020 年比亚迪公司开发出刀片电池，像"刀片"一样将其插入电池组中。该电池既能高续航，又能大幅提高使用安全性，技术处于国际领先地位。

（二）控制系统

锂离子动力电池生产工艺大致可以分为极片制作、电芯组装、电芯激活和封装、PACK 等四个工序，如图 12-15 所示。

我国锂电行业发展虽然迅速，但大部分装置自动化程度较低，采用先进的 DCS 控制系统较少，只有部分大型装置使用 PLC 控制器实现局部的、简单的或单套设备的控制，常见采用

的 PLC 逻辑控制器品牌以 EMERSON、SIEMENS、ABB 等为主。2015 年以后新能源汽车发展得到国家政策扶持，导致锂离子动力电池行业产业化更加迅速，新建的装置无一例外地采用了 DCS（PLC）。同时，锂电行业老装置进行了大面积的升级改造，DCS（PLC）自动控制系统成了生产装置标准配置。一般都采用进口控制系统，常用的品牌有 EMERSON、SIEMENS、ABB、AB 等。以浙江中控、和利时、重庆川仪为首的 DCS 厂家也开始进军锂电市场，形成了国产和进口品牌并存的局面。另外，锂电池设备制造商与设备配套同时提供的一些常用 PLC 控制器品牌有 Rockwell、SIEMENS、Schneider、OMRON 等。

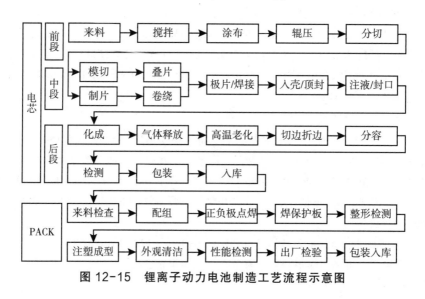

图 12-15　锂离子动力电池制造工艺流程示意图

（三）现场仪表

1. 控制阀

2015 年随着锂电池行业生产装置自动化改造兴起，装置中大多数手动阀被改为了气动调节阀、气动开关阀，开始时选用的控制阀基本为进口品牌，主要以 Fisher、KOSO、FLOWSERVE、PARKER 等为主。随后国内的优质产品也参与竞争，使得业主建设成本大幅下降，一般装置除波纹管阀和较为重要的开关阀外，其他调节阀都竞相采用国产产品。

一般情况下，锂离子动力电池生产装置中气动开关阀约占 60%，余下 40% 为气动调节阀和电动调节阀基本各占一半。电动调节阀主要进口品牌有 Fisher、PARKER，国产品牌主要有重庆川仪、无锡工装等；智能电 – 气阀门定位器采用的主要进口品牌有 ABB、SIEMENS 等；国产品牌有重庆川仪、深圳万迅。

电动执行机构逐步向精小化发展，结构更合理，功能更强大，智能型电动执行机构具备了总线通讯和自诊断功能，选用的主要进口品牌有 ROTORK、AUMA、德国 COSMICROC 等；国产品牌有重庆川仪、万迅、北京伯纳德和扬州兰陵等。

赣峰锂业碳酸锂采用 PACK 工艺进行卤水综合联产，原料混合加工后最终完成锂电制造，钠盐压浸、硫酸酸化焙烧等矿石提锂是该公司专利技术，开发复杂体系钠钾精确调控、液固联合循环除磁、"纳滤膜除杂 + 螯合树脂除杂"等先进除杂工艺。装置应用全自动化、智能化节能装备，实现高效清洁提锂。以浓缩卤水为原料，开发出梯度耦合膜分离、强制循环蒸发结晶、深度络合除杂沉锂等工艺直接制备电池级碳酸锂、无水氯化锂，并循环回收利用析晶母液，实现卤水综合联产高纯锂盐，在控制阀应用中存在下列难点。

在前段工艺中，正极、负极电极浆料涂布前，浆料传输采用控制阀开关、调节控制。控制阀应用难点是浆料黏度大，含有一定催化剂颗粒，主要是三氯化磷、四氯化碳、甲基二氯化磷、高沸物等介质腐蚀性极强。介质操作温度约 100℃，公称压力 PN16。针对该工况重庆川仪选用超级双相钢 2507，介质浓度较低时采用 PFA 衬里，介质浓度高时视工况而定，满足工艺需求。

在 PACK 工艺中有氨气混料，要求阀门全面禁铜，包括法兰螺栓、螺母、执行机构六角螺母及连接块等附件。提供的阀门附件材质及阀体材质需满足与物料接触部位，设备材质中 Cu、Zn 不大于 0.5%；不与物料接触部位，设备材质中 Cu、Zn 不大于 1.0% 的标准。

在工艺中有异己烷、甲基二氯化磷等介质，部分材质会因为水进入阀门腔体接触介质而产生强腐蚀，腐坏阀体将导致事故发生。因此，涉及这类介质的阀门，设计时都需要采用双重填料，以防止大气中水分进入阀体内部，制造时需进行禁水处理。

三氯化磷、甲基二氯化磷、四氯化碳等介质易对金属材料产生附着物、结晶，由于制浆过程的半成品包括溶剂都含有小颗粒催化剂，控制阀选用 316L 材质的金属硬密封球阀与 V 型调节球阀。

2. 温度仪表

在 2015 年掀起的生产装置自动化改造热潮中，几乎都将原用的热电阻温度计替换为一体化温度变送器，主要品牌以重庆川仪、天津中环、安徽天康为主。而一体化温度变送器采用的温变模块则基本选用 SIEMENS、EMERSON 和 E+H 等进口品牌。装置中也用到少量双金属温度计，主要品牌为重庆川仪、浙江伦特布莱迪、天津中环。

3. 智能压力/差压变送器

早期的锂离子动力电池生产装置中压力/差压变送器基本以采用 Rosemount 1151 系列产品为主。2015 年开始装置改造都竞相选用智能压力/差压变送器，主要以 Rosemount、横河川仪 EJA、E+H 等进口品牌为主，也选用少许重庆川仪的国产产品。随着技术的不断完善，重庆川仪 PDS 智能压力/差压变送器产品制造工艺、测量精度和稳定性都得到大幅提升，特别是智能诊断及仿真，大大减轻了现场仪表维护的工作量，各方面技术指标与进口产品站在了同一水平上，同时还有组态方式多样化以及多种防腐材质和各种权威认证，为现场工况的运行安全保驾护航，其产品在锂离子动力电池行业中得到大量应用。

4. 流量计

锂离子电池的电极原料碳酸锂的生产工艺，根据原料来源的不同可以分为盐湖卤水提取和矿石提取。矿石提取原料：纯碱压煮法生产碳酸锂，类似于氧化铝拜耳法工艺。矿石提取工艺因矿石含量及含其他金属离子种类不同，工艺有一些变化。典型做法是采用碳酸钠（纯碱）与锂辉石发生高温化学反应生产难溶碳酸锂。将难溶碳酸锂粉碎后与水混合成浆料，再与 CO_2 碳酸化浸出反应得到碳酸氢锂溶液，碳酸氢锂溶液加热分解得到碳酸锂材料。

在上述工艺中有各种酸碱液，通常选择电磁流量计来测量。其介质多样化，例如：碳酸锂浆液、生产水、硫酸锂、氢氧化锂母液、冷凝液、磷酸锂母液、液碱、除钙蒸发液、苛化液等。根据不同介质的酸碱性、温度、黏度、磨损性等物理特性来针对配置电磁流量计的衬里、电极和信号处理单元。

2015 年以前电磁流量计主要以国外 E+H、SIEMENS、Rosemount 等品牌为主，稳定性好、抗干扰能力强；2015 年后重庆川仪的浆液型电磁流量计稳定性和抗干扰能力得到很大提高，在应用中表现优异受到认同，视其为替代上述进口产品的电磁流量计。另外，肯特、西安东风等国产品牌也逐步占领国内市场。装置中原用的其他差压式流量计逐步被威力巴、阿牛巴等取代，与之配套的流量差压变送器都采用了智能型产品。

5. 料位、液位计及液位开关

老装置中的料位测量以超声波料位计和中、低频雷达料位计为主，2015 年后高频或甚高频雷达料位计以其穿透能力更强，普通粉尘、泡沫、蒸汽和结疤工况都能应对自如而得到认可，在锂离子动力电池行业逐步替代其他雷达料位计得到大量应用。

与料位计一样，原来采用的料位开关以阻旋式料位开关、音叉料位开关、电容式料位开关为主，2015 年后基本被射频导纳开关所取代。

（四）分析仪器

锂电池工艺装置采用了氧分析仪、红外（或紫外）气体分析仪表主要用于对氧气、二氧化碳、天然气、氨气、氟利昂等气体的测量，论精度和制造工艺，国外品牌 CROWCON、ENNIX 等占据主导地位。在新能源领域锂电池的应用，能效性和安全性的要求越来越高。这两项指标与电池材料的粒度分布有极大关系。因此，粒度分布测试已成为提升电池性能的重要检测手段。国外激光粒度分析仪主要品牌为 Agilent 和 Malvern。

我国从二十世纪八十年代开始研制激光粒度测试仪。到九十年代中期，国产粒度测试仪主要以沉降粒度仪为主，且仅应用与实验室研究。近年来才逐渐走向国内市场，应用性能较为显著并得到广泛认可。目前来看，我国激光粒度测试技术能够在一定程度上保证自身可靠性、准确性和重现性。

（五）典型应用案例

宜宾市天宜锂业科创有限公司电池级氢氧化锂项目，总投资二十亿元，分两期建设（一期年产 2 万吨、二期年产 2.5 万吨）。目前一期年产 2 万吨装置已建成投产，项目采用 Rockwell 控制系统，规模约 6000 点。应用各类测量和控制仪表（不含设备配套）近 1200 台套。调节阀：77 台，品牌：重庆川仪；开关阀：542 台，品牌：重庆川仪；压力变送器：121 台，品牌：重庆川仪 PDS；就地液位计：68 台，品牌：重庆川仪；雷达液位计：118 台，品牌：E+H；料位开关：8 台，品牌：VEGA；热电阻：73 支，品牌：重庆川仪；压力表：100 只，品牌：重庆川仪、北京布莱迪；电磁流量计：59 台，品牌：E+H；涡街流量计：17 台，品牌：E+H；pH 计：3 套，品牌：ABB；CEMS：2 套，品牌：雪迪龙；O_2、CO 分析仪：2 套，品牌：重庆川仪。

撰稿人：吴　朋　任智勇　邹明伟　钟斯明　万为叼　杨晋渝　李　斌　严　实
　　　　童秋阶　张瑞萍　吴志国　喻铭艺　燕国栋　杨　锐　任　弢　李　宁
　　　　　　　　　　　　　　　　申　毅　叶荣政　卫　丹　唐自强

参考文献

［1］黄步余，范宗海，马睿．石油化工自动控制设计手册：第四版［M］．北京：化学工业出版社，2020.

［2］中国仪器仪表行业协会年鉴编辑委员会．中国仪器仪表年鉴自动化仪表分册［M］．北京：中国商业出版社，2014.

［3］方景林，李红，才勇智．浅谈冶金工业控制仪表的应用和发展［J］．辽宁科技学院学报，2014，16（4）：110-112.

［4］马竹梧．我国钢铁工业自动化技术应用60年的进展、问题与对策（下）［J］．电气时代，2010（8）：26-29.

［5］熊茂涛，赵普俊，张宗平．冶金工业常用流量仪表的应用及前景预测［A］．中国计量协会冶金分会、《冶金自动化》杂志社．中国计量协会冶金分会2010年会论文集［C］．中国计量协会冶金分会、《冶金自动化》杂志社：《冶金自动化》杂志社，2010：5.

［6］曲小溪，杨晓强．中国工业过程气体分析仪器市场现状与发展趋势［J］．仪器仪表标准化与计量，2010（03）：19-21.

［7］朱迎春．自动化仪表在钢铁工业中的发展和应用［J］．中国仪器仪表，2008（7）：33-36.

［8］刘敏．自动化仪表在冶金行业中的应用现状［J］．电子测试，2016（7）：131+137.

［9］汪慎独．贵铝第二电解铝厂计算机控制系统简介［J］．冶金自动化，1983（S1）：34-39.

［10］周铁托，胡鹏，殷恩生，等．铝电解槽计算机控制技术综合评述（上，下）［J］．轻金属，1998（7）：31-35.

［11］周俊武，徐宁．我国选冶自动化的现状和未来［J］．有色冶金设计与研究，2011，32（Z1）：6-10，25.

［12］李子连．火电厂自动化发展综述［J］．中国电力，2004，037（2）.

［13］杨勤明．中国火电建设发展史［J］．电力建设，2008，29（10）.

［14］杜泉坤．自动化仪表的发展及趋势展望［J］．中国化工贸易，2015，007（26）.

［15］卞正岗．中国大型火电厂DCS应用现状［J］．SOFT WARE，2009（8）.

［16］刘火军．DCS在火电厂控制系统中的应用现状及展望［J］．科技信息，2013（22）.

［17］邹金昌．对厂级监控信息系统SIS的几点看法［J］．华东电力，2004，032（12）.

［18］张铎，马志明．火电厂热工自动控制技术及应用［J］．城市建设理论研究，2011（31）.

第十三章 自动化仪表学科发展的历史启示

一、对自动化仪表学科的再认识

（一）仪器仪表发展史几乎就是一部科学技术发展史

人们在研究科学史的时候，把十七世纪看作近代自然科学诞生的分水岭。在此以前，自然科学没有建立自己的传统，它依附在哲学的传统和工匠的传统之上。弗兰西斯·培根提出实验是自然科学的基础。伽利略把这一哲学概念变成了可以实践的科学方法，并且提出了科学实验的两个基本要素：用仪器测量和用数字记录测量的结果，使实验的结果成为可以定量比较和精确计算的数据。从此，自然科学结束了长达数千年的徘徊，由粗陋的观察、模糊的推断走向严肃的实验和严密的逻辑，与数学结成坚固的联盟，建立了自己的传统。

在十七八世纪，由于发明了科学的温度计和实用的温标，才使温度的概念具有更加准确的科学含义，成为可以测量和定量计算的基本物理量。它直接导致热力学的诞生，使人们发现了能量守恒定律和热机的一系列基本规律，为欧洲的产业革命奠定了坚实的科学基础。在十九世纪，由于发明了测量电流的仪表，才使电学与磁学的研究迅速走上正轨，获得了一个又一个重大的发现，促进了电气时代的来临。在二十世纪，由于威尔逊云室和众多核物理探测仪器的发明，人们才揭开了原子核反应神秘的面纱，逐渐展现出微观世界的真实图景，奠定了原子核物理学与日后原子能利用的基础。

测量是科学的基础。仪器是测量的载体，是实现科学发现与基础研究突破的手段。杰出的科学家们许多都是科学仪器的发明家，新的测量方法的创立者。他们留给后世的科学遗产常常包括两个部分，一部分是科学探索的新发现，另一部分是在这种探索过程中创造的新的测量技术和仪器仪表。诺贝尔奖直接因测量科学研究成果或直接发明新原理仪器而获奖的项目就有很多，如电子显微镜、质谱仪、CT断层扫描仪、扫描隧道显微镜、超分辨荧光显微镜、冷冻电镜、激光干涉仪等。同时，借助于相关尖端仪器完成的科学实验也不少。因发明高分辨率核磁共振仪器而获诺贝尔奖的理查德·恩斯特（R. R. Ernst）说："现代科学的进步越来越依靠尖端仪器的发展。"

已故著名战略科学家王大珩院士把仪器仪表誉为科学研究的先行官，工业生产的倍增器。中国仪器仪表学会副理事长谭久彬院士在《建设世界仪器强国的使命与任务》的报告中再次提出，建设世界科技强国，首先必须建设世界仪器强国，建设世界仪器强国是建设世界科技强国的必备基础和前提条件。

（二）自动化仪表贯穿于现代化大生产的全过程

建立在近代科学基础上的近代工业，本质上是一种扩大的科学实验活动，它具有近代科学的一切要素和基本特征。自动化仪表在这种活动中具有决定性的意义，它们是进行生产活动的依据。现代工业生产活动的规模远远超过了科学家在实验室的探索活动，需要关注的各种运动变化比实验室要复杂得多，它是一种多参数的巨系统，人们只能够通过仪器仪表来了解和控制它们。

在现代化大生产中，自动化仪表贯穿于制造的全过程。各种参数的检测结果是判断实验和生产是否正常、质量是否可靠的科学依据。通过检测得到准确的信息，对系统进行有效的控制，使设备运行在最佳工况下，实现有效节约能源及降低原材料消耗。

先进控制也是石化企业信息化建设的重要组成部分，目前其技术及软件产品已非常成熟，应用领域不断扩大。

在线分析仪表种类繁多，主要用于流程工业。由于检测的物质不同所以使用的仪表种类也各不相同。应用较为广泛的仪表有 PH、电导率仪、氧含量分析仪、色谱及氧化锆分析仪、红外气体分析仪、可燃及有毒气体检测器、磁氧分析仪、水含量分析仪、COD 分析仪、浊度计、露点分析仪、水质分析仪、二氧化碳分析、氧气纯度分析仪等。

无线控制技术为自动化领域热门话题，无线控制技术可以大幅降低控制系统成本，并有效简化控制系统，具有逐步替代传统自动化系统的潜力，是未来自动化产品新的增长点和发展方向之一。传统自动化系统是有线控制系统，具有监控点数量多、布线复杂、集成难度较大，施工、调试、运行、维护工作量大等问题。首先，恶劣的环境给工程布线带来了一定的困难；其次，由于布线数量多和布线路径复杂，一方面需要设置母线槽、电缆桥架、电缆穿管等，另一方面需要根据现场实际环境选择耐高温、防爆、阻燃等要求的电缆，以及桥架隔板，还需考虑防火堵料封堵等；再次，不便于维护，系统的安装、查线、调试需要花费大量时间，维护与更换等其他自然或人为损坏因素。因此，与有线控制方式相比，无线控制技术的优越性是不言而喻的。在保证信号安全、畅通、可靠的条件下，通过无线技术可以将工厂用于监视、控制、报警、保护等现场仪表传感器与实时控制系统、直到上层管理信息系统相集成，无线技术还可应用于现场无线设备之间互联等。因此，无线控制技术具有良好的应用发展前景。

由 DCS、PLC 和 SCADA 等控制系统构成的控制网络，在过去几十年的发展中呈现出整体开放的趋势。以石化主流控制系统 DCS 为例，在信息技术发展的影响下，DCS 已经进入了第四代，新一代 DCS 呈现的一个突出特点就是开放性的提高。过去的 DCS 厂商基本上是以自主开发为主，提供的系统也是自己的系统。当今的 DCS 厂商更强调开放系统集成性。各 DCS 厂商不再把开发组态软件或制造各种硬件单元视为核心技术，而是纷纷采用第三方集成或 OEM方式。多数 DCS 厂商自己不再开发组态软件平台。这一思路的转变使得现代 DCS 系统的操作站完全呈现 PC 化与 Windows 化的趋势。

PC+Windows 的技术架构现已成为控制系统上位机 / 操作站的主流。而在控制网络中，上位机 / 操作站是实现与 MES 通信的主要网络结点，因此其操作系统的漏洞就成为整个控制网络信息安全中的一个短板，控制网络系统的安全性同样符合木桶原理，其整体安全性不在于其最强处，而取决于系统最薄弱之处，即安全漏洞所在处。只要这个漏洞被发现，系统就有可能成为网络攻击的牺牲品。

仪器仪表采集、测量、处理、控制信息，是保证生产的技术手段和基础设施，是信息产业的源头和重要组成部分。仪器仪表是机械学、电子学、光学、计算机技术、材料科学、物理学、化学、生物学等学科和先进技术综合作用下的高技术产物。仪器仪表是综合交叉学科。仪器仪表自身结构已从单纯机械结构，发展成为集传感技术、计算机技术、电子技术等多种高新技术于一身的系统，其用途也从单纯数据采集，发展为集数据采集、信号传输、信号处理以及控制于一体的测控过程。进入二十一世纪以来，随着计算机网络技术、软件技术、微纳米技术的发展，测控技术呈现出虚拟化、网络化和微型化的发展趋势，从而使仪器仪表学科的多学科交叉及多系统集成而形成的边缘学科的属性越来越明显。

总结目前的工业自动化仪表和控制系统的应用经验，开展自动化仪表学科的创新研究，将推动本学科的发展，培养自动化仪表人才，满足社会发展的需要。

（三）数字时代自动化仪表的新使命

当前，新一轮科技革命和产业变革突飞猛进，人类社会正在进入一个"人机物"三元融合、万物智能互联的新时代。《中华人民共和国国民经济和社会发展第十四个五年规划和2035年远景目标纲要》明确提出要加快数字化发展，并对此作出了系统部署。国家统计局发布的《数字经济及其核心产业统计分类（2021）》将自动化仪表（4011工业自动控制系统装置制造）划入数字产品制造业，与计算机、通信设备、机器人等产业一样成为数字经济核心产业。

为此，自动化仪表要将云计算、大数据、物联网、人工智能等数字化技术与仪器科学与技术、控制工程技术融合，发展智能化仪器仪表，提升自身的数字化水平。同时服务于国民经济和各行业各领域，推进产业数字化转型，加快数字社会建设步伐，在以智能制造为主攻方向的制造业数字化网络化智能化升级中发挥重要作用。

二、自动化仪表学科和产业发展趋势

面向未来，世界各国都把数字化作为经济发展和技术创新的重点，适应和引领数字化发展成为关键。自动化仪表也将顺应时代发展呈现如下重要态势。

（一）自动化仪表科学技术发展趋势

一是原始性和引领性科学技术。信息化、网络化、智能化技术的创新发展和深化应用，将极大提升人类采集、分析、应用数据信息的能力，拓展人与人、人与物之间的连接范围和深度，促进社会生产力进步和生产关系变革，赋能传统产业转型升级，催生新产业新业态新模式。要聚焦生物工程、量子信息、氢能与储能、集成电路、新材料等未来产业、战略新兴产业、数字产业，以及制造业核心竞争力提升急需的智能传感、生物传感、量子计量、超精密测量、机器视觉识别等感知和测量技术，生产过程的人机协同、数字孪生、精益管控、故障诊断、智能决策等自动化和控制技术，研发新方法、新材料，开发新型传感器、功能部件、自动化仪表和控制系统。

二是融合创新和集成技术。紧紧抓住数字技术变革机遇，充分释放数字化发展的放大、叠加、倍增效应。围绕智能制造、智慧能源、智能交通、智慧农业、智慧医疗、智慧家居等数字化应用重大场景，加速云计算、大数据、物联网、人工智能等数字化技术和数据资源与仪器科学与技术、控制工程技术融合，实现自动化仪表功能、性能、效能和价值的倍增蜕变。

开发测量精度补偿、预测性维护、低功耗或无源感知、硬件产品的小型化、微型化、软件化、人机交互技术等，提升自动化仪表的信息化、网络化、智能化能力和水平。

三是工程化和基础共性技术。自动化仪表作为以应用技术为核心的交叉学科，首要任务是解决工程应用的实际需求，大力改善自动化仪表产品的质量，提高稳定性、可靠性、自动化、智能化，以及适应特殊工况、特殊应用条件的能力，实现产品由可用向适用、好用转变。要在产品设计制造、系统集成、应用服务全生命周期内全方位的技术创新、管理创新，加强产品及系统的模块化、组件化和标准化开发。提升检验检测、成果转化、应用验证等产业基础技术公共服务能力。

（二）自动化仪表产业发展趋势和展望

一是产业结构深刻变革。新一轮科技革命和产业变革突飞猛进，数字化、网络化、智能化融合发展将推动制造业产业模式和企业形态根本性转变。自动化仪表产业必将顺应这个大势，实现产业的数字化转型和智能化升级，产业基础高级化、产业链现代化水平明显提升，主流产品基本实现有效供给，高端仪表产品性能和质量水平明显提升。

二是产品更加丰富多彩。既往的自动化仪表主要是面向石化、冶金、电力等流程工业的现场仪表和控制系统，离散制造关注度远远不够。农业、制造、能源、交通等经济领域，科技、教育、卫生、养老、城市管理等社会领域，以状态感知、泛在互联、虚实融合、决策优化、自主执行等为特征的数字化应用广泛，为自动化仪表发展带来契机，也必将催生一大批面向各领域新原理、新结构、新形态的自动化仪表。

三是企业实力明显增强。优质企业培育和发挥企业领航作用对产业发展至关重要，部分自动化仪表龙头骨干企业通过创新资本、技术、品牌等合作模式，整合国内外、多领域优质资源，布局全球发展，强化对产业链、供应链和创新链的引领整合和组织协同，逐步形成具有生态主导力、国际竞争力的产业链领航企业，成为自动化仪表产业链的主导者。大批自动化仪表中小企业，通过在细分领域市场或产业链供应链不同环节的深耕细作，成为拥有自主知识产权的企业。企业向产业链供应链贯通、全价值链升级优化的协同发展的新生态迈进。

四是人才竞争越发激烈。科学技术是第一生产力，实施创新驱动战略，首要解决的是创新人才瓶颈问题。随着国家人才体制、教育体制、科技体制等改革和深化，分层分类培养并选拔自动化仪表科学家和卓越工程师队伍，畅通高校、科研机构和企业间人才流动渠道，企业将成为科技创新和人才培养使用的主体。双向挂职、短期工作、项目合作等人才互通共享，知识产权、创新成果的转移转化和创新创业，龙头骨干企业与院校产教融合、共建人才培养基地等各种人才合作新模式不断涌现。

五是开放合作共谋发展。加快我国自动化仪表产业融入全球价值链，积极参与国际"游戏规则"和国际标准制定，在国际产业安全合作框架下，构建多元化的产业链供应链、推动多双边合作和对话，积极作为。依托"一带一路"建设，我国自动化仪表将会"走出去"，而且会"行稳致远"，为沿线国家和地区，乃至全世界提供高水平的产品和服务。

撰稿人：石镇山　汪道辉　钱　政　董　峰

参考文献

［1］张开逊. 仪器仪表与现代社会［J］. 现代科学仪器，1997（4）：7-8.

［2］谭久彬. 建设世界仪器强国的使命与任务［J］. 中国计量，2019（7）：5-10.

［3］中国机械工业年鉴编辑委员会. 中国机械工业年鉴［M］. 北京：机械工业出版社，2021.

［4］吴幼华. 流程工业自动化仪表技术与应用汇编：第二版［M］. 天津：天津出版传媒集团，2016.

大事记

序号	时间	简　述
1	1951	教育部决定设立仪器类专业，批准在浙江大学机械系设置国内第一个"光学仪器"专业，1952年招收首届学生。
2	1952	教育部委托天津大学筹建"精密机械仪器"专业，浙江大学创建"光学仪器"专业，哈尔滨工业大学创建"精密仪器"专业，聘请苏联专家在哈尔滨工业大学培养"精密仪器"专业的研究生。
3	1952	南京工学院（今东南大学）在钱钟韩教授的主持下创办新的动力工程学科，着手筹建热工自动化实验室，开展热工自动化仪表科研与教学。
4	1952.08	北京航空航天大学建立飞机设备教研室，在专业建立过程中聘请苏联专家。
5	1953	"一五"期间苏联援建的一百五十六个重点项目之一的哈尔滨电表仪器厂建成。
6	1954	美国麦克罗希尔图书出版公司出版钱学森编著的《工程控制论》。
7	1954	中国科学图书仪器公司出版天津大学刘豹编著的《自动控制原理》。
8	1955—1956	国防出版社出版北京航空航天大学林士谔编著的《自动调节原理与发动机自动装置》《陀螺仪表与自动驾驶仪》。
9	1956.12.22	中共中央批准了《一九五六至一九六七年科学技术发展远景规划纲要（草案）》，规划把计算技术、自动化、电子学、半导体这四个学科的研究和发展列为"四大紧急措施"，提出了十二项对科技发展更具关键意义的重点任务，其中第四项为生产过程自动化和精密仪器，自动化被列为重点发展学科。
10	1956	中国科学院筹建自动化及远距离操纵研究所（后更名为自动化研究所），钱伟长担任筹委会主任委员。
11	1956	在相关专业建设的基础上相继建立了面向不同行业领域的仪表及自动化类的本科及专科专业。
12	1956.05.31	国务院批准一机部成立仪器仪表局。
13	1956.10.16	国务院批准筹建一机部上海仪器仪表科学研究所。
14	1957.02	由教育部、中国科学院联办，清华大学具体承办的力学与自动化培训班开班，历时一年半。
15	1958.09	苏联自动化专家格德萨多夫斯基夫妇到达浙江大学，带来一批俄文版专业书籍和资料。苏联专家到校后即和中方教师讨论教学计划、教学大纲等，并主讲"自动检测仪表及自动化"课程。在苏联专家在校期间，浙江大学化工系"化工生产过程自动化及仪表"教研室主办了"自动化进修班"，参加进修班的学员来自国内各高校，后来大多成为新中国自动化行业的领军人物。
16	1958	上海工业自动化仪表所在王良楣总工程师的指导下，研究开发DDZ-I型电动单元组合仪表。

续表

序号	时间	简 述
17	1960.04.28	西安仪表厂建成投产，民主德国承担设计工作并提供全套技术和装备。这是新中国第一家综合性国营大型仪表厂，生产压力、温度、流量、记录、调节、控制等多种类型仪表。
18	1960	天津大学开始招收工业控制仪表方向的研究生。
19	1961	由教育部组织，天津大学牵头，联合浙江大学、华东化工学院、上海机械学院、哈尔滨工业大学、清华大学、北京化工学院、华南化工学院、成都工学院、华中工学院等十余所高等院校编写了《热工测量仪表》《自动调节器》等国内第一套自动化仪表统编教材，天津大学等六院校还集体编写了《仪器制造工艺学（上、下册）》《仪器零件及机构》《仪器制造刀具及车床》等教材，由中国工业出版社出版。
20	1961.11.27	在天津召开中国自动化学会第一次全国代表大会，钱学森被推选为中国自动化学会第一届理事会理事长。
21	1962.11	经国务院批准召开的"化工自动化专业教材编审小组会议"由浙江大学、华东化工学院、天津大学、北京化工学院、北京化工设计院、上海化工研究院等单位派人参加，确定由浙江大学牵头编写统一教材，指定周春晖为教材编审组组长。
22	1963.11	按一机部四局指示，由上海工业自动化仪表研究所牵头，组织全国有关单位共同参与气动薄膜调节阀系列型谱的制定、实施及统一设计，工作模式是集中设计、集中试制、成果供全行业分享使用。
23	1965	以上海工业自动化仪表研究所为组长单位，常州热工仪表厂为副组长单位，上海光华仪表厂、沈阳玻璃仪器厂、北京仪器厂、上海中华医疗器械厂参加，组成了玻璃转子流量计选型、改型统一设计工作组。
24	1966—1970	上海共有三十三个企业支援内地"三线建设"，共选派了五千二百零五名职工分赴内地建厂。
25	1966—1970	浙江大学周春晖和王骥程等承担了"化工动态学及计算机应用"国家重大科研项目，在开展化工炼油及石油化工生产过程核心对象的动态特性建模分析、工业生产过程操作和自动控制系统设计、调节器参数整定的关系等研究时，对生产过程经常用到的生产对象进行对象动态学特性研究；同时与上海炼油厂合作，开展炼油工业精馏塔动态特性及计算机控制的应用研究。
26	1970	清华大学成立工业自动化系，这是国内第一个自动化系，建系当年开始招收工农兵学员。
27	1972	中国科学院沈阳自动化研究所正式定名，研究方向是机器人、工业自动化和光电信息处理技术。
28	1972	国家为解决急需钢材品种国产化问题，决定从国外引进一米七轧机技术并建在武钢，项目由连铸厂、冷轧薄板厂、热轧薄板厂、硅钢片厂组成，成套工业装置的引进，促进自动化仪表升级发展。
29	1973	国务院决定从国外引进十三套具有先进技术的大型化肥（合成氨、尿素）装置。
30	1973.11	燃化部石油化工自动控制设计建设组组织浙江大学、华东化工学院、华东石油学院、北京化工学院四校编写的《化工自动化》（上、下）出版。
31	1978	成立 DDZ-III 型电动单元组合仪表联合设计组，由重庆工业自动化仪表研究所总工程师马少梅为组长、北京自动化技术研究所副所长杨振业为副组长、成员有西安仪表厂、天津仪表厂、大连仪表厂等单位。
32	1978.12.23	宝钢工程动工兴建，这是中国工程建设史上投资最多、技术最新、难度最大、自动化程度最高的工程项目。

续表

序号	时间	简　述
33	1979	西安仪表厂与美国罗斯蒙特公司签订 1151 电容式压力 / 差压变送器的技术转让合同，这是中国仪器仪表行业引进的第一个重要产品技术转让合同，开创了国外高性能变送器快速进入中国市场的先例。
34	1979.03.29	第一届中国仪器仪表学会全国会员代表大会暨第一次学术会议在北京举行，汪德昭任第一届理事会理事长。
35	1979.10	成立国家仪器仪表工业总局，为国务院直属机构，由一机部代管。
36	1980.02	《仪器仪表学报》创刊。
37	1980.05	中国仪器仪表学会首次组团参加国际自动化联合会 IFAC 在华沙召开的"气动、液动元件和仪表"国际学术会议，上海自动化研究所总工程师的汪时雍任团长，五人在会议上发表了三篇论文。
38	1981	一机部统一部署自动化仪表的引进工作，确定"以重点工程带系统、以系统带仪表"。
39	1981.11.26	国务院批准首批博士和硕士学位授予单位及授权点名单，其中和自动化仪表相关的学科、专业的博士学位授予单位共有十五所高等学校，涉及"精密计量测试技术及仪器""光学仪器""自动化仪表与装置""电力系统及其自动化""自动控制""系统工程""模式识别与智能控制""飞行器导航与控制系统""航空陀螺及惯性导航""铁道信息系统与控制""火炮与自动武器""矿山电气化与自动化""铁道牵引电气化与自动化"十三个学科、专业。
40	1982.01	中国仪器仪表学会汪德昭、钱伟长等四十余人向国家提出"科学家建议加快仪器仪表工业发展步伐"的建议。
41	1982	华东化工学院开始招收"工业自动化"博士研究生。
42	1982.04	第一个中外合资的自动化仪表企业上海福克斯波罗公司成立。
43	1983.04.12	由中国仪器仪表学会主办的首届多国仪器仪表学术会议暨展览会在上海举行。
44	1984	国家计委组织实施了国家重点实验室建设计划，主要任务是在教育部、中科院等部门的大学和研究所中，依托原有基础建设一批国家重点实验室。
45	1986	机械工业部仪器仪表局将"DJK—7500 分散型控制系统（DCS）的研制"列为第七个五年计划国家重点科技攻关项目，由重庆工业自动化仪表研究所和上海工业自动化仪表研究所负责组织联合开发。
46	1986.03	王大珩、王淦昌、杨嘉墀、陈芳允四位科学家向国家提出跟踪世界先进水平、发展中国高技术的建议。经邓小平批示，国务院批准了《高技术研究发展计划（"863"计划）纲要》。"863"计划选择对中国未来经济技术发展有着重大影响的生物技术、航天技术、信息技术、激光技术、自动化技术、能源技术、新材料七个领域作为突破重点，追踪世界先进国家的技术水平，以此提振自动化仪表的长足发展。
47	1986	清华大学开始设立控制科学与工程（一级学科）博士后流动站。
48	1987.08.12	国家教委发布了《国家教育委员会关于做好评选高等学校重点学科申报工作的通知》，1988 年教育部评选出的国家重点学科中与自动化仪表相关的名单，十所院校的十三个专业入选。
49	1987.11	在钱学森同志提议下，由政协科技组组长裴丽生、中国仪器仪表学会理事长王大珩共同主持"我国仪器仪表工业发展问题"座谈会，会后向国务院提出建议。
50	1988.08.19	中国仪器仪表行业协会在北京召开成立大会，张学东担任第一届理事会会长。
51	1991	国家开始启动实施国家工程技术研究中心、国家工程研究中心、国家工程实验室建设。

续表

序号	时间	简　述
52	1993	浙大中控、北京和利时创建，在综合自动化领域树立"SUPCON""HollySys"两个中国品牌。
53	1995	清华大学 CIMS 实验工程项目荣获美国制造工程师学会颁发的国际大奖"大学领先奖"。
54	1995.01	由王大珩倡议，学会组织了卢嘉锡、王淦昌、王大珩、杨嘉墀等二十余位院士向国务院提出"关于振兴中国仪器仪表工业的建议"，受到了朱镕基、李岚清、吴邦国、邹家华、宋健等领导同志的高度重视，并作了重要批示。
55	2000.04	由金国藩倡议，学会组织了王大珩、杨嘉墀、马大猷、师昌绪等十一位院士向国务院提出"我国仪器仪表工业急需统一规划和归口管理的建议"。
56	2001.03.15	九届四次全国人民代表大会批准的中华人民共和国国民经济和社会发展第十个五年计划纲要中，中华人民共和国成立以来第一次明确提出"把发展仪器仪表行业放到重要位置"。
57	2005	清华大学自动化系办的首届全国高校自动化系主任（院长）论坛召开，来自全国三十七所高校及香港地区的代表五十余人参加会议。
58	2005	由浙江大学、浙江中控等单位联合制定的我国第一个拥有自主知识产权的现场总线国家标准 EPA 得到国际电工委员会的正式承认 CONTROL ENGINEERING China 版权所有，列入 IEC61158 现场总线 Type 14，全面进入现场总线国家标准化体系。
59	2007.10	*CONTROL* 杂志发布 2006 年世界自动化公司五十强名单，北京和利时公司首次进入名单，排名第五十位。
60	2011	由中科院沈阳自动化研究所牵头的中国工业无线联盟负责制定的工业无线网络 WIA-PA 技术标准，列入国际电工委员会 IEC62601 国际标准，成为工业无线领域三大主流国际标准之一。
61	2012.09	教育部下发了新的《普通高等学校本科专业目录（2012 年）》，仪器类专业为"测控技术与仪器"，自动化类专业为"自动化"。
62	2015.05.19	实施制造强国战略，要求突破新型传感器、智能测量仪表、工业控制系统、伺服电机及驱动器和减速器等智能核心装置的关键技术，推进工程化和产业化。
63	2017.01.24	教育部、财政部和国家发改委印发《统筹推进世界一流大学和一流学科建设实施办法（暂行）》，努力形成支撑国家长远发展的一流大学和一流学科体系，教育部、财政部、国家发改委研究并报国务院批准，确定了世界一流大学和一流学科建设高校及建设学科名单。自动化仪表依托的"仪器科学与技术""控制科学与工程"两个一级学科，共有九所大学十一个学科点入选。

撰稿人：方原柏　屈玉福